研究生教学用书

固体无机化学

SOLID STATE INORGANIC CHEMISTRY

（第二版）

张克立　张友祥　马晓玲　编著

WUHAN UNIVERSITY PRESS
武汉大学出版社

图书在版编目(CIP)数据

固体无机化学/张克立,张友祥,马晓玲编著.—2版.—武汉:武汉大学出版社,2012.4

研究生教学用书

ISBN 978-7-307-09513-7

Ⅰ.固… Ⅱ.①张… ②张… ③马… Ⅲ.固态化学:无机化学 Ⅳ.O61

中国版本图书馆CIP数据核字(2012)第016307号

责任编辑:谢文涛　　责任校对:刘　欣　　版式设计:马　佳

出版发行:**武汉大学出版社**　(430072　武昌　珞珈山)

(电子邮件:cbs22@whu.edu.cn　网址:www.wdp.whu.edu.cn)

印刷:湖北省孝感日报社印刷厂

开本:720×1000　1/16　印张:33.75　字数:634千字

版次:2004年12月第1版　2012年4月第2版

2012年4月第2版第1次印刷

ISBN 978-7-307-09513-7/O·470　定价:43.00元

第二版前言

本书第一版自2005年出版以来，已印刷多次，被多所高等院校和科研院所选作本科生、硕士研究生的教材以及博士研究生入学考试的主要参考书，也有用作本科生、研究生材料化学课程的教材或参考书。承蒙厚爱，全国读者在使用过程中提出了许多宝贵的建议和意见，这次修订对凡有不足和错误之处均做了充实和改正，对读者提出的建议和意见在修订过程中均做了认真的考虑和修订。

本书修订稿对第三、四、七章进行了较多的充实和补充，由张克立执笔；张友祥执笔对第五、六、十五章进行了较大的修正和补充；马晓玲完成了第一、二、八、九、十、十一、十二、十三、十四等各章的修订。

感谢史立萍女士提供了有关第七章补充的资料。由于水平所限，不足和遗憾总会难免，敬请读者对本书继续给予关注和指正。

张克立

2011年9月于珞珈山

第一版前言

固体无机化学是一门新兴的边缘学科，它是在近代科学技术迅速发展的形势下应运而生的。特别是在能源、信息、材料号称为三大支柱的当今社会中的高新技术领域，日益显示出其重要性。计算机、磁悬浮列车，光纤通信等高新技术得以发展，有赖于半导体、超导体、光导纤维等材料作为物质基础；而半导体、超导体、光导纤维等材料都是固体无机化学研究的对象和内容。固体无机化学通过对固体无机材料的综合研究，为具有特异性能和特殊结构的各种新型材料的研制、开发和应用提供理论根据和方法。固体无机化学与现代科学技术的发展紧密相关，它广泛吸收了固体物理学、物理化学、无机化学、量子化学、结构化学等学科的研究成果，并将各种现代物理技术作为研究手段，形成了一门独特的综合性学科。

固体无机化学在我国起步较晚。20 世纪 80 年代初期，编者曾参加了中国科技大学主办的中日固体化学研讨班。1986 年，苏勉曾先生的《固体化学导论》出版。随后，即 1986 年编者在武汉大学无机化学专业研究生中开设了《无机固体化学》课程，并于 1987 年合作翻译出版了《无机固体化学》一书（日本冈山大学学者古山昌三著）。1989 年，苏勉曾等翻译出版了《固体化学及其应用》一书（英国阿伯丁大学学者 West 著）。20 世纪 90 年代初，国家教委在北京师范大学主办了固体化学及其应用的高级研讨班。1990 年刘新生翻译出版了《固态化学的新方向》一书（印度学者 Rao 著）。1991 年崔秀山出版了《固体化学基础》一书。1994 年编者编写了《固体无机化学》教材，由武汉大学教材科印刷（未出版），随后在本科生中开设了《固体无机化学》课程。1996 年 8 月国家教委委托吉林大学主办了无机合成与制备高级研讨班。同年吕孟凯出版了《固态化学》一书。1998 年高等教育出版社出版了韩万书主编的《中国固体无机化学十年进展》一书。2002 年科学出版社出版了洪广言编著的《无机固体化学》一书。这些对我国固体化学的教学和科研工作都起到了积极的推动作用。此外，由苏勉曾教授倡导和组织的、两年一届的全国无机固体化学和合成化学学术讨论会（从 1986 年开始，至今已举办八届）也为我国高校的固体化学教学和科研工作做出了巨大的贡献。本教材是在编者多年来的教学、科研和多次使用《固体无机化学》教材的基础上，参考了大量的书籍和文献编写而成的。编者的指导原则是：①尽量减少数学推导，偏重于基本概念和应用实例；②尽量反映当代无机固态学科中的最新成果；③注意与其他学科，尤其是新材料学科的联系；④突出固体无机化学在当代高新技术领域中的地位和作用。

固体无机化学与多学科相互渗透交叉，内容丰富，覆盖面广泛，并涉及许多艰深的理论和专门的领域。所以难免挂一漏万。本教材只是作为一本基础教科书，它的内容仅限于固体无机化学中的一些最基本的理论、概念、方法的论述和重要的应用实例。它可作为理工科大学化学、材料科学、应用化学等专业的本科生和研究生的教材，也可供从事固体化学、材料科学等学科的研究者参考。

编者首先感谢在本教材中引用参考的有关书籍和文献的作者！在本教材的成稿过程中，承蒙孙聚堂教授、季振平教授等的大力支持和帮助；博士生张勇、刘浩文、郭光辉、洪建和，硕士生雷太鸣、占丹、周新文、从长杰等分别阅读了部分章节的书稿并提出了宝贵的意见；本书得到武汉大学研究生院研究生教材基金资助，出版社给予了大力的支持；谢文涛、史新奎、徐方、金义理等同志都为本教材的出版付出了辛勤的劳动。编者在此一并致以衷心的感谢！

由于编者学识所限，不足和谬误之处在所难免，承蒙读者指正。

张克立

2003 年 12 月

于武昌珞珈山

目　录

第一章 绪 论

1.1 固体无机化学的内容和任务

固体无机化学是研究固体无机物质的结构、组成、性质和合成方法等的科学。它既是无机化学和物理化学两门学科中的一个重要分支，又是材料科学发展的重要基础之一；它还和固体物理学、冶金金相学、有机固体化学等学科有着密切的联系。边缘学科的性质正是固体无机化学的特征。

材料、信息和能源是当今文明社会的三大支柱，而材料又是能源和信息的物质基础，正如有了半导体就有了电子计算机，有了超导体就有了磁悬浮列车，有了光导纤维就有了光通信，等等。显然，固体化学的形成和发展是同现代科学技术的发展和需要密切相关的。社会的进步、科学技术的发展、新技术领域的兴起，就需要越来越多的具有特殊功能的材料，这就给化学家们提供了机会；再者，新技术的发展向化学家提供了各种现代化的实验手段，使之能够深入认识固体物质的组成和结构及其与性能的关系，从而又促进了固体化学的发展和进步。

材料是指包括金属、无机非金属和有机高分子在内的各类化学物质，主要是固态物质。固体无机化学是以研究无机非金属和金属材料为任务的，包括固体单质(硅、碳等)、二元或多元化合物、金属和合金等。它们构成了现代文明社会的物质基础。例如，新的能源工业要求能有效地利用太阳能，这就需要首先解决制备高效和稳定的光电或光化学能量转换材料的问题。航天技术要求能抗氧化、耐辐射和耐腐蚀的高温高强度的陶瓷或复合材料，信息的产生、传输、收集、处理、存储和显示等技术需要多种激光、光导、超导、换能以及传感材料，而且要具有单色性好、强度高、信息容量大、灵敏度高等特征。半导体晶体硅的问世以及在硅晶体上发展起来的集成电路，已经形成了庞大的信息产业。它是当今发达国家和发展中国家经济发展的支柱产业，其年产值达数千亿美元。对固体材料化学特性的研究和应用也是一个重要的领域，目前大约有70%的化学工业生产是依靠具有特定表面化学活性的催化剂来实现的。以上这些都是固体无机化学的研究内容。

固体化学和固体物理以及材料科学等互相渗透交叉，相互重叠补充，共同担负着解决新材料的科学技术问题。其中固体物理在原子的层次上，侧重研究构成固体物质的原子、离子及电子的运动和相互作用，从而提出各种模型和理论，以阐明固体的结构和物性。固体化学在分子的层次上，着重研究固体物质的化学反应、合成方法、晶体生长、化学组成和晶体结构；研究晶体结构缺陷及其对物质的物理及化学性质的影响；探索固体物质作为材料实际应用的可能性。材料科学的任务则是在固体物质的宏观结构层次上，解决如何将固体物质制成可以实际使用的结构或器件，使之具有一定的形态（如纤维、薄膜、陶瓷体、集成块等）和规定的结构和性质，如具有特定的热、力、光、电、声、磁、化学活性等功能。固体化学是以固体物理的成就为基础而发展起来的，它们的研究内容有许多交叉重叠，但是它们的任务又有明确细致的分工。概括起来，固体物理关注各类固体物质的共同规律性，而固体化学则对固体物质随组成变化的特性感兴趣；固体物理强调固体物质性质的连续变化，固体化学则注重于由化学反应而产生的突变；固体物理研究固体性质与结构之间的定量关系，而固体化学侧重于对固体性质的定性认识。

1.2 固体物质的分类

固体物质可以按照微观结构形态分为晶态固体和非晶态固体，晶态固体结构最基本的特点是原子排列的长程有序性，即晶体的原子在三维空间的排列沿着每个点阵直线的方向，原子有规则地重复出现，如钛酸钡、金红石等。而在非晶态固体结构中，原子排列没有这种规则的周期性，即原子的排列从总体上是无规则的。但是近邻原子的排列是有一定的规律，即短程有序，如玻璃、高聚物等。

按照化学组成分类，固体物质可分为金属、无机和有机三大类。也可以按照固体中原子之间结合力的本质（即化学键）的类型来给固体物质分类，即把固体物质分为离子晶体、共价晶体、金属晶体、分子晶体等，这将在第二章中介绍。

1.3 固体无机化学的研究热点和前沿

固态与气态和液态相比具有鲜明的特点：界面与晶界、高维与低维、各向异性与各向同性、化学计量与非化学计量、有序和无序、相变、缺陷等。正是这些特点赋予了固态很多不同于气态和液态的性质而获得了独特的功能与广泛的应用。

近年来，科学家围绕这些特点，对固体无机化合物的合成、组成、结构，以及光、电、磁、热、声、力学及化学活性等化学、物理性能和理论展开了广泛而深入的研究，并在高温超导体、激光、发光、高密度存储、永磁、快离子导体、结构陶瓷 、太阳能利用、新能源与传感等领域取得了重要的应用。通过大量的基础与应用研究，探讨组成、结构与性能的关系，宏观与微观的关系，整体和局域的关系，有助于进一步达到固体无机材料设计的目的，根据使用所需要的给定性能，设计出所需要的组成与结构的固体化合物。

以下是近年来固体无机化学领域的研究热点和前沿问题。

1.3.1 新的反应和合成方法

固体化合物及无机材料是通过各种化学反应制备的。除了传统的已广泛使用的固相高温烧结的陶瓷工艺和热压工艺，提拉、坩埚下降、水热、区熔或在熔盐中培养等单晶生长方法，蒸发和溅射等制膜方法以外，又根据新材料发展的需要，发展了各种合成的新技术。如为了制备薄膜，发展了外延技术，金属有机化学气相沉积、LB 膜和急冷高转速制备非晶态薄膜等；又如利用离子注入法进行掺杂；利用溶胶-凝胶法和辉光放电法制备超细粉末和纳米粉体；利用固态电解法制备高纯稀土金属；利用极端条件进行合成(超高压、超低真空、超高温、超低温、失重、高能粒子轰击、爆炸冲击与强辐射等)。

近年来发展了一系列的非晶态和玻璃态物质，它们具有一些比有序的晶态物质更优越的性能如光的信息存储、永磁、磁光和光生伏打效应等，从而在无机合成中发展了一些在特殊条件下(如采用急冷，化学气相沉积)制备非晶态物质的新方法，并带动了一系列测定与表征非晶态物质的方法。光导纤维的制备就是一个典型的例子。

新的反应的出现和应用可大大简化工艺，降低成本，提高产品的质量和提供新的产品。例如，用还原扩散法制备的 $SmCo_5$ 永磁材料以代替金属对掺法；用溶胶-凝胶法可在较低温度下合成硅酸盐，并改善其粒度和发光性能；利用光化学反应进行光氧化和光还原(如铽的光氧化)可代替化学试剂的加入及避免试剂对产品的玷污，并可提高反应的选择性和减少被处理溶液的体积等。近年来，利用分子束外延等微观加工技术制备的超晶格，正在揭开发展第三代半导体材料的序幕。此外，像微波合成、低热固相合成、流变相反应、溶剂热合成等方法都是近年来发展起来的软化学合成和绿色合成方法。

1.3.2 非整比化合物

理想的晶体是由原子有序而完整地排列组成的。但在实际所得的晶体中总是存在空位和位错等缺陷。Wagner 和 Schottky 对晶格缺陷的统计热力学研究指出，在任何高于 0K 的温度下，每一种固体化合物均存在着组成在一定范围变动的单一物相。现代晶体结构理论和实践更证明了非整比化合物的存在是很普遍的现象。这种有序性及缺陷决定了固体材料的使用性能。缺陷的存在并非坏事，一些缺陷的存在正是获得可调谐的色心激光晶体和制备探测辐射剂量的具有热释光性能的固体化合物所必须具备的条件。因此，如何在无机固态物质中有意识地消除或引入缺陷成了材料设计中令人感兴趣的问题。

非整比化合物的微观本质则是离子的非正常价态和由此产生的晶格中的扩展缺陷。非整比化合物中所包含的高浓度点缺陷，在高温下可能处于无序的固溶体中，但随着温度的降低，点缺陷可能发生缔合、成簇，聚集成为局域有序的点缺陷缔合体和超结构，进而可能聚集成一定结构的相。因此非整比化合物的化学是涉及晶体结构、缺陷结构和固体中化学键等方面的问题。随着研究工作的深入，出现了一系列具有重要用途的非整比化合物，其中的高温超导体 $YBa_2Cu_3O_{7-x}$ 就是这一类具有二价和三价铜的混合价态的非整比化合物。其他具有混合价态的非整比化合物有如 $La_xSr_{1-x}FeO_{3-\delta}$，$PrO_x$，$TbO_x$ 等，它们的电学、磁学和催化特性正日益引起人们的关注，研究这类非整比化合物的组成、结构、价态、自旋状态与性能，对探寻新型的无机功能材料将是非常有意义的。

1.3.3 晶界、表面和低维化合物

由于电子能谱、高分辨电镜、隧道显微镜和原子力显微镜等新技术的使用，特别是一些具有特殊性能的物质对表面和晶体有特殊的要求，更促进对晶界、表面和低维化合物的研究工作迅速发展。为要制得高存储密度的磁粉，提高催化剂和化学活性以提高化学反应的速度，要求制备表面积很大的纳米粉末，因而纳米粉末的制备、保存和表征的研究备受关注。粉末原料的粒度和表面状态将影响反应速度、扩散速度和反应过程；反应产物的粒度、表面状态与形态将影响其性能（如荧光粉的发光性能、气敏传感物质的重现性和选择性等）。制备粒度和性能一致的粉末原料已成为保证和稳定产品质量一致性的重要问题。

陶瓷物质的晶界对其性能有重要的影响，改善晶界的状态将可提高精细结构陶瓷的耐高温性能和克服其脆性，同时也是进一步提高陶瓷高温超导体的临界电流密度的关键问题之一。

探寻层状或链状结构的化合物，研究其组成、结构与结晶化学，探讨在其中产生电子离域和定域的条件，电子和离子的输运机理以及影响其输运的因素，研究层与层之间的间距，键强以及配位方式对电学和力学等性能的影响，从而探寻出新型的无机高温超导体、电子和离子导体及耐高温的润滑材料。如

层状 $LiCoO_2$，$LiNiO_2$，$LiMnO_2$ 等化合物作为锂离子电池的正极活性物质而备受注目，其中 $LiCoO_2$ 已经产业化了。再如以 C_{60} 和 C_{70} 为代表的碳多面体原子簇，其中每个碳原子均与近邻的三个碳原子以 σ 键连接，并各自贡献一个剩余的价电子形成离域的球面大 π 键。这类碳原子簇具有独特的结构和不寻常的物理和化学性质。可能将某些金属离子嵌入其球体中，形成高温超导体。还可能生成许多衍生物。对这类新型固态物质的研究将深化人们对固态体系的结构、化学键和物理性质的理解，开拓一个新的科技领域。

1.3.4 新型稀土化合物

我国稀土资源丰富，开发应用稀土化合物将具有重大的科学意义和经济意义。

由于稀土对氧的亲和力很强，在空气中合成时很易生成氧化物或复合氧化物，故目前大部分使用的稀土材料都是含氧的化合物。但实践表明，在不含氧的稀土化合物中，除较易制备的稀土卤化物已被广泛用于稀土金属制备、氟离子选择性电极等以外，很多具有特异的性能而引起人们的重视（如稀土硫属化合物的半导体性能，稀土金属有机化合物的催化性能等），而且一些已得到应用（如硼化镧已用作电子发射的阴极材料）。在研究这类化合物时，必须考虑在无空气、无水分的环境下，在高纯惰性气体保护或在高真空或在非水溶剂中进行合成、转移、加工和性能测定等。微量氧的存在将影响其性能。为此，还须进行此类化合物微量氧的分析和鉴定。此类化合物的合成与性能的研究将为稀土材料开辟一个广大而崭新的品种领域（如氟化物玻璃，硫属玻璃等）。

稀土金属间化合物的出现已为稀土的应用打开了大门，并显露出广阔的应用前景。$SmCo_5$，Sm_2Co_{17} 和 $Nd_2Fe_{14}B$ 已成为第二代和第三代的目前已知是磁能积最大的永磁材料而被广泛使用。最近研制的 $Sm_2Fe_{17}N_x$ 将作为更新一代的永磁材料脱颖而出。$LaNi_5$ 作为储氢材料，提纯氢的材料和利用太阳能的空调材料而日益受到重视，并已成为利用新的能源氢能的一个组成部分。近年发展的利用 $LaNi_5$ 或 $MMNi_5$（MM 为混合稀土金属）制成的 Ni-H_2 电池，在充电容量、反复充电次数和使用寿命等方面都超过已广泛使用的 Ni-Cd 电池，并可避免使用 Cd 所引起的公害，从而取而代之。Tb（Dy）Fe_2 具有目前已知化合物中最大的磁致伸缩性能，可制成超大磁致伸缩材料而在探测潜艇和鱼群的声呐和制造超声波发生器等方面获得了应用。一些稀土金属间化合物如 $R_xMo_6Se_8$，RRh_4B_4 等具有超导性能，虽然目前其临界温度低于 $YBa_2Cu_{30}O_{7-x}$，但稀土金属间化合物仍是探寻稀土新超导材料的重要对象；特别是在稀土超导体中观察到超导电性与磁有序性共存，为超导理论的研究提供了一类重要的化合物。有些稀土化合物具有很大的磁冷却效应，将来有可能研制成磁冰箱代替电冰箱，并代替可破坏臭氧层的含氟烷烃冷冻剂的使用。

稀土金属间化合物，特别是稀土与d过渡金属形成的金属间化合物的合成与性能的研究又将为稀土材料开辟一个广大而崭新的品种领域。

在具有未充满4f电子的13个(从Ce^{3+}到Yb^{3+})三价稀土离子的$4f^n$组态中，共有1 639个能级，能级之间可能跃迁数目高达192 177个，由此可见，稀土是一个巨大的发光宝库。目前已有11个三价稀土离子(Ce^{3+}，Pr^{3+}，Nd^{3+}，Eu^{3+}，Gd^{3+}，Tb^{3+}，Dy^{3+}，Ho^{3+}，Er^{3+}，Tm^{3+}，Yb^{3+})和三个二价稀土离子(Sm^{3+}，Dy^{3+}，Tm^{3+})实现了激光输出，利用了48个4f—4f跃迁通道和3个5d—4f跃迁通道，激光的光谱覆盖范围可从紫外的0.17μm至红外的5.15μm。目前已知有320种激光晶体，其中掺稀土的有290种，占90%以上，稀土成了寻找和发展固体激光器的主要对象。除了已在广泛使用的波长为1.06μm的掺钕激光物质以外，探寻新型的稀土激光物质和开拓新波段(可在光纤或水下低损耗传输，或透过大气窗口，或适用于激光手术，或对人眼无害的波段，或可调谐，或可自倍频等)，都是人们所关注的问题。

稀土已广泛用于彩色电视、照明或印刷光源、三基色节能用灯、荧光屏和航空仪表显示、X射线增感屏等方面。但目前只使用了为数不多的几种稀土，如Eu，Tb，Y，Ce等，其中Eu和Tb还是矿物中含量很少而价格昂贵的元素。为此，开发其他稀土，特别是我国南方离子吸附型矿中丰富的钇族稀土的应用更需加强研究。

为设计优良的稀土发光与激光物质，必须深入研究组成、结构、稀土离子近邻环境的对称性、晶场和极化程度及与配体的化学键的共价程度等因素对稀土的谱带强度、劈裂、位移和带宽的影响，进一步发展稀土的光谱强度理论、能量传递理论和晶场理论等，开辟稀土在计算机X射线成像、二基色荧光粉、激光烧孔，在Ⅱ~Ⅵ和Ⅲ~Ⅴ族中的发光和在荧光结构探针等方面的应用。

1.3.5 异常价态和价态起伏

目前，除了还有可能发现原子序数再向外延伸的超重元素以外，已有周期表内的元素都已填满，不可能再发现新的元素。但是，发现某一元素新的价态却是完全可能的，而且由于价态的不同，可赋予这些元素完全新的性质而具有新的用途。因此，异常价态的研究具有重要的理论意义和实际意义。由于新反应的出现和采用新的技术，已不断发现一些元素的异常价态如Fe^{4+}，Nd^{4+}，Dy^{4+}，Dy^{2+}，Nd^{2+}和Cu^{3+}等。在合成中研究离子不等价的取代，可使化合物中的一些变价元素的价态发生改变或产生混合价态，从而可使化合物的电、磁性能发生明显的变化。例如，可使绝缘体、半导体、导体、超导体之间发生相互转变；或使抗磁体、顺磁体、反铁磁体、铁磁体之间发生相互转变。特别是利用这种不等价取代方式合成含 Fe，Co，Ni，Cr，Mn，V，Cu 等可变价的 d 过渡元素的化合物，并研究其价态和自旋状态的变化，有可能提供一些新型的电学和磁学材料。

近年来还发现一些化合物如 Ce 或 Yb 的金属间化合物，或 Sm 等硫属化合物等具有价态起伏的现象，利用加压或加入其他元素等方法可使 f 电子进入导带，从而产生价态起伏，这些化合物的电导率随温度的变化发生异常，这些现象有可能导致新材料的产生。

1.3.6 功能材料

功能材料按功能可概括为三大类，一是能量转换，如光⟷电，热⟷电，声⟷光，压力⟷电，磁⟷光等的转换，起到换能器的作用，从而衍生出一系列的功能材料，如光电倍增管、激光材料、电致发光材料、热电偶、电热元件、声光调制器、压电材料和磁光偏转器和调制器等。

二是能量存储功能，如 Ti-Fe，La-Ni 等金属间化合物的储氢材料；太阳能利用的储热材料，经辐射后将潜像存储的信息存储材料等。

三是能量传递功能，如利用电子或离子输运的电子导体或离子导体，利用能量吸收后通过敏化和辐射跃迁或无辐射等过程的能量传递以提高发光和激光效率等。

为提高功能材料的效率，必须研究能量在其中的损耗，如吸收光能后以晶格振动的形式损耗，或与陷阱相遇后以猝灭的形式损耗等。因此，找出克服能量损耗的途径是提供优质高效的无机固态功能材料的重要课题。

1.3.7 纳米材料

纳米材料是指材料组分特征尺寸在纳米量级(0.1～100nm)的材料。从狭义上说，就是有关原子团簇、纳米颗粒、纳米线、纳米薄膜、纳米碳管和纳米固体材料的总称。从广义上看，纳米材料应该是晶粒或晶界等显微构造能达到纳米尺寸水平的材料，当然纳米材料的制备原料首先必须是纳米级的。由于纳米材料的微粒径介于微观和宏观之间，既非典型的微观系统，也非典型的宏观系统，而是一种典型的介观系统，因此它有别于一般材料，具体表现在以下几个方面：①小尺寸效应：当超微粒子的尺寸与光波波长、德布罗意波长以及超导态的相干长度或透射深度等物理特性尺寸相当或更小时，周期性的边界条件将被破坏，声、光、电、磁、热力学等特征均会呈现新的尺寸效应。②表面与界面效应：由于高的表面比存在，使处于表面的原子越来越多，大大增加了纳米粒子的活性，其原因是在表面的原子缺少近邻效应，极不稳定，很容易与其他原子结合。这种原子的活性不但引起纳米粒子表面运输和结构的变化，同时也引起表面电子自旋构象和电子能谱的变化。③量子尺寸效应：材料中电子的能级或能带与组成材料的颗粒尺寸有密切的关系。宏观金属通常用准连续的能级描述，但颗粒尺寸下降到纳米级时，准连续变为离散能级。而半导体随颗粒的减小，价带与导带之间的能隙增大。这使同一种材料的光吸收或光发射的特征波长不同。

第二章 晶体结构

本章介绍晶体宏观对称类型和微观对称性的基础知识，简单讨论晶体的基本类型。

2.1 点 阵

2.1.1 一般概念

晶体都具有固定的熔点，若加热晶体，达到一定温度时，可观察到晶体开始熔融。它不像非晶态物质(或称无定形固体)熔点温度很不明确，如玻璃就是这样，它的熔点是一个温度范围，而不是某一个固定的温度。另外晶体的某些物理性质有方向性，例如石墨晶体的电导率，在与石墨层平行方向上的电导率数值比垂直层方向的数值大 10^4 倍。晶体的这种性质，称为晶体的各向异性。晶体物质一般都有整齐和规则的外形。

晶体通常是由离子、原子或分子构成的，例如食盐晶体是由钠离子和氯离子构成的，氯化铯晶体是由铯离子和氯离子构成的，金刚石是碳原子构成的晶体，CO_2 在低温时的结晶是由 CO_2 分子构成的晶体(如图 2.1 所示)。所以晶体大致可以分成离子晶体、原子晶体和分子晶体三种类型，它们的结合是依靠离子、原子、分子之间的相互作用力。但是从内部结构上看，不管哪一类晶体，组成晶体的微粒(即离子、原子或分子)在空间的排列都是有规律的，作周期重复的排列。这就是晶体物质在内部结构上的普遍特征。

当我们把晶体物质中的微粒抽象地看成几何上的点时，称为点阵点，简称阵点。则阵点在空间做周期性的排列是晶体物质内部结构的普遍特征，这应该是点阵概念的物理含义。点阵的点是指抽去了具体离子、原子或分子内容后的阵点，阵是指这些阵点在空间排列成了立体格子，体现着阵点在空间排列的周期性。因此凡是晶体物质均具有点阵结构。

首先以氯化铯晶体为例来分析晶体的内部结构，再进一步讨论点阵的内部结构。图 2.2 是氯化铯晶体内部结构的最小单元，每一个 Cs^+ 离子周围有八个 Cl^- 离子，同样每一个 Cl^- 离子的周围也有八个 Cs^+ 离子。若将 Cs^+ 离子和 Cl^- 离

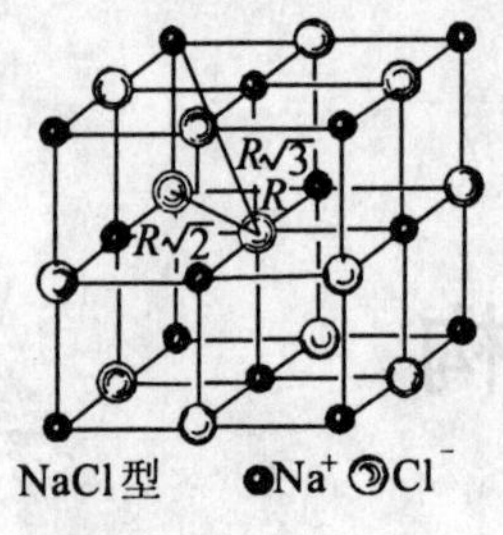

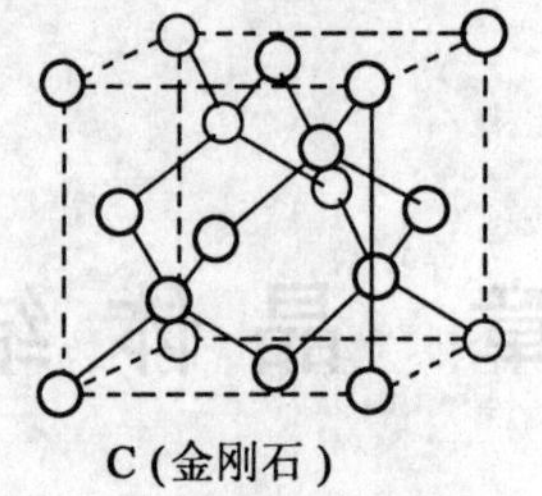

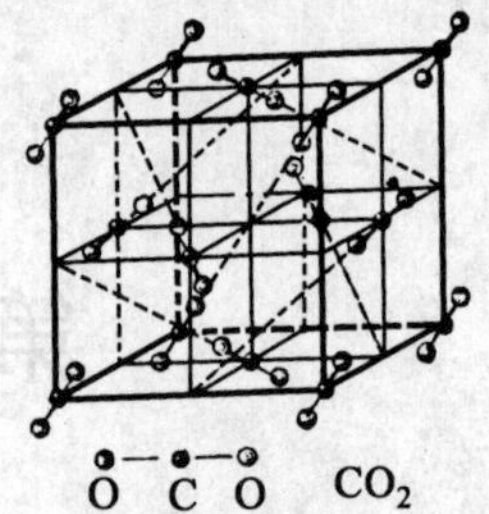

图 2.1 晶体物质的结构

子都看成阵点，那么 Cs^+离子之间的距离和 Cl^-离子之间的距离都是相同的，也就是说当把 Cs^+离子和 Cl^-离子看成阵点时，Cs^+离子所处的环境和 Cl^-离子所处的环境都是相同的。Cs^-离子组成的点阵和 Cl^-离子组成的点阵也是相同的。由此可见氯化铯晶体是由两套形式完全相同的点阵按照特定的位置交叉而成的。一套是 Cs^+离子组成的点阵，另一套则是 Cl^-离子组成的点阵。Cl^-离子交叉在 Cs^+离子点阵的中央位置或称体心的位置上，反过来 Cs^+离子也是这样，它交叉在 Cl^-离子点阵的体心位置上。由此可得出结论，一个实际晶体，不管它有几套点阵相互交叉，但这些套点阵结构必须彼此相同。这是晶体内部结构的必要条件。同时还要求这些套结构相同的点阵，按一定位置相互交叉。这是晶体内部结构的充分条件。破坏了这种必要充分条件，也就破坏了晶体中的阵点结构要求。

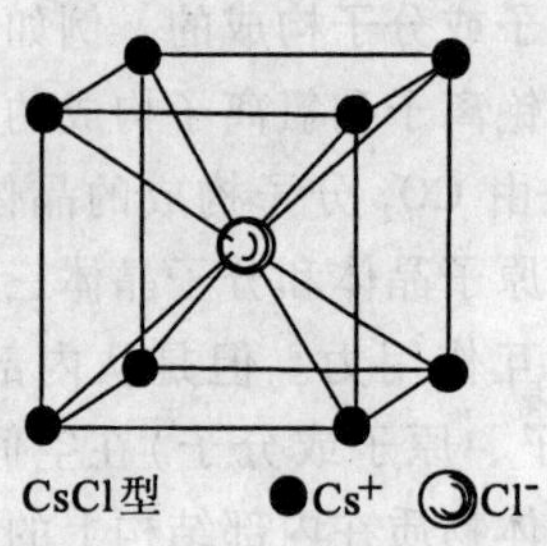

图 2.2 氯化铯晶体

2.1.2 直线点阵

阵点分布在同一直线上的点阵称为直线点阵。直线点阵是无限的、等距离的点列，如图 2.3 所示。将点阵进行平移时，要用矢量表示，指明平移的方向和大小。若将直线点阵中任意相邻两点所确定的矢量 $\overline{OA}$ 用 $\underline{a}$ 表示，则能够使这一直线点阵恢复原状的平移的操作只能是：0，$\pm \underline{a}$，$\pm 2\,\underline{a}$，…。所有这些平移可以用下式表示。

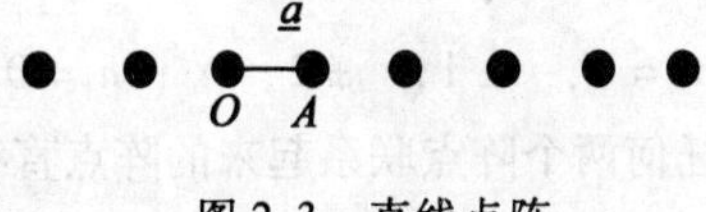

图 2.3 直线点阵

$$\underline{T}_m = m\,\underline{a} \quad m = 0,\ \pm 1,\ \pm 2,\ \cdots$$

2.1.3 平面点阵

阵点分布在同一平面上的点阵称为平面点阵，平面点阵也是无限的，如图 2.4 所示。

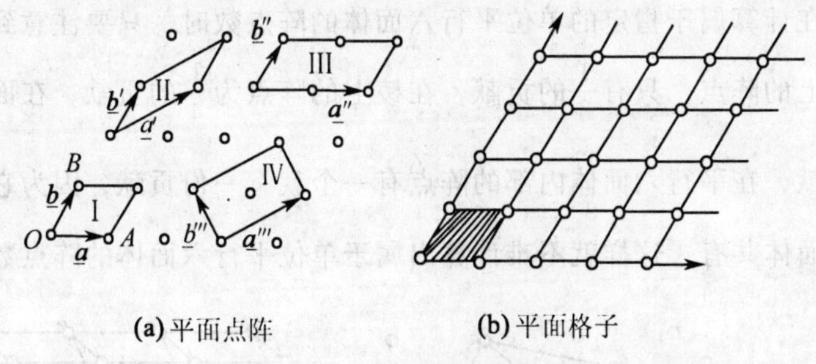

(a) 平面点阵　　(b) 平面格子

图 2.4 平面点阵和格子

在平面点阵中，任意取三个不共线的点，O，A 和 B，设 $\overrightarrow{OA} = \underline{a}$，$\overrightarrow{OB} = \underline{b}$，矢量 $\underline{a}$ 和 $\underline{b}$ 可以确定一个平行四边形，整个的平面点阵就可以看成是由这些单位平行四边形在同一平面上平移而成的。矢量 $\underline{a}$ 和 $\underline{b}$ 的取法，可以是多种多样的，因而所构成的单位平行四边形也是多种多样的，如图 2.4(a) 中的Ⅰ，Ⅱ，Ⅲ和Ⅳ等。不同的单位平行四边形的大小，可以用分摊到的阵点数目多少来表示。例如，图 2.4(a) 中的Ⅰ和Ⅱ单位平行四边形只在平行四边形的四个顶点上有阵点，由于每一个处于顶点上的阵点为四个平行四边形所共有，所以每个阵点分摊到平行四边形上只有 $\frac{1}{4}$ 的贡献，每个平行四边形有四个阵点，因此属于这个单位平行四边形的阵点数目为 $4\times\frac{1}{4}=1$。把阵点数目为 1 的单位平行四边形称为素单位。而Ⅲ和Ⅳ就不同，对Ⅲ而言，单位平行四边形的阵点数目，应为 $4\times\frac{1}{4}+2\times\frac{1}{2}=2$。对Ⅳ则应为 $4\times\frac{1}{4}+1=2$，当单位平行四边形的阵点数为 2

或大于2，我们称为复单位。

设某一素单位的矢量为$\underline{a}$，$\underline{b}$，则能够使平面点阵复原的平移操作，可以用下式表示：

$$\underline{T}_{m,n} = m\underline{a} + n\underline{b} \quad m=0, \ \pm1, \ \pm2, \ \cdots; \ n=0, \ \pm1, \ \pm2, \ \cdots$$

在平面点阵中，通过任何两个阵点联系起来的阵点直线，即为一个直线点阵。

2.1.4 空间点阵

不处于同一平面上，而是分布在三维空间的点阵称为空间点阵，如图2.5所示。任意取四个不在同一平面上，又无三个处于同一直线上的点，O，A，B和C，设$\overrightarrow{OA}=\underline{a}$，$\overrightarrow{OB}=\underline{b}$，$\overrightarrow{OC}=\underline{c}$，矢量$\underline{a}$，$\underline{b}$，$\underline{c}$可以确定一个平行六面体，整个的空间点阵就可以看成是以这个单位平行六面体在空间平移操作而成的。同样矢量$\underline{a}$，$\underline{b}$，$\underline{c}$的取法可以多种多样，它所构成的单位，也有素单位和复单位的区别，在计算属于指定的单位平行六面体的阵点数时，只要注意到，平行六面体顶角上的阵点，只有$\frac{1}{8}$的贡献，在棱上的阵点为$\frac{1}{4}$的贡献，在面上的阵点为$\frac{1}{2}$的贡献，在平行六面体内部的阵点有一个就有一份贡献，因为它不和相邻的平行六面体共有，这样就不难计算出属于单位平行六面体的阵点数目。

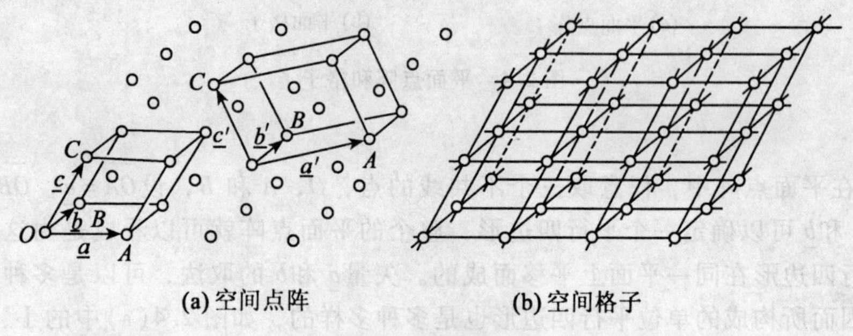

图2.5 空间点阵和格子

设$\underline{a}$，$\underline{b}$，$\underline{c}$是某一确定的素单位的矢量，则能够使空间点阵复原的平移操作，可用下式表示：

$$\underline{T}_{m,n,p} = m\underline{a} + n\underline{b} + p\underline{c} \quad m, \ n, \ p=0, \ \pm1, \ \pm2, \ \cdots$$

同样一个空间点阵也可以分解为一系列的平面点阵和直线点阵。

2.1.5 点阵和群

直线点阵、平面点阵和空间点阵，阵点的周期性，是以$\underline{a}$，$\underline{b}$或$\underline{c}$矢量的平移操作来体现的，在几何结晶学中通称为平移群。因这些平移操作的集合构成一个群，每一个平移操作为群中的一个元素。所以以矢量表示的平移操作的集合符合数学群论中群的定义。什么样的集合可以称为群呢？群的定义规定必须符合以下四个条件的元素集合称为群。

(1)有封闭性：在集合 G 上定义一种运算，称为"乘法"，则群中任何两个元素的积必为群中的一个元素。

$$A \cdot B = C$$

即若 A，B 属于 G，则 C 也属于 G。但要注意 $A \cdot B$ 和 $B \cdot A$ 并不一定相等。

(2)乘法满足结合律：群中任何三个元素 A，B，C，均符合下列关系。

$$A \cdot (B \cdot C) = (A \cdot B) \cdot C$$

(3)有单位元素 E 存在：群中必有一个元素 E，对于集合 G 中任何一个元素 A 有

$$E \cdot A = A \cdot E = A$$

(4)有逆元素 A^{-1} 存在：对集合 G 中任何一元素 A，必有一个逆元素 A^{-1} 存在，使：

$$A \cdot A^{-1} = A^{-1} \cdot A = E$$

举例说明：如 1，0，-1 这三个数，对于算术加法这种运算就构成一个群。这个群中共有三个元素即0，1和-1，其单位元素是0，有逆元素存在，1 的逆元素为-1，反之亦然。并显然满足封闭性和结合律，所对 1，0，-1 这三个数的集合，对于加法这种运算，是构成一个群的。

对于点阵来讲反映周期性本质的平移操作用平动矢量表示，它也构成一个群。这个群中的元素是 0，$\underline{a}$，$-\underline{a}$，2 $\underline{a}$，-2 $\underline{a}$ 等等(以直线点阵为例)，定义的"乘法"就是矢量加法，单位元素为 0(0 表示不动)，任一元素 $m\,\underline{a}$，其逆元素为 $-m\,\underline{a}$，这些元素显然符合结合律的，如 $3\,\underline{a}+(2\,\underline{a}+6\,\underline{a})=(3\,\underline{a}+2\,\underline{a})+6\,\underline{a}$，因此点阵中平移操作表示的平移矢量是构成一个群的，所以点阵也称为平移群。

2.2 晶体的对称性

一个图形说它有对称性，就是说图形经过某些操作后能够完全恢复原来图样，这种能使图形完全复原的操作称为对称操作。现以水分子为例，加以说明。已知水分子的结构如图 2.6 所示。显然在水分子平面中通过氧原子平分键角∠HOH 的位置上，可以找到一个经过 180°旋转操作后能使水分子结构图形完全复原的旋转轴线。同时包含这根轴线垂直水分子平面的一个面可以看成镜面，使镜面两侧的部分，像照镜子一样经反映使水分子图形完全复原。所以水分子结构图形是具有对称性的。这里转动和反映就是对称操作。需要进一步说

明的是，任何对称性图形都包含着一个不动的对称操作。所以一个对称性图形必须是包含不动在内的能为一种以上的对称操作所完全复原的图形。而施行对称操作所依赖的几何要素（点、线、面）就称为对称要素。如转动的对称操作所依赖的几何要素是轴线，这个转动轴线就是对称要素，称为对称轴。那么描述晶体对称性的对称操作和它相应的对称要素究竟有多少种呢？我们以下先讨论晶体宏观对称性所需要的对称操作和对称要素，再讨论晶体微观对称性的对称操作和对称要素。

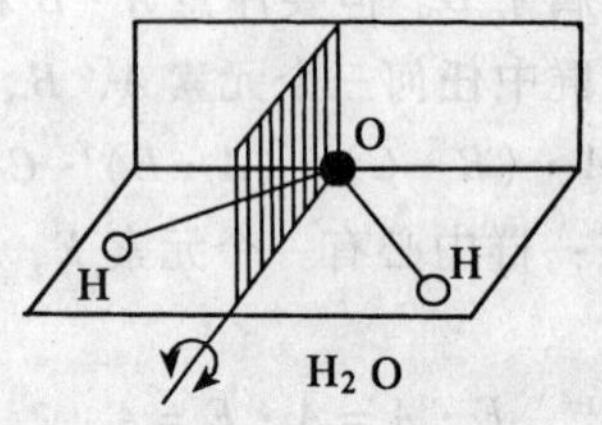

图 2.6　水分子结构

2.2.1　晶体的宏观对称元素与对称操作

所谓晶体宏观对称性，是把晶体外形当成多面体的有限的图形来考虑，它具有整齐、规则的性质，所以晶体宏观对称性就是指晶体外形的对称性。它所需要的对称操作和对称要素分为如下几种：

(1)对称轴和旋转操作。

(2)对称面和反映操作。

(3)对称中心和反演操作。

(4)对称反轴和旋转反演操作。

1. 旋转操作和对称轴

一个晶体如能沿着某一轴线旋转 $360°/n$($n=1, 2, 3, 4, 6$)后使晶体位置完全恢复原样，则我们说，这个晶体具有几重对称轴。若旋转用 L 表示，旋转角用 $\alpha=360°/n$ 表示，则 $L(\alpha)$ 为旋转 α 角度，如旋转 60°则可写为 $L(60°)$；再接着旋转 60°，则写为 $L(60°)L(60°)$ 表示连续旋转两次。旋转角为 60°时，$n=6$，表示有一个 6 重对称轴（也可叫 6 次对称轴），符号为 $\underline{6}$，现在的问题是为什么在描述晶体宏观对称性中对称轴只有 $\underline{1}$，$\underline{2}$，$\underline{3}$，$\underline{4}$，$\underline{6}$ 五种而不可能有 $\underline{5}$ 和大于 $\underline{6}$ 的对称轴呢？晶体宏观的对称性，是晶体微观对称性的反映。由于晶体内部结构是以点阵结构为基础的，它是以单位平行六面体为单元在空间作周期性排列的。正因为周期性的限制，使得晶体宏观对称性中，就只能有 $\underline{1}$，$\underline{2}$，$\underline{3}$，$\underline{4}$ 和 $\underline{6}$ 五种对称轴。

可证明如下：设在一个空间点阵中有一个轴次为 n 的对称轴在图 2.7 中 A 这个位置，并与纸面垂直，这个纸面必定是空间点阵中划分出来的一个平面点阵。A 点也一定是这个平面点阵中有关的直线点阵中的一个阵点。设这个直线点阵的平移向量为$\underline{a}$，当旋转 $L\left(\alpha=\dfrac{360°}{n}\right)$ 时向量$\underline{a}$ 转动到向量$\underline{b}$ 的位置，在这个位置上必定有相应的阵点使之重合而复原，否则就不是对称轴所要求的转动对称操作。或者讲因为 A 这位置是对称轴，实际上这个平面点阵中，已经客观存在着向量$\underline{b}$，使之转动 $L(\alpha)$ 时复原。也可以逆转，将$-\underline{a}$ 转动$L(-\alpha)$得到向量$\underline{b}'$，这样可以得到：

$$\vec{B}=\underline{b}-\underline{b}'$$

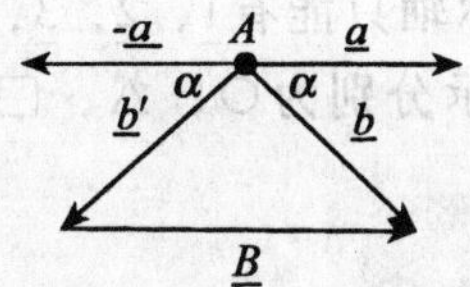

图 2.7　晶体结构中对称轴次的推引

向量 $\vec{B}$ 平行于$\underline{a}$ 这个直线点阵，在平面点阵中任何两个互相平行的直线点阵的周期是相同的。因此向量 $\vec{B}$ 的长度必定为向量$\underline{a}$ 的整数倍，即有：

$$\vec{B}=m\,\underline{a}$$

式中，m 为任一整数。此式体现了点阵结构对向量 $\vec{B}$ 的长度制约，但向量 $\vec{B}$ 的长度与旋转角 α 有关，即有：

$$\vec{B}=2\,\underline{a}\cos\alpha$$

因而：

$$2\,\underline{a}\cos\alpha=m\,\underline{a}$$

即得：

$$\cos\alpha=m/2$$

这就是点阵结构对旋转角 α 的制约，如果 α 不满足上式，则向量的长度就不能是$\underline{a}$ 的整数倍，这就违反了点阵结构周期性的特征。只有那些满足上式的转动角 α 才是点阵中允许出现的转动角，相应就可以得到点阵结构所允许的对称轴的轴次。α 的数值由 m 来确定，因为 $\cos\alpha\leqslant1$，m 的取值只能有 0，±1，±2 这五种可能，所以转动角 α 只有 180°，120°，90°，60°和 360°五种，而相应轴次也就只有$\underline{1}$，$\underline{2}$，$\underline{3}$，$\underline{4}$ 和$\underline{6}$ 五种，不可能出现$\underline{5}$ 和大于$\underline{6}$ 的轴次。现将结果列于表 2.1 中。

表 2.1　旋转操作和对称轴

m	$\cos\alpha$	α	$N=\frac{360°}{\alpha}$
−2	−1	180°	2
−1	−1/2	120°	3
0	0	90°	4
+1	1/2	60°	6
+2	1	360°	1

这里明显地看到晶体宏观对称性是受到晶体微观对称性的限制和影响。宏观对称性是微观对称性的必然反映，其原因在于晶体内部结构是点阵结构。所以描述晶体宏观对称性的对称轴只能有$\underline{1}$，$\underline{2}$，$\underline{3}$，$\underline{4}$ 和$\underline{6}$ 五种。$\underline{1}$ 实际是不动，$\underline{2}$，$\underline{3}$，$\underline{4}$，$\underline{6}$ 对称轴用图形表示分别为○，△，□和⬡，其示意图如图 2.8 所示。

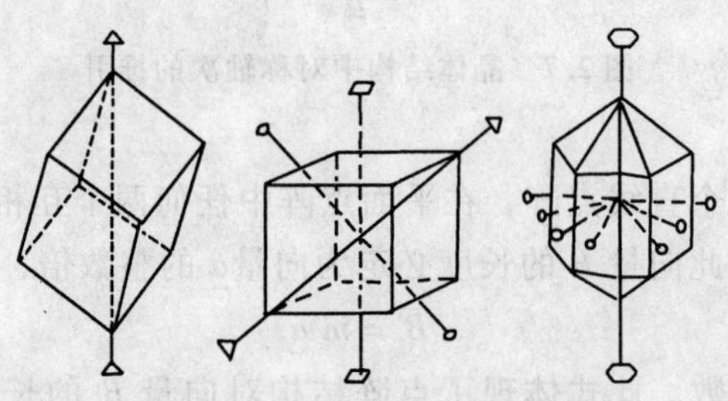

图 2.8　某些晶体的对称轴

2. 反映操作和对称面

一个晶体中如能存在某一个平面，使平面两边进行反映操作，而使晶体复原，则这个平面称为对称面。反映操作用 M 表示，对称面用 m 表示。但对称面可以有三种：凡是对称面垂直主对称轴的用 m_h 表示，通过主对称轴的用 m_v 表示，通过主对称轴又等分两个副对称轴之间夹角的对称面用 m_d 表示（当晶体中不止一个对称轴时，其中$\underline{n}$ 最大的称为主对称轴，其余叫做副对称轴，简称主轴和副轴，通常将主轴安放在垂直纸面的方向上），如图 2.9 所示。

3. 反演操作和对称中心

一个晶体中央存在某一个几何点，使晶体外形所有晶面上各点，通过这个几何点延伸到相反方向，相等距离时能够使晶体复原，这种对称操作称为反演操作，用 I 表示，相应的对称要素称为对称中心，用 i 表示。如图 2.10 所示。

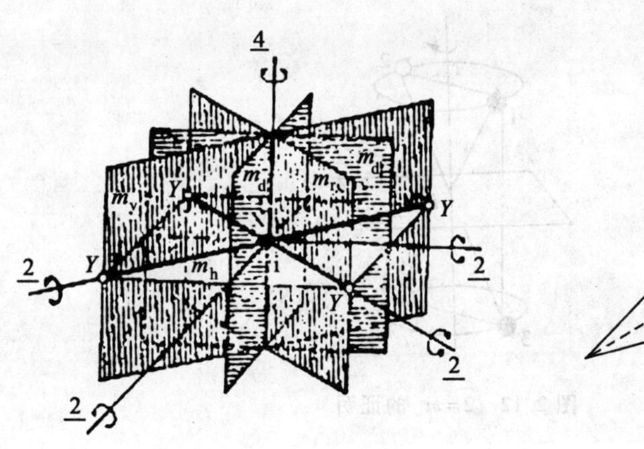

图 2.9　反映操作和对称面

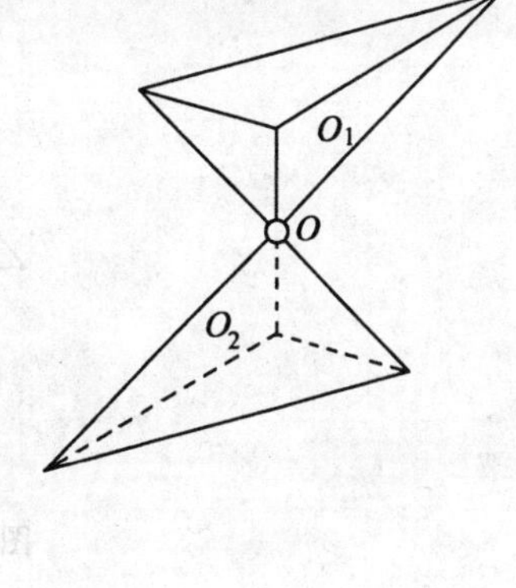

图 2.10　对称中心

4. 旋转反演操作和对称反轴

旋转反演操作是复合的对称操作，旋转后紧接着反演才算完成这个复合的对称操作，用 $I \cdot L(\alpha)$ 表示。反轴的对称要素用 $\bar{n}$ 表示。所以反轴应有$\bar{1}$，$\bar{2}$，$\bar{3}$，$\bar{4}$和$\bar{6}$，但只有$\bar{4}$是独立的新的对称要素，其他的都不是新的对称要素，因为$\bar{1}=i$，$\bar{2}=m_h$，$\bar{3}=\underline{3}+i$，$\bar{6}=\underline{3}+m_h$，也就是说$\bar{1}$，$\bar{2}$，$\bar{3}$和$\bar{6}$均可以用已经得到的对称要素的组合来代替，所以它们不是独立的对称要素。只有四重反轴不能用已有对称要素的组合来代替，所以$\bar{4}$是独立的新的对称要素，它只有在无对称中心 i 的晶体中才有可能存在。其晶体模型如图 2.11 所示，先旋转 90°，然后再进行反演操作，得到等价构型。

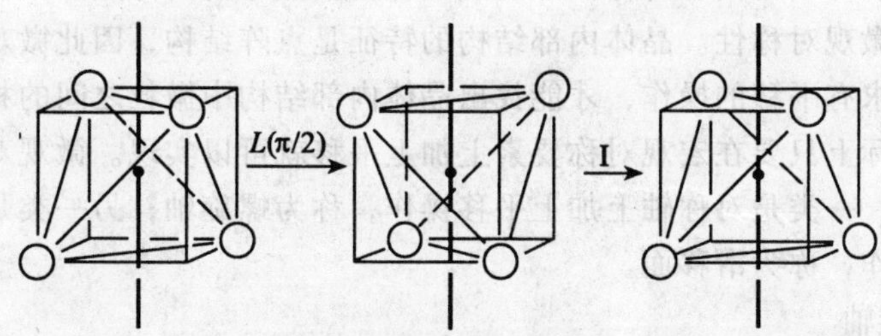

图 2.11　对称反轴

图 2.12 是对$\bar{2}=m_h$ 的证明，将点 1 旋转 180°到达点 2，再以该轴上的 i 点进行反演操作达到点 3，则得到点 1 的等价图形。同样可看出点 1 与点 3 之间

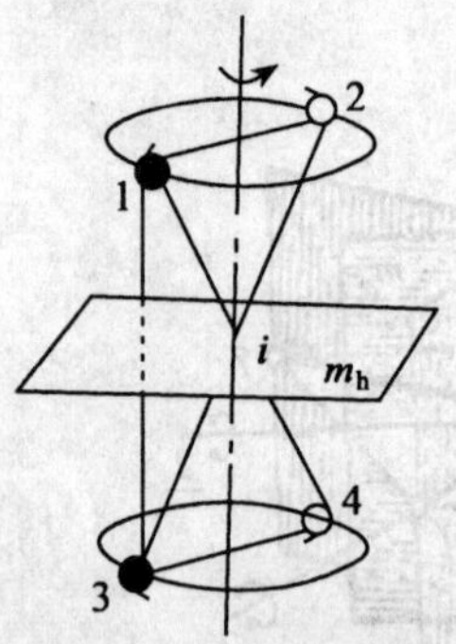

图 2.12 $\bar{2}=m_h$ 的证明

具有对称面 m_h，故$\bar{2}=m_h$。这说明点 1 与点 3 之间所具有的$\bar{2}$反轴不是独立存在的对称元素。其他非独立存在的反轴也可用类似方法证明。

上述四类对称要素都是描述晶体宏观对称性的，因此也可称为宏观对称要素。独立的宏观对称要素只有八种，即$\underline{1}$，$\underline{2}$，$\underline{3}$，$\underline{4}$，$\underline{6}$，m，i 和$\bar{4}$。描述晶体宏观的对称性，实际是研究晶体外形的对称性，主要是考察晶体外形晶面之间的对称规律性。由于晶体外形总是有限的、封闭的凸多面体，所以在描述晶体外形对称性规律时，安插在晶体中的宏观对称要素是不动的，即对称面、对称轴和对称中心不能进行平移，如果同时具有几种宏观对称要素时，则这些对称要素，必须相交一点，否则就会破坏晶体外形是有限的、封闭的凸多面体的性质。

2.2.2 晶体的微观对称性

晶体不仅外形上具有对称性即宏观对称性，晶体的内部点阵结构也有对称性，被称为微观对称性。晶体内部结构的特征是点阵结构，因此微观对称要素中就必然要求有平移的操作，才能找出晶体内部结构中微粒之间的相互内在联系。所以实际上只要在宏观对称要素上加上平移就可以实现。微观对称要素可以分成两类：一类是对称轴上加上平移操作，称为螺旋轴；另一类是对称面上加上平移操作，称为滑移面。

1. 螺旋轴

假定点阵结构中平移单位矢量分别为$\underline{a}$，$\underline{b}$，$\underline{c}$，则它的平移长度为 a，b 和 c，如果在$\underline{a}$ 方向上发现了一个对称轴，设为四重对称轴，则在微观中一定存在着相应的四重螺旋轴，但它平移的长度，要分析具体的晶体内部结构才能明确是 4_1，4_2，4_3 还是 $4_4=\underline{4}$，4_1 螺旋轴的含意就是旋转 90°再向$\underline{a}$ 方向平移$\frac{1}{4}a$

的距离，就可以使内部结构恢复原状。如图 2.13 所示。反过来讲，从微观结构中找到了 4_1，4_2 或 4_3，那么可以肯定在宏观上必定存在着一个$\underline{4}$。这就是微观的螺旋轴与宏观的对称轴之间的相互关系。其他的螺旋轴就不一一列举了。

2. 滑移面

滑移面是反映和平移复合操作的微观对称要素，滑移面有三类：一是轴线滑移面，即反映操作后，再向$\underline{a}$，$\underline{b}$ 和$\underline{c}$ 中的一个方向平移 $1/2a$ 或 $1/2\ b$ 或 $1/2c$ 的距离；还有对角线滑移面和菱形滑移面，它们是反映操作后再滑移$(a/2+b/2)$或$(b/2+c/2)$或$(c/2+a/2)$的距离或者再滑移$(a/4+b/4)$或$(b/4+c/4)$或$(c/4+a/4)$的距离，前者是对角线滑移面，后者是菱形滑移面。滑移面符号分别为 a，b，c，n(对角线滑移面)和 d(菱形滑移面)。轴线滑移面如图 2.14 所示。

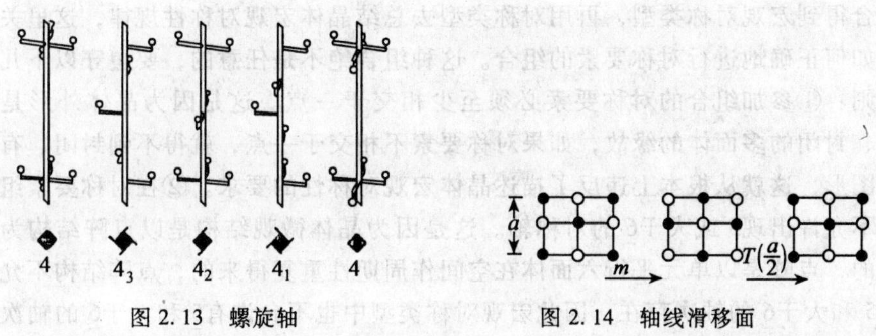

图 2.13　螺旋轴　　　　图 2.14　轴线滑移面

2.3　32 个点群

描述晶体宏观对称性所需要的宏观对称要素前节已指出主要的只有八种。一个具体的晶体外形所具有的宏观对称要素也不外乎是这八种对称要素中的一种或几种的组合。图 2.15 中的几种晶体外形，它们所具有的对称要素为：a 有一个三重轴和三个对称面，简写为 $1\times\underline{3}$，$3\times m_v$；b 有 $3\times\underline{2}$，$3\times m$，i；c 为 $1\times\underline{4}$，$4\times\underline{2}$；d 为 $3\times\underline{2}$，$3\times m$，i。

其中 b 和 d 虽然外形不同，但它们所具有的对称要素的种类、数目和组合的方式，却是完全一样的。也就是说虽然外形不同，但对称性也可能是相同的。怎样才能有条不紊地去研究各种各样外形千变万化的晶体宏观对称性，从而完整地掌握晶体宏观对称性的规律呢？要完全地反映晶体宏观的对称性，就必须正确地掌握宏观对称要素组合的规律。这种对称要素的组合，就称为对称类型。可见只要掌握了宏观对称要素组合的规律，即对称类型，那么即使晶体外形千变万化，它一定会属于某一个对称类型，使研究晶体外形对称规律系统化。

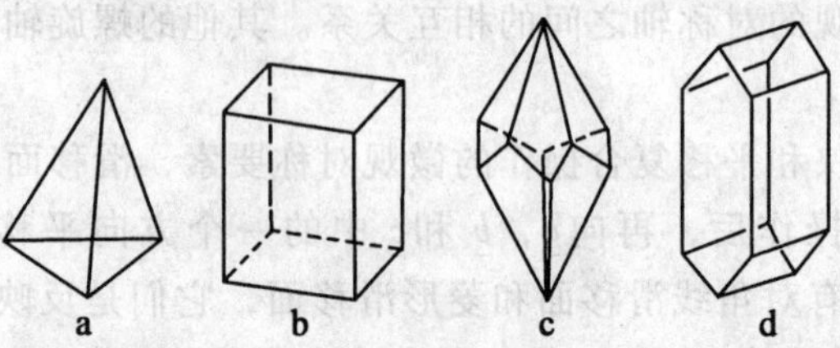

图 2.15　几种晶体的外形

怎样进行对称要素的组合，才能正确无误地得到描述晶体宏观对称性需要的宏观对称类型呢？晶体宏观对称类型又究竟有多少种呢？从宏观对称要素的组合得到宏观对称类型，再用对称类型去总结晶体宏观对称性规律，这里关键是如何正确地进行对称要素的组合。这种组合绝不是任意的，要遵守以下几个原则：①参加组合的对称要素必须至少相交于一点。这是因为晶体外形是有限、封闭的多面体的缘故，如果对称要素不相交于一点，就得不到封闭、有限的图形，这就从根本上违反了描述晶体宏观对称性的要求。②在对称要素组合时不允许出现$\underline{5}$ 或大于$\underline{6}$ 的对称轴。这是因为晶体微观结构是以点阵结构为基础的，点阵是以单元平行六面体在空间作周期性重复得来的，点阵结构不允许有$\underline{5}$ 和大于$\underline{6}$ 的轴次存在，因此宏观对称类型中也不允许有$\underline{5}$ 和大于$\underline{6}$ 的轴次存在。③注意到上述两点之后，就可以将$\underline{1}$，$\underline{2}$，$\underline{3}$，$\underline{4}$，$\underline{6}$，m，i，$\bar{4}$进行组合，为了使组合有次序地进行，避免混乱和遗漏，一般先进行轴与轴的组合，因为轴与轴的组合得来的对称类型，不会产生对称面、对称中心和四重反轴，它们仍然是对称轴的组合，在对称类型中只有对称轴一类对称要素，这样就将轴与轴组合的各种可能的对称类型首先全部得到。在此基础上，再将对称面，对称中心和四重反轴组合上去，同时注意对称面 m 组合上去时有 m_h，m_v 和 m_d 三种位置，按照这样的次序进行对称要素的组合就可以比较顺利地得到描述晶体宏观对称性所需要的 32 个对称类型，称为 32 个点群。

表 2.2　**32 个点群**

	C_n	C_{nh}	C_{nv}	D_n	D_{nh}	D_{nd}	$T.O$
$C_i-\bar{1}$	C_1-1		C_s-m				$T-23$
	C_2-2	$C_{2h}-\frac{2}{m}$	$C_{2v}-mm2$	D_2-222	$D_{2h}-\frac{2}{m}\frac{2}{m}\frac{2}{m}$	$D_{2d}-\bar{4}2m$	$T_h-\frac{2}{m}\bar{3}$
$C_{3i}-\bar{3}$	C_3-3	$C_{3h}-\bar{6}$	$C_{3v}-3m$	D_3-32	$D_{3h}-\bar{6}2m$	$D_{3d}-\bar{3}\frac{2}{m}$	$T_d-\bar{4}3m$

续表

	C_n	C_{nh}	C_{nv}	D_n	D_{nh}	D_{nd}	$T.O$
$S_4-\bar{4}$	C_4-4	$C_{4h}-\frac{4}{m}$	$C_{4v}-4mm$	D_4-422	$D_{4h}-\frac{4}{m}\frac{2}{m}\frac{2}{m}$		$O-432$
	C_6-6	$C_{6h}-\frac{6}{m}$	$C_{6v}-6mm$	D_6-622	$D_{6h}-\frac{6}{m}\frac{2}{m}\frac{2}{m}$		$O_h-\frac{4}{m}\bar{3}\frac{2}{m}$

32 个点群的意义在于，不管晶体形状的多样性如何复杂，但分析它的对称性时，它必定属于 32 个点群中的某一个，决不会找不到它所属的对称类型，也不会再出现超出 32 个点群以外的新类型。32 个点群是研究晶体宏观对称性的依据，也是晶体宏观对称性可靠正确的系统总结。为什么说 32 个点群是可靠正确的呢？原因在于宏观对称要素和对称要素组合时，已经充分地考虑了晶体内部结构具有点阵结构这一基本特征。所以这 32 个点群是符合晶体内部结构本质要求的反映在宏观上的对称规律的总结。另外把对称类型称为点群，这是因为对称类型中对称要素的集合是符合群的定义的，亦即这个群中的元素是对称要素所规定的操作。又因在组合中要求对称要素至少必须相交于一点，所以称它为点群。现在将 32 个点群列于表 2.2 中。

点群也有用国际符号表示的，这种符号的特点就是按晶系的不同，在不同方位上将它的对称要素表示出来。例如，国际符号$\frac{4}{m}mm$，即表示有三个方位，在这三个方位上分别有$\frac{4}{m}$，m 和 m 这样的对称要素。m 是对称面，$\frac{4}{m}$表示为在一个对称面 m 它与 4 重轴垂直。又如国际符号 $3m$，即表示只有两个方位，它有3 重轴和对称面。方位的选法与点阵三个矢量$\underline{a}$，$\underline{b}$，$\underline{c}$ 有关。如表2.3 所示。一般写点群符号时，两种符号同时标出，以便相互补充理解。如 D_2-222，前面是圣弗利斯符号，后面是国际符号。

表 2.3 晶系的方位

晶系	第一方位	第二方位	第三方位
立方	c	$a+b+c$	$a+b$
六方	c	a	$2a+b$
四方	c	a	$a+b$
三方①	c	a	
正交	c	a	b
单斜	b		
三斜	a		

注：①按六方点阵。

表2.2中所列出点群符号是圣弗利斯符号，符号的意思分别解释如下：

①若只有一个$\underline{n}$次轴而没有对称中心和对称面的用 C_n 表示，如 C_6 则表示这个点群只存在一个六重轴。②若除了有一个$\underline{n}$次轴外还有$\underline{2}$与这个$\underline{n}$次轴垂直结合，但没有对称面，则用 D_n 表示。如 D_3 则表示这个点群中有一个$\underline{3}$和垂直于这个$\underline{3}$的一个$\underline{2}$重轴。③在上述两种情况下，若还有对称面，则按对称面的位置在 C_n 或 D_n 的 n 后面写上 h，v 和 d。h 表示这个对称面是垂直主轴的。v 是表示包含主轴和副轴的对称面。d 是表示包含主轴平分副轴夹角的对称面。例如 C_{4h}表示主轴为$\underline{4}$，并有一个垂直于$\underline{4}$的对称面。D_{2d}表示在两个$\underline{2}$相互结合的同时有一对称面包含主轴$\underline{2}$，并且平分两个$\underline{2}$副轴的位置。C_{3v}表示有一个$\underline{3}$，同时有一个包含着$\underline{3}$的对称面。④若有四个$\underline{3}$和三个$\underline{2}$(或$\bar{4}$)而没有对称面者用 T 表示。若有对称面，该对称面垂直于$\underline{2}$(或$\bar{4}$)者用 T_h 表示，平分夹角者用 T_d 表示。⑤若有四个$\underline{3}$、三个$\underline{4}$和六个$\underline{2}$，而没有对称面时，用 O 表示，若还有对称面则用 O_h 表示。⑥只有一个对称中心的用 C_i 表示，只有一个对称面的用 C_s 表示，只有一个$\underline{3}$和一个 i 的用 C_{3i}表示，只有一个$\bar{4}$的用 S_4 表示。

2.4 14种空间点阵

2.4.1 布拉维法则

空间点阵是以单位矢量$\underline{a}$，$\underline{b}$，$\underline{c}$为棱边的平行六面体为单元的，由于选择单位矢量不同，可以构成多种平行六面体。为了从多种六面体中挑选出一个能代表点阵特征的平行六面体，布拉维(Brarisa)提出了以下法则：

(1)所选的平行六面体对称性和点阵对称性一致；

(2)在平行六面体各棱之间直角数目尽量多；

(3)在遵守以上两条后，平行六面体体积尽量小。

以上法则称为布拉维(Brarisa)法则。

2.4.2 14种空间点阵

32个点群按对称要素分类，可以分为七大类，称为七个晶系。每一个晶系都有它的特征对称要素。例如，将凡是含有四个$\underline{3}$的对称类型归为一类，称为立方晶系，四个$\underline{3}$就是立方晶系的特征对称要素。立方晶系的对称性最高，称为高级晶族；六方、四方、三方晶系次之，称为中级晶族；正交、单斜、三斜又次之，称为低级晶族。

在属于同一晶系的晶体中，必定可取出符合该晶系对称性要求的空间点阵，因为宏观对称性是内部点阵结构对称性的反映，所以七个晶系，可以有七种不同的单元平行六面体，它们用边长 a，b，c 和交角 α，β，γ 来表示。在不破坏晶系对称性要求的前提下，这种单元平行六面体的取法可以是素单位或复单位，如立方晶系，单元平行六面体除按 $a=b=c$，$\alpha=\beta=\gamma=90°$ 要求取出素单位外，还可以有面心和体心的复单位。这样空间点阵的型式共有 14 种，称 14 种空间点阵。见表 2.4 和图 2.16。

表 2.4　　七个晶系

晶族	晶系	点阵特征	特征对称要素	点群
高级	立方	$a=b=c$，$\alpha=\beta=\gamma=90°$	$4\times\underline{3}$	T，T_h，T_d，O，O_h
	六方	$a=b\neq c$，$\alpha=\beta=90°$，$\gamma=120°$	$\underline{6}$ 或 $\overline{6}$	C_6，D_6，C_{6h}，D_{6h}，D_{3h}，C_{3h}，C_{6v}
中级	四方	$a=b\neq c$，$\alpha=\beta=\gamma=90°$	$\underline{4}$ 或 $\overline{4}$	D_4，C_4，S_4，C_{4h}，D_{4h}，D_{2d}，C_{4v}
	三方	$a=b=c$，$\alpha=\beta=\gamma\neq 90°$	$\underline{3}$ 或 $\overline{3}$	C_3，D_3，C_{3v}，D_{3d}，C_{3i}
	正交	$a\neq b\neq c$，$\alpha=\beta=\gamma=90°$	$3\times\underline{2}$ 或 $2\times m$	D_2，C_{2v}，D_{2h}
低级	单斜	$a\neq b\neq c$，$\alpha=\gamma=90°$，$\beta\neq 90°$	$\underline{2}$ 或 m	C_2，C_3，C_{2h}
	三斜	$a\neq b\neq c$，$\alpha\neq\beta\neq\gamma$	无	C_1，C_i

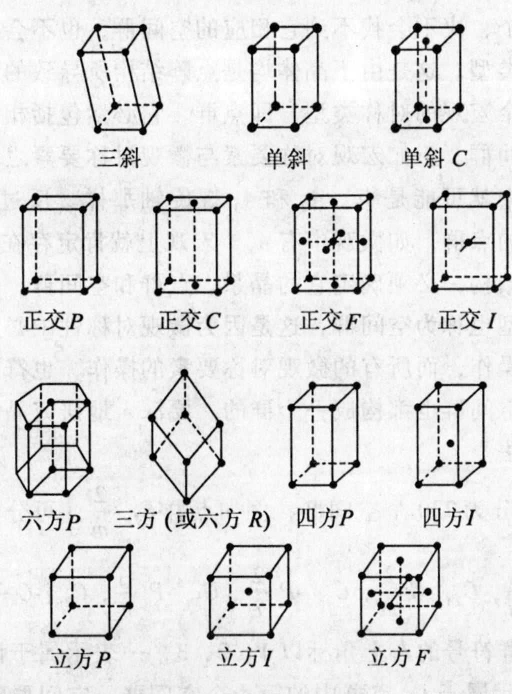

图 2.16　14 种空间点阵

素单位称为简单点阵型式，用 *P* 表示，称为简单(*P*)。复单位较复杂，有的在平行六面体的体心位置有阵点，用 *I* 表示，称为体心(*I*)；有的在六个面心处有阵点，用 *F* 表示，称为面心(*F*)；有的在上下底面心处有阵点，用 *C* 表示，称为底心(*C*)。习惯上还分别用 *R* 和 *H* 表示三方和六方。

当我们遇到一个实际晶体时，先察看它的外形特征(运用肉眼、立体显微镜或 X 射线衍射等手段)，按照表 2.4 的顺序，寻找它的特征对称要素，确定晶系。然后找出它的全部对称要素，在该晶系所属的点群中进一步确定这个晶体的点群，在宏观对称性分析完成之后，再进入微观结构对称性的分析。

2.5 230 个空间群

晶体宏观对称性是晶体微观对称性的反映，描写晶体宏观对称性的对称类型有 32 个点群，那么描写晶体微观对称性的对称类型(即内部结构的类型)有多少种呢？晶体微观对称类型又是怎样得到的呢？回答是晶体微观对称性的对称类型总共有 230 种，即 230 个空间群。它是由所有的微观对称要素在符合点阵结构基本特征的原则下，合理地组合得来的。230 个空间群总结了晶体内部结构所有可能的类型，任何一个晶体就其内部结构而言，必定是属于这 230 个空间群中的某一个，决不会找不到它相应的空间群，也不会再出现超出 230 个空间群以外的新类型。这是由于晶体均是点阵结构所导致的结果。宏观与微观的相互关系是一个宏观的对称类型，即点群，它必然包括相当数目可能的微观对称类型，即空间群。正如宏观对称要素与微观对称要素之间的关系，如 4 重对称轴，在微观中就可能是 4_1，4_2 和 4_3 螺旋轴那样。反过来知道空间群后，必然就明确所属的点群，如微观中有 4_1，宏观上就肯定存在$\underline{4}$ 重轴。要完整地掌握一个晶体的结构，必须确定它的晶系、点群和空间群。

微观对称类型也称为空间群，这是因为微观对称性中必定有阵点在空间作平移这样的对称操作，而所有的微观对称要素的操作，也符合群的定义。实际上每一个点群和空间群也都构成一个群的。要深入地研究晶体结构，往往离不了应用群论的方法。

32 个点群可分为 230 个空间群，例如点群 C_{2h}-$\frac{2}{m}$，可分为六个空间群，即 C_{2h}^{1}-$P\frac{2}{m}$，C_{2h}^{2}-$\frac{2_1}{m}$，C_{2h}^{3}-$C\frac{2}{m}$，C_{2h}^{4}-$P\frac{2}{c}$，C_{2h}^{5}-$P\frac{2_1}{c}$，C_{2h}^{6}-$C\frac{2}{c}$。空间群的圣弗利斯符号是在点群符号的右上角标以 1，2，3，…表示属于该点群的第几个空间群。如 C_{2h}^{4} 表示属于 C_{2h}点群中的第 4 个空间群。空间群的国际符号是将点群国际符号中三个方位中的对称要素换为相应的微观对称要素，并在点群符号

的前面用字母 P(简单)，C(底心)，F(面心)和 I(体心)来表示点阵的型式。如空间群 $P\frac{2_1}{m}$，表示点阵是简单要素单位，宏观上的 2 重对称轴，在微观中实际是 2_1 螺旋轴，m 是垂直 2_1 的对称面，实际在微观中是滑移面。其余类推。

2.6 晶胞中的微粒、晶棱和晶面符号

晶胞是组成晶体的基本重复单元，晶胞的组成、结构和对称性等均与晶体一致。除用晶胞参数描写晶胞的大小和形状外，还要了解晶胞中所包含的微粒的分布情况，即要了解微粒的分数坐标、晶棱指标和晶面符号。

2.6.1 微粒的分数坐标

晶胞中的微粒的相对位置可用它所处的坐标来表示，为此首先选晶胞的一个顶点为原点，以晶胞的三个棱边 a，b，c(结晶轴)所决定的直线为坐标轴(不一定是直角坐标系)，以晶胞参数 a，b，c 为量度单位。当晶体中某微粒 P 的坐标为(xa，yb，zc)时，由于 P 点在晶体内，必有 $x\leqslant 1$，$y\leqslant 1$，$z\leqslant 1$，将(x，y，z)称为微粒的分数坐标，如图 2.17(a)所示。晶胞中有几个微粒就应该有几组分数坐标。譬如对于 CsCl 晶体，如图 2.17(b)所示，若选择 1(Cl^-)为原点，任取离子 2，5，9，由图可以看出其坐标依次为($1a$，0，0)，($1a$，$1b$，0)，$\left(\frac{1}{2}a, \frac{1}{2}b, \frac{1}{2}c\right)$，所有这些离子的分数坐标分别为(1，0，0)，(1，1，0)，$\left(\frac{1}{2}, \frac{1}{2}, \frac{1}{2}\right)$。

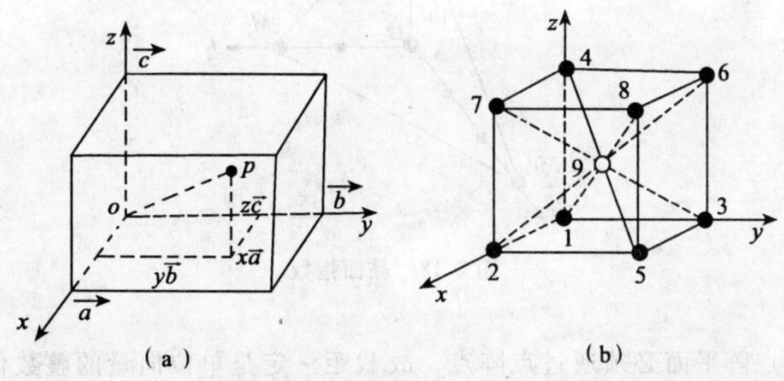

图 2.17 晶胞中微粒的分数坐标

(a) 微粒的分数坐标；(b) CsCl 晶胞中离子的分数坐标

CsCl 晶胞为体心立方，晶胞实际具有的离子数为 2，Cs^+离子位于体心。这样便有两组分数坐标 $Cl^-(0, 0, 0)$和 $Cs^+\left(\frac{1}{2}, \frac{1}{2}, \frac{1}{2}\right)$。

显而易见，分数坐标与原点的选择有关，若选 Cs^+离子为原点，则分数坐标为 $Cs^+(0, 0, 0)$和 $Cl^-\left(\frac{1}{2}, \frac{1}{2}, \frac{1}{2}\right)$。但是不管原点怎样选择，用分数坐标表示晶体中原子的相对位置不变。

2.6.2 晶棱指标

晶棱的标记：选择与它的取向平行的矢量 $\vec{r}=ua+vb+wc$，其中 u，v，w 是互质的整数，将其用方括号括起$[uvw]$，以此标记为晶棱的指标。

2.6.3 晶面符号

为了描述晶面或从空间点阵中划分出来的平面点阵的方向，均采用密勒符号(hkl)来表示。一般按空间点阵的$\underline{a}$，$\underline{b}$，$\underline{c}$ 矢量方向选为坐标轴，当有一平面点阵或晶面与 a，b，c 轴交于 M_1，M_2，M_3 三点，见图 2.18，截距分别为：

$$\overline{OM_1} = h'\,\underline{a} = 3\,\underline{a}$$

$$\overline{OM_2} = k'\,\underline{b} = 2\,\underline{b}$$

$$\overline{OM_3} = l'\,\underline{c} = \underline{c}$$

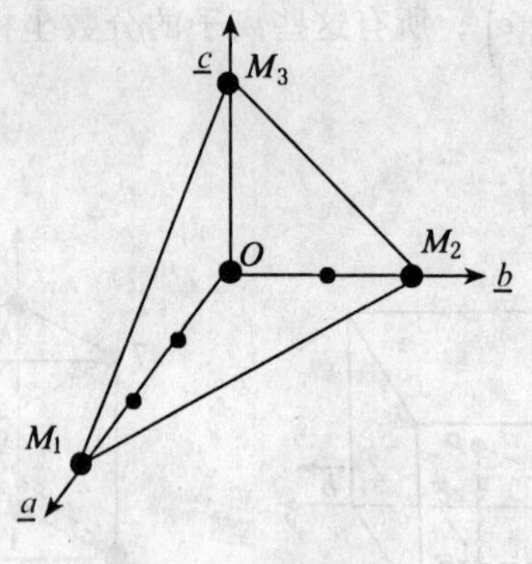

图 2.18　晶面指数

因为点阵平面必须通过点阵点，故截距一定是单位向量的整数倍，亦即 h'，k'，l'必定是整数。这(h', k', l')三个整数原则上可以作表示晶面的符号。但若有一平面与$\underline{a}$ 轴平行，则 $h'=\infty$。为了避免用无穷大，故将 h'，k'，l'的倒数的互质整数比(hkl)来表示晶面。即：

$$\frac{1}{h'}:\frac{1}{k'}:\frac{1}{l'}=h:k:l$$

(hkl)就称为晶面符号，或称晶面指数和密勒指数。如上图的晶面 $M_1M_2M_3$ 的符号应为：

$$\frac{1}{3}:\frac{1}{2}:1=2:3:6$$

所以 $M_1M_2M_3$ 晶面就叫(236)晶面。

(hkl)中的三个数若有公约数，晶体学中通常要求约去这个公约数，如(333)→(111)，(630)→(210)，(642)→(321)。但在研究晶体对射线的衍射效应时，米勒指数乘上整数会改变平面距离。因此(420)平面包括(210)平面。密勒指数 2 表示平面在单胞边长的一半处与此轴相交，人们常将(200)平面组看成是交叉于(100)平面之间的平面，从而给出(100)，(200)，(100)，(200)，(100)，…的序列，这是不对的。若额外的平面(200)交叉于相邻(100)平面之间，则所有的平面都应被标记为(200)。在结晶学的表示中(hkl)指晶面，不加括号只写 hkl 表示一组平行面。符号{ }用于表示一组等效平面，例如在立方晶体中平面组(100)，(010)，(001)是等效的，可集中表示成{100}。负的指标写在数字上，如$(22\bar{1})$。

六方晶体是个例外，它的平面的米勒指数常用四个数字表示$(hkil)$。从某种意义上讲，i 指数是多余的信息，因为 $h+k+i=0$ 的关系总是成立的，比如$(10\bar{1}1)$，$(1\bar{2}11)$，$\bar{2}110$ 等等。图 2.19 示出了立方晶系的一些重要的晶面指标。

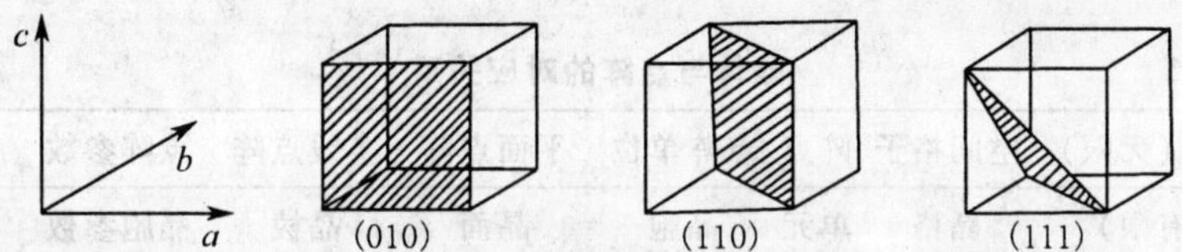

图 2.19 立方晶系的一些重要的晶面指标

2.6.4 d 间距公式

一组平面的 d 间距是这组平面中任何一对相邻平面间的垂直距离，在布拉格公式中以 d 表示。对立方晶胞(100)面的 d 间距就等于 a，即等于晶胞边长。对立方晶胞(200)面的 d 间距，则等于 $a/2$，即晶胞边长的一半。正交晶系(即 $\alpha=\beta=\gamma=90°$)中，任何平面组的 d 间距由以下公式给出：

$$\frac{1}{d_{hkl}^2}=\frac{h^2}{a^2}+\frac{k^2}{b^2}+\frac{l^2}{c^2}$$

对四方晶系，此公式可被简化，因为 $a=b$，所以：

$$\frac{1}{d_{hkl}^2}=\frac{h^2+k^2}{a^2}+\frac{l^2}{c^2}$$

对立方晶系，由于 $a=b=c$，公式可被进一步简化为：

$$\frac{1}{d_{hkl}^2}=\frac{h^2+k^2+l^2}{a^2}$$

单斜，特别是三斜晶系有很复杂的 d 间距公式，因为每一个角都不等于90°。

2.7 点阵和晶体的关系

总结前面的讨论，晶体是具体的客观存在，而点阵是抽象的概念。离子、原子或分子按点阵结构排布的物质就叫做晶体。点阵中阵点是抽象的，而晶体中点阵结构上的点是具体的微粒(即离子、原子或分子)。点阵划分的最小单位，即单元平行六面体，在晶体结构中就称晶胞。点阵划分最小单位有素单位、复单位之分，晶胞也有素晶胞和复晶胞之别。晶胞是组成晶体的最小的单位，或说是晶体结构中的最小单位。只要充分掌握晶胞中离子、原子或分子的分布情况，也就知道晶体中所有离子、原子和分子分布的情况，从而了解晶体的内部结构。

空间点阵可以从各个方向划分成许多组平面点阵。这些平面点阵在外形上就表现为晶面。平面点阵之间的交线为直线点阵，在外形上就为晶棱。表 2.5 列出了晶体与点阵的对应关系。

表 2.5 晶体与点阵的对应关系

空间点阵(无限)	空间格子	阵点	点阵单位	平面点阵	直线点阵	点阵参数	抽象的
晶体(有限)	晶格	单元	晶胞	晶面	晶棱	晶胞参数	具体的

说晶体具有点阵结构的特征，这是一种较好的近似说法，因为晶体不可能是无限的。另外，在实际晶体中总难免有一些杂质，有时会有位错和缺陷以及受热运动等影响，故晶体具有点阵结构这句话不能机械地理解。以下将介绍晶体的基本类型。

2.8 金属键和金属晶体

在金属单质晶体中，金属原子上的价电子在整个晶体内自由的运动，金属单质晶体就是靠自由的价电子和金属原子、离子形成的点阵之间的相互作用结合在一起的。这种相互作用称为金属键。

构成金属单质晶体的金属原子，由于价电子活动在整个金属晶体内，金属原子沉浸在快速运动的电子云中，所以它的电子云分布可以看成是球形对称的，整个金属原子可以看做具有一定体积的圆球，所以金属键是没有饱和性和方向性的。对于金属单质而言，这种圆球还可以认为是等径的。所以我们把金属单质晶体中原子在空间的排列看成是等径圆球的堆积。为了稳定，采取最紧密的堆积，简称金属的密堆积。可见金属键配位数很高，所以金属一般密度较大，又有自由电子，使金属导电导热性能良好。

等径圆球的最紧密堆积的方式有哪些呢？第一层的密堆积只能如图 2.20 所示。每一个球都和六个球相切，每三个球之间形成一个空隙。第二层球堆上去时，要保持紧密，只能放在第一层堆积的空隙上，它只用去空隙数的一半，另一半的空隙是空着的。当第三层球堆在第二层球的空隙里去时，就有两种方式。一种是使第三层的球恰恰在第一层的上面。如果第一层用 A 表示，第二层用 B 表示，那么第三层又为 A，第四层为 B，而形成 $ABAB\cdots$ 的结构，如图 2.21(a)所示。它的配位数是 12，为六方紧密堆积，空间利用率达 74.02%，用符号 A_3 表示。另一种是第三层堆上去时，是堆在不与第二层相对的那套空隙上，而是让第三层球对准第二层未占用的空隙，成为新的一层，以 C 表示，然后 $ABCABC\cdots$ 这样堆积下去。这种堆积配位数也是 12，空间利用率也是 74.02%，但却形成立方面心结构，故称立方面心紧密堆积。如图 2.21(b)所示，符号用 A_1 表示。还有一种紧密性稍差的堆积方式，如图 2.22 所示，这种堆积方式形成立方体心结构，位于顶点的八个圆球只与位于体心的圆球接触，配位数为 8，空间利用率为68.02%，符号用 A_2 表示。

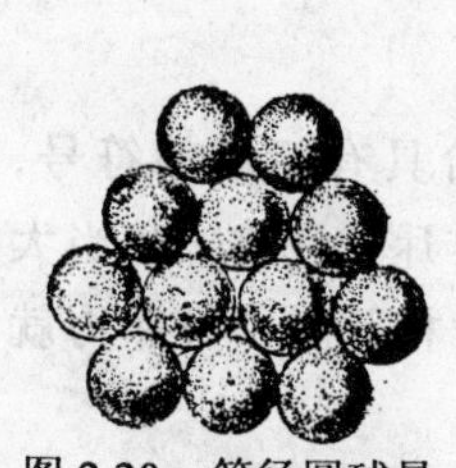

图 2.20 等径圆球最紧密堆积图

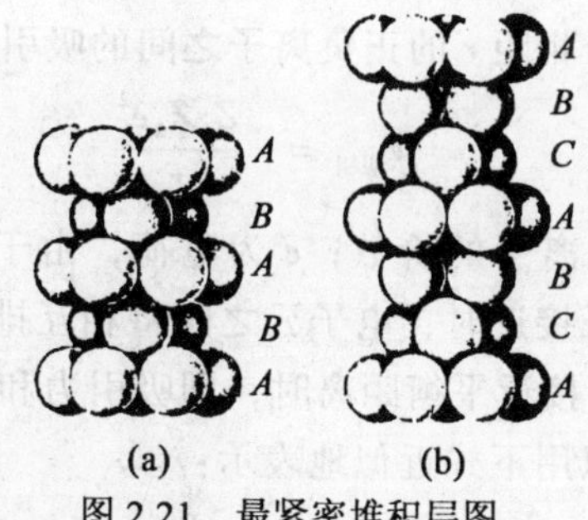

图 2.21 最紧密堆积层图

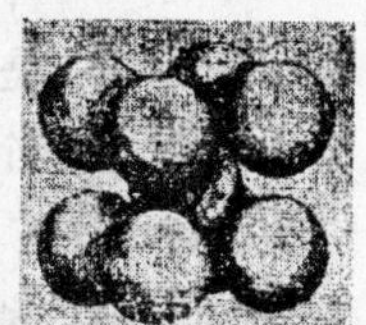

图 2.22 A_2型堆积

金属单质晶体结构属于 A_1 型的有：Ca，Sr，Al，Cu，Ag，Au，Pt，Ir，Rh，Pd，Pb，Co，Ni，Fe，Ce，Pr，Yb，Th 等。

属于 A_2 型结构的有：Li，Na，K，Rb，Ba，Ti，Zr，V，Nb，Ta，Cr，Mo，W，Fe 等。

属于 A_3 型结构的有：Be，Mg，Ca，Sc，Y，La，Ce，Pr，Nd，Eu，Gd，Tb，Dy，Ho，Er，Tu，Lu，Ti，Zr，Hf，Tc，Re，Co，Ni，Ru，Os，Zr，Cd，Tl 等。

其中有些金属可以有两种不同的构型，如 Fe，α-Fe 是 A_2 型而 γ-Fe 则是 A_1 型。实践证明，把金属单质晶体的结构看做紧密堆积的观点，是令人满意的。

2.9 离子键和离子晶体

当电离能很小的金属（如碱金属和碱土金属）和电子亲合能很大的非金属元素（例如卤族）原子互相接近时，金属原子可能失去价电子而形成正离子，非金属原子则可能得到电子使电子层充满而成负离子。正负离子之间由于库仑引力而相互吸引，但当正负离子充分接近时，离子的电子云间又将相互排斥。当吸引和排斥的作用相等时，就形成稳定的离子键。由于正负离子的电子云也是球对称的，所以离子键也没有饱和性和方向性。决定离子键晶体结构的主要因素是球形离子的堆积形式，由于正负离子大小不同和电荷的影响，这种堆积不是等径堆积。比较典型的离子键晶体如图 2.23 所示。离子键晶体的特点是往往具有较高配位数，硬度较大，熔点相当高，熔融后能导电。很多离子键晶体均能溶于极性溶剂中，如溶于水。

点阵能的计算：离子点阵能的定义是由气态正负离子结合成一摩尔离子晶体时放出的能量。从静电吸引理论可得到点阵能的理论计算公式。

由库仑定律，两个相距 r 的正负离子之间的吸引能为：

$$V_{吸引} = -\frac{Z_1 Z_2 e^2}{r}$$

式中，Z_1 和 Z_2 是正负离子的价数；e 为电荷，由于离子价具有相反的符号，故为负值。当两个离子接近时，电子云之间将相互排斥，排斥作用在 r 相当大时可以忽略不计，当 r 接近平衡距离时，即吸引力和排斥力相等时，排斥力就迅速增加。排斥能可以用下式近似地表示：

$$V_{排斥} = \frac{B}{r^n}$$

即排斥能与 r 的 n 次方成反比。式中 B 和 n 均为常数。n 称玻恩指数，n 的大小与离子的电子层结构有关，归纳如下规律，列在表 2.6 中。

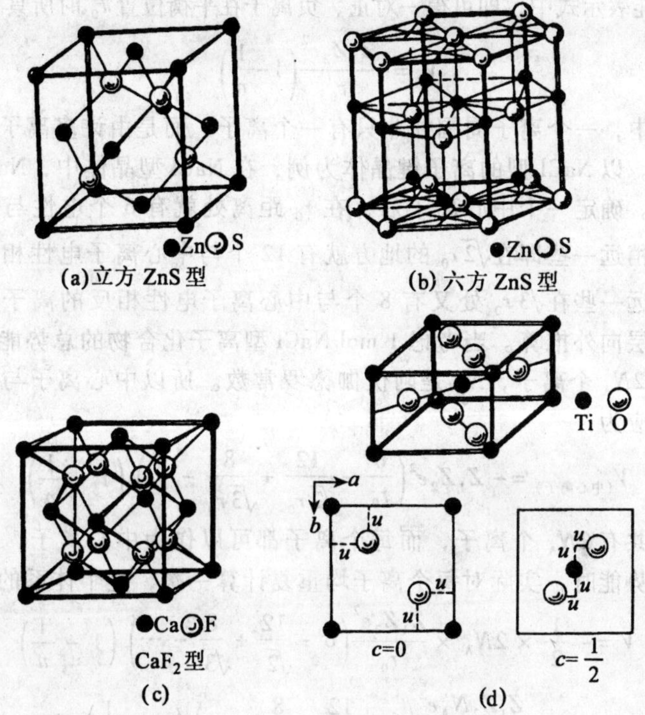

图 2.23　几种比较典型的离子晶体结构

表 2.6　　　　离子的玻恩指数

离子的电子层结构类型	He	Ne	Ar, Cu^+	Kr, Ag^+	Xe, Au^+
n	5	7	9	10	12

当正负离子属于不同类型时，n 则取其平均值，如 NaCl：

$$n = \frac{1}{2}(7 + 9) = 8$$

所以一对正、负离子间的势能为：

$$V = V_{吸引} + V_{排斥} = -\frac{Z_1 Z_2 e^2}{r} + \frac{B}{r^n}$$

当 r 等于平衡距离 r_0 时，势能在最低点，此时：

$$\left(\frac{\mathrm{d}V}{\mathrm{d}r}\right)_{r=r_0} = \frac{Z_1 Z_2 e^2}{{r_0}^2} - \frac{nB}{{r_0}^{n+1}} = 0$$

故：
$$B = \frac{Z_1 Z_2 e^2 {r_0}^{n-1}}{n}$$

将 B 代入势能表示式中，即可得一对正、负离子在平衡位置 r_0 时所具有的势能为：

$$V_0=-\frac{Z_1Z_2e^2}{r_0}\left(1-\frac{1}{n}\right)$$

然而在晶体中，一个离子周围并非只有一个离子，而是由许多离子按点阵结构层层包围的。以 NaCl 型的离子键晶体为例，在 NaCl 型晶体中，Na^+和 Cl^-的情况是相同的。确定一个中心离子后，在 r_0 距离处就有 6 个电性与中心离子相反的离子，稍远一些即在$\sqrt{2}r_0$ 的地方就有 12 个与中心离子电性相同的离子包围着它。再远一些在$\sqrt{3}r_0$ 处又有 8 个与中心离子电性相反的离子包围着。这样可以一层层向外推算。当考虑 1 mol NaCl 型离子化合物的总势能时，这个体系就一共有 $2N_A$ 个离子，N_A 是阿伏伽德罗常数。所以中心离子与其他所有离子的总势能应为：

$$V_{(中心离子)}=-Z_1Z_2e^2\left(\frac{6}{r_0}-\frac{12}{\sqrt{2}r_0}+\frac{8}{\sqrt{3}r_0}-\cdots\right)\left(1-\frac{1}{n}\right)$$

但体系中总共有 $2N_A$ 个离子，而每个离子都可以作为中心离子，所以在计算整个体系的势能时，实际对每个离子均重复计算一次，整个体系的势能为：

$$V=-\frac{1}{2}\times 2N_A\times\frac{Z_1Z_2e^2}{r_0}\left(6-\frac{12}{\sqrt{2}}+\frac{8}{\sqrt{3}}-\cdots\right)\left(1-\frac{1}{n}\right)$$

$$=-\frac{Z_1Z_2N_Ae^2}{r_0}\left(6-\frac{12}{\sqrt{2}}+\frac{8}{\sqrt{3}}-\cdots\right)\left(1-\frac{1}{n}\right)$$

式中以 2 除就是为了扣除重复计算 。式中括号内的级数，显然是与离子型晶体的类型有关的，而与具体晶体的物质无关，用 A 表示，A 称为马德隆常数。这样上式写为：

$$V=-\frac{Z_1Z_2N_Ae^2A}{r_0}\left(1-\frac{1}{n}\right)$$

对常见的离子型晶体的马德隆常数，已有人计算得到。对于 NaCl 型晶体 $A=1.748$，CsCl 型晶体 $A=1.763$，立方 ZnS 型晶体 $A=1.638$，六方 ZnS 型晶体 $A=1.641$，CaF_2 型晶体 $A=5.039$，金红石(TiO_2)型晶体 $A=4.816$。

而点阵能定义以 NaCl 晶体为例是：

$$Na^+(气)+Cl^-(气)\longrightarrow NaCl(固)+u$$

式中，u 是一摩尔的点阵能。这与势能的含意相反，所以：

$$u=-V=\frac{Z_1Z_2N_Ae^2A}{r_0}\left(1-\frac{1}{n}\right)$$

若电荷 e 用静电单位，r_0 用厘米，则点阵能的单位是尔格。用 $e=4.802\times10^{-10}$ 静电单位和 $N_A=6.023\times10^{23}$代入，则：

$$u=\frac{1.389\times10^5Z_1Z_2A}{r_0}\left(1-\frac{1}{n}\right)$$

但通常 u 是以千焦为单位的，因为 1 尔格 = 10^{-7} 焦耳 = 10^{-10} 千焦，经单位换算后可得：

$$u = \frac{1.389 \times 10^{-5} Z_1 Z_2 A}{r_0}\left(1 - \frac{1}{n}\right)$$

以 NaCl 晶体而言，$r_0 = 2.79$ Å，$Z_1 = Z_2 = 1$，$A = 1.748$，$n = 8$，所以：

$$u = \frac{1\ 389 \times 1.748}{2.79}\left(1 - \frac{1}{8}\right) = 761.5\ \mathrm{kJ \cdot mol^{-1}}$$

点阵能的热化学计算方法：点阵能也可运用热化学的数据计算，即利用玻恩-哈伯循环。以 NaCl 晶体为例，其中 $\Delta H_{生成}$ 是 NaCl 晶体的生成热，$\Delta H_{升华}$ 是 Na 晶体的升华热，$\Delta H_{分解}$ 是 Cl_2 气体分子的分解热，I_{Na} 是气态 Na 的电离能，Y_{Cl} 是 Cl 的电子亲合能。

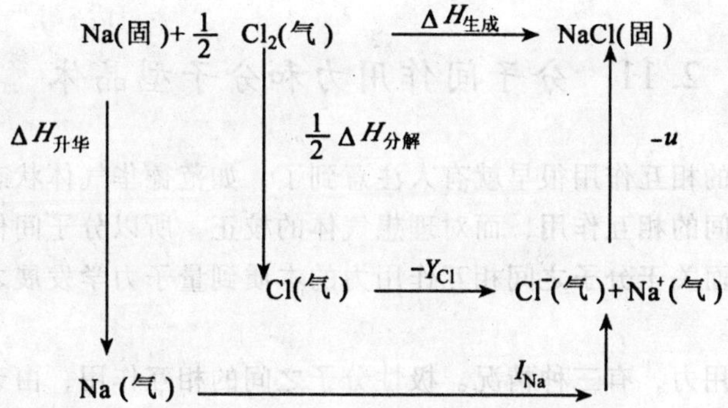

根据热化学中的盖斯定律，有：

$$\Delta H_{生成} = \Delta H_{升华} + \frac{1}{2}\Delta H_{分解} + I_{Na} - Y_{Cl} - u$$

所以，$u = -\Delta H_{生成} + \Delta H_{升华} + \frac{1}{2}\Delta H_{分解} + I_{Na} - Y_{Cl}$

将已知数据代入得：

$$\begin{aligned} u &= 410.9 + 108.8 + 120.9 + 494.6 - 365.7 \\ &= 769.5\ \mathrm{kJ \cdot mol^{-1}} \end{aligned}$$

与理论计算是接近的，需要指出的是 Y 值测定比较困难，并且实验误差较大，所以在知道点阵能后，常常利用玻恩-哈伯循环来计算电子亲合能 Y。

前面讲到点阵能的理论公式是近似的公式，它没有考虑如过渡元素离子化合物的配位场的影响等。

2.10 共价键和共价键晶体

共价键也可以称为原子键。共价键晶体可称为原子型晶体。共价键一般分为双原子共价键和多原子共价键。多原子共价键的典型实例如苯分子。由于共价键具有方向性和饱和性，所以共价键晶体的构型与共价键的性质密切相关，它们的配位数一般要比离子晶体小，而硬度、熔点却比离子晶体高，这是因为共价键是很强的，它们不导电。

共价键晶体的典型例子是金刚石，其中每个碳原子与另四个碳原子以共价键相结合，配位数为4(见图2.1)。

AB型共价键晶体的结构，主要有两种类型，即立方 ZnS 和六方 ZnS。其结构型式参看图2.20。

AB_2 型共价键晶体的典型例子是 SiO_2，其结构与立方 ZnS 相似，相当于把立方 ZnS 中的 Zn 和 S 都换成 Si 原子，而在 Si 与 Si 连线中心处放上 O 原子后就得立方 SiO_2 结构。Si 配位数为 4，O 的配位数为 2。

2.11 分子间作用力和分子型晶体

分子之间的相互作用很早就有人注意到了，如范德华气体状态方程，就是考虑这种分子间的相互作用，而对理想气体的校正。所以分子间作用力，也称范德华力。然而关于分子之间相互作用力的本质到量子力学发展之后才有了比较透彻的了解。

分子间作用力，有三种情况。极性分子之间的相互作用，由于极性分子有偶极矩，极性分子之间存在着分子偶极矩之间相互作用，这种极性分子之间的相互作用力，称为静电力(也称葛生力)。当极性分子和非极性分子放在一起时，在运动的过程中非极性分子受到极性分子的诱导，而产生诱导偶极矩。这种极性分子的偶极矩和非极性分子的诱导偶极矩之间的相互作用力称为诱导力(也称德拜力)。然而非极性分子之间也存在着相互作用力。虽然非极性分子本身偶极矩为零，但在运动的过程中，分子上电子云分布的密度并不是始终均匀分布的，电子云是电子在空间出现的几率密度的统计平均概念，就每一个瞬间而言，由于非极性分子电子云密度分布不均匀，就产生了瞬间偶极矩而相互作用。这种相互作用力称为色散力(也称伦敦力)。

分子型晶体是依靠分子之间的相互作用力结合起来的晶体，点阵结构的每个点上是具体的分子。由于这种作用力比较弱，所以分子型晶体结合力较小，表现为它们的熔点低、硬度小。绝大部分的有机化合物晶体和惰性气体元素的晶体都属于分子型晶体。CO_2，H_2，Cl_2，SO_2，HCl，N_2，I_2 等也都是分子型晶体。分子间作用力没有饱和性和方向性，但是分子内各原子是共价键结合的，分子本身均有具体的几何构型，因此在形成晶体时，虽然堆积中要尽量使空隙减少，但堆积不像原子那样紧密，所以多数分子型晶体对称性较低。这就是为什么一般有机化合物晶体对称性不高的原因。分子型晶体结构举例如图2.24所示。

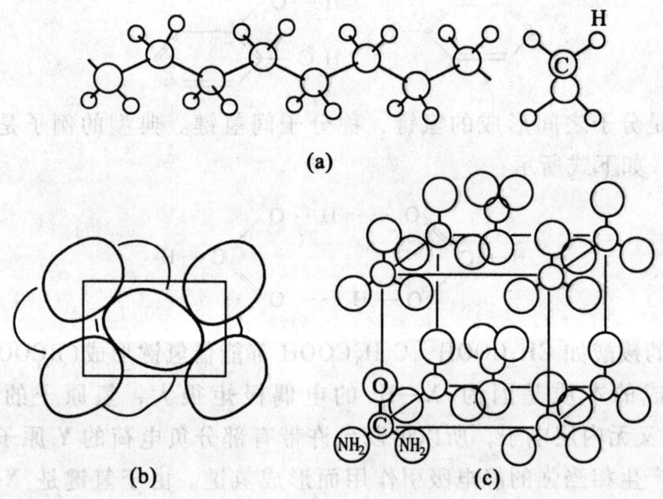

图2.24 几种分子型晶体结构

(a)正烷烃分子；(b)正-$C_{29}H_{60}$晶体中链状分子的堆积；(c)尿素

2.12 氢键和氢键型晶体

若X和Y都是电负性较大、半径又较小的原子如F，N，O等，则在X—H ⋯Y之间可以形成氢键。如F—H ⋯F，O—H ⋯O，N—H ⋯O等等，式中实线为共价键，虚线表示氢键。氢键有两大类，一类是分子内形成的氢键称分子内氢键，如邻位硝基苯酚中的羟基O—H可以与硝基的氧原子生成分子内氢键如下式所示：

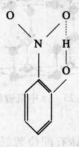

由于受环状结构中其他原子键角的限制，使分子内氢键X—H ⋯Y不能在同一直线上，一般键角在150°左右。在苯酚的邻位上有—COOH，—NO_2，

—NO，—$CONH_2$，—$COCH_3$和—Cl等取代基的化合物都能形成内氢键。在含氮的化合物中也有分子内氢键存在，如 $C_6H_4(OH)CH=NC_6H_5$ 即为一例。

另一种是分子之间形成的氢键，称分子间氢键。典型的例子是二聚甲酸$(HCOOH)_2$，如下式所示：

但一般的羧酸如 CH_3COOH，C_6H_5COOH 都能借氢键形成$(RCOOH)_2$。

氢键形成的本质是因为 X—H 的电偶极矩很大，氢原子的半径很小(0.03nm)且又无内层电子，所以可以允许带有部分负电荷的 Y 原子充分地接近它，由此产生相当强的静电吸引作用而形成氢键。由于氢键是 X—H …Y，只能与一个 Y 原子结合，又因为 H 很小，Y 一般有孤对电子，其方向在可能的范围内要与氢键轴一致，同时 X—H 电偶极矩与 Y 相互作用时，只有当 X—H …Y 在同一直线上时才最强烈。根据上述两个原因，氢键就具有饱和性和方向性。氢键的能量，一般在 41.84 千焦/克键以下，比化学键小得多，与分子间作用力的能量差不多。有人也把氢键归入分子间作用力中去讨论，并认为氢键是具有饱和性和方向性的分子间作用力。

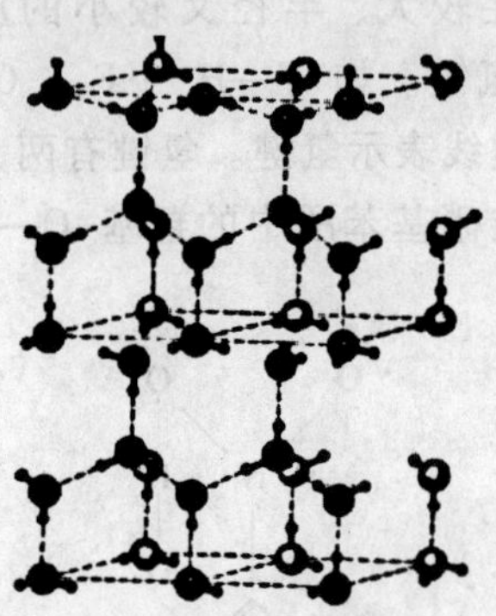

图 2.25　冰中氢键结构

氢键的这些性质使氢键型晶体有配位数低、密度小、熔点低等特点。像草酸、硼酸、碳酸氢钠、间苯二酚等晶体均是氢键型晶体。

在氢键晶体结构中一个最典型的例子是冰。冰的 $\Delta H_{升华}$ 为 51kJ/mol，其中

1/4 是归于分子间作用力，余下来的 37.7 kJ/mol 是破坏氢键所需的能量。所以冰中的氢键的键能是 18.8 千焦/克键。冰中的氢键是四面体构型，由图 2.25 可以看出冰的结构中有相当多的空隙，所以冰的密度小，能浮于水面。

2.13 混合键型晶体

混合键型晶体的典型例子是石墨晶体，石墨属六方晶系。如图 2.26 所示，石墨中的 C 是 sp^2 杂化，每个碳原子与相邻的三个 C 原子以 σ 键结合，形成无限的正六角形蜂巢状的平面结构层，而每个碳原子还有一个 p 轨道和 p 电子，这些 p 轨道又都互相平行且与碳原子 sp^2 杂化构成的平面垂直，因为生成了大 π 键，使这些 π 电子可以在整个碳原子平面方向上活动，类似金属键的性质。而平面结构之间依分子间相互作用结合起来，形成石墨晶体，故石墨晶体中既有共价键又有金属键和层间结合的分子间作用力，是混合键型的晶体。所以石墨有金属光泽，在层平面方向有很好的导电性质。由于层间分子间作用力较弱，因此石墨间各层较易滑动，工业上用来作固体润滑剂。

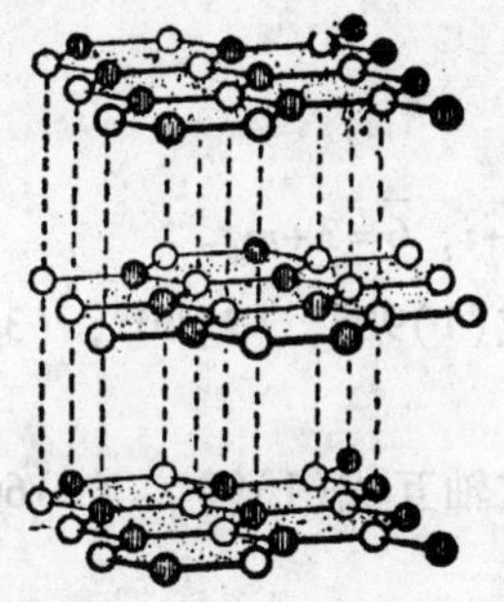

图 2.26 石墨晶体结构

表 2.7 中归纳了各种类型晶体的结构特点和一般性质。

表 2.7 各种类型晶体的特征

晶体类型	离子晶体	共价晶体	金属晶体	分子晶体
结构特征	正、负离子相间地最密堆积，靠静电力结合，键能较高，约 800kJ · mol^{-1}	组成原子之间靠共价键结合，键有方向性和饱和性。键能由中到高，约为 80kJ · mol^{-1}	正离子最密堆积，以自由电子气为结合力，键无方向性，配位数高。键能约为 80kJ · mol^{-1}	组成分子之间靠范德华力结合，键能低，为 8 ~ 40 kJ · mol^{-1}

续表

晶体类型	离子晶体	共价晶体	金属晶体	分子晶体
举例	$NaCl, CaF_2, Al_2O_3$	Si, InSb, PbTe	Na, Cu, W	Ar, H_2, CO_2
热学性质	熔点高	熔点高	熔点由低到高，热传导性良好	熔点低，热膨胀率高
力学性质	强度高，硬度高，质地脆	强度和硬度由中到高，质地脆	具有各种强度和硬度，压延性好	强度低，可以压缩，硬度低
电学性质	低温下绝缘，某些晶体有离子导电现象，熔体导电	绝缘体或半导体，熔体也不导电	固体和熔体均为良导电体	固体和熔体均为绝缘体
光学性质	多为无色透明，折射率较高	透明晶体具有高折射率	不透明，高反射率	呈现组成分子的性质

习　题

2.1　试证明 $\bar{1}=i$，$\bar{3}=\underline{3}+i$，$\bar{6}=\underline{3}+m_h$。

2.2　由两个镜面相互成(1)90°，(2)60°，(3)45°，(4)30°组合产生什么点群？

2.3　由两根相交的二重轴互成(1)90°，(2)60°，(3)45°，(4)30°组合产生什么点群？

2.4　对于 NaCl 型的 KCl 晶体，已知 $R_{K^+}=133pm$，$R_{Cl^-}=181pm$，求晶格能。

2.5　氧化钠 Na_2O 具有反萤石结构，$a=0.555nm$。计算：(1)钠-氧键长，(2)氧-氧键长，(3)Na_2O 的密度。

2.6　从负离子的立方密堆积出发，(1)正离子填满所有四面体位置，(2)正离子填满一半四面体位置，(3)正离子填满所有八面体位置，(4)正离子填满八面体位置的交替层，各产生什么结构类型。

2.7　用负离子的六方密堆积排列重复 2.6 题。说明在类型(1)中不存在任何已知结构。

2.8　$SrTiO_3$ 为钙钛矿结构，$a=0.3905nm$。计算(1) Sr—O 键长，(2) Ti—O 键长，(3)$SrTiO_3$ 的密度。点阵类型是什么？

2.9　金属金和铂都有面心立方晶胞，其边长分别为 0.408 和 0.391nm。

计算金原子和铂原子的金属半径。

2.10　从岩盐结构出发，由以下操作产生什么结构类型？

(1)移去一种类型的全部原子或离子；

(2)移去一种类型的一半原子或离子，其方式是使层交替存在；

(3)由一套在四面体位置相等数目的正离子置换所有在八面体位置的正离子。

2.11　说明为何 NiAs 结构常出现在金属型化合物中，而在离子型化合物中不出现。

2.12　在负离子-负离子和正离子-负离子直接接触的两种情况下，比较 NaCl 和CsCl 结构的堆积密度。

第三章　晶体结构缺陷

当讨论晶体结构时，总是认为整个晶体中所有的原子都按照理想的晶格点阵排列。实际上，真实晶体在高于0K的任何温度下，都或多或少地存在着对这种理想晶体结构的偏离，即存在着结构缺陷，也就是说结构缺陷是普遍存在的，可以说结构缺陷是固体化学的核心之一。

3.1　晶体结构缺陷的类型

晶体结构缺陷有多种类型。根据其几何形状来划分，可以分为点缺陷、线缺陷、面缺陷和体缺陷四大类：

(1) 点缺陷。指缺陷的尺寸处在一两个原子大小的量级。

(2) 线缺陷。指晶体结构中生成一维的缺陷，通常是指位错。

(3) 面缺陷。通常是指晶界和表面的缺陷。

(4) 体缺陷。指在三维方向上尺寸都比较大的缺陷。

在这四种缺陷中，点缺陷是最基本也是最重要的，是本章讨论的重点。

3.2　点　缺　陷

3.2.1　点缺陷的类型

点缺陷的分类有两种：

1. 按对理想晶格偏离的几何位置及成分来分类

(1)填隙子。原子或离子进入晶体中正常格点之间的间隙位置，成为填隙原子或填隙离子，统称为填隙子。

(2)空位。正常格点没有被原子或离子所占据，形成空格点，称为空位。

(3)杂质原子。外来原子进入晶格，就成为晶体中的杂质。这种杂质原子可以取代原来的原子进入正常格点位置，生成取代型杂质原子。也可以进入本来就没有原子的间隙位置，生成间隙型杂质原子。这类缺陷称为杂质缺陷。可以理解，杂质进入晶体可以看做是一个溶解的过程，杂质为溶质，原晶体为溶剂。我们把含有外来原子的晶体称为固溶体。由于杂质原子的离子价与被取代原子的价数不同，还会引入空位或离子价态的变化。在陶瓷材料及半导体材料中，为使材料具有特定的性能，往往有意添加杂质。杂质缺陷是一种重要的缺陷，将在第四章中进一步讨论。

2. 根据产生缺陷的原因分类

(1)热缺陷。由于原子热振动而产生的缺陷，称为热缺陷。在没有外来原子时，由于晶格上原子的热振动的关系，有一部分能量较大的原子偏离正常位置，进入间隙，变成填隙子，并在原来的位置上留下一个空位生成所谓弗仑克尔(Frenkel)缺陷，如图 3.1 所示。或者正常格位上的原子迁移到晶体的表面，在晶体内部正常格点上留下空位，生成所谓肖特基(Schottky)缺陷，如图 3.2 所示。

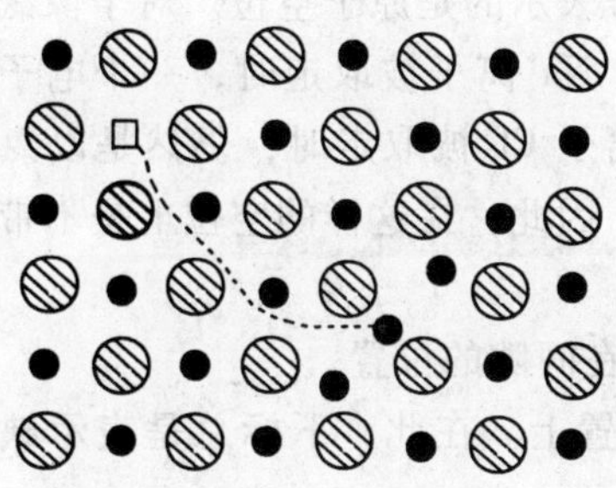

图 3.1　弗仑克尔缺陷

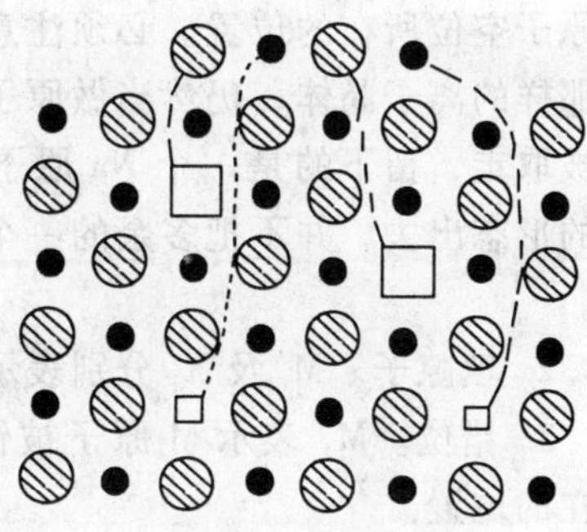

图 3.2　肖特基缺陷

对于离子晶体生成肖特基缺陷时，为了保持电中性，正离子空位和负离子空位是同时成对地产生的，这是离子晶体中肖特基缺陷的特点。例如在 NaCl 中，产生一个 Na^+空位时，同时要产生一个 Cl^-空位。弗仑克尔缺陷和肖特基缺陷是热缺陷的两种基本类型。热缺陷的浓度随着温度的上升而成指数地上升，对于某一种特定材料，在一定温度下，都有一定浓度的热缺陷。

(2)杂质缺陷。由于外来原子进入晶体而产生的缺陷。如果杂质的含量在固溶体的溶解度极限之内，杂质缺陷的浓度与温度无关。当杂质含量一定时，温度变化，缺陷的浓度并不发生变化，这是与热缺陷不同之处。

(3)非化学计量缺陷。有一些化合物，它们的化学组成会明显地随着周围气氛的性质和压力的大小的变化而发生偏离化学计量组成的现象，生成 n 型或 p 型半导体。例如，TiO_2 可以写成 $TiO_{2-x}(x=0\sim1)$，是一种 n 型半导体。非化学计量缺陷也是一种重要的缺陷类型。

除了热缺陷、杂质缺陷等点缺陷之外，还有电子缺陷、带电缺陷等。

3.2.2 缺陷的表示方法

晶体的点缺陷类型较多，在一定的条件下，它们还会像化学反应似的来进行表示。因此，表示各种点缺陷采用方便的、统一的符号是非常需要的。目前普遍采用的是克罗格-明克符号。

克罗格-明克符号规定，在晶体中加入或去掉一个原子时，可视为加入或去掉一个中性原子，这样可以避免判断键型的工作。而对于离子则认为分别加入或去掉电子。例如，从 NaCl 晶体中取出一个 Na^+ 离子，根据上述规则，必然在原来 Na 的位置上留下一个电子。以二元化合物 MX 为例，介绍点缺陷的表示方法。

1. 空位。用 V_M 和 V_X 分别表示 M 原子空位和 X 原子空位。下标 M，X 表示原子空位所在的位置。必须注意，这种符号表示的是原子空位。对于像氯化钠那样的离子晶体，仍然当做原子晶体处理。Na^+ 离子被取走时，一个电子同时被取走，留下的是一个 Na 原子空位。氯离子 Cl^- 被取走时，仍然是以氯原子的形态出去，并不把多余的一个电子带走。因此，在这样的空位上是不带电的。

2. 填隙子。M_i 及 X_i 分别表示 M 及 X 处在间隙的位置。

3. 错位。M_X 表示 M 原子被错放到 X 位置上。在此，下标总是表示缺陷所在的位置。

4. 溶质。L_M，S_X 分别表示 L 溶质处在 M 位置，S 溶质处在 X 位置。例如，$CaCl_2$ 在 KCl 中的固溶体，Ca_K 表示钙离子处在 K 位置；L_i 表示 L 溶质处在间隙位置；Zn_i 表示 Zn 原子处在间隙位置。

5. 自由电子及电子空穴。在强离子性的固体中，通常电子是局限在特定的原子位置上，这可以用离子价来表示。但在有些情况下，有的电子并不一定属于某一特定位置的原子，在某种光、电、热的作用下，可以在晶体中运动，这些电子我们用符号 e′表示。同样也可能出现缺电子的情况，也就是存在电子空穴，用符号 $h^{\cdot}$ 表示。它们都不属于某一特定的原子位置。

6. 带电缺陷。离子化合物由离子构成，在 KCl 离子晶体中，取走一个 K^+ 离子和取走一个钾原子相比，少取了一个电子，因此，钾空位必然和一个带有电荷的附加电子相联系。此附加电子写成 e′，这里上标“′”表示一个单位负电荷。如果这个附加电子被束缚在钾空位上，就可以把它写成 V'_{Ka}。同样，如果取走一个 Cl^-，即相当于取走一个氯原子加上一个电子，那么在氯的空位上，就留下一个电子空穴 $h^{\cdot}$，上标“·”表示一个单位正电荷，因此，氯空位可记为 $V^{\cdot}_{Cl}$。用反应式表示为：

$$V'_K = V_K + e' \tag{3.1}$$

$$V_{Cl}^{\cdot} = V_{Cl} + h^{\cdot} \tag{3.2}$$

其他的带电缺陷，可以用类似的方法表示。例如，Ca^{2+} 进入 NaCl 晶体，取代 Na^{+}，因为 Ca^{2+} 离子比 Na^{+} 离子高出一价，因此与这个位置应有的电价相比，它高出一个正电荷，写成 $Ca_{Na}^{\cdot}$。如果 CaO 和 ZrO_2 生成固溶体，Ca^{2+} 占据 Zr^{4+} 则写成 Ca''_{Zr}，表示带有两个单位负电荷。其余的 V_M，V_X，M_i，M_x，$(V_M V_X)$，都可加上对应于原点阵位置的有效电荷。

7. 缔合中心。一个点缺陷也可能与另一种带有相反符号的点缺陷相互缔合成一组或一群。表示这种缺陷通常是把发生缔合的缺陷放在括号内。例如，V_M 和 V_X 发生缔合，可以记为 $(V_M V_X)$，类似地可以有 $(X_i M_i)$。在存在肖特基缺陷及弗仑克尔缺陷的晶体中，有效电荷符号相反的点缺陷之间，存在着一种库仑力，当它们靠得足够近时，在库仑力的作用下，就会产生一种缔合作用。在 NaCl 晶体中，最邻近的钠空位和氯空位就可能缔合成空位对，形成缔合中心。反应可以表示如下：

$$V'_{Na} + V_{Cl}^{\cdot} = (V'_{Na} V_{Cl}^{\cdot}) \tag{3.3}$$

在缺陷表示法中，除了克罗格-明克符号之外，还有瓦格那和肖特基符号，为对照起见，将其一并列入表 3.1。

表 3.1　克罗格-明克符号、瓦格那和肖特基缺陷符号对照表（MX 化合物）

缺　陷	克罗格-明克符号	肖特基符号	瓦格那符号
填隙正离子	$M_i^{\cdot}$	$M_{\bigcirc}^{\cdot}$	M_z^{+}
正离子空位	V'_M	$M'_{\square}$	$\square_{(M+)}$
填隙负离子	X'_i	$X'_{\bigcirc}$	X_z^{-}
负离子空位	$V_X^{\cdot}$	$X_{\square}^{\cdot}$	$\square_{(X-)}$
溶质原子	L_M	$L_{\cdot(M)}$	
	Ca_K	$Ca._{(K)}$	
自由电子	e'	$\ominus$	
电子空穴	$h^{\cdot}$	$\oplus$	

3.2.3　书写缺陷反应式的基本原则

在写缺陷反应方程式时，必须遵守以下的基本原则：

1. 位置关系。在化合物 $M_a X_b$ 中，M 位置的数目必须永远与 X 位置的数目成一个正确的比例。例如在 MgO 中，Mg : O = 1 : 1，在 Al_2O_3 中 Al : O =

2∶3。只要保持比例不变，每一种类型的位置总数可以改变。如果在实际晶体中，M与X的比例不符合位置的比例关系，表明存在缺陷。例如在TiO_2中，Ti与O位置之比应为1∶2，而实际晶体中是氧不足，即TiO_{2-x}，那么在晶体中就生成氧空位。

2. 位置增殖。当缺陷发生变化时，有可能引入M空位V_M，也有可能把V_M消除。当引入空位或消除空位时，相当于增加或减少M的点阵位置数。但发生这种变化时，要服从位置关系。能引起位置增殖的缺陷有：V_M，V_X，M_M，M_X，X_M，X_X等。不发生位置增殖的缺陷有：e'，$h^{\cdot}$，M_i，L_i。例如，晶格中原子迁移到晶体表面，在晶体中留下空位时，增加了位置数目；当表面原子迁移到晶体内部填补空位时，减少了位置的数目。

3. 质量平衡。和化学方程式一样，缺陷方程式的两边必须保持质量平衡。这里必须注意，缺陷符号的下标只是表示缺陷的位置，对质量平衡没有作用。

4. 电中性。晶体必须保持电中性，只有电中性的原子或分子才可以和被研究的晶体外的其他相进行交换。在晶体内部，中性粒子能产生两个或更多的带异号电荷的缺陷。电中性的条件要求缺陷反应两边具有相同数目的总有效电荷，但不一定等于零。例如，TiO_2中失去部分氧，生成TiO_{2-x}的反应可用如下的方程式表示：

$$2TiO_2-\frac{1}{2}O_2 \longrightarrow 2Ti'_{Ti}+V_O^{\cdot\cdot}+3O_O$$

$$2TiO_2 \longrightarrow 2Ti'_{Ti}+V_O^{\cdot\cdot}+3O_O+\frac{1}{2}O_2\uparrow$$

$$2Ti_{Ti}+4O_O \longrightarrow 2Ti'_{Ti}+V_O^{\cdot\cdot}+3O_O+\frac{1}{2}O_2\uparrow$$

氧气以电中性的氧分子的形式从TiO_2中逸出，同时，在晶体内产生带正电的氧空位和与其符号相反的带负电荷的Ti'_{Ti}来保持电中性，方程两边总有效电荷都等于零。

5. 表面位置。表面位置不用特别表示。当一个M原子从晶体内部迁移到表面时，M位置数增加。例如，MgO中Mg离子从内部迁移到表面，在内部中留下空位时，Mg离子的位置数目增大。

这些规则在描述固溶体的生成，非化学计量化合物的反应中很重要，为了加深对这些规则的理解，以下举例说明怎样用这些规则来描述$CaCl_2$在KCl中的溶解过程。

当引入一个$CaCl_2$分子到KCl中时，同时带进两个Cl原子和一个Ca原子。Cl原子处在Cl的位置上，一个Ca原子处在K位置上。但作为基体的KCl中，K∶Cl=1∶1，因此，根据位置关系，一个K位置是空的，当做原子取代时有：

$$CaCl_{2(S)}\xrightarrow{KCl}Ca_K+V_K+2Cl_{Cl}$$

⟶号上面的 KCl，表示溶剂，溶质 $CaCl_2$ 进入 KCl 晶格。式中 Ca_K，V_K 都是不带电的。实际上，$CaCl_2$ 和 KCl 都是强离子性的固体，考虑到离子化，溶解过程可表示为：

$$CaCl_{2(S)}\xrightarrow{KCl}Ca_K^{\cdot}+V'_K+2Cl_{Cl}$$

在离子晶体中，每种缺陷如果当做化学物质来处理，那么固体中的缺陷就是带电的缺陷，但总有效电荷等于零，保持了晶体的电中性。上面两个过程都符合上述原则，而第二个过程也可能是 Ca 进入间隙位置，Cl 仍然在 Cl 位置，为了保持电中性和位置关系，产生两个 K 空位：

$$CaCl_{2(S)}\xrightarrow{KCl}Ca_i^{\cdot\cdot}+2V'_K+2Cl_{Cl}$$

上述三个过程都符合缺陷反应方程的规则。究竟哪一个是实际上存在的，则需根据固溶体生成的条件及实际加以判别，这些问题将在第四章中讨论。

3.2.4 点缺陷的浓度

在离子晶体中，如果把每种缺陷都当做化学物质处理，那么固体中的缺陷及其浓度就可以和一般的化学反应一样，用热力学数据来描述，也可以把质量作用定律之类的概念用于缺陷的反应。这对于了解和掌握缺陷的产生和相互作用是很重要的。

固体中各类点缺陷以及电子空穴的浓度，在多数情况下是以体积浓度来表示的，即以每立方厘米中所含有的该缺陷的个数来表示，$[D]_V$ = 缺陷 D 的个数/cm^3，此外也可以用格位浓度$[D]_C$ 来表示，即

$$[D]_C=\frac{1\text{ 摩尔固体中缺陷 D 的数目}}{1\text{ 摩尔固体中所含的分子数}}=\frac{M}{\rho\cdot N_A}[D]_V$$

式中，ρ 是该固体的密度(g/cm^3)；M 是固体的摩尔质量(g)；N_A 是阿伏伽德罗常数(6.02×10^{23})；$[D]_V$ 是固体缺陷的体积浓度($1/cm^3$)。对于一种二元化合物 AB 而言，缺陷的浓度$[D]_C$ 也可以表示为

$$[D]_C=\frac{1\text{ 摩尔固体中缺陷 D 的数目}}{1\text{ 摩尔 AB 中 A 或 B 的亚晶格格位数}}$$

例如，纯硅 Si 的 $\rho\cdot N_A/M=5\times10^{22}$ 个原子/cm^3，如果其中含有 10^{-6} 的杂质缺陷 B^{3+} 时，则杂质的浓度可以表示为：

$$[B'_{Si}]_V=\frac{\rho\cdot N_A}{M}\times10^{-6}=5\times10^{16}\text{ 个原子}/cm^3$$

$$[B'_{Si}]_C=\frac{5\times10^{16}}{5\times10^{22}}=1\times10^{-6}$$

现在可以制得的高纯硅，其杂质含量可以低于 10^{13} 个原子/cm^3。

需要注意的是，表示电子和空穴浓度时，分别用符号 n(negative)和 p(positive)，而不用[e′]和[h˙]。

3.3 热缺陷

热缺陷是固体材料中的固有缺陷，是本征缺陷的主要形式，其与温度的关系密切。根据缺陷所处的位置，热缺陷又称为弗仑克尔缺陷和肖特基缺陷。

3.3.1 肖特基(Schottky)缺陷

肖特基缺陷是离子性晶体中的整比缺陷。它是一对空位，一个负离子空位和一个正离子空位。为了补偿空位，对每一个肖特基缺陷应在晶体的表面处有两个额外的离子。肖特基缺陷在碱金属卤化物中是主要的点缺陷，NaCl 中的点缺陷如图 3.3 所示。为了尽可能地保持局部电中性，不论在晶体内部还是在表面存在的负离子和正离子空位数都相等。

Cl Na Cl Na Cl Na Cl Na Cl
Na Cl Na Cl Na Cl Na Cl Na
Cl Na Cl Na Cl Na Cl Na Cl
Na Cl □ Cl Na Cl Na Cl Na
Cl Na Cl Na Cl Na □ Na Cl
Na Cl Na Cl Na Cl Na Cl Na
Cl Na Cl Na Cl Na Cl Na Cl
Na Cl Na Cl Na Cl Na Cl Na

图 3.3 NaCl 中的热缺陷．肖特基缺陷的二维表示

空位可以无序地分布在晶体中，也可以成对地存在：NaCl 中的一个负离子空位有一个净正电荷+1，因为空位被六个 Na^+ 离子包围，每一个都带有部分未饱和的正电荷。换句话说，负离子空位有电荷+1，把一个电荷-1 的负离子放在空位处，局部的电中性就能恢复。与此相似，正离子空位有净电荷-1。因为空位是带电荷的，相反符号的空位将互相吸引，并且可能"缔合"成对。为了解离空位对，对 NaCl 必须提供缔合焓 1.30eV(约 120kJ·mol^{-1})。

在一块 NaCl 晶体中的肖特基缺陷数是小还是大完全取决于人们看问题的角度。在室温下的 NaCl，典型的仅有 $1/10^{15}$ 的负离子和正离子格位有可能是空的，就由 X 射线衍射测定的 NaCl 平均晶体结构的意义上说这个数是无足轻重的。另外，一粒重 1mg 的盐的晶粒(近似包含 10^{19} 个原子)含有约 10^4 个肖特基

缺陷，很难说这是一个无足轻重的数字！肖特基缺陷对 NaCl 的光学和电学性质的影响是非常重要的。

3.3.2　弗仑克尔(Frenkel)缺陷

弗仑克尔缺陷也是一种整比缺陷，它涉及一个原子移出它的晶格位置进入一个通常是空着的间隙位置。氯化银中这类缺陷占优势，银为填隙子。间隙位置的基本状态表示在图 3.4 中。填隙子 Ag^+ 由四个 Cl^- 离子以四面体包围，在同样的距离上，也为四个 Ag^+ 离子以四面体包围。填隙子 Ag^+ 离子处在一个八配位的格位上，所以有四个 Ag^+ 离子和四个 Cl^- 离子作为最近邻。在填隙子 Ag^+ 离子和它的四个相邻的 Cl^- 之间大概有某种共价相互作用。这种作用一方面使缺陷稳定化，并且使 AgCl 中弗仑克尔缺陷要比肖特基缺陷更为有利。另一方面，Na^+ 由于“较硬”而有更强的正离子性，它处在由另四个 Na^+ 离子按四面体包围的位置上是不会很安定的，因此在 NaCl 中没有观察到很明显的弗仑克尔缺陷。

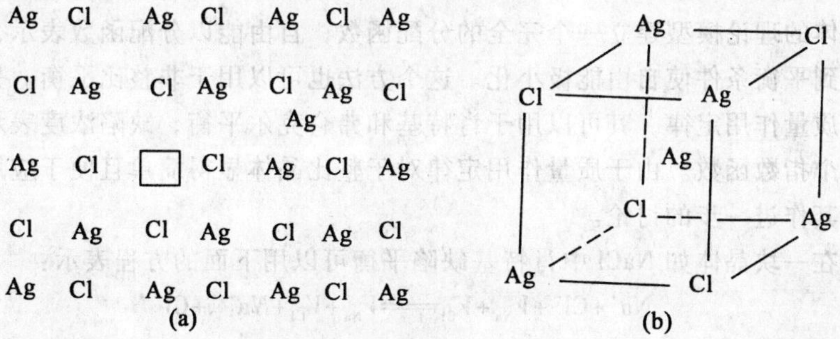

图 3.4　间隙位置的基本状态

(a) AgCl 中弗仑克尔缺陷的二维表示　(b) 银和氯同时在四面体配位的间隙位置

氟化钙 CaF_2 也有占优势的弗仑克尔缺陷，但是在这种情况下占有间隙位置的是负离子 F^-。具有萤石和反萤石结构的另一些物质如 ZrO_2(O^{2-} 填隙子)和 Na_2O(Na^+ 填隙子)也有类似的缺陷。

和肖特基缺陷一样，在弗仑克尔缺陷中的空位和填隙子有相反的电荷并且可以彼此吸引成对。不论是肖特基型还是弗仑克尔型的无序，它们在整体上是电中性的，但是它们有偶极性。所以缺陷对可以互相吸引形成较大的聚集体或缺陷簇。此类缺陷簇在非整比晶体中不同组成物相沉淀时可以起晶核的作用。

3.3.3 肖特基和弗仑克尔缺陷生成的热力学

肖特基和弗仑克尔缺陷都是本征缺陷，即它们存在于纯的物质中，并且从热力学观点看某一最小数目的这类缺陷是必定存在的。事实上往往是晶体中存在的缺陷要多于相应的热力学平衡浓度。这是因为晶体常常是在高温下制备的，在较高温度下自由能中 $T\Delta S$ 项的重要性也较大，从而本征地存在着更多的缺陷。缺陷的出现能使固体由有序结构变为无序，从而使熵值增加。缺陷的形成通常是吸热过程，根据 G=H-TS，只要 T>0，G 在缺陷的某浓度下出现极小值，即缺陷自发形成。而温度升高时，G 的极小值向缺陷浓度更高的方向移动，这意味着温度升高有利于缺陷的形成。在晶体冷却到室温时，有少量的缺陷可能通过各种机理消除，如果不是以极慢的速度冷却的话，在高温下存在的缺陷在冷却时将会保留下来，从而使缺陷浓度超过平衡浓度。

用高能辐射谨慎地轰击晶体也可以生成过量的缺陷。原子可能被撞离它们的正常格位，而缺陷的消除和重组的逆反应通常发生得极慢。

研究点缺陷的平衡有两种方法：一种方法是统计热力学的方法，首先对缺陷晶体的理论模型建立一个完全的分配函数，自由能以分配函数表示，然后为了得到平衡条件使自由能极小化。这个方法也可以用于非整比平衡。另一种方法是质量作用定律，其可以用于肖特基和弗仑克尔平衡，缺陷浓度表示为温度的一个指数函数。由于质量作用定律对于整比晶体显得简单且便于应用，故在此对其作进一步的讨论。

在一块晶体如 NaCl 中肖特基缺陷平衡可以用下面的方程表示：

$$Na^{+}+Cl^{-}+V_{Na}^{s}+V_{Cl}^{s}\rightleftharpoons V_{Na}+V_{Cl}+Na^{+,s}+Cl^{-,s} \quad (3.4)$$

式中，V_{Na}，V_{Cl}，V_{Na}^{s}，V_{Cl}^{s}，Na^{+}，Cl^{-}，$Na^{+,s}$和 $Cl^{-,s}$分别代表正离子和负离子空位，表面正离子和负离子的空位，正常占有的正离子和负离子格位和表面已占有的正离子和负离子格位。生成肖特基缺陷的平衡常数为：

$$K=\frac{[V_{Na}][V_{Cl}][Na^{+,s}][Cl^{-,s}]}{[Na^{+}][Cl^{-}][V_{Na}^{s}][V_{Cl}^{s}]} \quad (3.5)$$

这里方括号代表有关物种的浓度。表面格位数对一块表面积恒定的晶体经常是常数。因此占有表面格位的 Na^{+}和 Cl^{-}离子数经常是常数。在生成肖特基缺陷时，Na^{+}和 Cl^{-}离子移出晶体占有表面格位，但同时有相等数目的新鲜表面格位生成(事实上晶体的总表面积在生成肖特基缺陷时必定稍有增大，但这个效应可以忽略)。

所以，$[Na^{+,s}]=[V_{Na}^{s}]$和$[Cl^{-,s}]=[V_{Cl}^{s}]$。于是方程(3.5)可以简化为：

$$K=\frac{[V_{Na}][V_{Cl}]}{[Na^{+}][Cl^{-}]} \quad (3.6)$$

令 N 是每一类格位的总数；令 N_V 是每一类空位的总数，也即肖特基缺陷的数目。所以，每一类已占格位的数目是 $N-N_V$。代入方程(3.6)，得到：

$$K=\frac{(N_V)^2}{(N-N_V)^2} \tag{3.7}$$

对小的缺陷浓度有：

$$N \approx N-N_V$$

和：

$$N_V \approx N\sqrt{K}$$

平衡常数可以表达为温度的指数函数：

$$\begin{aligned} K &\propto \exp(-\Delta G/RT) \\ &\propto \exp(-\Delta H/RT)\exp(\Delta S/R) \\ &= 常数\times\exp(-\Delta H/RT) \end{aligned} \tag{3.8}$$

因此：

$$N_V = N\times 常数\times\exp(-\Delta H/2RT) \tag{3.9}$$

式中，ΔG，ΔH 和 ΔS 分别是生成 1mol 缺陷的自由能，焓和熵。

对一块单原子晶体如一种金属中的空位浓度也可以导出一个类似的表达式。差别在于，由于仅有一种类型的空位存在，方程(3.5)到(3.7)简化为：

$$N_V = NK$$

从而方程(3.9)中的指数项内略去因子 2。

在一块晶体如 AgCl 中的弗仑克尔平衡可以表示为：

$$Ag^+ + V_i \rightleftharpoons Ag_i^{\cdot} + V_{Ag} \tag{3.10}$$

式中，V_i 和 $Ag_i^{\cdot}$ 代表空的和已占的间隙位置。对此平衡常数可以写为：

$$K=\frac{[Ag_i^{\cdot}][V_{Ag}]}{[Ag^+][V_i]} \tag{3.11}$$

令 N 为在完善晶体中应被占有的格位数。令 N_i 为已占的间隙位置，即

$$[V_{Ag}] = [Ag_i^{\cdot}] = N_i$$

和：

$$[Ag^+] = N-N_i$$

对大多数规则的晶体结构　$[V_i] = \alpha N$

即可用的间隙位置数同已占的格位数有简单的关系。对 AgCl，由于对每一个为 Ag^+ 占的八面体格位有两种四面体间隙位置，所以 $\alpha=2$（在立方密堆积岩盐型 AgCl 结构中有两倍于八面体格位数的四面体格位）。代入方程(3.11)：

$$K=\frac{N_i^2}{(N-N_i)(\alpha N)} \approx \frac{N_i^2}{\alpha N^2} \tag{3.12}$$

对弗仑克尔缺陷数与温度的关系应用阿仑尼乌斯(Arrhenius)表达式：

$$[V_{Ag}]=[Ag_i^{\cdot}]=N_i=N\sqrt{\alpha}\exp(-\Delta G/2RT) \tag{3.13}$$
$$=常数\times N\exp(-\Delta H/2RT) \tag{3.14}$$

对肖特基和弗仑克尔缺陷的生成，在缺陷数表达式的指数部分都出现因子2(方程(3.9和(3.14))。这是由于在这两种情况下，每个缺陷都有两个缺陷位置，即每个肖特基缺陷有两个空位而每个弗仑克尔缺陷有一个空位和一个间隙位置。所以在每种情况下，缺陷生成的总 ΔH 可以认为是两个分量焓之和。

AgCl 中弗仑克尔缺陷数的实验值示于图 3.5 中。表示的方法是对阿仑尼乌斯(或玻耳兹曼，Boltzmann)方程常用的，即对方程(3.14)取对数：

$$\lg(N_i/N)=\lg(常数)-(\Delta H/2RT)\lg e$$

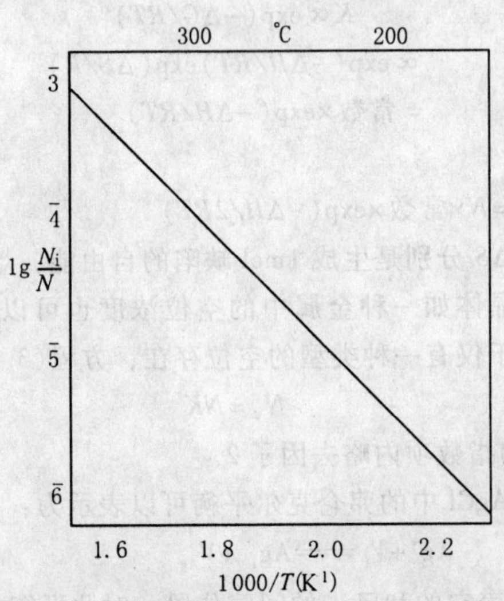

图 3.5　AgCl 中弗仑克尔缺陷原子分数作为温度的函数

$\lg(N_i/N)$ 对 $1/T$ 的图应该是斜率为 $-(\Delta H\lg e)/2R$ 的一条直线。AgCl 的实验数据相当好地符合阿仑尼乌斯方程，虽然在高温下有一个小的但是肯定的对直线的向上偏离。根据图 3.5 并暂时忽略在高温下小的弯曲，空位和填隙子数随温度倒数指数式地增大：把图 3.5 中的数据外推到 AgCl 的熔点 456℃ 以下，在约 450℃ 平衡的弗仑克尔缺陷浓度估计是 0.6%，即在 200 个银离子中近似有一个移出了它的八面体格位并占有间隙的四面体格位。在正好低于熔点时，无论是对弗仑克尔或对肖特基无序，这一缺陷浓度都比大多数离子晶体观察到的高 1～2 个数量级。AgCl 中弗仑克尔缺陷的生成焓是约 1.35eV（130kJ·mol^{-1}），而 NaCl 中肖特基缺陷的生成焓近似等于 2.3eV(约 220kJ·mol^{-1})。这些数值对离子型晶体是很典型的。

图 3.5 中在高温下对直线的偏离归因于在相反电荷缺陷间，如在弗仑克尔缺陷中的空位和填隙子间，存在长程的 Debye-Hüchel 型的吸引力。这种吸引力在一定程度上降低了缺陷的生成能，从而增大了缺陷数，尤其是在高温下。

3.4 色 心

理想完整的离子晶体的能隙很大，如 NaCl 晶体的能隙高达 7eV，单纯的热激发(0.1eV 量级)获得的自由电子极少，而在光照条件下只有紫外波段才有本征吸收，整个可见范围都无吸收，因此纯的离子晶体通常是绝缘体，并且是无色透明的。在实际晶体中，由于杂质和各种点缺陷的存在，它们附近的电子能级将会改变，在禁带中出现特征的杂质能级或缺陷能级。这就是如图 3.6 所示的那样，正离子空位在价带以上产生一个已为电子所占据的能级 A，负离子空位则在导带以下产生一个空着的电子能级 B。它们虽然影响晶体的吸收谱，但 A 能级至导带及价带至 B 能级的跃迁所需能量仅稍小于本征吸收，因而纯粹点缺陷相关的吸收只对紫外区的本征吸收有影响，晶体仍是无色的。

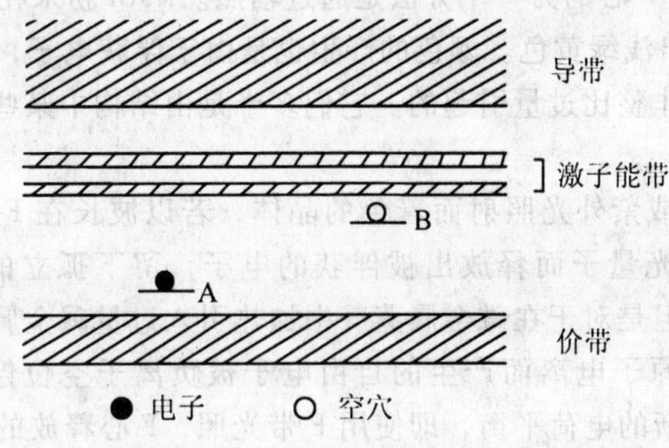

图 3.6 离子晶体的能带结构和缺陷能级

如在晶体中引入电子或空穴，则由于它们与点缺陷之间的静电交互作用，将分别被带有正、负有效电荷的点缺陷所俘获，形成多种俘获电子中心或俘获空穴中心，同时产生新的吸收带。由于部分中心的吸收带位于可见光范围内，使晶体呈现出各种不同的颜色，故称这类中心为色心。部分吸收带位于近紫外区，它虽不能使晶体着色，但也是吸收光的基因，故统称为色心。

最简单的色心是 F 心(来自德文 Farbenzentre)，如图 3.7 所示，它是俘获在负离子空位上的一个电子。光照时，F 心能级至导带间的电子跃迁因吸收光量子而形成 F 心吸收带。F 带吸收峰的能量取决于 F 心能级的位置而与产生 F

图 3.7 碱金属卤化物晶体中的 F 心、F′心和 F_2 心

心的原因和过程无关，因而 F 带光吸收是含 F 心晶体的最突出的特征。例如可以在一种碱金属蒸气中加热一种碱金属卤化物来制备 F 心。在钠蒸气中加热氯化钠由于形成 $Na_{1+\delta}Cl(\delta \ll 1)$ 而变成非整比，呈现一种浅绿黄色。这一过程必定涉及钠原子的吸收，它随后在晶体的表面上电离。形成的 Na^+ 离子留在表面上，但电离出的电子可能扩散进晶体，它们在那里遇到并占有空的负离子格位。为保持整个晶体的电中性，有同等数目的 Cl^- 离子要以某种方式到达晶体表面。俘获电子提供了“箱中电子”的一个经典实例。在这一箱中的电子有一系列的能级可用，从一个能级转移到另一个能级所需要的能量处于电磁波谱的可见区，因此形成了 F 心的颜色。各能级的能量值和观察到的颜色依赖于基质晶体而与电子的来源无关。所以，在钾蒸气中加热 NaCl 与在钠蒸气中加热 NaCl 有相同的浅黄色，而在钾蒸气中加热 KCl 呈紫色。

在 NaCl 中产生 F 心的另一个方法是通过辐照。NaCl 粉末在受到 X 射线轰击 1.5 h 左右后显出浅绿黄色。颜色的产生也是由于俘获电子，但在这种情况下不可能是由钠的非整比过量引起的。它们多半是由结构中某些氯负离子的电离引起的。

对于用 X 射线或紫外光照射而着色的晶体，若以波长在 F 带内的光照射它，则 F 心将吸收光量子而释放出被俘获的电子，留下孤立的负离子空位，从而使晶体退色。但是对于在碱金属蒸气中加热引入过量碱金属原子而着色的晶体，由于碱金属原子电离而产生的自由电子被负离子空位俘获形成 F 心，晶体内部已建立了新的电荷平衡，即使用 F 带光照，F 心释放的电子将在晶体内游离，最终仍被失去电子的 F 心俘获，因而不会发生退色现象。

F 心是电中性的，它在电场作用下不发生移动。但是通过热激发或 F 带光照可以使部分 F 心离化，释放出的电子和留下的负离子空位可在电场作用下分别向正、负电极方向移动，因而既可表现出 F 心的宏观移动，也可造成附加的导电性，即光电导性。

F 心是单个俘获电子，它有一个未成对的自旋，所以有一个电子顺磁磁矩。研究色心的一个最有效的方法是 ESR 谱，它能检测到未成对电子。F 心的结构和在八面体空穴中电子的离域性都可用 ESR 谱显示。电子自旋磁矩和俘获电子周围钠离子磁矩间的超精细相互作用也已观察到。

缺陷可以从晶体中消除，其中一种方法是通过它们彼此湮灭。例如，如果 F 心和 H 心相遇，它们可能彼此抵消掉，留下一个完善的晶体区。事实上，在纯的离子晶体中，由 F 心为基本单位组成的电子中心有许多种。诸如 F′心，它是俘获在一个负离子空位上的两个电子；$M(F_2)$心，它是一对最近邻的 F 心；$R(F_3)$心，它是定位在一个(111)晶面上的三个最近邻的 F 心；还存在电离的或带电荷的簇心，如 M^+，R^+和 R^-。

此外还有 F_A 心，它也是一个 F 心，只是六个相邻的正离子之一是一个外来的一价正离子，如 NaCl 中的 K^+。由于杂质离子的引入，F_A 心的对称性较 F 心为低，因而具有光学偏振效应。如果 F 心近邻的两个碱金属离子被碱金属杂质所取代，则形成 F_B 心。F_A，F_B 心的基态 F_A(Ⅰ)心、F_B(Ⅰ)心与 F 心的性质差别不大，但是它们的激发态 F_A(Ⅱ)心，F_B(Ⅱ)心发生了组态的重大变化，如图 3.8 所示，一卤素离子占据杂质旁(F_A)或杂质间(F_B)的间隙位置，空位一分为二分布于它的两侧而呈哑铃型，同时其俘获的电子也占据它两翼的势阱。由于这种结构上的差异，它们的光吸收及发射性质均发生了很大的变化。

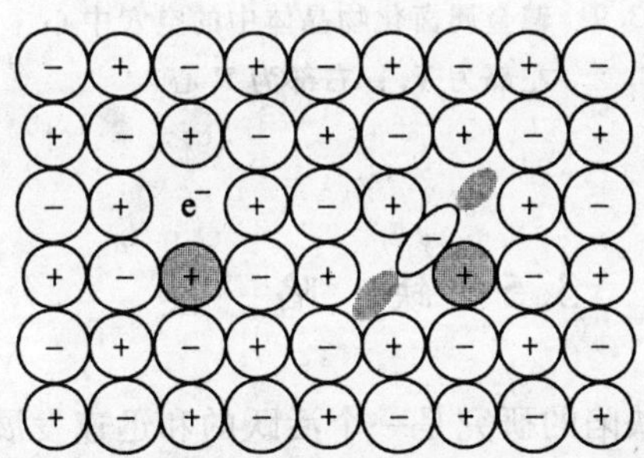

图 3.8 碱金属卤化物晶体中有杂质参与的电子中心 F_A 心
左部为基态 F_A(Ⅰ)；右部为激发态 F_A(Ⅱ)

如果将碱金属卤化物晶体置于卤素蒸气中加热，或用 X 射线照射以后，则其光吸收谱的近紫外区将出现一系列吸收带，这表明晶体内出现了与电子中心完全不同的另一类中心，即俘获空穴中心。如果将空穴看做电子的反型体，那么对应于各种电子中心，理应存在多种相应的空穴中心。然而在包括卤化物和氧化物在内的离子晶体中，空穴中心的确很多，但均不是电子中心的反型体，关键在于被俘获的空穴总是局域化于一个准分子态的区域内。例如，卤素亚点阵中一对相邻卤素离子俘获一个空穴构成的 V_K 心，实际上是一个卤素分子的离子，如图 3.9 左所示。而一列卤素离子中插入一个卤素原子而形成的 H 心，也可看成一个卤素分子离子占据一个正常卤素离子位置的挤列式填隙组态，如图 3.9 右所示。此外还有 V 心，它是 V_K 心近邻存在正离子空位构成的；H_A 心，它是 H 心近邻存在碱金属杂质离子构成的。

简单氧化物晶体中的色心类型与碱金属卤化物的极为相似，但是，由于它们由两价离子组成，因而色心类型较后者更多样化。其中俘获电子中心主要有两类，F^+心由氧空位俘获一个电子构成，F 心由氧空位俘获两个电子构成。后者重新建立了晶体的电荷平衡，与碱金属卤化物中的 F 心相当类似。

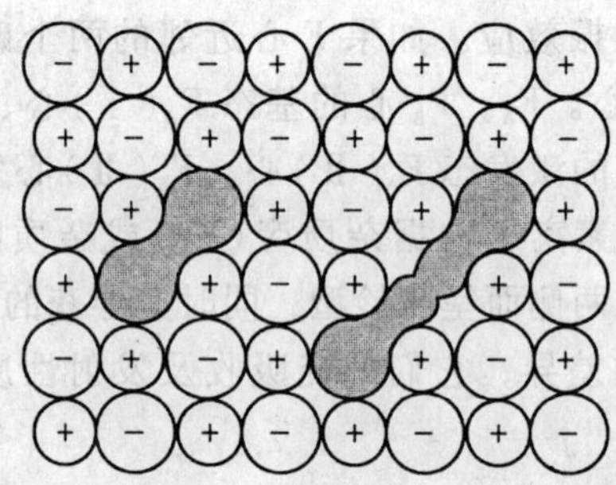

图 3.9　碱金属卤化物晶体中的空穴中心

左部为 V_K；右部为 H 心

3.5　缺　陷　簇

在固态科学中晶体缺陷的研究是一个活跃的和迅速发展的领域。用高分辨率电子显微镜和其他技术所进行的更详细的研究结果表明，表观上简单的点缺陷，如空位或填隙子，事实上常常是更为复杂的较大的缺陷簇。以面心立方单胞金属结构中的一个间隙金属原子为例，如果假定如间隙原子那样的缺陷生成并不扰动基质金属结构，那么对间隙原子有四面体和八面体两种可能的位置。但是近期的研究表明，间隙原子的确要扰动基质结构，特别是在间隙原子的直接近邻处。以含有间隙铂原子的铂金属为例，如图 3.10 所示，间隙铂原子不是占有用□表示的八面体位置，而是要偏离这个格位中心大约 0.1nm，并且是在面心原子之一的方向上。这一面心位置处的铂原子也相应地在同一[100]方向上发生一个位移。这样缺陷就涉及两个原子，这两个原子都处在畸变的间隙位置上。这种缺陷称为双瓣填隙子或哑铃形填隙子。

一种类似的双瓣填隙缺陷也存在于体心立方金属如 α-Fe 中。它与正常格位原子在[110]方向上的位移有关，同时引入一个额外的铁原子，如图 3.11 所示。对填隙子的“理想”位置应是立方体的一个面心，但事实并非如此，填隙子在角顶之一的方向上偏离这个位置中心(注意，通过改变单胞的原点至立方体中心，有关的缺陷也可以看做是沿着立方体一条边的方向移动一个体心原子，这两种描述是等价的）。

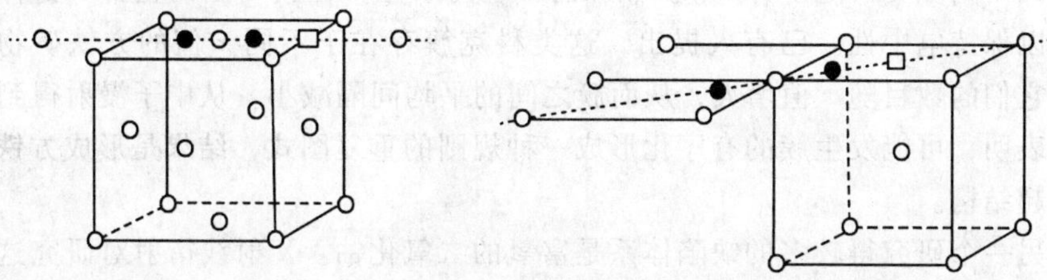

●间隙原子；○正常占据格位　□八面体格位；

图 3.10　面心立方金属中的双瓣填隙子缺陷

●间隙原子；○正常占据格位；□八面体格位

图 3.11　在体心立方金属如 α-Fe 中的双瓣填隙子

在碱金属卤化物中填隙子缺陷的精细结构是不清楚的。虽然肖特基缺陷占优势，填隙子也是存在的，只是数量要少得多。计算表明，在某些固体中，占有未畸变的间隙位置是有利的，而在另一些固体中双瓣填隙子占优势。但是这些结果都还有待实验证实。

在金属离子型晶体中空位的存在显然要引起在空位附近结构的松弛。在金属中，空位周围的原子似乎是向内松弛一个较小的百分数，即空位变得较小。而在离子型晶体中发生相反的过程，作为静电力不平衡的结果原子是向外松弛的。

在离子晶体中的空位是带电荷的，所以相反电荷的空位可以互相吸引成簇。最小的簇应是一个负离子空位/正离子空位对，或是一个异价杂质（如 Cd^{2+}）/正离子空位对。这些都是偶极性的，虽然整体来说是电中性的，而且也可以吸引别的对形成较大的簇。

研究得比较透彻的缺陷体系是方铁矿，$Fe_{1-x}O(0 \leqslant x \leqslant 0.1)$。整比的 FeO 有岩盐结构，$Fe^{2+}$ 离子占八面体格位。密度测量已表明，非整比 $Fe_{1-x}O$ 的晶体结构相对于整比的 FeO 是缺铁的而不是富氧的。应用点缺陷的概念，我们应能预期，非整比的 $Fe_{1-x}O$ 应有可用化学式 $Fe^{2+}_{1-3x}Fe^{3+}_{2x}O$ 和 V''_{Fe} 表示的结构，其中 Fe^{2+}，Fe^{3+} 离子和正离子空位都无序地分布在立方密堆积氧离子排列中的八面体格位上。但是缺陷结构必定与此不同，因为中子和 X 射线衍射研究已经证明，Fe^{3+} 离子是占有四面体格位的。尽管做了许多工作，对于非整比 $Fe_{1-x}O$ 的实际结构仍然存在着歧见，看来缺陷簇必定存在。一种可能的结构是所谓的科克（Koch）簇，见图 3.12。氧离子在整个晶体中是立方密堆积的，簇涉及正常面心立方岩盐单胞大小的一个立方体中的全部正离子格位。十二个边棱的中心和一个体心八面体格位全都是空的，八个可能的四面体格位中的四个包含

Fe^{3+}离子(把立方体划分成八个较小的立方体，这些四面体格位占有较小立方体的体心)。这种簇有十四个净负电荷，因为存在十三个 M^{2+}空位(26-)，而只有四个间隙 Fe^{3+}离子(12+)。额外的 Fe^{3+}离子分布在簇周围的正常八面体格位上以保持电中性。已有人提出，这类科克簇存在于不同 x 值的方铁矿物相中。它们的数目随 x 值增大，从而簇之间的平均间隔减小。从中子漫射得到的证据表明，可能发生簇的有序化形成一种规则的重复图式，结果是形成方铁矿相的超结构。

另一个研究得较多的缺陷体系是富氧的二氧化铀。X 射线衍射对研究这类物质实际上是无用的。因为有关氧位置的信息由于铀的强散射而损失掉了，取而代之的是中子衍射，这一非整比物质的通式是 UO_{2+x}($0<x\leqslant0.25$)。整比的 UO_2 有萤石型结构，其中间隙位置存在于以氧离子作为角顶的立方体的中心。在对 UO_{2+x}建议的缺陷簇中，一个间隙氧在[110]方向上偏离这个立方体中心的间隙位置，即向立方体的一条边棱靠近。同时，两个最近邻的角顶氧沿[111]方向移进了相邻的空的立方体(见图 3.13)。这样，代替单一间隙原子的是一个簇，它包含了三个间隙氧和两个空位。

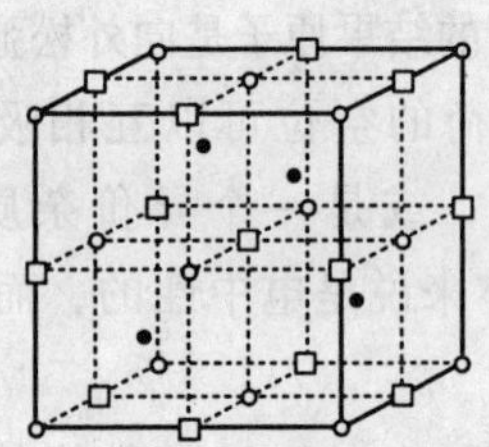

图 3.12　方铁矿相 $Fe_{1-x}O$ 中假设性的科克(Koch)簇

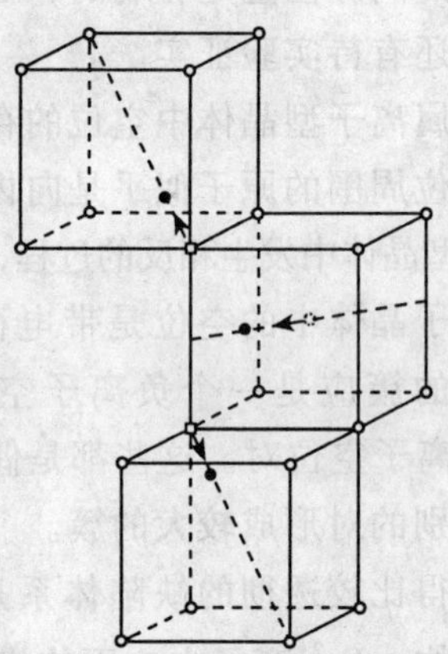

图 3.13　UO_{2+x}中的填隙子缺陷簇。每个铀的位置在其他的立方体中心(没有表示出来)

这里值得强调说明的是为什么很难测定晶体中精确的缺陷结构。各种衍射方法(X 射线，中子，电子)，当它们通常应用于结晶学工作时得到的是晶体的平均结构。对于纯的和相对来说不含缺陷的晶体，这种平均结构常常是真实结构的一种贴切的表示。但是，对于非整比的和有缺陷的晶体，平均结构可能与缺陷区的实际结构相差较大甚至是错误的表示。

为了测定缺陷结构，真正需要的是那种对局部结构敏感的技术。即实际需要的是能给出扩展1～2nm距离局部结构信息的技术。这类技术是极少的，改进的EXAFS方法有望应用于此目的。

前节中描述的某些色心是非整比缺陷。非整比晶体也可以用异价杂质掺杂纯晶体来制备，即杂质原子同基质晶体中的原子有不同的价态。例如，NaCl可以用$CaCl_2$来掺杂，形成通式为$Na_{1-2x}Ca_xV_{Nax}Cl$的非整比晶体，这里V_{Na}代表正离子空位。在这类晶体中，保持了氯的立方密堆积排列，但Na^+，Ca^{2+}离子和正离子空位分布在各个八面体正离子格位上。NaCl用Ca^{2+}离子掺杂的总效应是增大正离子空位数。由杂质水平控制的空位称为非本征缺陷，与热生成的本征缺陷如肖特基对相对照。

对稀缺陷浓度（<<1%）的晶体，质量作用定律是可以应用的。从方程(3.6)知，肖特基缺陷的平衡常数K正比于正离子和负离子空位浓度的乘积，即：

$$K \propto [V_{Na}][V_{Cl}]$$

这在此已假定，加入少量杂质如Ca^{2+}离子并不影响K值。因为正离子空位浓度随$[Ca^{2+}]$的增大而增大，负离子空位的浓度必定相应地减小。

用异价杂质掺杂晶体的实践同质量传输和电传导的研究相结合已经提供了一种研究点缺陷平衡的有力方法。NaCl中的质量传输和电传导是通过空位迁移发生的。实际上一个同空位相邻的离子移进这个空位，同时使自己的位置成为空位，这一过程可以认为是空位的迁移。需要测量的是电导率对温度和缺陷浓度的关系。经过适当的分析，各种热力学参数如缺陷的生成和迁移焓都可以测定。

用异价杂质掺杂晶体的问题将在第四章以更一般的方式处理。非整比晶体常可看做掺杂的纯晶体或以纯晶体的结构为基础的固溶体，这两种途径实际上是等价的。

3.6 非整比和缺陷

非整比体系结构方面的最新进展，如与晶体学切变结构有关的那些进展，已使固态化学中早已建立的某些概念遇到了挑战。在过去的70年直到最近，晶体中的缺陷和非整比完全是用肖特基和弗仑克尔的经典点缺陷、空位和填隙子的观点处理的。但是，现在的研究结果已清楚地表明，这些孤立的点缺陷只是例外的而不是常规的，取而代之的是较大的缺陷簇的形成。问题是如何用热力学和统计力学来处理这类缺陷。

除了发现越来越多的体系确实没有简单的点缺陷外，还越来越察觉到一向被看做无序的固溶体事实上在极精细的尺度上有一种多相的结构。这种多相性的实验证据是难以直接得到的，只能间接得到。某些实例如下：

(1)那些在较低温度下有不混溶性圆拱区的高温固溶体系中，高温固溶体可能显示出先兆的不混溶现象的证据，其中发生着终端物相的原子成簇。

(2)在冷却时进行相变如无序—有序转变的组成中，可能在高温固溶体中存在低温形式的晶核。在高温下稳定，但在冷却时变成超饱和并析出一种第二物相的固溶体中，在高温固溶体内部也可能存在细小的沉淀晶核。由掺杂碱金属卤化物中可以举出的一个实例，是 $Na_{1-2x}Cd_xCl$ 固溶体在发生 $CdCl_2$ 沉淀之前就已进行缺陷成簇(铃木(Suzuki)相的形成)。

(3)沃兹莱缺陷(无序 CS 平面)提供了微观多相性的极好实例，如在它们生成的固溶体中，它们有不同于其余部分的结构和组成。提出的一个有趣的问题是，沃兹莱缺陷是否可以看做是一种单独的物相。如果可以，产生这类物相的结构应该是终端物相(如 TiO_2)和沃兹莱缺陷的两相混合物。但是，这又引起了精确地定义什么是物相的困难。

对于高度非整比体系所做的工作使某些晶体缺陷的结构状况变成一个有争议的问题。存在着许多这样的情况，缺陷显然应被看做是理想结构的一个完整的部分而不是某种被扰动后的理想结构。也存在中间情况，缺陷可以用两种不同的观点来看待，或者看做是一种不完善性，或者看做是一种重要的结构组分。

在缺陷极少的体系中，如碱金属卤化物，缺陷元素可以看做是一种理想结构中的不完善性。虽然缺陷的存在是以坚实的热力学原理为基础的，但是从结构的观点看，空位和填隙子都是不完善性的，而不是理想结构所固有的。

但是，当缺陷开始发生显著的相互作用，并使自己发生有序化，如在还原氧化物各个同系列的晶体学切变平面中所发生的那样，事情又该如何看待？在这些情况下，每个物相的完整仅仅是由 CS 平面的有序化形成决定的。于是问题是，当 CS 平面对于物相的理想结构是不可缺少的，我们又怎能把它们看做是一种缺陷？

为了理解为什么会发生这样的混乱，我们必须考虑非整比体系的本性。在“经典”体系如 NaCl 中，占优势的缺陷是空位，我们可以通过升高温度或用异价杂质掺杂的方式来引入这些缺陷。非整比的掺杂 NaCl 的晶体结构可以容易地恢复成整比结构，而不需要引入任何新的结构单元。例如，如果 Cd^{2+} 是异价正离子，非整比就可以通过改变 Cd^{2+}，Na^+ 离子及正离子空位的数目来调节，它们都分布在八面体正离子格位上。但是，即使在这样一种稀缺陷的体系中，也有例如在 Cd^{2+} 离子和正离子空位间发生成簇的证据(这种簇可以用适当的能量来解离，而且缔合的和未缔合的 Cd^{2+} 离子都是常见的)。这就向我们提出一个令人迷惑不解的问题。如果缺陷可以在固溶体中彼此相互作用，那就存在形成缺陷簇的可能性，而且缺陷簇或者通过生长或者以有序的方式本身排列起来，从而形成一个新的物相。

所以应该看到，我们不能自动假设，把一个空位或CS平面说成是一个缺陷，而不首先说明我们的参考标准是什么。只有当CS平面不是组成某一物相等同部分的CS平面有序排列的一部分时，它才是一个缺陷。空位常常被认为是缺陷，但是已知有不能这样认为的例子。在Pr_2O_3中形成一种超结构，它是由PrO_2结构通过空的氧格位有序化衍生出来的。PrO_2有萤石型结构，而在Pr_2O_3的萤石结构中每第四个格位是空缺的，形成Pr_2O_3Vo。所以这种空位对于形成超结构是不可缺少的。进一步的研究可以证明，用有简单空位的结构不能适当描述Pr_2O_3，但这并不影响这里所作的结论。

在相律的意义上，一个物相的定义在结晶体系中通常并不存在困难，但是随着CS结构的阐明情况就不再是截然分明了。对于有序的CS结构如Ti_nO_{2n-1}($n=4$，…，10)，每一个n值对应于一个确定的CS平面的排列，并且无疑每一个都组成一个单独的相。所以中间n值的组成，如$n=5.5$在平衡时可以看做是两个适当CS相($n=5$和6)的物理混合物。但是，在$n=10$，…，14之间的组成区，情况有所不同，因为每个组成都有它自己独特的结构。每个结构都是独特的，由于CS平面的取向角随组成连续地变化，所以每个组成具有它自己的有序CS平面取向角的数值。因此，存在一个组成范围，它不是一种固溶体(由于其结构并不以单一的平均结构为基础)。那么它是什么呢？要说每一种可能的组成(所以可能性的数目是无限多)构成一种单独的物相是不容易接受的，但什么是这里可以接受的呢？虽然相律的理论和应用未必会因这些发现的结果而完全无用，但这里提出的问题还是至关重要的。

3.7 换位原子

在某些晶体中，常常能发现某些原子或离子对已经交换了位置。这种现象可能发生在包含两种或多种不同元素的合金中，每一种元素都排列在一组特定的格位上。这种现象也发生在某些离子型结构中，这些结构包含两种或多种类型的正离子，这些正离子也各自定位在一组特定的格位上。如果换位原子数很大，尤其当这一数目作为温度的函数显著增大，则就从有序变为无序。当有足够数目的原子对已经交换了位置，它们不再对任何特定的格位显示偏好，就出现这种极限情况。

合金就其本性而言涉及两种或多种不同的金属原子分布在一组(有时是多组)结晶学等价的格位上。所以，这类合金都是取代固溶体的实例。合金既可以是无序的，也可是有序的，前者的原子以无序的方式分布在可用的格位上，后者则不同的原子占有不同组的格位。有序化通常伴随着超晶胞的生成，这类超晶胞可以由额外反射的存在通过 X 射线衍射检测。有序的超结构在低于约 450℃时存在于 β'-黄铜 CuZn 中，如图 3.14 所示。铜原子占有以锌原子作为角顶的立方体的体心位置，如在 CsCl 结构中那样，所以其格子类型是初基的。在同一组成的无序合金 β-黄铜中，铜和锌原子都无序地分布在角顶和体心位置，所以格子是体心立方体，如同 α-Fe 的结构。本节令人感兴趣的主要之点是，在有序的 β-黄铜结构中可能混合若干铜和锌原子而仍然保持长程有序和超结构。这种无序可以看做是在一种本应是完善的结构中引入了缺陷。

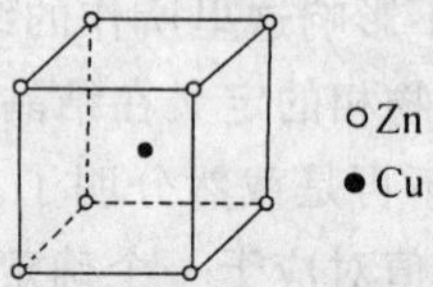

图 3.14　β-黄铜，CuZn 的有序初基立方单胞

具有尖晶石结构的物质提供了非金属结构中换位原子的范例。在尖晶石中格位占有方式的制约因素已经受到了大量的关注，特别是由于许多正离子是过渡金属离子。正离子的大小、氧化态、自旋状态和配位场的稳定化程度是若干有关的因素。

3.8 线　缺　陷

线缺陷也称为位错，有两种基本类型。一种称为刃形位错如图 3.15 所示，用网眼表示一个二维晶格，它额外地以楔子刃形侵入正常的三维晶格。该侵入的二维晶格形成的线段（*AB*）称为位错线。含有位错线的晶格群 *abcd* 是畸形的，能量高不稳定，晶体内部趋向于正常结构。图中的滑移面作为分界，上下的晶体可以互相交错。此时晶格点列 *A* 同对面的晶格点列 *a* 或 *b* 形成键，使晶格点列 *c* 或 *d* 成为新的位错线。

A 和 *a*（或 *b*）之间的距离与 *a* 和 *d*（或 *b* 和 *c*）之间的距离大致相等，结果，在键的组合变换（即刃形位错的移动）中所需要的能量小。金属的临界切应力远比理论值小，原因就在于此。

另一种线缺陷称为螺位错，如图 3.16 所示，具有将晶体板在中间拉裂那样的结构。螺位错的位错线是从 *A* 点垂直于晶体板下移的线，滑移面是 *a*。

图 3.17 将刃形位错和螺位错表示为滑移面与纸面平行。可看出，滑移面的方向和位错线的方向在刃形位错中是垂直的，在螺位错中则是平行的。实际

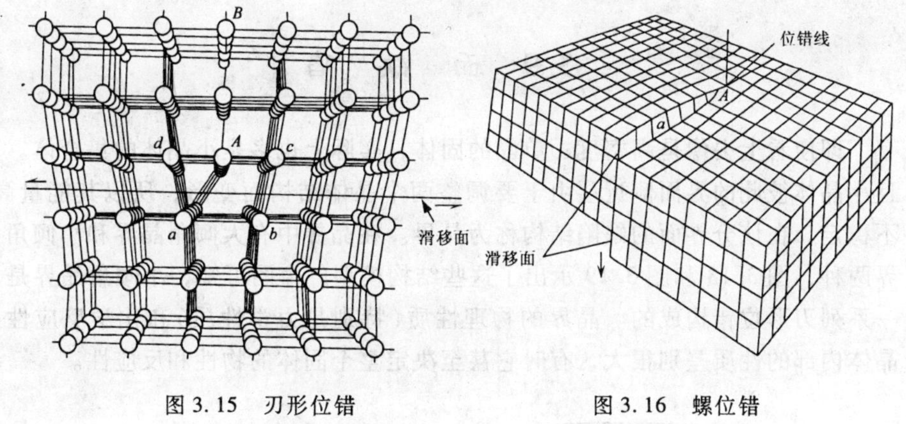

图 3.15　刃形位错　　　　　　　　　　图 3.16　螺位错

的晶体，则是刃形位错和螺位错的复合。这种情况示于图 3.17(c)中。如果从下方看图，则可以理解图 3.17(c)是由图 3.17(a)和(b)复合构成的。

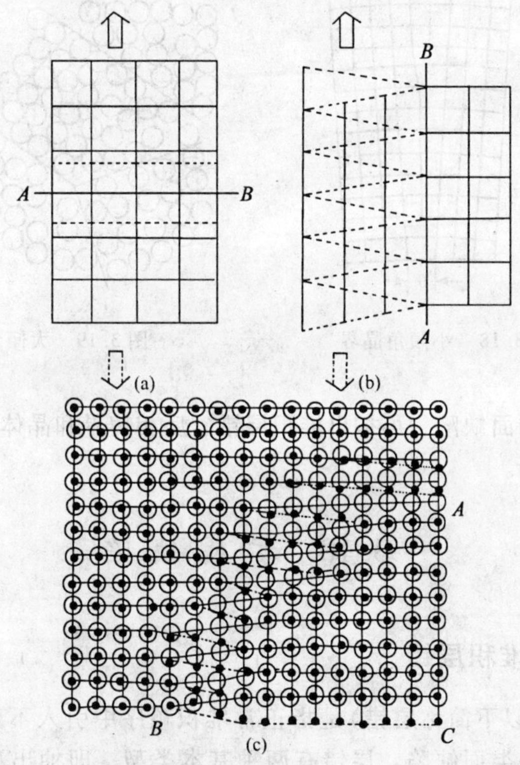

图 3.17　线缺陷模型图　(a)刃形位错，AB 为位错线；(b)螺位错，AB 为位错线；(c)刃形位错和螺位错复合产生的缺陷结构，在 A 中变为刃形位错，在 B 中则为螺位错。○表示上一个面的原子，●表示下一个面的原子。

3.9 面 缺 陷

即使看上去像是高密度、单晶的固体，实际上也多是小晶体的集合体。而且小晶体彼此的界面侧近层由于要调整两个晶体结构而变形，所以其能量高，不稳定。在该分界面的缺陷结构称为晶界。在晶界中有大倾角晶界和小倾角晶界两种，图 3.18 和图 3.19 示出了这些结构模型。由图可知，小倾角晶界是由一系列刃形位错构成的。晶界的物理性质(特别是力学性质)和化学反应性与晶体内部的性质差别很大，有时它甚至决定整个固体的物性和反应性。

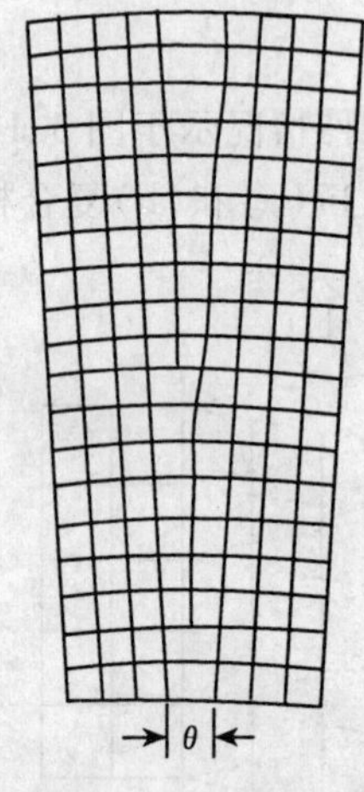

图 3.18　小倾角晶界

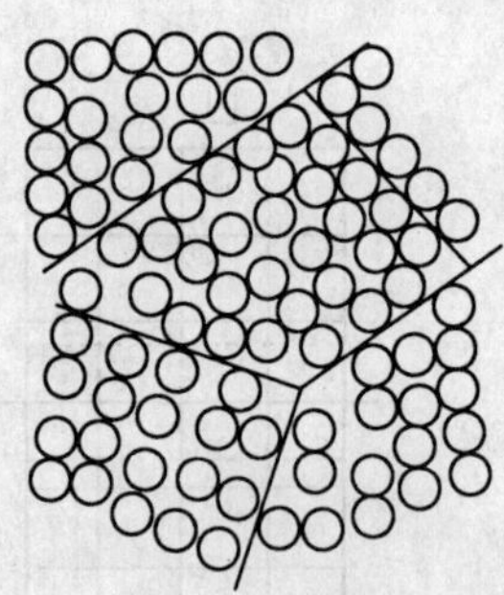

图 3.19　大倾角晶界

作为其他的面缺陷，可举出堆积层错、反相畴界和晶体学切变等。下一节将作进一步讨论。

3.10 扩展缺陷

3.10.1 堆积层错

堆积层错(以下简称层错)是指正常堆积顺序中引入不正常顺序堆积的原子面而产生的一类面缺陷。层错有两种基本类型，即抽出型层错和插入型层错。以面心立方结构为例，前者是在正常层序中抽去一原子层，相应位置出现一个逆顺序堆积层…*ABCACABC*…，即…△△△▽△△△…；后者是在正常层序中插入一原子层，相应位置出现两个逆顺序堆积层…*ABCACBCAB*…，即…

△△△▽▽△△△…，如图 3.20 所示。在此△表示顺顺序堆积，即 *AB*，*BC*，*CA* 顺序时，用△表示；▽表示逆顺序堆积，即 *BA*，*CB*，*AC* 顺序时，用▽表示。显然，层错处的一薄层晶体由面心立方结构变为密集六方结构，同样在密集六方结构的晶体中层错处的一薄层晶体也变为面心立方结构。这种结构变化并不改变层错处原子最近邻的关系(包括配位数、键长、键角)，只改变次近邻关系，几乎不产生畸变，所引起的畸变能很小。但是，由于层错破坏了晶体中的正常周期场，使传导电子产生反常的衍射效应，这种电子能的增加构成了层错能的主要部分，总的说来，这是相当低的。因而，层错是一种低能量的界面。

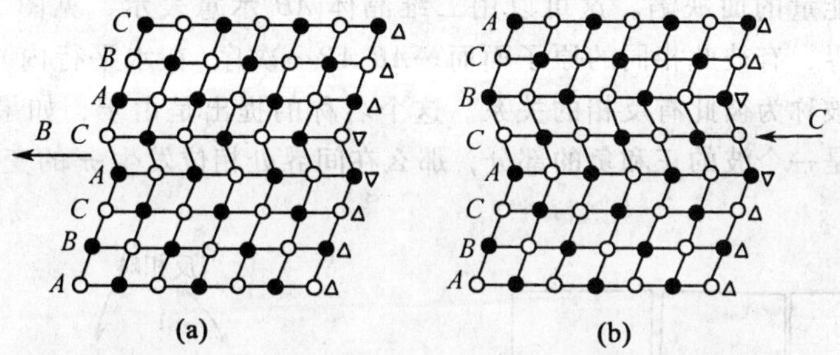

图 3.20　面心立方晶体中的抽出型层错(a)和插入型层错(b)

层错可以通过多种物理过程形成。首先，在晶体生长中，以六方密堆积面的堆积而生长晶体时，由于以正常和不正常顺序堆积时的能量相差很小，偶然因素很容易造成错误堆积而形成层错。其次，过饱和点缺陷在密排面上的聚集，再通过弛豫过程形成层错。空位聚集成盘状，通过崩塌式的弛豫形成的是抽出型层错；自填隙原子聚集成片，形成插入型层错。

堆积层错通常发生在有层状结构的固体中，尤其是那些同时显示多型性的材料。二维或平面缺陷以及 CS 面都是堆积层错的实例。金属中同时显示多型性和堆积层错的是钴，它可以被制备成两种主要的形式(多型体)，其中金属原子排列是立方密堆积(…ABCABC…)或六方密堆积(…ABABAB…)的。在这两种多型体中，结构在两个维度上即各层内是相同的，不同仅在于第三维上，即在各层的次序上。当正常的堆积次序由于存在“错位”层而在不规则的间隔处中断就发生了堆积无序，如可示意表示为…ABABAB *BCA* BABA…。斜体字母表示完全错的层(*C*)或在任何一侧没有正常相邻层的那些层(*A* 和 *B*)。石墨是呈现多型体(通常是碳原子的六方密堆积但有时是立方密堆积)或堆积无序(六方密堆积和立方密堆积的混合)的另一种单质。

3.10.2 亚晶粒界和反相畴界

在所谓的单质中存在的一种不完善性是畴或嵌镶织构的存在。在典型大小为~1 000nm 的畴内，结构是相对完善的，但是在畴之间的界面处存在结构的失配，如图 3.21 所示。这时失配的可能性极小，并只涉及畴之间取向角的不同，这种不同要比 1°小好几个数量级，晶粒之间的界面称为亚晶粒界，并且可以用位错理论处理。

亚晶粒界涉及的基本上是同一晶体的两个部分之间相对取向角的差异。另一类型的晶界称为反相界，涉及的是同一晶体两个部分相对的横向位移，它也是一种低能量的面缺陷。这可以用二维晶体 *AB* 示意表示，见图 3.22 所示。越过反相界，有彼此相同的原子面而…*AB AB*…次序(在水平行内)是相反的。这两个畴被称为彼此有反相的关系。这个名称的提出是由于，如果 A 和 B 原子被看做是一个波的正和负的部分，那么在间界处相位发生 π 的变化。

图 3.21 单晶中的畴织构

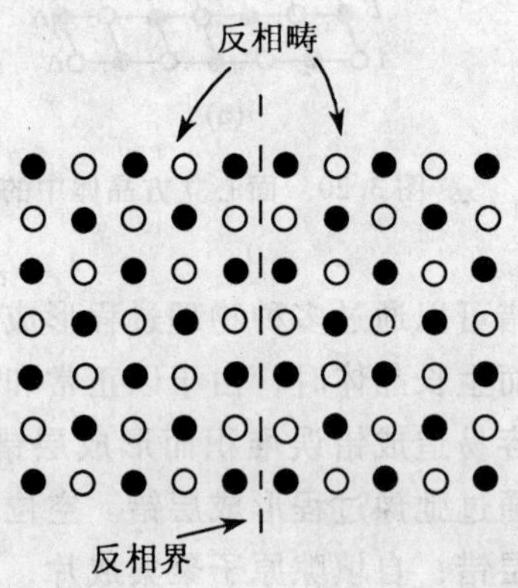

图 3.22 在有序晶体 AB 中的反相畴和界(A 空心圆，B 实心圆)

3.10.3 晶体学切变结构

大约 40 年以前人们就在金属中发现了反相畴的存在。用电子显微镜暗场成像的方法，界可以作为条带看到。如果界是规则间隔的，将发生一种不常见的衍射效应：畴的有序化是同一种超晶格相联系的，但是由于在界处相同原子之间的排斥力导致结构发生膨胀，在倒易晶格中超晶胞位置的两侧将出现伴斑点。这种现象已经在 CuAu 等合金和某些硅酸盐矿物如斜长石中观察到。

人们早就发现，某些过渡金属氧化物及其复合物中，氧与金属之比可以在一个宽范围内变化而容纳相当大的缺氧量。这些氧化物结构的基本单元是 RO_6

氧八面体，它们是共顶点连接。形成缺氧的非化学计量晶体时，最简单的途径是使晶体的两部分沿某一晶面相互切移，使界面处共顶点氧八面体部分地或全部地转变为共边氧八面体组态。这将使某些原为两个氧八面体共有的氧原子变为三个氧八面体所共有，从而省下氧原子。与此类似，某些共边氧八面体的组态通过类似的相互切移也可变为共面氧八面体，从而省下氧原子。这一过程产生了一个平移界面，马格内利、沃兹莱(Wadsley)等人将这个过程称为晶体学切变(crystallographic shear)，这个面称为晶体学切变面(CS 平面)。由于马格内利(Magneli)的工作，已经认识到在某些这类体系中，不是生成连续的固溶体，而是存在着一系列有极为类似化学式和结构的密切相关的物相。在缺氧型金红石中，已经制得通式为 Ti_nO_{2n-1}($n=4\sim10$)的一个同系列物相。例如，Ti_8O_{15}($TiO_{1.875}$)和 Ti_9O_{17}($TiO_{1.889}$)，每一个都是均匀的物理上可分离的物相。在缺氧金红石中，存在正金红石结构区。这些结构区为晶体学切变面彼此分隔，这些 CS 面都是结构和组成稍有不同的薄层，所有缺失的氧都集中在这些 CS 面内。随着还原程度的增大，化学计量关系的变化是通过 CS 面数目的增大和相邻 CS 面间金红石结构块厚度减小来调节的。

为了理解 CS 结构，首先考虑这种结构在 TiO_2 还原时是如何形成的。在这种示意的还原作用的第一步，涉及空的氧格位的形成，同时 Ti^{4+} 离子还原成 Ti^{3+} 或 Ti^{2+}；空的氧格位并不是无序分布的，而是定位在晶体内的某些晶面上。为了避免有整整一层空格位，结构发生了收缩，以消除空位并形成 CS 面。作为收缩的一个结果，在 CS 面内的八面体共用某些面，而在未还原的金红石区相应的联结只是通过共用边棱。与此类似，在还原的 WO_3 中产生的 CS 面包含共用边棱的八面体，而在整比 WO_3 中只观察到共用角顶的联结。

在还原金红石中 CS 面的结构要用图来表示是相当困难的，代之可以用还原的钨和钼的三氧化物作为较简单的实例。整比的 MoO_3 是由共用角顶的 MoO_6 八面体建造起来的，它们像在 ReO_3 结构中那样互相联结形成一种三维排列。在还原的 MoO_3 如 Mo_8O_{23} 中，八面体基团互相联结形成共用边棱的单位，这种单位由四个八面体组成。这些单位以规则的间隔在一个结构体的某倾斜方向上重复。图 3.23 画出了 ReO_3 型结构中沿不同晶面作 1/2[101]切移所产生的晶体学切变面的平面图。由图可看出，当晶体学切移面为(P01)时，界面处则由规则分布的 $2\times P$ 个共边氧八面体组所组成，每组均较正常结构时少($P-1$)个氧原子。于是随着 P 的增大，化学配比的偏离加大。

拿还原金红石来说，同系列物相的不同物相中，每一个物相的完整性和组成是由相邻 CS 面间固定的间隔决定的。随着还原程度的增大，即随着通式中 n 的减小，相邻的 CS 面间的距离减小。CS 面间隔的变化在一个同系列中是以分步的方式进行的。同系列中的每一个物相可以看做是一种组成基本固定的

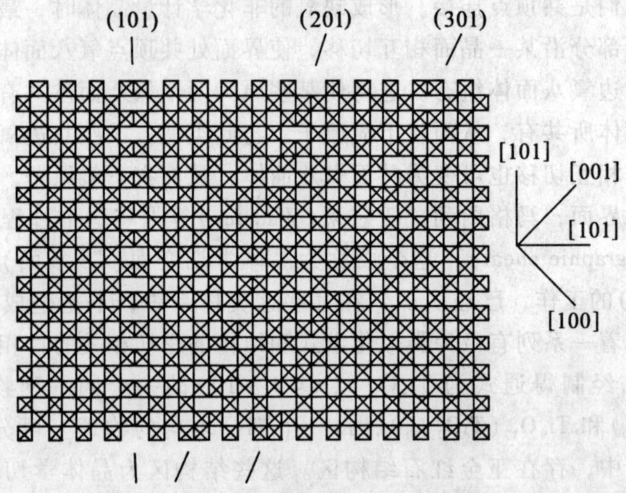

图 3.23 ReO_3 型结构中沿不同的(P01)晶面作 1/2[101]切移所产生的晶体学切变结构的[010]视图粗线勾画出的是 2×P 个共边氧八面体群

"线相"，而相邻的物相由一个窄的两相区隔开。在高温下，可能发生无序化并且每个物相可能开始显示一个组成范围，而且在某些情况下，如在还原二氧化铈 CeO_{2-x} 中，在高于某一临界温度时各物相间的区别可能真正消失而一个完整固溶体区可以形成。完成后一过程有多种可能的方式，其中之一是 CS 面的位置相对于结构的其余部分发生无序化。无序间隔的 CS 面称为沃兹莱(Wadsley)缺陷。

在这类氧化物晶体中的另一类切变结构，则是由相交的两组晶体学切变面组成的块状切变结构，它可以容纳更大的缺氧量。近年来对高 T_c 氧化物超导体及其他复杂氧化物晶体的研究中发现，由于它们也是以氧八面体作为重要的结构单元，因而也可能存在晶体学切变结构。

包含 CS 面的结构通常用 X 射线衍射和高分辨率的电子显微镜研究。单晶 X 射线衍射在解决晶体结构方面当然是一种最有效的方法，从这个意义上说电子显微镜通常起着较小的作用，它的应用限于测定极小晶体的单胞和空间群以及研究堆积层错和位错那样的缺陷。但是应用直接晶格成像技术，电子显微镜在 CS 物相的结构研究中得到应用。在有利的情况下，可以得到大约 0.3nm 分辨率的投影结构的图像。这类图像常常取条带或线状的形式，它们对应于衍射较强的重金属原子。可以测定各条带的间隔，在完善晶体中这种间隔应该是绝对规则的。只有一个 CS 面被成像，条带在间隔上就出现不规则，这是因为作为切变平面形成时收缩的一个结果，通过 CS 面的金属原子间的间隔减小了。所以，一对条带之间的间隔比正常的靠得更近，就表示有一个 CS 面。计数每一个块内的正常条带数，常常可以测定在同系列中该物相的 n 值。如果在同系列中物相之一的晶体结构已经用 X 射线方法详细测定，用电子显微镜结果来推断其余物相的结构就是一件相当简单的事情。

为了研究 CS 结构中的缺陷，电子显微镜是不可缺少的，如沃兹莱缺陷(无序 CS 面)就可以立即辨认出来。例如，若一块晶体形成了晶带，而且它各处的组成稍有变化，或者若晶体是由两个或多个物相交互生长组成的，那么，在推测的单晶中的多相性也可以被检测。

习　题

3.1　请说明何以结晶固体一般在升高温度时会生成更多缺陷。

3.2　应用图 3.5 所给数据计算 AgCl 中弗仑克尔缺陷的生成焓。

3.3　在下述晶体中你预料何类缺陷占优势？写出缺陷表示式。(1)用 $MgCl_2$ 掺杂的 NaCl；(2)用 Y_2O_3 掺杂的 ZrO_2；(3)用 YF_3 掺杂的 CaF_2；(4)用 As 掺杂的 Si；(5)一块已经捶击成薄片的铝；(6)在一种还原性气氛中加热过的 WO_3。

3.4　把 NaCl 晶体在钠蒸气中加热后，晶体呈黄色，如果用钾蒸气代替钠蒸气，可在相同波长处观察到光的吸收，试讨论这种晶体的显色机理。

3.5　你预期在图 3.12 的 β'-黄铜中 Cu，Zn 原子的有序化将对 X 射线粉末图产生什么效应，即你是如何预料 β 和 β'-黄铜的 X 射线粉末图将是不同的？

3.6　质量作用定律可以用于分析低缺陷浓度体系的缺陷平衡。如果这一方法被用于高缺陷浓度的体系可行吗？

3.7　弗仑克尔缺陷和肖特基缺陷各自的特点是什么？NaCl 和 CaF_2 晶体各自容易形成哪种缺陷？

3.8　你预期在(1)Zn，(2)Cu，(3)α-Fe，(4)NaCl 中在什么方向上最容易发生滑移？

3.9　假定在 NaCl 中肖特基缺陷的生成焓是 2.3eV 并且空位相对于已占格位的比例在 750℃时是 10^{-5}，请估算在(1)300℃，(2)25℃时 NaCl 中肖特基缺陷的平衡浓度。

3.10　氧化铁晶体 Fe_xO 中 $Fe^{3+}/Fe^{2+}=0.1$，试计算其中空位缺陷的百分数和 x 值。

第四章　固　溶　体

像缺陷一样，固溶体也普遍存在于固体材料之中，它同样是固体化学的核心问题之一。

4.1　概　　述

4.1.1　固溶体的含义

液体中有纯净液体和含有溶质的液体之分，固体中也有纯晶体和含有外来杂质原子的固体溶液之分。我们把含有外来杂质原子的晶体称为固体溶液，简称固溶体。为了便于理解，可以把原有的晶体看做溶剂，把外来原子看做溶质，这样可以把生成固溶体的过程，看成是个溶解过程。如果原始晶体为 AC 和 BC，生成固溶体之后，化学式可以写成$(A_xB_y)C$。例如，MgO 和 CoO 生成固溶体，可以写成$(Mg_{1-x}Co_x)O$。

4.1.2　固溶体的分类

固溶体既可按杂质原子在固溶体中的位置分类，也可按杂质原子在晶体中溶解度划分。

1. 按杂质原子在固溶体中的位置分类

杂质原子进入晶体之后，可以进入原来晶体中正常格点位置，生成取代(置换)型的固溶体。目前发现的固溶体，绝大部分是这种类型。在金属氧化物中，主要发生在金属离子位置上的置换。例如，MgO-CoO，MgO-CaO，$PbZrO_3$-$PbTiO_3$，Al_2O_3-Cr_2O_3 等都属于这种类型。MgO 和 CoO 都是 NaCl 型结构，Mg^{2+}半径为0.066nm，Co^{2+}的半径为0.072nm，这两种晶体因为结构相同，离子半径相差不多，MgO 中的 Mg^{2+}位置可以无限制地被 Co^{2+}占据，生成无限互溶的取代型固溶体，图 4.1 和图 4.2 分别为 MgO-CoO 的相图及固溶体结构图。

此外，杂质原子也可能进入溶剂晶格中的间隙位置，生成填隙型固溶体。

在固溶体中，也会出现离子空位结构，它们是由于异价的离子取代或生成

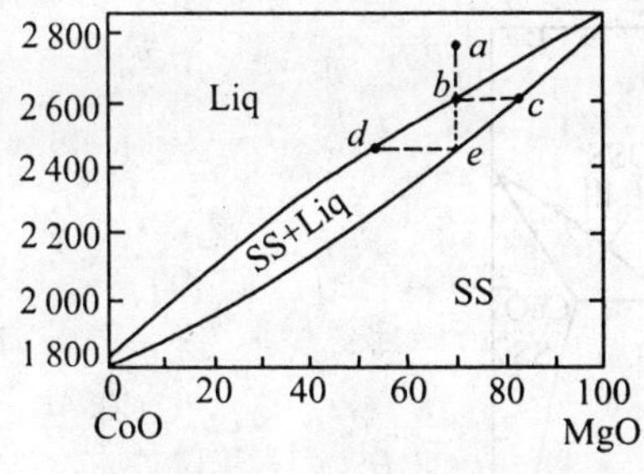

图 4.1 MgO-CoO 体系相图

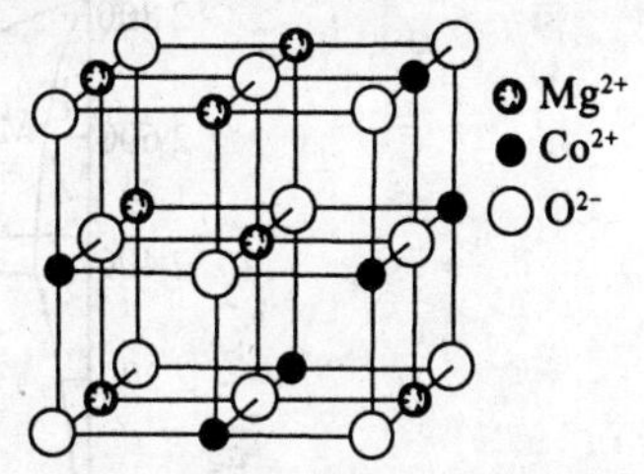

图 4.2 MgO-CoO 体系固溶体结构

填隙离子引起的，不是一种独立的固溶体类型。例如，Al_2O_3 在 MgO 中有一定的溶解度，当 Al^{3+} 进入 MgO 晶格时，它占据 Mg^{2+} 的位置，Al^{3+} 比 Mg^{2+} 高出一价，为了保持电中性和位置关系，在 MgO 中就要产生 Mg 空位 V''_{Mg}，反应如下：

$$Al_2O_3 \xrightarrow{MgO} 2Al^{\cdot}_{Mg} + V''_{Mg} + 3O_O$$

显然是一种取代型固溶体。又例如，在 TiO_{2-x} 中，存在着氧空位，为了保持电中性，晶体中必须有部分 Ti^{4+} 变成 Ti^{3+}。这样，晶体中虽然都是钛离子，但价态不同。具有这样缺陷的晶体，可以看成部分 Ti^{3+} 取代 TiO_2 中的 Ti^{4+} 生成的固溶体。

2. 按杂质原子在晶体中的溶解度划分

依据溶解度可以分为无限固溶体和有限固溶体两种类型。无限固溶体是指溶质和溶剂两种晶体可以按任意比例无限制地相互溶解。例如，在 MgO 和 NiO 生成的固溶体中，MgO 和 NiO 各自都可以当做溶质也可以当做溶剂，如果把 MgO 当做溶剂，而 MgO 中的 Mg 可以被 Ni 部分或完全取代，它们的化学式可以写成 $(Ni_xMg_{1-x})O$，其中 $x=0\sim1$。当 $PbTiO_3$ 与 $PbZrO_3$ 生成固溶体时，$PbTiO_3$ 中的Ti 可全部被 Zr 取代，属无限互溶的固溶体，化学式可以写成 $Pb(Zr_xTi_{1-x})O_3$，$x=0\sim1$连续变化。所以无限固溶体又称为连续固溶体或完全互溶固溶体。

如果杂质原子在固溶体中的溶解度是有限的，存在一个溶解度极限，那么这样的固溶体就是有限固溶体，也称为不连续固溶体或部分互溶固溶体。如果两种晶体结构不同或相互取代的离子半径差别较大，只能生成这种固溶体。例如 MgO-CaO 体系，虽然二者都是 NaCl 结构，但离子半径相差较大，Mg^{2+} 的半径为 0.066nm，Ca^{2+} 的半径为 0.1nm，取代只能到一定限度，故生成有限固溶体。MgO-CaO 体系相图如图 4.3 所示。

此外，固溶体还可以从取代离子的角度划分为两大类型，即等价取代固溶

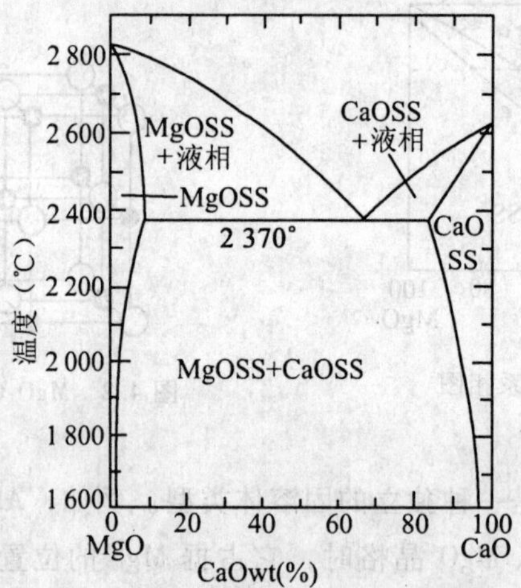

图 4.3　MgO-CaO 体系相图(有限固溶体)

体和异价(不等价)取代固溶体。在等价取代中，一个离子被另一个带相同电荷的离子所取代，不需要额外的变化来保持电荷平衡。在异价取代中，一个离子被另一个带不同电荷的离子所取代，此时，需要额外的变化来保持电荷平衡。这在 4.4 节中还要提及。

4.1.3　固溶体的表示方法

固溶体实质上属杂质缺陷的范畴，表示缺陷的符号和原则都适用于固溶体，在此不赘述。

4.1.4　固溶体的特点

固溶体普遍存在于无机固体材料中，材料的物理化学性质，能随着固溶体的生成，在一个更大的范围内变化。现在经常采用生成固溶体的方法来提高材料性能，这在材料设计中经常用到。例如，$PbTiO_3$ 与 $PbZrO_3$ 生成锆钛酸铅压电陶瓷 $Pb(Zr_xTi_{1-x})O_3$ 结构，Sn^{4+}在 $ZrTiO_4$ 中的固溶体$(ZrSn)TiO_4$，甚至在高温结构材料中的 sialon(塞龙)也是 Si_3N_4 与 Al_2O_3 的固溶体。

固溶体像溶液一样，它是一个均匀的相。它不同于溶剂(原始晶体)，也不同于机械混合物，更不同于化合物。

1. 固溶体与化合物

固溶体与化合物之间有本质的区别。首先，当 A 和 B 若形成化合物时，A 和 B 之间的物质的量存在着严格确定的比例。而当 A 和 B 形成固溶体时，A 和 B 之间不存在确定的物质的量比，A 和 B 之间的物质的量比可在一定的范围内浮动。其次，在结构上也有区别，对于化合物来说，从概念上应是理想的不含杂质的也不存在缺陷的结构。它不同于 A 的结构也不同于 B 的结构。而固溶体的结构一般和原始晶体即溶剂的结构保持一致。再者，固溶体的组成有一变化范围，因此它的物性也会随组成的不同而变化。而化合物的性质则是确定不变的。

2. 固溶体与机械混合物

A 和 B 形成固溶体时，成为均匀的单相，它的结构与溶质的结构无直接的关联，其性质与原始晶体也有显著的不同。而 A 和 B 的机械混合物则是多相体系，各相保持着各自的结构和性质。

3. 固溶体与原始晶体

固溶体与原始晶体即溶剂都是均匀的单相，其基本结构相同。其不同之处在于，原始晶体是单元的，而固溶体是多元的。固溶体的晶体结构相对于原始晶体的结构来说，发生局部畸变，晶胞参数随组成的变化而变化。它们的性质也有区别。

4.2 取代固溶体

在高温下 Al_2O_3 和 Cr_2O_3 反应而形成的氧化物体系是取代固溶体的一个典型例子。Al_2O_3 和 Cr_2O_3 都具有刚玉晶体结构（近似为氧离子六方密堆积结构，2/3 的八面体格位被 Al^{3+} 离子所占有）。固溶体可以用化学式表示为 $(Al_{2-x}Cr_x)O_3(0\leqslant x\leqslant 2)$。当 x 取中间值时，Al^{3+} 和 Cr^{3+} 离子随机地分布于 Al_2O_3 的正常被占有的八面体空隙。因此，虽然任何一个特定的空隙必然含有一个 Cr^{3+} 离子或一个 Al^{3+} 离子，但含每一种离子的几率则与组成 x 有关。当把结构作整体看待且所有空隙的占有被平均地处理时，想象每个空隙被一个原子序数、大小等性质介于 Al^{3+} 和 Cr^{3+} 之间的“平均阳离子”所占有是有效的。许多合金完全是取代固溶体，如在青铜中，铜和锌原子在一个大的组成范围内互相替代。

要形成一个简单的取代固溶体系，必须满足一些最起码的条件。这些条件包括离子大小、离子的电荷以及晶体结构等。

4.2.1 离子尺寸

对合金的形成曾经有人提出，若要形成取代固溶体，互相取代的金属原子可容许的最大半径差为 15%。对于非金属体系的固溶体，虽然难以作定量估计，但可允许的大小的极限差别看来比 15% 要稍大一些。在很大程度上，这是因为难以定量地估计离子本身的大小。以碱金属阳离子的鲍林（Pauling）结晶半径(单位为nm)为例：Li^+，0.06；Na^+，0.095；K^+，0.133；Rb^+，0.148；Cs^+，0.169。K^+，Rb^+和Rb^+，Cs^+两个离子对的半径差均在彼此的15%以内，这就是说，获得相应的Rb^+和Cs^+盐之间的固溶体是容易的。然而，Na^+和K^+盐亦常互相形成固溶体(如高温下的KCl和NaCl)，但K^+离子比Na^+离子大约40%。有时候，Li^+和Na^+超过组成的极限范围互相取代，而Na^+要比Li^+大约60%。可是，Li^+和K^+的大小差别对于形成任何范围的固溶体来说都显得太大了。假若用以$r_{O^{2-}}=0.126$nm为基础的香农(Shannon)和普雷韦特(Prewitt)半径来代替，可看到碱金属阳离子大小差别的类似效应。

在相互取代的两种离子大小相差很大的体系中，常常发现较大的离子可以部分地被较小的离子代替；但反过来，要以一个较大的离子代替一个较小的离子则要困难得多。例如，在碱金属的偏硅酸盐Na_2SiO_3中，一半以上的Na^+离子可以在高温下(约800℃)被Li^+代替而得到固溶体$(Na_{2-x}Li_x)SiO_3$，但在Li_2SiO_3中的Li^+只有10%能被Na^+取代。这种类型的原子或离子可互相取代而形成取代固溶体。镧系元素因它们在大小上的相似性，易在其氧化物中互相形成固溶体。实际上，早期化学家试图分离镧系元素时遇到极大困难的一个原因就是它们十分容易形成固溶体。

4.2.2 晶体结构

在呈现无限固溶的体系中，两个物相要有等结构是至关重要的。硅酸盐和锗酸盐往往是等结构的，可以通过$Si^{4+} \rightleftharpoons Ge^{4+}$互相替代形成固溶体。不过，反过来不一定对，仅仅因为两个相结构相同，它们未必就能互相形成固溶体。例如LiF和CaO都具有岩盐结构，但在结晶态它们并不互相混溶而形成固溶体。

尽管无限固溶体能在像高温下Al_2O_3-Cr_2O_3那样的有利情况下形成，但更为常见的是部分或有限固溶体系，此时，两物相要等结构的限制不再有效。例如矿石镁橄榄石Mg_2SiO_4和硅锌矿Zn_2SiO_4为部分互溶，橄榄石和硅锌矿的晶体结构大不相同；橄榄石含有近似六方密堆积的氧离子层，但密堆积的氧离子层在硅锌矿中是不存在的。两者都含有SiO_4四面体，但镁在橄榄石中是八面体配位，而锌在硅锌矿中则为四面体配位。然而，就它们的配位要求而言镁和锌都是可变通的离子，它们均倾向采取四面体或八面体配位。这样，在橄榄石固溶体$(Mg_{2-x}Zn_x)SiO_4$中锌代替八面体间隙的镁，而在硅锌矿固溶体$(Zn_{2-x}Mg_x)SiO_4$中镁就代替四面体间隙的锌。Mg^{2+}是略大于Zn^{2+}的阳离子，这一点在如下的事实中有所反映：在氧化物结构中，镁稍稍优先采取八面体配位而锌似乎倾向四面体配位。铝亦能被氧四配位或六配位，这一点表现在$LiAlO_2$-$LiCrO_2$体系中，其中$LiCrO_2$形成范围广泛的固溶体$Li(Cr_{1-x}Al_x)O_2(0 \leqslant x \leqslant 0.6)$；

在该固溶体中，Cr^{3+}和Al^{3+}都在八面体间隙。然而，$LiAlO_2$含四面体配位的Al^{3+}，完全不存在$LiCrO_2$在$LiAlO_2$中的固溶体，说明Cr^{3+}并不是四面体配位。

4.2.3 离子电荷

要形成无限固溶体，除了离子大小和晶体结构的条件外，离子电荷的要求也是一个必要条件。那就是互相取代的离子必须带同样的电荷。这样的例子有Al_2O_3-Cr_2O_3、$PbTiO_3$-$PbZrO_3$、MgO-CoO 等体系。如果互相取代离子的电荷不同，为了保持电荷平衡，则会产生空位或填隙子，从而得不到连续固溶体，而只能得到不连续固溶体。

在取代固溶体中阴离子也能互相代替，如 AgCl-AgBr 固溶体，但这远不及由阳离子取代形成的固溶体普遍，可能是因为具有相似大小及结构、电荷要求的阴离子对不多的缘故。

4.3 填隙固溶体

许多金属形成填隙固溶体，其中小原子如氢、碳、硼、氮等能进入金属主体结构内空着的间隙位置。金属钯以它能“吸藏”大容积的氢气而著名，最终的氢化物是化学式为 $PdH_x(0\leqslant x\leqslant 0.7)$的填隙固溶体，其中氢原子占有面心立方金属钯内部的间隙位置。氢到底是在八面体空隙还是四面体空隙上，至今尚未确定，看来位置的占有与组成x有关。或许在技术上最重要的填隙固溶体是碳在面心立方 γ-Fe 的八面体空隙的固溶体。这种固溶体是炼钢的基础。

4.4 异价取代固溶体

4.1 节中提到，固溶体还可以划分为两大类型，即等价取代固溶体和异价取代固溶体。在等价取代中，一个离子被另一个带相同电荷的离子所取代，不需要额外的变化来保持电荷平衡。前述的Al_2O_3-Cr_2O_3固溶体系就是这样的例子。控制等价固溶体的形成因素在4.2节已经叙述过。在异价取代中，一个离子被另一个带不同电荷的离子所取代，此时，需要额外的变化来保持电荷平衡。这些额外的变化包括空位或填隙子的形成——离子补偿和电子或空穴的形成——电子补偿。对于离子补偿，阳离子取代有4种可能性，如图4.4所示。阴离子取代可能有相似的方案，但是因为在固溶体中阴离子取代不常发生，故不作进一步的讨论。

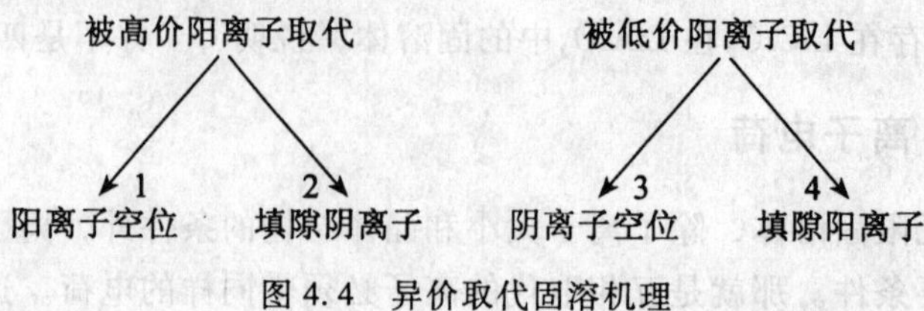

图 4.4 异价取代固溶机理

4.4.1 离子补偿机理

1. 阳离子空位

若基质结构中可能被代替的阳离子的电荷比代替它的阳离子要低，为保持电中性，就得发生另外的变化。一种变化是产生阳离子空位。例如，NaCl 可以溶解少量 $CaCl_2$，固溶体形成的机理涉及两个 Na^+离子被一个 Ca^{2+}离子取代；所以一个 Na^+的位置空着。在 600℃ 时化学式可以写成 $Na_{1-2x}Ca_xCl(0 \leqslant x \leqslant 0.15)$，其中有一个阳离子空位。缺陷式可表示为：

$$CaCl_2 \xrightarrow{NaCl} Ca_{Na}^{\cdot} + V'_{Na} + 2Cl_{Cl}$$

尖晶石 $MgAl_2O_4$在高温下与 Al_2O_3形成部分互溶的固溶体(图 4.5)。在这些固溶体中，四面体位置上的 Mg^{2+}离子以 3 : 2 的比例被 Al^{3+}代替，固溶体化学式可写为 $Mg_{1-3x}Al_{2+2x}O_4$；因此必然产生 x 个可能是呈四面体的 Mg^{2+}离子空位。缺陷式可表示为：

$$Al_2O_3 \xrightarrow{MgAl_2O_4} 2Al_{Mg}^{\cdot} + V''_{Mg} + 3Oo$$

许多过渡金属化合物是非整比的，可以在一定组成范围内存在，因为过渡金属离子存在一种以上的氧化态。这就形成了一种固溶体系，例如方铁矿$(Fe_{1-3x}^{2+}Fe_{2x}^{3+})O$ 也可表示为 $Fe_{1-x}O(0<x\leqslant 0.1)$。事实上，方铁矿的实际结构比 Fe^{2+}、Fe^{3+}和阳离子空位遍布于岩盐结构的八面体阳离子位置要复杂得多，而代之以缺陷簇的形成(见 3.5 节)。$Fe_{1-x}O$ 的缺陷式可表示为：

$$1/2O_2 \xrightarrow{FeO} 2Fe_{Fe}^{\cdot} + V''_{Fe} + Oo$$

2. 填隙阴离子

高价阳离子可以取代低价阳离子的另一种机理是同时产生填隙阴离子。氟化钙能溶解少量氟化钇；阳离子总数保持不变，因而产生了 F^-填隙以给出固溶体化学式$(Ca_{1-x}Y_x)F_{2+x}$。这些填隙 F^-离子占据萤石结构中的大空隙，而该萤石结构中的立方体顶角被其他八个 F^-离子围绕。缺陷式可表示为：

$$YF_3 \xrightarrow{CaF_2} Y_{Ca}^{\cdot} + F'_i$$

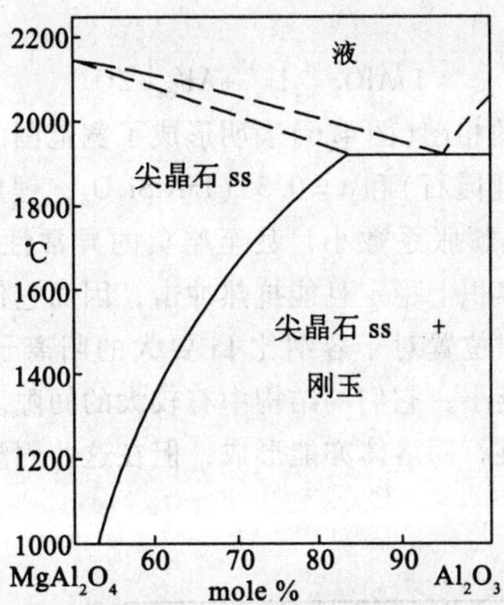

图 4.5 $MgAl_2O_4$-Al_2O_3体系中呈现尖晶石相固溶体的部分相图

同样，氧化钙中可溶解少量氧化钇，固溶体化学式为 $Ca_{1-2x}Y_{2x})O_{1+x}$，产生填隙阴离子。其缺陷式可表示为：

$$Y_2O_3 \xrightarrow{CaO} 2Y_{Ca}^{\cdot}+O_i''$$

3. 阴离子空位

若基质结构中能被取代的阳离子的电荷比代入的阳离子高，电荷平衡可以通过产生阴离子空位或填隙阳离子来维持。在氧化钙稳定化立方氧化锆$(Zr_{1-x}Ca_x)O_{2-x}(0.1\leqslant x\leqslant 0.2)$中有阴离子空位存在。立方氧化锆具有萤石结构，在它与氧化钙的固溶体中阳离子的总数保持不变；所以 Zr^{4+}被 Ca^{2+}代替就要求产生氧离子空位。这些物质作为耐火材料和氧离子传导的固体电解质是很重要的。缺陷式可表示为：

$$CaO \xrightarrow{ZrO_2} Ca''_{Zr}+V_O^{\cdot\cdot}$$

同样，氧化锆中也可溶解少量氧化钇，固溶体化学式为$(Zr_{1-2x}Y_{2x})O_{2-x}$，产生阴离子空位。其缺陷式可表示为：

$$Y_2O_3 \xrightarrow{ZrO_2} 2Y'_{Zr}+V_O^{\cdot\cdot}$$

4. 填隙阳离子

低价阳离子取代高价阳离子的另一种机理是在取代的同时产生填隙阳离子。“填充硅石”相是铝硅酸盐，其中硅石(石英、鳞石英或方英石)之结构可以通过 Si^{4+}被 Al^{3+}部分代替而修饰，与此同时碱金属阳离子就进入硅石骨架中正常空着的间隙位置。

填充石英结构的化学式为 $Li_x(Si_{1-x}Al_x)O_2$，其中 $0 \leqslant x \leqslant 0.5$。缺陷式可表示为：

$$LiAlO_2 \xrightarrow{SiO_2} Li_i^{\cdot} + Al'_{Si} + 2O_O$$

结合 SiO_2-$LiAlO_2$的相图(图 4.6)表明形成了宽范围的填充石英固溶体，但在 $x=0.5$($LiAlSiO_4$，锂霞石)和 $x=0.33$($LiAlSi_2O_6$，锂辉石)处存在着特定的组成。β-锂辉石具有热膨胀系数小，甚至略负的异常性质；所以含 β-锂辉石为主要成分的陶瓷在容积上稳定且能抗热冲击，因而它们在高温范围有许多应用。石英结构中的间隙位置对于容纳比 Li 要大的阳离子实在太小了。鳞石英和方英石的密度比石英小，它们的结构中有较大的间隙。与填充石英固溶体相似，填充鳞石英和方英石固溶体亦能形成，但在这些固溶体中填隙或填充阳离子是 Na^+和 K^+。

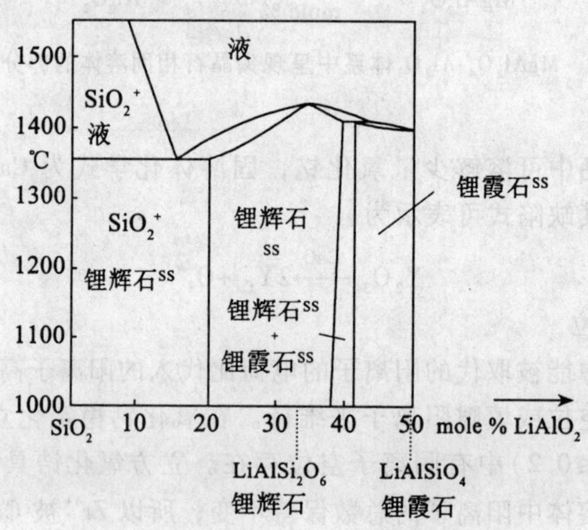

图 4.6　部分 SiO_2-$LiAlO_2$体系的相图

5. 双重取代

在这类过程中两种取代同时发生。如在人造橄榄石中 Mg^{2+}可以被 Fe^{2+}代替，与此同时 Si^{4+}被 Ge^{4+}取代而得到固溶体($Mg_{2-x}Fe_x$)($Si_{1-y}Ge_y$)O_4。溴化银和氯化钠形成无限互溶固溶体：($Ag_{1-x}Na_x$)($Br_{1-y}Cl_y$)($0<x, y<1$)，其中阴离子和阳离子都互相取代。只要总的电中性得到保证，取代的离子可带不同的电荷。在斜长石型长石中，钙长石 $CaAl_2Si_2O_8$和钠长石 $NaAlSi_3O_8$形成无限互溶固溶体。它们的化学式可写成($Ca_{1-x}Na_x$)($Al_{2-x}Si_{2+x}$)O_8($0<x<1$)，而 Na $\rightleftharpoons$ Ca 和 Si $\rightleftharpoons$ Al 两种取代必定同时发生并达到同样的程度。

以上三种固溶体的缺陷式可分别表示为：

$$FeO+GeO_2 \xrightarrow{Mg_2SiO_4} 2Fe_{Mg}+Ge_{Si}+3O_O$$

$$NaCl \xrightarrow{AgBr} Na_{Ag}+Cl_{Br}$$

$$NaAlSi_3O_8 \xrightarrow{CaAl_2Si_2O_8} Na'_{Ca}+Si_{Al}^{\cdot}+Al_{Al}+2Si_{Si}+8O_O$$

双重取代过程发生在赛龙(Sialons)中，这是一种基于 Si_3N_4 母体结构的 Si-Al-O-N 体系的固溶体。β-氮化硅由 SiN_4 四面体通过顶角相连而构成，形成一种 3-D 网络。每个氮原子为平面配位并成为三个 SiN_4 四面体的顶角。在赛龙固溶体中，Si^{4+} 部分地被 Al^{3+} 取代而 N^{3-} 部分地被 O^{2-} 取代。电荷平衡用这种方法得以保持。固溶体的结构单位为(Si，Al)$(O，N)_4$ 四面体，而固溶体机理可写为$(Si_{3-x}Al_x)(N_{4-x}O_x)$。缺陷式可表示为：$Al'_{Si}+O_N^{\cdot}$。

氮化硅是潜在的、十分有用的高温陶瓷。Jack 及其同事在纽卡斯尔对赛龙及其衍生物的最新发现开辟了结晶化学的一个新领域并扩展了氮基陶瓷的应用领域。

4.4.2 电子补偿机理：金属，半导体和超导体

在由异价取代的固溶体中，一个额外的电荷补偿机理是必需的。其可以是离子补偿，如上所述。迄今为止讨论的所有例子涉及的物质或是电绝缘性的或是呈现由空位或填隙子导致的离子导电性的。这些例子都没有涉及电子导电性。在许多含有过渡金属的材料中，尤其是在固溶体形成时产生有混合价态的材料中，所得的产物可能非常不同，有半导性的，有金属性的，甚至有在低温下呈超导性的。为了讨论这些电子导电性，也就是电子补偿机理，我们同样使用图 4.4 所示的取代类型，每种类型的例子叙述如下。

1. 阳离子空位

阳离子空位可通过脱嵌产生，如从诸如 $LiCoO_2$ 和 $LiMn_2O_4$ 中脱锂或移去 Li^+(和 e^-)。为保持电荷平衡，通过移去 Li^+ 的同时移去 e^-，建立正的空穴。这些空穴通常位于结构网络中的其他阳离子上，即

$$-Li^+ \xrightarrow{LiCoO_2} V'_{Li}+Co_{Co}^{\cdot} \qquad Li_{1-x}Co_{1-x}^{3+}Co_x^{4+}O_2$$

$$-Li^+ \xrightarrow{LiMn_2O_4} V'_{Li}+Mn_{Mn}^{\cdot} \qquad Li_{1-x}Mn_{1-x}^{3+}Mn_{1+x}^{4+}O_4$$

因此这些固溶体同样可考虑由高价阳离子(Co^{4+}，Mn^{4+})取代低价阳离子(Co^{3+}，Mn^{3+})来产生，如图 4.4 所示。这两个材料在商业锂电池中是非常重要的。$LiCoO_2$、$LiMn_2O_4$ 目前已用作锂离子电池的电极材料(参见 15.8 节)。

许多氧化物加热时吸收氧，氧分子离解，氧原子从低氧化态过渡金属离子得到电子形成 O^{2-} 离子。因为此时的结构有一个过剩的氧，从而生成阳离子空位。一个典型的例子是淡绿色绝缘体 NiO 当加热时被氧化而变成黑色的半导

体，在高价镍离子上形成正的电子空穴。其缺陷表示式和化学式如下：

$$1/2O_2 \xrightarrow{NiO} 2Ni_{Ni}^{\cdot} + V''_{Ni} + O_O \qquad Ni_{1-3x}^{2+}Ni_{2x}^{3+}O$$

该产物有与 NiO 相同的岩盐结构，在该结构中，Ni^{2+}，Ni^{3+}混合离子和阳离子空位分布在八面体空隙的位置。

2. 填隙阴离子

二氧化铀具有萤石结构。UO_2氧化时形成一种与钇掺杂 CaF_2相似的固溶体。产物是 UO_{2+x}并含有 x 个填隙 O^{2-}离子与 x 个 U^{6+}阳离子(即电子空穴)一起保持电荷平衡，也就是说固溶体化学式可写为$(U_{1-x}^{4+}U_x^{6+})O_{2+x}$。缺陷式可表示为：

$$1/2O_2 \xrightarrow{UO_2} U_U^{\cdot\cdot} + O_i''$$

混合价阳离子同样可伴随嵌入填隙阴离子而形成。高 T_c 超导体的几个新家族就是这种类型的固溶体。众所周知的有 YBCO 或 Y123，$YBa_2Cu_3O_\delta$. 依据氧含量 δ，Cu 有+1，+2 的混合价(如 $\delta=6$)，或者全是+2 价($\delta=6.5$)，或是+2，+3 的混合价($\delta=7$)。起初 $\delta=6$，过量的氧可以导入到结构中(在空气或 O_2中加热至 350℃)，发生铜离子的氧化，原料逐渐由一个半导体($\delta=6$)转变成 $T_c=90K$ 的超导体($\delta=7$)。化学式为 $YBa_2Cu_{1-2x}^{+}Cu_{2+2x}^{2+}O_{6+x}$，在二价铜离子上产生电子空穴，其缺陷式可表示为：

$$1/2O_2 \xrightarrow{YBa_2Cu_3O_6} 2Cu_{Cu}^{\cdot} + O''_i$$

3. 阴离子空位

在 $YBa_2Cu_3O_\delta(6<\delta<7)$的情况中，由 O 占据的额外空隙位置在 $\delta=6$ 时全空，$\delta=7$ 时全满。因此，如果起初 $\delta=6$，这个固溶体可看作图 4.4 中机理 2 的一个例子，如前所述；如果起初 $\delta=7$，并且氧含量逐渐减少，则可看作机理 3 的例子。生成阴离子空位，进而导致空穴减少，电子增加，高价铜离子变低价。化学式为 $YBa_2Cu_{2+2x}^{2+}Cu_{1-2x}^{3+}O_{7-x}$。其缺陷式可表示为：

$$-1/2O_2 \xrightarrow{YBa_2Cu_3O_7} 2Cu'_{Cu} + V_O^{\cdot\cdot}$$

许多氧化物对氧的损失很敏感，氧的损失是由阴离子空位的形成、高温下伴随的还原、特别是在还原气氛下的加热所造成的。这个过程可看做

$$2O^{2-} \longrightarrow O_2 + 4e^-$$

释放的电子进入高价阳离子的空穴中，使高价阳离子变成较低价态的阳离子，并形成一个具有任何过渡金属阳离子参与的混合价态。得到的材料往往是半导性或金属性的，具体例子有 TiO_{2-x}(关于它含有晶体学切变面的缺陷结构参见 3.10.3 节)，WO_{3-x}和 $BaTiO_{3-x}$(1400℃以上)。它们的缺陷式和化学式分别如下：

$$-1/2\ O_2 \xrightarrow{TiO_2} 2Ti'_{Ti} + V_O^{\cdot\cdot} \qquad Ti^{4+}_{1-2x}Ti^{3+}_{2x}O_{2-x} \qquad TiO_{2-x}$$

$$-1/2\ O_2 \xrightarrow{WO_3} W''_W + V_O^{\cdot\cdot} \qquad W^{6+}_{1-x}W^{4+}_{x}O_{3-x} \qquad WO_{3-x}$$

$$-1/2\ O_2 \xrightarrow{BaTiO_2} 2Ti'_{Ti} + V_O^{\cdot\cdot} \qquad BaTi^{4+}_{1-2x}Ti^{3+}_{2x}O_{3-x} \qquad BaTiO_{3-x}$$

4. 填隙阳离子

一个元素的填隙阳离子和另一元素的混合价阳离子形成诸如 Li 对 MnO_2 的嵌入，其是 1 中所述的 $LiCoO_2$ 和 $LiMn_2O_4$ 的简单逆过程。填入一个阳离子，为保持电中性，也要引入一个电子，电子进入基质阳离子的空穴中，使阳离子变成较低价态的阳离子，并形成一个具有任何过渡金属阳离子参与的混合价态。

其他的例子如由 WO_3 同碱金属反应形成的钨青铜，它是在碱金属蒸气中加热或同正丁基锂反应或由电化学插入法制得的。他们的缺陷式和化学式如下：

$$Li_2O \xrightarrow{CoO_2} 2Li_i^{\cdot} + 2Co'_{Co} + O_O \qquad Li_xCo^{4+}_{1-x}Co^{3+}_{x}O_2$$

$$Li_2O \xrightarrow{Mn_2O_4} 2Li_i^{\cdot} + 2Mn'_{Mn} + O_O \qquad Li_xMn^{4+}_{1-x}Mn^{3+}_{1+x}O_4$$

$$Li_2O \xrightarrow{WO_3} 2Li_i^{\cdot} + 2W'_W + O_O \qquad Li_xW^{6+}_{1-x}W^{5+}_{x}O_3$$

W 的混合价导致金属导电性和一个类钨青铜的外貌。由于 Li 能迅速和可逆地插入或从结构中移去，所以这些材料在薄膜镀铬器件和玻璃涂敷中找到了应用。因为在某些情况下，颜色可随 x 发生明显的变化。

5. 双重取代

当一个元素形成等量的双取代机理时同样可以产生混合价。一个典型的例子是掺 Ba 的 La_2CuO_4，该物质由 Bednorz 和 Muller 在 1986 年发现，他触发了高 Tc 超导体的科学革命。其机理是：

$$BaO \xrightarrow{La_2CuO_4} Ba'_{La} + Cu_{Cu}^{\cdot} + O_O,\ La_{2-x}Ba_xCu^{2+}_{1-x}Cu^{3+}_{x}O_4$$

含有不连续物种 Bi^{3+} 和 Bi^{5+} 的半导体 $BaBiO_3$ 是由 $Ba^{2+}=K^+$ 取代形成的超导性材料的主体。在 $BaBiO_3$ 中(其有一个扭曲的钙钛矿结构)有等数的 Bi^{3+} 和 Bi^{5+}，但掺入 K，Bi^{5+} 的比例应该增大。

$$K_2O \xrightarrow{BaBiO_3} 2K'_{Ba} + Bi_{Bi}^{\cdot\cdot} + O_O,\ Ba_{1-2x}K_{2x}Bi^{3+}_{0.5-x}Bi^{5+}_{0.5+x}O_3$$

然而事实上情况要复杂得多，因为当掺 K 结构恢复到简单立方钙钛矿时，Bi^{3+} 和 Bi^{5+} 之间的结晶学差别就失去了。总之，K 取代时，Bi 的平均价态大于+4。

4.5 对形成固溶体条件的进一步讨论

决定固溶体，特别是比较复杂的固溶体能否形成的因素，目前只是定性地有所了解。对一个给定的体系，要估计它是否会形成固溶体，或者它确能形成固溶体而要估计它们的组成范围，这并非容易的事，得由实验来测定。如果限于那些在平衡条件下存在而能用合适相图来表示的固溶体，那么只有在它们的自由能比具有相同总组成的任何其他相或相集合要低的情况下才能形成。然而，在非平衡条件下，通过采用软化学合成法或其他制备技术，往往能制得比平衡条件下存在的要广泛得多的固溶体。β-矾土 $Na_2O \cdot 8Al_2O_3$可以作为一个简单的例子。它的部分或全部 Na^+离子能被包括 Li^+、K^+、Ag^+、Cs^+在内的许多一价离子所交换，但多数这样的离子交换得到的材料在热力学上是不稳定的。

不论是互相直接取代，还是进入间隙位置，对离子的相对大小的限制已在前面谈及。在异价固溶体机理中，起作用的离子的电荷往往是互相不同的。显而易见，在总体上必须保持电荷平衡，但在此限度内，而且对大小的要求得到满足，引入不同电荷离子的余地往往很大。Li_2TiO_3是一个颇为极端的例子，在高温下它具有岩盐结构，其中 Li^+、Ti^{4+}离子无序地分布在氧离子立方密堆积列阵的八面体空隙中。它能形成含过量 Li_2O 或过量 TiO_2的两个系列的固溶体，化学式和缺陷式分别为：

(a) $Li_{2+4x}Ti_{1-x}O_3(0<x\leqslant 0.08)$　　$Li_2O \xrightarrow{LiTiO_3} Li'''_{Ti}+3Li_i^{\cdot}+2O_O$

(b) $Li_{2-4x}Ti_{1+x}O_3(0<x\leqslant 0.19)$　　$TiO_2 \xrightarrow{LiTiO_3} Ti_{Li}^{\cdot\cdot\cdot}+3V'_{Li}+2O_O$

两者均涉及一价和四价离子的交换，产生填隙 Li^+离子(a)或 Li^+离子空位(b)以维持电中性。Li^+和 Ti^{4+}在电荷上之巨大差别并不妨碍固溶体的形成。为何能形成固溶体，其部分原因看来是 Li^+和 Ti^{4+}两者都能占据具有金属-氧间距在 0.19 到 0.22nm 范围内的、大小相似的八面体空隙。

在固溶体形成时大小相似但电荷差别很大的离子能互相取代的例子很多。类钛铁矿相 $LiNbO_3$通过在八面体空隙中的 $5Li^+ \Leftrightarrow Nb^{5+}$取代形成一有限的固溶体，在立方稳定氧化锆结构的八配位空隙中，Zr^{4+}离子可以被 Ca^{2+}，Y^{3+}离子所取代，例如 $Zr_{1-x}Ca_xO_{2-x}$。Na^+和 Zr^{4+}也有相似的大小，这些离子就能在固溶体系 $Na_{5-4x}Zr_{1+x}P_3O_{12}(0.04<x<0.15)$中互相取代。

$$5Li_2O \xrightarrow{LiNbO_3} 2Li''''_{Nb}+8Li_i^{\cdot}+5O_O \qquad Li_{1+5x}Nb_{1-x}O_3$$

$$Nb_2O_5 \xrightarrow{LiNbO_3} 2Nb_{Li}^{\cdot\cdot\cdot\cdot}+8V'_{Li}+5O_O \qquad Li_{1-5x}Nb_{1+x}O_3$$

$$CaO \xrightarrow{ZrO_2} Ca''_{Zr} + V_O^{\cdot\cdot} + O_O \qquad Zr_{1-x}Ca_xO_{2-x}$$

$$Y_2O_3 \xrightarrow{ZrO_2} 2Y'_{Zr} + V_O^{\cdot\cdot} + 3O_O \qquad Zr_{1-2x}Y_{2x}O_{2-x}$$

$$ZrO_2 \xrightarrow{Na_5ZrP_3O_{12}} Zr_{Na}^{\cdot\cdot\cdot} + 3V'_{Na} + 2O_O \qquad Na_{5-4x}Zr_{1+x}P_3O_{12}(0.04<x<0.15)$$

4.6 固溶体的性质

固溶体就是含有杂质原子的晶体，这些杂质原子的引入使原始晶体的性质发生了很大变化，即晶格常数、密度、电性能、光学性能都可能发生变化，为新材料的来源开辟了一个广阔的领域。因此了解固溶体的性质具有十分重要的意义。

4.6.1 卫格定律(Vegare's law)与雷特格定律(Retger's law)

在固溶体中，晶胞的尺寸随着组成连续地变化，对于立方结构的晶体，晶格常数与组成的关系可以表示为：

$$(a_{ss})^n = (a_1)^n c_1 + (a_2)^n c_2 \tag{4.1}$$

式中，a_{ss}、a_1、a_2分别表示固溶体及两个构成固溶体组元的晶格常数；c_1和c_2是两个组元的浓度；n是描述变化程度的一个任意幂。卫格提出，对于许多物质来说，$n=1$。而雷特格指出，对于体积的加和性，$n=3$。前者为卫格定律，后者则为著名的雷特格定律。要确定n值，需要精确的实验。由于a_1和a_2之差大于15%，就很难生成固溶体，所以通常在固溶体中，a_1和a_2相差不大，这样虽然卫格定律在某些情况下不能精确地相符，但仍然和大多数的实验数据相吻合。

当$n=1$时，式(4.1)就变成：

$$a_{ss} = a_1c_1 + a_2c_2 \tag{4.2}$$

这个公式就是卫格定律的表达式，它表示固溶体的晶格常数与杂质的浓度和组元晶格常数的乘积呈线性关系。图4.7是$Ba(Zn_{1/3}Nb_{2/3})O_3$-$PbTiO_3$体系的组成与晶格常数的关系。可以看到，在同一种晶体结构区，特别在立方结构区，组成与晶格常数呈直线关系。在Al_2O_3-Cr_2O_3体系中也得到类似的结果。但在另外一些场合下，雷特格定律与实验相符。例如在KCl-KBr体系中，是阴离子的体积的加和性关系，而不是晶格常数的加和性关系。即：

$$(a_{ss})^3 = a_1^3c_1 + a_2^3c_2 \tag{4.3}$$

这就是著名的雷特格定律的表达式。在$ZrTiO_4$-$SnO_2\cdot TiO_2$体系中，Sn进入单斜$ZrTiO_4$中生成固溶体$(Zr_{1-x}Sn_x)TiO_4$，固溶体的晶胞体积与x值呈线性关系，也符合雷特格定律。

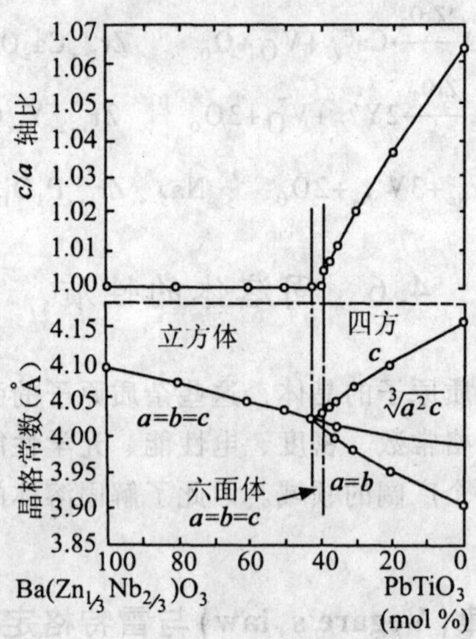

图 4.7 $Ba(Zn_{1/3}Nb_{2/3})O_3$-$PbTiO_3$ 系的晶格常数及 c/a 轴比

利用组成与晶格常数的这种关系，如果预先作出$(Zr_{1-x}Sn_x)TiO_4$ 曲线，就可以用来对未知组成的固溶体进行定量分析，这对于无损检测是有实用意义的。只要用 X 射线衍射仪测定样品的晶格常数，即可确定组成。此外在不同结构中晶格常数不呈加和性，因此从转折点上可明确相变边界。

4.6.2 固溶体的电性能

固溶体的电性随着杂质浓度的变化，往往会出现线性或连续的变化，利用这样的特性可制造出具有各种特殊性能的电子陶瓷材料，应用得最广泛的要算压电陶瓷了。

作为压电陶瓷，$PbTiO_3$ 和 $PbZrO_3$ 的性能都不佳。$PbTiO_3$ 是一种铁电性物质，如将 $PbTiO_3$ 制成压电陶瓷，发现其烧结性能相当差，烧结过程中晶粒迅速长大，晶粒之间结合力很弱，居里点为 490℃，发生相变时晶格常数发生剧烈变化，一般在常温下开裂，所以很难制得纯的 $PbTiO_3$ 陶瓷。$PbZrO_3$ 是一个反铁电性物质，居里点为 230℃左右。利用 $PbZrO_3$ 和 $PbTiO_3$ 结构相同，Zr^{4+}，Ti^{4+}离子尺寸相差不大的特性，可生成连续的固溶体 $Pb(Zr_xTi_{1-x})O_3$（$x=0\sim1$）。随着组成的不同，在常温下有不同晶体结构的固溶体，而在斜方铁电体和四方铁电体的边界组成 $Pb(Zr_{0.54}Ti_{0.46})O_3$ 处，压电性能、介电常数都达到最大值（如图4.8 所示），烧结性能也很好，得到了性能优于纯粹的 $PbTiO_3$ 和 $PbZrO_3$ 的陶瓷材料，称为 PZT。也正是利用了固溶体的特性，在 $PbZrO_3$-Pb-

TiO_3 二元系的基础上又发展了三元系、四元系的压电陶瓷。

如 4.4.2 节所述，在 $PbZrO_3$-$PbTiO_3$ 体系中发生的是等价取代，因此对它们的介电性能影响不大。在异价取代中，引起材料的绝缘性能的重大变化，可以使绝缘体变成半导体，甚至导体，而且它们的导电性能是与杂质缺陷浓度成正比的。例如，纯的 ZrO_2 是一种绝缘体，当加入 Y_2O_3 生成固溶体时，Y^{3+} 进入 Zr^{4+} 的位置，在晶格中产生氧空位。缺陷反应如下：

$$Y_2O_3 \xrightarrow{ZrO_2} 2Y'zr + 3O_O + V_O^{\cdot\cdot} \tag{4.4}$$

从(4.4)式可以看到，每进入一个 Y^{3+} 离子，晶体中就产生一个准自由电子 e′，而电导率 σ 是与自由电子的数目 n 成正比的，电导率当然随着杂质浓度的增加直线地上升。电导率与电子数目的关系如下：

$$\sigma = ne\mu \tag{4.5}$$

式中，σ 为电导率；n 为自由电子数目；e 为电子电荷；μ 为电子迁移率。图 4.9 是若干高温材料的电导率与温度的关系，从图中可以看到添加了 10% Y_2O_3 的 ZrO_2，在 1000℃下，比纯氧化锆的电导率约提高了两个数量级。复合添加的氧化锆固溶体已被用为高温发热体，在空气中可在 1 800℃的高温下使用。

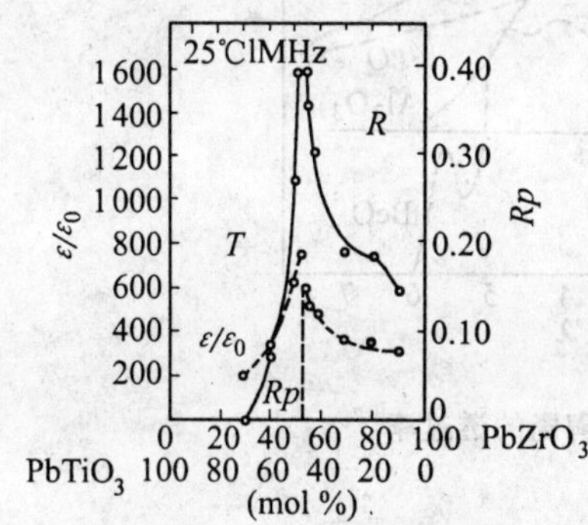

图 4.8 $PbTiO_3$-$PbZrO_3$ 系的介电常数及径向机电耦合系数在相界附近出现极大值

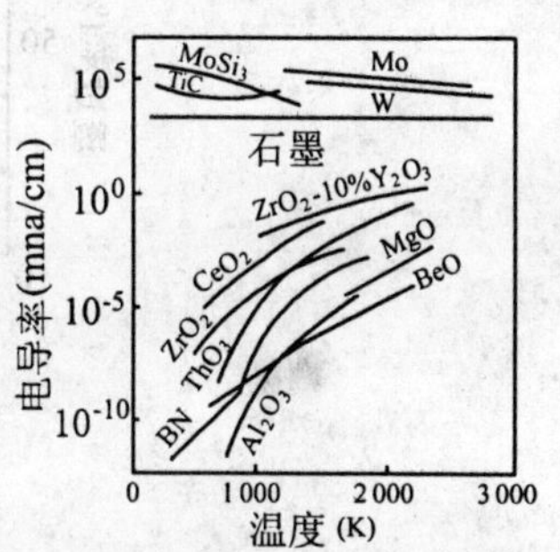

图 4.9 若干陶瓷的电导率随温度的变化

4.6.3 固溶体的光学性质

1. 透明陶瓷

通过在晶体中引入杂质离子的方法可对其光学性能进行调节或改变。例如，PZT 除了采用热等静压制备技术之外，是得不到透明压电陶瓷的。在 PZT 中加入少量的 La_2O_3，生成所谓 PLZT 陶瓷，成为一种透明的压电陶瓷材料，开辟了电光陶瓷的新领域。这种陶瓷的一个基本配方为：

$$Pb_{1-x}La_x(Zr_{0.65}Ti_{0.35})_{(1-x/4)}O_3 \quad (4.6)$$

式中，$x=0.09$，这个组成常表示为9/65/35。这个公式是假设 La^{3+} 取代钙钛矿结构中的 A 位的 Pb^{2+}，并在 B 位产生空位以获得电荷平衡而设计的，属于离子补偿机理。PLZT 可用热压烧结或在高 PbO 气氛下通氧烧结而达到透明。图4.10是若干透明陶瓷在红外光波长下的透过率。为什么 PZT 用一般烧结方法达不到透明，而 PLZT 能透明呢？陶瓷达到透明的主要关键在于消除气孔，如果能做到没有气孔，就可以做到透明或半透明。烧结过程中气孔的消除主要靠扩散。我们注意到在 PZT 中，因为是等价取代的固溶体，因此扩散主要依赖于热缺陷，而在 PLZT 中，由于异价取代，La^{3+} 取代 A 位的 Pb^{2+}，为了保持电中性，不是在 A 位便是在 B 位必须产生空位，或者在 A 位和 B 位都产生空位。这样 PLZT 的扩散，主要将通过由于杂质引入的空位而扩散。这种空位的浓度要比热缺陷浓度高出许多数量级。扩散系数与缺陷浓度成正比，由于扩散系数的增大，加速了气孔的消除，这是在同样有液相存在的条件下，PZT 不透明，而 PLZT 能透明的根本原因。

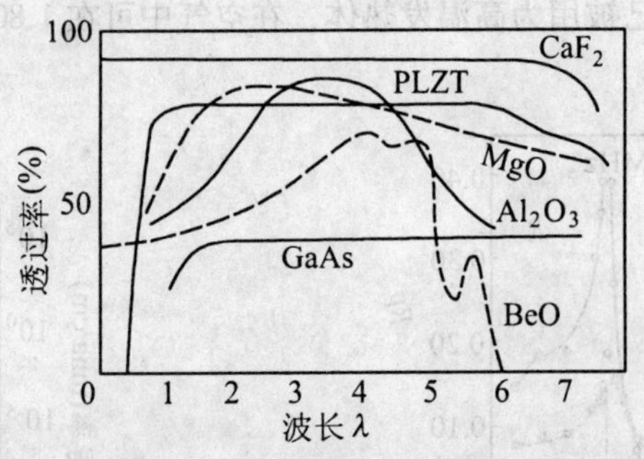

图 4.10 透明陶瓷的透过率

作为透明陶瓷，除了 PLZT 之外，还有氧化铝-氧化镁（Al_2O_3-MgO）陶瓷和氧化铝-氧化钇（Al_2O_3-Y_2O_3）陶瓷等。

2. 人造宝石

宝石晶莹透亮、华丽耀眼，深受人们的喜爱。它不但是漂亮的装饰品，也是非常重要的工业材料。天然宝石来源稀少，价格昂贵，使其应用受到限制。所以，人们渴望能人工制造出宝石。随着科学技术的发展，人们已制出了各种具有高硬度和优良光学性能的人造宝石。在表4.1中列出了若干人造宝石的组成。可以看到，这些人造宝石全是固溶体，其中蓝钛宝石是非化学计量的。同样以 Al_2O_3 为基体，通过添加不同的着色剂可以制出四种不同颜色的宝石来，这都是由于不同的添加物与 Al_2O_3 生成固溶体的结果。纯的 Al_2O_3 单晶是无色透明的，称白宝石。利用 Cr_2O_3 能与 Al_2O_3 生成无限固溶体的特性，可获得红宝石和淡红宝石。

表 4.1 人造宝石

宝石名称	基 体	颜 色	着 色 剂（%）
淡红宝石	Al_2O_3	淡红色	Cr_2O_3 0.01～0.05
红宝石	Al_2O_3	红 色	Cr_2O_3 1～3
紫 罗 蓝 宝 石	Al_2O_3	紫 色	TiO_2 0.5 Cr_2O_3 0.1 Fe_2O_3 1.5
黄玉宝石	Al_2O_3	金黄色	NiO 0.5 Cr_2O_3 0.01～0.5
海蓝宝石（蓝晶）	$Mg(AlO_2)_2$	蓝 色	CoO 0.0～0.5
橘红钛宝石	TiO_2	橘红色	Cr_2O_3 0.05
蓝钛宝石	TiO_2	蓝 色	不添加，氧气不足

（1）制备方法。淡红宝石和红宝石的 Al_2O_3 粉料都是以硫酸铝铵 $NH_4Al(SO_4)_2 \cdot 12H_2O$ 为原料，经过多次重结晶精制处理，以提高纯度，并在1000℃左右加热分解而成的 γ-Al_2O_3 或 α-Al_2O_3。要求粉末细度达到 0.2～0.8μm。Cr^{3+} 离子是以离子状态引入，使其与 Al_2O_3 充分均匀混合，然后用氢氧焰在单晶炉中用火焰熔融法拉制。红宝石单晶炉结构如图 4.11 所示。粉料从上部落到放有宝石单晶体的架上熔化，炉子里存在温度梯度，下部温度较低，单晶架一边转动一边缓慢地下降，晶体就不断地生长。

（2）着色机理。在 Al_2O_3 中，由少量的 Ti^{3+} 使蓝宝石呈现蓝色；由少量 Cr^{3+} 取代 Al^{3+} 呈现作为红宝石特征的红色。红宝石及清澈透明的蓝宝石的透射率与光线频率的关系如图 4.12 所示。蓝宝石在可见光范围几乎是均匀透射的，因而基本上没有颜色；红宝石强烈吸收某些波长，因而呈现红色。红宝石强烈地吸收蓝紫色光线，随着 Cr^{3+} 浓度的不同，由浅红色到深红色，而出现表 4.1 中所列的浅红宝石及红宝石。Cr^{3+} 离子能使 Al_2O_3 变成红色的原因，是与 Cr^{3+} 造成的电子结构缺陷有关。Cr^{3+} 离子在红宝石中是点缺陷，其能级位于 Al_2O_3 的价带与导带之间。能隙正好可以吸收蓝紫色光线而发射红色光线。这可做以下进一步的说明。

Al_2O_3 母体的 Al^{3+} 和 O^{2-} 离子都具有氖的结构。因此，在基态时，最外壳层的2p 轨道被占满，但在激发态时，2p 电子中的1 个跃迁到3s 轨道。这个电子由 2p→3s 跃迁所需的能量在 Al^{3+} 和 O^{2-} 的情况下是很大的，相当于紫外线的能量。因此，氧化铝本身不吸收可见光，和红宝石的红色光没有关系。

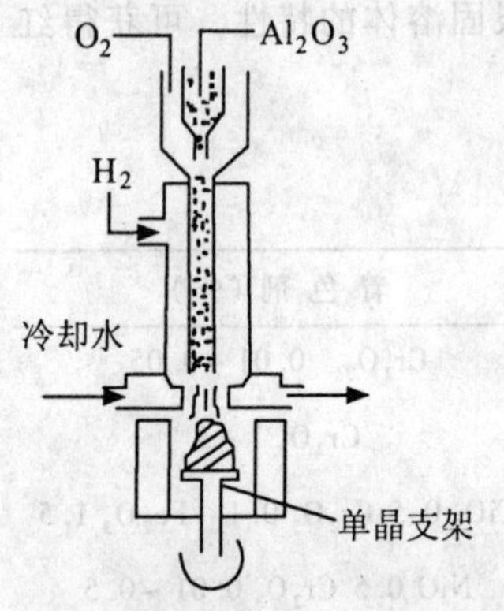

图 4.11 红宝石单晶炉

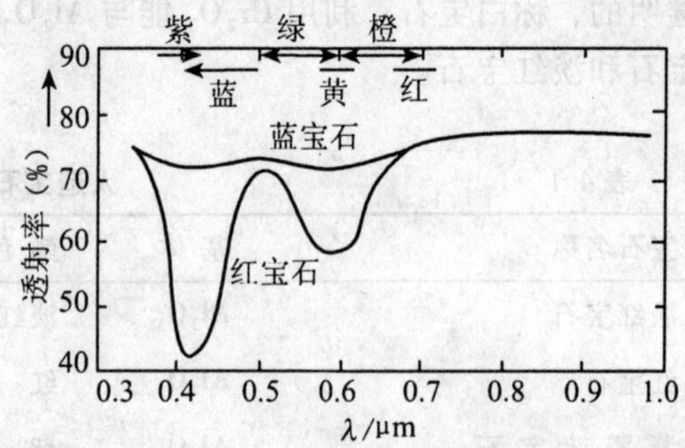

图 4.12 蓝宝石(含微量 Ti^{3+} 的 Al_2O_3)和红宝石(含 Cr^{3+} 的 Al_2O_3)的透射光谱

Cr^{3+}离子最外壳层的 5 个 3d 轨道填有 3 个电子。在氧化铝中，铬离子进入并置换了 Al^{3+} 的晶格位置。而处于 6 个 O^{2-} 构成的畸变八面体晶体场中间，其 3d 轨道和电子跃迁如图 4.13 所示，首先分裂为 t_{2g}和 e_g 轨道，然后各进一步分裂成两小组。在基态^4A 中，3 个电子全部进入 t_{2g}轨道，而在激发态^4T 时，其中一个电子以两种方式进入 e_g 轨道。Cr^{3+} 由$^4A \to {}^4T$ 激发，需要吸收 410 或 560nm 的可见光，而放出 693.4nm 的光，所以红宝石因此而呈红色。

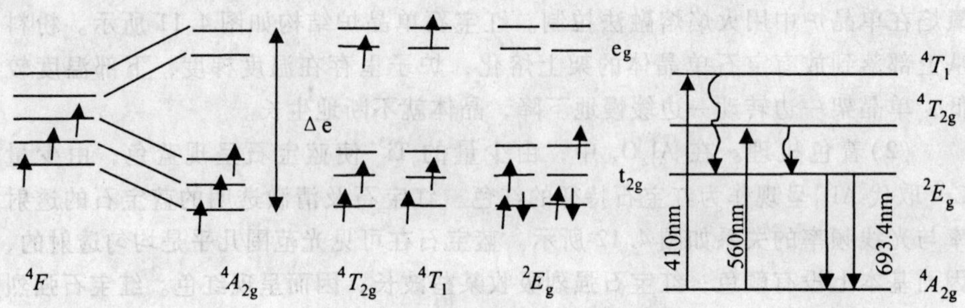

图 4.13 Cr^{3+}离子在八面体晶体场中 $3d$ 轨道的分裂和电子跃迁

对于 Cr^{3+}还有另外两个激发态^2E。但是这个激发态的自旋量子数是 1/2，它和基态的值 3/2 不同。自旋量子数不同，状态间的跃迁被禁阻。因此，在红宝石中，即使以^2E 和基态间的能量差(即 693.4nm)的光照射，也不引起吸收。

人造红宝石硬度很大，除了用于装饰之外，还广泛地用作钟表的轴承材料(即所谓钻石)和激光材料。人造蓝宝石因能使紫外线和可见光通过，可用于制造光学仪器。关于红宝石作为激光材料的情况，在第十三章将作进一步的讨论。

4.7 研究固溶体的实验方法

4.7.1 X 射线粉末衍射

可以将 X 射线粉末衍射用于研究固溶体的主要方法有两种：一种是简单的指纹标记法，此法可进行定性的物相分析。其目标在于确定存在于样品中的结晶相而无须十分精确地测量衍射图。另一种是精确地测量粉末图，以得到有关固溶体组成的信息。通常，在组成沿着一个固溶体系列改变时，单胞会经历微小的收缩或扩张，一旦作出了一张 d-间隔或晶胞体积对组成的标准图，就可以通过准确测量它们的单胞参数或粉末 X 射线衍射图上某些线的 d-间隔而得到固溶体的组成。

定性的指纹标记法的用处可以参看 $MgAl_2O_4$-Al_2O_3 的相图，如图 4.5 所示。按溶线所示，尖晶石固溶体的范围在 1 800℃ 时要比在 1 000℃ 时宽得多，这是一条限定固溶体最大组成范围的曲线。让我们在一个组成为 65mol% Al_2O_3 和 35mol% $MgAl_2O_4$ 的样品上做一些想象的实验。根据相图，在平衡条件下这一组成在约 1 550℃ 以上将给出一个单一的相，即同组成(65 : 35)的均相尖晶石固溶体。低于 1 550℃ 就存在两个相，基本上是定组成的 Al_2O_3 和一个 Al_2O_3 含量低于 65% 的尖晶石固溶体。例如，在 1 200℃ 时，尖晶石固溶体的组成由 1 200℃ 处的溶线位置给出，约为 55% Al_2O_3。尖晶石固溶体和刚玉两个相的相对量(即相组成)可用杠杆规则算出，可以看出随着温度下降氧化铝的比例逐渐增加。事先对一系列样品作不同的热处理后，X 射线粉末衍射就可以用来检测这些样品中氧化铝的存在与否。例如，在 1 500℃ 加热过的样品应有氧化铝存在，而在 1 600℃ 加过热的样品则没有。这种方法就可以用来确定相图，如确定是否有固溶体形成，如果有，则可以确定其也许是温度的函数的组成范围。这种方法只有当在实验温度下存在的固溶体能通过快速骤冷而得以在室温下保持时才行得通。但在许多场合下，过饱和的固溶体会在冷却时发生沉淀作用。

若粉末衍射线的 d-间隔得以精确测定，就有可能得到关于固溶体组成的信息。通常，若一个小的离子被一个较大的离子所取代，单胞就会扩胀，反之亦然。从布拉格(Bragg)定律和 d-间隔公式，单胞参数的增大导致粉末线的 d-间隔的增大；尽管所有的线未必都千篇一律地移动相同的量，但整个衍射图朝着较低 2θ 值的方向位移。在非立方晶体中，随着组成的改变，单胞的膨胀或收缩对三个轴也许不同，有时候一个轴可能扩展而其他各轴则收缩，或出现相反的情况。

按照卫格定律，单胞参数应随组成线性地改变。实际上，卫格定律往往只是近似地被服从，而精确的测量揭示了对线性的偏离。

卫格定律与其说是一条定律，倒不如说是一条经验通则，它适用于通过离子的混乱取代或分布而形成的固溶体体系。这个通则含蓄地假定单胞参数随组成的变化纯粹受在固溶体机理中有“活性”的原子或离子的相对大小的支配，例如在简单取代机理中相互取代的那些离子。

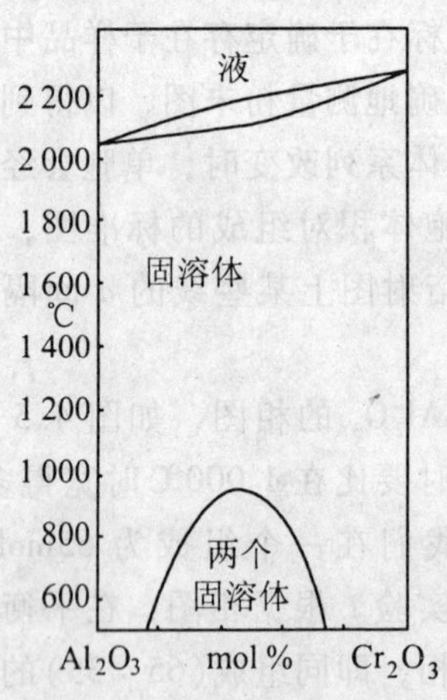

图 4.14　Al_2O_3-Cr_3O_3 相图

偏离卫格定律的行为已在许多固溶体系列中观察到，特别是在金属中。在金属体系中，看来在偏离卫格定律的方向（如正或负偏离）和固溶体的结构特征之间不存在系统的倾向或相关性。对于非金属固溶体，已经观察到在对卫格定律的正偏离和固溶体的温度-组成图内侧出现不混溶圆拱区之间的一种相关性质。例如 Al_2O_3-Cr_2O_3 固溶体的相图，如图 4.14 所示，在固相线温度约 2 100℃和约 950℃之间显示完全互溶固溶体，但低于 950℃，出现了一个不互溶的圆拱区，在其内部存在两个结晶相。因此在平衡条件下一个组成为 50 : 50 的混合物，在 950℃以上应为单一的固溶体相；但在较低温度下则为含有富铝和富铬固溶体的混合物。均相固溶体实际分解为两个相的过程，如在 800 ~ 900℃间，进行得十分缓慢，但可以通过用水热法或高压处理加速。因此，容易把一个在1 300℃时制得的完全互溶固溶体保持到室温。由它们的 X 射线粉末图，可以确定六方单胞参数 a 和 c 之值随组成的变化。图 4.15 中的结果表明了对线性和卫格定律的正偏离。其解释是 Cr^{3+} 和 Al^{3+} 并非无规则排列而是集结在一起形成了细小的富铝和富铬晶畴。纵然从宏观尺度来看固溶体似乎是均匀的。在刚玉结构中 Al^{3+} 和 Cr^{3+} 倾向于彼此回避以及在固溶体中“同类相聚”的分离作用与非相互作用的 Al^{3+} 和 Cr^{3+} 离子的无序均匀分布于固溶体中的情况相比，晶胞参数值会有微小的增加。

各种其他固溶体体系都同时显示对卫格定律的正偏离和不完全互溶圆拱区。有时，对卫格定律的正偏离已被用来作为预报事先未知的不完全互溶圆拱区出现的根据。

在非金属体系中对卫格定律的负偏离可能是不同离子间有净吸引作用的证据，例如在 A-B 体系中，A-B 相互作用可能比 A-A 和 B-B 之平均相互作用强。在 A-B 相互作用十分强的场合下可以发生阳离子的有序化，而给出一种能被 X 射线衍射检测的超结构，例如在 β-青铜 CuZn 中铜和锌原子的有序化。超结构通常在特殊的组成上产生，如在 1∶1 的比例上。在其他组成或 A-B 相互作用不太强的场合下，阳离子的有序化只能在短程内，即在几个原子直径的距离内发生，这时固溶体在表观上仍是无序和均匀的。像这样的短程有序是难以在实验上检测的，因此，眼下只能在阳离子有序化和对卫格定律的负偏离之间得出十分勉强的相关关系。

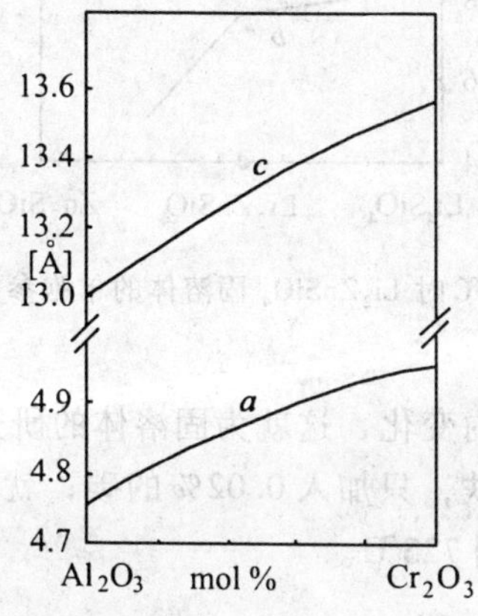

图 4.15　Al_2O_3-Cr_2O_3 固溶体的单胞参数对组成图

至此，我们已经考察了对卫格定律平缓偏离的例子。如果固溶体的对称性发生了变化或固溶体机理发生了变化，那么在某些组成上会发生更陡的变化或不连续性。Li_4SiO_4 和 Zn_2SiO_4 之间的(部分)固溶体系是后者的一个例子。在 700℃时，正交单胞的 a 和 b 随组成的变化示于图 4.16。斜率在 1∶1 组成 γ-Li_2ZnSiO_4 处发生变化。对图 4.16 的解释是，在组成 Li_2ZnSiO_4 的两侧有不同的固溶体机理起着作用。对于富锌组成，固溶体机理被认为是与阳离子取代加上空位产生有关，具有化学式($Li_{2-2x}Zn_{1+x}$)SiO_4($0<x\leqslant 0.5$)。对于富锂组成，发生阳离子取代和形成填隙 Li^+离子的联合作用，具有化学式($Li_{2+2x}Zn_{1-x}$)SiO_4($0<x\leqslant 0.5$)。γ-Li_2ZnSiO_4 的结构比较复杂，它似乎与纤锌矿结构有关，在这种结构中氧离子的排列介于六方密堆积和四方密堆积之间，阳离子则分布在不同的四面体格位组上。

4.7.2　差热分析(DTA)

许多物质在加热时结构和性质会发生急剧的变化，如果物质形成一固溶体，变化的温度常随组成而改变。这些变化可以是居里温度下的铁电-顺电转变，也可以是像石英→鳞石英那样的直接多型性转变，由于大多数相变具有可估计的转变焓，通常可以用 DTA 来研究。因为在组成改变时，转变温度往往

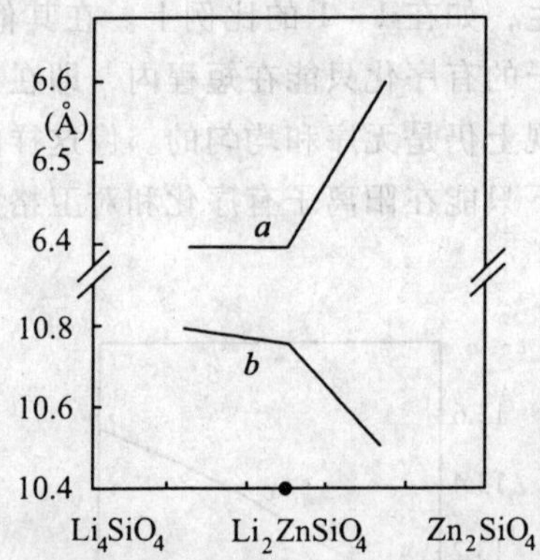

图 4.16　700℃时 Li_2ZnSiO_4 固溶体的单胞参数对组成图

在几十度到几百度的范围内变化，这就为固溶体的研究提供了一种十分灵敏方便的方法。例如，加碳于铁，只加入 0.02% 的碳，就会使 $\alpha \rightleftharpoons \gamma$ 转变的转变温度从 910℃迅速地下降到 723℃。

4.7.3　密度测量

有时，固溶体形成的机理可以通过对一系列组成的密度和单胞体积的联合测定来推断。广义地说，填隙机理导致密度增加，因为额外的原子或离子加进了单胞；而涉及空位产生的机理则会导致密度的减小。

以 ZrO_2 和 CaO 之间形成的稳定氧化锆固溶体作为例子，可以假设有两种形成简单固溶体的机理：①生成填隙型固溶体，化学式为 $(Zr_{1-x}Ca_{2x})O_2$；②取代型固溶体，产生阴离子空位。化学式为 $(Zr_{1-x}Ca_x)O_{2-x}$。在机理①中，两个钙离子取代一个锆离子，假设 x 由 0 变到 1，一个式单位的质量减少 11g。在②中，一个锆和一个氧被一个钙取代，当 x 从 0 变到 1 时，一个式单位的质量要减少 67g。假定单胞体积不随组成改变(严格地说这是不对的)，随着 x 的增加，机理②将比机理①导致较大的密度减少。

如图 4.17 所示，实验结果证实起作用的是机理②，至少对在 1 600℃加过热的样品是如此。

CaF_2-YF_3 固溶体的密度数据图示于图 4.18。这些数据清楚地表示填隙 F-离子的模型要比阳离子空位的模型更符合实验结果。

当然，密度测量不会得出有关空位或填隙子在原子层次上的细节，而只给出一种整体机理。探测缺陷结构需要其他技术，如扩散中子散射。随着更多的体系被详细研究，像空位和填隙子那样的简单点缺陷并不存在变得日益明显。代替它们的是，在直接毗连点缺陷的地方通过晶体结构的弛豫而形成

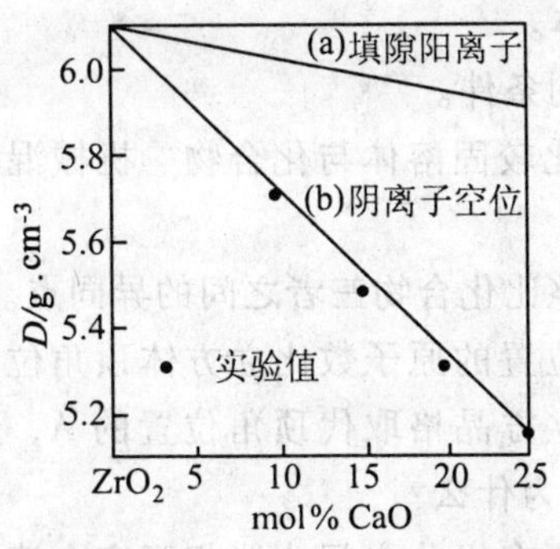

图 4.17 立方 CaO 稳定氧化锆固溶体的密度数据，样品从 1600℃ 骤冷

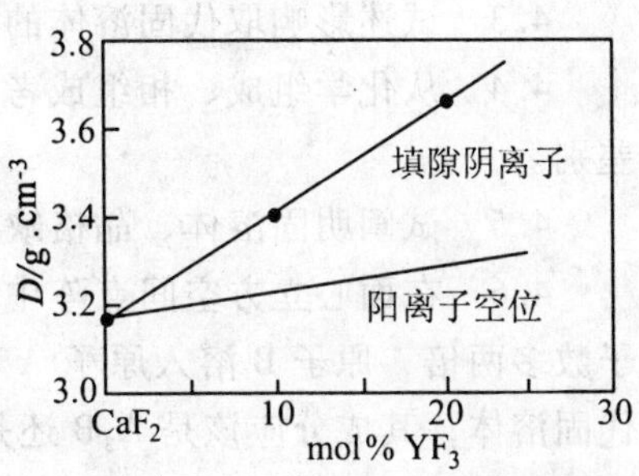

图 4.18 YF_3 在 CaF_2 中的固溶体的密度数据

的缺陷簇。

密度可用几种简单的技术测定。数克重量物质的体积可以用比重瓶法来测量。若排代液体之密度为已知就能由注满排代液体(如 CCl_4)的比重瓶和装有被液体浸没固体的比重瓶之重量差，算出固体的体积。在浮沉法中，是将几份材料的晶体分别悬浮在一系列密度不同的液体中，直到找出晶体在其中不沉也不浮的某种液体。晶体的密度就等于该液体的密度。此法的一种改良是采用密度梯度柱，这是一根密度逐渐增加的液柱，晶体从顶部投入并下沉，直到它们的密度等于液体的密度时为止。然后晶体的密度可以从柱高对密度的校准曲线上得出。对所有上面提到的方法来说，重要的一点是在晶体的表面不能残留有气泡，否则就会造成很大的偏差。

测量较大样品(10～100g)密度的一种好办法是用气体排代比重计。在这种方法中，样品用一个活塞在一充满气体的腔室内压缩直至达到一定的压力，如 2 个大气压。样品的体积可从比较腔内有样品及只含气体没有样品的空腔压缩到同样压强时活塞的位置而得出。

习 题

4.1 对 YF_3 在 CaF_2 中的固溶体，计算(1)阳离子空位模型和(2)填隙 F- 离子模型的密度对组成的函数关系。CaF_2 的 a(Å) = 5.462 6，并假定单胞体积与固溶体的组成无关。

4.2 写出下列体系的可能的化学式：

(1) $MnCl_2$ 在 KCl 中的部分固溶体；

(2) Y_2O_3 在 ZrO_2 中的部分固溶体；

(3) Li 在 TiS_2 中的部分固溶体；

(4) Al_2O_3 在 $MgAl_2O_4$ 中的部分固溶体。

4.3　试述影响取代固溶体的固溶度的条件。

4.4　从化学组成、相组成考虑，试比较固溶体与化合物、机械混合物的差别。

4.5　试阐明固溶体、晶格缺陷和非整比化合物三者之间的异同点。

4.6　在面心立方空间点阵中，面心位置的原子数比立方体顶角位置的原子数多两倍，原子 B 溶入原子 A 的面心立方晶格取代顶角位置的 A，形成取代固溶体，其成分应该是 A_3B 还是 A_2B？为什么？

4.7　说明为什么只有取代固溶体的两个组分之间才能相互完全溶解，而填隙固溶体则不能。

4.8　为什么 PZT 用一般烧结方法达不到透明，而 PLZT 则可以？

4.9　试述红宝石的发光机理。

4.10　密度的测量有哪些方法？简述之。

第五章　固体物质的合成与制备

在当今材料科学飞速发展的时代，人们对各种各样材料的需求以及众多新型材料的发现与应用开发，使社会面貌发生了翻天覆地的变化，从而使固体材料制备逐渐成为固体化学这门新生学科中的一个重要组成部分。固体化学也正是在这些新型和新颖材料开发的基础上发展起来的。新型材料的制备不断开辟着固体化学的新的研究方向。

固体材料的合成方法很多，人们一方面运用已经提出、发展并完善的“老”方法来合成新颖的材料，另一方面在寻求新的合成方法以改善老方法中所存在的并难以克服的缺点，以求得更经济和方便的途径来合成所需的固体化合物。每种方法都有其自己的固有特点，某些固体材料只能在特定的合成方法下才能制备出来，而某些材料可用多种方法合成。各种各样的方法之间，某些存在着共同的特点，某些建立在其他的方法之上。本章介绍固体材料的典型合成方法，软化学与绿色合成方法等，此外从典型材料的角度介绍单晶、薄膜、非晶态、纳米材料和精细陶瓷材料等的合成方法。

5.1　固体物质的典型合成与制备方法

5.1.1　制陶法(ceramic method)

制陶法是高温下的固相反应方法，这是一类很重要的合成反应。一大批具有特种性能的无机功能材料和化合物，如各类复合氧化物、含氧酸盐类、二元或多元的金属陶瓷化合物(碳、硼、硅、磷、硫族等化合物)等都是通过高温下(一般1 000~1 500℃)反应物固相间的直接合成而得到的。这类合成反应不仅有其重要的实际应用背景，且从反应来看有明显的特点。其详细内容参见第十章。

5.1.2　水热法和高压法

水热法和高压法在材料科学和固态化学中，愈来愈得到广泛的应用。它作为晶体生长的一种重要方法以及在合成具有特定用途的新材料方面，都有重要的应用价值。而且，在获得固体的结构、功能和性质的基础信息方面，高压法还能提供一种附加的参数或手段，因而也有非常重要的科学意义。

在大多数的高压法中，样品实际上是在一对活塞或砧块间受挤压，而水热法所不同的是，高压水处在反应器中。在此，先讨论水热法及其应用，然后介绍高压法。

1. 水热法

水热法是指在密闭体系中，以水为溶剂，在一定的温度下，在水的自生压强下，反应混合物进行反应的一种方法。所用设备通常为不锈钢反应釜。

水热法按反应温度分类可分为：

(1)低温水热法。在100℃以下进行的水热反应称之为低温水热法。

(2)中温水热法。在100~300℃下进行的水热反应称之为中温水热法。

(3)高温高压水热法。在300℃以上、0.3 GPa下进行的水热反应称之为高温高压水热法。

高温高压水热合成是一种重要的无机合成和晶体制备方法。它利用作为反应介质的水在超临界状态的性质和反应物质在高温高压水热条件下的特殊性质进行合成反应。

高温高压下水热反应具有三个特征：①使复杂离子间的反应加速；②使水解反应加剧；③使其氧化-还原电势发生明显变化。

水热法中，水处在高压的状态下，且温度高于它的正常沸点，作为加速固相间反应的方法，水在这里起了两个作用：首先，液态或气态水是传递压力的媒介；其次，在高压下绝大多数反应物均能部分地溶解于水中，这就使原来在无水情况下必须在高温进行的反应得以在液相或气相中进行，因此这种方法特别适用于合成一些在高温下不稳定的物相。它也是一种有效的生长单晶的方法，如果在反应容器中形成一温度梯度，那么，原料可能在热端溶解，在冷端再沉淀出来。因为水热反应是在密闭容器中进行，因而有必要知道定容下水的温度-压力关系。如图5.1所示，水的临界温度是374℃，在374℃以下时，有气液两相共存；374℃以上时，则只有超临界水单相存在。曲线AB是饱和蒸汽曲线，在AB曲线以下的压力范围不存在液态水，气相中水蒸气也没达到饱和；在AB线上，气相是饱和水蒸气，且与液态水保持平衡；在AB线以上的区域，液态水实际上是压缩水，气相也就不存在了。

图5.1中的虚线用来计算装了一部分水的密闭容器在加热到一定温度时容器内产生的压力。因而，BC线相应于一个起初装了30%水的密闭容器内的温度与压力关系。例如，温度为600℃时，密闭容器内就有80MPa的压力。尽管图5.1只能严格地适用于纯水，但如果反应器中的固体溶解度很小，此时图5.1的曲线关系仍变化不大。

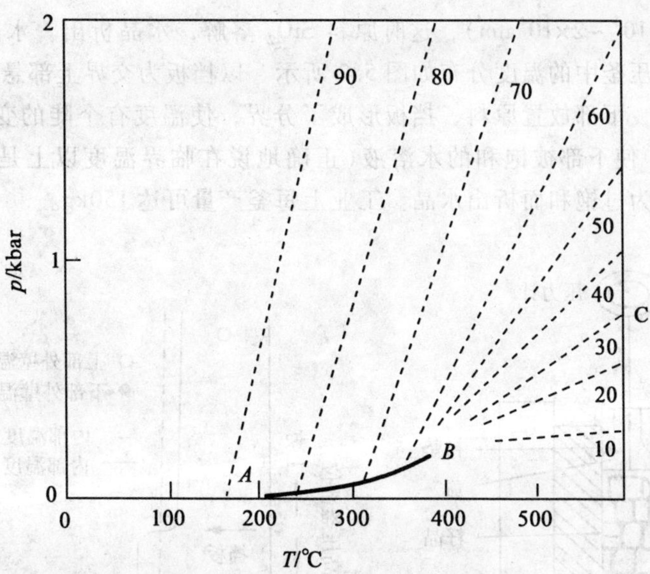

图 5.1 定容下水的压力-温度关系
图中虚线表示密闭容器内的压力；数码表示
在普通 p，T 时水充填容器的百分数

水热装置主要是一个一端封闭的钢管，另一端用有一软铜垫圈的螺丝帽密封。另外，水热弹可以和一单独的压力源(如水压机)直接相连，这就是"冷封"法。水热弹中放上反应混合物和一定量的水，密闭后放在所需温度的加热炉中。

水热法的应用如下：

(1) 新物相硅酸钙水合物的合成。利用水热法已成功地合成了许多材料，一个最好的例子就是合成一系列的硅酸钙水合物，其中很多化合物都是凝固水泥和混凝土的重要组分。一般的方法是，石灰(CaO)和石英(SiO_2)与水一起在 150～500℃温度、10～200MPa 压力下焙烧。每一种硅酸钙水合物的生成均有其最佳合成条件：混合料的组成、温度、压力和时间。例如硬硅酸钙石 $Ca_6Si_6O_{17}(OH)_2$，可通过在 150～350℃的饱和水蒸气压下加热 CaO 和 SiO_2 的等摩尔混合物而制得。

(2) 单晶生长——水晶的合成。水晶是一种压电材料，广泛用于石英振荡器、滤波器、超声波发生器等领域。

从 SiO_2 的相图可知，在常温常压下以低温型水晶最稳定，但是也存在其他的亚稳相，这些亚稳相不易转变成水晶。

把 SiO_2 原料浸在碱溶液中，将温度升高到 350～400℃，此时水压可达 0.1～2GPa(10^3～2×10^4atm)，这时原料 SiO_2 溶解，水晶析出。水晶生长的反应装置和高压釜中的温度分布如图 5.2 所示。以挡板为交界上部悬吊板状或棒状水晶籽晶，下部放置原料，挡板形成了分界，使温度有个陡的变化(下部高 20～80℃)，使下部被饱和的水溶液(正确地说在临界温度以上是蒸气相)上升，冷却成为过饱和而析出水晶。工业上每釜产量可达 150kg。

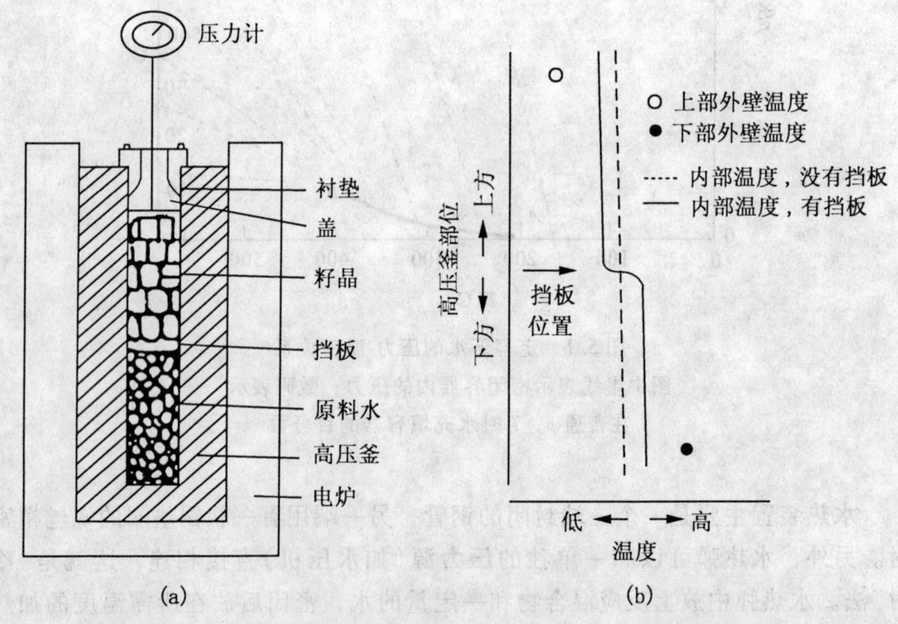

图 5.2 水晶生长的高压装置(a)和高压釜中的温度分布(b)

水晶的生长速度和质量受下列因素影响：

(1) 碱溶液的种类(NaOH，Na_2CO_3)、浓度及原料的填充度。矿化剂一般浓度为 1.0～1.2mol/L(NaOH)，填充度为 80%～85%。

(2)生成区的温度。温度范围为 330～350℃。

(3)生成区与溶解区的温度差。温度范围为 20～80℃。

(4)挡板的开孔度。

(5)籽晶的结晶方向。

总的说来，在高温下，相应提高填充度和溶液碱浓度，可提高晶体的完整性。

在 380℃和 0.1GPa(1 000atm)下，SiO_2 在纯水中的溶解度为 0.16%，而在 0.5mol/L NaOH 溶液中的溶解度为 2.4%。

2. 高压法

现在，技术设备已能在室温或高温下获得几十吉帕(GPa)的静压，并且，用冲击波法可以达到的压力-温度范围还可能进一步扩大。由于实验技术的专业化，此处将不再详述。高压法的装置既有简单的“反向砧板”装置，在这种装置中，样品实际上是夹在两活塞之间，其中一个固定，另一个与液压千斤顶相连。也有很复杂的包括三四个砧块和活塞的装置。

高压法可以应用于不寻常结构晶体的合成。高压下合成的物相比大气压下合成的相应物相有更大的密度，有时会产生不寻常的高配位数。例如，在 SiO_2 或硅酸盐中硅均是四面体配位，且很少有例外。但有一个高压多形体 SiO_2（也叫斯石英），它是在 10～12GPa 的高压下生成的，其配位情况就很例外。斯石英具有金红石的结构，因而，它含有八面体配位的 Si。其他一些高压多形体的配位数增加情况见表 5.1。

表 5.1　　一些简单固体的高压多形体

固 体	正常结构和配位数	典型转变条件		高压结构和配位数
		p/GPa	T/℃	
碳	石墨 3	13	3 000	金刚石 4
硫化镉	纤锌矿 4∶4	3	20	岩盐 6∶6
氯化钾	岩盐 6∶6	2	20	CsCl 8∶8
二氧化硅	石英 4∶2	12	1 200	金红石 6∶3
钼酸锂	硅铍石 4∶4∶3	1	400	尖晶石 6∶4∶4
偏铝酸钠	有序纤锌矿 4∶4∶4	4	400	有序岩盐 6∶6∶6

应用高压法，就有可能使一些异常氧化态的离子变得稳定，如 Cr^{4+}，Cr^{5+}，Cu^{3+}，Ni^{3+} 和 Fe^{4+} 等。铬通常只表现为 Cr^{3+} 和 Cr^{6+}，它们分别是八面体配位和四面体配位，但是，在高压下已制出了 Cr^{4+} 有八面体配位的各种钙钛矿物相，如 $PbCrO_3$，$CaCrO_3$，$SrCrO_3$ 和 $BaCrO_3$。可能高压法最主要的工业应用是从石墨合成金刚石。图 5.3 给出了碳的 p，T 相图，从中可得出从石墨转变成金刚石合适的热力学条件，尽管压力和温度均落在金刚石相区内而转变速度仍很慢。

5.1.3　热熔法

通过加热熔融进行固体材料的合成是冶金工业常用的方法。热熔法中，依据加热形式的不同包括许多方法。有纯粹的电加热熔融法、电弧法以及熔渣

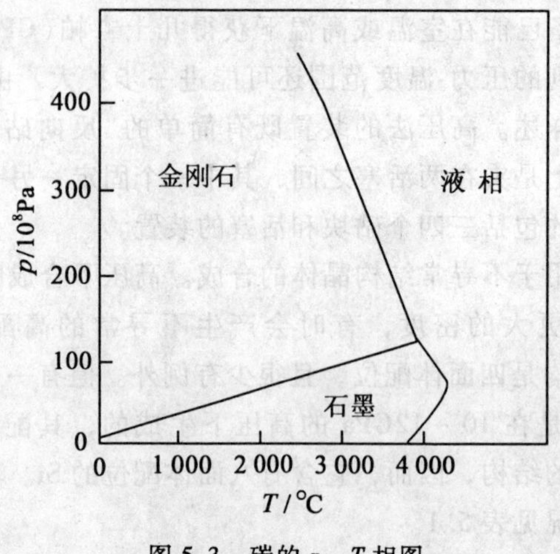

图 5.3 碳的 p，T 相图

法。后两种方法主要是为了进一步提高温度，减少产物污染而发展起来的。这些方法在制备固体材料以及制备其大单晶方面具有重要意义。

1. 电弧法

电弧法是靠阴极与坩埚阳极之间通过放电产生电弧使反应物致融进行合成的方法。电阴极一般是由金属钨或石墨制成的，端点呈点状以能承受较高的电流密度，阳极坩埚是铜或石墨。在电弧法中，电压与电流一般为 15V 和 70A，依据所用的阴极材料，电极保持在一定的气氛当中。把反应物放入坩埚中，让阴极触及阳极产生电弧，缓慢升高电流，同时外拉阴极以维持电弧，然后把电弧定位以使其浸没坩埚中的样品，增加电流直到反应物熔融。当关掉电弧时，产物以纽扣的形式固化，由于熔体和水冷的坩埚间巨大的温度梯度，一薄层固体样品把熔体与炉体分开来，从而产物不受坩埚的污染。依据电弧的数目，此技术有单电弧技术和三电弧技术，其设计形式如图 5.4 所示。电弧法已成功地用来合成众多的 Ti，V，Nb 和 Ni 的氧化物以及一些低价的稀土氧化物如 $LnO_{1.5-x}$。

2. 熔渣法(skull metting)

熔渣法是靠无线电频率的电磁场加热物质使其熔融的，所用的频率和功率分别为 200kHz～44MHz 和 20～50kW。在这种方法中，物质被放在由一套水冷却的铜制冷指构成的容器中，指间的空间大到足以允许电磁场渗进，但小到足以避免熔体外溢。此技术中温度可高达 3 600K，可用来制备氧化物如 CoO，MnO，Fe_2O_3，ThO_2 和 ZrO_2 等大单晶。

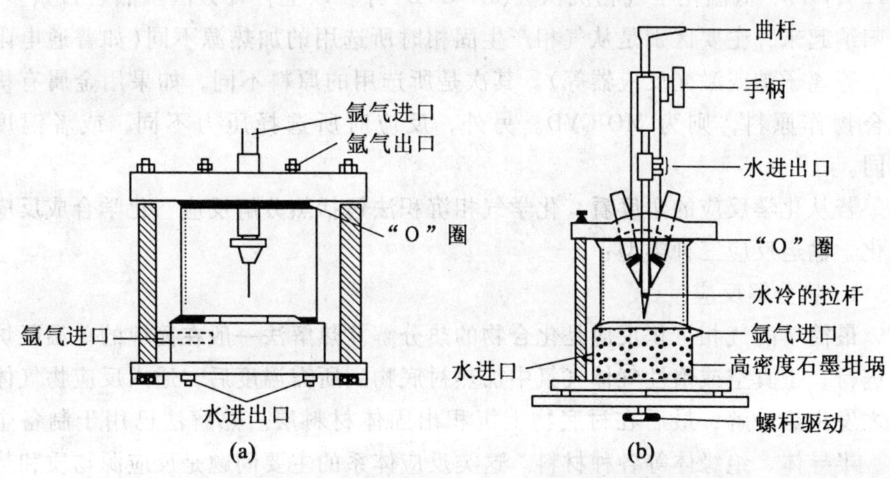

图 5.4　D. C 电弧炉(a)和 D. C 三电弧炉(b)

5.1.4　化学气相沉积法

化学气相沉积法简称 CVD(chemical vapor deposition)法。该法是一项经典而古老的技术，也是近二三十年来发展起来的制备无机固体化合物和材料的新技术。现已被广泛用于提纯物质，研制新晶体，沉积各种单晶、多晶或玻璃态无机薄膜材料。这些材料可以是氧化物、硫化物、氮化物、碳化物，也可以是某些二元(如 GaAs)或多元($GaAs_{1-x}P_x$)的化合物，而且它们的功能特性可以通过气相掺杂的沉积过程精确控制。它已成为无机合成化学的一个热点研究领域。

化学气相沉积法是利用气态或蒸气态的物质在气相或气固界面上发生化学反应，生成固态沉积物的技术。化学气相沉积对所用原料以及产物和反应类型有如下的一些基本要求：

(1) 反应物在室温下最好是气态，或在不太高温度下就有相当的蒸气压，且容易获得高纯品。

(2) 能够形成所需要的材料沉积层，反应副产物均易挥发。

(3) 沉积装置简单，操作方便。工艺上具有重现性，适于批量生产，成本低廉。

近年来，随着电子技术的发展，化学气相沉积法又有了新的发展，目前有高压化学气相沉积法(HP-CVD)、低压化学气相沉积法(LP-CVD)、等离子化学气相沉积法(P-CVD)、激光化学气相沉积法(L-CVD)、金属有机化合物气相沉积法(MO-CVD)、高温化学气相沉积法(HT-CVD)、中温化学气相沉积法

(MT-CVD)、低温化学气相沉积法(LT-CVD)等。以上各种方法虽然名目繁多，但归纳起来，主要区别是从气相产生固相时所选用的加热源不同(如普通电阻炉、等离子炉或激光反应器等)。其次是所选用的原料不同，如果用金属有机化合物作原料，则为MO-CVD。另外，反应时所选择压力不同，或者温度不同。

若从化学反应的角度看，化学气相沉积法包括热分解反应、化学合成反应和化学输运反应三种类型：

1. 热分解反应

最简单的气相沉积反应是化合物的热分解。热解法一般在简单的单温区炉中进行，于真空或惰性气体气氛中加热衬底物到所需温度后，通入反应物气体使之发生热分解，最后在衬底物上沉积出固体材料层。热解法已用于制备金属、半导体、绝缘体等各种材料。这类反应体系的主要问题是反应源物质和热解温度的选择。在选择反应源物质时，既要考虑其蒸气压与温度的关系，又要注意在不同热解温度下的分解产物，保证固相仅仅为所需要的沉积物质，而没有其他杂质。比如，用有机金属化合物沉积半导体材料时，就不应夹杂碳的沉积。因此需要考虑化合物中各元素间有关键强度(键能)的数据。

(1)氢化物。氢化物 M—H 键的离解能比较小，热解温度低，唯一副产物是没有腐蚀性的氢气。

例如：

$$SiH_4 \xrightarrow{800°C\text{左右}} Si+2H_2$$

$$B_2H_6+2PH_3 \longrightarrow 2BP+6H_2$$

(2)金属有机化合物。金属的烷基化合物，其M—C 键能一般小于C—C 键能，可广泛用于沉积高附着性的金属膜。如用三丁基铝热解可得金属铝膜。若用元素的烷氧基配合物，由于M—O 键能大于C—O 键能，所以可用来沉积氧化物。例如：

$$Si(OC_2H_5)_4 \xrightarrow{740°C} SiO_2+2H_2O+4C_2H_4$$

$$2Al(OC_3H_7)_3 \xrightarrow{420°C} Al_2O_3+6C_3H_6+3H_2O$$

(3)氢化物和有机金属化合物体系。利用这类热解体系可在各种半导体或绝缘衬底上制备化合物半导体。例如：

$$Ga(CH_3)_3+AsH_3 \xrightarrow{630\sim675°C} GaAs+3CH_4$$

$$Zn(C_2H_5)_2+H_2Se \xrightarrow{750°C} ZnSe+2C_2H_6$$

(4)其他气态配合物、复合物。这一类化合物中的羰基化合物和羰基氯化物多用于贵金属(铂族)和其他过渡金属的沉积。例如：

$$Pt(CO)_2Cl_2 \xrightarrow{600°C} Pt+2CO+Cl_2$$

$$Ni(CO)_4 \xrightarrow{140\sim240°C} Ni+4CO$$

单氨配合物已用于热解制备氮化物。例如：

$$GaCl_3 \cdot NH_3 \xrightarrow{800\sim900°C} GaN+3HCl$$

$$AlCl_3 \cdot NH_3 \xrightarrow{800\sim1\,000°C} AlN+3HCl$$

2. 化学合成反应

绝大多数沉积过程都涉及两种或多种气态反应物在一热衬底上相互反应，这类反应即为化学合成反应。其中最普遍的一种类型是用氢气还原卤化物来沉积各种金属和半导体。例如，用四氯化硅的氢还原法生长硅外延(epitaxy，外延。把某物质的一个晶面作为衬底，将另外的物质以同样的取向或具有特定的取向在此晶面上生长的现象称为外延或外延生长)片，反应为：

$$SiCl_4+2H_2 \xrightarrow{1\,150\sim1\,200°C} Si+4HCl$$

该反应与硅烷热分解不同，在反应温度下其平衡常数接近于1。因此，调整反应器内气流的组成，如加大氯化氢浓度，反应就会逆向进行。可利用这个逆反应进行外延前的气相腐蚀清洗。在腐蚀过的新鲜单晶表面上再外延生长，则可得到缺陷少、纯度高的外延层。在混合气体中若加入 PCl_3，BBr_3 一类的卤化物，它们也能被氢还原，这样磷或硼可分别作为 n 型或 p 型杂质进入硅外延层，这就是所谓的掺杂过程。

和热解法比较起来，化学合成反应的应用更为广泛。因为可用于热解沉积的化合物并不多，而任意一种无机材料原则上都可通过合适的反应合成出来。除了制备各种单晶薄膜以外，化学合成反应还可用来制备多晶态和玻璃态的沉积层。如 SiO_2，Al_2O_3，Si_3N_4，B-Si 玻璃以及各种金属氧化物、氮化物等。下面是一些有代表性的反应体系：

$$SiH_4+2O_2 \xrightarrow{325\sim475°C} SiO_2+2H_2O$$

$$SiH_4+B_2H_6+5O_2 \xrightarrow{300\sim500°C} B_2O_3 \cdot SiO_2(\text{硼硅玻璃})+5H_2O$$

$$Al_2(CH_3)_6+12O_2 \xrightarrow{450°C} Al_2O_3+9H_2O+6CO_2$$

$$3SiCl_4+4NH_3 \xrightarrow{850\sim900°C} Si_3N_4+12HCl$$

$$TiCl_4+NH_3+1/2H_2 \xrightarrow{583°C} TiN+4HCl$$

光通信用的石英光纤之预制棒就是用化学合成反应制得的。石英光纤的组成以 SiO_2 为主，为使光纤的折射率分布不同，需要加入可改变折射率的材料。在石英玻璃中作为调节折射率的物质有 GeO_2，P_2O_5，B_2O_3，含 F 化合物等。

其中 GeO_2，P_2O_5 使折射率增大；B_2O_3，含 F 化合物使折射率减小。石英光纤具有资源丰富、化学性能稳定、膨胀系数小、易在高温下加工，且光纤的性能不随温度而改变等优点。为使光纤的损耗尽可能地小，则必须尽量降低玻璃中过渡金属离子和羟基的含量。为此必须将制造石英玻璃的原料($SiCl_4$，$GeCl_4$，$POCl_3$，BBr_3，SF_3等)进行精制提纯。石英光纤的制法分两步：首先制成石英玻璃预制棒(也称石英光纤预制棒，简称预制棒)，然后将预制棒拉制成纤维。石英光纤预制棒的制法，目前有代表性的有以下三种，其反应原理为：

$$SiCl_4+O_2 \xlongequal{} SiO_2+2Cl_2$$
$$4POCl_3+3O_2 \xlongequal{} 2P_2O_5+6Cl_2$$
$$4BBr_3+3O_2 \xlongequal{} 2B_2O_3+6Br_2$$

(1)MCVD(modified chemical vapor deposition)法，又叫管内沉积法。其工艺如图 5.5 所示。该法是在石英玻璃管内壁沉积掺有 P_2O_5 或 GeO_2 和 B_2O_3 的 SiO_2。为此将 $SiCl_4$ 和 $POCl_3$ 或 $GeCl_4$ 和 BBr_3 或 BCl_3 用 O_2 作为载流气体，当含有原料的载流气体通过高温加热旋转的玻璃管时，卤化物气体与 O_2 就发生气相反应生成氧化物微粒沉积在玻璃管内壁。当沉积到一定的程度后，加热玻璃管使内部的多孔性氧化物微粒熔缩中实形成透明的玻璃棒。该玻璃棒通常称为石英光纤预制棒。预制棒在径向上使沉积的玻璃层成分逐层变化，由此形成折射率的分布层。

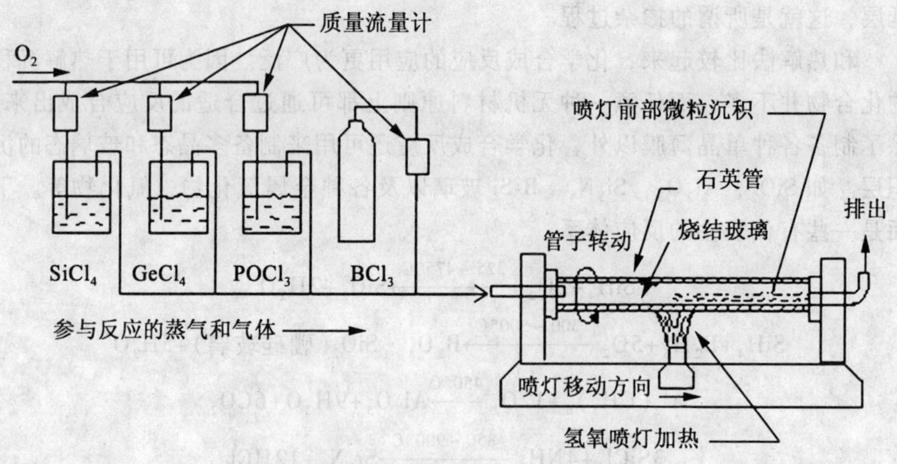

图 5.5　MCVD 法工艺示意图

(2)OVPO(outside vapor-phase oxidation)法，又叫管外沉积法。该法是将 $SiCl_4$ 等喷入氢氧焰中，在火焰中由水解反应合成氧化物微粒，形成的氧化物微粒沉积在旋转的玻璃管外。沉积到一定的程度后，加热氧化物微粒形成透明的玻璃预制棒。该法的优点是可将预制棒制得粗些，而不受玻璃管大小的限制。其工艺如图 5.6 所示。

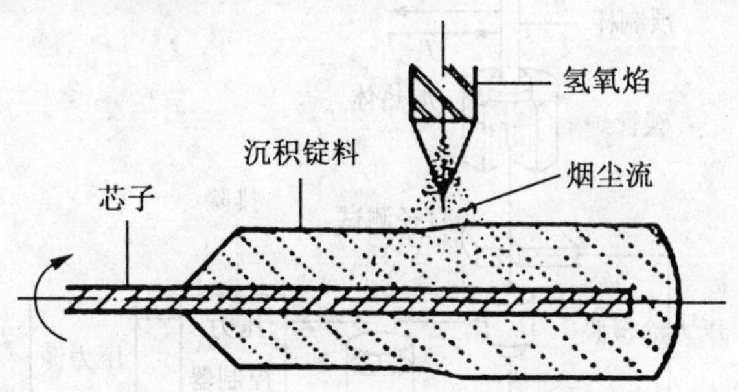

图 5.6　制备玻璃纤维预制棒的管外沉积工艺

（3）VAD（vapor-phase axial deposition）法，又叫轴向沉积法。顾名思义，该法是在轴向方向沉积。其工艺如图 5.7 所示。在 VAD 法中，将 $SiCl_4$ 等喷入氢氧焰中，在火焰中由水解反应合成氧化物微粒，使微粒在纵向方向生长，形成多孔的玻璃体，然后，于上部的加热炉中使多孔微粒熔缩中实形成透明的玻璃预制棒。在 VAD 法中，折射率分布的形成与上两法不同，是在多孔玻璃体成长端面，由添加元素的空间浓度分布而形成。为此，在工艺中使用了多个喷口，而每个喷口的原料组成不同。该法的优点是，预制棒可制得相当长和粗，从而可拉制出长的光纤。

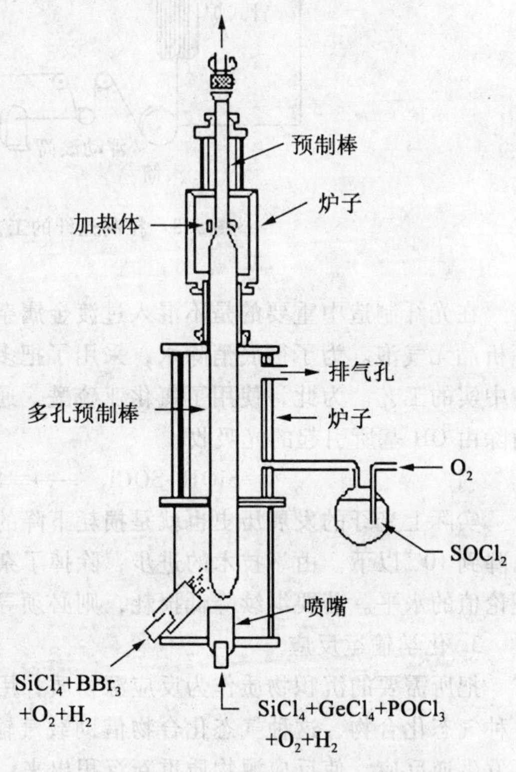

图 5.7　VAD 法工艺示意图

以上三种方法从基本原理上无大的差别，差别在于工艺。制得的透明玻璃预制棒在拉丝设备上可拉制成细如发丝的玻璃纤维，然后再经过一系列的工序加工成光缆，即可投入使用。拉丝工艺如图 5.8 所示。

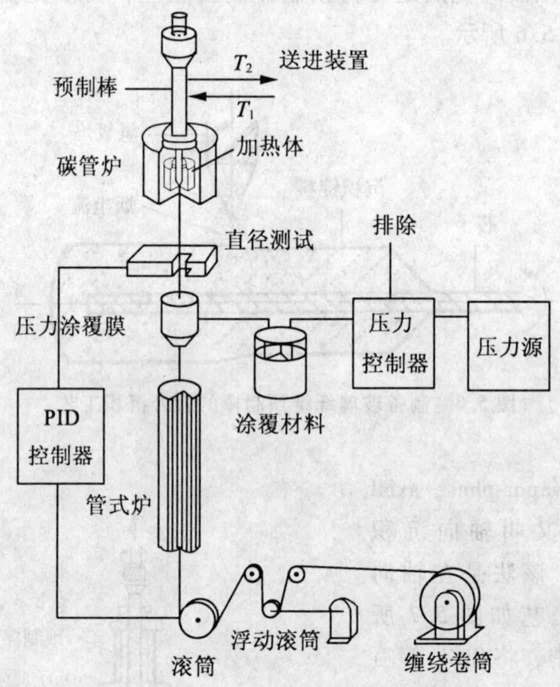

图 5.8　拉制光纤的工艺示意图

在光纤制造中重要的是不混入过渡金属杂质，并从工艺上保证制成的光纤不析晶无气泡。为了彻底消除水，采用了把多孔母材置于卤化物气氛中进行熔缩中实的工艺。为此，使用了氯化亚硫酰，通过下式的反应除掉 OH 基，进而消除由 OH 基所引起的光吸收。

$$\equiv SiOH + SOCl_2 \longrightarrow \equiv SiCl + SO_2 + HCl$$

实际上光纤的发展历史也就是损耗下降的历史。光纤中 OH 基的质量分数已降到 10^{-9} 以下。由于技术的进步，除掉了杂质，石英光纤的损耗已降到接近理论值的水平。若要继续降低损耗，则必须寻找新的材料。

3. 化学输运反应

把所需要的沉积物质作为反应源物质，用适当的气体介质与之反应，形成一种气态化合物，这种气态化合物借助载气输运到与源区温度不同的沉积区，再发生逆反应，使反应源物质重新沉积出来，这样的反应过程称为化学输运反应。例如：

$$ZnSe(s) + I_2(g) \underset{T_1 = 830°C}{\overset{T_2 = 850°C}{\rightleftharpoons}} ZnI_2(g) + 1/2Se_2(g)$$

源区温度为 T_2；沉积区温度为 T_1。反应源物质是 ZnSe。$I_2(g)$ 是气体介质即输运剂，它在反应过程中没有消耗，只对 ZnSe 起一种反复运输的作用，ZnI_2 则称为输运形式。选择一个合适的化学输运反应，并且确定反应的温度、浓度等条件是至关重要的。对于一个可逆多相反应：

$$\text{A(固)}+\text{B(气)}\rightleftharpoons\text{AB(气)}$$

反应平衡常数为：

$$K_p=\frac{p_{\mathrm{AB}}}{p_{\mathrm{B}}}$$

我们希望在源区反应自左向右进行，在沉积区反应自右向左进行。为了使可逆反应易于随温度的不同而改向(即所需的 $\Delta T=T_2-T_1$ 不太大)，平衡常数 K 值最好是近于 1。根据 vant Hoff(范特霍夫)方程式：

$$\frac{\mathrm{d}\ln K_{\mathrm{p}}}{\mathrm{d}T}=\frac{\Delta H}{RT^2}$$

对此式积分，得：

$$\ln K_{T_2}-\ln K_{T_1}=-\frac{\Delta H}{R\left(\dfrac{1}{T_2}-\dfrac{1}{T_1}\right)}$$

如果反应为吸热反应，ΔH 为正值，当 $T_2>T_1$ 时，上式的右边为正值，则 $K_{T_2}>K_{T_1}$。当升高温度时，平衡常数也随之增大，即自左向右的反应进行程度变大；降低温度时，自左向右的反应平衡常数变小，而自右向左的反应进行程度变大。因此，应控制源区温度高于沉积区温度，这类反应是将物质由高温区向低温区输运。实际应用的大多数化学输运反应皆属此类。反之，当反应为放热反应时，ΔH 值为负，则应该控制源区温度低于沉积区温度，即 $T_2<T_1$，这类反应是将物质由低温区向高温区输运。ΔH 的绝对值决定了 K 值随温度变化而变化的变化率，也就决定了为取得适宜沉积速率和晶体质量所需要的源区-沉积区间的温差。$|\Delta H|$ 较小时，温差大才可以获得可观的输运；$|\Delta H|$ 较大时，即使 $\ln K$ 不改变符号，也可得到较高的沉积速率。如果 $|\Delta H|$ 太大，温差必须很小，以防止成核过多影响沉积物质量。所以反应体系的 ΔH 值必须适当。

近十多年来的统计表明化学输运反应、气相外延等化学气相沉积应用广，发展快，这不仅由于它们能大大地改善某些晶体或晶体薄膜的质量和性能，而且更由于它们能用来制备许多其他方法不易制备的晶体，加上设备简单、操作方便、适应性强，因而广泛用于合成新晶体。例如，欲制备铌酸钙 $CaNb_2O_6$ 单晶的一种方法是先用 1∶1(mol) 的 $CaCO_3$ 和 Nb_2O_5 混合，在 1 300℃ 于铂坩埚中合成 $CaNb_2O_6$ 多晶体，然后取 1g $CaNb_2O_6$ 放在一根石英管的一端。石英管长 110mm，直径 17mm，抽真空后再充入 101kPa 的 HCl，然后熔封起来。将石英管水平地放在一个双温区电炉中，有 $CaNb_2O_6$ 多晶体的一端保持在较高温度 T_2，另一端是较低温度 T_1。经过两个星期的化学输运反应，在低温端生长出大小为 $1\times0.5\times0.2mm^3$ 的单晶。$CaNb_2O_6$ 单晶体的制备装置示意图如图 5.9 所示。反应过程可以用下列反应式表示：

$$CaNb_2O_6(s)+8HCl(g)\underset{T_1}{\overset{T_2}{\rightleftharpoons}}2NbOCl_3(g)+CaCl_2(g)+4H_2O(g)$$

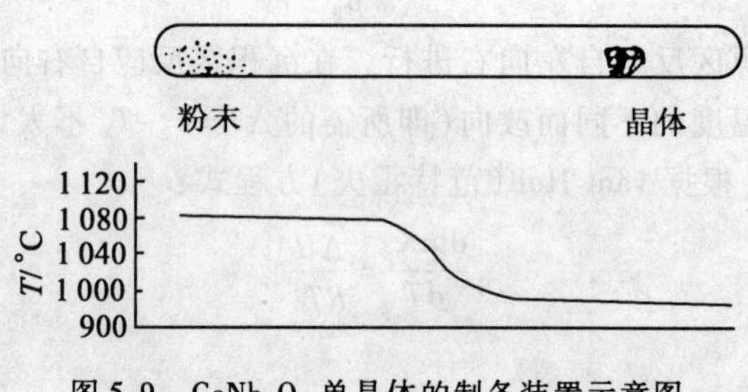

图 5.9　$CaNb_2O_6$ 单晶体的制备装置示意图

用以下一些输运反应还可以制备出高熔点的卤氧化物的单晶：

$$AlOCl(s)+NbCl_5(g)\underset{380°C}{\overset{400°C}{\rightleftharpoons}}\frac{1}{2}Al_2Cl_6(g)+NbOCl_3(g)$$

$$TiOCl(s)+2HCl(g)\underset{550°C}{\overset{650°C}{\rightleftharpoons}}TiCl_3(g)+H_2O(g)$$

$$TaOCl(s)+TaCl_5(g)\underset{400°C}{\overset{500°C}{\rightleftharpoons}}TaOCl_3(g)+TaCl_3(g)$$

适当控制成核条件，可以得到尺寸大到数毫米乃至数十毫米的块状、棒状、片状的单晶。由化学输运反应生长的某些晶体列于表 5.2。

表 5.2　**由化学输运反应生长的某些晶体**

起始物质	终产物(晶体)	输运剂	温度(K)
SiO_2	SiO_2	HF	470→770
Fe_3O_4	Fe_3O_4	HCl	1 270→1 070
Cr_2O_3	Cr_2O_3	Cl_2+O_2	1 070→870
$MO+Fe_2O_3$ (M=Mg, Co, Ni)	MFe_2O_4	HCl	—
$Nb+Nb_2O_5$	NbO	Cl_2	—
$NbSe_2$	$NbSe_2$	I_2	1 100→1 050

在化学输运反应中还有一种 VLS 机理，它是 Wagner 和 Ellis 在 1964 年从气相生长硅晶须的研究中发现的。VLS 是 vapor-liquid-solid 的缩写，所谓的 VLS 机理是在蒸气相和生长的晶体之间存在有液相。气相还原物首先溶于液相，然后由液相析出固相使晶体生长。硅晶须的生长机理就是 VLS 机理，如图 5.10(a)所示，加热硅基板上的金的小颗粒，硅就溶于金生成 Au-Si 合金熔融体系。图 5.10(c)是 Au-Si 体系的相图，由图可看出，当将体系加热到温度高于 Au-Si 体系共熔点 T_L 时，便生成具有平衡组成 C_{L2} 的 Au-Si 熔融合金。此时使输运气体 H_2-$SiCl_4$ 流过，还原生成的硅便溶于 Au-Si 熔融合金中，熔融合金便成为硅的过饱和相。当硅的过饱和度达到在液-固界面上硅析出的临界值(C_{LS})时，硅就在熔融合金和基板间析出。VLS 机理就是如此分两步生长晶体

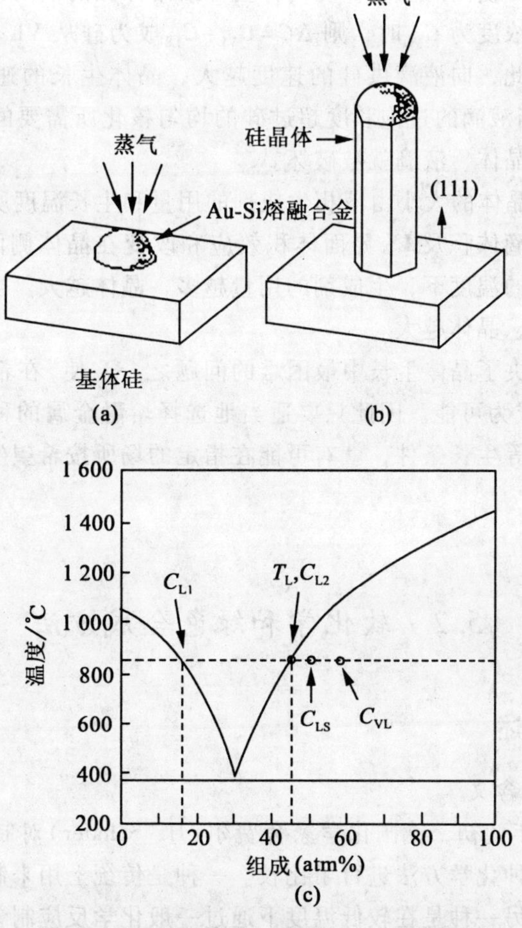

图 5.10　硅晶须的生长和 Au-Si 体系的相图

的，即构成晶体成分向熔融合金中的溶解和在LS界面的析出。对硅而言，C_{LS}的平均值非常接近于C_{L2}。在析出的初始阶段，析出的硅用于补偿由于生成Au-Si熔融合金而消耗的基体硅的再生长上，由于继续的析出，液滴将处于生长晶体的顶端，如图5.10(b)所示。然后，晶体继续向LS界面垂直的方向生长。

为了稳定进行VLS的生长，控制温度和输运气体的流速至关重要。当体系温度急剧下降，熔体中硅的过饱和度超过均匀核化的临界值时，在熔体中便发生硅的析出，熔体表面生长出呈放射状的小晶须。而当体系温度急剧上升时，液滴向VLS晶体侧面扩展，则会生长出分支和弯曲的晶体。温度梯度的控制也很重要，当基体温度比熔体相高时，则熔体相向高温移动，将导致熔体相被埋入基体中。横向的温度梯度同样会导致熔体相的横向移动。设正常状态的液滴表面硅的浓度为C_{VL}时，则$\Delta C=C_{VL}-C_{LS}$成为硅从VL界面向LS界面扩散的驱动力。因此，向液滴供硅的速度越大，晶体生长的速度也越大。不过ΔC也有上限，当液滴的过饱和度超过硅的均匀核化所需要的数值时，在液滴内便开始析出硅晶体，液滴就被破坏。

此外，VLS晶体的大小由液相生成剂的用量和生长温度所决定。温度效应包括改变熔体液滴体积及LS界面体积效应和改变在晶体侧面的VS析出速度的效应。在一定的温度下，生成剂的用量越多，晶体越大。当生成剂的用量不变时，温度越高，晶体越大。

VLS生长解决了晶体生长中最困难的问题之一，使“在希望的地点长出希望大小的晶体”成为可能。因此只要适当地选择熔融金属的种类、熔融温度及物质输运的方法等生长条件，就有可能在指定的场所按希望生长出所需大小的晶体。

5.2 软化学和绿色合成方法

5.2.1 概述

1. 软化学的含义

20世纪70年代初，德国化学家舍费尔(H. Schafer)对制备无机固体化合物及其材料的两种化学方法进行了比较。一种是传统上用来制备陶瓷材料的高温固相反应法，另一种是在较低温度下通过一般化学反应制备无机固体化合物及材料的方法。他指出：前种方法在“硬环境”中进行，所得到的无机固体化合物及材料必须是热力学平衡态的；后者则是在较低温度的“软环境”中进行，可以得到具有“介稳”结构的无机固体化合物及材料体系，从而更有应用前景。为此，法国化学家创造了一个颇具想象力的术语——chemie douce，即“软化学”，用以描述后一种无机固体化合物及材料的制备方法。显然，软化学是相对而言的。通常，我们把在极端条件下如超高压、超高温、超真空、强辐射、冲击波、无重力等进行的反应称之为硬化学(hard chemistry)反应；而将在温和条件下进行的反应如先驱物法、水热法、溶胶-凝胶法、局部化学反应、流变相反应、低热固相反应等称之为软化学(soft chemistry)方法。软化学这一概念已为固体化学界和材料科学界普遍接受，广泛地见之于一些学术文献，在近些年已成为多种文献检索系统的关键词，并成为无机制备和材料合成化学的研究热点。

2. 软化学的特点

软化学开辟的无机固体化合物及材料制备方法正在将新无机固体化合物及材料制备的前沿技术从高温、高压、高真空、高能和高制备成本的方法中解放出来，进入一个更宽阔的空间。显然，依赖于“硬环境”的方法必须有高精尖的设备和大的资金投入；而软化学提供的方法依赖的则是人的知识、技能和创造力。因而可以说，软化学是一个具有智力密集型特点的研究领域。

软化学是在较温和条件下实现的化学反应过程。因而，易于实现对其化学反应过程、路径、机制的控制。从而，可以根据需要控制过程的条件，对产物的组分和结构进行设计，进而达到剪裁其物理性质的目的。正因为材料和固体化合物(产物)形成于相对较低的温度，故可使一些在高温下不稳定的组分存在于固体化合物及材料之中，或形成具有介稳态的结构。这样，便有可能在同一固体化合物及材料体系中实现不同类型组分(如纳米粉体-聚合物、无机物-有机物、陶瓷-金属、无机物-生物体)的复合。也有可能获得一些用高温固相反应与物理方法难以得到的低熵、低焓或低对称性的固体化合物及材料，特别是一些具有特殊结构或形态的低维材料体系。

软化学与其说是一门新的学科，不如说是一种新的材料和固体化合物制备的思路。在这种思路下产生了一系列新型材料和固体化合物的制备技术，主要有：先驱物法、溶胶-凝胶法、水热法、熔体(助熔剂)法、局部化学反应、低热固相反应、流变相反应等。这些方法有时并无严格界限，实际应用时又可能是交叉的。这些方法有时也具有高效、节能、经济、洁净的环境友好的绿色无机合成方法。

用软化学方法合成新型固体化合物及材料的优点，引起化学和材料科学界的重视。随心所欲的设计和剪裁材料和固体化合物的结构和性能，这一梦想将随软化学的崛起而成为可能，无疑将对21世纪的高技术产生深远的影响。

3. 绿色化学

a. 绿色化学的产生。伴随着一个世纪以来的工业文明，化学学科取得了巨大的进步，创造了辉煌的业绩。目前一些重大的基本工业生产过程许多都是基于化学过程，如钢铁冶金、水泥陶瓷、石油化工、酸碱肥料、塑料橡胶、合成纤维、农药医药以及日用化妆品等精细化学品概莫能外。然而与此同时，化学物质的大规模生产和广泛使用，使得全球性的生态环境问题日趋严重，在经过千方百计的末端治理效果不佳的情况下，国际社会重新审视已经走过的环境保护历程，提出了绿色化学的概念。所谓绿色化学（green chemistry）又称环境无害化学（environmentally benign chemistry）、环境友好化学（environmentally friendly chemistry）、清洁化学（clean chemistry）。在绿色化学基础上发展的技术称环境友好技术（environmentally friendly technology）或洁净技术（clean technology）。它是针对传统化学对环境造成污染而提出的新概念，是利用化学原理从根本上减少或消除传统工业对环境的污染。它的主要特点是“原子经济性”，即在获取新物质的转换过程中充分利用原料中的每个原子，实现化学反应中废物的“零排放”。因此既可以充分利用资源，又不污染环境，它完全不同于现有的末端污染治理，是解决环境与生态问题的根本出路，是人类实现可持续发展的明智选择。它不但追求环境的保护，而且也追求经济的最优化。由于可以充分利用原料的所有物质，从而更有可能创造出高附加值产品。因此绿色化学可以看做是进入成熟期的更高层次的化学。

b. 绿色化学的原则。就绿色化学的新概念 P. T. Anastas 和 J. C. Waner 提出了 12 条原则：

(1)防止污染优于污染治理。

(2)原子经济性。即设计的合成方法应使生产过程中所采用的原料最大限度地进入产品之中。

(3)绿色合成。设计合成方法时，只要可能，无论原料、中间产物和最终产物，均应对人体健康和环境无毒、无害（包括极小毒性和无毒）。

(4)设计安全化学品。化工产品设计时，必须使其具有高效的功能，同时也要减少其毒性。

(5)选用无毒无害的溶剂和助剂。应尽可能避免使用溶剂、分离试剂等助剂，如不可避免，也要选用无毒无害的溶剂和助剂。

(6)合理使用和节约能源。合成方法必须考虑过程中能耗对成本和环境的影响，应设法降低能耗，最好采用常温常压下的温和合成方法。

(7)采用可再生资源合成化学品。在技术可行和经济合理的前提下，原料要采用可再生资源代替消耗性资源。

(8)减少化合物不必要的衍生化步骤。在可能的条件下，尽量减少副产物。

(9)催化。在合成方法中采用高选择性的催化剂比使用化学计量(stoichiometric)助剂更优越。

(10)设计可降解化学品。化工产品要设计成在其使用功能终结后，它不会永存于环境中，应能分解成可降解的无害产物。

(11)防止污染的快速检测和控制。进一步发展分析方法，对危险物质在生成前实行在线监测和控制。

(12)减少或消除制备和使用过程中的事故和隐患。选择化学生产过程的物质，使化学意外事故(包括渗透、爆炸、火灾等)的危险性降低到最低程度。

这12条原则目前为国际化学界所公认，它也反映了近年来在绿色化学领域中所开展的多方面的研究工作内容，同时也指明了未来发展绿色化学的方向。就以上原则，可概括为八个字：高效、节能、经济、洁净。这是绿色化学的鲜明特点。

4. 绿色化学和软化学的关系

绿色化学和软化学关系密切，但又有区别。软化学强调的是反应条件的温和与反应设备的简单，从而达到了节能、高效的目的，在某些情况下也是经济、洁净的，这是和绿色化学相一致的。而在有些情况下，它并没有解决经济、洁净的问题。绿色化学是全方位的要求达到高效、节能、经济、洁净。可以预见，软化学和绿色化学将会逐渐趋于统一。

5.2.2 先驱物法

软化学方法中最简单的一类是所谓先驱物法(或称前驱体法、初产物法等)。先驱物法是为解决高温固相反应法中产物的组成均匀性和反应物的传质扩散所发展起来的节能的合成方法。其基本思路是：先通过准确的分子设计合成出具有预期组分、结构和化学性质的先驱物，再在软环境下对先驱物进行处理，进而得到预期的材料。其关键在于先驱物的分子设计与制备。

在这种方法中，人们选择一些化合物如硝酸盐、碳酸盐、草酸盐、氢氧化物、含氰配合物以及有机化合物如柠檬酸等和所需的金属阳离子制成先驱物。在这些先驱物中，反应物以所需要的化学计量存在着，这种方法克服了高温固相反应法中反应物间均匀混合的问题，达到了原子或分子尺度的混合。一般高温固相反应法是直接用固体原料在高温下反应，而先驱物法则是用原料通过化学反应制成先驱物，然后焙烧即得产物。

复合金属配合物是一类重要的先驱物。其合成过程通常在溶液中进行，以对其组分和结构作很好的控制。这些化合物一般可在400℃分解，形成相应的氧化物。这就为制备高质量的复合氧化物材料提供了一条途径。例如，利用镧-铁、镧-钴复合羧酸盐热分解，可以制备出化学组分高度均匀的钙钛矿型氧化物半导体；利用钛的配合物的钡盐，可以制备高质量的铁电体微粉；利用相似的方法，在真空中加热分解某些特殊的配合物，则可得到一些非氧化物体系（如纳米尺寸的镉硒半导体簇）。

另一类比较有用的先驱物是金属碳酸盐。它可用于制备化学组分高度均匀的氧化物固溶体系。因为很多金属碳酸盐都是同构的，如钙、镁、锰、铁、钴、锌、镉等均具有方解石结构，故可利用重结晶法先制备出一定组分的金属碳酸盐，再经过较低温度的热处理，最后得到组分均匀的金属氧化物固溶体。像锂离子电池的正极材料 $LiCoO_2$，$LiCo_{1-x}Ni_xO_2$ 等都可用碳酸盐先驱物制备。

此外，一些金属氢氧化物或硝酸盐的固溶体也可被用作先驱物。如利用金属硝酸盐先驱物制备出了高纯度的 $YBa_2Cu_3O_7$ 超导体。

1. 尖晶石 MFe_2O_4 的合成

利用锌和铁的水溶性盐配成 Fe：Zn＝2：1 摩尔比的混合溶液，与草酸溶液作用，得铁和锌的草酸盐共沉淀，生成的共沉淀是一固溶体，它所包含的阳离子已在原子尺度上混合在一起。将得到的草酸盐先驱物加热焙烧即得 $ZnFe_2O_4$。由于混合物的均一化程度高，反应所需温度可大大降低（例如生成 $ZnFe_2O_4$ 的反应温度为 ~700℃）。反应式可以写成：

$$Zn^{2+}+2Fe^{3+}+4C_2O_4^{2-} = ZnFe_2(C_2O_4)_4\downarrow$$

$$ZnFe_2(C_2O_4)_4 = ZnFe_2O_4+4CO+4CO_2$$

尖晶石 $NiFe_2O_4$ 的制备是通过一个镍和铁的碱式双乙酸吡啶化合物作为先驱物的，其化学整比组成为 $Ni_3Fe_6(CH_3COO)_{17}O_3OH\cdot 12C_5H_5N$，其中 Ni：Fe 的摩尔比精确为 1：2，并且用从吡啶中重结晶的方法可进一步提纯。首先将该先驱物缓慢加热到 200 ~300℃，以除去有机物质，然后于空气中在 1 000℃下加热 2 ~3d 即得 $NiFe_2O_4$。

2. 尖晶石 MCo_2O_4 的合成

尖晶石 MCo_2O_4（M＝Zn，Ni，Mg，Mn，Cu，Cd）的合成是通过将钴（Ⅱ）和相应 M 的盐在水溶液中与草酸发生反应，生成草酸盐先驱物，该先驱物为一固溶体，Co：M＝2：1 摩尔比，将草酸盐先驱物在空气中加热到 400℃左右，即得 MCo_2O_4 尖晶石。在先驱物热分解过程中，钴（Ⅱ）被空气中的氧氧化为钴（Ⅲ）。

$$M^{2+}+2Co^{2+}+3C_2O_4^{2-}+6H_2O = MCo_2(C_2O_4)_3\cdot 6H_2O$$

$$MCo_2(C_2O_4)_3\cdot 6H_2O = MCo_2(C_2O_4)_3+6H_2O$$

$$MCo_2(C_2O_4)_3 = MCo_2O_4+4CO+2CO_2$$

对于 MCo_2O_4 尖晶石化合物来说，这是一个非常方便有效的合成方法。因为 MCo_2O_4 尖晶石化合物在高于 600℃的温度下会发生相变而分解为一种富含 Co 的尖晶石相，从而不能用高温固相反应的方法得到它。

3. 亚铬酸盐的合成

亚铬酸盐尖晶石化合物 MCr_2O_4 的合成也用类似的方法，此处 M = Mg, Zn, Mn, Fe, Co, Ni。亚铬酸锰 $MnCr_2O_4$ 是从已沉淀的 $MnCr_2O_7 \cdot 4C_5H_5N$ 逐渐加热到 1 100℃制备的。加热期间，重铬酸盐中的六价铬被还原为三价，混合物最后在富氢气氛中于 1 100℃下焙烧，以保证所有的锰处于二价状态。常用来合成亚铬酸盐的先驱物如表 5.3 所示。只要仔细控制实验条件，此类先驱物法，均能制备出确定化学比的物相。这种合成方法简单有效且很重要，因为许多亚铬酸盐和铁氧体都是具有重大应用价值的磁性材料，它们的性质对于其纯度及化学计量关系非常敏感。

表 5.3 常用来合成亚铬酸盐尖晶石化合物的先驱物

先驱物	焙烧温度/℃	亚铬酸盐
$(NH_4)_2Mg(CrO_4)_2 \cdot 6H_2O$	1 100 ~ 1 200	$MgCr_2O_4$
$(NH_4)_2Ni(CrO_4)_2 \cdot 6H_2O$	1 100	$NiCr_2O_4$
$MnCr_2O_7 \cdot 4C_5H_5N$	1 100	$MnCr_2O_4$
$CoCr_2O_7 \cdot 4C_5H_5N$	1 200	$CoCr_2O_4$
$(NH_4)_2Cu(CrO_4)_2 \cdot 2NH_3$	700 ~ 800	$CuCr_2O_4$
$(NH_4)_2Zn(CrO_4)_2 \cdot 2NH_3$	1 400	$ZnCr_2O_4$
$NH_4Fe(CrO_4)_2$	1 150	$FeCr_2O_4$

4. 先驱物法的特点和局限性

从以上例子可以看出，先驱物法有以下特点：①混合的均一化程度高；②阳离子的摩尔比准确；③反应温度低。

原则上说，先驱物法可应用于多种固态反应中。但由于每种合成法均要求其本身的特殊条件和先驱物。为此不可能制定出一套通用的条件以适应所有这些合成反应。对有些反应来说，难以找到适宜的先驱物。因而此法受到一定的限制。如该法就不适用于以下情况：①两种反应物在水中溶解度相差很大；②生成物不是以相同的速度产生结晶；③常生成过饱和溶液。

5.2.3 溶胶-凝胶法

在软化学提供的诸多材料制备技术中，溶胶-凝胶法是目前研究得最多的一种。溶胶-凝胶法也是为解决高温固相反应法中反应物之间扩散和组成均匀性所发展起来的。溶胶是胶体溶液，其中反应物以胶体大小的粒子分散在其中。凝胶是胶态固体，由可流动的流动组分和具有网络内部结构的固体组分以高度分散的状态构成。这种方法通常包含了从溶液过渡到固体材料的多个物理化学步骤，如水解、聚合，经历了成胶、干燥脱水、烧结致密化等步骤。该过程使用的先驱物一般是易于水解并形成高聚物网络的金属有机化合物（如醇盐）。目前这类方法已广泛用于制备玻璃、陶瓷及相关复合材料的薄膜、微粉和块体。在溶胶-凝胶过程中，由分子级均匀混合的无结构的先驱物，经过一系列结构化过程，形成具有高度微结构控制和几何形状控制的材料。这是与传统固体材料制备方法的一大不同之处。

由于溶胶-凝胶过程可以使通常在相当高的温度下才能制备出来的一些无机材料和固体化合物在室温或略高的温度下即可制备，因而可以通过在先驱物溶液中引入某些组分而构造出许多新型的多相复合体系。这方面的研究工作已在新型光学材料、催化材料、多功能复合材料、生物材料方面展现出诱人的前景。

某些具有特定结构的有机分子材料具有较无机非线性光学材料强得多的非线性光学特性。然而，这类材料普遍存在着稳定性问题。近年来，一些科学家利用溶胶-凝胶过程，将一些有机分子“封装”于玻璃中，制备出兼具无机物稳定性和有机物高光学非线性的新型无机-有机物复合材料。

利用类似方法，人们还将纳米微粒、原子簇、半导体量子点等引入玻璃或陶瓷体系，构造出许多新型功能复合材料体系。比如，可以利用溶胶-凝胶过程，制备由铁电体基体与金属纳米弥散相复合的一类新型材料。其基本方法是：在锆钛酸铅或钛酸钡的溶胶-凝胶路线上加以改进，将银溶液引入上述材料的先驱物溶液，最后得到均匀分布于铁电薄膜内，大小为 1 ~ 20nm 的准球状银粒。众所周知，金属纳米微粒在光、电、热、磁等方面有多种奇异的物理性能，而铁电体则具有十分特殊的介电特性和多种耦合功能（如压电、热电、电光等功能）。显然，两类功能体系的结合，可望衍生出多种物理现象和可资利用的功能。此外，将新型富勒体（C_{60}）材料引入硅玻璃体系的工作也已有报道。

一些新的研究工作还将材料复合的范围延伸到生物体系，以期获得兼具生物功能和无机物稳定性的新型材料。美国科学家曾通过溶胶-凝胶方法将一些生物酶分子“封装”到透明的多孔 SiO_2 玻璃之中。被封入的酶分子具有极强的光敏感性，故该材料体系可望成为一种新型的分子传感器件。

1. 溶胶-凝胶法的特点

胶体分散系是分散程度很高的多相体系。溶胶的粒子半径在 1 ~ 100nm 间，具有很大的相界面，表面能高，吸附性能强，许多胶体溶液之所以能长期保存，就是由于胶粒表面吸附了相同电荷的离子。由于同性相斥使胶粒不易聚沉，因而胶体溶液是一个热力学不稳定而动力学稳定的体系。如果在胶体溶液中加入电解质或者两种带相反电荷的胶体溶液相互作用，这种动力学上的稳定性立即受到破坏，胶体溶液就会发生聚沉，成为凝胶。这种制备无机化合物的方法叫做溶胶-凝胶法。

例如 Al_2O_3 溶胶中的胶体离子吸附 Al^{3+}，$Al(OH)_2{}^{+}$，$Al(OH)^{2+}$ 等阳离子而带正电叫正溶胶。SiO_2 溶胶中的胶体离子因吸附 OH^-，$SiO_3{}^{2-}$ 或 $HSiO_3{}^-$ 等阴离子而带负电叫负溶胶。这两种带不同电荷的溶胶相互混合由于胶粒表面电荷被中和，胶粒可以直接接触。这时胶体开始凝聚，变成凝胶。调节体系的 pH 值，可以改变凝胶流动状态，达到充分均化，最后经过干燥，焙烧而成超细粉，用这种方法制备的超细粉均匀性很高。

与传统的高温固相反应法相比，这种合成方法有如下特点：

(1)通过混合各反应物的溶液，可获得所需要的均相多组分体系。

(2)可大幅度降低制备材料和固体化合物的温度，从而可在比较温和的条件下制备陶瓷、玻璃等功能材料。

(3)利用溶胶或凝胶的流变性，通过某种技术如喷射、浸涂等可制备出特殊形态的材料如薄膜、纤维、沉积材料等。

近年来已用此项技术制备出了大量具有不同特性的氧化物型薄膜如 V_2O_5，TiO_2，MoO_3，WO_3，ZrO_2，Nb_2O_5 等等。

2. 溶胶-凝胶过程中的反应机理

溶胶-凝胶合成方法的主要反应机理是反应物分子(或离子)母体在水溶液中进行水解和聚合。即由分子态→聚合体→溶胶→凝胶→晶态(或非晶态)，所以可以通过对其过程反应机理的了解和有效的控制来合成一些特定结构和聚集态的固体化合物或材料。溶胶-凝胶合成法的起始反应先驱物多为金属盐类的水溶液或金属有机化合物的水溶液，因而下面对这两类体系的水解-聚合反应作一些讨论。

a. 无机盐的水解-聚合反应。

当阳离子 M^{z+} 溶解在纯水中则发生如下溶剂化反应：

$$M^{z+} + :O\!\begin{smallmatrix}H\\ \\H\end{smallmatrix} \longrightarrow \left[M\leftarrow O\!\begin{smallmatrix}H\\ \\H\end{smallmatrix}\right]^{z+}$$

在许多情况下(如对过渡金属离子而言)，这种溶剂化作用导致部分共价键的形成。由于在水分子的 $3\sigma_1$ 满价键轨道和过渡金属空 d 轨道间发生部分电荷迁移，所以水分子的酸性变强。根据电荷迁移的大小，溶剂化分子发生如下变化：

$$[M—OH_2]^{z+} \rightleftharpoons [M—OH]^{(z-1)+} + H^+ \rightleftharpoons [M=O]^{(z-2)+} + 2H^+$$

在通常的水溶液中，金属离子可能有三种配体，即水(OH_2)，羟基(OH)和氧基(=O)。若 N 为以共价键方式与阳离子 M^{z+} 键合的水分子数目(配位数)，则其粗略化学式可记为：$[MO_NH_{2N-h}]^{(z-h)+}$，式中 h 定义为水解摩尔比。当 $h=0$ 时，母体是水合离子 $[M(OH_2)_N]^{z+}$；$h=2N$ 时，母体为氧合离子 $[MO_N]^{(2N-z)-}$；如果 $0<h<2N$，那么这时母体可以是氧-羟基配合物 $[MO_x(OH)_{N-x}]^{(N+x-z)-}(h>N)$，羟基-水配合物 $[M(OH)_h(OH_2)_{N-h}]^{(z-h)+}(h<N)$，或者是羟基配合物 $[M(OH)_N^{(N-z)-}(h=N)$。金属离子的水解产物(母体)一般可借"电荷-pH 图"进行粗略判断。

在不同条件下，这些配合物可通过不同方式聚合形成二聚体或多聚体，有些可聚合进一步形成骨架结构。如按亲核取代方式(S_{N1})形成羟桥 M—OH—M ，羟基-水母体配合物 $[M(OH)_x\cdot(OH_2)_{N-x}]^{(z-x)+}(x<N)$ 之间的反应可按 S_{N1} 机理进行。带电荷的母体($z-h\geq1$)不能无限制地聚合形成固体，这主要是由于在缩合期间羟基的亲核强度(部分电荷 δ)是变化的。如 Cr(Ⅲ)的二聚反应：

$$2[Cr(OH)(OH_2)_5]^{2+} = \left[(H_2O)_4Cr \begin{matrix} H \\ O \\ \diagup \quad \diagdown \\ \diagdown \quad \diagup \\ O \\ H \end{matrix} Cr(OH_2)_4 \right]^{+4} + 2H_2O$$

在单聚体中 OH 基上的部分电荷是负的，即 $\delta(OH)=-0.02$，而在二聚体中 $\delta(OH)=+0.01$，这意味着二聚体中的 OH 基已经失去了再聚合的能力。零电荷母体($h=z$)可通过羟基无限缩聚形成固体，最终产物为氢氧化物 $M(OH)_z$。

从水-羟基配位的无机体来制备凝胶时，取决于诸多因素，如 pH 梯度、浓度、加料方式、控制的成胶速度、温度等。因为成核和生长主要是羟桥聚合反应，而且是扩散控制过程，所以需要对所有因素加以考虑。若制备纯相，要获得不稳定的凝胶。有些金属可形成稳定的羟桥，进而生成一种具有确定结构的 $M(OH)_z$，而有些金属不能形成稳定的羟桥，因而当加入碱时只能生成水合的无定形凝胶沉淀 $MO_{x/2}(OH)_{z-x}\cdot yH_2O$。这类无确定结构的沉淀当连续失水时，通过氧聚合最后形成 $MO_{z/2}$。对多价态元素如 Mn，Fe 和 Co，情况更复杂一些，因为电子转移可发生在溶液、固相中，甚至在氧化物和水的界面上。

聚合反应的另一种方式是氧基聚合，形成氧桥 M—O—M 。这种聚合过程要求在金属配位层中没有水配体，即如氧-羟基母体 $[MO_x(OH)_{N-x}]^{(N+x-z)-}$，$x<N$。如 $[MO_3(OH)]^-$ 单体(M=W，Mo)按亲核加成机理(A_N)形成的四聚体 $[M_4O_{12}(OH)_4]^{4-}$，反应中形成边桥氧(μ_2-O)或面桥氧(μ_3-O)。再如按加成消去机理($A_N\beta E_1$ 和 $A_N\beta E_2$)聚合的反应，如 Cr(Ⅳ)的二聚反应($h=7$)：

$$[HCrO_4]^- + [HCrO_4]^- \rightleftharpoons [Cr_2O_7]^{2-} + H_2O$$

又如钒酸盐的聚合反应：

$$[VO_3(OH)]^{2-} + [VO_2(OH)_2]^- \rightleftharpoons [V_2O_6(OH)]^{3-} + H_2O$$

$$[VO_3(OH)]^{2-} + [V_2O_4(OH)_3]^- \rightleftharpoons [V_3O_9]^{3-} + 2H_2O$$

b. 金属有机分子的水解-聚合反应。

金属烷氧基化合物（$M(OR)_n$，Alkoxide）是金属氧化物的溶胶-凝胶合成中常用的反应物分子母体，几乎所有金属（包括镧系金属）均可形成这类化合物。$M(OR)_n$ 与水充分反应可形成氢氧化物或水合氧化物：

$$M(OR)_n + nH_2O \longrightarrow M(OH)_n + nROH$$

实际上，反应中伴随的水解和聚合反应是十分复杂的。水解一般在水或水和醇的溶剂中进行并生成活性的M—OH 。反应可分为三步：

$$\text{H—O(—H)} + \text{M—OR} \longrightarrow \text{H(H)O:} \rightarrow \text{M—OR} \longrightarrow$$

$$\text{HO—M} \leftarrow \text{O(R)(H)} \longrightarrow \text{M—OH} + \text{ROH}$$

随着羟基的生成，进一步发生聚合作用。根据实验条件的不同，可按照三种聚合方式进行：

(1)烷氧基化作用。

$$\text{M—O(—H)} + \text{M—OR} \longrightarrow \text{M—O(H):} \rightarrow \text{M—OR} \longrightarrow$$

$$\text{M—O—M} \leftarrow \text{O(R)(H)} \longrightarrow \text{M—O—M} + \text{ROH}$$

(2)氧桥合作用。

$$\text{M—O(—H)} + \text{M—OH} \longrightarrow \text{M—O(H):} \rightarrow \text{M—OH} \longrightarrow$$

$$\text{M—O—M} \leftarrow \text{O(H)(H)} \longrightarrow \text{M—O—M} + H_2O$$

(3)羟桥合作用。

$$
\left\{
\begin{array}{l}
\text{M—OH} + \text{M} \leftarrow \text{O}\begin{smallmatrix}\nearrow \text{R} \\ \searrow \text{H}\end{smallmatrix} \longrightarrow \text{M—}\overset{\text{H}}{\underset{|}{\text{O}}}\text{—M} + \text{ROH} \\
\text{M—OH} + \text{M} \leftarrow \text{O}\begin{smallmatrix}\nearrow \text{H} \\ \searrow \text{H}\end{smallmatrix} \longrightarrow \text{M—}\overset{\text{H}}{\underset{|}{\text{O}}}\text{—M} + \text{H}_2\text{O}
\end{array}
\right.
$$

此外，金属有机分子母体也可以是烷基氯化物、乙酸盐等。

3. 制备举例

如制备 $YBa_2Cu_3O_{7-\delta}$超导氧化物膜就可用此法，它有两条不同的路线：一是以化学计量比的相关硝酸盐 $Y(NO_3)_3 \cdot 5H_2O$，$Ba(NO_3)_2$，$Cu(NO_3)_2 \cdot H_2O$ 作起始原料，将其溶于乙二醇中生成均匀的混合溶液，在 130～180℃下回流，并蒸发出溶剂，生成的凝胶在高温 950℃氧气氛下灼烧，即可获得纯相正交型 $YBa_2Cu_3O_{7-\delta}$；另一条路线是以化学计量比金属有机化合物为起始原料，将 $Y(OC_3H_7)_3$，$Cu(O_2CCH_3)_2 \cdot H_2O$和 $Ba(OH)_2$ 在加热和剧烈搅拌下溶于乙二醇，蒸发后得到凝胶，经高温氧气氛下灼烧后也可得到超导氧化物 $YBa_2Cu_3O_{7-\delta}$。如将上述二法制得的凝胶涂在一定的载体如蓝宝石(sappire)的[110]面上、$SrTiO_3$ 单晶的[100]面上或 ZrO_2 单晶的[001]面上。然后，①在 O_2 气氛中，用程序升温法升温至 400℃(2℃/min)，继续升温至 950℃(5℃/min)，再用程序降温法降温(3℃/min)冷却到室温。将上述步骤重复 2～3 次。然后将膜在 800℃、CO_2 气氛下退火 12h，并在 O_2 气氛下以 3℃/min 的速率冷却到室温。②将涂好的膜在空气中 950℃下灼烧 10min，再涂再灼烧，重复数次，最后在550～950℃下 O_2 气氛中退火 5～12h。上述方法均可制得 10～100μm 厚度的均匀 $YBa_2Cu_3O_{7-\delta}$超导薄膜。且具有良好的超导性能。

5.2.4 拓扑化学反应

一种较为复杂的先驱物过程是借助于所谓“拓扑化学”反应实现的。拓扑化学反应也称为局部化学反应或规整化学反应。这类化学反应的性质取决于反应物的晶体构架(拓扑化学因素)，而通常化学反应的性质则取决于反应物的化学性质。

纯粹的固相扩散反应即属拓扑化学过程。拓扑化学反应在软化学中可用于材料结构的设计。

1. 拓扑化学反应的特点

拓扑化学反应法是另一种软化学过程，它是通过局部化学反应或局部规整反应制备固体材料的方法。局部化学反应法包括多种反应：脱水反应、分解反应、氧化还原反应、嵌入反应、离子交换反应和同晶置换反应。这些反应在相对温和的条件下发生，提供了低温进行固体合成的新途径。局部化学反应得到的产物在结构上与起始物质有着确定的关系，运用这些反应常常可以得到由其他方法所不能得到或难以得到的固体材料，并且这些材料具有独到的物理和化学性质以及独特的结构形式。笼统地说，局部化学反应通过反应物的结构来控制反应性，反应前后主体结构大体上或基本上保持不变。

2. 脱水反应(dehydrolysis)

顾名思义，脱水反应法是通过反应物脱水而得到产物的方法。在此方法中，脱水反应是通过局部化学反应方式进行的。其中一个典型的例子是具有奇异晶体结构的 $Mo_{1-x}W_xO_3$ 固溶体的制备。固体化学家偶然发现具有 ReO_3 结构的 WO_3 晶体可容纳于具有层状结构的 MoO_3 之中，形成一类特殊的共面结晶学状态。由于两种组分挥发性的差异，无法用传统的高温固相反应法获得单相的 $Mo_{1-x}W_xO_3$ 固溶体。利用脱水反应却可解决这一问题。利用水合物 $MoO_3 \cdot H_2O$ 和 $WO_3 \cdot H_2O$ 的同构性先将 MoO_3 和 WO_3 溶于浓酸中，再使混合溶液在一定条件下结晶出 $Mo_{1-x}W_xO_3 \cdot H_2O$ 水合物固溶体晶体，该晶体在 500K 下即可脱水形成具有调制结构的 $Mo_{1-x}W_xO_3$ 晶体。

3. 嵌入反应(intercalation)

嵌入反应是另一类重要的软化学过程。在其过程中，一些外来离子或分子嵌入到固体基质晶格中，而不产生晶体结构的重大改变。这类过程通常发生在层状化合物当中，常常在溶液中或熔盐中进行，有时还伴有氧化还原反应。这些层状化合物在结构上的基本特征是层间的相互作用很弱，而层内的化学键很强。因此，外来离子或分子较容易从层间嵌入，形成新的化合物。把外来的客体物质引进主体结构的反应叫嵌入反应，其逆过程即把引进去的外来客体从主体结构上移走的反应叫脱嵌入反应。

很多无机化合物，从常见的石墨、黏土到氧化物超导体，都具有层状结构。通过离子、分子或簇合物的嵌入，可以产生一些具有新功能的材料体系，因此嵌入反应也是构造新型材料的一种有效手段。这样的研究已在超导体材料、电解质材料和膜催化材料等领域取得进展。最近，有人把氨分子(NH_3)嵌入具有层状结构和超导特性的 C_{60} 化合物 Na_2CsC_{60} 之中，得到新化合物 $(NH_3)_4Na_2CsC_{60}$，其超导临界温度有明显提高。又如，利用黏土(硅酸盐)材料作基质，嵌入具有催化作用的组分(如金属原子簇)，将层间距离拉大，形成具有一定尺寸的“通道”，可以得到兼具催化功能和分子选择功能的新型反应器。

新近开发出的锂离子电池就是根据嵌入和脱嵌反应的原理设计而成的。该电池的正负极材料就是具有层状结构或尖晶石结构的 $LiCoO_2$，$LiNiO_2$，

$LiMnO_2$，$LiMn_2O_4$，乙炔黑等。

嵌入反应一般说来主体以固体形式存在，外来离子以其他的物质存在状态如液体、气体、蒸气或溶液的形式存在。实现嵌入反应可采用如下方法：①溶液中同嵌入剂的直接反应；②采用阴极还原的电化学嵌入；③ 三元化合物A_xMS_2(A=金属嵌入剂，M=过渡金属，S=硫族元素)同适当溶剂的溶剂化反应；④ 阳离子和溶剂的交换反应。

下面列举一些运用这种方法进行固体化合物和材料合成的例子：

(1)新颖氧化物的制备。一些过渡金属如V，Co，Ni，Mn，Ti，Cr的碱金属嵌入化合物可通过这种反应制得，如Li_xMO_2(M=V，Co，Ni)，Na_xMO_2(M=Ti，Cr，Mn，Co，Ni)，这些碱金属的某些嵌入化合物是由其他方法不能得到的。

(2)钨氧化物青铜材料的制备。通过碱金属如K，Rb或Cs同WO_3在无氧高温条件下的嵌入反应可以制得氧化钨青铜。

$$\text{K，Rb 或 Cs}+WO_3 \xrightarrow{\text{无氧高温}} \text{钨青铜}$$

$$Bi+WO_3 \longrightarrow Bi_xWO_3(0.02<x\leqslant 0.07)$$

共生钨青铜

其他的电正性金属的碘化物和除WO_3以外的其他类似氧化物或固溶体的嵌入反应也可得到相应的氧化物青铜，从而提供了一种很方便的低温合成氧化物青铜的途径。

(3)新型层状固体材料的合成。许多层状结构如石墨、过渡金属硫化物、黏土和磷酸氢盐可进行同客体分子、原子或离子的嵌入反应制得新颖的层状固体材料，这些固体材料的合成不仅为固体化学的多型性研究提供了丰富的材料类型，同时也得到了众多新颖的各向异性固体材料。

石墨可用碱金属蒸气如K进行嵌入，可用$FeCl_3$和$SbCl_3$进行嵌入，通过控制嵌入反应可合成受到控制的电性质、磁学性质、结构性质和热性质的石墨嵌入化合物，碱金属K-H_2-石墨嵌入化合物可具有与固体氢相比拟的氢堆积密度，成为潜在的储氢材料；碱金属K-汞的石墨嵌入化合物具有有趣的各向异超导性质，K-苯嵌入的石墨嵌入化合物显现出催化性质。

层状的过渡金属二硫化物的嵌入化合物是另一大类具有重要意义的新型材料。

(4)新型微孔材料的合成。黏土及某些磷酸氢盐如磷酸氢锆是层状物质。这些物质可通过嵌入无机化合物如$[Al_{13}O_4(OH)_{24}(H_2O)_{12}]^{7+}$，硅烷等以及胶体粒子如$Cr_2O_3$，$ZrO_2$等制得多孔性物质。这是无机物造孔合成的一种新途径，为石油工业新型催化材料的开发开辟了一条新路。基本的过程是把含有被嵌入物质的溶液同层状的黏土或磷酸氢盐混合，在一定 pH 值和温度条件下发生嵌入反应，然后把嵌入的产物进行热处理使嵌入的物质同层状的黏土或磷酸氢盐层发生交联反应。由于嵌入物质的量受层上或层间电荷等因素的影响，决定了嵌入物的量是有限的，同时由于嵌入物质具有一定的尺寸大小，交联后就像一个个柱子一样把两片支撑起来，柱间的空间和层间的空间构成了新的孔道。选用不同大小的嵌入分子或原子团就可以制成不同孔径大小和分布的新型孔性材料。这种孔径的改变实际上已是在从事分子尺度大小的无机物造孔。

4. 离子交换反应(ion exchange)

离子交换反应也是一类软化学过程。它已广泛用于快离子导体的制备。利用离子交换反应的扩散性与距离的关系可以构造具有梯度特性的功能材料。近年来，这一方法已被用于制备一些新型材料体系，如折射率随深度呈梯度连续变化的新型光学材料。

离子交换反应是通过对具有可交换离子的物质进行交换改性的局部化学反应。这种离子交换反应可在相当大的离子种类范围内进行，反应可在水溶液或熔盐中进行，依赖于母体结构对热的稳定性，这种方法无疑提供了低温合成氧化物的途径，提供了众多由其他方法无法合成的固体化合物和材料，如黏土材料、沸石分子筛材料以及某些氧化物材料。

a. 新型氧化物材料的合成

$$LiNbO_3 + H^+ \longrightarrow HNbO_3 + Li^+$$

$$LiTaO_3 + H^+ \longrightarrow HTaO_3(\text{立方的}) + Li^+$$

$$LiNbWO_6(\text{金红石结构}) + H^+ \longrightarrow HNbWO_6(\text{类 }ReO_3\text{ 结构}) + Li^+$$

$$LiTaWO_6(\text{金红石结构}) + H^+ \longrightarrow HTaWO_6(\text{类 }ReO_3\text{ 结构}) + Li^+$$

同样通过 H^+交换可以制备像 $HTiNbO_5$，$H_2Ti_3O_7$，$H_2Ti_4O_9$ 和 $HCa_2Nb_3O_{10}$ 这样的氧化物。这些氧化物具有足够的 Bronsted 酸性，并可用来进行嵌入反应。

b. 新型沸石分子筛催化材料的合成

沸石分子筛是一种具有规则孔道结构和离子交换性质以及吸附性质的结晶硅铝酸盐。这些结晶硅铝酸盐可通过离子交换把众多的具有特殊催化性质的金属离子引入到分子筛的孔腔中去，从而使沸石分子筛的种类大大增加，得到众多由水热法所不能直接得到的沸石分子筛催化剂。特别是将稀土离子和过渡金属通过离子交换引到沸石分子筛中，开发了新型的沸石分子筛双功能催化剂，开辟了广阔的工业应用前景。基本的反应可描述为：

$$La(H_2O)_9{}^{3+} + \text{沸石分子筛} \xrightarrow[\text{水溶液}]{\text{室温} \sim 90°C} La\text{-沸石分子筛}$$

5. 同晶置换反应(isomorphous substitution)

同晶置换反应也是局部化学反应之一。这种反应在某种意义上与离子交换反应是相同的，是在母体结构保持不变的前提下进行离子交换。不过这种反应有别于离子交换反应，主要在于离子交换反应涉及的主体物质具有可交换的阳离子，而同晶置换反应涉及的主体物质在离子交换反应的条件下往往是不具有离子交换性质的。换句话说，如果对多孔性具有可交换离子的物质，离子交换反应发生在外来离子与存在于孔腔中的可交换离子之间，而同晶置换反应发生在外来离子与骨架元素之间。同晶置换反应一般可采用气-固或液-固反应的途径，对气-固反应一般需要较高的温度，对于液-固反应温度可以很低。气-固反应需要外来离子以气体(蒸气)形式存在，液-固反应需要外来离子能够制成溶液。这种方法在某些催化材料如分子筛的改性方面起着重要的作用，为新型分子筛催化材料的开发提供了新的途径。主要有如下方面：

a. 不同酸性同系列沸石催化材料的合成

沸石分子筛的酸性主要决定于沸石骨架中的硅铝比。通过所谓的脱铝补硅同晶置换法(沸石分子筛同$(NH_4)_2SiF_6$水溶液反应，同$SiCl_4$蒸气反应以及在高温同水蒸气反应可制得可控制的系列酸性分子筛催化剂。与脱铝补硅的过程相反，可对众多的全硅或高硅多孔性物质进行脱硅补铝反应，使之形成具有酸性性质的催化材料，通过改变反应条件，酸量可以控制。

b. 具有新型结构的分子筛催化材料的合成

某些新型结构的分子筛，虽具有新颖的结构，但由于其骨架主要是SiO_2组成，因而不具有实际的催化应用价值，通过同晶置换反应，在高温下(550℃)同像$AlCl_3$和$TiCl_4$等这样的蒸气反应，或在较低的温度下(室温~100℃)同$NaAlO_2$或$NaGaO_2$溶液反应，可制得保持其新颖结构的具有不同酸性的催化材料，这种同晶置换反应的一个重要方面是可制得众多的通常由的水热合成方法所不能制备的沸石催化材料。

6. 分解反应(decomposition)

分解反应是通过反应物分解而形成产物的方法。分解反应可以按照局部化学反应的方式发生，也可以按照非局部化学反应的方式发生。这种方法中如果起始反应物是固体就与先驱物法有着密切的联系。先驱物法中许多反应就是通过分解反应最终完成固体材料的制备的，因为先驱物法中许多通过化学方法得到的先驱物就是容易分解的碳酸盐、硝酸盐、金属有机配合物以及氰化物等。分解反应是制备复合金属氧化物的一种主要反应，先驱物法中的某些例子就是分解反应的例子(见5.2.2)。以局部化学反应方式进行的分解反应，生成物的结晶方向与起始物质的结构有着相当紧密的关系。例如，氢氧化物脱水生成氧化物的反应：

$$Mg(OH)_2 \longrightarrow MgO+H_2O$$

$$Co(OH)_2 \longrightarrow CoO+H_2O$$

$$2\alpha\text{-}FeOOH \longrightarrow \alpha\text{-}Fe_2O_3+H_2O$$

$$2\alpha\text{-}AlOOH \longrightarrow \alpha\text{-}Al_2O_3+H_2O$$

以及某些碳酸盐如 $MgCa(CO_3)_2$ 的分解反应就是较典型的例子。在 $Mg(OH)_2$ 热分解成 MgO 的反应中，产物的(111)面垂直于原来晶体的 c 轴排列。在具有 10kPa 压力的 CO_2 中，600℃长时间加热 $MgCa(CO_3)_2$ 生成的 $CaCO_3$，与原来的晶体具有同样的晶轴取向。另一个局部化学分解反应的典型例子是沸石分子筛中有机模板剂的热分解去除反应。合成中包藏在分子筛中的有机模板剂分子当加热除去后，分子筛的孔道才是真正对外来吸附分子畅通的。热分解过程中，骨架结构完满地保存下来了。

分解反应作为合成手段关键是要找到合适的起始反应物，反应条件的控制也是非常重要的。分解反应的温度、气态以及其他物质的存在都会影响通过分解反应所得产物的性质，如产物的晶体结构、粒子大小及表面积，有时甚至加热速度也会影响到分解反应进行的机理。因此，运用此法进行合成，要注意到这些因素。

7. 氧化还原反应(redox reaction)

氧化还原反应是通过组成元素，特别是过渡金属元素的氧化还原反应来进行固体材料合成的方法。通过这种方法可以从母体结构出发合成出通过其他方法不能或难于合成的固体材料。这种方法的实质是通过电子的得失改变了过渡金属离子的配位单元，产生新颖的结构类型，形成了不同的介稳相，从而开辟了合成新型固体化合物和材料的新途径。这种方法是通过控制氧化和还原气氛实现的。

介稳的金属氧化物如 $La_2Ni_2O_5$ 和 $La_2Co_2O_5$ 等是不能通过高温固体反应法由混合 La_2O_3 和 NiO 直接合成的，但通过氧化还原方法即可方便地制得，如：

$$LaNiO_3+H_2 \xrightarrow{350\sim400°C} La_2Ni_2O_5\text{(钙钛矿相关结构)}$$

$$LaCoO_3+H_2 \xrightarrow{350\sim400°C} La_2Co_2O_5\text{(钙铁石结构)}$$

同样，某些其他的具有阳离子不同配位结构(四面体、八面体和四方锥等)的金属氧化物材料也可认为是某种常见结构的具有高度空位有序的结构。

$CaMnO_3$ 通过在相对低的温度下局部化学还原可以制备 $Ca_2Mn_2O_5$

$$CaMnO_3 \xrightarrow[\text{还原}]{\sim300°C} Ca_2Mn_2O_5$$

5.2.5 低热固相反应

所谓低热固相反应是指反应温度在100℃以下的固相反应。

忻新泉及其小组近10多年来对低热固相反应进行了较系统的研究，探讨了低热固-固反应的机理，提出并用实验证实了低热固相反应的四个阶段，即扩散—反应—成核—生长，每步都有可能是反应速率的决定步骤；总结了低热固相反应遵循的特有的规律；利用低热固相化学反应原理，合成了一系列具有优越的三阶非线性光学性质的 Mo(W)-Cu(Ag)-S 原子簇化合物；合成了一类用其他方法不能得到的介稳化合物——固配化合物；合成了一些有特殊用途的材料，如纳米材料等。

1. 低热固相反应机理

与液相反应不同，固相反应的发生起始于两个反应物分子的扩散接触，接着发生键的断裂和重组等化学作用，生成新的化合物分子。此时的生成物分子分散在源反应物中，只有当产物分子聚积形成一定大小的粒子，才能出现产物的晶核，从而完成成核过程。随着晶核的长大，达到一定的大小后出现产物的独立晶相。这就是固相反应经历的扩散、反应、成核、生长四个阶段。但由于各阶段进行的速率在不同的反应体系或同一反应体系不同的反应条件下不尽相同，使得各个阶段的特征并非清晰可辨，总反应特征只表现为反应的控制速率步骤的特征。长期以来，一直认为高温固相反应的控制速率步骤是扩散和成核生长，原因就是在很高的反应温度下化学反应这一步速度极快，无法成为整个固相反应的控制速率步骤。在低热条件下，化学反应这一步也可能是速率的控制步骤。

2. 低热固相化学反应的规律

从各类反应的研究中，发现低热固相化学与溶液化学有许多不同之处，它有其固有的规律：

a. 潜伏期

对于多组分固相体系来说，化学反应在两相接触的界面开始发生，一旦生成反应产物层，要使反应继续进行，反应物必须以扩散方式通过产物层进行物质输运，而扩散对固相体系来说，进行的是比较慢的。同时，反应物只有聚积形成一定大小的粒子时才能成核，而成核需要温度，低于某一温度 T_n 时，固相反应物的扩散和生成物的成核都很困难，反应则不能发生。只有温度高于 T_n 时，扩散和成核得以进行，反应才能发生。这种固体反应物间的扩散及产物成核过程便构成了固相反应特有的潜伏期。温度对潜伏期的影响是显著的，温度越高，扩散越快，产物成核越快，反应的潜伏期就越短；反之，则潜伏期就越长。当低于成核温度 T_n 时，固相反应就不能发生。

b. 无化学平衡

根据热力学知识，若反应组分的偏摩尔量发生微小变化，则会引起反应体系吉布斯函数的改变。若反应是在等温等压下进行的，则反应的摩尔吉布斯函数改变直接与反应体系组分的偏摩尔量的变化相关，它是反应驱动力的源泉。设参加反应的 N 种物质中有 n 种是气体，其余的是纯凝聚相(纯固体或纯液体)，且气体的压力不大，视为理想气体。很显然，当反应中有气态物质参与时，确实对反应体系吉布斯函数有影响。如果这些气体组分作为产物，随着气体的逸出，毫无疑问，这些气体组分的分压较小，因而反应一旦开始，则反应体系吉布斯函数的变化<0 便可一直维持到所有反应物全部消耗，亦即反应进行到底；若这些气体组分都作为反应物，只要它们有一定的分压，而且在反应开始之后仍能维持，同样道理反应体系吉布斯函数的变化<0 也可一直维持到反应进行到底，使所有反应物全部转化为产物；若这些气体组分有的作为反应物，有的作为产物，则只要维持气体反应物组分一定分压，气体产物组分及时逸出反应体系，则同样可使一旦反应便能进行到底。因此，固相反应一旦发生即可进行完全，不存在化学平衡。当然，若反应中的凝聚相是以固溶体或溶液形式存在，则当别论。

c. 拓扑化学控制原理

在溶液中，反应物分子被溶剂所包围，分子之间的碰撞机会各向均等，因而反应主要取决于反应物的分子结构。而在固相反应中，固体反应物的晶格是高度有序排列的，因而晶格分子的移动较困难，只有合适取向晶面上的分子足够地靠近，才能提供适宜的反应中心，使固相反应得以进行，这就是固相反应特有的拓扑化学控制原理。它赋予了固相反应以与其他方法无法比拟的优越性，提供了合成新化合物的独特途径。例如，Sukenik 等研究对二甲氨基苯磺酸甲酯(m. p. 95℃)的热重排反应，发现在室温下即可发生甲基的迁移，生成重排反应产物(内盐)：

$$(CH_3)_2N-C_6H_4-SO_2-O-CH_3 \longrightarrow (CH_3)_3N^+-C_6H_4-SO_3^-$$

该反应随着温度的升高，速度加快。然而，在熔融状态下，反应速度减慢。在溶液中反应不发生。该重排反应是分子间的甲基迁移过程。晶体结构表明甲基 C 与另一分子 N 之间的距离(C →…→N)为 0. 354nm，与范德华半径和(0. 355nm)相近，这种结构是该固相反应得以发生的关键。忻新泉等在研究中发现，当使用 MoS_4^{2-} 与 Cu^+ 反应时，在溶液中往往得到对称性高的平面型原子簇化合物，而固相反应时则往往优先生成类立方烷结构的原子簇化合物，这可能与晶格表面的 MoS_4^{2-} 总有一个 S 原子深埋晶格下层有关。显然，这也是拓扑化学控制的体现。

d. 分步反应

溶液中配位化合物存在逐级平衡，各种配位比的化合物平衡共存，如金属离子 M 与配体 L 有下列平衡(略去可能有的电荷)：

$$M+L \rightleftharpoons ML \overset{L}{\rightleftharpoons} ML_2 \overset{L}{\rightleftharpoons} ML_3 \overset{L}{\rightleftharpoons} ML_4 \overset{L}{\rightleftharpoons} \cdots$$

各种配合物的浓度与配体浓度、溶液 pH 值等有关。由于固相化学反应不存在化学平衡，因此可以通过精确控制反应物的配比等条件，实现分步反应，得到所需的目标化合物。

e. 嵌入反应

具有层状结构的固体，如石墨，MoS_2，TiS_2 等都可以发生嵌入反应，生成嵌入化合物。这是因为层与层之间具有足以让其他原子、离子或分子嵌入的距离，容易形成嵌入化合物。显然，层状结构只存在于固体中，一旦固体溶解在溶剂中，层状结构就不复存在。因此，嵌入反应只发生在固相中，溶液化学反应中不存在嵌入反应。

3. 固相反应与液相反应的差别

固相反应与液相反应相比，尽管绝大多数得到相同的产物，但也有很多例外。即虽然使用同样摩尔比的反应物，但产物却不同，其原因当然是两种情况下反应的微环境的差异造成的。原因具体归纳为以下几点：

a. 反应物溶解度的影响

若反应物的溶解度极小，则在溶液中就有可能不发生化学反应，如 4-甲基苯胺与 $CoCl_2 \cdot 6H_2O$ 在水溶液中不发生反应，原因就是 4-甲基苯胺不溶于水，而在乙醇或乙醚中两者便可发生反应，则是因为两者都溶于乙醇或乙醚。Cu_2S 与 $(NH_4)_2MoS_4$，$n\text{-}Bu_4NBr$ 在 CH_2Cl_2 中反应，产物是 $(n\text{-}Bu_4N)_2MoS_4$，而得不到固相合成中所得到的 $(n\text{-}Bu_4N)_4[Mo_8Cu_{12}S_{32}]$，原因是 Cu_2S 在 CH_2Cl_2 中不溶解。

b. 产物溶解度的影响

$NiCl_2$ 与 $(CH_3)_4NCl$ 在溶液中由于有沉淀生成，而使反应得以顺利进行，得到难溶的长链一取代产物 $[(CH_3)_4N]NiCl_3$。而固相反应时，则可以通过控制反应物的摩尔比使之生成一取代的 $[(CH_3)_4N]NiCl_3$ 或二取代的 $[(CH_3)_4N]_2NiCl_4$ 分子化合物。

c. 热力学状态函数的差别

$K_3[Fe(CN)_6]$ 与 KI 在水溶液中不发生反应，但在固相中发生反应，可以生成 $K_4[Fe(CN)_6]$ 和 I_2，原因是各物质尤其是 I_2 处于固态和溶液中的热力学函数不同，加上 $I_2(s)$ 的易升华性，从而导致反应方向上的截然不同。

d. 控制反应的因素不同

溶液反应受热力学控制，而低热固相反应往往受动力学和拓扑化学原理控制，因此，固相反应很容易得到动力学控制的中间态化合物；利用固相反应的拓扑化学控制原理，通过与光学活性的主体化合物形成包络物控制反应物分子构型，实现对映选择性的固态不对称合成。

e. 化学平衡的影响

溶液反应体系受到化学平衡的制约，而固相反应中在不生成固溶体的情形下，反应完全进行，因此固相反应的产率往往都很高。

4. 低热固相反应的应用

a. 低热固相反应在合成化学中的应用

低热固相反应由于其固有的特点，在合成化学中已经得到许多成功的应用，获得了许多新化合物，有的已经或即将产业化，显示出它应有的生机和活力。随着人们的不断深入研究，低热固相反应作为合成化学领域中的重要分支之一，成为绿色化学的首选工艺之一已是人们的共识和企盼。目前，低热固相反应在原子簇化合物、新的多酸化合物、新的配合物、功能材料、纳米材料以及有机化合物的合成、制备中获得广泛的应用和关注。

b. 低热固相化学反应在生产中的应用

(1) 低热固相反应在颜料制造业中的应用。通常，镉黄颜料的工业生产主要有两种方法：一种方法是将均匀混合的镉和硫装管密封，在 500～600℃高温下反应而得。该法中产生了大量污染环境的副产物——挥发性的硫化物。第二种方法是在中性的镉盐溶液中加入碱金属硫化物沉淀出硫化镉，然后经洗涤、80℃干燥及 400℃晶化获得产品。在这些过程中产生大量的废水。此外，还需专门的过滤及干燥装置，长时间的高温(400℃)晶化，能耗大，使生产成本大大提高。作为上述两法的替代方法，Pajakoff 将镉盐(如碳酸镉)和硫化钠的固态混合物在球磨机中球磨 2～4 h(若加入 1% 的 $(NH_4)_2S$，则球磨反应时间可更短)，所得产品性能可与传统方法的产品相媲美。同样，镉红颜料也可采用该法合成：将碳酸镉、硫化钠和金属硒化物的固态混合物在球磨机中球磨即可得高质量产品，并且改变硒化物的含量可以将颜料的颜色从橘黄色调节到深红色。该法优于传统制法之处是无须升温加热，因此彻底消除了 SO_2，SeO_2 等有毒气体对环境的污染。

(2) 低热固相反应在制药业中的应用。苯甲酸钠是制药业的一种重要原料。传统的制法是用 NaOH 中和苯甲酸的水溶液，标准的生产工序由六步构成，生产周期为 60 h，每生产 500kg 的苯甲酸钠需 3 000L 的水。然而改用低热固相法，将苯甲酸和 NaOH 固体均匀混合反应，生产同样 500kg 的产品只需 5～8 h，根本不需要水，同时大大缩短了生产周期。另一个类似的实例是水杨酸钠的工业制备。传统的生产过程需六道工序，生产周期为 70 h，生产 500kg 的水杨酸钠需消耗 500L 的水和 100L 的乙醇。而用低热固相反应法，同样生产 500kg 的产品仅需 7 h，完全不用溶剂，其优点显而易见。低热固相反应用于工业中，其吸引人之处不仅在于缩短生产周期，无须使用溶剂及减少对环境的污染，而且还在于反应选择性高、副反应少、产品的纯度高，使最后的产品分离、纯化操作大大简化，从而使生产成本大大降低。

(3) 其他的应用。工业上采用加热苯胺磺酸盐(或邻位，间位的C-烷基取代苯胺磺酸盐)制备对氨基苯磺酸(或相应的取代对氨基苯磺酸)；采用固相反应制备比色指数为瓮黑25的染料；利用 CO_2 与尿素在高压容器内发生固相反应高效制备三聚氰胺，此合成方法实际上在第二次世界大战前德国已工业化生产；使偶氮吡啶-β-萘酚固相季胺化也已工业化。

5.2.6 助熔剂法

与水热法相近的另一类软化学方法是助熔剂法。两者的差别在于：用来拆装结构单元的媒质不同，前者是水或水溶液，后者是熔盐；反应所需的温度不同，后者一般高于前者，约需200~600℃。这种方法的典型例子是制备具有低维结构的金属硫族化合物。硫族元素(硫、硒、碲)通常具有多种有趣的结构，如原子簇、原子链或层状化合物。而这些结构与金属离子结合可以构造出多种具有奇异光电特性的低维材料。由于这些材料的易分解性，所以无法用固相反应法或气相输运法制备。另外，简单的溶液反应也只能获得尺寸较小的粉末固体。

助熔剂法还被用于制备具有特殊结构或优异性能的超导陶瓷材料。曾有人从理论上预言，利用碱金属替代超导体中的多价态阳离子，将对 CuO_2 面的空穴掺杂起作用，也对一些半导体相(如 La_2CuO_4)实现p型掺杂变为超导相(如 $La_{2-x}M_xCuO_4$，M = Na，K)起作用。然而，由于碱金属的高挥发性，上述替代难以通过固相反应法实现。最近，人们用助熔剂法，通过在KOH熔盐中的反应，制备出新型 $La_{1.78}K_{0.22}CuO_4$ 单晶体，它具有超导体的结构特征和较好的结构有序性，从而为设计新型超导材料指出一个新方向。

5.2.7 流变相反应

1. 流变学(Rheology)

流变学简单的定义是关于物质变形和流动的科学，是1922年美国化学家G. Bingham提出的名称，直到最近才得到迅速发展。关于固体物质的变形，涉及弹性理论和关于流体物质流动的流体力学等领域。在这些领域中的处理对象很多，如油、黏土、塑胶、橡皮、玻璃、沥青、纤维素、淀粉、蛋白质、血液等，它们是在化学上具有复杂组成或结构，在力学上显示固体和液体中间性质的物质。作为对于这些物质或含有这些物质的溶液所观测到的现象，有异常黏性、塑性、触变性(thixotropy)、黏弹性等。弄清这些现象和物质结构的关系，从胶体学、高分子学、物性论角度来看是极其重要的问题。流变学是这些学科的边缘领域。另外，由于所涉及的材料是在日常生活和工业中很重要的物质，在应用方面也是今后期待发展的领域。尚且，在生物体中的细胞液、血浆等的力学行为也将是流变学的研究对象，特别是关于生物物质，已经开辟出了生物流变学(biorheology)分支。

通常，当我们观察一下周围，辨认固体或液体时是根据它们对于低应力的响应用重力来确定的，而且是按人们日常生活的时间标尺，一般不会超过几分钟，也不会少于几秒钟。然而，假若施加非常宽范围的应力，在非常宽的时间范围或频率谱内，采用流变学仪器，就能在固体中观察到类似液体的性质，在液体中观察到类似固体的性质。所以，有时要把某一种给定材料标记为一种固体或液体就很困难。如用有机硅材料做成的"弹跳胶泥"，它是非常黏滞的，当把它放入一个容器，并给予足够的时间，最终将会流成水平。它在长时间标尺内发生的缓慢流动的过程像液体。当它被缓慢拉伸时，表现出延性破坏，这是液体的特征。但是，如果将一个弹跳胶泥小球往地板上掷时则会反跳，当把这种胶泥快速拉伸时，即按较短的时间标尺，它表现出脆性破坏，这是固体的特征。

现在，流变学研究发展很快，已开辟出了三个分支：

(1)悬浮体流变学：如，电流变液和磁流变液，sol-gel 法等。

(2)高分子流变学：在化学加工工业中的应用也得到迅速发展。

(3)生物流变学：在生物技术工业中也有广泛的应用。

2. 流变相反应

孙聚堂及其小组把流变学与化学反应紧密结合起来，首先提出了"流变相反应"的概念，使流变学技术在合成化学方面的应用引起人们关注。

所谓流变相反应，是指在反应体系中有流变相参与的化学反应。例如，将反应物通过适当方法混合均匀，加入适量水或其他溶剂调制成固体粒子和液体物质分布均匀的流变体，然后在适当条件下反应得到所需产物。将固体微粒和液体物质的均一混合物作为一种流变体来进行处理有很多优点：固体微粒的表面面积能有效利用，和流体接触紧密、均匀，热交换良好，不会出现局部过热，温度调节容易。在这种状态下许多物质会表现出超浓度现象和新的反应特性。它同时又是一种"节能、高效、经济、洁净"的绿色合成路线。

3. 流变相反应在合成化学中的应用

a. 稀土金属苯甲酸盐配合物的制备

以摩尔比 1∶6 的比例准确称取适量的稀土氧化物和苯甲酸，放置研钵中研细。然后将其移入反应器中，加少量水调至流变态，在 100℃下反应 10h。即得样品。将样品处理后，在 Shimadzu DT-40 热分析装置上，分别于惰性气氛和静态空气下，以 20℃/min 的升温速度测定先驱物的 DTA 和 TG 曲线。

其结果如表 5.4 所示。由表 5.4 可知，合成的化合物的化学式为 $RE(C_6O_5COO)_3$。元素分析、红外光谱、粉末 X 射线衍射数据进一步确证了该配合物。若是在水溶液中制备该类配合物，相比是困难的。

表 5.4　　稀土苯甲酸盐在空气和氮气中的热分析数据

配合物	空气					氮气				
	DTA 峰温 /℃	TG 温度范围/℃	失重率/%		TG 残余物	DTA 峰温 /℃	TG 温度范围/℃	失重率/%		TG 残余物
			测定值	计算值				测定值	计算值	
苯甲酸	254，453	200~714	63.04	63.17	$La_2O_2CO_3$	252，584	237~615	58.61	58.79	$La_2O(CO_3)_2$
镧	626	813~880	4.35	4.39	La_2O_3	641	634~782	8.74	8.77	La_2O_3
苯甲酸	247，432	254~596	62.01	62.51	$Nd_2O_2CO_3$	243，561	250~603	58.04	58.17	$Nd_2O(CO_3)_2$
钕	647	605~770	4.33	4.34	Nd_2O_3	570	609~782	8.29	8.68	Nd_2O_3
苯甲酸	233，396	259~574	61.78	61.77	$Sm_2O_2CO_3$	230，554	320~597	57.14	57.49	$Sm_2O(CO_3)_2$
钐	560	582~710	3.83	4.28	Sm_2O_3	564	606~800	8.163	8.56	Sm_2O_3
苯甲酸	252，422	193~750	61.42	61.58	$Eu_2O_2CO_3$	252，564	267~597	56.94	57.30	$Eu_2O(CO_3)_2$
铕	558	760~890	4.26	4.27	Eu_2O_3	920	611~941	8.47	8.55	Eu_2O_3
苯甲酸	259，409	236~588	60.93	60.95	$Gd_2O_2CO_3$	260，584	257~641	56.29	56.72	$Gd_2O(CO_3)_2$
钆	632	593~734	3.65	4.23	Gd_2O_3	623	640~909	8.10	8.46	Gd_2O_3
苯甲酸	277，382	280~581	60.60	60.34	$Dy_2O_2CO_3$	276，524	298~633	56.06	56.15	$Dy_2O(CO_3)_2$
镝	630	588~754	3.79	4.18	Dy_2O_3	566	647~784	8.3	8.37	Dy_2O_3
苯甲酸	289，414	298~603	59.25	59.80	$Er_2O_2CO_3$	287，569	300~626	56.06	55.65	$Er_2O(CO_3)_2$
铒	626	614~692	4.08	4.15	Er_2O_3	582	638~763	8.02	8.3	Er_2O_3

b. 碱土金属苯甲酸盐配合物的制备

称取一定量的摩尔比为 1∶2 的碳酸盐或氧化物和苯甲酸，将两者混合均匀，加水调成流变态，装入反应器，在 100℃反应 10h。将产物用乙醚洗涤三次，然后置于干燥箱中于 240℃干燥，即得无水苯甲酸盐。其元素分析数据如表 5.5 所示。由表 5.5 可知，该化合物的化学式为 $M(C_6H_5COO)_2$，由 DTA、TG、红外光谱、粉末 X 射线衍射等技术进一步表征了该类配合物。

表 5.5　　碱土金属苯甲酸盐元素分析数据(%)

物质名称	实验值			理论值		
	C	H	M	C	H	M
苯甲酸镁	63.52	3.97	8.93	63.09	3.78	9.12
苯甲酸钙	60.13	3.78	13.85	59.56	3.57	14.20
苯甲酸钡	44.54	2.84	35.69	44.30	2.66	36.18

c. 过渡金属苯甲酸盐配合物的制备

以苯甲酸铜配合物的制备为例：分别以摩尔比 1∶3 和 1∶2 的比例准确称取适量的氧化铜和苯甲酸，放置研钵中研细。然后将其移入反应器中，加水调至流变态，在 90℃下反应 10h 即得样品。前者的化学式为 $CuH(C_6H_5COO)_3$，其为单斜晶体，晶胞常数为 $a = 1.780\,2$，$b = 1.774\,8$，$c = 0.957\,53$nm，$\beta = 99.88°$，$Z = 6$，$D_{calc} = 1.43$，$D_{exp} = 1.44$。后者为 $Cu(C_6H_5COO)_2$，其也为单斜晶体，晶胞常数为 $a = 1.755\,2$，$b = 1.117\,8$，$c = 1.545\,4$ nm，$\beta = 91.31°$，$Z = 9$，$D_{calc} = 1.55$，$D_{exp} = 1.54$。

d. 邻苯二甲酸锌的制备

溶液反应法：

$$C_6H_4(CO_2H)CO_2K + ZnCl_2 \longrightarrow Zn_9K_{3.9}(OH)_{5.5}Pht_{8.2} \cdot 0.35H_2Pht \cdot 4H_2O$$

流变相反应法：

$$ZnO + C_6H_4(CO_2H)_2 \longrightarrow C_6H_4(CO_2)_2Zn + 2H_2O$$

由溶液反应法得到复盐 $Zn_9K_{3.9}(OH)_{5.5}Pht_{8.2} \cdot 0.35H_2Pht \cdot 4H_2O$，其为单斜晶体，晶胞参数为$a=1.713\,8$，$b=0.834\,3$，$c=1.687\,9$nm，$\beta=113.35°$。由流变相反应法得到 1∶1 的配合物 $C_6H_4(CO_2)_2Zn$，其也为单斜晶体，晶胞参数为，$a=1.104\,4$，$b=0.968\,7$，$c=2.594\,9$ nm，$\beta=92.19°$。

e. 邻苯二甲酸铜的制备

溶液反应：

$$CuSO_4 + C_6H_4(CO_2)_2K_2 + H_2O \longrightarrow C_6H_4(CO_2)_2Cu \cdot H_2O$$

$$C_6H_4(CO_2)_2Cu \cdot H_2O \xrightarrow{200°C} \beta\text{-}C_6H_4(CO_2)_2Cu$$

流变相反应：

$$CuO + C_6H_4(CO_2H)_2 \xrightarrow{120°C} \alpha\text{-}C_6H_4(CO_2)_2Cu$$

由溶液反应得到一水合邻苯二甲酸铜，它为单斜晶体，晶胞参数为：$a=1.002\,5$，$b=2.606\,4$，$c=0.699\,8$ nm，$\beta=97.95°$，$V=1.810\,9$ nm^3，$Z=8$，$D_{calc}=1.802$，$D_{exp}=1.813$ g/cm^3。

将一水合邻苯二甲酸铜加热到 200℃，得无水 $\beta\text{-}C_6H_4(CO_2)_2Cu$，它为单斜晶体，晶胞参数为：$a=1.004\,6$，$b=2.479\,2$，$c=0.689\,6$ nm，$\beta=92.44°$，$V=1.716$ nm^3，$Z=8$，$D_{calc}=1.762$ g/cm^3。

由流变相反应，在 120℃生成无水 $\alpha\text{-}C_6H_4(CO_2)_2Cu$，它为单斜晶体，晶胞参数为：$a=1.004\,9$，$b=2.516\,5$，$c=0.691\,1$nm，$\beta=92.85°$，$V=1.745\,5$ nm^3，Z=8，$D_{calc}=1.733$ g/cm^3。

f. 水杨酸盐的制备

以水杨酸锌盐为例。

固-液反应：

$$ZnO + 2HOC_6H_4CO_2H\ (溶液) \longrightarrow (HOC_6H_4CO_2)_2Zn$$

热分解：

$$(HOC_6H_4CO_2)_2Zn \xrightarrow[4\sim5h]{280°C} \beta\text{-}Zn(OC_6H_4CO_2) + HOC_6H_4CO_2H$$

流变相反应：

$$ZnO + HOC_6H_4CO_2H \xrightarrow[2h]{80°C} \alpha\text{-}Zn(OC_6H_4CO_2) + H_2O$$

由固-液反应得到二水杨酸锌$(HOC_6H_4CO_2)_2Zn$，在280℃反应4～5h，得一水杨酸锌$Zn(OC_6H_4CO_2)$。由流变相在80℃反应2h，可得到一水杨酸锌$Zn(OC_6H_4CO_2)$。这是因为在溶液中，水杨酸是一个一元酸，与ZnO反应生成$Zn(HOC_6H_4CO_2)_2$。在流变态情况下，则表现出了新的特性，其羟基也可以给出一个质子，显示二元酸的性质。

在α-和β-$Zn(OC_6H_4CO_2)$的红外光谱中，位于1 233～1 239cm^{-1}的强吸收带是C—O 单键的伸缩振动。羧酸根OCO的反对称和对称伸缩振动，在1 531～1 545cm^{-1}和1 421～1 425cm^{-1}处出现很强较宽的吸收带，反对称和对称伸缩振动吸收带的间隔较小，说明羧酸根是以对称双齿桥式与两个锌离子配位。在β-型结构中C—O 及OCO的伸缩振动比α-型结构有明显蓝移，而其变形振动则有红移的倾向。

g. 稀土复合氧化物材料的制备

首先用流变相法合成草酸盐先驱物$ZnSm_2(C_2O_4)_4$，即以摩尔比1∶1∶4的比例准确称取适量的过渡金属氧化物、稀土氧化物和含两个结晶水的草酸（草酸量可以过量1%），放置研钵中研细。然后将其移入反应器中，加少量水调至流变态，在100℃下反应10h。将样品研细，洗去过量的草酸，烘干，置于干燥器中备用。

然后在Shimadzu DT-40热分析装置上，于静态空气下，以20℃/min的升温速度分别测定先驱物的DTA和TG曲线。

由DTA和TG曲线可得到先驱物分解生成氧化物的温度，将先驱物放于瓷坩埚中，置于马弗炉中加热升温至分解温度660℃，恒温12 h，得粉末。保存于干燥器中备用。

用DTA和TG研究了先驱物在空气中的热分解过程；用X射线粉末衍射和IR光谱表征了热分解固体产物；扫描电镜测得固体产物$ZnSm_2O_4$的颗粒尺寸为～600nm。流变相-先驱物法为制备稀土复合氧化物提供了一种简单、可行、有效的方法。

h. 单晶材料的制备

称取 1∶2 摩尔比的一定量的 $Ni(OH)_2$ 和水杨酸，充分混合加水调成流变态，在密闭容器中于 50 ℃反应 5 d，得浅绿色晶体 $Ni(Sal)_2 \cdot 4H_2O$。

i. 非晶态材料的制备

(1)锡铝磷复合氧化物纳米材料的制备。

用 1mol SnO(黑色)，0.4 mol $Al(OH)_3$，0.6 mol $NH_4H_2PO_4$ 加适量水调成流变态，在 80℃反应 2h，120℃下烘干，在 350℃分解，得非晶态锡铝磷复合氧化物纳米材料。其用于锂离子电池的负极材料。

(2)非晶态 MnO_2 的制备。

MnO_2 可由 $Mn(C_6H_5COO)_2$ 和 $KMnO_4$ 在流变态反应中得到，其作为锂离子电池的正极材料，具有优良的特性。

总之，采用流变相反应法已经得到了一些具有新型结构的化合物、发光材料和纳米材料。可以预言，流变相反应法将会在合成化学中起到巨大的作用，采用这种方法将会得到更多的具有新型结构的化合物和新型功能材料。

5.3　纳米粉体的制备

通常，将包含几个到数百个原子或尺度小于 1nm 的粒子称为簇(cluster)，或称之为微团(microcluster)，称颗粒直径在 1～100nm 的原子集合体为纳米粒子，纳米粒子的集合体称为纳米粉末。由于这种材料在磁、电、光、热和化学反应等方面显示出新颖的特性，使人们对这种材料产生了极大的兴趣。纳米粉末的新特性，主要源于两方面：表面效应和体积效应。体积的减小意味着构成粒子的原子数目减少，使能带中能级间隔增大，由此使纳米粒子的物理和化学性质发生了很大的变化，例如半导体材料 CdS，当粒子大小达到纳米粒子的程度时，其能带间的间隔增大，光的吸收向短波长方向移动或称蓝移。

纳米粉末的制备方法很多。其方法的分类也各异，有干法和湿法；化学法和物理法；粉碎法和造粒法等。这里我们对某些重要的制备方法作些介绍。

5.3.1　由固体制备纳米粉末

由固体制备纳米粉末是将固体粉碎，粉碎的方法对于某些脆性化合物如 TiC，SiC，ZrB_2 等是适宜的，粉碎时采用低温粉碎法或超声波粉碎法，也可采用爆炸法。但这些方法在使用中难以控制微粒的形状并易混进杂质，不能满足大多数应用的要求。依靠无定形纳米粒子的热处理进行分相来制得新的纳米粉末的技巧有希望成为制备新型功能性纳米粉末的方法。如用醇盐法制得的 $Pb(Zr, Ti)O_2$ 与 $ZrTiO_4$ 混合的无定形纳米粉末沉淀(颗粒大小为 10nm)，经 800℃的灼烧后形成 80nm 的颗粒，并在颗粒内产生 $Pb(Zr, Ti)O_2$ 与 $ZrTiO_4$ 相分离，形成单相的纳米粒子。

5.3.2 由溶液制备纳米粉末

由溶液制备纳米粉末的方法已被广泛采用，其特点是成核容易控制，微量组分的添加十分均匀，可制得纯复合氧化物，对于敏感材料具有重要意义。

在由溶液制备纳米粉末的方法中，最常用的方法是沉淀法，即混合可溶性的盐溶液，使其反应生成难溶性盐沉淀而制备纳米粉末。利用金属醇盐水解沉淀制备纳米粉末的醇盐法是一种很有希望的方法，金属醇盐水解后得到各种沉淀状态，沉淀经过滤、干燥和脱水，可以得到高纯的纳米粉末，众多的碱土金属、稀土、过渡金属以及某些主族元素都可用此法通过水解制得各种沉淀状态的氧化物或氢氧化物。这种纳米粉末的制备为制造组分精确、均匀和纯度高的电子陶瓷材料提供了粉末原料。

喷雾干燥法和喷雾热分解法也是由溶液制备纳米粉末的两种方法。前者使溶液在热风中喷雾，急剧地干燥得到纳米粉末，后者是使溶液在高温中喷雾、瞬间溶媒蒸发和金属盐分解制得纳米粉末。用此法已合成了某些复合氧化物如 $CoFe_2O_4$，$MgFe_2O_4$，$Cu_2Cr_2O_4$ 等，平均粒径为 70nm。

5.3.3 由气体制备纳米粉末

由气体制备纳米粉末，有两大类方法：蒸发-凝结法和化学气相沉积法。蒸发-凝结法是用电弧、高频或等离子体将原料加热使之汽化或形成等离子体，然后骤冷使之凝结形成纳米粉末的方法。其粒径为 5～100nm。在蒸发-凝结法中，人们通过惰性气体和改变压力的办法来控制微粒大小。某些金属如铝、银等纳米粉末是由此方法制备的。这种方法的缺点是结晶形状难以控制，许多检测设备还有待于建立和完善。化学气相沉积法是合成高熔点无机化合物纳米粉末的好方法。这种方法是利用挥发性金属化合物蒸气的化学反应来合成纳米粉末的方法。这种方法的特点是：①纯度高，生成的纳米粉末不需粉碎；②纳米粒子的分散性好；③通过控制反应条件可得到粒径分布窄的纳米粒子；④适用范围广。除制备氧化物外，只要改变介质气体，还可以用于合成由直接合成方法难于实现的金属、氮化物、碳化物和硼化物等非氧化物的纳米粉末。化学气相沉积常用的原料有金属氯化物、氯氧化物(MO_nCl_m)、烷氧化物[M(OR)]和烷基化合物(MR_n)等。气相中颗粒的形成是在气相条件下均匀成核及生长的结果。为得到纳米粉末，就需要较高的成核速度和较大的核数目，这样过饱和度高是重要的条件。成核速度是反应温度和反应气体组分的函数，所以粒子的大小由这些条件控制。用化学气相沉积生成的粒子，可是单晶也可是多晶，依反应条件而定。因为合成时过饱和度很大，所以生成的纳米粒多半都是各向同性的。

有些体系由于低温下其气相反应生成微粒的平衡常数较小，所以需要在高温下进行合成。在高温下，平衡常数较大，然后通过剧冷可获得很高的过饱和度。为实现高温合成，人们一般较多地采用等离子体法和电弧法。以等离子体作为连续反应器制备纳米粉末时，大致有等离子体蒸发法、反应性等离子体蒸发法和等离子体 CVD。这三种方法的主要差别在于第一种方法是纯粹的蒸发-凝聚的物理变化，而后两者中含有化学反应和蒸气输运过程。众多的高熔点金属合金如 Fe-Al，Nb-Si，V-Si，W-C 等纳米粒子以及一些陶瓷材料如 ZrC，SiC，ZrN，Si_3N_4 等可由这些方法进行制备。化学气相沉积法合成纳米粉末，一般比固相法和液相法的成本高，但气相法得到的产物具有纯度高，分散性好的特点。下面我们总结以上的讨论于表 5.6，使我们能够一目了然地看出各种制备纳米粉末方法的基本原理和特点。

表 5.6　　纳米粉末的制法及特点

名 称	制 造 方 法	特 点
超声波粉碎法	将 40μm 的细粉装入盛有酒精的不锈钢容器内，使容器内压力保持 45atm（N_2 气氛）以频率为 26kHz，25kW 功率的超声波粉碎	制造操作简单安全，对脆性金属化合物比较有效，制取粒径可达 500～4 700nm。如 W，MoSi，TiC，ZrC，(Ti，Zr)B_4 等
线爆法	1.0mm 线材通 10～25kW 高压电	50～500nm 的 Cu，Mo，Ti，W，Fe-Ni 粉末
电分散法	在介质中使金属间产生电弧，高温蒸发，然后冷凝得到颗粒	可制取各种金属的纳米粉末如 Ag，Au，Pt，W 粉末呈单晶球状
雾化法	用惰性气体将熔融金属吹散	粉末粒径小于 1 000nm，制金属粉末
物理气相沉积	装置与普通真空镀相似，将钟罩抽到 666.61Pa 左右的真空，装入 13.33～1 333Pa 左右的惰性气体，用电阻丝、电弧放电、激光枪等方式熔化金属后，蒸发冷凝在壁上成为纳米粉末	用于制取纳米粒子或微粒子薄膜
等离子蒸发法	用等离子焰将金属粉熔融蒸发，再冷凝得到纳米粉末	可制取各种金属、金属间化合物、复合金属的纳米粉末
离子气相沉积	直流电压加在低气压的惰性气体上放电，离解待沉积的原子	可制取粒子或微粒子薄膜

续表

名 称	制 造 方 法	特 点
气体还原法	金属盐固体在熔点以下的温度用 H_2，CO 还原	制金属纳米粉末
化学气相沉积	金属卤化物气体与 H_2（或含 H_2 气体）及 CO 还原成粉末	可制取粒径为 10～10 000nm 的球状粒子或单晶并可连续作业
沉 淀 法	通过溶液化学反应得到沉淀，进一步加热得到微粉	可制化合物纳米粉末
电 解 法	将金属盐电解后析出粉末	制金属纳米粒子
活性氢熔融金属反应法	采用电弧等离子使金属熔化，过饱和 H_2 使熔体雾化，汽化	制各种金属纳米粒子

总的说来制备纳米粉末的方法很多，但目前在寻找新的制备方法方面的努力仍在继续，这主要是人们期望使更多的物质能够以纳米粉末的形式存在，并获得新型纳米粉末。同时人们也期望开发更方便的制备方法与途径来降低制备纳米粉末的成本。

5.4 非晶态固体的制备

非晶态也叫无定形，是固体物质存在的一种形态。与晶态物质相比，非晶态物质缺少结构上的长程有序。在过去的若干年中，这些物质由于其结构特点，人们对其研究的较少。近年来，由于物理和化学方面的进展以及电子计算机的广泛应用，更重要的是由于这类材料显现出重要的工程技术方面的应用，使得对这种材料的研究有了很大的发展。新型功能非晶态材料的出现，使它们在如下的若干方面有着广阔的应用前景：①太阳能电池中的薄膜光压材料；②光电开关材料；③电光数据存储材料；④超透明的光学纤维材料；⑤工具和机械部件的硬保护涂层材料；⑥金属玻璃材料。非晶态材料的形成方法很多，除传统的熔体冷却方法以外，还有许多非熔融的方法。制备非晶态材料的方法近年来有了很大的发展，使非晶态材料的存在形式更加丰富多彩。非晶态材料的制备方法虽然相当多，但大体上可分为四类：①熔体冷却法；②液相析出法；③气相凝聚法；④晶体能量泵入法。下面我们就这几大类方法的具体内容加以描述，以便了解这些方法的内容及其方法的进展。

5.4.1　熔体冷却法

熔体冷却法的基本点是通过熔融达到物质远程无序的结果，通过冷却形成非晶态物质。这种方法的关键在于冷却速度，如果冷却速度达不到所需求的程度，非晶态物质就难于制得。因为不同的物质其非晶态的生成要求不同的冷却速度，因而熔体冷却法得到了较大的发展，形成了不同的冷却方法。这些方法为：

1. 传统玻璃冷却法

这种方法适用于合成常规的玻璃。这一方法冷却速度较慢，为 1 ~ 10K/s。此法不适于制备金属、合金以及一些离子化合物非晶态材料。

2. 超速冷却法

这种方法是随着金属玻璃的出现而发展起来的。主要是解决传统玻璃冷却法的不足。具体采用的超速冷却方法有喷枪法、活塞-砧法、轧辊急冷法以及许多用于液态的冷却技术。这些方法的冷却速度可达 10^5 ~ 10^8K/s。可使以前不能形成非晶态的氧化物、硫酸盐、金属和合金形成非晶态。众多的化合物如 Pb-Si，Au-Si-Ge，V_2O_5，WO_2，$LiNbO_3$，$KTaO_3$，$LiLa(SO_4)_2$，$Li_2Mo_2O_7$，$Y_2Fe_5O_{12}$ 等都能通过超速冷却法制成非晶态材料。其中的某些材料具有铁电性、反铁磁性以及大的离子导电性等特点，有着广泛的应用前景。

3. 激光自旋熔化和自由落下冷却法

这种方法是通过大功率的激光器产生一定波长的中红外光，经聚焦到高速旋转的待熔样品上使之迅速熔化，熔体在旋转离心力的作用下甩射出去并自由落下，并在冷衬底上得到急冷形成非晶态材料的方法。这种方法可制备高熔点的化合物玻璃而不需熔制容器，避免了污染与掺杂。用这种方法已经合成了 Ga_2O_3，In_2O_3，Nb_2O_3，La_2O_3，Sc_2O_3，Y_2O_3 等非晶态材料。

5.4.2　液相析出法

液相析出法是纯粹化学的方法。依据化学方法的类型可有溶液化学反应和沉淀法，溶胶-凝胶法，溶液电解沉析法以及阳极氧化法。第一种和第二种方法得到的是固体粉末状态的非晶态材料，许多催化反应中使用的催化剂及催化剂载体就是用这种方法合成出来的非晶态物质。第三种和第四种方法得到的是非晶态膜，涂敷在电极或基质的表面上。

5.4.3　气相凝聚法

气相凝聚法是把样品加热蒸发成蒸气，然后再聚集形成非晶态物质的方法。这种方法包括热蒸发即真空蒸镀法、辉光放电分解法、化学气相沉积法以及溅射法。运用热蒸发法可以制备第Ⅳ到第Ⅴ副族氧化物非晶态物质（如

ZrO_2，TiO_2，Ta_2O_3，Nb_2O_3 等），一些半金属单质如 Si，Ge，Bi，Ga，B，Sb 等和其他化合物如 MgO，MgF_2，Al_2O_3，SiC 等的非晶态物质。运用辉光放电法是利用直流电或高频电产生的辉光放电来制造原子氧，形成等离子区，并在 13.3Pa 低压下分解金属有机化合物，形成非晶态氧化物薄膜和单质玻璃。非晶态二氧化硅、非晶态硅和非晶态锗等就是用这种方法方便地制备出来的，并在太阳能电池材料上有着重要的应用。化学气相沉积法应用较为广泛，主要用来制备各种各样的薄膜涂层如半导体薄膜、电阻薄膜、介电薄膜、透明导电薄膜、太阳能转换薄膜、光波导、激光材料以及复合材料用涂层等。溅射法是利用阴极电子或惰性气体原子或离子束轰击金属或类金属以及氧化物制成的合金或化合物靶，并把靶上原子打下来而形成溅射，然后在冷衬底上冷却而形成非晶态材料的方法。这种方法对于像 B，Ge，MgO，Al_2O_3，ZrO_2，TiO_2 等单质、化合物以及合金等非晶态材料制备起着重要的作用。

5.4.4 晶体能量泵入法

这是从晶态物质制备非晶态物质的方法。其中包括辐射法、冲击波法、剪切非晶态化法、非晶态化反应法以及离子注入法。辐射法中依据物质的种类可采用不同的辐射源。这里重要的是要把晶体中的长程有序破坏掉。冲击波法是靠极大的压力和高温作用形成非晶态的方法。剪切非晶态化法是靠机械的办法使晶体结构破坏而形成非晶态。非晶态化反应法是靠化学反应如脱结构水等形成非晶态的方法。离子注入法是在高压电场中加速的离子束注入晶体中使之形成非晶态的方法。基本的要求是离子的注入量要大于一定的浓度，一般≥10% 离子浓度，多种稀土-铝玻璃态磁性合金以及玻璃态磁性薄膜都是由此方法制得的。

5.5 单 晶 生 长

对固体的基础研究和器件的制作来说，晶体是最重要的。理想的要求是大尺寸、高纯度和极大的完整性(无缺陷)。为达到所需要的电学性质，在生长过程中掺入特定的杂质(掺杂物)可能也是必要的。一些方法可用于生长晶体(见表 5.7)，对此内容，文献中已从多方面进行了综述。

表 5.7　　　　晶体生长方法

Ⅰ. 单组分体系生长	Ⅱ. 涉及一种组分以上的生长
(a)固-固	(a)固-固
消除应变，脱玻作用或多型相变化	固溶体中沉淀

续表

Ⅰ. 单组分体系生长	Ⅱ. 涉及一种组分以上的生长
(b)液-固	(b)液-固
1. 坩埚下降(Bridgman-Stockbarger)	从溶液中生长(蒸发，缓慢冷却和温差) (i)水溶剂；(ii)有机溶剂；(iii)熔体溶剂；
2. 冷晶(Kyropoulos)	(iv)水热
3. 提拉(Czochralski 和三电弧)	2. 通过反应生长
4. 区域熔融(水平区域，垂直区域)	(i)化学反应；(ii)电化学反应
5. 焰熔(Verneuil)	3. 从熔体中生长；如：固液同组成熔融金属间化合物
6. 矿渣熔炉中的缓慢冷却	(c)气-固
(c)气-固	1. 可逆反应生长(化学气相输运)
升华-缩合或溅射	2. 不可逆反应生长(外延过程)

生长晶体最普通的方法涉及熔融体的固化(在单组分体系的情况下)或从溶液中晶化。从熔体中生长晶体的某些方法示意于图 5.11 中。在提拉(Czochralski)法中，物质在适当的非反应性的坩埚中，由感应加热或电阻加热熔融，把熔体温度调到稍高于熔点，并把一种晶插进熔体中，达到热平衡后，缓慢地把种晶从熔体中提起。随着拉起种晶，连续的晶体生长在界面上发生。生长的晶体直径可由调节提拉速度、熔体面下降速度和进出体系的热通量加以控制。此技术具有生长界面不与坩埚壁接触，从而避免了有害的晶核形成的优点。此方法已用于 Si，Ge 和Ⅲ～Ⅴ族半导体，像 Al_2O_3 这样的陶瓷氧化物，稀土钙钛矿，如：$LnAlO_3$，$LnFeO_3$，石榴石，白钨矿等的生长。氧化物可在空气中生长，而其他的物质要求密闭体系和气氛控制。在三电弧法中(在 5.1.3 小节中描述过)，晶体从熔体中提拉出来。冷晶(Kyropoulos)法是与提拉法相似的，但代替提拉种晶，晶体-液体界面随着晶化进行而移进熔体。在坩埚下降(bridgman-stockbarger)法中，提供了明显的温度梯度穿过熔体，这种温度梯度导致了在较冷的区域内成核。坩埚底部的圆锥几何形状限制了核形成的数目。

从熔体中生长晶体的另一方法是区域熔融技术。其中以棒的形式垂直固定的一部分初始物质通过适当的加热熔融。当熔融区沿棒移动时，在区的一端的样品逐渐熔融，而在另一端发生晶体生长。如果在一端放一种晶，整个棒能转成一个单晶。此法有不受坩埚污染的优点，在焰熔(Verneuil)法中，粉末样品直接地加进氢-氧焰中，并使熔体滴落在种晶上。当晶化在顶端发生时，生长着的种晶缓慢降低，助长了大晶体的生长。此方法已用于像红宝石和蓝宝石这

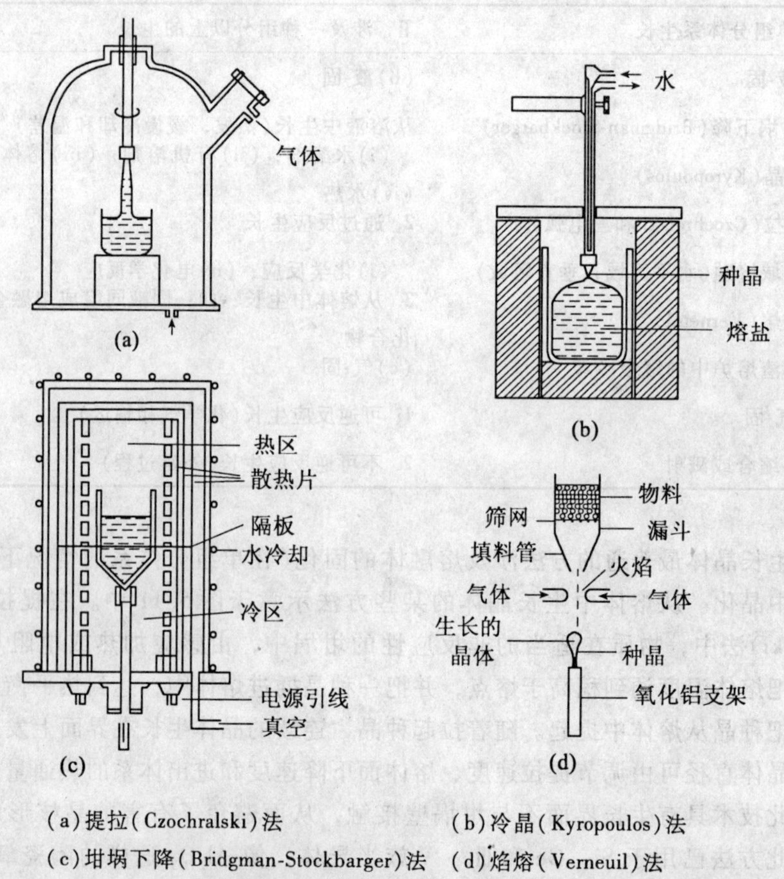

(a)提拉(Czochralski)法　　(b)冷晶(Kyropoulos)法

(c)坩埚下降(Bridgman-Stockbarger)法　(d)焰熔(Verneuil)法

图 5.11　自熔体生长晶体方法

样的高熔点氧化物的晶体生长。焰熔技术的一个变异方法是等离子体火炬法，其中粉末通过由高频电流产生和维持的热等离子体而滴落下来。熔渣技术(见5.1.3 小节)已显露出成为一些氧化物大晶体生长的有用方法。

从熔体中生长的晶体，除主要的组分外往往还涉及像杂质、故意加入的掺杂物等一种以上其他的组分。在这些情况中，明确第二组分在生长着的晶体和熔体间的分布至关重要。这种分布遵循涉及第二组分(杂质)在液相和固相中平衡溶解度的相图。

利用溶质在适当的溶剂中的溶解度来生长晶体的一些方法是人们熟知的。晶化要求过饱和，可由溶解区和生长区的温差通过蒸发溶剂或化学反应得到满足。在溶液法中，难于避免产物受溶液中或熔化液中的其他组分的污染，尽管如此，熔化技术还是用来生长 GeO_2，SiO_2，$BaTiO_3$，$KTaO_3$，α-Al_2O_3，$GdAlO_3$

等晶体。溶剂的作用是降低要生长为晶体的溶质的熔点。虽然晶体生长要求过饱和，但实验上人们发现从溶液中进行生长的速度比预期的要快得多，甚至在低的过饱和度(1%)的情况下也发生明显的生长。弗兰克(Frank)和卡布莱拉(Cabrera)根据位错对晶体生长的影响解释了这个怪现象。在螺旋位错存在下，生长不需要一个新层的成核，而完整的晶体生长则要求在先前的层完成后再在完好的表面上进行新层的成核。位错提供了甚至能在低过饱和度下在其上发生晶体生长的阶梯表面，产生于螺旋位错的螺旋生长图形已在一些从溶液中和蒸气中长出的晶体上观测到了，这支持了弗兰克模型。

在溶液生长的诸方法中，从水溶液中晶化是众所周知的。具有低溶解度的物质可用配体(矿化剂)带进溶液中。如 Se 能从水合的硫化物溶液中利用反应：

$$2Se+S^{2-} \rightleftharpoons Se_2S^{2-}$$

生长出来。低溶解度的晶体的生长的重要方法是在前面 5.1.2 中讨论过的水热法。在此不予重复。

像 $CaCO_3$ 和 $BaSO_4$ 这样的不溶性离子固体，由于混合反应物时产物同时沉淀而不能由常规的溶液法或甚至不能由控制的化学反应生长。凝胶法对这类固体的生长是适合的。这种简单的方法依赖于反应试剂通过凝胶的受控扩散。一个 U 形管充以由酸化偏硅酸钠制得的硅凝胶(见图 5.12)，反应试剂加入到 U 形管的两个臂中，它们相互缓慢扩散。在浓度超过产物溶解度的局部区域成核，并进一步长成大晶体。Henisch 及其同事(1965)已用此法生长了酒石酸钙、钨酸钙和碘化铅晶体，并且在生长过程中掺入了特定的杂质离子(Mn^{2+}，Cu^{2+}，Cr^{3+}，等等)。

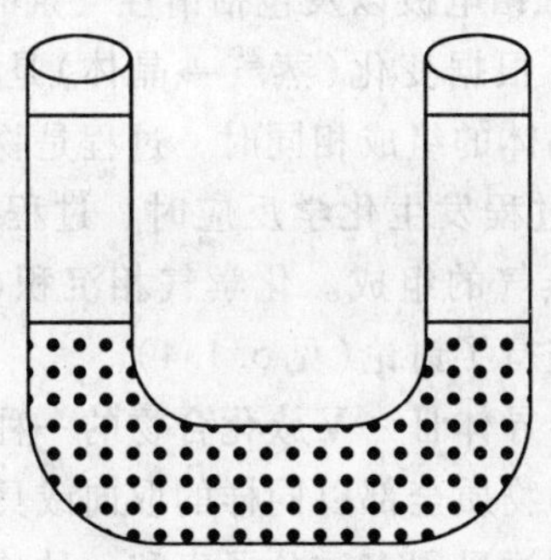

图 5.12　不溶于水的离子固体生长的凝胶法

像 KF，PbO，PbF_2 和 B_2O_3 这样的固体，在熔融态中对许多无机物是强有力的溶剂(熔剂)，因此能用作晶体生长的介质。通常的技术是溶解装在铂坩埚中的与溶剂适当组合的溶质，同时保持温度稍高于饱和点。在坩埚中以拟订的速度冷却后，倒出熔剂或通过无机酸洗掉，留下晶体。钇铁石榴石和它的同晶体是由熔盐法利用 PbO-PbF_2 熔剂生长固体的典型例子。与熔融介质中晶体生长相关的新进展是，利用熔融的金属间化合物的晶体。稀土硼化物 LnB_4 和 LnB_6 的晶体已从液态铝中生长出来。稀土锡化铑已从熔融的锡中生长出来。

熔盐溶液电解已用于制备和进行晶体生长。电解法通常涉及阳离子的还原和含有还原性阳离子的产物在阴极上的沉积。Andriewx 及其同事用此技术进行了很多过渡金属化合物的合成。典型的例子是：①利用碳坩埚和碳电极（对 Fe 化合物用 Fe 坩埚和铁阴极），从 $Na_2B_4O_7$ 和 NaF 熔体中生长了钒尖晶石 MV_2O_4（M = Mn，Tc，Co，Zn 和 Mg）；②用装在氧化铝坩埚中的 NaOH 熔体由 M 电极电解合成了 $NaMO_2$（M = Fe，Co，Ni）；③用 Pt 电极电解碱金属钨酸盐合成碱金属钨青铜 A_xWO_3。虽然绝大多数早期关于熔盐电解的研究是经验式的，着眼点主要是通过调节组成和电流密度得到大的单晶。但后来以 Whittingham 和 Huggins（1972）为代表的关于碱金属钨青铜制备的研究工作表明，如果在电解中通过电解池的电位差（而不是电流密度）保持不变的话，固定组成的晶体可生长出来。电解法已用于制备和生长各种各样的固体，如硼化物、碳化物、硅化物、砷化物和硫化物。

所用电解池设备依所研究的体系而定，既可能极端简单又可能极端复杂。例如，碱金属钨青铜的电解需要一个套在大的古奇（Gooch）坩埚内的古奇坩埚，内坩埚作为阳极腔而外坩埚作为阴极腔。Pt 或 Au 用作电极，不需要惰性气氛，因为大气压中的氧对电流-电位关系没有影响。与此相反，由 Didchenko 和 Lilz（1962）用于 CeS 和 ThS 合成的电解池是煞费苦心设计的，它是由石墨和刚玉坩埚（作为电极室）、钼电极以及包括惰性气氛的装置构成的。

从蒸气中生长晶体，根据变化（蒸气→晶体）是物理的还是化学的，可分为两类：当蒸气组成和晶体的组成相同时，过程是物理的。这方面的例子是升华-缩合和喷溅。当生长过程发生化学反应时，过程称为化学的。在这种情况下，固体的组成不同于蒸气的组成。化学气相沉积（CVD）作为一种制备技术的应用在本书前面部分进行了讨论（见 5.1.4）。

分子束外延是制备半导体Ⅲ～Ⅴ族化合物的一种重要技术。把某物质的一个晶面作衬底，将另外的物质全部以同样的取向或具有特定的取向在此晶面上生长的现象称为外延。通过采用多重分子束和一种单晶的基体反应的这种方法说明了现代固体制备科学的技巧与复杂性。

当在低于多晶固体样品熔点的温度下加热多晶固体样品足够长的时间时，可观察到晶体的平均大小增加，这种变化的驱动力是外边晶态区的降低。得到的晶体的数目依赖于能靠消耗多晶基质而生长的活性核数目。金属一般由所谓的“应力退火”方法(涉及消除应力的重结晶)在固态中生长成晶体。固态中的生长对呈现异常熔解或显示熔点以下的多晶型转变的固体是特别适宜的。

5.6 薄膜的制备

晶体薄膜和非晶态薄膜在现代技术中非常重要。它们可用作材料的保护镀层，同时在电子元、器件的微型化方面也起着关键作用。有时它们之所以具有特殊的性质，主要是由于这些薄膜均很薄，尤其由于其表面积与体积之比很大，固体表面的结构和性质与其内部往往不同。薄膜的制备方法有很多种，一般可分成化学方法和物理方法两大类，现分述如下：

5.6.1 化学及电化学方法

1. 阴极沉积

这是一般电镀的标准方法。两种金属电极插入一电解质溶液中，用外电源连接电极，金属离子从溶液中沉积在阴极，形成均匀的薄膜。为保持体系的电荷平衡，阳极金属不断地溶解在电解质溶液中。

2. 无电沉积

这种方法也叫化学镀。电解质中要加入还原剂，并且不用外加电源。一般用来沉积镍、铜薄膜。无电沉积与阴极沉积两种方法均局限于在电子导电的基体(如金属)上沉积金属薄膜，此是它们共同的缺点。

3. 阳极氧化

这是在金属如 Al，Ta，Nb，Ti 和 Zr 等表面制备氧化物薄膜的一种电解方法。这些金属作为阳极，浸入电解质酸溶液或盐溶液中，氧离子被吸引到阳极形成薄层如 Al_2O_3，随着电场强度的增加，更多的氧离子经过氧化物层扩散到金属表面，使氧化物层逐渐增厚。平衡厚度常取决于所加电场大小，阳极层也可由金属受辐射产生辉光放电而生成。

4. 热氧化

许多物质在空气中，尤其在高温下易于发生氧化作用。有时产物为惰性膜层，它抑制物质进一步的氧化。例如金属铝能生成氧化物薄膜，在室温下厚度为 3 ~ 4nm，它的厚度随温度升高而增加。这种方法不只限于形成氧化物薄膜，有些金属在氨气下，高温时表面覆盖有金属氮化物薄膜。

5. 化学气相沉积

某些原理与气相输运反应有关。此法可用于制备很纯的包括Ⅲ ~ Ⅴ族化合物的晶态薄膜。薄膜由气态分子的分解制得。分解方法有热解(即加热)、光解(即用红外线或紫外线辐照)或化学反应等多种方式，如：

$$GeH_4 \xrightarrow{\text{加热或光子}} Ge$$

$$Si(CH_2CH_3)_4 \xrightarrow{\text{加热，空气中}} SiO_2$$

$$SiCl_4+2H_2 \longrightarrow Si+4HCl$$

$$SiH_4 \longrightarrow Si+2H_2$$

另外，可以利用各种物种之间的平衡，其中平衡的位置随温度而变化，如：

$$2SiI_2 \rightleftharpoons SiI_4+Si$$

随着温度的降低，这个反应越来越向右方进行，同时，有硅在冷的基体上沉积。

气相沉积薄膜倾向于与基体结构相匹配，只要可能，就导致外延生长机理。外延生长薄膜也可以从一个液相中结晶或沉淀到基体上。为此，将待沉淀化合物溶在一个低熔点金属如铟或铅中，进一步冷却后，析出化合物晶体。

5.6.2 物理方法

1. 阴极溅射

阴极溅射仪器设备示于图 5.13(a)，仪器主要由一钟罩构成。钟罩内通有 1.333 ~0.133 3MPa 的低压惰性气体(氩气或氦气)，气体处于数千伏的电势差中，发生辉光放电。气体被离子化，正离子被加速移向阴极(靶子)，阴极材料被这些高能离子所解离，凝聚在周围以及覆盖在基体上，基体是放在与阴极相对应的适宜位置上。溅射原理或者说阴极上材料解离的原理看来是与动量从气体离子转移到阴极有关，原子或离子正是以这样的方式从阴极溅射出来。现代阴极溅射设备已有各种改进，其中有能防止基体被惰性气体分子或离子永久性污染的措施等。

2. 真空蒸发

真空蒸发似乎是薄膜制备中最广泛应用和最多样化的方法。仪器设备示于图 5.13(b)。真空蒸发体系在 13.33Pa 或更高真空下工作，用加热法或电子轰击法使材料从蒸发源逸出，转变成气相，再沉积到基体及其周围形成薄膜。基体材料种类多样，需根据待沉积薄膜的用途来选择。如应用在电子材料上，基体既作为机械底板，又作为一个绝缘体。典型的基体有陶瓷(Al_2O_3)、玻璃、碱金属卤化物、硅、锗等。作为蒸发源的材料更为繁多，包括金属、合金、半导体、绝缘体到无机盐等。源物质的容器由钨、钽或钼等构成，它们能耐极高的温度，并与所蒸发材料不起化学反应。

在蒸发开始前，先彻底清洁基体表面是很重要的。清洁通过一系列步骤完成：用洗涤液进行超声波清洗，用酒精清洗油渍，真空中除去气体，最后，用

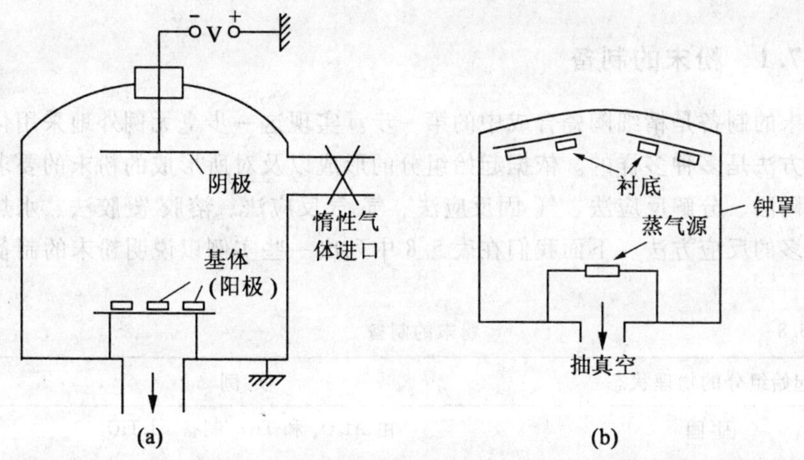

图 5.13　沉积薄膜用的阴极溅射设备(a)和沉积薄膜用的真空蒸发设备(b)

离子轰击除去基体表面层。这些清洁工作是必需的，这样薄膜才能更好地黏附到基体上，并达到所要求的纯度。

5.7　精细陶瓷材料的制备

陶瓷是人们比较熟悉的无机非金属材料，精细陶瓷是以某些特殊的氧化物、氮化物、硼化物以及碳化物如 Al_2O_3，Si_3N_4，SiC，$BaTiO_3$ 等为基础的一类材料。这类材料具有异常引人注目的热、电、光、机械和化学性质，它是具有潜在应用前景的一类材料。与传统的陶瓷相比，精细陶瓷的化学组成和结构都是新颖的，因此对这类材料的制备也有着完全新的要求。只有当使用非常确定的组成、纯度以及控制的粒子形貌的起始粉末，并在制备过程的每一步都处在严格控制的条件下，人们才可以得到具有所需性能特点的精细陶瓷。

精细陶瓷的制备经过粉末形成—粉末加工—成型—消除黏结剂—烧结几个步骤，过程中的每一步都可能会给组成以及结构造成很重要的影响，例如，粉末形成过程中的粒子大小分布、平均粒子大小、粒子大小的均匀性、组成、杂质、外来粒子等因素；粉末加工过程中的聚集体大小分布、聚集体的密度分布、孔度、黏度、添加物分布的均匀性、有机物的包藏等因素；成型过程中坯块中孔、腔、密度均匀性、有机物分布的均匀性、烧结添加剂的均匀性等因素；烧结过程中烧结部分存在的孔度、颗粒大小分布、物相以及包藏作用等因素都可能明显地改变精细陶瓷的性能。因此，如何控制这些因素就成了精细陶瓷合成中的重要任务。

5.7.1 粉末的制备

粉末的制备是精细陶瓷合成中的第一步。实现这一步毫无例外地采用化学过程，方法是多种多样的。依据起始组分的形成以及对所形成的粉末的要求可采用制陶法、分解反应法、气-固反应法、气-气反应法、溶胶-凝胶法、水热合成等众多的反应方法。下面我们在表5.8中列出一些实例以说明粉末的制备。

表5.8 粉末的制备

起始组分的物理状态	实例
固-固	由 Al_2O_3 和 TiO_2 制备 Al_2TiO_5
固-固-气	由 Al_2O_3，C 和 N_2 制备 AlN
固-液	由 Al_2O_3 和 $Ti(OR)_4$ 制备 TiO_2/Al_2O_3
固-气	由 Si 和 N_2 制备 Si_3N_4
固	由 $MgCO_3$ 制备 MgO
液体	通过 Bayer 过程制备 Al_2O_3
气-气	由 SiH_4 和 C_2H_4 制备 SiC
液-液	由 $SiCl_4$ 和 NH_3 制备 Si_3N_4
气-液	由 $SiCl_4$ 和 NH_3 制备 Si_3N_4

在这些制备方法中，除经济方面的考虑以外，人们可通过适当地选择起始组分、溶剂、浓度、水解、聚合以及晶化的动力学来控制粉末的制备过程以得到所需要的粉末。例如，人们希望由氮化硅粉末制备出在高温（1 200～1 400℃）显现高强度（800～1 200MPa）的精细 Si_3N_4 陶瓷，那么合成出来的 Si_3N_4 粉末要求具有平均粒子大小<1μm，较窄的粒子大小分布，等轴的粒子形状，95%的α-变体，杂质的含量金属<0.1%，碳<0.2%，氧<1.5%。原则上这可从四种反应来实现：

硅的氮化 $3Si+2N_2 \longrightarrow Si_3N_4$ (1)

碳热氮化 $3SiO_2+3C+2N_2 \longrightarrow Si_3N_4+3CO_2$ (2)

气相反应 $3SiCl_4+4NH_3 \longrightarrow Si_3N_4+12HCl$ (3)

$3SiH_4+4NH_3 \longrightarrow Si_3N_4+12H_2$ (4)

硅二酰亚胺热分解 $3SiCl_4+6NH_3 \longrightarrow 3Si(NH)_2+12HCl$

$3Si(NH)_2 \longrightarrow Si_3N_4+2NH_3$ (5)

每种反应都给出具有特点的粉末，每种情况下的主要杂质都是氧和碳。反应(1)和(2)制备过程中粉末需加研磨，这样会引入额外的杂质。虽然反应(3)和(4)具有产物纯度高的特点，但存在着颗粒形貌的问题。反应(5)有副产物形成会引入 NH_4Cl 杂质。这样在选择上述的反应进行 Si_3N_4 粉末合成时，就要对各方法中的不利因素严加控制才能得到所需的粉末。实践中人们发现，由方法(1)和(5)所制得的粉末满足了对 Si_3N_4 精细陶瓷制备的要求。

5.7.2 粉末加工和成型

在这两个过程中，要加入两种类型的添加剂，一种是无机添加剂，即所谓烧结添加剂，这些添加剂有助于烧结并以可控制的方式改变陶瓷的性质。另一种是帮助成型的添加剂，这种添加剂除水外主要是高度挥发和可燃烧的有机物质。这些物质能相当容易除去而不留残渣。无机添加剂一般采用某些天然的矿物如黏土高岭石、皂石以及锆石，有时采用碳酸盐或碱式碳酸盐，不过这些矿物含杂质多并且组成上每批会有很大差别，这会对最终的产物性质有相当大的影响。另外，黏土矿物在 600 ~ 900℃ 温度范围内失去结构水，这样会损害陶瓷组分的微结构造成陶瓷产物的缺陷，为此，人们用合成的某些钙、镁、铝和锆的氧化物和硅酸盐来作为烧结添加剂。用合成的代替天然的矿物作为添加剂优点在于失水温度小于 400℃，并且表面改性简单。

总之，选择添加剂要考虑到各种添加剂之间的相互作用，添加剂同分散的陶瓷粉末的作用以及同模具材料的作用等。成型有多种办法，依赖于对产物的要求。例如有干压成型、浆铸成型、带铸成型，挤压成型以及注模成型。无论哪种成型之前都要使用分散剂、黏合剂，有时在某种成型过程中还要使用增塑剂和润滑剂。这些物质的使用影响着产品的质量。分散剂的选择是不容易的，依赖于粉末表面的属性和分散剂的类型，因此对粉末样品表面积、粒子大小分布以及粉末表面化学性质的了解是非常重要的，对分散剂的选择主要依赖于溶解能力，黏合剂性质以及使用的温度。

5.7.3 烧结

这个过程分两个步骤：烘干与烧结。烘干温度在 600 ~ 700℃ 之间；烧结温度为 1 200 ~ 2 300℃。烘干过程是除掉在成型过程中加入的辅助物质的过程，是非常重要并要十分小心的过程。这些辅助物质必须定量地加以除去，微量的残留都会给物质的机械性能带来不利的影响。烧结过程是陶瓷粉末颗粒间的反应过程，其实质是扩散过程。烧结添加物在这个过程中起着重要的作用，特别是对那些难于烧结的陶瓷粉末如 Si_3N_4，对这样的精细陶瓷，烧结添加剂选择仍是一个主要的问题，不过最近人们利用全新的反应方式——反应烧结来制备这类材料，方法是用成型的硅粉在1 450℃于 H_2 气氛下进行氮化，以制备烧结的 Si_3N_4。不过这种方法目前还存在着产品的致密性问题，需要进一步的处理。

习 题

5.1 什么叫水热法？按反应温度可分几类？水热法有哪些优点和应用前景？高温高压下水热反应有哪些特征？说明用水热法合成水晶的必然性。

5.2 化学气相沉积法有哪些反应类型？该法对反应体系有什么要求？在热解反应中，用金属烷基化物和金属烷氧基化物作为源物质时，得到的沉积层分别为什么物质？如何解释？

5.3 写出制备光导纤维预制棒的主要反应和方法。反应体系的尾气如何处理？在管内沉积法和管外沉积法中加入添加剂的顺序有什么不同？

5.4 气相输运在什么条件下可以纯化金属？

5.5 装有铂基加热元件的电炉，在高温下使用一段时间后，经常发现在远离 Pt 加热元件的炉子较冷的外围区沉积出 Pt 晶体，请解释这种现象。

5.6 何谓软化学？它有什么特征？

5.7 绿色化学是在什么背景下提出的？它有什么内涵和特点？

5.8 软化学和绿色化学有什么异同点？

5.9 分别叙述先驱物法和溶胶-凝胶法的定义和特点。在何种情况下不宜用先驱物法？

5.10 溶胶有什么特点？如何使溶胶成为凝胶？为什么说溶胶体系是热力学上不稳定而动力学上稳定的体系？

5.11 任意选用实验室常用试剂和设备，怎样制备下列物质？

(1)极高纯度单晶 Si 棒；

(2)大约 1μm 厚的单晶 Si 薄膜；

(3)先在金属铁基体上镀覆一层硼，接着把表面层转化成硼化铁；

(4)具有金红石晶体结构的 SiO_2 多形体斯石英(stishovite)；

(5)多晶物质 $Li_{0.7}Ti^{3+}_{0.7}Ti^{4+}_{0.3}S_2$；

(6)大块石英单晶。

5.12 试述拓扑化学反应的意义和类型。

5.13 试述低热固相反应的机理、规律和应用。

5.14 试述流变相反应的定义和应用。

第六章 固体物质的表征

6.1 概 述

19世纪中叶，一些化学家提出了分子结构的经典概念：原子按一定间距的空间排列。晶体学家萌发类似的晶体结构概念可能还要更早些。但是直到20世纪初这类结构概念真实与否的问题还被许多人看做是没有意义的。X射线衍射技术提供的实验证据对经典结构概念的确立起了非常重要的作用。在20世纪前50年，这一实验技术在固体结构研究中占有中心地位。关于固体结构的许多基本概念和精细知识都来自此类研究。

量子化学创立后，结构的概念发生了巨大的变化。以原子的空间排列、键长、键角等为基础的描述性的几何结构虽然并未失去其意义，但是以波函数和能级(能带)为基础的电子结构日益成为人们关注的中心。伴随这一变化，一大批研究结构的实验方法得到了应用和发展。

20世纪50年代以后尤其是60年代以来，在现代科学技术发展的推动下，材料科学迅速发展。大量的功能材料得到了开发和应用。人们发现，固体的许多性能是结构敏感的，这再次迫使人们修正自己关于结构的概念。缺陷、非整比、掺杂、织构、交互生长、晶界、超晶格、非晶态等概念极大地丰富了固体结构这一术语的含义。过去，结构是对原子、离子、分子、晶体等化学物种定义的，而固体结构则不同，它有时只能对特定的材料定义。因而，在固体化学中，面对的是一个更高层次的结构概念，它包括了传统的结构(几何结构、电子结构)概念，但并不能归结为这些概念，文献上已出现尚待明确定义的“超结构”这一术语。

但是，已知的事实都表明，结构决定性能的原理仍然有效。过去人们总是通过成分分析、物相鉴定、结构测定来分析自己的工作，相信测定结构的重现性能够保证性能的重现性。现在，在固体化学和材料科学中人们仍然期待能通过结构的分析来事先判断能否实现某种性能。显然，表征是固体化学和材料科学中所有研究的基础，它至少涉及以下几个方面：①试样的化学组成和组成的均匀性；②可能影响性能的杂质；③揭示试样的结晶性或其他有关的结构，晶体的晶系和单胞，在需要和可能时，还有原子坐标、成键和超结构；④影响性能的缺陷性质和浓度。

为了把所有这些可能要进行的工作用一个术语来概括，1976 年美国的国家科学院和材料咨询局专设的关于表征的国家研究委员会提出了如下定义：表征是描述一种材料的组成和结构(包括缺陷)特征，这些特征对于特定的制备、性能研究或应用是重要的，并可充分满足材料复制的需要。因此，表征完全是材料科学的一个专用术语，尽管在分子研究中也有越来越多的人使用它。

表征(characterization)包括组成和结构两个层次。从定义对表征所作的界定看，有选择地确定所要取得的信息，以及为取得这些信息所拟采用的技术，对表征工作是至关重要的。有效技术的确定，以及如何取得有用的信息，是我们将要讨论的问题。解决这个问题的关键是要扩展视野，充分了解各种技术的适用范围，以便作出最佳选择。

6.2 结 构 表 征

结构表征的工作说到底就是要对固体中原子(和电子)的三维排列作出某种描述。从对外部形貌的肉眼观察到对原子排列的最精细描述都是结构表征工作，或是这种工作的一部分。对表征工作的评价，应完全视其是否提供了所需要的信息，包括实验观察是否可靠，能否重现，对实验结果的解释是否合理有无争议。直接、简单、明确是表征工作的圭臬，这首先是以正确选择测量技术为基础的。

表 6.1 列出了对固体物质结构从宏观到微观的研究项目，前 8 项是研究固体经常使用的方法，尤其前 3 项使用得最多，最后两项则是属基础科学中的精细的物质结构表征。这些微观结构分析技术的特点是利用各种电磁辐射或各种粒子束照射固体试样，使其产生吸收、发射、衍射、干涉、偏振等现象，然后将用传感器探测到的信号加以放大和记录或显示。所记录图谱的横坐标相当于定性的物理量(如波长、角度)，纵坐标表示所产生的信号的量(如辐射强度、粒子数)。现代结构分析仪器具有以下鲜明的特点：①采用新技术。如电子技术用于信号的高灵敏度和高分辨率的探测、放大和显示，激光作为高纯度的单色光源，超高真空技术及低温超导磁场的应用；②仪器电脑化。每台仪器配有电子计算机，使得仪器的操作运行程序控制化，测试数据的收集，存储、计算处理和显示自动化；③仪器多功能化。即以某一基本型式的仪器为基础，添加某些部件，使仪器可以给出更多的信息，例如扫描电子显微镜带有电子探针微区分析设备；④采用联用技术。使不同仪器一体化，如色-质联用、热-质联用等。

表 6.1　结构表征和测量技术

表征内容	测量技术
1. 物相的鉴定	光学显微镜，X 射线衍射，电子显微镜，电子衍射
2. 晶体和非晶体的区分	显微镜，X 射线衍射
3. 结构的转变	差热分析，显微镜，X 射线衍射
4. 形貌、晶系	测角仪，光学显微镜
5. 单胞和空间群	X 射线衍射，中子衍射，电子衍射
6. 晶体和无定形体材料中的格位对称性	可见和红外吸收光谱，X 射线发射和衍射，共振方法
7. 原子的位置，热振幅	X 射线(中子或电子)衍射
8. 缺陷	显微镜，X 射线形貌学，直接和共振方法，吸收分光光度
9. 自旋构型	中子衍射，磁化率，磁共振，穆斯堡尔谱
10. 键合	X 射线衍射测定电子密度，中子衍射测定自旋密度，间接法测定电子动力学

6.2.1　固体的形貌、光学特性和表面

用光学法可以获得有关固体结构的某些信息。通过肉眼和测角仪观察结晶良好的晶体，可以知道晶体的对称性，这是用衍射法研究结构的前提，也有助于在测量晶体其他物理性质时可以容易确定晶体的取向。

对于透明晶体，常常借助于偏光显微镜测定其折射率、折射各向异性和旋转散射。对晶体的光学鉴定，可以分为若干步骤，首先采用过筛、浮选、化学侵蚀、以至在显微镜下用镊子挑选的办法，把固体材料中各组成物相分离开来。然后在普通光线下观察晶体的颜色、形貌、晶面夹角、生长步骤、夹杂物、解理面等。

通过偏光显微镜可以了解单轴晶体的双色性和双轴晶体的三色性，以及双折射、相变和孪晶等。在加热试样架上还可以测得晶体的相变点和熔点等。精细地测定晶体的光学光率指数，可以了解到晶体对称性。例如，立方晶体和无定形体是光学各向同性；三方、四方和六方晶体是单轴性；正方、单斜和三斜晶体是双轴性。当配合以光学光率的重新取向，可以在偏振光下观察到铁电体(如 $Pb_5Ge_3O_{11}$)中的磁畴，可以用偏光显微镜研究磁畴在电场中的运动。磁畴的旋光性的正负随磁化向量的方向改变。

还有一些特殊的光学实验可以应用于特定的性质测定上，例如，光弹性

(即折射率随应力的改变)可以用于测定工程材料的应力。精确地测定双折射，可以量度缺陷晶体中的内应力以及退火技术的效率。

固体表面的研究包括表面的外貌和表层的结构两个方面，前者是指用显微镜观察固体的表面，以了解晶体生长机理、晶体对称性、晶体完整性、孪晶、晶粒间界、磁畴结构等。后者则是用电子显微镜、低能电子衍射等方法认识固体表层的结构。

研究经过抛光和化学侵蚀的晶体表面，可以得到晶体内界面和线缺陷的信息。晶体内的位错会在表面上显示出腐蚀坑，腐蚀坑的多少表明金属内的位错密度。例如，在(111)面上侵蚀金属铜，可以测定介于$1 \sim 10^8/cm^2$范围内的位错密度。

关于表层结构分析的实验方法，将在后面几节加以介绍。

6.2.2 固体颗粒的表征

1. 概述

a. 颗粒的概念

晶粒(grain)：指一单晶体，晶粒内部物质均匀，单相，无晶界和气孔存在。

颗粒(primary particle)：一种分离的低气孔率粒子单体，其特点是不可渗透。

团聚体(agglomerate)：由一次颗粒通过表面力吸引或化学键键合形成的颗粒，它是很多一次颗粒的集合体。

二次颗粒(granules)：通过某种方式人为地制造的粉体团聚粒子。

胶粒(colloidal particle)：即胶体颗粒。胶粒尺寸小于100nm，并可在液相中形成稳定胶体而无沉降现象。

b. 颗粒的尺寸

球状颗粒的颗粒尺寸即为其直径；对于其他一些外形规则的颗粒，可以用一个或多个参数来表示其尺寸；对于形状不规则的颗粒，则需要用“自由沉降直径”、“斯托克斯(Stokes)直径”、“投影面积直径”、“筛过直径”等当直径来表示其尺寸。这些参数各有其定义，如表6.2所示。

表6.2　一些等当直径的定义

符号	名称	定义
d_v	体积直径	与颗粒同体积的球直径
d_s	表面积直径	与颗粒同表面积的球直径

续表

符号	名称	定义
d_f	自由沉降直径	相同流体中，与颗粒相同密度和相同自由下降速度的球直径
d_{st}	斯托克斯(Stokes)直径	层流颗粒的自由下落直径
d_c	周长直径	与颗粒投影轮廓相同周长的圆直径
d_a	投影面积直径	与处于稳态下颗粒相同投影面积的圆直径
d_A	筛过直径	颗粒可通过的最小方孔宽度

c. 颗粒分布

根据英国标准 2955，颗粒的形状规定为针状、角状、结晶状、树枝状、纤维状、鳞片状、粒状、不规则状、球状等多种。如果要用一维的数值来规定颗粒的大小，就可以用上述几种直径的尺寸来表示。但是当颗粒的形状偏离球形越多，则用直径来表示大小就会偏离实际越大，因此，必须同时考虑大小和形状这两个参数。

我们常常需要用一个单一的或综合的参数来表示一组各别的数值，就是要取得一个均值。这个均值对这一组数值来说必须具有代表性，而不受个别极端数值的影响。对于表征一份多晶粉末试样粒度的平均直径来说，就应该如此。实验测得的一组颗粒是在各种大小尺寸 $x_1 \to x_2$ 之间的颗粒数 dN，由此基本数据可以求出各种粒径颗粒在试样中分布的情况，如表 6.3 所示。还可以画出 dN-x 和 $d\phi/dx$-x 的图解，如图 6.1 和图 6.2 所示。如果颗粒尺寸分级较宽，则可以使用对数坐标，画出 $d\phi/d\lg x$-$\lg x$ 的关系曲线。

表 6.3　　**多晶体的粒度分布**

颗粒尺寸范围 $x_1 \to x_2/\mu m$	尺寸间隔 $dx/\mu m$	平均尺寸 $x/\mu m$	$x_1 \to x_2$ 范围内颗粒数 dN	$x_1 \to x_2$ 范围内颗粒% $d\phi=\frac{dN}{N}\times 100$	$x d\phi$	$d\phi/dx$	$d\phi/d\lg x$
1.4～2.0	0.6	1.6	1	0.1	0.2	0.2	1
2.0～2.8	0.8	2.4	4	0.4	1.0	0.5	3
2.8～4.0	1.2	3.4	22	2.2	7.5	1.8	15
4.0～5.6	1.6	4.8	69	6.9	33	4.3	46
5.6～8.0	2.4	6.8	134	13.4	91	5.6	89
8.0～11.2	3.2	9.6	249	24.9	239	7.8	167

续表

颗粒尺寸范围 $x_1 \to x_2/\mu m$	尺寸间隔 $dx/\mu m$	平均尺寸 $x/\mu m$	$x_1 \to x_2$ 范围内颗粒数 dN	$x_1 \to x_2$ 范围内颗粒% $d\phi=\frac{dN}{N}\times 100$	$xd\phi$	$d\phi/dx$	$d\phi/d\lg x$
11.2～16.0	4.8	13.6	259	25.9	352	5.4	173
16.0～22.4	6.4	19.2	160	16.0	307	2.5	107
22.4～32.0	9.6	27.2	73	7.3	199	0.8	49
32.0～44.8	12.8	38.4	21	2.1	81	0.2	14
44.8～64.0	19.2	54.4	6	0.6	33	0.0	4
64.0～89.6	25.6	76.8	2	0.2	15.4	–	1

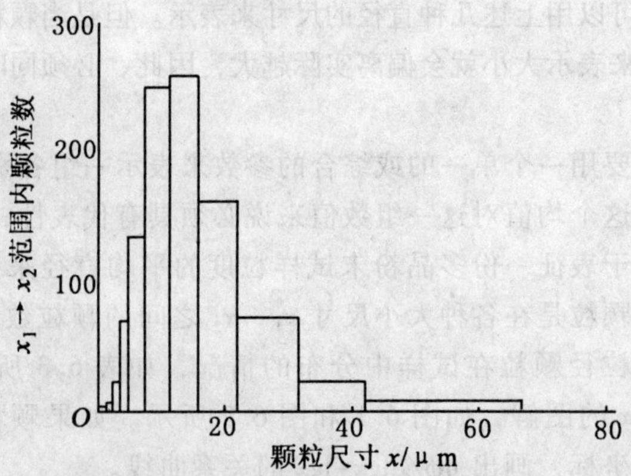

图 6.1　粒度分布矩形图

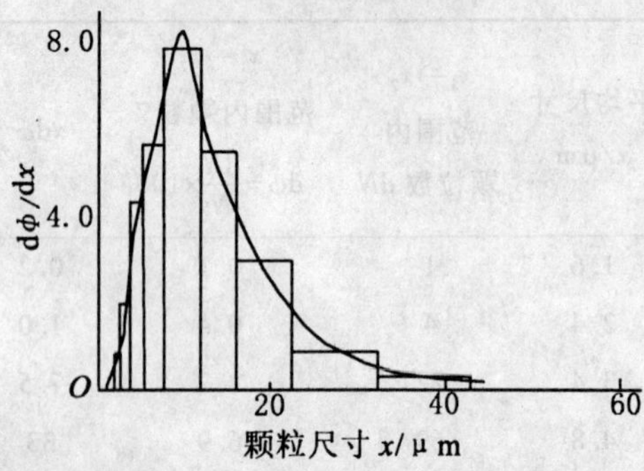

图 6.2　各间隔内颗粒百分数与间隔的比值随颗粒尺寸分布

实际上，颗粒分布用于表征多分散颗粒体系中，粒径大小不等的颗粒的组成情况，分为频率分布和累积分布。频率分布表示与各个粒径相对应的粒子占全部颗粒的百分含量；累积分布表示小于或大于某一粒径的粒子占全部颗粒的百分含量。累积分布是频率分布的积分形式。其中，百分含量一般以颗粒质量、体积、个数等为基准。颗粒分布常见的表达方式有粒度分布曲线、平均粒径、标准偏差、分布宽度等。

粒度分布曲线包括累积分布曲线和频率分布曲线，如图 6.3 所示。

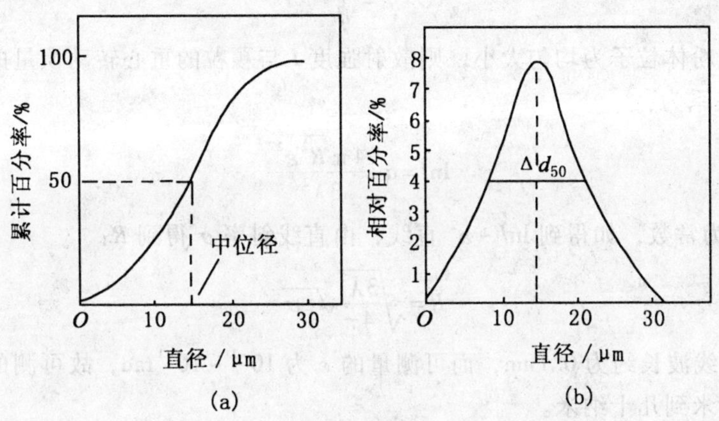

图 6.3　粒度分布曲线

(a)累积分布曲线　(b)频率分布曲线

平均粒径包括众数粒径(mode diameter)、中位径(medium diameter)。众数粒径是指颗粒出现最多的粒径值，即频率曲线的最高峰值。d_{50}，d_{90}，d_{10}分别指在累积分布曲线上占颗粒总量为 50%，90% 及 10% 所对应的粒子直径；Δd_{50}指众数粒径即最高峰的半高宽。

标准偏差 σ 用于表征体系的粒度分布范围。

$$\sigma = \sqrt{\frac{\sum n(d_i - d_{50})^2}{\sum n}}$$

式中，n 为体系中的颗粒数；d_i 为体系中任一颗粒的粒径。

体系粒度分布范围也可用分布宽度 SPAN 表示：

$$\text{SPAN} = \frac{d_{90} - d_{50}}{d_{10}}$$

从前，测定和统计多晶粉末物质颗粒的大小和形状是一个非常费工费时的工作，只有后来发展起来的自动化方法和计算机化的信息存储和处理，才使得这项工作成为可能，利用扫描电子显微镜或自动定量显微镜与计算机处理数据联结起来，是颗粒鉴定的巨大进步，这种设备可以给出颗粒的 20 多种参数的统计值。

2. X 射线小角度散射法

小角度 X 射线是指 X 射线衍射中倒易点阵原点附近的相干散射现象。散射角 ε 大约为十分之几度到几度的数量级。ε 与颗粒尺寸 d 及 X 射线波长 λ 的关系为：

$$\varepsilon=\frac{\lambda}{d}$$

假定粉体粒子为均匀大小，则散射强度 I 与颗粒的重心转动惯量的回转半径 $\bar{R}$ 的关系为：

$$\ln\bar{I}=a-\frac{4\pi\,\overline{R^2}\,\varepsilon^2}{3\lambda^2}$$

式中，I 为常数，如得到 $\ln I\sim\varepsilon^2$ 直线，由直线斜率 σ 得到 $\bar{R}$：

$$\bar{R}=\sqrt{\frac{3\lambda^2}{4\pi}}\sqrt{-\sigma}$$

X 射线波长约为 0.1nm，而可测量的 ε 为 $10^{-2}\sim10^{-1}$ rad，故可测的颗粒尺寸为几纳米到几十纳米。

3. X 射线衍射线线宽法

用一般的表征方法测定得到的是颗粒尺寸，然而颗粒不一定是单个晶粒，X 射线衍射线线宽法测定的是微细晶粒尺寸。这种方法不仅可用于分散颗粒的测定，也可用于极细的纳米晶粒大小的测定。当晶粒度小于一定数量级时，由于每一个晶粒中某一族晶数目的减少，使得 Debye 环宽化并漫射(同样使衍射线条宽化)，这时衍射线宽度与晶粒度的关系可由谢乐公式表示：

$$B=\frac{0.89\lambda}{D\cos\theta}$$

式中，B 为半峰值强度处所测量得到的衍射线条的宽化度，以弧度计；D 为晶粒直径；λ 为所用单色 X 射线波长；θ 为 λ 射束与某一组晶面所成的折射角。

谢乐公式的适用范围是微晶的尺寸在 1～100nm 之间。晶粒较大时误差增加。用衍射仪测量衍射峰宽度时，由于仪器等其他原因也会有线条宽化。故使用上式时应校正 B 值，即由晶粒度引起的宽化度为实测宽化与仪器宽化之差。

4. 沉降法

沉降法测定颗粒尺寸是以 Stokes 方程为基础的。该方程表达了一球形颗粒在层流状态的流体中，自由下降速度与颗粒尺寸的关系。所测得的尺寸为等当 Stokes 直径。

沉降法测定颗粒尺寸分布有增值法和累计法两种。前一种方法是测定初始均匀的悬浮液在固定已知高度处颗粒浓度随时间的变化，或固定时间测定浓度-高度的分布；后一种方法是测量颗粒从悬浮液中沉降出来的速度。目前以高度固定法使用得最多。

依靠重力沉降的方法，一般只能测定大于100nm的颗粒尺寸，因此在用沉降法测定纳米粉体的颗粒时，需借助于离心沉降法。在离心力的作用下使沉降速率增加，并采用沉降场流分级装置，配以先进的光学系统，以测定10nm甚至更小的颗粒。这时粒子的Stokes直径可表示为：

$$d_{st}=\frac{18\eta\ln\frac{r}{s}}{(\rho_s-\rho_t)\omega^2 t}$$

式中，η为分散体系的黏度；ρ_s，ρ_t为固体粒子、分散介质的密度；ω为离心转盘角速度。

沉降法的优点是可以分析颗粒尺寸范围宽的样品，颗粒大小比率至少为100：1，缺点是分析时间长。

5. 激光散射法

粒子和光的相互作用可发生吸收、散射、反射等多种现象，就是说在粒子周围形成各角度的光的强度分布取决于粒径和光的波长。但这种通过记录光的平均强度的方法只能表征一些颗粒比较大的粉体。对于纳米粉体，主要是利用光子相关光谱来测量粒子的尺寸。即以激光作为相干光源，通过探测由于纳米颗粒的布朗运动所引起的散射光的波动速率来测定粒子的大小分布，其尺寸参数不取决光散射方程，而是取决于Stokes-Einstein方程。

$$D_0=\frac{k_B T}{3\pi\eta_0 d}$$

式中，D_0为微粒在分散系中的平动扩散系数；k_B为玻耳兹曼常数；T为绝对温度；η_0为溶剂黏度；d为等当球直径。只要测出D_0的值，就可获得d的值。

这种方法称动态光散射法或准弹性光散射。该方法已被广泛应用于纳米颗粒粒度的测量上。其有以下特点：

(1)测定迅速。一次只需十几分钟，并可同时得到多个数据。

(2)可在分散性最佳状态下进行测定，获得精确的粒径分布。超声波分散后，可立刻进行测定，不必静置等待。

6. 比表面积法

球形颗粒的比表面积S_w与其直径d的关系为：

$$S_w=\frac{6}{\rho\cdot d}$$

式中，S_w 为重量比表面；d 为颗粒直径；ρ 为颗粒密度。测定粉体的比表面积 S_w，就可根据上式求得颗粒的一种等当粒径，即表面积直径。

测定粉体比表面积的标准方法是利用气体的低温吸附法，即以气体分子占据粉体颗粒表面，测量气体吸附量计算颗粒比表面积的方法。目前最常用的是BET吸附法。该理论认为气体在颗粒表面吸附是多层的，且多分子吸附键合能来自于气体凝聚相变能。BET公式是：

$$\frac{p}{V(p_0-p)}=\frac{1}{V_m C}+\frac{(C-1)p}{V_m C p_0}$$

式中，p 为吸附平衡时吸附气体的压力；p_0 为吸附气体的饱和蒸气压；V 为平衡吸附量；C 为常数；V_m 为单分子饱和吸附量。在已知 V_m 的前提下，可求得样品的比表面积 S_w：

$$S_w=\frac{V_m N_A \sigma}{M_V W}$$

式中，N_A 为阿伏伽德罗常数；W 为样品质量；σ 为吸附气体分子的横截面积；V_m 为单分子饱和吸附量；M_V 为气体摩尔质量。

6.2.3 显微结构分析

1. 透射电子显微镜(transmission electron microscopy, TEM)

透射电子显微镜(TEM)与光学显微镜相似，不同之处在于前者是采用电子束，而后者采用可见光束，同时前者采用电子透镜或电磁透镜来代替普通的玻璃透镜。所以我们说透射电子显微镜是利用电子光学技术制成的直接观察物质形貌结构的仪器。由100kV以上高压加速的高能电子束，经过双聚焦透镜形成直径<0.5μm的极细的电子束流，照射在极薄的(约100nm)试样上，电子穿过试样时，试样中某一给定区域的密度愈大，则电子束散射愈厉害，紧挨试样下面有一个孔径为20～60μm的物镜，阻止大散射角的电子通过，只允许一定张角范围内的电子通过。再经过短焦距物镜和两个中间物镜以及一个投影物镜的多次放大，最后的物像可以放大到300～25万倍，其精确度可达10%，当然放大倍数愈高，其精确度愈低。由于空气会使电子强烈地散射，所以采用真空泵和油扩散泵提高显微镜镜筒的真空度，使其压力降至 1.33×10^{-3} Pa或更低。现代电子显微镜的分辨率为0.2～0.5nm。

在固体化学研究工作中，可以利用电子显微镜观察试样的颗粒尺寸，观测的粒径可在10～100nm范围。用透射电子显微镜观测金属箔，并配合以X射线形貌学方法，可以研究位错、堆积层错等缺陷的情况。即使对于结晶程度低的玻璃体和无定形体材料，如某些半导体和激光基质等，也可以用透射电子显微镜来鉴定。由于电子束在铁磁磁畴边缘上的发散和收敛而产生偏析现象，因此，在显微图上会出现亮线或暗线，在收敛的边缘上呈现出干涉条纹。

电子显微镜的试样台可以倾斜和转动，也可以加热或冷却试样，还可以对试样施加应力或磁化试样，因此，可以在各种变化的条件下来观察试样。

因为透射电子显微镜要求试样制作得极薄，制作比较困难，可以采用研磨法、切片法、复制法、离子轰击剥蚀法、电化学抛光法等，将试样做成足够薄(<500nm)和具有相当面积($>1\times10^{-3}cm^2$)的薄膜或细粒。细粒还需要配制成悬浮胶液，然后在试样铜栅上做成薄胶膜。

2. 扫描电子显微镜(scanning electron microscopy, SEM)

扫描电子显微镜不同于透射电子显微镜在于，聚焦在试样上的电子束是在一定范围内作栅状扫描运动，而且试样较厚，电子并不穿透试样，而是在试样表层产生高能反向散射电子、低能二次电子、吸收电子、可见荧光和X射线辐射。在试样表面上的电子束斑大小约为10～20nm，当电子束沿表面作栅状扫描时，由表面各点产生各种辐射，它们的能量和强度反映着表面各点的形貌结构和化学组成。利用适当的探测系统，将所产生的信号检出、放大，再加以显示，就可以得到各种信息的图像。这样的扫描电子显微镜基本上是一个闭路电视系统。显微图像的放大倍数决定于入射电子束在试样表面上的扫描距离与阴极射线管内电子束扫描距离之比，一般可以放大15～10万倍，刚好填补了光学显微镜和透射电子显微镜放大倍数之间的空白。它的分辨率为10～30nm，也恰好介于光学显微镜和透射电子显微镜分辨率之间。

由于电子束的波长很短、透镜的孔径极小，可以作深度的扫描，所以扫描电子显微镜所得到的表面显微图像具有极明显的三维立体感，除了二次电子信号之外，表面上产生的其他类型辐射都可以加以利用，以获得试样表面上更多的信息。因此，可以认为扫描电子显微镜可以把光学显微镜、透射电子显微镜以及电子探针微区分析仪等仪器的优点综合集中在一起。厂家已生产出具有多功能的扫描电子显微镜，既可以观察试样表面的显微结构图像，又可以研究试样表层的化学组成和结构。它的应用范围很广泛，可以检验粉末或体相的表面，如发光体、磁带涂层、外延层、蒸镀薄膜、催化剂、锈蚀层或磨损表面、集成电路等等。

3. 高分辨电子显微镜

电镜的高分辨率来自电子波极短的波长。电镜分辨率 r_{min} 与电子波长 λ 的关系是：

$$r_{min} \propto \lambda^{\frac{3}{4}}$$

所以，波长越短，可得到的分辨率越高。现代高分辨电镜的分辨率可达0.1～0.2nm。其晶格像可用于直接观察晶体和晶界结构，结构像可显示晶体结构中原子或原子团的分布，这对晶粒小、晶界薄的纳米陶瓷的研究有着特别的意义。

高分辨电子显微结构分析有以下特点：

(1)分析范围极小，可达 10nm×10nm，绝对灵敏度可达 10^{-16}g。

(2)电子显微分析可同时给出正空间和倒易空间的结构信息，并能进行化学成分分析。

但是，高分辨电子显微像，即晶体的条纹像、晶格像、结构像和原子像等，要得到结构像、原子像甚至原子内精细结构像是比较困难的，只有对个别较特殊的例子才获得成功。结构像和原子像的获得条件十分苛刻，并且结构像的完整解析还做不到。

4. 扫描隧道显微镜(STM)

扫描隧道显微镜是 20 世纪 80 年代初发展起来的一种原子分辨率的表面结构研究工具。其基本原理是基于量子隧道效应。利用直径为原子尺度的针尖，在离样品表面只有 10^{-12}m 量级的距离时，双方原子外层的电子略有重叠。这时在针尖和样品之间加一定电压，便会引发量子隧道效应，样品和针尖间产生隧道电流，其大小与针尖到样品的间距有关，这样可由电流的变化反馈出样品表面起伏的电子信号。

现在，在扫描隧道显微镜的基础上又发展出了原子力显微镜、激光力显微镜、磁力显微镜、静电力显微镜、摩擦力显微镜、扫描热显微镜、弹道电子发射显微镜、扫描隧道电位仪、扫描离子电导显微镜、扫描近场光学显微镜、扫描超声显微镜等一系列新型显微镜。

隧道电子显微镜是一种直接研究物质表面微观结构的新型显微镜，其横向分辨率为 0.1～0.2nm，深度分辨率达 0.001nm，并克服了一般电镜中高能电子对样品的辐射损伤，和对样品表面起伏分辨率低及样品必须处于真空的限制，STM 可用于超高真空到大气甚至液体中无损地观察物质表面结构。能真实地反映材料的三维图像，可观察颗粒三维方向的立体形貌，最突出的特点是：可以对单个原子和分子进行操纵，这对于研究纳米颗粒及组装纳米材料是非常有意义的。

6.2.4 表面分析

1. 光电子能谱(photoelectron spectroscopy，PS)

光电子能谱与一般的光谱不同，光谱记录的是伴随电子跃迁而产生的电磁辐射发射或辐射吸收，它不管电子的去向，也不测电子或二次电子本身。而光电子能谱则是测定受激发射电子或二次电子本身的能量，是属于 β 能谱学的范畴。过去只能测高能电子，现在已经能测原子与分子能级的低能电子的能谱。

光电子能谱是近几年来随着超高真空技术和电子技术的日益完善而发展起来的一种分析手段。在光电子能谱设备中，采用各种不同的激发方式，把试样组分的原子中的轨道电子激发出来，经过电子透镜聚焦减速后，进入球形能量分析器，在一定电势差所形成的电场的作用下，使得只有一定动能的电子能够通过分析器，到达出口狭缝为电子倍增器所接收，经过检测放大和记录，便得到信号强度随电子动能变化的关系曲线，即光电子能谱。光电子能谱反映的是特定原子中某些轨道电子的结合能，它相当于入射光子的能量减去光电子的动能 $E_b=h\nu-E_k$，有些仪器就直接地显示出结合能。而这种结合能，除了决定核对电子的作用之外，还和该原子在分子中的结合状态以及原子周围的化学和物理的环境有关，因此，通过对光电子能谱的分析，可以认识物质的化学组成和结构。光电子能谱仪中需要维持 1.33×10^{-7} Pa 以下的超高真空，以减少电子跟气体分子的碰撞以及使试样表面不受残余气体的玷污。

光电子能谱所用的激发源可以是紫外光、低能 X 光(如 Cu，Cr，Al，Mg 等金属靶产生的 K_α 线)以及电子束等。根据激发源的不同，光电子能谱又可分为几种：

紫外线光电子能谱(ultraviolet photoelectron spectroscopy，UPS)，X 光电子能谱(X-ray photoelectron spectroscopy，XPS)。因为后者主要用于物质的化学分析，所以又叫做化学分析用电子能谱(electron spectroscopy for chemical analysis，ESCA)。

光电子能谱在化学上的应用是根据它可以对原子轨道电子的结合能作精确的测定(可以精确测到 0.1eV)，以及可以测定这种结合能在不同化学环境中的位移。结合能标志原子的种类，结合能的位移则表明原子在分子中及晶体中所处的结构状态。因此，光电子能谱可以用于固体物质化学成分的分析和化学结构的测定。

因为紫外光及软 X 射线的穿透能力很弱；而且产生的光电子能量低，在固体中平均自由程很短，因此，光电子能谱只限于测量<10nm 厚的表面上，甚至几个原子层中所激发出来的电子。它提供的是物质表层几十个原子以内的有关原子组成和结合状态的信息，因此，特别适合于固体表面化学成分和结构的测定。分析时所用的试样很少(以 μg 计)，分析灵敏度高，如用于催化剂、半导体的分析。当配以离子剥离技术，即用氩离子束轰击试样表面，使表面上的原子逐层剥离，同时进行光电子能谱分析，可以了解固体试样由表及里的成分和结构状况。

2. 俄歇电子能谱(Auger electron spectroscopy，AES)

在电子衍射中，入射电子仅有 5% ~15% 被弹性散射，那么大部分电子是发生了非弹性散射过程，即在与表面原子的碰撞中失去一部分能量。这部分能量可能在表面原子中引起不同的电子过程，例如，这部分能量可能传递给价电子引起二次电子发射。如果入射电子束能量较高(>400eV)，则可能使表面原子失去其内层电子，当外层电子跃入这些内层电子空穴时，所释放出的能量，或者以特征的 K_α 和 K_βX 射线发射出来，如图 6.4(b)所示，这叫做 X 射线荧光发射过程。X 射线的波长决定于该元素原子的能级差，从 X 射线荧光的特征波长可以查明被激发原子是哪种元素，这叫做 X 射线荧光光谱分析方法(参看 6.3.4 小节)。或者产生所谓俄歇电子过程，即所释放的能量转移给另一外层电子，使较高能层的电子发射出来。例如，图 6.4(c)所表示的一个 KLL 发射，就表示一个 1s 电子被击出，一个 2p 电子无辐射地跃入这个 1s 空穴，同时使另一个 2p 电子发射出来，这个二次发射的电子就叫做俄歇电子。俄歇电子的能量跟该电子所处的能态有关，我们把这个俄歇电子过程表示为 KL_1L_3。第一个符号表示被电离的原子所产生的电子空穴是属于 K 能级，第二个符号表示填充原始空穴的电子属于 L_1 能级，第三个符号表示填充原始空穴时所释放出的能量把 L_3 能级上的电子给激发出了原子。这个过程所产生的俄歇电子的能量可以近似地表示为 $E \approx (E_K - E_{L1}) - E_{L3}$，$E_K$，$E_{L1}$ 和 E_{L3} 分别是 K，L_1 和 L_3 能级电子的结合能。可见，俄歇电子的能谱反映了该电子所从属的原子以及原子的结构状态的特征，因此，俄歇电子能谱分析也是一种表面化学分析的手段。

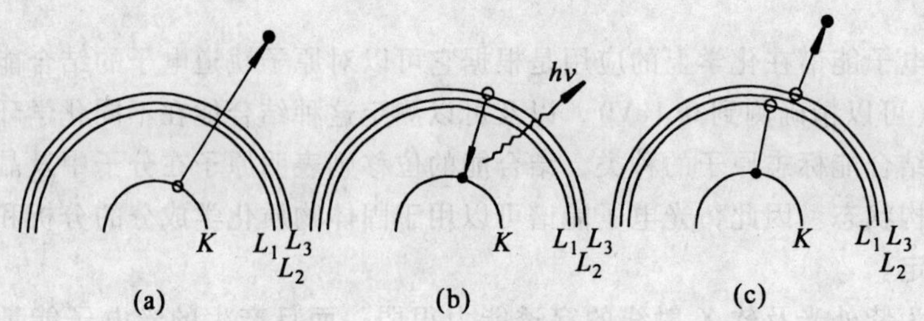

图 6.4　原子内能级电子的电离(a)、内能级复原产生 X 射线荧光的过程(b)和俄歇电子产生的过程(c)

可以用电子束轰击、离子轰击或 X 射线照射来产生俄歇电子。其中，电子轰击很容易做到，入射束流密度可以高达 100μA，电子束也容易聚焦和偏转，因此，可以对试样做微区分析，进而可以发展为扫描俄歇电子谱仪。它不但可以给出被测表面的化学组成元素的分布状态，还可以做被测表面的形貌观察。

俄歇电子的能量分布曲线叫做俄歇电子能谱。俄歇电子能量和激发电子的能量关系不大，因此，对俄歇电子过程来说，原子被激发电子碰撞而电离的过程是在<10^{-16} s 的时间内发生的，而空穴的寿命要比这个时间长一个数量级。因此，当原子一旦被激发电离之后，它随后的过程就与激发电子(或其他激发源)的能量状态无关了，而光电子的能量则与激发光源的能量有关。因此，改变激发光源的能量时，光电子的能量会变，而俄歇电子的能量不变。利用这种性质上的差别，可以容易地区别光电子能谱中的光电子峰和俄歇电子峰。

6.2.5 晶态表征

1. X 射线衍射(X-ray diffraction)

X 射线衍射法是最重要的测定固体物质结构的方法。多晶体试样可以用来作物相的鉴定和晶格参数的测定，单晶体可以用作结构的测定和晶体完整性的研究。

a. 晶体对 X 射线的衍射

晶体中的原子到底是怎样构成周期性的点阵序列的，目前还不能直接获得一个晶体结构的微观图像，即使分辨能力高达 0.2nm 的电子显微镜，也不可能直接测定晶体中原子的排列和围绕原子的电子分布，只能借助波长与晶体中原子间距相近并和原子相互作用的波的衍射图样，来间接地探索晶体的结构。晶体的空间点阵可以按不同的角度划分为不同的平面点阵族。当一束单色的 X 射线射入晶体，满足 Bragg 公式 $2d\sin\theta=n\lambda$ 时则发生衍射。式中 λ 为 X 射线波长，n 为正整数，θ 是入射 X 射线与晶面的夹角，d 为晶体点阵间距。

所谓衍射就是在 Bragg 公式指明的条件下，被“反射”的 X 射线其所有的波恰好处于同位相，因而得到互相叠加和加强。偏离上述条件时，波则由于有位相差而干涉削弱。单晶体对 X 射线的衍射情况如图 6.5 所示。图 6.6 为 X 射线衍射的 Bragg 定律。

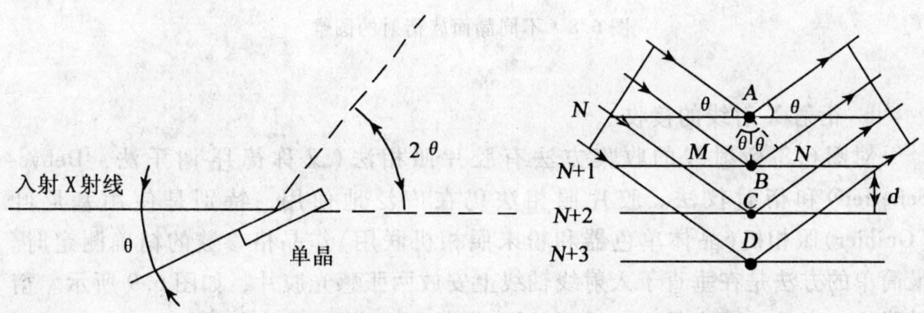

图 6.5 单晶体对 X 射线的衍射　　图 6.6 X 射线衍射的 Bragg 定律

当一束平行单色 X 射线射入单晶时，部分射线径直穿过晶体，符合 Bragg 公式指明条件的则发生衍射。衍射线与穿透射线的夹角为 2θ，是入射 X 射线与晶面夹角的二倍。如果将单晶样品换成粉末多晶，则由于试样中小晶体的取向是随机的，每个小晶体都会发生像图 6.5 那样的衍射，总起来就形成一个由无数衍射线构成的圆锥，其顶角为 4θ，如图 6.7 所示。晶体的每一个晶面族都发生像图 6.7 那样的衍射，而晶体可以形成许多个晶面族，因此就形成顶角角度不同的若干衍射圆锥，它们共有一个顶点即粉末试样，如图 6.8 所示。

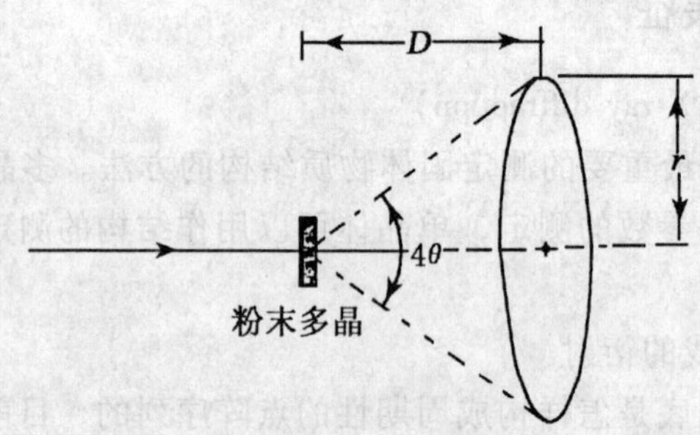

图 6.7　粉末多晶的衍射

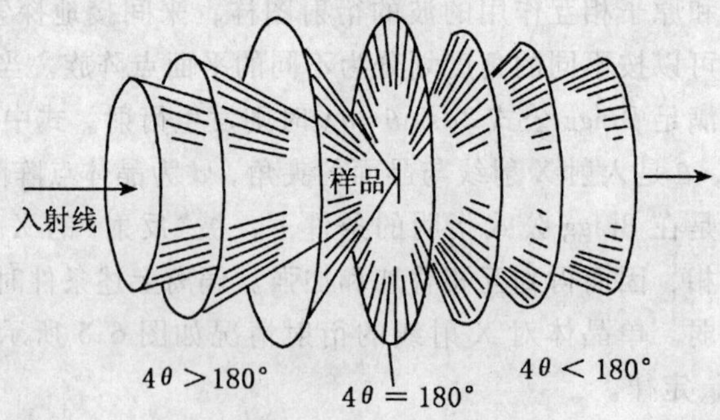

图 6.8　不同晶面族衍射的圆锥

b. 衍射 X 射线的接收

对图 6.8 衍射线的收集方法有胶片照相法（又称德拜-谢乐法，Debye-Scherren）和衍射仪法。胶片照相法仍在广泛地使用，特别是使用基尼叶(Guinier)照相机（晶体单色器和粉末照相机联用）作晶格参数的精确测定时。最简单的方法是在垂直于入射线轴线上安放两张感光胶片，如图 6.9 所示。衍射线投在底片上感光得到一系列的同心圆。通过圆环的半径 r 和底片与试样间距离 D，由 $\tan 2\theta=\frac{r}{D}$（参见图 6.7）可以算出 θ。此种方法简单易行，不需要特殊的相机，但无法接收 4θ 为 180°的衍射线。通常记录 X 射线衍射是将条状的底片装在特殊的相机中感光。底片的安装有三种基本形式，如图 6.10 所示。

左侧为底片在相机中实际的状态，箭头所示为 X 射线穿透的轴线；右侧为底片的展开图。测量对称线条之间的距离，由已知的相机的直径，就可算出 θ 和 d 值。

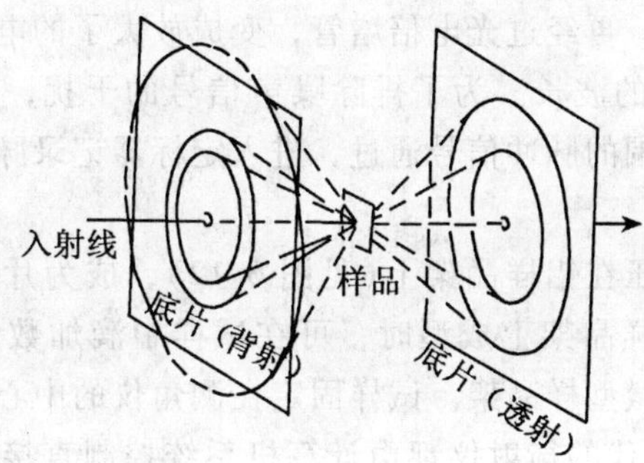

图 6.9　用平直底片接受衍射线

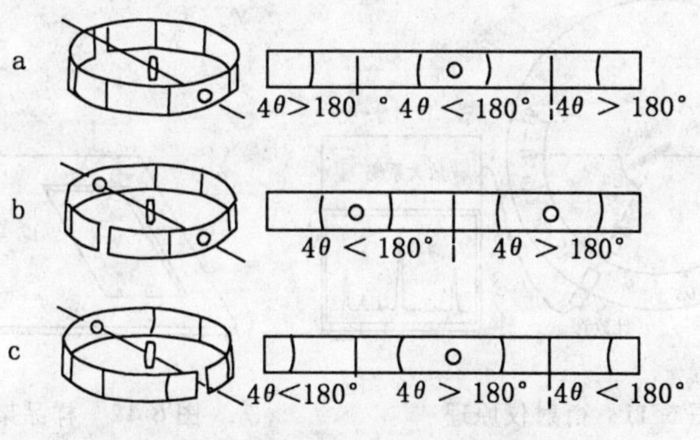

图 6.10　用条状底片接受衍射线

由于衍射线的强度小，在底片上感光速度很慢，测样费时。因此近代的仪器都是用计数管收集信号的衍射仪。现在大量的 X 射线粉末衍射都是用衍射仪来完成的。方法原理如图 6.11 所示。多晶 X 射线衍射仪是自动记录多晶衍射线的衍射角和相应衍射强度的仪器。它主要是由 X 射线机、测角仪以及测量记数和记录系统等部分组成。测角仪中包括精密的机械测角仪、光缝、试样座架和探测器的转动系统等，测量系统由 X 射线探测器、电源、放大器、脉冲幅度分析器、定标器、记数速率计以及记录仪等组成。X 射线由 X 射线管的焦点以线光源形式射出，射到试样上，由试样产生的衍射线，会聚于接收光缝，再射到探测器上，光源和光缝这两点均在同一扫描圆的圆周上，试样表面与扫描圆的圆心重合。若保持入射光束固定不变，当样品旋转 θ 角时，接收光缝和探测器需旋转 2θ 角可以接收到衍射线，所以试样与探测器按照 1∶2 的转动速度同轴旋转，探测器总是在符合布拉格（Bragg）方程的衍射光束的接收位置上。扫描圆的半径不变，而聚焦圆的半径则随 θ 的改变而变化，使光源焦点、样品表面以及衍射线会聚的接收光缝都处在聚焦圆的圆周上。探测器是由 NaI : Tl 闪烁晶体、光电倍增管及电子设备组成。闪烁晶体把接收到的 X 射线光子转变为可见荧光，再经过光电倍增管，变成放大了的电脉冲信号，脉冲信号的幅度反映 X 射线的波长。为了排除噪声信号的干扰，采用脉冲高度分析器，只让一定阈值范围的脉冲信号通过，进入定标器记录脉冲数，或进入记录仪记录衍射强度。

样品需要磨细，压在铝样品架上(见图 6.12)，成为片状的试样，当试样粉末过于松散不易在样品架上成型时，可在试样中滴加数滴石蜡的石油醚溶液。若试样太少可用微型样品架。试样固定在测角仪的中心，每转 θ 角，计数管则转 2θ 角跟踪。现代的衍射仪都由计算机系统控制直接得到以数字表达的多晶衍射数据。

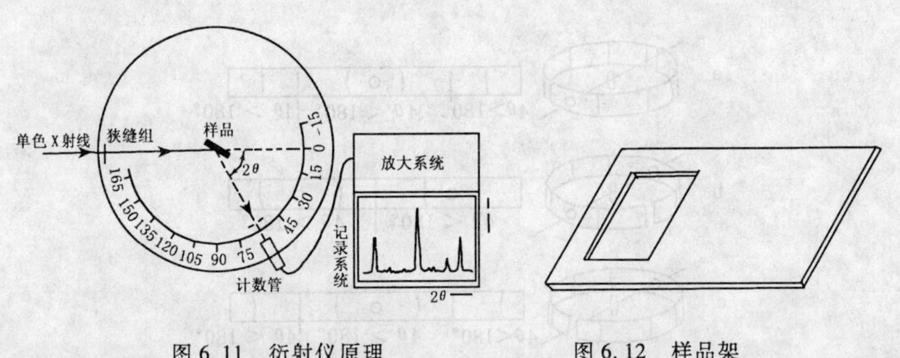

图 6.11　衍射仪原理　　　　图 6.12　样品架

c. X 射线源

X 射线衍射所需的 X 射线是一束单色平行的 X 射线。

真空中高速运动的电子碰撞在任何障碍上都会发生 X 射线。由于电子激发了物质原子内层电子并产生了跃迁，此跃迁能就转变成 X 射线能。产生 X 射线的装置是 X 射线管。电子由灯丝(阴极)产生，在高压电的作用下而射向荷正电的靶子(阳极或对阴极)。由于靶子对电子的阻止而产生 X 射线。X 射线的性质既取决于电子的能量，又取决于靶子的材料。对于指定靶金属的情况下，逐渐增加阴极和靶间的电压时，开始产生的射线是“白色”的连续光谱，它是各种波长 X 射线的混合射线。当管压达到某一临界的激发电压时，靶所产生的 X 射线除了连续光谱外，还出现某些具有一定波长的标识 X 射线。通常所需的激发电压随靶金属的原子序数增大而增高。标识 X 射线的波长取决于靶金属的原子序数，靶金属的原子序数越大，X 射线的波长越短，能量越大，穿透力也越强。

在电压超过激发电压的情况下，靶金属被电子撞击后，内层电子被逐出，由外层电子跳入填补空穴。如果 K 层电子被逐出，由 L 层电子进入 K 层填补空穴，得到的 X 射线为 K_α 射线；由 M 层进入 K 层填补空穴得到 K_β 射线；如果 L 层电子被逐出，M 层电子进入 L 层填补空穴，则得到 L_α 射线，N 层电子进入 L 层为 L_β 射线，如此类推。其中以 K 系射线波长最短，为 X 光管常用射线。

K 系射线中 K_β 辐射波长比 K_α 小，能量也高，但由于产生 K_β 辐射的跃迁几率比产生 K_α 的小得多，K_β 的强度只及 K_α 的 1/5。常用的 X 射线便是 K_α 射线。K_β 的存在使衍射线复杂化而必须滤掉。

滤去 K_β 的滤波片可采用比靶金属原子序数少 1 的金属箔来充当。滤波原理在于：一束 X 射线射在某金属箔上，X 射线便穿透而过。如果逐渐减小 X 射线的波长至某一临界值时，便会激发金属箔原子中的电子而产生次级 X 射线(荧光)，这样一来，入射的 X 射线就会被大大地消耗掉。透过 X 射线的强度便急剧下降。这个波长的临界值称为吸收界限波长。如果波长继续减小，低于吸收界限波长，则穿透射线的强度又逐渐增加。利用上述特性便可制成滤波片。以铜靶为例，CuK_α 的平均值为 0.154 2nm，CuK_β 为 0.139 2nm，若选用 Ni 箔做滤波片(其吸收界限波长为 0.148 8nm)，便会阻挡波长较短的 CuK_β 通过。这样便获得单色的 CuK_α 射线。通常符合作滤波片的金属，其原子序数恰好比靶金属原子序数少 1。用 Mo 靶时可用原子序数小 1 的 Nb，也可用原子序数小 2 的 Zr。滤波片的厚度对吸收 X 射线有影响。通常将穿透后 K_α 和 K_β 的强度比为 500∶1 时滤波片的厚度作为标准。

K_α 是由 L 层的 2p 电子跃入 K 层的 1s 能级产生的。由于 2p 电子有两个能级，因此 K_α 实际上是由 $K_{\alpha1}$ 和 $K_{\alpha2}$ 两个辐射组成的平均值。两者的强度比约为 2∶1。例如 Cu$K_{\alpha1}$ 为 0.154 1nm，Cu$K_{\alpha2}$ 为 0.154 4nm。在 $4\theta<180°$ 的低角度衍射中，分辨率低，二者常不能分开，根据其强度，按下式求其平均值：

$$K_\alpha = \frac{2}{3}K_{\alpha1} + \frac{1}{3}K_{\alpha2}$$

在 $4\theta>180°$ 的高角度衍射中，分辨率高。$K_{\alpha1}$ 和 $K_{\alpha2}$ 常能分别显示出来，在照片上出现双线，在衍射曲线上出现双峰，这在处理数据时应当注意，不要误解。

d. X 射线衍射法的种类

根据所使用晶体试样的不同，X 射线衍射法又可分为单晶衍射法和多晶(粉末)衍射法两类。许多化合物和大多数金属都以粉末状的微晶体存在，很难生长成大的单晶，这时采用多晶衍射法最适宜。单晶衍射法则可以用于精确地确定比较复杂化合物的结构。

e. 粉末衍射法的应用范围

粉末衍射法最广泛地用于多晶体材料的定性分析，作为一种“指纹”鉴定法来辨认材料的化学组成。因为每一种物质的晶体都有其特定的结构，不可能有两种晶体，其晶胞大小、形状、晶胞中原子的种类和位置等因素都完全一样。因此，每一种晶体的粉末衍射图都有其特征，其中衍射线的位置和强度各不相同，都具有其相应一套 $d/n\text{-}I$ 数据，就好像每个人都有他一套特征的指纹那样。粉末衍射标准联合委员会 JCPDS（以前是美国材料测试学会 ASTM）收集了20 000 多个物质的粉末衍射图的数据，编辑了一套数据卡片及索引（Index to the Powder Diffraction File, Swarthmore, Pa. 1972），并每年继续增补2 000 个衍射图数据。在这套卡片中，每种物质的衍射数据是按照它的最强的 8 条线编集成交叉索引，便于检索；也可以得到这套资料的计算机存储程序，用于例行的物相分析。

混合物中两种或多种物相的相对含量，也可以由粉末 X 射线衍射数据求得，测得的准确性决定于试样的制备、标准衍射图的质量以及消除系统误差和随机误差的努力。最低检出限量则决定于衍射图的复杂性、物相对 X 射线的相对吸收等有关因素，如果不着意地观察一下例行衍射的图谱，则检出第二相的极限是在 1% ~5% 之间，但是如果采用适当的技术，延长计数时间，则可以从基质钨中检出 0.1% 质量的硅，从氟化锂中检出 0.01% 的硅。

粉末 X 射线衍射可以用于测定晶格参数，晶格参数是试样中数万个单胞尺寸的平均值，日常例行的衍射分析中，晶格参数测定的精度可以达到 1% ~ 0.1%，在某些研究工作中（例如测定热膨胀系数）往往需要更高的精确度。用衍射仪所记录到的 X 射线衍射图包含了多种因素的影响在内，如入射 X 线束的波长和强度分布、仪器中的各种条件、衍射几何学以及试样本身等，所有这些因素综合起来会导致衍射图的微小偏差和位移，因而会引入系统误差。例如，曾经将同一个元素硅的粉末送往世界各地 16 个实验室，用粉末 X 射线衍射测定硅的晶格参数 a，所得的数值就不完全相同。

但是如果采取某些技术措施，测定值的精确度可以达到万分之几。一般说来，粉末衍射法只适宜于测定一些无机化合物的点阵结构和晶胞参数。

粉末衍射法还常用于确定固溶体体系固相线下的相关系，在完全互溶的单相区内，一种纯组分的晶格参数随另一少量组分的添加而连续线性地改变；而在两相区中，则出现两种饱和固溶体物相的两套恒定的晶格参数，从而可以明显地区别出相区的界限。

根据 X 射线衍射线宽化程度的变化，粉末衍射法还广泛地用于测定晶粒度的大小（参见 6.2.2）、测定高聚物的结晶度、表征晶体中的某些物理缺陷等，是研究固体材料的最重要的常规手段之一。

利用配有程序升温装置的变温 X 射线衍射仪，可以连续升温或定温加热粉末试样的条件下，研究物相、晶格参数和缺陷浓度的变化，观察固相反应的过程。利用带高压装置的 X 射线衍射仪，可以研究压力所引起的物相转变等。

目前已有计算机控制的、带有多种软件的 X 射线衍射系统，这种系统借助于所存储的 JCPDS 档案，可以直接鉴定出试样中的未知物物相，把衍射线指标化，给出晶胞参数。

但是对于点阵对称性较低、组成比较复杂、晶胞体积较大的化合物，如果用粉末衍射法将其衍射线指标化，进而测定其点阵结构和晶格参数，则是比较困难的。对这样的问题，只能借助于单晶的 X 射线衍射法。

f. 单晶体的 X 射线衍射

当晶体的倒易点阵和反射球面相遇，就满足发生衍射的条件。记录单晶衍射强度的方法也可分为两大类：照相法和衍射仪法，每一类方法中又有几种。照相法中一张胶片可以收集记录许多数据，容易看出衍射点之间的相互关系和强度的分布特征，特别适用于对晶体进行初步考查，了解双晶、无序结晶、对称晶等，以及测定晶胞参数，并且设备比较便宜，便于操作。但是测量、读数和计算的工作量很大，需要很长时间。衍射仪法是逐点地收集衍射强度，直接记录单位时间衍射光束中的光子数，强度数据的准确性高。最为通用的四圆衍射仪将衍射仪与电子计算机结合，通过程序控制，自动收集和测定衍射数据，给出衍射指标和衍射强度数据，一个晶体结构的测定不再像以往那样需要数月以至一年的时间，而是可以在几个星期内或几天内完成。

由于具备了良好的衍射仪和计算方法，能够获得精确的衍射强度数据，从而可以测定晶体中电子密度的分布图。由电子密度分布可以得到晶体中化学键的信息，确定价键的类型，原子的球形度(sphericity)，每个原子上的总电荷数，以及相邻原子间的最小距离。目前根据电子密度分布图，测定了一些碱金属和碱土金属的卤化物和氧化物中的原子电荷和离子半径等数值。

2. 低能电子衍射(low energy electron diffraction，LEED)

在德维逊-革末(Davisson-Germer)早期的实验工作中，已经证明了电子具有波动性，当电子通过晶体时产生衍射现象。由于电子与原子之间的强相互作用，所以当能量较低的电子束(20～500eV)照射到单晶表面上时，电子能穿入晶格的深度是有限的，大约只能穿过几个原子的厚度。根据德布罗意方程 $\lambda = h/p = 0.1\times(150/U)^{1/2}$ nm，可以计算出这种低能电子的波长范围介于 0.05～0.5nm，相当于晶格中原子间的距离，式中 U 为入射电子的能量，以伏计。当低能电子垂直地入射到一个单晶表面上以后，有 5%～15% 的电子被弹性地散射回来，产生衍射现象，其衍射花样就直接反映了晶体表层原子排列以及表面结构。被衍射的电子束也遵守劳厄(Laue)定律：

$$h_1\lambda = a_1\sin\alpha_1$$

$$h_2\lambda = a_2\sin\alpha_2$$

即衍射电子的极大值是出现在跟入射电子呈 α_1 和 α_2 的角度处，式中 a_1 和 a_2 是表层晶格参数，h_1 和 h_2 为衍射的级数，是正整数。

可以用两种方法来检测在各个方向上出现的衍射电子：①用一种收集器探测衍射电子的强度，这种收集器是以伺服电机和计算机驱动和控制的，可以在空间任何角度上旋转，所测得的衍射束比较准确，但测量比较费时，对观测快速变化现象不适合；②用一种荧光屏来显示。用荧光屏来显示衍射电子的低能电子衍射仪的工作原理是：一束单色电子束[5～(500±0.2)eV]被聚焦在一个单晶试样的表面上，电子束的能量或波长可以用加速电压来加以改变和控制。被衍射回来的电子在一个不加外场的空间里飞行一段距离(约 7cm)之后，经过两个栅极被分成两部分，那些非弹性散射的电子被栅极所阻止，而弹性散射的那部分电子则被进一步加速，而后射在一个半圆球曲面形的荧光屏上，显示出衍射电子的强度分布图，从而反映了晶体表层原子结构的信息。当电子枪中的加速电压小于 75eV 时，电子束的能量较低，大多数电子被晶体表面反射回来，所得到的衍射图仅反映了表面原子排列的二维结构的信息。随着电子束能量的升高，电子可以穿过晶体表面以下几个原子层的厚度，例如，当电子束能量大于 150eV 时，衍射图就反映了靠近表面以下体相的三维结构特征。如果采用极薄的箔或膜作为试样，这样的衍射图也可以从晶体背后的观测窗观察到并拍摄下来。整个低能电子衍射仪的内部需要保持超高真空度，使其压力降至 1.33×10^{-7}～1.33×10^{-8}Pa，这样可以保证晶体试样表面不被环境中的气体分子所玷污。根据计算可知，假定气相中的分子一撞击到晶体表面上就被吸附的话，那么在 1.33×10^{-4}Pa 的真空压力下，原来洁净的晶体表面将在 1s 后就会被一层气体分子所覆盖；而在 1.33×10^{-6}Pa 的真空压力下，要使洁净的晶体表面覆盖上一层气体分子，则至少需要 10^2s 以上。在测定晶体的表面结构时，预先制备一个纯净的无损伤的单晶表面是很重要的，一般的切片和抛光办法是不可取的，由于这样做会造成几个微米深的粗糙的无结构的表面，所以必须采用氩离子轰击法或化学气相浸蚀法，来剥离被损伤或玷污了的晶体表面上的原子。

原则上说，可以从衍射图上的衍射光点的位置和强度来计算出晶体表层原子排列和结构的状况，但是由于多重散射、吸收、内场以及相对论效应等因素所造成的复杂性，使得定量的计算非常困难。一般是通过一些假设的表面结构模型来进行分析后，得到半定量的结论的。衍射图上的高强度锐点反映的是半径 50nm 范围内表层中平衡格点上原子的排列。如果晶体表层中有某些缺陷，如有空位、吸附或取代杂质，或有无序原子存在，则会使衍射光点弥散扩大，或出现其他衍射特征，如出现衍射条纹、图的背景强度增大、出现低强度的次级衍射点等。用单晶试样可获得点状分布的电子衍射图；多晶电子衍射图呈一系列同心圆，可以由衍射线环的半径、电子波的波长、衍射角等求得晶面间距 d，再根据各衍射线的强度 I，获得一组 d-I 数据，即可进行分析和鉴定。

X 射线只被原子中的电子所散射，而电子波还可能被晶体势场所散射，所以，轻原子(如氢)也可以像重原子一样散射电子波，而且同一种原子对电子束和 X 射线的散射能力也不同。原子对电子束的散射能力远远大于对 X 射线的散射能力，二者之比约为 $10^3:1$；而散射强度又与散射能力的二次方成正比，所以原子对电子束的散射强度与对 X 射线的散射强度之比约为 $10^6:1$，因此，低能电子束的散射截面比 X 射线的散射截面也大几个数量级。为了达到相似的可测量的衍射强度，电子衍射所照射的试样面积小于微米量级即可，而 X 射线衍射则需要 1mm 大小的试样。若用照相法记录衍射点或线时，电子衍射只要几秒钟，而 X 射线衍射则需要曝光数小时，因此，低能电子衍射可以得到反映晶体表层结构的高强度衍射图，即使这种表面结构是由不到表面原子总数(约为 10^{14} 原子/cm^2)的 5% ~10% 的原子所组成。低能电子衍射是研究晶体表面结构、变形、原子位移、表面吸附等微观现象的有力手段。

3. 离子探针微区分析(ion-probe microanalysis)

离子探针微区分析是在质谱分析的基础上发展起来的一种新的分析技术。其原理是用一束聚焦很细的加速了的离子束轰击试样，使它产生二次离子，随后分辨并测定二次离子的荷质比，可以辨认这些二次离子是由哪些组成元素产生的，从而达到分析试样化学组成的目的。离子探针微区分析的范围及深度和电子探针分析一样，是 1 ~3μm，但是它却可以给出试样表面几个原子层中的信息。借助一次离子束对固体表面原子一层层地剥蚀，离子探针可以很灵敏地探测出固体表面层的结构状况以及杂质沿表面深度的分布。例如，用离子探针分析法可以发现硅二极管 pn 结上有微量铝的富集。这个方法的灵敏度是 10^{-6}g 数量级。分析非导体固体材料时，可以使用负离子作为一次离子束。因此，这种分析手段应用的范围很广，它可以分析金属、合金、锈蚀了的金属表面、半导体、陶瓷材料、矿物等。

高能离子束轰击固体试样表面时，发生所谓溅射现象(sputtering)，从试样表面打出中性粒子、离子、电子和 X 射线。用质谱计对打出来的二次离子进行质量和能量分析，就组成离子探针微区分析仪，它很类似火花源质谱计。离子探针微区分析仪的工作原理是：将离子源所产生的一次离子束加速，使其能量升高到几个 keV 到数 MeV。用磁聚焦透镜调节离子束径后，轰击在试样表面，将所产生的二次离子引入质谱计，经过分析、放大之后，记录二次离子束流中的荷质比和相应的强度，便可以获得试样表面化学组成的信息。利用聚焦到直径为微米数量级的一次离子束在试样表面上作定向扫描，可以得到二次离子的横向二维扫描图像。利用溅射技术，可以对试样进行纵向的三维分析。由于是采用质谱分析，所以这种分析的定量程度要比光电子能谱类的能谱分析高得多。

一次离子多数采用 O^-离子及 Ar^+等气体离子，它们是由阴极产生的电子，激发其周围的气体 O_2 或 Ar，经过放电过程和磁场的作用，在阴极附近生成等离子体，在阴极和阳极间数百伏电压作用下，离子由阳极出射口射出，其亮度较高，约为 100 ~200A/cm^2 立体角，其能量宽度约为 10 ~ 20eV，因此，是一种单色能量的离子源，再经过静电透镜或磁透镜聚焦成微离子束，作用在试样表面的微区上。

入射到固体试样内的正离子，一种情况可能是不跟晶格中的原子发生激烈碰撞，仅在微弱碰撞中稍稍改变运动的方向而进入晶体内部，这种情况叫做沟道效应。另一种情况是从晶体中打出离子、原子和电子，这种情况叫做溅射现象。影响这种二次离子发射过程的因素有：一次离子的能量，固体表面的化学结构以及表面的温度等。二次离子的初始能量比较离散，由几个 eV 到数百 eV，要采用静电场和均匀磁场双聚焦型质谱仪，使二次离子经过方向聚焦和速度聚焦，汇聚于成像面狭缝上。探测二次离子束的强度可以用二次电子倍增管或离子探测器，经过放大器放大后，再用计数器或记录仪计量。二次电子倍增管的增益高，时间常数小，其探测极限可达 10^{-18} A。离子探测器的工作原理则是先将二次离子转换为二次电子，电子再作用于闪烁体转换为光，光输出到光电倍增管上进行检测。

离子探针微区分析仪上还可以附加二次离子图像显示系统，可以是扫描型的显示或摄像型的显示，图像的分辨率决定于离子束斑的直径，最高可以达 2μm。

6.2.6 波谱技术

1. 穆斯堡尔谱(Mossbauer)

穆斯堡尔谱是原子核对 γ 射线的吸收谱，其独特之处是发射源与吸收体应是相同的同位素核，否则无法满足共振吸收条件。试样中的吸收体核有自己的化学环境，使它的能级与发射核稍有不同。实验时让发射源与试样做相对运动，利用 Doppler 效应来补偿上述微小的能量差异，实现共振吸收。吸收处的相对运动速度(以 mm · s^{-1}计)直接用来度量这一能量差，称同质异能位移(或化学位移)，表征吸收核的化学环境。

这一技术主要受可用同位素不多的限制。除铁外，容易观察的元素还有锡、氙、碘、铕、金等。其中，铁和锡的谱线较锐，有可能根据同质异能位移区分价态。其余元素难以观察化学效应。因而实际应用的几乎仅限于^{57}Fe和^{119}Sn。频率测量的精确度允许分辨$10^{-4}\sim10^{-5}$ eV的超精细分裂。这种分裂是由核周围的电子分布作用于核四极矩产生的，称四极分裂。同质异能位移和四极分裂是穆斯堡尔谱的两个结构参数。

穆斯堡尔谱的主要应用是研究价态、局部对称性、电场梯度和磁化方向。同质异能位移显示价态和对称性。例如，石榴石$Y_3Fe_5O_{12}$中的四面体和八面体Fe^{3+}离子，以及尖晶石$Fe^{3+}[Fe^{2+}Fe^{3+}]O_4$中的四面体和八面体$Fe^{3+}$离子，各有不同的同质异能位移。四极分裂的数值正比于核四极矩与核处电场梯度的乘积。Fe^{3+}的四极分裂甚至小于Fe^{2+}的，使这两种常见价态更易鉴别。当试样存在长程有序时，作用在核上的有效内磁场使能级发生Zeeman分裂，可以观察到谱线分裂。当试样磁化后，磁化强度与入射γ射线的夹角影响穆斯堡尔谱线的强度。对单晶试样，研究强度的角度分布可以得到自发磁化的方向。

2. 核磁共振波谱(nuclear magnetic resonance spectroscopy, NMR spectroscopy)

某些元素的原子核也像电子一样，具有磁性。在强磁场存在的情况下，它的能量也可以分裂成几个量子化的能级。原子核再吸收适当频率的电磁辐射，可以在上述产生的磁诱导能级间发生跃迁，就像电子吸收紫外-可见辐射发生能级跃迁那样。

原子核的磁量子能级间的能量差为$10^{-3}\sim10^{-5}$ eV，相当于频率在1～100MHz(波长为3 000～3m)范围内的电磁辐射，这种辐射属于电磁波谱的射频(radio frequency)部分。而对于电子来说，其磁能级差要比原子核的大得多。所对应的电磁辐射能量是在频率为10 000～80 000MHz(波长3～0.375cm)的范围内，是属于电磁波的微波部分(micro wave)。

研究原子核在强磁场作用下对射频辐射的吸收是核磁共振谱的任务，研究电子在磁场中对于微波辐射的吸收则属电子自旋共振(electron spin resonance)或电子顺磁共振(electron paramagnetic resonance)波谱范畴，这两种实验技术都是测定物质的化学组成和结构的有力工具。

原子中具有自旋量子数I和磁量子数m的粒子，在磁场中的能级由下式决定：

$$E=-\frac{m\mu}{I}\beta H_0$$

式中，H_0是外加磁场强度(以高斯Gs为单位)；β是一常数，叫做核磁子，等于5.049×10^{24} erg · Gs^{-1}；μ是以核磁子为单位来表示的粒子的磁矩，例如，电子的μ值为$-1\ 836$核磁子，质子的μ等于2.792 7核磁子，对于具有不同自旋量子数和磁量子数的粒子，可以具有几个能量各不相同的能级。像其他类型的量子态一样，从低磁量子能级向较高能级的激发，可以通过吸收相当于能级差 ΔE 的能量为 $h\nu$ 的辐射光子来实现，即 $\Delta E=h\nu=\mu\beta\frac{H_0}{I}$。核磁共振中常用的外加磁场强度 H_0 约为 10^4Gs，因此，对于质子而言，将它激发到较高的磁量子能级时，需要吸收的电磁辐射频率为：

$$\nu=\frac{2.79\times5.05\times10^{-24}\times10^4}{6.6\times10^{-27}\times\frac{1}{2}}\approx4\times10^7\,\text{Hz}$$

这样的频率是在射频范围内。

在各类吸收光谱中，测量试样对辐射的吸收都是采用消光法，即测量通过试样后的辐射功率的衰减量。但是在 NMR 中，因为吸收的辐射量很少，以致难以准确测量其衰减量，因此，是采用测量与吸收有关的正信号数值的办法。就 NMR 的仪器结构而言，从理论上说，可以将试样置于一固定强度 H_0 的磁场中，用连续改变着频率的辐射进行扫描，测量所得与吸收有关的正信号的变化(扫频法)。但是在实际上这种扫频法是难以实现的，因为制造一个频率高度稳定而又可以作微小连续变化的射频振荡器是很困难的。但是制造一个强度稳定而又均匀的磁场，并使它作连续的细微的改变却是非常容易做到的。因此，在 NMR 波谱仪中，是使射频振荡器的频率保持恒定，而连续改变磁场的强度 H_0，用 H_0 作为 NMR 波谱的横坐标，即所谓扫场法，因为对于给定的原子核，其共振频率与磁场强度成正比关系，用扫场法测定吸收信号随磁场强度的变化，也可以得到 NMR 波谱。

NMR 波谱仪有一个场强约为 14 000Gs 的大磁铁，所产生的磁场必须是稳定的和均匀的，在整个试样区内，磁场强度的差别不大于 10^{-3}Gs，在磁铁的中心放置一对与磁铁平行的线圈，通过改变流过线圈的直流电流，可以使有效磁场改变几百毫高斯，而同时仍保持整个磁场的稳定性和均匀性，磁场强度可以自动地随时间而线性地改变着，这种线性的改变又和记录仪的走纸驱动马达同步，一台 60MHz 的 NMR 波谱仪，它的磁场扫描范围为 100Hz(相当于 235MGs)。由射频振荡器发出的信号被馈入一对与磁场成 90°的线圈中，从而产生一束面偏振的辐射，其频率要求能长时间恒定不变。经过核谐振吸收后的射频信号用一个围绕着试样并和射频源线圈垂直的线圈加以检测，经过放大后加以记录，试样是放在一支细玻璃管中，试样管还受气体涡轮的驱动，每分钟旋转数百转，这样可以减少磁场不均匀性可能造成的影响。

每一种核都应有一个特征的 NMR 吸收峰，但是当它处于不同的化学环境中时，它的吸收频率有微小的差别。例如，$\equiv$CH 基、亚甲基$=CH_2$ 和甲基$-CH_3$中氢原子的 NMR 吸收频率各不相同，这叫做化学位移。同一原子在不同的价态和不同的局域环境中产生不同的化学位移，而且核自旋与相邻接的耦合在不同的环境中也产生各不相同的 NMR 精细结构，所以 NMR 波谱常用于确定物质中元素的价态和它的局域环境，确定各原子间的距离，确定材料中的分子状原子簇。NMR 波谱与其他实验手段结合起来使用，可以用于测定有机物的组成结构。NMR 波谱的应用还有三个局限性：①试样必须是对射频辐射透明的，因此，它只适用研究非金属、粉末状金属、海绵态金属以及金属薄膜；②试样中心必须包含有大量等同的晶格点，从而能产生足够的 NMR 信号；③试样中必须有自旋的核。NMR 的灵敏度取决于磁场的均匀性，并要求试样不能含有能产生磁共振的杂质。

3. 电子自旋共振波谱（electron spin resonance spectroscopy，ESR spectroscopy）

电子自旋共振又叫做电子顺磁共振（EPR）或电子磁共振（EMR），是以磁场对分子、原子或离子中所含未成对电子的作用所引起的磁能级分裂为基础的，自旋电子所产生的磁矩几乎比质子的磁矩大 1 000 倍，因此，在某一给定的磁场中，电子的磁量子能级共振时所吸收的电磁辐射的频率也高得多。例如，在 10^4Gs 的磁场中，电子磁共振的吸收频率 ν 为 27 794MHz（波长为 ~10^{-1} cm），相当于微波波谱的范围。

ESR 波谱仪是由一个具有 3 500Gs 强度的电磁铁和一个可以在小范围内可变磁场的扫描线圈所组成，试样放置在磁铁中心的微波腔中。微波辐射源是一个 Klystron 管，它以大约 9 500MHz 的恒定频率发送微波。像前述的 NMR 波谱仪那样，ESR 波谱仪也是采用精细地改变磁场强度的办法（场扫描法）来记录共振信号波谱的。

ESR 波谱只能用于研究具有自由基和含有不成对 d 和 f 电子的金属离子的化合物，用于研究三重态电子分子以及固体中的某些点缺陷（如 F 色心等），ESR 已广泛地用来研究由自由基进行的化学反应，用于研究过渡金属配合物的结构。但对固体而言，ESR 只限于研究含有低浓度顺磁离子的单晶试样（$1mm^3$）。

例如，在固体化学中可以用 ESR 波谱来确定 CdS 晶体中的杂质铬离子的价态，并确定它在晶体中是取代四面体顶点上 Cd^{2+} 的位置，还是进入间隙位置。结果表明，铬是以 Cr^{2+} 的形式存在于具有稍稍变形的八面体对称的间隙位置上。用 Mn^{2+} 离子作探针，使它掺杂在 CdS 中取代 Cd^{2+} 的位置。加压可以使 CdS 转变为岩盐结构，这种岩盐结构的高压物相当冷却到液 N_2 温度时，即使在常压下也能存在。这种物相转变，可以用 ESR 波谱观察到。需要用一个 S 态离子作探针。Mn^{2+} 的基态为 ^6S，它既不被晶体场分裂，也不被自旋轨道耦合所分裂。但是晶体的共价键成分的多少却对它的超精细分裂（-75G）有很大的影响，也就是说 Mn^{2+} 处于八面体或四面体位置对于超精细结构影响很大。当在加压下 CdS 形成具有岩盐结构的新物相时，转变成粉末状，超精细结构的细节不能分辨，但是可以观测出在 -80℃ 时，CdS 由岩盐结构转变为纤锌矿结构。将 Gd^{3+}(^8S) 掺入钙钛矿型化合的 $SrTiO_3$ 和 $BaTiO_3$ 中，也可以起到与上述相似的探针作用，以确定这类化合物的铁电性转变。

在这里我们还要顺便介绍一下电子和核的双共振技术 (electron - nuclear double resonance, ENDOR)，这是把 ESR 与 NMR 结合在一起的一种实验技术，它可以很好地分析精细结构和超精细结构，解决 ESR 难以解决的问题。

在 ESR 波谱仪中是在垂直于恒磁场 H_0 的方向上加上一个弱的微波电磁场 H_1，由于微波场很弱($H_1 \ll H_0$)，所以各能级间的粒子数基本上保持在它们的热平衡值附近，没有受到严重的干扰，能级本身没有受到修正。但是在 ENDOR 中，是在垂直于 H_0 的方向上加上两个电磁辐射场：一个是微波场，用它激发电子自旋跃迁；另一个是射频辐射场，用它来激发核自旋跃迁，它的功能是产生抽运跃迁，所以称它为电子核双共振。和 ESR 的另一不同点是，不是用弱的微波场而是用强的微波场作电子抽运，使较高能级的电子集居数出现部分饱和状态。两个相应的 ESR 跃迁能级间的电子集居数可以用射频激发来加以改变，这个射频场引起精细结构能级之间的 NMR，从而解除高能级的饱和状态，使 ESR 再现，然后通过核磁跃迁观察 ESR 跃迁强度的增强。所以 ENDOR 方法既不同于通常的 ESR 法，也不同于通常的 NMR 法，因为观察的并不是 NMR 信号，而是在发生 NMR 时，ESR 信号的变化。

ENDOR 已经成功地用于解决半导体中 F 色心和施主原子俘获电子的超精细结构，这种精细结构可以提供有关俘获中心近邻点对称性的信息，可以辨认顺磁中心周围的核并且确定它们的位置。ENDOR 特别适合于研究绝缘固体中顺磁中心近邻的结构，可以用光子照射、热处理或用顺磁性杂质掺杂等方法，在反磁性晶体中产生这类顺磁中心。例如荧光材料、固体脉塞、掺杂半导体等材料中都包含有这类顺磁中心，用一般的 X 射线衍射等结构分析方法，是不可能研究顺磁中心以及其周围的结构的。因为这些顺磁中心的密度低和具有不规则的原子排列，此外 X 射线也无法辨认一些等电子结构的离子，如 O^{2-} 和 F^- 等。

曾用 ENDOR 技术深入地研究过掺杂顺磁性稀土离子 Ce^{3+} 或 Yb^{3+} 的 CaF_2 晶体，由于 Yb^{3+} 离子比 Ca^{2+} 离子小一些，使得杂质 Yb^{3+} 离子周围的 F^- 离子更靠近 Yb^{3+} 离子，造成大约 0.003nm 的偏移；同时 Yb^{3+} 取代 Ca^{2+} 的多余一个正电荷，需要电荷补偿，一个可能的补偿机制是在间隙位置上添加一个 F^- 离子，ENDOR 波谱可以很清楚地证明上述晶体中的结构畸变和电荷补偿电子。

4. 电子吸收光谱(electronic absorption spectroscopy)

在分子中，包括原子的运动能量，如核能 E_n、原子质心的平移能 E_t 和电子运动能 E_e 等，还包括原子间的振动能 E_v、分子转动能 E_r 和原子团之间的旋转能 E_i，可以近似地把分子整体的能级 E 写成：

$$E=E_e+E_v+E_r+E_n+E_t+E_i$$

在一般化学反应条件下，E_n 不发生变化，E_t 和 E_i 都比较小，分子的能级主要是由电子-振动-转动能级构成，即：

$$E=E_e+E_v+E_r$$

所以说可以把分子的能量分为三部分：分子中电子的运动，组成分子的原子的振动，以及分子的转动。这些能级都是量子化的，当分子由较低能级 E 跃迁到较高能级 E'时，所吸收的辐射频率为 ν，则：

$$\nu=\frac{E'-E}{h}=\frac{\Delta E_e}{h}+\frac{\Delta E_\nu}{h}+\frac{\Delta E_r}{h}$$

电子能级之间的差 ΔE_e 为 1～20eV/mol；同一电子状态时不同振动态之间的能级差 ΔE_v 为 0.05～1eV/mol；同一电子状态和振动状态时，不同转动状态之间的能级差 ΔE_r 为 0.05～0.004eV/mol。当以一定能量的电磁辐射照射试样分子，而其能量值恰好相当于分子的基态和某一激发态之间的能级差时，就会发生光的吸收，得到分子光谱。

相应的分子光谱包括电子光谱、振动光谱和转动光谱。当用能量很低的波长为 25～500μm(波数为400～20cm^{-1})的远红外线照射时，只能引起分子转动能级的跃迁，得到的是远红外转动光谱，当用波长为 2.5～25μm(波数为 4 000～400cm^{-1})的中红外线照射时，可以引起振动能级的跃迁(同时伴随有转动能级的变化)，得到振动-转动光谱，只有用紫外-可见光照射时，才能引起电子能级的跃迁，得到电子光谱。

现代光谱仪一般可在紫外(200～400nm)、可见(400～800nm)光的波长范围内工作，有些光谱仪还包括近红外(800～3 300nm)区，其对应于电子光谱，通常前者称为紫外-可见光谱仪，后者称为紫外-可见-近红外光谱仪，吸收峰的位置对应于允许跃迁的能量(能级差)。允许跃迁一般是能引起电偶极矩发生变化的跃迁，因而与生色中心的局部对称性有关。用偏振的入射光研究单晶试样，对归属谱带很有帮助。用能量较高的光激励后，可观察发射光谱，包括荧光和磷光光谱，这是对吸收光谱的有用补充。

在光学透明基质晶体中掺杂过渡或稀土金属离子，常在可见区及靠近可见区的近红外或紫外区观察到中心离子谱带。这种谱带的数目，位置和强度决定于晶体场的强度和对称性，在评价激光器用基质晶体时，研究由静态或动态 Jahn-Teller 畸变引起的谱带分裂和展宽是有实用意义的。有趣的是，原子间距对晶体场光谱有显著影响。红宝石(Al_2O_3，Cr^{3+})是红色的，而同晶型的铬石

Cr_2O_3 是绿色的。它们的区别仅在于铬石中的 Cr-O 距比红宝石中的大 4%。较大的原子间距使晶体场变弱，中心离子的轨道分裂变小，吸收谱带移向长波长方向，晶体场计算表明 4% 的原子间距变化已足以说明颜色的差异。许多二价态铅盐的颜色与涉及 $6S^2$ 孤对电子的跃迁有关。

在可见或近紫外区，常能观察到分子型晶体中涉及芳烃 π 电子以及羰基或类似生色基非键电子的跃迁。许多无机晶体在这一波段能观察到电荷转移跃迁。I_2 配合物的深棕色、电气石的多色性、许多混合价氧化物（如 Fe_3O_4）的深色都来自电荷转移跃迁。

在半导体研究中除杂质的局部对称性外，带隙也能用光谱研究。在这类研究中常施加一个外电场，以解除简并度，并使偏振光相对于外场方向转动，以利于谱带的归属。用这样的方法可以测定导带边至表面态的能隙。如果电子跃入一个 p 型区（或反之），直接的电子-空穴复合引起发光。而存在于禁隙内的表面态提供另一种空穴-电子复合的非辐射途径，不引起发光。因此发光强度随表面态相对能带边的位置变化，外场可以改变这种相对位置。

无色的纯碱金属卤化物晶体在碱金属蒸气中加热或通过辐射损伤，可以产生 F 色心（在负离子空位处的俘获电子）和其他吸收性缺陷。F 色心内非球形分布分子的取向可以观察谱带随光的偏振面改变来检测。

不透明固体，或固体粉末，可以观察反射光谱。反射谱与吸收谱是类似的，但谱带的强度规律尚待查明，这给光谱的解释带来很大困难。

紫外、可见光谱可用于定性分析，但更多的是用于定量分析，用于定量分析的基础是朗伯-比尔定律。分析一张紫外、可见光谱图应注意的是谱带的位置、强度和形状。

5. 分子振动波谱

分子振动波谱包括红外光谱（infrared absorption spectroscopy）和拉曼光谱（Raman spectroscopy）。前者为吸收光谱，而后者为散射光谱。它们的检测对象相同，即分子的振动；检测结果具有互补性。

当用红外辐射去照射物质时，可以使其中分子的振动能级由 E_v 升高到 E_v'，ΔE 为：

$$\Delta E = h\nu = E_v' - E_v$$

研究不同频率的红外辐射被试样吸收后所得到的辐射能量（或强度）随频率的分布，就是红外吸收光谱，光谱中的吸收峰反映了分子中某些振动能级的变化，拉曼光谱则是指用高强度汞弧灯辐射照射试样在分子中产生的散射光谱。当一束频率为 ν_0 的单色光照射在试样上时，在与入射光垂直的方向，可以检测到有散射出来的光，其中一部分散射的频率与入射光相同，是由于光子与分子之间的弹性碰撞产生的；另一部分散射光的频率 ν 和入射光的频率 ν_0

不同，相差 ν_v：

$$\nu=\nu_0\pm\nu_v$$

这是由于入射光子与分子之间发生了非弹性碰撞，频率为 ν_0 的入射光在固体试样中引起了振动能级的跃迁，光子得到或损失一部分能量相应于 ν_v，在散射光束中就产生频率 $\nu_0\pm\nu_v$ 的拉曼光谱，如果用高分辨率光栅分光，得到的是一根根的分离的谱线，频率的改变 $\pm\nu_v$，也相应于分子中能级的变化。

红外光谱反映了物质内部分子运动的状态，是研究物质的化学组成和分子结构的有力工具。

通过对于双原子分子谐振模型的量子力学分析和对多原子分子的正则振动以及能级的理论分析，可以找到一些分子结构和分子光谱之间关系的规律。但是对于较复杂的分子，这种理论分析十分困难。因此，可以用经验规律来解决复杂化合物的结构分析问题。

经验地归纳和对比各种化合物的红外吸收光谱，发现具有相同化学键或官能团的化合物，它们的吸收峰的频率也近似，这些频率就是这类化学键或官能团的特征吸收频率，反映它们的振动-转动能级跃迁。然而，同一基团的特征频率及强度在不同的化合物分子中和外界环境中并不完全相同，而常常有一定的位移和变化，这是由于不同分子内部存在着不同的诱导效应、共振效应、键角变化、空间效应、氢键形成等因素。根据物质的红外光谱特征频率，既可作化合物的定性分析和定量测定，也可以作化合物的结构分析。

红外光谱是鉴定固体物相的有效手段。它要求对试样的处理比较简单，可以用粉末状多晶体作试样。目前有各种型号的商品红外光谱仪提供，它们都有电子计算机控制，收集、处理数据一体化。

不太熟练的人可以利用红外光谱去辨认固体材料中的分子组元。例如，可以根据特征吸收谱峰去确认玻璃中含有的氢氧基或残留的碳酸根和硫酸根；发现发光材料 CsI：Tl 在大气中存在后发光强度显著降低的原因，是由于晶体中吸收了 OH^-，CO_3^{2-}，NO_2^- 和 NO_3^- 等；阳离子的一级配位数在红外光谱中也反映出来，因此，可以用红外光谱准确地测定结构简单的氧化物和氟化物中的配位数。

熟练程度较高的人可以借助群论去预测多晶结构转变或有序-无序转变时的光谱行为。例如，一个完全有序的正尖晶石具有四个特征红外活性峰和五个拉曼活性线；但是一个无序的反尖晶石，虽然也表现出同样数目的吸收峰，但是有频率位移。

红外光谱也是研究表面化学的有效手段，广泛地用于确定固体表面上的物种。例如，在研究铂、钯、镍、铜上吸附的一氧化碳时，测得 1 800 ~ 2 100cm^{-1}范围内的吸收带和一些过渡金属羰基配合物的吸收带相似，因此，可以认为在上述金属表面上，CO 和金属原子结合，生成了线状结构的 O ═C—Pd；或 CO 同时与两个金属原子结合，形成桥式结构的 O ═CPd_2。

固体表面上往往有许多凸面、侧边、台阶、尖角以及晶粒间界等，在这些位置上的吸附分子所表现出的红外光谱比较复杂，往往难以解释，现在可以采用红外反射光谱，以及配合以低能电子衍射、光电子能谱等技术，可以获得更多的表面化学信息。

在晶体结构中往往获俘有外来杂质分子，这种情况在矿物中特别普遍，因为许多硅酸盐具有开放结构，有许多容积足够大的笼子和通道，可以容纳水分子、二氧化碳和稀有气体等分子。用化学分析发现宝石状的绿柱石 $Be_3Al_2Si_6O_{18}$ 总是含有>1% 的水分，用红外吸收光谱也证明其中确实俘获有水分子，铯榴石 $CsAlSi_2O_6$ 的铝硅酸根结构中也松弛地键合有一些水分子，它的红外光谱中在 2.7μm 处显示出有一个强吸收峰，是由 O—H 伸缩振动所引起的。

对于分子振动，当它们从正常稳定的基态跃迁到第一激发态时，所吸收的能量，称之为基频吸收。在化学领域中，基频吸收的范围在中红外区（4 000 ~ 200 cm^{-1}）。实际上，分子振动并不是严格谐性的，随着能级的增加，能级间的间隔越来越小，因此，从基态到第二、第三激发态的跃迁也是可能的，这时的能量吸收被称之为倍频吸收。在另一场合下，当一个光量子的能量正好严格等于两个基频跃迁的能量之和时，更具体地称之为和频吸收；等于两个基频跃迁的能量之差时，称之为差频吸收。除了基频、倍频与和频吸收外，分子振动还有不同的模式，如沿着键的方向的伸缩振动、垂直于键的方向的弯曲振动（变形振动、面内摇摆振动、面外摇摆振动、扭绞振动……），等等。

在反映分子的振动和转动这一点上，拉曼光谱和红外光谱是相同的。但是二者的机理和实验方法却很不一样，拉曼光谱所用的试样必须是无色透明不产生荧光的液体或大的单晶体，所用的光源是单色可见光（如汞蓝线 435.8nm），在与入射光束垂直的方向记录经过单色仪色散的散色光。在用胶片照相法或探测器记录下来的散射光谱中，可以观察到有一条是频率与入射光相同的散射母线，在母线的两侧对称分布着两条较弱的散射线，即拉曼谱线，其中频率为 $\nu_0-\nu_v$ 的一条线相当于光子把部分能量传给分子，使其振动能级激发；另一条的频率 $\nu_0+\nu_v$，相当于光子与已经处于振动激发态的分子碰撞后，得到了分子回至振动基态所释放出的一部分能量。因此，拉曼位移 ν_v 值就反映着分子中某些化学键或官能团的特征振动谱线，通过它也可以研究分子的组成和结构。过去由于拉曼光谱对试样的要求苛刻，谱线很弱，探测记录都有困难，应用不广泛。但是自从可以使用强度很高，单色性能好的激光作为光源，使得拉曼光谱技术获得了新的发展，激光拉曼具有许多优点：①光源强度高，散射光的强度也相应的高，记录所需时间较短；②光源单色性好，激光谱线宽度可窄到 0.005cm^{-1}，所以可以获得拉曼散射谱线的宽度和精细结构的准确数据，谱线也比较简单，易于分析。

测定拉曼光谱中谱带的展宽，可以确定固溶体相区的组成变化、检查化学整比的改变，因为当组成偏离简单整数比时，振动的对称性降低，会引起拉曼光谱带的变宽。例如，用粉末拉曼光谱可以精确测定 $LiNbO_3$ 中偏离化学整比不到 0.5% 的变化。

对于固体材料中分子不同的振动或转动模式，拉曼光谱与红外光谱的活性是不同的，也可互为补充。对于低对称性分子，易产生偶极矩的变化，红外光谱有强谱带，这对于极性分子或取代基团的分析有利。对于高对称性的分子，易产生诱导偶极矩的变化，拉曼光谱有强谱带，这对于非极性分子或取代基团的分析有利。

在拉曼光谱与红外光谱中，分子的概念应理解为分子或组成分子的各个基团。

6.3　组成和纯度表征

一种纯固体物质的组成分析，包括该物质主要成分含量的测定、物相的确定、其中所含杂质原子的种类和含量的测定等。除了常规的化学分析法、原子光谱法、X 射线衍射分析法之外，还需要一些特殊的分析手段。例如，文献中常常报道有所谓 5 个 9 或 6 个 9 纯度的材料的，它们多半是用电阻率测定法并补充以原子发射光谱法来确定的，这样得到的组成分析的结论是值得怀疑的，因为发射光谱法的灵敏度对多数元素而言仅仅是 $10^{-5}\sim10^{-6}$g 数量级，要想得到全部杂质含量$<10^{-6}$g 数量级的材料组成分析的准确结果，必须采用灵敏度和精度范围 $10^{-9}\sim2\times10^{-8}$g 数量级的分析方法。这样的分析测定工作，要求高、难度大，而且相当费力费时。

例如，巴黎的国家科研中心实验室(CNRC Lab)的阿尔勃特曾对经过区熔精制的铝中的杂质做过全分析，试样是用高灵敏度中子活化法，配合以放射化学分离步骤，分析了其中 60 多个元素以及稀土元素的个别含量，其中碳、氧和氮的含量是用光致核激发或带电粒子激发的方法测定的。整个分析过程先有四个人合作工作了 12h，一个人继续工作 9d，另一个人工作两周以分析其中的稀土元素，将测得的每个杂质的含量加起来(其中许多元素含量仅仅是 1～10ng)，才可以确定这种金属铝中杂质总含量小于 2×10^{-6}g 数量级，纯度还不到 6 个 9。由此可以想见高纯固体物质分析工作之难度。

化学纯度在固体化学中是一个重要的标准。对化学纯度重要性的认识促使人们投入大量精力去扩展常规的纯化方法、开发新的纯化方法。然而实际上没有任何一种技术会适用于所有的纯化问题。究竟采取何种方法取决于所要纯化物质的性质和所要除去的特定杂质。纯化技术有物理方法和化学方法，物理方法包括升华、挥发性杂质的蒸发、从熔体中的重结晶、液体萃取及色谱法。化学方法包括离子交换、液体或固体的电解以及利用化学反应的纯化。固体纯化最重要的物理方法是区域精炼，此法是基于杂质在固相和液相中的溶解度不同。下面我们将简单地介绍用于分析化学组成的方法：第一类技术是要求先将试样分解并溶解，然后测定溶液中各组分离子的含量；第二类分析技术是可以直接用于分析固体试样，并不需要预先处理样品；第三类技术是可以提供固体材料的化学结构的信息以及关于元素在固体中的位置和固体表面状况的信息。

6.3.1 化学分析

化学分析是指经典的重量分析和容量分析。重量分析是根据试样经过化学反应后生成产物的质量来计算试样的化学组成的。早期的原子量测定多数是用质量法，分析的精确度可高达0.001%。容量法是根据试样在反应中所需要消耗的标准试液的体积。容量法既可用于测定试样的主要成分，也可用于测定次要成分，其精确度一般是0.1%~0.01%。经典的化学分析之所以具有相当高的精确度，是因为人们可能从反应的理论平衡计算去确定系统误差，也因为最后称重的反应产物是准确无误的，并不需要校正。

经典的重量或容量分析步骤，是基于水溶液或液相中的化学反应之上的，因此称为湿法化学分析，以区别于现代的仪器分析。但是如果我们仔细考察一番的话，就会发现，除了少数例外，几乎没有任何仪器分析方法不利用经典的分析方法去为它们仪器的标定准备标准试样的。

容量法的关键在于确定反应的终点，经典的容量法是靠目测指示剂的变色来确定反应终点的。现在则可以用电势法、分光光度法、荧光光度法和量热法等确定反应终点。这样容量分析就可以自动化和计算机化。容量法可以为许多材料的主要成分或微量成分的分析提供一些有选择性的和灵敏度较好的分析方法。

一个纯物相中由于存在有杂质和本征缺陷，其组成偏离化学整比的程度大约是$\leqslant 10^{-3}$，在这种情况下，用一般的化学分析法是难以确定的。

但是某些非整比化合物可以看做是具有不同价态离子组分的固溶体。例如，$ZnO_{1-\delta}$可以看做是$Zn^{2+}O$和微量Zn^{0}的固溶体；$FeO_{1+\delta}$可以看做是$Fe^{2+}O$和$Fe_2{}^{3+}O_3$的固溶体。这类氧化物的偏离整比性可以由测定其中不同价态离子的浓度来确定。可以在隔绝空气的条件下，将试样溶解，用滴定法或分光光度法测定其中微量离子组分的浓度。如果在溶样时或在溶液中，那个微量组成不稳定，如 $ZnO_{1-\delta}$和 $CdO_{1-\delta}$中的微量金属锌和镉在溶液中不稳定，则可以改变一下测定方法。可以在溶解试样时，在溶液里同时加进一些标准的硫酸铁溶液，它将氧化试样中微量的金属，然后用硫酸铈溶液滴定溶液中被还原了的亚铁离子的量。还有一个巧妙的测定 $ZnO_{1-\delta}$ 中微量锌的电化学分析法，是将 $ZnO_{1-\delta}$做成一个电极浸入酸中，用铂作为另一电极，在 ZnO 电极上加一正电位以阻止 H_2 的产生，使 ZnO 慢慢地溶解，在这种装置中，可以测定 Zn 在电路中产生的电流，通过线路的库仑数就表示溶解了的 Zn 的当量数。

6.3.2 原子光谱分析法

原子光谱分为吸收光谱与发射光谱。原子吸收光谱是物质的基态原子吸收光源辐射所产生的光谱。基态原子吸收能量后原子中的电子从低能级跃迁至高能级，并产生与元素的种类与含量有关的共振吸收线。根据共振吸收线可对元素进行定性和定量分析。原子发射光谱是指构成物质的分子、原子或离子受到热能、电能或化学能的激发而产生的光谱。该光谱由于不同原子的能态之间的跃迁不同而异，同时随元素的浓度变化而变化，因此可用于测定元素的种类和含量。

原子吸收光谱的特点是：

(1)灵敏度高。绝对检出限量可达 10^{-14} g 数量级，可用于痕量元素分析。

(2)准确度高，一般相对误差为 0.1% ~0.5%。

(3)方法简便，分析速度快。可不经分离直接测定多种元素。

其缺点是，由于需逐个测定样品中的元素，故不适用于定性分析。

原子发射光谱的特点是：

(1)灵敏度高。绝对灵敏度可达 10^{-8} ~10^{-9}g 数量级。

(2)选择性好。每一种元素的原子被激发后，都产生一组特征光谱线，由此可准确无误地确定该元素的存在，所以光谱分析法仍然是元素定性分析的最好方法。

(3)适于定量测定的浓度范围小于5% ~20%。高含量时误差高于化学分析法，低含量时准确性优于化学分析法。

(4)分析速度快，可测定多种元素，且样品用量少。

6.3.3 分光光度法(spectrophotometry)

吸收分光光度法是应用最广的分析溶液的方法之一，许多生产和研究部门的例行分析大部分是用分光光度法完成的。它具有很好的选择性和灵敏度以及较高的准确性，它既可以用于微量以至痕量的杂质成分的分析，也可用于进行常量的主要成分分析。吸收分光光度法是测定试样溶液对紫外和可见区的单色辐射的吸光度随波长的变化。各种无机物和有机物在紫外和可见区都有吸收，一些非吸收成分也可以用适当的化学处理使其转化为有吸收的物质，即利用某些试剂，特别是一些螯合剂，与待测成分进行成色反应，而形成有色化合物。当某些成色反应对某种待分析成分并不特征时，可以适当地调节溶液的 pH 值或者添加适当的掩蔽剂以消除干扰离子的影响，使成色反应具有选择性。最近发展起来的多元配合物的分光光度法和双波长分光光度法等进一步提高了一些直接分光光度测定的选择性。当然也可以采用预先分离和富集的办法，但是这样做会给检出极限带来一定的限制，对于一些最灵敏的分光光度方法，其检出极限约为 5 ~ 20ng，一些高纯物质中的 10^{-6} ~ 10^{-9} g 数量级的微量杂质，经常还需要利用分光光度法来测定。

6.3.4 特征 X 射线分析法

特征 X 射线分析法是一种显微分析和成分分析相结合的微区分析，特别适用于分析试样中微小区域的化学成分。其原理是用电子探针照射在试样表面待测的微小区域上，来激发试样中各元素的不同波长(或能量)的特征 X 射线(或荧光 X 射线)。然后根据射线的波长或能量进行元素定性分析，根据射线强度进行元素的定量分析。根据特征 X 射线的激发方式不同，可细分为 X 射线荧光光谱法和电子探针 X 射线微区分析法。

1. X 射线荧光光谱(X-ray fluorescence spectrometry)

利用能量较高的 X 射线来照射试样，所产生的 X 射线叫做 X 射线荧光。使用晶体分光器对由试样中产生的 X 射线荧光进行分光并测量其强度，就得到试样的 X 射线荧光光谱，可以根据它来确定试样中组成元素的含量。

X 射线荧光光谱的特征谱线的波长只与元素的原子序数有关，而与激发用的 X 射线能量无关。例如，元素的 X 射线荧光光谱中的 K_α 谱线的波长，与元素的原子序数 Z 之间有如下的关系：

$$\lambda \approx 130\ (\mathrm{nm})/Z^2$$

而谱线的强度与元素含量有关。从而，由谱线的波长和强度便可确定试样中所含的元素及其含量了。试样可以是固体(单晶或粉末)，也可以是液体。进行定性分析时，常借助于所用分光晶体的 Q-λ 换算表以求出各谱线的波长。因为同一元素的同系列特征谱线(如 K_α 和 K_β，L_α 和 L_β，$L_{\beta2}$，…)同时产生，因此，可以根据这几根同系列的谱线，对相应元素作准确的辨认。在做定量分析时，常采用单线条对比法，即将试样中某一元素的某根特征谱线的强度与标准试样的同一根谱线的强度进行对比，以确定该元素的含量。若有其他元素对于待测元素谱线的影响，可以采用同样含量配比的已知试样作工作曲线的办法。

这种方法可用于测定试样中的主要成分和次要成分，分析灵敏度一般是 $2\times10^{-4}\sim2\times10^{-5}$ g 数量级。如果对试样预先进行分离富集，灵敏度可以提高到 $10^{-5}\sim10^{-6}$ g 数量级，最高可达 10^{-7} g 数量级。其分析准确度可达 0.5% ~ 0.1%，可以和湿法化学分析的准确度相比拟，优于其他仪器分析。

X 射线荧光光谱法的特点在于：①可以对试样作无损伤分析；②除了原子序数小于 10 以下的元素外，大多数元素都可以用 X 射线荧光光谱法分析，特别是用于化学性质相似，难以分离的元素的分析，如铌和钽、锆和铪以及稀土元素等；③这个方法使用的试样量很少，因此，可以成功地应用于测定从单晶上分割下粉末中掺杂元素的含量，以求出晶体中的扩散系数。

这个方法可以用于分析金属、合金、矿石、熔渣、催化剂、空气中污染粉尘等等。

2. 电子探针 X 射线微区分析(electron-probe X-ray microanalysis)

将 X 射线荧光光谱分析加以改进，可以发展成为一种电子探针 X 射线微区分析。这是用聚焦到直径约为 1μm 的电子束来激发试样，使其中的组成元素产生特征 X 射线光谱，然后分析光谱的波长和强度，从而得到关于固体试样中各微区内的组成元素及其含量，了解组成元素在固体材料或器件中分布的情况。测定的组分的浓度可低至 0.1% ~ 0.01%，分析误差在 3% 以内，测定的固体试样的微区面积和深度均为 1 ~ 3μm。

商品型的电子探针微区分析仪已广泛使用，并成为一种例行分析手段。这种分析仪的工作原理是一个能产生高能和能量范围较窄的电子束的电子枪，所产生的电子束经过聚焦磁透镜，束流截面直径可以汇聚到 $<1\mu m$，随后撞击在试样靶上，被分析的试样要抛光成光学镜面，必要的话，还要蒸镀上一层导电薄膜，以消除空间荷电效应。当电子束撞到靶上，就产生一些表征试样中所含元素的特征 X 射线，经过多道能谱仪的波长分析或能量分析器后，由一套能谱仪检测并显示各条特征 X 射线的波长和强度。许多型号的电子探针微区分析仪还配备有扫描装置和计算机系统，使电子束可以在试样上一定范围的面积内进行扫描，并使 X 射线分析器和检测系统与扫描电子同步，就可以显示出试样中二维方向上元素的分布情况，并描绘出固体物质表面形貌的显微结构图像。

入射电子束跟试样靶之间的相互作用还是比较复杂的，不仅产生连续的和特征的 X 射线，而且能产生表征试样中元素的俄歇(Auger)电子以及低能二次电子。X 射线通过试样时还可能产生二次荧光辐射。这些辐射通过各种能量分析器是可以探测到的。

电子探针微区分析仪可以测量锂、铍、碳、氢、氧、氮以外的 $^{5}B\sim{}^{92}U$ 各元素，但是它也能测定微区中的元素成分，而不能确定元素的结合状态和物相。这种方法特别适用于研究半导体材料中掺杂元素的扩散过程，研究催化剂在催化过程中前后的变化。例如，观测催化剂载体的组成和显微结构，浸渍成分的浓度分布，活化过程，中毒现象以及淀积物的成分，等等。它既可以用于定性分析，也可以用于定量分析，但不适宜于作痕量分析。例如，对于合成氨的铁催化剂中基质 Fe_3O_4、助催化剂 Al_2O_3、MgO 和 CaO 等的分布情况，以及它们在催化过程中的变化，可以用配备电子探针分析设备的扫描电子显微镜来进行研究。

6.3.5 X 射线激发光学荧光光谱(X-ray excited optical fluorescence spectroscopy)

X 射线激发光学荧光光谱是利用固体发光现象来进行成分分析的。它是用 X 射线激发试样，使其中某些元素产生光学荧光光谱，从这种特征光谱谱线的波长和强度来确定这些元素的含量，这种方法特别适用于稀土元素的测定。X 射线能激发固溶在 Y_2O_3，La_2O_3，CeO_2，Gd_2O_3 中的其他稀土元素，使之发射非常特征的可见荧光光谱(波长在 300 ~ 1 000nm 之内)。在上述基质内所能检测的稀土元素的含量分别为：

Nd，Tb，Dy——1ng/g

Sm，Eu，Tm——10ng/g

Pr，Gd，Ho，Er，Yb——100ng/g

而作为基质的 Y，La，Lu 不发射这种可见荧光，Ge 的发射光谱在远红外区，Gd 的光谱比较简单，都不会干扰分析，这种分析方法的特点是：分析灵敏度高、快速，但是试样的预处理步骤复杂、费时，因为预先需要把待测试样与基质材料混合烧制成发光体，才能检测分析。当使用的基质材料不同，烧制的条件不同，则待测元素的荧光光谱的波长和强度会发生改变，分析灵敏度也会改变。

6.3.6 质谱(mass spectrometry)

质谱法是 20 世纪初建立的一种分析方法。其原理是利用具有不同荷质比(也称质量数，即质量与所带电荷之比)的离子在静电场和磁场中所受的作用力不同，因而运动方向不同，导致彼此分离。经过分别捕获收集，确定离子的种类和相对含量，从而对样品进行成分定性及定量分析。

气体离子束流，按其荷质比 m/e 的不同，在电磁场中被分离开来，并经过离子检测器记录下来的图谱就是质谱。固体试样在高真空中受电子束的轰击或高频或脉冲电火花的汽化和电离，生成的正离子流受到电场 V 的加速和磁场 H 的偏转，其运动轨迹的曲率半径 R 跟离子的荷质比的关系为：

$$R^2=\frac{2V}{H^2}\cdot\frac{m}{e}$$

$$\frac{m}{e}=\frac{R^2H^2}{2V}$$

当仪器的 R 值已定，磁场强度固定，而连续改变加速电压时，不同荷质比的离子将按顺序通过出口狭缝进入检测器。经过电子仪器将检测到的信号放大并记录下来便得到质谱，其横坐标为荷质比，纵坐标为相应荷质比离子的相对含量。

质谱分析的特点是可作全元素分析，适用于有机、无机成分分析，样品可以是气体、固体或液体；分析灵敏度高，对各种物质都有较高的灵敏度，且分辨率高，对于性质极为相似的成分都能分辨出来；用样量少，一般只需 10^{-6}g 级样品，甚至 10^{-9}g 级样品也可得到足以辨认的信号；分析速度快，可实现多组分同时检测。现在使用较广泛的是二次离子质谱法(SIMS)。它是利用载能离子束轰击样品，引起样品表面的原子或分子溅射，收集其中的二次离子并进行质量分析，就可得到二次离子质谱。其横向分辨率达 100～200nm。二次中子质谱分析法(SNMS)现在也发展很快，其横向分辨率为 100nm，个别情况下可达 10 nm。

质谱仪的缺点是结构复杂，造价昂贵，维修不便。

6.3.7　中子活化分析(activation analysis with neutron)

采用不同能量的中子照射待测试样，使其中所含各种元素的原子核俘获入射中子，从而发生核反应。反应生成的产物多数具有放射性，因此会以一定的半衰期性蜕变或蜕变同时辐射出一种或多种不同波长的 γ 射线。通过检测核蜕变的产物，或用试样中待测元素与射线相互作用，从而变成某种放射性元素，通过 γ 谱仪测定辐射的能谱，就可得到待测试样中所含各种元素的定性或定量数据。测得的脉冲能量表明试样中所含元素的种类，脉冲强度表示相应元素的浓度。分析灵敏度可达 10^{-4}～10^{-6}g 数量级。如果照射后生成的是 β 辐射体则由于电子的穿透力弱，测量将不准确。所以需要把它加以萃取和富集，萃取分离所用的化学试剂为非放射性的，所以不会影响分析结果。经过放射化学分离富集后，测量灵敏度可以提高到 10^{-11}～10^{-8}g 数量级。活化分析特别适用于固体中超痕量杂质分析，因为活化分析可以消除分析过程中试剂空白和试样沾污的问题。分析中的一些可变因素，如照射用粒子的类型和能量、照射时间，以及探测器的类型、测量的精度等，在每次分析时，都可以作适当的选择，这样就可以使活化分析法避免严重的系统误差和偏差，对于 100ng 水平的分析值，其随机误差是±5%。

使用高分辨率的Ge(Li)探测器，可以对试样作多元素无损伤分析，但是当待测元素多到10种以上时，许多元素的测定精确度和准确度就要降低(>±20%)。而且往往需要对试样作两次或多次照射，在测量以前，需要让试样衰变30d以上。这样就不便于实际应用。使用快中子发生装置的活化分析，可以使氧的无损伤分析达10～100μg的水平。利用从直线电子加速器韧致辐射所产生的高能光子进行活化分析，可以测定低于微克量的碳、氧、氮。用带电粒子对试样表面进行活化分析，可以用于测定碳、氮、氧。

中子活化分析的主要特点是：灵敏度高，选择性好，非破坏性及可同时分析多种元素等。

习　题

6.1　确定微粒颗粒尺寸的方法有哪些？

6.2　试讨论化合物、混合物、固溶体和玻璃体的X射线衍射图谱的特点。

6.3　已知氧化铁Fe_xO为氯化钠型结构，在晶体中由于存在铁离子空位缺陷而构成一种非整比化合物，$x<1$，现已测得其密度为5.71g/cm³。用X射线(MoK_α，$\lambda=71.07$pm)测定其面心立方晶胞衍射指标为200的衍射角$\theta=9.56°$($\sin\theta=0.1661$)。铁的原子量为55.85。试计算：(1)F_xO的面心立方晶格参数；(2)x值；(3)晶体中Fe^{2+}和Fe^{3+}的百分含量。

6.4　铋锑铂钯矿的化学成分(质量%)如下：Pt14.5，Pd15.9，Ni1.8，Te54.7，Bi12.8。其三方晶系的晶胞参数为$a=0.4022$nm，$c=0.5224$nm。晶体密度为7.91g/cm³。试计算晶胞中包含的原子数目。写出这种矿物的化学式。[参看地球化学，1975，(3)，184]。

6.5　铁在25℃时晶体为体心立方晶胞，边长$a=286.1$pm，求铁原子间最近的距离。

6.6　萤石为面心立方结构，单位格子中有四个CaF_2分子。在25℃时，以$\lambda=154.2$pm X射线入射(111)面，得衍射角$\theta=14.18°$，求单位格子的边长和25℃时CaF_2的密度。

6.7　金属铯(原子量133)为立方晶系，体心立方晶胞，利用波长$\lambda=80$pm的X射线测得(100)面的一级衍射为$\sin\theta$值为0.133，计算：(1)晶胞边长；(2)金属铯的密度。

6.8　试讨论如何分析确证固态混合物中的各种物相。

6.9　讨论下列实验手段在无机固体化学中的应用：(1)电子自旋共振波谱；(2)紫外及可见的吸收光谱；(3)电子探针微区分析；(4)X光电子能谱。

6.10　试设计一组实验，以确证碱金属卤化物晶体中的F色心的本质是卤离子空位束缚一个电子。

6.11　试讨论运用O^{18}同位素示踪、固体质谱、电子探针微区分析、干涉仪等实验方法，研究 MgO 和 Al_2O_3 生成尖晶石的反应体系，和对该体系的反应机理、离子扩散、晶体结构和晶体生长等问题的认识。[参看山口悟郎，《无机固态反应》中译本，1985，98～102]。

6.12　水蒸气在固态物质表面上的物理吸附和化学吸附，对于固态物质的水解、结块、催化反应活性、电学性能等都有影响，需要加以检测和研究，试讨论用什么实验方法可以研究和判断水蒸气与固态物质表面的相互作用。

第七章 热 分 析

7.1 概　　述

热分析是一种非常重要的分析方法。近年来，热分析不仅涉及的内容范围宽，而且在科学技术领域中的应用也甚为广泛。

热分析是在程序控制温度下，测量物质的物理性质与温度关系的一种技术。在加热或冷却的过程中，随着物质的结构，相态和化学性质的变化都会伴随着相应的物理性质的变化。这些物理性质包括质量、温度、尺寸和声、光、热、力、电、磁等性质。例如在热台显微镜下测定有机化合物的熔点，就是在程序升温条件下，观察粉末状有机化合物转变为液体时所产生的光学性质的变化。

根据国际热分析协会(ICTA)的归纳和分类，目前的热分析方法共分为九类十七种，如表7.1所示。在这些热分析技术中，热重法、差热分析、差示扫描量热法和热机械分析应用得较为广泛。

表7.1　　　　热分析方法的分类

物理性质	热分析技术名称	缩　写
质　量	热重法	TG
	等压质量变化测定	
	逸出气检测	EGD
	逸出气分析	EGA
	放射热分析	
	热微粒分析	
温　度	升温曲线测定	
	差热分析	DTA
热　量	差示扫描量热法	DSC
尺　寸	热膨胀法	

续表

物理性质	热分析技术名称	缩　写
力学特性	热机械分析	TMA
	动态热机械法	DMA
声学特性	热发声法	
	热传声法	
光学特性	热光学法	
电学特性	热电学法	
磁学特性	热磁学法	

热分析所测定的热力学参数主要是热焓的变化(ΔH)。根据热力学的基本原理，可知物质的焓、熵和自由能都是物质的一种特性，它们之间的关系可由吉布斯-亥姆霍兹(Gibbs-Helmholtz)方程式表达如下：

$$\Delta G=\Delta H-T\Delta S \tag{7.1}$$

由于在给定温度下每个体系总是趋向于达到自由能最小状态，所以当逐渐加热试样时它可转变成更稳定的晶体结构或具有更低自由能的另一种状态。伴随着这种转变有热焓的变化，这就是差示扫描量热法和差热分析的基础。在热焓变化的过程中，有时也发生质量的变化，如试样的脱水、升华和分解等。热重法是基于测定质量的变化之上的。而热机械分析则是基于物质的应力释放或变形。

热分析主要用于研究物理变化(晶型转变、熔融、升华和吸附等)和化学变化(脱水、分解、氧化和还原等)。热分析不仅能提供热力学参数，而且还能给出有一定参考价值的动力学数据。热分析在固态科学和材料化学的研究中被大量而广泛地采用，诸如研究固相反应，热分解和相变以及测定相图等。许多固体材料都有这样或那样的“热活性”，因此热分析是一种很重要的研究手段。

在本章，简要叙述 TG，DTA，DSC 和 TMA 的基本原理及其应用，仪器装置的描述可参考专著，在此就不论及了。

7.2　热　重　法(TG)

热重法(thermogravimetry，TG)是在程序控温下，测量物质的质量与温度或时间的关系的方法，通常是测量试样的质量变化与温度的关系。在热分析技术中，热重法使用得最多、最广泛，这说明它在热分析技术中的重要性。

热重法通常有下列两种类型：

(1)等温(或静态)热重法。在恒温下测定物质质量变化与温度的关系。

(2)非等温(或动态)热重法。在程序升温下测定物质质量变化与温度的关系。

在热重法中非等温法最为简便，所以采用得最多。在此将主要讨论非等温热重法。

7.2.1 热重分析的基本原理

如图 7.1 所示，炉体(Furnace)为加热体，在由微机控制的一定的温度程序下运作，炉内可通入不同的动态气氛(如 N_2、Ar、He 等保护性气氛，O_2、空气等氧化性气氛或其他特殊气氛等)或静态，也可以在真空下进行测试。在测试进程中样品支架下部连接的高精度天平随时感知到样品当前的重量，并将数据传送到计算机，由计算机画出样品重量对温度或时间的曲线(TG 曲线)。

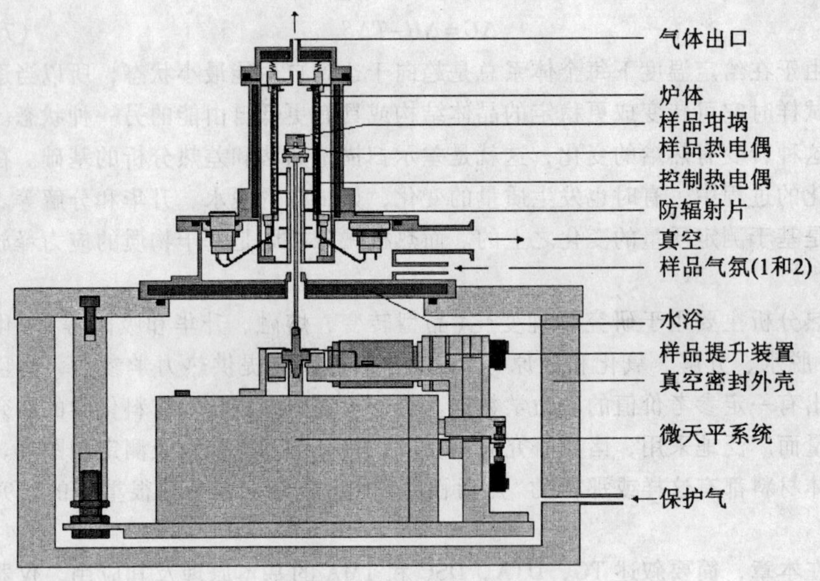

图 7.1 热重分析仪原理图

7.2.2 热重曲线

由热重法记录的重量变化对温度的关系曲线称为热重曲线(TG 曲线)。曲线的纵坐标为质量，横坐标为温度(或时间)。例如固体的热分解反应为：

$$A(固)\longrightarrow B(固)+C(气) \tag{7.2}$$

其热重曲线如图 7.2 所示。

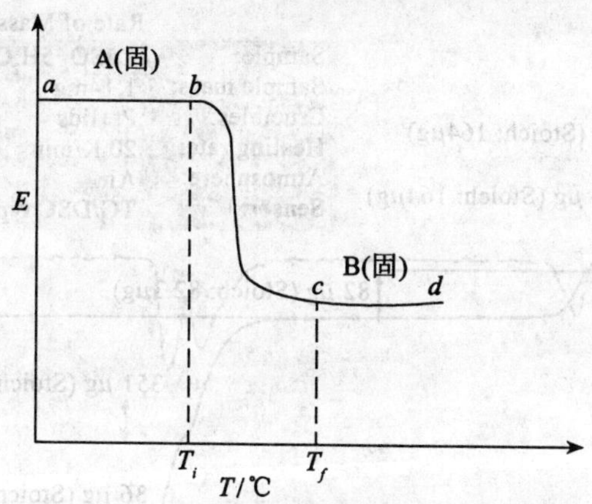

图 7.2 固体热分解反应的典型热重曲线

图中 T_i 为起始温度，即试样质量变化或标准物质表观质量变化的起始温度，TG 台阶前水平处的切线与 TG 台阶下降(上升)线的切线的相交点，可作为材料起始发生重量变化的参考温度点，多用于表征材料的热稳定性；T_f 为终止温度，即试样质量或标准物质的质量不再变化的温度；$T_f—T_i$ 为反应区间，即起始温度与终止温度的温度间隔。TG 曲线上质量基本不变动的部分称为平台，如图 7.2 中的 *ab* 和 *cd*。从热重曲线可得到试样组成、热稳定性、热分解温度、热分解产物和热分解动力学等有关数据。同时还可获得试样质量变化率与温度或时间的关系曲线，即微商热重曲线(见 7.2.4 小节)。下面以 $CuSO_4 \cdot 5H_2O$ 失去结晶水的反应为例分析热重法的基本原理和两种类型热重曲线之间的关系。

$CuSO_4 \cdot 5H_2O$ 的热分解曲线示于图 7.3 中。由图可以看出，$CuSO_4 \cdot 5H_2O$ 的五个结晶水分三步失去，第一步的脱水反应为：

$$CuSO_4 \cdot 5H_2O \longrightarrow CuSO_4 \cdot 3H_2O + 2H_2O \tag{7.3}$$

在该阶段 $CuSO_4 \cdot 5H_2O$ 失去两个水分子。第二、三步脱水反应的方程式为：

$$CuSO_4 \cdot 3H_2O \longrightarrow CuSO_4 \cdot H_2O + 2H_2O \tag{7.4}$$

$$CuSO_4 \cdot H_2O \longrightarrow CuSO_4 + H_2O \tag{7.5}$$

如果说从 TG 曲线看，三步失水还看不太清楚的话，则从其 DTG 曲线可清楚地看到三步失水的情况。DTG 曲线为微商热重曲线，这在 7.2.4 小节将进一步讨论。

根据热重曲线上各平台之间的重量变化，可计算出试样各步的失重量。图中的纵坐标通常表示：

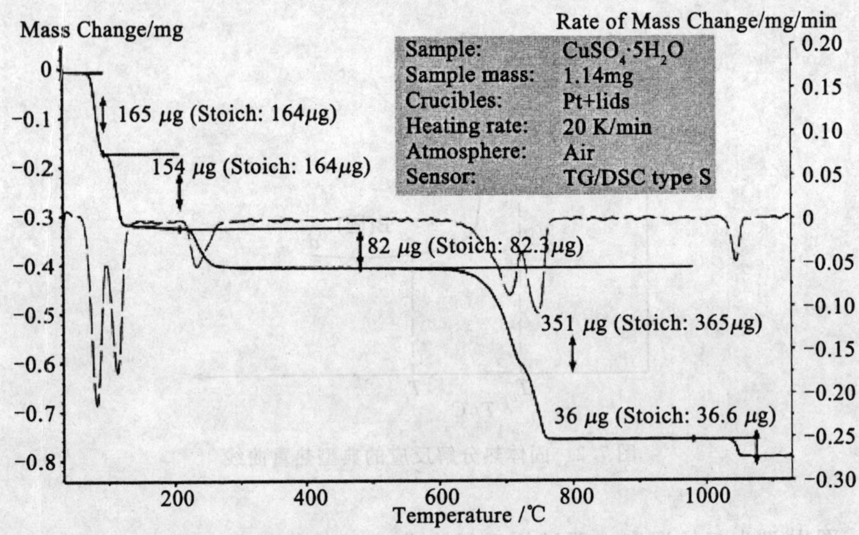

图 7.3　$CuSO_4 \cdot 5H_2O$ 的热重曲线和 DTG 曲线

(1)质量或重量的标度；

(2)总的失重百分数；

(3)分解函数。

利用热重法测定试样时，往往开始有一个很小的重量变化，这是由试样中所存在吸附水或溶剂引起的。当温度升至 T_1 才产生第一步失重。第一步失重量为 $W_0 - W_1$，其失重百分数为：

$$\frac{W_0-W_1}{W_0}\times 100\% \tag{7.6}$$

式中，W_0 为试样重量；W_1 为第一次失重后试样的重量。第一步反应终点的温度为 T_2，在 T_2 形成稳定相 $CuSO_4 \cdot 3H_2O$，此后，失重从 T_2 到 T_3，在 T_3 生成 $CuSO_4 \cdot H_2O$。再进一步脱水一直到 T_4，在 T_4 生成无水硫酸铜。根据热重曲线上各步失重量可以简便地计算出各步的失重百分数，从而判断试样的热分解机理和各步的分解产物。例如，第二步失重量为 W_1-W_2，其失重百分数为：

$$\frac{W_1-W_2}{W_0}\times 100\% \tag{7.7}$$

式中，W_0 为试样重量；W_1 为第一次失重后试样的重量，W_2 为第二次失重后试样的重量。需要注意的是，如果一个试样有多步反应，在计算各步失重率时，都是以 W_0，即试样原始重量为基础的。

从热重曲线可看出热稳定性温度区、反应区、反应所产生的中间体和最终产物。该曲线也适合于化学量的计算。

实际测定的TG曲线与实验条件，如加热速率、气氛、试样重量、试样纯度和试样粒度等密切相关。最主要的是精确测定TG曲线开始偏离水平时的温度即反应开始的温度。总之，TG曲线的形状和正确的解释取决于恒定的实验条件。

7.2.3 影响热重曲线的因素

为了获得精确的实验结果，分析各种因素对TG曲线的影响是很重要的。影响TG曲线的主要因素基本上包括下列几方面：

(1)仪器因素——浮力、试样盘、挥发物的冷凝等；

(2)实验条件——升温速率、气氛等；

(3)试样的影响——试样质量、粒度等。

1. 仪器因素

a. 浮力的影响

由于气体的密度在不同的温度下有所不同，所以随着温度的上升，试样周围的气体密度发生变化，造成浮力的变动，在300℃时浮力为常温时的1/2左右，在900℃时大约为1/4。可见，在试样重量没有变化的情况下，由于升温，似乎试样在增重，这种现象称之为表观增重。表观增重(ΔW)可用下式计算：

$$\Delta W = V \cdot d(1-273/T) \tag{7.8}$$

式中，d为试样周围气体在273K时的密度；V为加热区试样盘和支撑杆的体积。

除了浮力的影响，还有对流的影响，为了减小浮力和对流的影响，可在真空下测定或选用水平结构的热重分析仪。因为水平的天平可避免浮动效应。

b. 试样盘的影响

试样盘的影响包括盘的大小形状和材料的性质等。盘的大小与试样用量有关，它主要影响热传导和热扩散。盘的形状与表面积有关，它影响着试样的挥发速率。因此，盘的结构对TG曲线的影响是一个不可忽视的因素，在测定动力学数据时更显得重要。

通常采用的试样盘以轻巧的浅盘为好，可使试样在盘中摊成均匀的薄层，有利于热传导和热扩散。

试样盘应是惰性材料制作的，常用的材料有铂、铝、石英和陶瓷等。显然，对于Na_2CO_3之类的碱性试样，不能使用铝、石英和陶瓷试样盘，因为它们和这类碱性试样发生反应而改变TG曲线。目前常用的试样盘是铂制的。但必须注意铂对许多有机化合物和某些无机物有催化作用，所以选用合适的试样盘也是十分重要的。

c. 挥发物冷凝的影响

试样受热分解或升华，逸出的挥发物往往在热重分析仪的低温区冷凝，这不仅污染仪器，而且使实验结果产生严重的偏差。尤其是挥发物在支撑杆上的冷凝，会使测定结果毫无意义。对于冷凝问题，可从两方面来解决：一方面从仪器上采取措施，在试样盘周围安装一个耐热的屏蔽套管或者采用水平结构的热天平；另一方面可以从实验条件着手，尽量减少试样用量和选择合适的净化气体的流量。应当注意，在热重分析时应对试样的热分解或升华情况有个初步估计，以免造成仪器的污染。

d. 温度测量上的误差

在热重分析仪中，由于热电偶不与试样接触，显然试样真实温度与测量温度之间是有差别的，另外，由升温和反应所产生的热效应往往使试样周围的温度分布紊乱，而引起较大的温度测量误差。为了消除由于使用不同热重分析仪而引起的热重曲线上的特征分解温度的差别，Norem 等曾提出利用磁性物质来标定热重分析仪的温度，因为磁性物质在居里点处发生表观重量变化。他们选用的五种磁性材料及其居里点温度列于表 7. 2。

表 7. 2　　五种磁性材料的居里点温度

磁性材料	居里点温度/℃	
	实验值	文献值
镍铝合金	155	163
镍	355	354
派克合金	599	596
铁	788	780
Hisat	1 004	1 000

2. 实验条件的影响

a. 升温速率的影响

升温速率越大，所产生的热滞后现象越严重，往往导致热重曲线上的起始温度 T_i 和终止温度 T_f 偏高。在热重曲线中，中间产物的检测是与升温速率密切相关的，升温速率快往往不利于中间产物的检出，因为 TG 曲线上的拐点很不明显。

总之，升温速率对热分解的起始温度、终止温度和中间产物的检出都有着较大的影响，一般采用低的升温速率为宜，例如 2. 5，5，10℃/min。需要指出的是，虽然分解温度随升温速率的变化而改变，但失重量是恒定的。

b. 气氛的影响

热重法通常可在静态气氛或动态气氛下进行测定。为了获得重复性好的实验结果，一般在严格控制的条件下采用动态气氛。气氛对TG曲线的影响与反应类型，分解产物的性质和所通气体的类型有关。热重法所研究的反应大致有下列三种类型：

$$A(固) \rightleftharpoons B(固) + C(气) \tag{7.9}$$

$$A(固) \longrightarrow B(固) + C(气)$$

$$A(固) + B(气) \longrightarrow C(固) + D(气) \tag{7.10}$$

在测定过程中通入惰性气体，对反应(7.9)，(7.2)是有利的，而对反应(7.10)不利。如果所通气体与反应产生的气体相同，对可逆反应(7.9)有影响，而对反应(7.2)并无影响。在反应(7.10)中，如果气体B的成分发生变化，那么这种变化是否会影响反应将取决于所通入气体的性质，例如氧化性或还原性气体都会影响热重曲线。

由于气氛性质、纯度、流速等对热重曲线的影响较大，因此为了获得正确而重复性好的热重曲线、选择合适的气氛和流速是很重要的。

3. 试样的影响

试样对TG曲线的影响比较复杂，现仅就试样用量和粒度的影响作一简单的讨论。

(1)试样用量。试样用量应在仪器灵敏度范围内尽量少，因为试样的吸热或放热反应会引起试样温度发生偏差，试样用量越大，这种偏差越大。总之试样用量大对热传导和气体扩散都不利。

(2)试样粒度的影响。试样粒度同样对热传导、气体扩散有着较大的影响。例如粒度的不同会引起气体产物的扩散作用发生较大的变化，而这种变化可导致反应速率和TG曲线形状的改变，粒度越小反应速率越快，使TG曲线上的 T_i 和 T_f 温度降低，反应区间变窄；试样粒度大往往得不到较好的TG曲线。

7.2.4 微商热重法(DTG)

在普通热重法中，连续记录的是样品重量 W 对温度 T 或时间 t 的函数关系：

$$W = f(T \text{ 或 } t)$$

TG曲线上任意两点的纵坐标与横坐标之比能确定出平均的重量变化速率。若要确定曲线上任意一点的重量变化速率，虽可办到，但非常繁琐且不精确。微商热重法(或称导数热重法)是记录TG曲线对温度或时间的一阶导数的技术，也即记录的是重量变化速率对于温度或时间的函数关系：

$$dW/dT \text{ 或 } dw/dt=f(T \text{ 或 } t)$$

实验所得到的是微商热重曲线(DTG 曲线)，纵坐标是重量变化率(dW/dT 或 dw/dt)，从上向下减小。横坐标为温度(T)或时间(t)，自左向右表示增加。微商热重曲线上出现的各种峰对应着 TG 曲线上的各个重量变化阶段。在热重曲线中，水平部分表示重量是恒定的，曲线斜率发生变化的部分表示重量的变化，因此从热重曲线可求算出微商热重曲线。

DTG 曲线的峰顶 $d^2W/dt^2=0$，即失重速率的最大值，它与 TG 曲线的质量变化最快的点相对应。DTG 曲线上的峰的数目和 TG 曲线的台阶数相等，峰的面积与样品对应的重量变化成正比。因此，可从 DTG 的峰面积算出失重量。

在热重法中，DTG 曲线比 TG 曲线更有用，因为它与 DTA 曲线相类似，可在相同的温度范围进行对比和分析，从而得到有价值的信息。

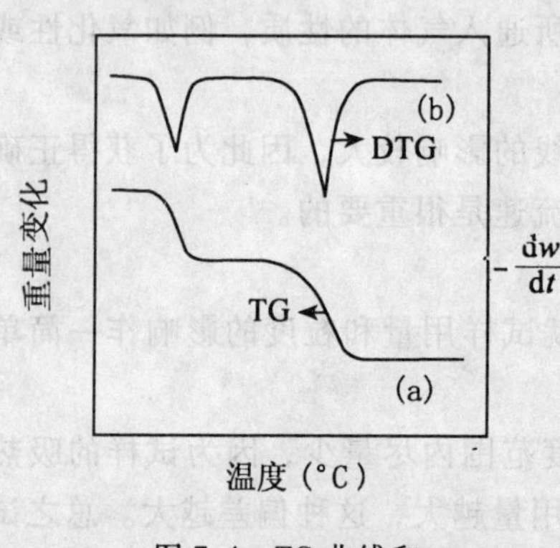

图 7.4　TG 曲线和 DTG 曲线的比较

图 7.4 是典型 TG 曲线和 DTG 曲线的比较。现代的热重分析仪一般都带有微分单元并配有计算机，可以同时记录 TG 曲线和 DTG 曲线。

Moskalewicz 曾研究过某些铁磁性物质在磁场作用下的 DTG 曲线。图7.5是镍和铁酸镍的一系列不同配比混合物的 DTG 曲线。由图可看出 DTG 曲线中出现两个附加的效应：一个是加入磁场后立即出现一个方向向上的峰，相应于表观增重；另一个是出现一个方向向下的峰，相应于居里点 T_c 处从铁磁性相转变为顺磁性相的过程。这说明利用 DTG 曲线可以明了简便地判别这类混合物的居里点(T_c)。实验已证明第二个峰(或称 T_c 峰)的强度与样品中存在磁性相的量有关。峰的高度可定义为 $A=Sh$。式中 S 为 DTG 的灵敏度(μV/mm)，h 为 T_c 峰的强度(mm)，故磁性相重量分数为 $W=\frac{A}{A_0}$，由此式可从 DTG 曲线中求得磁性相含量。

用 DTG 可研究共聚物和共混物的链结构，如四氟乙烯和六氟丙烯共聚物(FEP)，可确定共聚物(FEP)中聚四氟乙烯链段的存在和它们在共聚物中所占的比例。共聚物(FEP)和共混物[FEP/PTFE(聚四氟乙烯)]的 DTG 曲线如图 7.6 所示，其升温速率都为 5℃/min，空气气氛，样品重量前者为 0.6mg，后者为 0.9mg。

由图可知共聚物热裂解过程分为两个阶段：第一阶段是六氟丙烯链节的断裂伴随四氟乙烯单体的逸出；第二阶段是四氟乙烯链段的解聚。按照这一机理

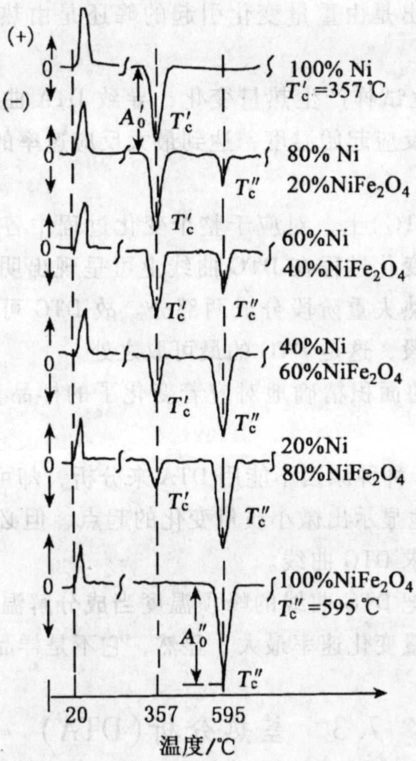

图 7.5　镍(Ni)和铁酸镍($NiFe_2O_4$)混合物的 DTG 曲线
空气磁场；55Oe(奥)50Hz；升温速率 8℃/min

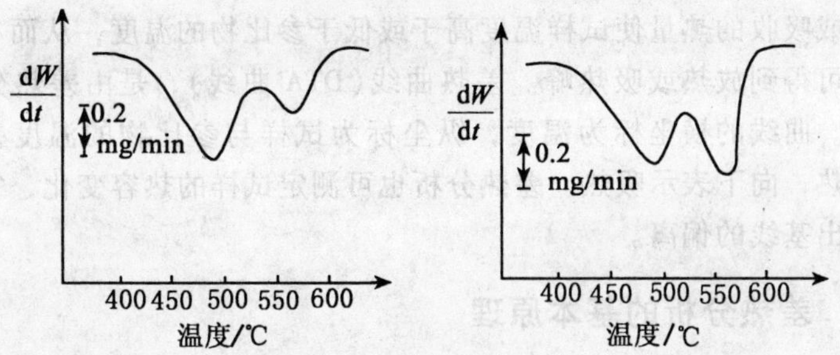

图 7.6　FEP 共聚物(a)和共混物(FEP/PTFE=2∶1)(b)的 DTG 曲线

可圆满解释实验结果。

微商热重法有以下特点：

(1)可同时得到 TG 和 DTG 两条曲线。

(2)DTG 曲线与 DTA(差热分析)曲线具有可比性，但前者与质量变化有关且重现性好，后者与质量变化无关且不易重现。如果把 DTG 曲线与 DTA 曲线进行比较，可判断出是由重量变化引起的峰还是由热量变化引起的峰，而TG曲线就不能。

(3)由于反应过程试样产生热量变化，导致DTA曲线温区较宽。而DTG曲线能精确地反映出反应起始温度，达到最大反应速率的温度和反应终止的温度。

(4)在热重曲线(TG)上，对应于整个变化过程中各阶段的变化互相衔接而不易区分开，同一变化过程在DTG曲线上可呈现出明显的最大值，能以峰的最大值为界把一个热失重阶段分成两部分。故DTG可很好地显示出重叠反应，区分各个反应阶段，这是DTG的最可取之处。

(5)DTG曲线峰的面积精确地对应着变化了的样品重量，因而DTG可精确地进行定量分析。

(6)有些材料由于种种原因不能用DTA来分析，却可以用DTG来研究。

(7)DTG可精确地显示出微小质量变化的起点，但必须使用高灵敏度的热天平，或借助计算机求DTG曲线。

应当注意，不能把DTG曲线的峰顶温度当成分解温度。DTG的峰顶温度表示在这个温度下重量变化速率最大，显然，它不是样品开始失重的温度。

7.3　差热分析(DTA)

差热分析(differential thermal analysis，DTA)是在程序控制温度下，测量物质和参比物的温度差与温度关系的一种方法。当试样发生任何物理或化学变化时，所释放或吸收的热量使试样温度高于或低于参比物的温度，从而相应地在差热曲线上可得到放热或吸热峰。差热曲线(DTA曲线)，是由差热分析得到的记录曲线。曲线的横坐标为温度，纵坐标为试样与参比物的温度差(ΔT)，向上表示放热，向下表示吸热。差热分析也可测定试样的热容变化，它在差热曲线上反映出基线的偏离。

7.3.1　差热分析的基本原理

图7.7示出了差热分析的原理图。图中两对热电偶反向联结，构成差示热电偶。S为试样，R为参比物。在电表T处测得的为试样温度 T_S；在电表 ΔT 处测得的即为试样温度 T_S 和参比物温度 T_R 之差 ΔT。所谓参比物即是一种热容与试样相近而在所研究的温度范围内没有相变的物质，通常使用的是 α-Al_2O_3，熔石英粉等。

如果同时记录 ΔT-t 和 T-t 曲线，可以看出曲线的特征和两种曲线相互之间的关系，如图7.8所示。

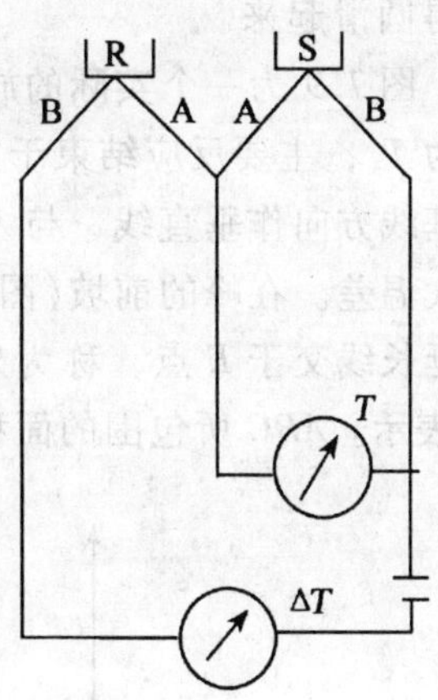

图 7.7　差热分析原理图

在差热分析过程中，试样和参比物处于相同受热状况。如果试样在加热(或冷却)过程中没有任何相变发生，则 $T_S = T_R$，$\Delta T = 0$，这种情况下两对热电偶的热电势大小相等。由于反向联结，热电势互相抵消，差示热电偶无电势输出，所以得到的差热曲线是一条水平直线，常称为基线。由于炉温是等速升高的，所以 T-t 曲线为一平滑直线，如图 7.8(a)所示。过程中当试样有某种变化发生时，$T_S \neq T_R$，差示热电偶就会有电势输出，差热曲线就会偏离基线，直至变化结束，差热曲线重新回到基线。这样，差热曲线上就会形成峰。图 7.8(b)为有一吸热反应的过程。该过程的吸热峰开始于 1，结束于 2。T-t 与 ΔT-t 曲线的关系，图中已用虚线联结起来。图 7.8(c)为有一放热反应的过程，有一放热峰。T-t 与 ΔT-t 曲线的关系同样用虚线联结起来。上述相变包括两类过程：第一类为物理过程，有熔化-结晶、多晶相变，磁转变等，此类一般属可逆反应；第二类为化学过程，有分解、化合、化学吸附与解吸、氧化、还原等，这一类多数是不可逆过程。特别是当有气体参加或有气体逸出和有大量能量吸收或放出的过程是这样。例如，脱水、分解(放出气体)、氧化、化合(生成较稳定的新相)等等。

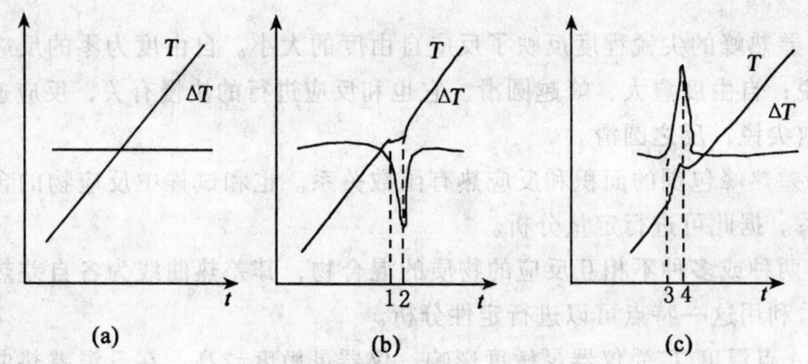

图 7.8　差热曲线类型及其与热分析曲线间的关系

图 7.8 中的曲线均属理想状态，实际记录的曲线往往与它有差异。例如，过程结束后曲线一般回不到原来的基线，这是因为反应产物的比热、热导率等与原始试样不同的缘故。此外，由于实际反应起始和终止往往不是在同一温度下，而是在某个温度范围内进行，这就使得差热曲线的各个转折都

变得圆滑起来。

图7.9为一个实际的放热峰。反应起始点为A，温度为T_i；B为峰顶，温度为T_m，主要反应结束于此，但反应全部终止实际是C，温度为T_f。自峰顶向基线方向作垂直线，与AC交于D点，BD为峰高，表示试样与参比物之间最大温差。在峰的前坡(图中AB段)，取斜率最大一点向基线方向作切线与基线延长线交于E点，称为外延起始点，E点的温度称为外延起始点温度，以T_{eo}表示。ABC所包围的面积称为峰面积。

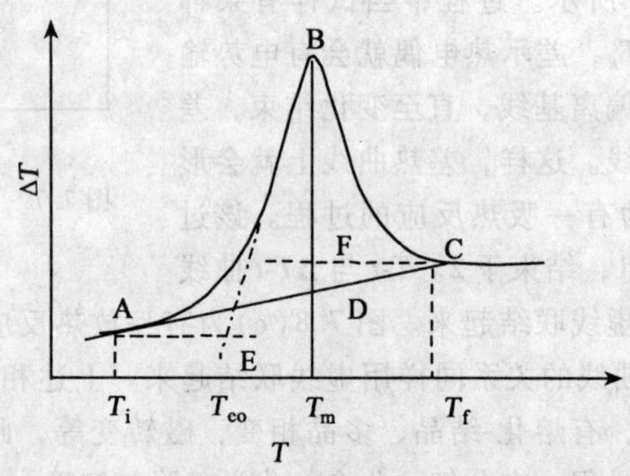

图7.9　实际的差热曲线

7.3.2　差热曲线的特性

(1)差热峰的尖锐程度反映了反应自由度的大小。自由度为零的反应其差热峰尖锐；自由度愈大，峰越圆滑。它也和反应进行的快慢有关，反应速度愈快、峰愈尖锐；反之圆滑。

(2)差热峰包围的面积和反应热有函数关系。也和试样中反应物的含量有函数关系。据此可进行定量分析。

(3)两种或多种不相互反应的物质的混合物，其差热曲线为各自差热曲线的叠加。利用这一特点可以进行定性分析。

(4)A点温度T_i受仪器灵敏度影响，仪器灵敏度越高，在升温差热曲线上测得的值低且接近于实际值；反之T_i值越高。

(5)T_m并无确切的物理意义。体系自由度为零及试样热导率甚大的情况下，T_m非常接近反应终止温度。对其他情况来说，T_m并不是反应终止温度。反应终止温度实际上在BC线上某一点。自由度大于零，热导率甚大时，终止点接近于C点。T_m受实验条件影响很大，作鉴定物质的特征温度不理想。在实验条件相同时可用来作相对比较。

(6) T_f 很难授以确切的物理意义，只是表明经过一次反应之后，温度到达 T_f 时曲线又回到基线。

(7) T_{eo}受实验影响较小，重复性好，与其他方法测得的起始温度一致。国际热分析协会推荐用 T_{eo}来表示反应起始温度。

(8)差热曲线可以指出相变的发生、相变的温度以及估算相变热，但不能说明相变的种类。在记录加热曲线以后，随即记录冷却曲线，将两曲线进行对比可以判别可逆的和非可逆的过程。这是因为可逆反应无论在加热曲线还是冷却曲线上均能反映出相应的峰，而非可逆反应常常只能在加热曲线上表现而在随后的冷却曲线上却不会再现。

差热曲线的温度需要用已知相变点温度的标准物质来标定。

7.3.3 影响差热曲线的因素

影响差热曲线的因素比较多，其主要的影响因素大致有下列几个方面：

(1)仪器方面的因素：包括加热炉的形状和尺寸，坩埚大小，热电偶位置等。

(2)实验条件：升温速率，气氛等。

(3)试样的影响：试样用量，粒度等。

在此主要讨论实验条件和试样的影响。

1. 实验条件的影响

(1)升温速率。升温速率常常影响差热峰的形状，位置和相邻峰的分辨率。从图 7.10 可以看出，升温速率越大，峰形越尖，峰高也增加，峰顶温度也越高；反之，升温速率过小则差热峰变圆变低，有时甚至显示不出来，如图 7.11 所示。

升温速率对分辨率的影响可从图 7.12 中看出。当升温速率为 10℃/min 时，曲线上有两个明显的吸热峰(图 7.12(a))，而升温速率为 80℃/min 时，曲线上只有一个吸热峰(图 7.12(b))，显然后者升温过快使两峰完全重叠。

总之，提高升温速率有利于峰形的改善，但过大的升温速率却又会掩蔽一些峰，并使峰顶的温度值偏高。由此可见，升温速率的大小要根据试样的性质和量来进行选择。

(2)气氛的影响。不同性质的气氛如氧化性、还原性和惰性气氛对差热曲线的影响是很大的，例如在空气和氢气的气氛下对镍催化剂进行差热分析，所得到的结果截然不同。在空气中镍催化剂被氧化而产生放热峰。而在氢气氛下基本上是稳定的。

(3)压力的影响。根据克拉佩龙(Clapeyron)方程：

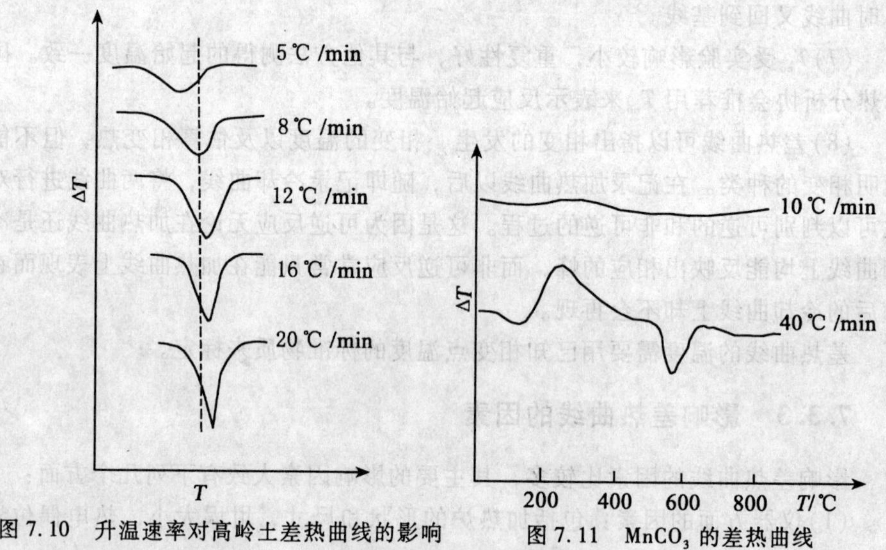

图 7.10 升温速率对高岭土差热曲线的影响

图 7.11 $MnCO_3$ 的差热曲线

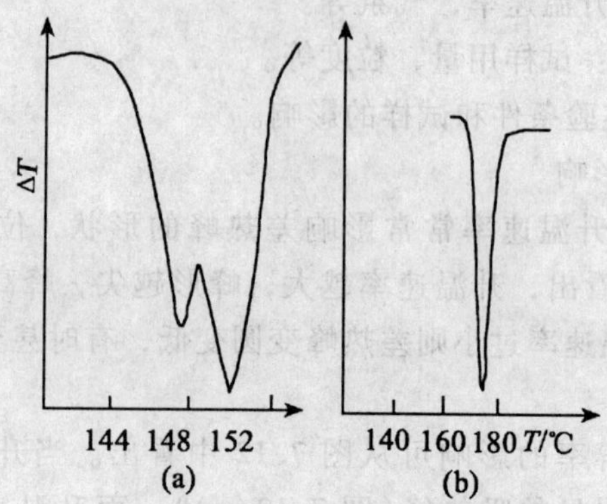

图 7.12 并四苯的差热曲线

(a)10℃/min (b)80℃/min

$$\frac{\mathrm{d}p}{\mathrm{d}T}=\frac{\Delta H}{T\Delta V} \tag{7.11}$$

式中，p 为蒸气压；ΔH 为相变热焓；ΔV 为相变前后摩尔体积的变化。

对于涉及释放或消耗气体的反应以及升华、汽化过程，气氛的压力对相变温度有着较大的影响。对于下列固体热分解反应

$$\text{A(固)} \rightleftharpoons \text{B(固)} + \text{C(气)}$$

从热力学方程式：

$$\frac{d\ln K_p}{dT}=\frac{\Delta H}{RT^2} \tag{7.12}$$

可知气氛压力或产物C(气)的分压对热分解的差热曲线影响较大。

(4)坩埚材料的影响。在差热分析中所采用的坩埚材料大致有玻璃、陶瓷、刚玉、石英和铂等，要求坩埚材料在实验过程中对试样、产物(含中间产物)、气氛等都是惰性的，并且不起催化作用。

对于碱性物质，不能使用玻璃、陶瓷类坩埚。由于含氟的高聚物与硅形成硅的化合物，也不能使用这类材料的坩埚。铂具有高温稳定性和抗蚀性，尤其在高温下，往往选用铂坩埚，但应该注意的是它并不适用于含磷、硫和卤素的试样。此外，铂对许多有机、无机反应有催化作用。如果忽略这些，会导致严重的误差。

2. 试样的影响

在差热分析中试样的热传导性和热扩散性都会对DTA曲线产生较大的影响。如果涉及有气体参加或释放气体的反应，还和气体扩散等因素有关。显然这些影响因素与试样的用量、粒度、装填的均匀性和密实程度以及稀释剂等密切相关。

(1) 试样用量。试样量的多少也影响差热曲线的形状。从NH_4NO_3的DTA曲线可以看出这种影响(见图7.13)。试样量越大，差热峰越宽，越圆滑。其原因是因为加热过程中，从试样表面到中心存在温度梯度，试样越多，这种梯度越大，差热峰也就越宽。这样将会影响热效应温度值的准确测定，有时甚至会造成相邻热效应的重叠。另外，对有气体产生的反应，试样多了影响气体的扩散，也会引起差热峰变宽。因此，就提高分辨率来说，试样量越少越好，当然，这还得取决于仪器的灵敏度。

(2)试样的粒度。从$CuSO_4 \cdot 5H_2O$的脱水生成$CuSO_4 \cdot H_2O$的差热曲线可看出试样粒度对DTA曲线的影响(见图7.14)，图中a的粒度最大，三个峰重叠；b的粒度适中，三个峰可以明显区分；c的试样粒度过小，只出现两个峰。对一些有气体产生的反应来说，试样粒度适当特别重要；对没有气体参加的反应则粒度的影响较小。

7.3.4 微商差热分析(DDTA)

若在一定的温度条件下测得的某一热分解反应的DTA曲线没有一个很陡的吸热或放热峰，那么要作定性和定量的分析就很困难。在此情况下，可采用微商差热曲线。差热曲线的一级微分所测定的是$d(\Delta T)/dt\text{-}T(t)$图，图7.15示出了典型的DTA和DDTA曲线。它不仅可精确提供相变温度和反应温度，而且可使原来变化不显著的DTA曲线变得更明显。由于DDTA曲线变化显著，

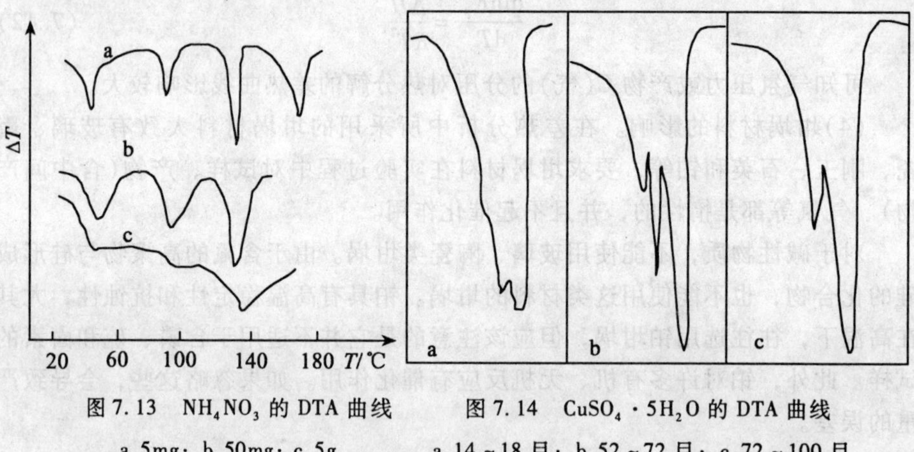

图 7.13　NH_4NO_3 的 DTA 曲线

a. 5mg；b. 50mg；c. 5g

图 7.14　$CuSO_4 \cdot 5H_2O$ 的 DTA 曲线

a. 14～18 目；b. 52～72 目；c. 72～100 目

可更精确地测定基线。基线的精确测定对定量分析和动力学研究都是极为重要的。由图 7.15 可看出 DDTA 曲线上的正、负双峰相当于单一的 DTA 峰，DTA 顶峰与 DDTA 曲线和零线的相交点相对应，而 DDTA 曲线上的最大或最小值与 DTA 曲线上的拐点相对应。

在分辨率低和出现部分重叠效应时微商差热分析是十分有用的，因为 DDTA 曲线可清楚地把分辨率低和重叠的峰分辨开。像硝酸钾的热分解反应，如图 7.16 所示，其 DDTA 曲线要比 DTA 曲线明显。

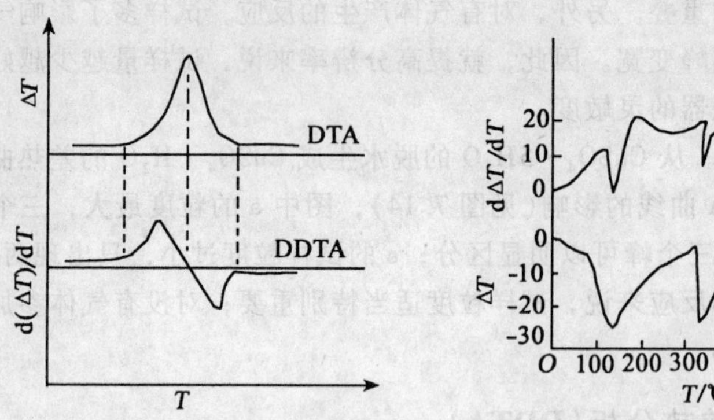

图 7.15　典型的 DTA 和 DDTA 曲线

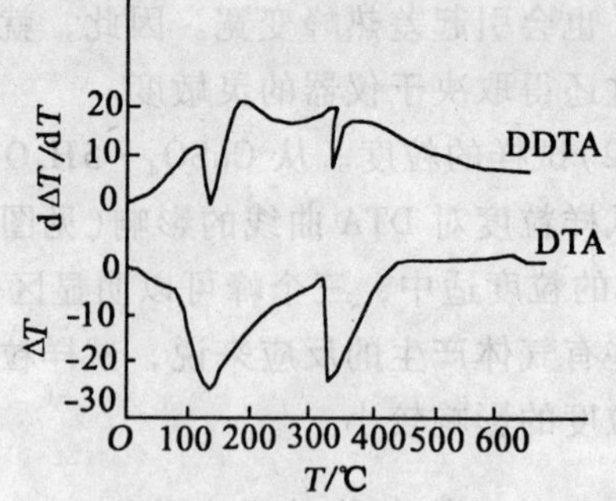

图 7.16　硝酸钾的 DTA 和 DDTA 曲线

在动力学研究中，应用微商差热分析只需一条 DDTA 曲线上的两个峰温就可测定固体反应的活化能。其方法是根据通常采用的固相反应速率方程式：

$$-\ln(1-\alpha)=(Kt)^n$$

并在 DTA 中 ΔT 与反应速率成正比的基础上建立了 DDTA 曲线上两个转折点温度 T_{f_1} 和与 T_{f_2} 与活化能 E 之间的关系式：

$$\frac{E}{R}\left(\frac{1}{T_{f_1}}-\frac{1}{T_{f_2}}\right)=\frac{1.92}{n}$$

如果 DTA 和 DDTA 曲线同时记录下来，那么两个转折点，即 DTA 峰的最大和最小斜率相当于 DDTA 双峰的最大和最小值，如图 7.17 所示。因此，T_{f_1} 和 T_{f_2} 值可从 DDTA 曲线上测得。利用上式对 $Li_2O \cdot 2SiO_2$ 玻璃的结晶作用和 $NaHCO_3$ 的热分解进行了计算，所得结果与其他方法的比较相近。该法的优点是只需要测定一条曲线，就可以测得反应活化能的数据。

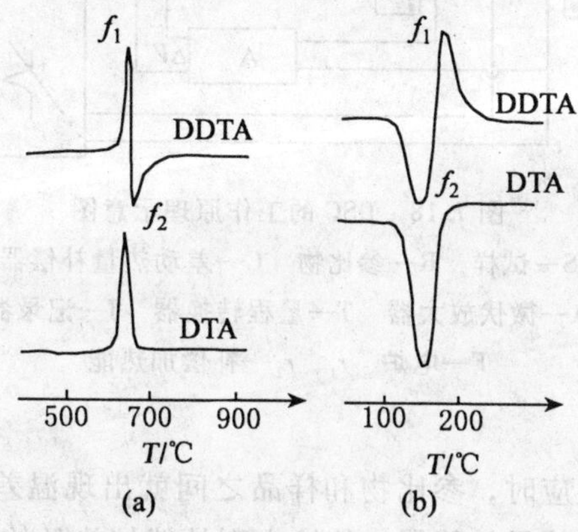

图 7.17　$Li_2O \cdot 2SiO_2$ 玻璃(a)和 $NaHCO_3$(b)的 DTA 和 DDTA 曲线

7.4　差示扫描量热法(DSC)

差示扫描量热法(differential scanning calorimetry，DSC)是在程序控温下，测量物质和参比物之间的能量差随温度变化关系的一种技术。根据测量方法的不同，又分为功率补偿型 DSC 和热流型 DSC 两种类型。功率补偿 DSC 是在程序控温下，使试样和参比物的温度相等，测量每单位时间输给两者的热能功率差与温度的关系的一种方法。热流 DSC 是在程序控温下，测量试样与参比物之间的温度差与温度的关系的一种方法。这时，试样与参比物的温度差是与每单位时间热能功率差成比例的。

记录能量差的办法是在升温或降温过程中，当试样发生相变时，靠自动补偿电路向试样或参比物增减热量；始终保持试样和参比物的温度相等。增减的热量可以增减的电功率形式记录下来。

7.4.1 差示扫描量热法的基本原理

图7.18为DSC技术的工作原理示意图。它和DTA的工作原理很相似，二者之间最大的不同是DSC仪器中增加了一个差动补偿单元以及在盛放样品与参比物的坩埚下面装置了补偿加热丝 r_1 和 r_2。

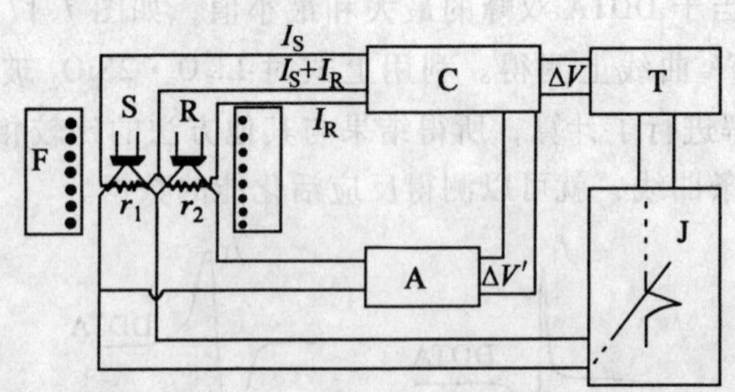

图7.18 DSC的工作原理示意图

S—试样 R—参比物 C—差动热量补偿器

A—微伏放大器 T—量程转换器 J—记录器

F—电炉 r_1，r_2—补偿加热能

当样品产生热效应时，参比物和样品之间就出现温差 ΔT，通过微伏放大器，把信号输给差动热量补偿器，使输入到补偿加热丝的电流发生变化。例如当样品吸热时，差动热量补偿器使样品一边的电流 I_S 立即增大，参比物一边电流 I_R 立即减小，但 I_S+I_R 得保持恒定值；反之，当样品放热时，则 I_R 增大，I_S 减小，(I_S+I_R 仍不变)。在试样产生热效应时，不仅补偿的热量等于样品放(吸)热量，而且热量的补偿能及时、迅速地进行，样品和参比物之间可以认为没有温度差($\Delta T=0$)。

样品和参比物的补偿加热丝电阻值是相等的，即 $r_1=r_2=r$，因此在补偿加热丝上的电功率为：

$W_S=I_S^2r$(W_S 为样品一边电阻丝的电功率)

$W_R=I_R^2r$(W_R 为参比物一边电阻丝的电功率)

当样品无热效应产生时，$\Delta T=0$，$\Delta V'=0$，$I_S=I_R$，$W_S=W_R$。所以输入到记录器的 $\Delta V=0$。当试样有热效应产生时，如样品的热量变化又能及时地得到补偿，则由 W_S 和 W_R 之差 $\Delta W'$(电功率差)能够导出试样吸(放)的热：

$$\begin{aligned}\Delta W' &= W_S-W_R=I_S^2r-I_R^2r=(I_S^2-I_R^2)r\\ &=(I_S+I_R)(I_S-I_R)r=(I_S+I_R)(V_S-V_R)\\ &=(I_S+I_R)\Delta V \qquad (7.13)\end{aligned}$$

由于总电流 $I_S+I_R=I$ 是恒定值，所以 $\Delta W'$ 和 ΔV 成正比。由焦耳定律可知试样在时间 t 内放出的热量。

$$Q=0.24(I_S^2-I_R^2)rt=0.24\Delta W't \tag{7.14}$$

$$Q/t=0.24\Delta W'=0.24(I_S+I_R)\Delta V=\Delta W \tag{7.15}$$

由(7.15)式可知单位时间内样品放出的热量 Q/t 和 ΔV 成正比。因此可以记录差动热量补偿器输出的 ΔV 而计算出 Q/t。ΔV 经过量程转换器 T 而输入记录器 J。试样的温度 T，则由热电偶直接输出信号送入记录仪。这样，差示扫描量热法记录的是热功率差 ΔW 对时间 t 的曲线(或 Q/t 对 t 的曲线)和温度 T 对时间 t 的曲线。

热流型 DSC 技术的基本原理如图 7.19 所示，是在温度变化过程中(升/降/恒温)，测量样品和参比物之间热流差的变化。在程序温度(线性升温、降温、恒温及其组合等)过程中，当样品发生吸/放热效应时，在样品端与参比端之间产生了热流差，通过热电偶对这一热流差进行测定，即可获得 DSC 曲线。

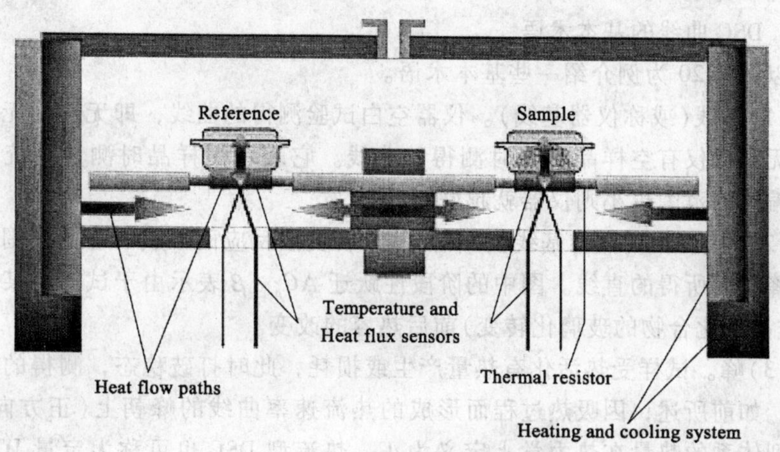

图 7.19　热流型 DSC 的基本原理

7.4.2　DSC 曲线及其表达

DSC 曲线和 DTA 曲线从外表上看几乎是一样的，但 DSC 曲线有着严格的、定量的物理意义而 DTA 曲线却不是严格的。DTA 有效地指示出反应开始和终了的温度，但在定量计算热量变化上，曲线本身存在物理缺陷。

DSC 曲线以横坐标表示温度 T，单位为 K 或℃，自左向右增加。纵坐标为热流速率 Q/t(dQ/dt)，单位为 mJ/s，(mW)，按照热力学的规定，向上为吸

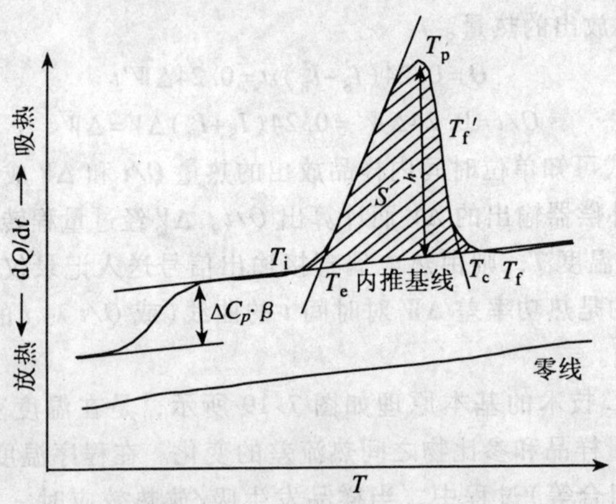

图 7.20　DSC 曲线的构成与特征温度示意图

热，向下为放热。

1. DSC 曲线的基本术语

以图 7.20 为例介绍一些基本术语。

(1)零线(或称仪器基线)。仪器空白试验测得的曲线，即无试样无样品容器或无试样仅有空样品容器时测得的曲线。它表示无样品时测量系统的热行为，偏离的范围越小则仪器就越好。

(2)内推基线(试样基线)。在因某种转变或反应而形成的峰的范围内，连接出峰前后所得的直线。图中的阶段性跃迁 $\Delta C_p \cdot \beta$ 表示由于试样的某种转变(如非晶态化合物的玻璃化转变)前后热容的改变。

(3)峰。试样受热活化有热量产生或损耗，此时打破稳态，测得的曲线呈现峰。如前所述，因吸热过程而形成的热流速率曲线的峰朝上(正方向)，因为加到体系的热量在热力学上定义为正。热流型 DSC 也可称为定量 DTA，而 DTA 曲线规定向上表示放热，故在许多文献资料中 DSC 曲线的吸放热方向与 DTA 曲线保持一致。本书也沿用此一做法(特别标示的除外)。只有与转变热(如熔化、汽化)或反应热(如氧化反应)有关的那些热效应才形成峰；另一些转变(如玻璃化转变)仅观察到曲线形状的改变，呈现向吸热方向偏折的阶形变化。

峰高 h，峰面积 S 分别与反应速率、反应热成正比。提高升温速率则将反应推向更高温度快速进行，表现为峰高增大、峰宽变窄。测定峰面积时，可以不管峰两侧基线是否一样高，只要把两侧的基线相连，就是所要测定的面积。测定面积的具体方法有多种，如称重法、数格法、求积仪法，计算机法等。

DSC 峰的面积与放(吸)热量 Q 有正比关系：

$$Q = kS$$

式中，k 为系数，单位为 mJ/mm^2，只要知道 k 值，便可由峰面积直接算出热量。k 是一个与仪器有关的系数。它可用一些标准物质来标定。

2. DSC 曲线的特征温度

仍以图 7.19 为例介绍一些特征温度。

(1)峰的起始温度 T_i。测量曲线在此开始偏离基线(向上或向下)，开始出峰。

(2)峰的外推起始温度 T_e。通过峰的起始边线性部分所引的切线与前基线延长线相交处的温度。

(3)峰的极大温度(峰温)T_p。测量曲线与内推基线之差极大值所对应的温度。

(4) 峰的外推终止温度 T_c。定义与 T_e 相仿，只不过这里是由峰的下降边和后基线求得的。

(5)峰的终止温度 T_f。测量曲线在此重新返回基线，峰完结。由于反应过程的热滞后，反应的真正终止温度是 T_f'。

7.4.3 影响因素

DSC 法的影响因素与 DTA 基本上相类似，大致有下列几方面：

1. 实验条件的影响

(1)升温速率。程序升温速率主要影响 DSC 曲线的峰和峰形。一般升温速率越大，峰温越高、峰形越大和越尖锐。实际上，升温速率的影响是很复杂的。它对温度的影响在很大程度上与试样种类和相转变的类型密切相关。升温速率对温度的复杂影响可从热平衡和过热现象作如下解释：

①在低升温速率下，加热炉和试样接近热平衡状态，在高升温速率下则相反。

②高升温速率会导致试样内部温度分布不均匀。

③超过一定的升温速率时，由于体系不能很快响应，因而不能精确地记录变化的过程。

④在高升温速率下可发生过热现象。

⑤在热流型 DSC 中，试样温度是根据炉温计算的，要从所测定的炉温扣除由升温速率引起的温度差值。通常认为滞后时间是一个常数(30s)，但是在较高的升温速率下，滞后时间稍许有点误差就会使试样温度变得较低。

(2)气体性质。一般对所通气体的氧化还原性和惰性比较注意，而往往容易忽视其对 DSC 峰温和热焓值的影响。实际上，气氛的影响是比较大的，在

He 气中所测的起始温度和峰温都比较低。这是由于炉壁和试样盘之间的热阻下降引起的，因为 He 的热导性近乎空气的五倍，温度响应就比较快。相反，在真空中温度响应要慢得多。同样不同气氛对热焓值的影响也存在着明显的差别。所以，选择合适的实验气氛是至关重要的。

2. 试样特性的影响

(1)试样用量。一般情况下，试样用量不宜过多，因为这样会使试样内部传热慢，温度梯度大，导致峰形展宽和分辨率下降。例如，随着试样用量的增大，NH_4NO_3 的相变峰温和相变热焓都稍有升高。试样用量对不同物质的影响也有差别，有时对热焓值呈不规律的影响。

(2)试样粒度。粒度的影响比较复杂。通常由于大颗粒的热阻较大而使试样的熔融温度和熔融热焓偏高，但是当结晶的试样研磨成细颗粒时，往往由于晶体结构的歪曲和结晶度的下降也可导致相类似的结果。对于带静电的粉状试样，由于粉末颗粒间的静电引力使粉末形成聚集体，也会引起熔融热容变大。

(3)试样的几何形状。在高聚物的研究中，发现试样几何形状的影响十分明显。为要获得比较精确的峰温值，应该增大试样盘的接触面积，减小试样厚度并采用慢的升温速率。

(4)试样的热历史。许多材料如高聚物、液晶等往往由于热历史的不同而产生不同的晶型或相态(包括亚稳态)，以致对 DSC 曲线有较大的影响。通常在热分析之前，液晶化合物要用冷冻剂作较长时间的深冻处理以免产生复杂的亚稳态晶体结构。

(5)稀释剂。稀释剂对温度和热焓的影响虽然通常被解释为稀释作用对试样的粒度和浓度的影响，其实稀释剂的性质也起着很大的作用。因此，选择稀释剂要慎重，一般情况下应尽可能避免采用。

7.5 热机械分析

许多无机、有机和高分子材料的性能往往与它们的热(或力学)历史密切相关。虽然这些材料的形成和加工处理时的热性质可用 DTA 和 DSC 进行研究，但是这两种方法在检测极为微小的热变化时还不够灵敏。在这种情况下，可借助于热机械分析，因为在该温度下这些材料存在着应力的释放或变形。

热机械分析(thermomechanical analysis，TMA)是在程序控制温度下，测量物质在非振动负荷下的形变与温度关系的一种技术。实验时对具有一定形状的试样施加压力，根据所测试样的形变温度曲线，就可求算出试样的力学性质。所施加外力的方式有压缩、扭转和拉伸等。

最初采用的方法是针入度法。该法用针状探头对试样表面施加一定负荷，把针状探头插入试样时的温度作为物质的软化点。后来又有扭转法和拉伸法，前者用于模量变化的测定，后者用于测定材料的软化和热收缩等。

TMA 除了测定收缩应力，黏度和弹性模量以外，还可用于膨胀系数，玻璃化转变温度，拉伸模量和压缩模量的测定以及蠕变的研究。

7.6　热分析的联用

7.6.1　概述

在应用热分析时，不仅要了解热分析技术的使用情况，而且应该了解各种热分析技术的用处和局限性。热分析已在许多学科中得到广泛的应用，值得注意的是，在某些情况下仅用一种热分析技术并不能对所研究的体系给出足够的数据，这时往往需要用其他的分析方法(包括其他的热分析技术)加以补充，例如 DTA 或 DSC 通常要用 TG 来补充。如果涉及有气体的产生，热分析技术最好和质谱、气相色谱联用。热分析和其他分析方法的联用技术对研究反应机理和确证实验结果是极为重要的。因为这些联用技术可对从热分析系统中逸出的气体进行连续或间歇的分析。

例如分析氢氧化铝时，单独使用热重法或差热分析法就得不到完整准确的分析结果，如果采用 TG-DTA 联用的方法，一次分析就可得到其高温热分解机理和相转变过程。若单用 TG 技术，只能得到氢氧化铝的脱水结果，而只用 DTA 技术无办法判断 1 000℃以上的放热峰是相变还是由于热分解所引起的。通过 TG-DTA 联用一次测定就可弄明白氧化铝在 1 000 ~ 1 200℃处的相态转变。

为了剖析高分子材料的复杂配方及其性能，往往需要几种热分析技术或热分析与其他技术如红外、色谱、质谱等的联用或结合才能得到完整、全面、准确的分析结果。因此，近年来热分析联用技术已普遍使用且发展迅速。

热分析联用技术可归纳成以下三种方式：

(1)同时联用技术。在程序控制温度下，对一个试样同时采用两种或多种分析技术，如 TG-DTA 的联用，TG-DSC 的联用等。

(2)串接联用技术。在程序控制温度下，对一个试样同时采用两种或多种分析技术，第二种分析仪器通过接口与第一种分析仪器相串联，如 TG-MS(质谱)的联用，TG-DTA-IR(红外)的联用等。

(3)间歇联用技术。在程序控制温度下，对一个试样同时采用两种或多种分析技术，仪器的联结形式与串接联用相同，但第二种分析仪器是不连续地从第一种分析仪器取样，如 DTA-GC(气相色谱)的联用。

目前，TG-DTA 联用，TG-DSC 联用，TG-MS 联用，TG-DTA-IR 联用，TG-DTA-GC 联用等已普遍使用。此外，还有 TG-EPR(顺磁共振)联用，DSC-RLL(反射光强度测定法)联用等。总之，联用技术是多种多样的。

此外，除了联用技术外，也可采用各种分析技术之间的相互结合的办法，即一种试样分别在几种热分析仪器和其他分析仪器上进行测定。在没有联用分析设备的情况下，这种方法是普遍采用的和非常需要的方法。

7.6.2 同时联用技术

同时联用技术又称同步热分析(STA)。顾名思义，同步热分析(STA)就是将热重分析 TG 与差示扫描量热 DSC(或者差热分析 DTA)结合为一体，在同一次测量中利用同一样品可同步得到热重与差热信息。相比单独的 TG 或 DSC 测试，STA 具有如下显著优点：①消除称重量、样品均匀性、温度对应性等因素的影响，TG 与 DTA/DSC 曲线对应性更佳；②根据某一热效应是否对应质量变化，有助于判别该热效应所对应的物理化学过程(如区分熔融峰、结晶峰、相变峰与分解峰、氧化峰等)；③在反应温度处知道样品的当前实际重量，有利于反应热焓的准确计算。

1. TG-DTA 联用

在联用技术中，最普通使用的一种是 TG-DTA 联用。TG-DTA 联用热分析仪是把热重和差热分析集成在一起构成的。目前，市场出售的 TG-DTA 联用热分析仪温度范围一般从室温到 1 500℃，有的可达 2 400℃。在相同的实验条件下，一个试样可进行两种热分析技术的测定，能得到比较完整圆满的信息，显然省时省工效率高。但是这种联用热分析仪不可能同时满足 TG 和 DTA 所要求的最佳实验条件，所以联用仪器是以牺牲一些测量灵敏度为代价的。

TG 和 DTA 根据反应过程中的重量和能量变化，可对反应过程作出大致的判断，如表 7.3 所示。

表 7.3 **TG 和 DTA 对反应过程的判断**

反应过程	TG		DTA	
	失重	增重	吸热	放热
吸附和吸收	−	+	−	+
脱附和解吸	+	−	+	−
脱水(或溶剂)	+	−	+	−
熔 融	−	−	+	−
蒸 发	+	−	+	−

续表

反应过程	TG		DTA	
	失重	增重	吸热	放热
升 华	+	−	+	−
晶型转变	−	−	+	+
氧 化	−	+	−	+
分 解	+	−	+	+
固相反应	−	−	+	+

表中“+”表示有信号，“−”表示无信号。

对于许多问题，DTA 与 TG 联用则更有优势，因为这样就能把 DTA 分为有重量变化和无重量变化两类。例如高岭土[$Al_4(Si_4O_{10})(OH)_8$]的分解(见图 7.21)，通过 TG 曲线可以看出在 500 ~600℃间有一重量变化，这相应于样品的失水；这个失水过程在 DTA 曲线上也作为一个吸热效应显示出来，DTA 曲线上第二个峰是在 950 ~980℃之间，这个峰在 TG 曲线上没有相应的变化。这第二个峰对应于失水高岭土的一个重结晶反应。这后一个 DTA 效应是放热的，并且是不寻常的。它意味着在 600 ~950℃之间所得结构处于亚稳态，DTA 曲线上的放热峰表明样品的焓减少了，从而其结构从亚稳态变得更加稳定。

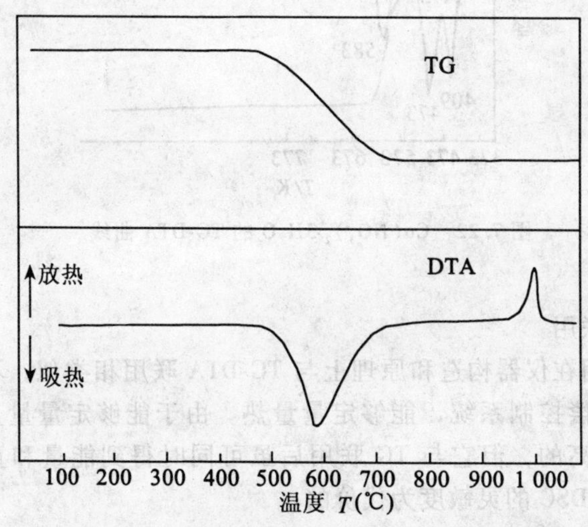

图 7.21 高岭土的 TG 和 DTA 曲线

通常纯 CuO 的制备是采用 $Cu(NO_3)_2 \cdot 3H_2O$ 热分解的方法。关于

$Cu(NO_3)_2 \cdot 3H_2O$的热分解机理此前曾有不同看法。用 TG-DTA 联用技术测得的曲线如图 7.22 所示。DTA 曲线上有三个吸热峰，而 DTG 曲线上只有两个峰，这说明 DTA 曲线上的第一个吸热峰无重量变化，应为 $Cu(NO_3)_2 \cdot 3H_2O$ 晶体的熔融峰，第二个吸热峰与 DTG 曲线上第一个峰相对应，是由 $Cu(NO_3)_2 \cdot 3H_2O$热分解生成中间产物而引起的，该中间化合物可根据 TG 和 DTG 曲线计算出的失重量来确定，其为 $Cu(NO_3)_2 \cdot 3Cu(OH)_2$。DTA 曲线上第三个吸热峰与 DTG 曲线上的第二个峰相对应，为中间化合物进一步分解生成 CuO 所导致的。这样就可准确地推断出 $Cu(NO_3)_2 \cdot 3H_2O$ 的热分解机理为：

$Cu(NO_3)_2 \cdot 3H_2O$(晶体)$\longrightarrow$$Cu(NO_3)_2 \cdot 3H_2O$(液体)$\longrightarrow$$Cu(NO_3)_2 \cdot 3Cu(OH)_2$(晶体)$\longrightarrow$CuO(晶体)

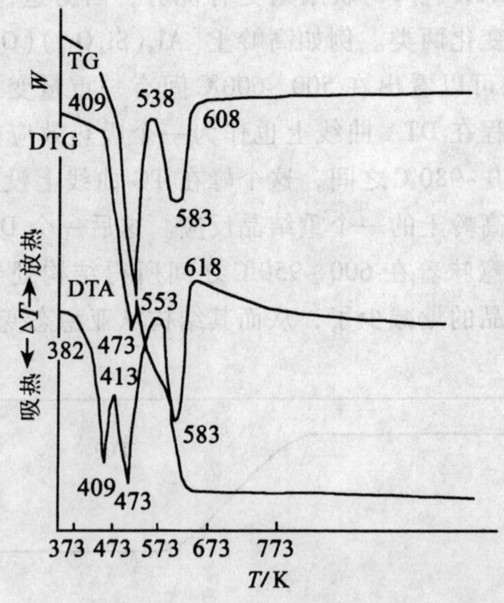

图 7.22 $Cu(NO_3)_2 \cdot 3H_2O$ 的 TG-DTA 曲线

2. TG-DSC 联用

TG-DSC 联用在仪器构造和原理上与 TG-DTA 联用相类似，不同之处在于前者具有功率补偿控制系统，能够定量量热。由于能够定量量热，通常 DSC 的灵敏度是非常高的，但它与 TG 联用后虽可同时得到能量和重量变化的数据，却是以牺牲 DSC 的灵敏度为代价的。

典型的 TG-DSC 联用图谱如图 7.23 所示：图中在 DSC 曲线上共有三个吸热峰。其中温度较低的两个相邻的大吸热峰与 DTG 曲线上的两个峰(或 TG 曲线上的两个失重台阶)有很好的对应关系，这是由于样品的两步分解所引起的。温度较高的小吸热峰则在 TG 与 DTG 曲线上找不到任何对应关系，应由样品的相变所引起。

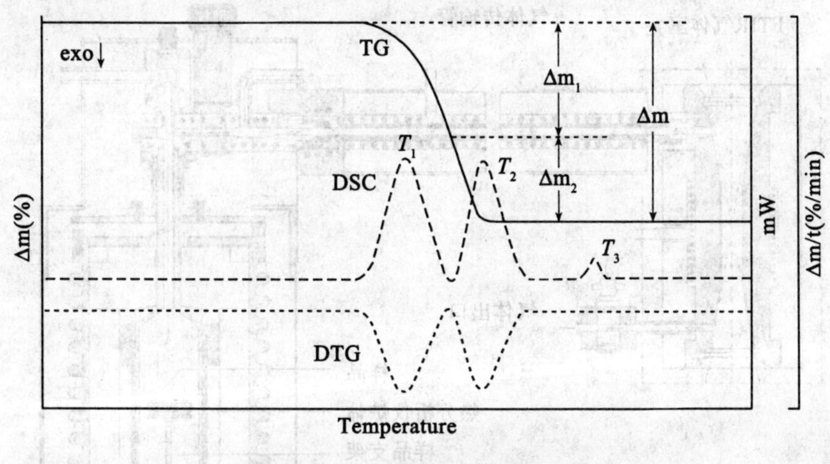

图 7.23 TG-DSC 联用的典型图谱

目前，TG-DSC 联用技术已广泛用于测定高分子复合材料的分解热和比热，也应用于研究配合物的热性质及其结构之间的关系。

7.6.3 串接联用技术

串接联用技术的基本原理是，通过特殊的接口和传输管线，将热分析系统(DSC、TG、STA)中的气体传输到气体分析设备(红外、质谱等)，目的是分析热分析过程中样品的气体产物，从而推测样品的反应机理。在热分析测量过程中，可以通过 DSC、TG 等信息判定样品是否发生反应，并且推测反应的类型，例如分解或挥发(失重+吸热)；氧化(增重+放热)、燃烧(失重+放热)等。但是进一步研究反应的机理，仅仅看热分析数据是不够的，如果能够分析这些反应的产物，对推测反应方程式会有很大的帮助。

1. 热分析-红外联用(热红联用)

图 7.24 为热红联用结构示意图。热红联用测量得到的是产物气体的红外谱。将“温度(时间)-波数-吸收度”作图，可以得到如图 7.25 所示的三维图。

然后，可以截取不同温度或时间下的红外图，并和标准气体的红外图比对如图 7.26 所示，即可确定某温度或时间下，样品产物气体的组成。由图 7.26 可知，样品气体中包含了水蒸气和丙酮的蒸汽。

用热红联用技术可同时记录样品的质量变化和分析样品分解的气体产物。该技术的关键是合理控制连接管路的温度和清洗气体的流速。若温度低，逸出气会在管路中凝集；若温度过高，则逸出气会产生二次分解。

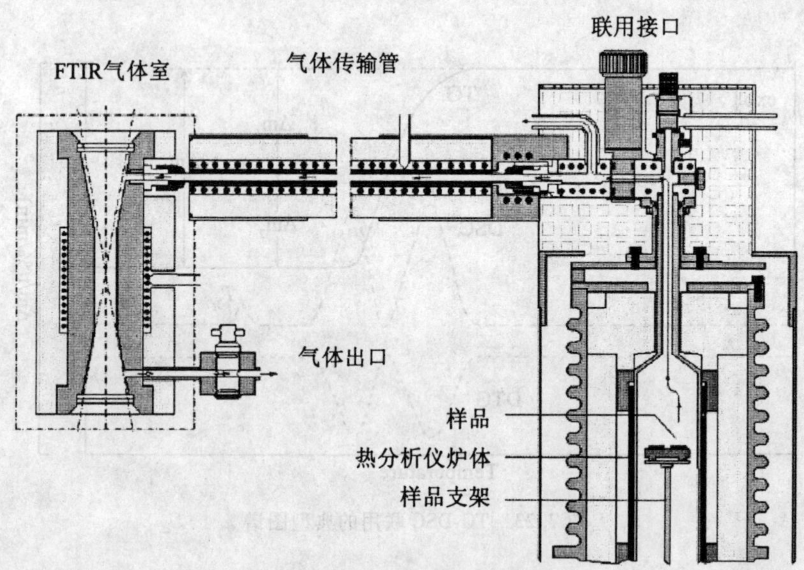

图 7.24　热红联用结构示意图

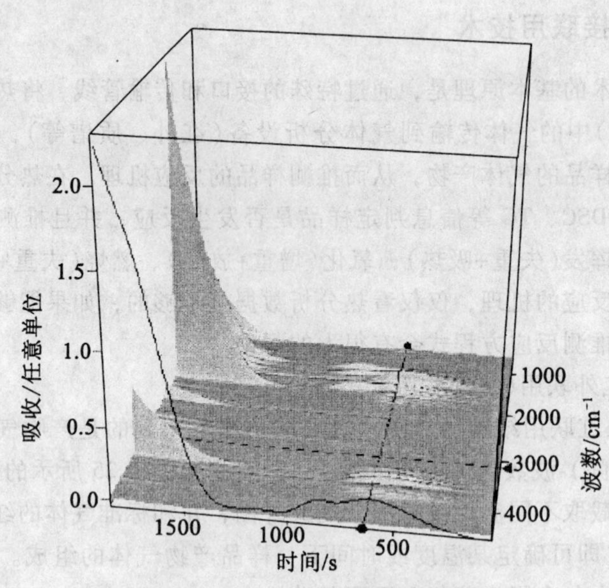

图 7.25　热红联用谱图(三维)

聚对苯二甲酸乙二酯(PET)的 TG 曲线、DTG 曲线以及 PET 分解产物芳香

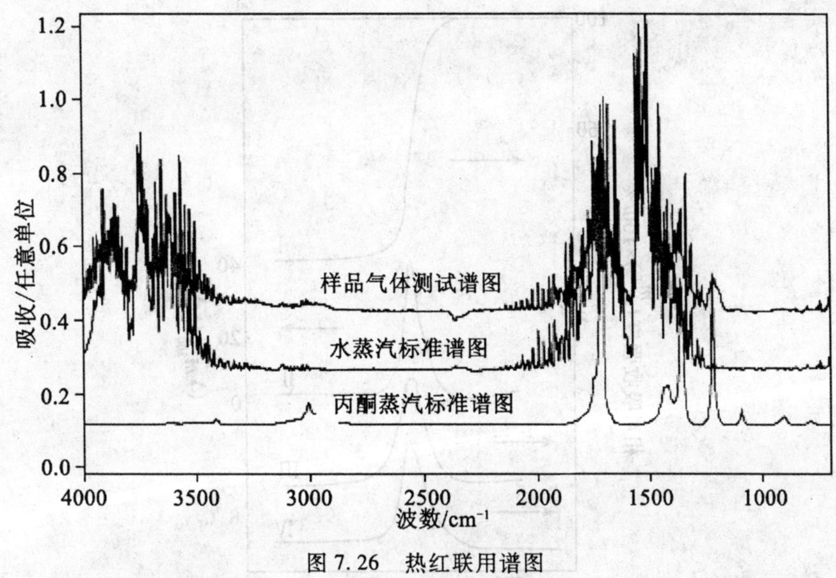

图 7.26 热红联用谱图

酸酯和二氧化碳光谱的相对吸收强度一并示于图 7.27。用研究程序软件(library research software)确认 IR 吸收峰，首先在测得的数据与程序库数据之间调整比较属性系数(hit quality index)使每个峰达最大值，从而选定之。由图 7.27 可看出，IR 吸收强度曲线的外形与 DTG 曲线的外形完全相符。由热红联用分析可得出结论，在 PET 分解的起始阶段是在图 7.28 中箭头所指的各点发生主链断裂。

以 DSC-FTIR 联用技术测量 PET 的结晶为例，来说明 DSC-FTIR 在研究聚合物相变中的应用。PET 的化学结构如图 7.28 所示，C ═O 基直接与苯环相连，因此已知以旁式(1042 cm^{-1})或反式(974 cm^{-1})进行的 C ═O 伸缩振动密切反映苯基的构象变化。同时以旁式(896 cm^{-1})或反式(848 cm^{-1})进行的 CH_2 变角振动是 PET 柔顺部分规整度的一个合适指标。为了比较吸光强度，每个吸光度用 765cm^{-1}归一化，据报道此吸收带的强度仅与试样的厚度有关。

PET 从熔融态的降温 DSC 曲线以及 974 cm^{-1}，848 cm^{-1}和 896 cm^{-1}的相对吸光强度与温度的关系一并示于图 7.29。DSC 试样是用厚 10μm 的铝箔层压的，降温速率为 5K·min^{-1}，试样量为 0.5 ~2mg；FTIR 样品支持器的窗孔直径为 2mm，波数分辨率为 2 cm^{-1}，扫描数为 $20s^{-1}$。由图 7.29 可看出，苯基与 C ═O基一起的分子调整在放热峰开始之前就已开始进行。相反，CH_2基从旁式向反式构象的构象变化在放热峰结束之前就已完成，苯基分子有序化是在降

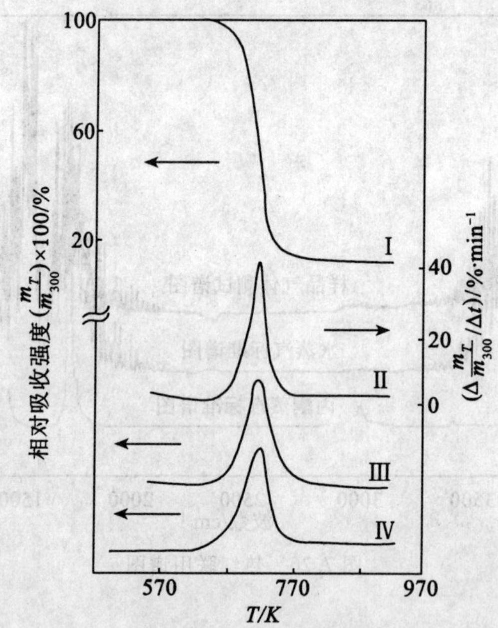

图 7.27　PET 的 TG 曲线、DTG 曲线和特定气体吸收强度相对值的比较

Ⅰ—TG 曲线；Ⅱ—DTG 曲线；Ⅲ—芳香酸酯的相对吸收强度；Ⅳ—二氧化碳的相对吸收强度

升温速率 20K · min^{-1}，试样量 5mg，氮气氛

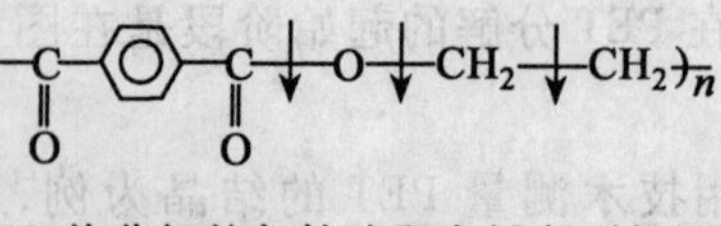

$$-\!\!\left(O-\underset{\underset{\displaystyle O}{\|}}{C}-\langle\bigcirc\rangle-\underset{\underset{\displaystyle O}{\|}}{C}\downarrow O\downarrow CH_2\downarrow CH_2\right)_n$$

图 7.28　PET 热分解的起始阶段主链断裂推测的位置

图中箭头表示断裂的位置

温过程中不断地在进行。

2. 热分析-质谱联用(热质联用)

图 7.30 为热质联用结构示意图。热质联用得到的是样品气体产物的质谱图，如常规的柱图(Bar Graph)。

此外，某些热质联用系统还具备“多粒子扫描(MID)”模式，可以实时、连续地跟踪某种气体在整个温度范围内的含量，最多可同时跟踪 64 种。

图 7.31 为玻璃原料的热质联用测量图谱。样品在 400℃之前有微量失重，从质谱数据(MID 模式)中，水蒸气的含量(amu = 18)随温度的变化曲线可见，该微量失重为样品脱水，其中 125.5℃下的脱水峰应该来自样品吸附的水分，

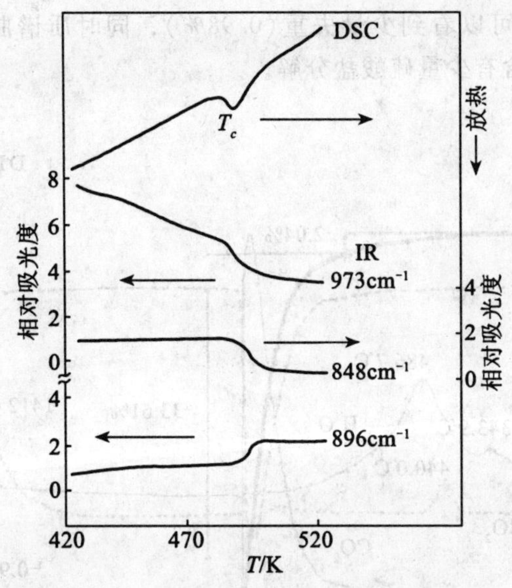

图 7.29 PET 的降温 DSC-FTIR 曲线

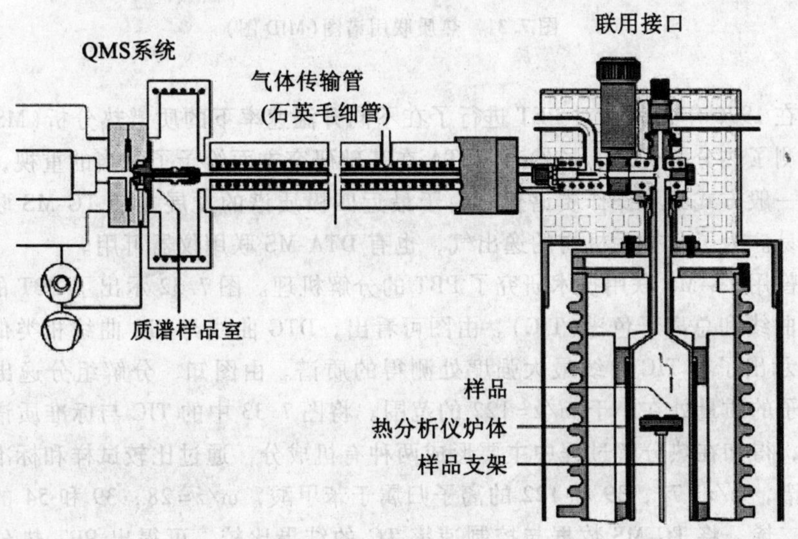

图 7.30 热质联用结构示意图

343.9℃的脱水峰可能来自样品的结晶水，此时 CO_2 曲线没有峰，所以应该不是有机物分解。400～600℃有少量失重(2.04%)，质谱曲线485℃的 H_2O 峰和440℃的 SO_2 峰表示样品中含硫的有机物分解。800℃附近有大量失重

(33.61%)，同时质谱图的CO_2曲线上有明显的峰，说明样品中的碳酸盐分解。到1400℃左右，可以看到少量失重(0.98%)，同时质谱曲线上看到SO_2峰，说明此时样品中含有少量硫酸盐分解。

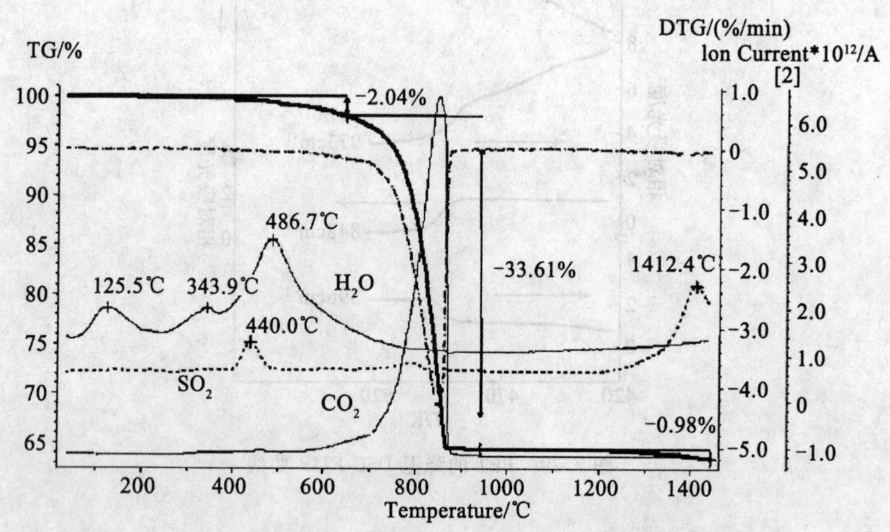

图7.31　热质联用谱图(MID图)

在1970年，就曾对PET进行了在不同升温速率下的质谱热分析(MSTA)，并推测了热分解机理。虽然对MSTA在基础研究方面给予了相当的重视，但认为按一般方式不易操作质谱仪。由于最近四极质谱的发展才使TG-MS联用变得容易。为了分析无机物的逸出气，也有DTA-MS联用仪器可用。

曾用TG-MS联用技术研究了PBT的分解机理。图7.32示出了PBT的TG，DTG曲线和总离子色谱(TIC)。由图可看出，DTG曲线与TIC曲线相类似。图7.33示出了在TIC曲线最大强度处测得的质谱。由图知，分解组分逸出的碎片离子的质量处在小于m/z=122的范围。将图7.33中的TIC与标准质谱图相比较，得知在热分解过程中主要形成两种有机成分，通过比较试样和标准物质的质谱，m/z=77，39和122的离子归属于苯甲酸，m/z=28，39和54的离子是丁二烯。将TG-MS数据与控制速率TG的结果比较，可得出PBT热分解是主链无规断裂的结论。

另外，红外、质谱的分析各有优缺点，例如，对于热红联用来说，其适用于分析有机分子、官能团，分析H_2O，CO_2困难些，无法检测H_2，O_2，N_2等。对于热质联用来说，其易于分析无机物，易于检测H_2O，CO_2，H_2，O_2，N_2等，但分析有机官能团比较困难。

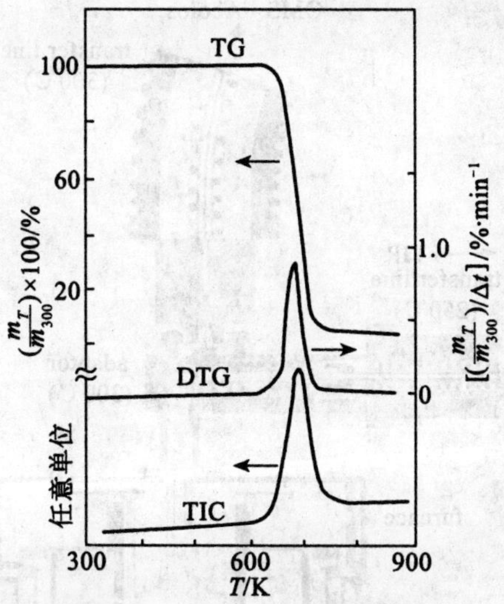

图 7.32 PBT 的 TG，DTG 曲线和总离子色谱(TIC)

试样量为 1～15mg，He/N_2气氛，流速 200ml · min^{-1}

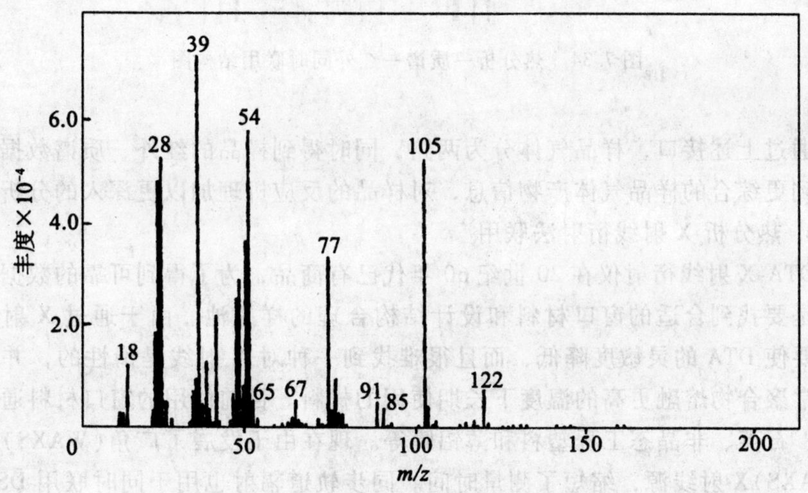

图 7.33 PBT 在 685 K TIC 的质谱

作为用户，如何取舍是一个难题。为了帮助用户充分利用各种技术的优势，某些联用接口实现了 FTIR、质谱同时联用的功能，可以将热分析仪器同时连接到红外和质谱(并联)，如图 7.34 所示。

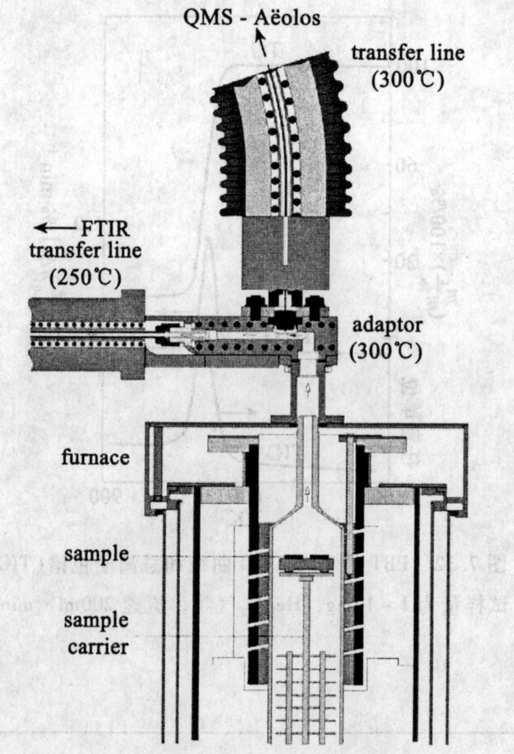

图 7.34　热分析—质谱—红外同时联用结构图

通过上述接口，样品气体分为两路，同时得到样品的红外、质谱数据，可以得到更综合的样品气体产物信息，对样品的反应机理加以更深入的分析。

3. 热分析-X 射线衍射法联用

DTA-X 射线衍射仪在 20 世纪 60 年代已有商品，为了得到可靠的数据，重要的是要找到合适的窗口材料和设计结构合理的样品池。由于通过 X 射线的窗口要使 DTA 的灵敏度降低，而且很难找到一种对 X 射线是惰性的，并可在比通常聚合物熔融更高的温度下长期使用的材料。目前使用的窗口材料通常是云母、石英、非晶态工程塑料和薄铝膜等。现在由于发展了广角(WAXS)和小角(SAXS)X 射线源，缩短了测量时间。同步轨道辐射也用于同时联用 DSC 测量。

利用 DSC-X 射线衍射联用仪器测得的非晶态聚对苯二甲酸乙二酯的 DSC 曲线和 X 射线衍射谱图示于图 7.35。试样 $M_n = 2.5 \times 10^4$，$M_w / M_n = 2.5$；所用仪器为热流式 DSC 装置，DSC 试样是用厚 10μm 的铝箔层压的，升温速率为 $5K \cdot min^{-1}$，试样量为 10mg。X 射线衍射条件为：$U = 40kV$，$I = 300mA$，$\lambda =$

0.1548nm，同步计数器的旋转速率 $2\theta=10°\cdot min^{-1}$，样品支持器的窗孔直径为2mm。图7.35(a)是样品的DSC曲线，由DSC曲线可知非晶态PET的玻璃化转变温度，结晶温度和晶体的熔融温度。非晶态PET是通过将晶态PET熔融后投入冰水中制得的。图7.35(b)是样品从383K到493K同时测得的X射线衍射谱图。由图7.35(b)可看出，在比结晶(T_{cc})低的温度可观察到典型的非晶态图像；在T_{cc}附近，记录有一个宽峰，可能是由于微晶的形成所致；温度在453K以上，可区分开属(100)面和(010)面的峰，(100)面的距离随温度的升高而降低；另一方面，(010)面却保持恒定的数值。X射线结果表明，在T_{cc}附近形成的晶体的x和y轴几乎相同，推测分子链是松散堆砌的。当接近熔融温度时，x方向的规整性提高。

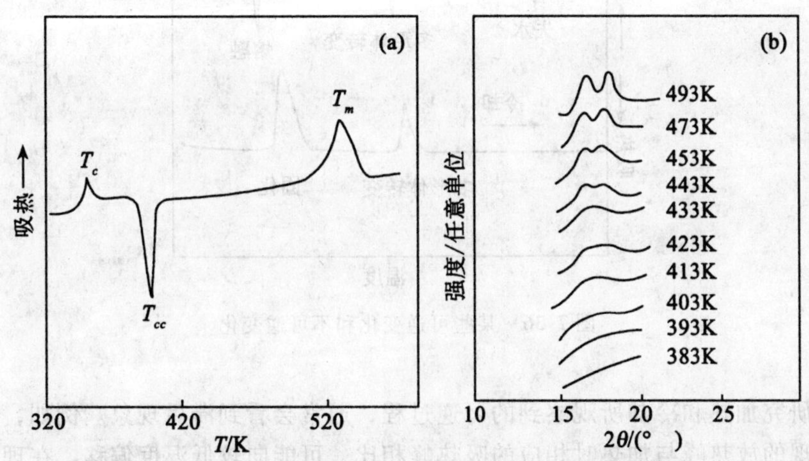

图7.35 非晶态聚对苯二甲酸乙二酯的DSC曲线(a)和X射线衍射谱图(b)

4. 热分析和其他仪器的联用

除了以上介绍的联用外，热分析还可与色谱、显微镜、库伦滴定、顺磁共振等仪器联用。感兴趣的可查有关资料，在此不做进一步的介绍。

7.7 热分析的应用

热分析大量广泛地应用于固体化学中，它在固体材料研究中是一种必不可少的手段。

TG只能测量有重量变化的效应，而DTA除此之外还可测量其他效应，如多形体转变，这种转变是没有重量变化的。另有一种有用的功能是跟踪加热时以及冷却时的热变化。这样可以使熔融/凝固这种可逆变化与许多分解反应等不可逆变化分辨开。

图 7.36 描述了可逆和不可逆过程 DTA 的结果。从一种水合物开始，加热后发生的第一个反应是失水，这是一个吸热过程；温度更高时，失水后的物质经过一多形体转变，这也是一个吸热过程；最后，样品熔化，给出第三个吸热峰。冷却时，熔体结晶时显示一个放热峰，多形体转变也以放热的方式显示了，但却不发生再水合过程。图中显示了两个可逆过程和一个不可逆过程。很清楚，一个特定过程加热时若为吸热，那么相反过程(冷却)一定是放热的。

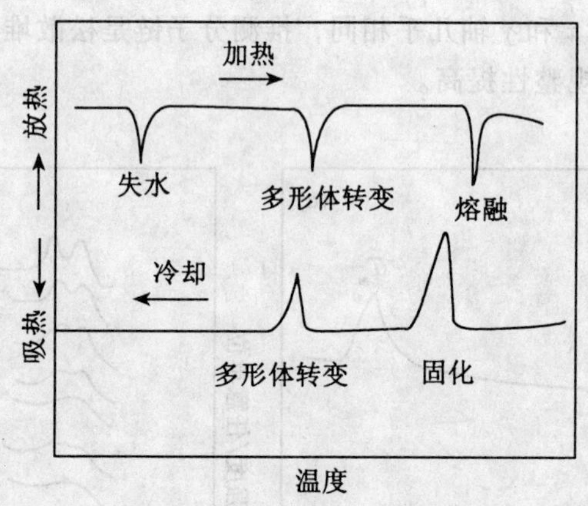

图 7.36　某些可逆变化和不可逆变化

研究加热和冷却所观察到的可逆过程，通常会看到滞后现象。例如，冷却时出现的放热峰与加热时相应的吸热峰相比，可能向较低温度偏移。在理想情况下，两个过程应在同一温度发生，但几度到几百度的滞后现象是常见的。图 7.36 中的两个可逆过程也有一个很小的滞后。

7.7.1　玻璃和高聚物特征温度的测定

滞后不仅依赖于材料的性质和所涉及的结构变化——如打开强键这种困难的转变很可能产生很大的滞后——而且还依赖于加热和冷却速度等实验条件。当冷却速度比较快时，特别容易发生滞后；在某些情况下，如果冷却速度足够快，变化可能完全被抑制，因而在这种特殊实验条件下，变化实际上是不可逆的。这种现象有很大的工业价值，如玻璃的形成就与此有关如图 7.37 所示。如对于晶态物质二氧化硅(SiO_2)来说，当它熔化时，出现一吸热峰；冷却时，液体并不重新结晶而是形成过冷液体，随温度降低，过冷液体黏度增加直到最后形成玻璃。所以，结晶过程完全被抑制了。换句话说，滞后现象太严重使得结晶没有发生。对 SiO_2 而言，甚至在熔点 1 700℃ 以上液体仍很黏稠，即使以慢的速度冷却，结晶也很慢。

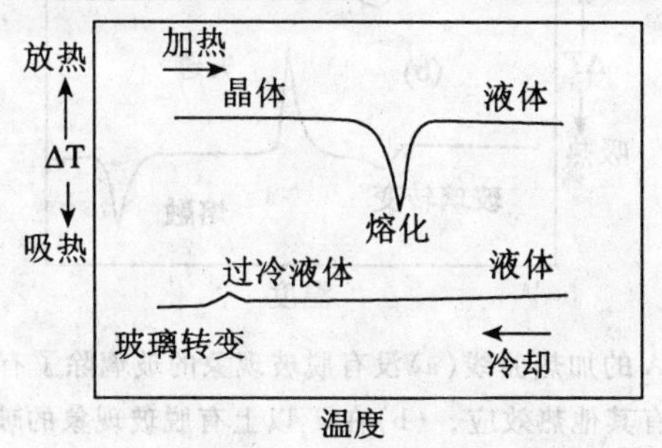

图 7.37 表明晶体加热时熔化和冷却时很大滞后从而形成了玻璃的 DTA 曲线

DTA 和 DSC 对玻璃的一种重要应用是测量玻璃态转变温度 T_g。这个温度在 DTA 曲线的基线上不是一个很明显的峰，而是一个不规则的宽峰，如图 7.37 和 7.38 所示。T_g代表玻璃从固体转变为过冷液体时的温度，这种液体虽然很黏稠但仍是液体。玻璃态转变是玻璃的一个重要性质，因为它代表玻璃实际使用时的温度上限，也为研究玻璃提供了一简易方便的可测参数。对于像硅石这种动力学上很稳定的玻璃，T_g时的玻璃态转变是能在 DTA 上观察到的唯一的热现象，因为结晶太慢以至不发生(见图 7.38(a))。然而对其他玻璃，在 T_g和熔点 T_f之间的某一温度处可能发生结晶或反玻璃化现象(脱玻现象)。反玻璃化作用是一放热过程，随后，在较高温度时，有一吸热过程，此对应于该种晶体的熔化(见图 7.38(b))。其他重要的玻璃形成材料有非晶态聚合物、非晶态硫属化合物半导体和氟化锆系玻璃等。图 7.39 是氟化锆系玻璃的 DSC 曲线，由 DSC 曲线可得到该玻璃的玻璃态转变温度、结晶温度和相应晶体的熔融温度。

热重法在研究高聚物性质方面已广泛应用，其研究工作在实际上和理论上都有重大的意义。研究工作所涉及的方面大致有：①测定高聚物的热稳定性，热稳定性与结构和构型的关系，添加剂对高聚物热性质的影响；②高聚物热降解过程和机理；③高聚物的降解动力学。

具体地应用涉及热重法对高聚物热稳定性的评价，评价标准主要采用拐点温度、起始失重温度、最大失重速率温度、积分程序分解温度、预定的失重百分数温度、外推起始温度、外推终止温度等。其次是测定添加剂对高聚物热稳定性的影响，高聚物的成分测定以及高聚物中挥发性物质的测定等。

DTA 和 DSC 已作为常规方法用于测定聚合物的玻璃化转变温度、熔点、

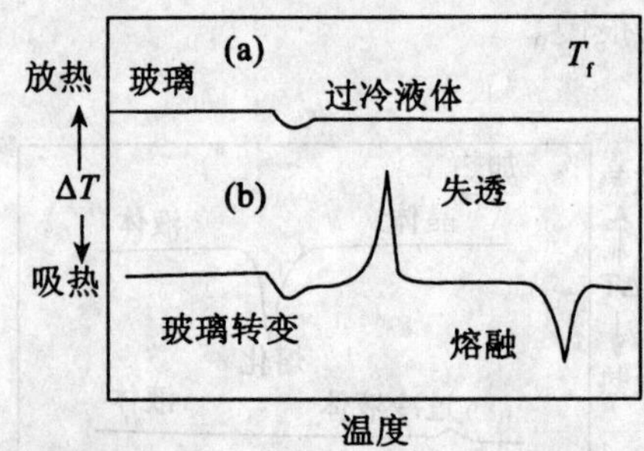

图 7.38 DTA 的加热曲线(a)没有脱玻现象的玻璃除了有玻璃转变外没有其他热效应，(b)在 T_g 以上有脱玻现象的玻璃

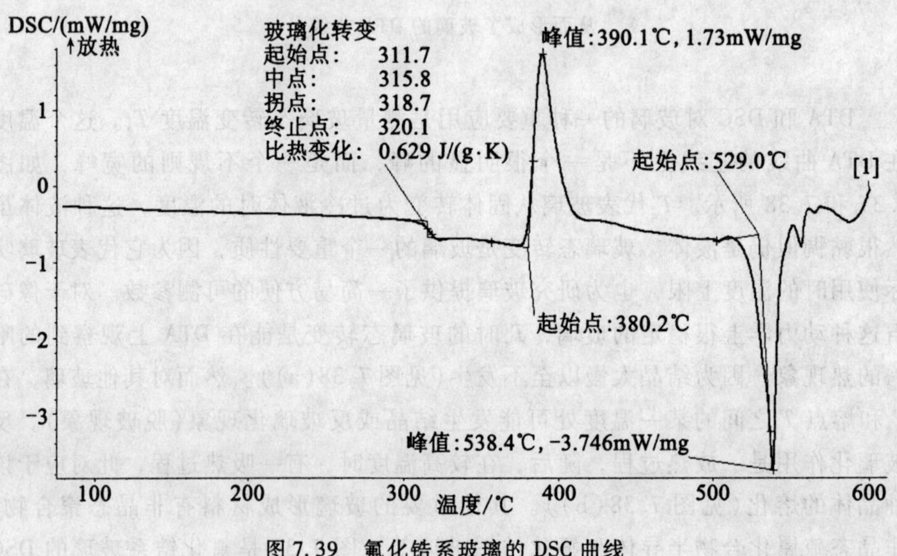

图 7.39 氟化锆系玻璃的 DSC 曲线

结晶度、熔融热、分解温度以及其他参数。聚合物的典型 DTA 曲线如图 7.40 所示。

聚四氟乙烯是有广泛用途的聚合物材料，其在燃料电池中用于电极防水涂层材料。图 7.41 为聚四氟乙烯(PTFE)的 DSC 曲线。由图可知，第一次升温过程中，在峰值温度 328.0℃处出现 PTFE 熔融吸热峰，热焓为 74.97J/g，计算结晶度为 91.46%。降温过程中，在峰值温度 309.1℃处出现 PTFE 结晶放热峰，热焓为 72.77J/g。

第二次升温过程中，在峰值温度 328.6℃处出现 PTFE 熔融吸热峰，热焓为 72.25J/g，计算结晶度为 88.09%。

比较第一次升温和降温过程，在第一次升温过程中熔融了的部分，在降温

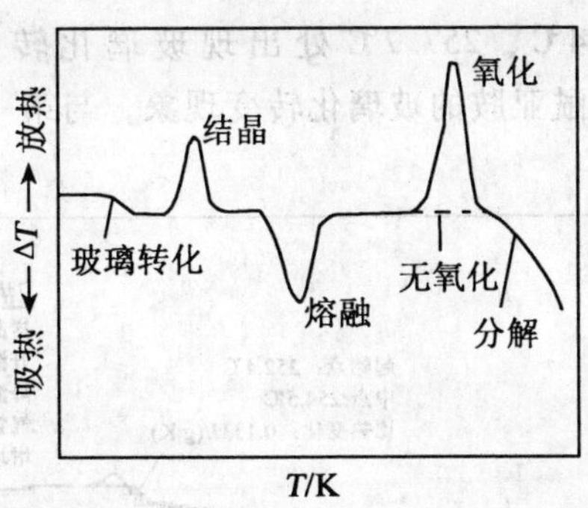

图 7.40　聚合物的典型 DTA 曲线

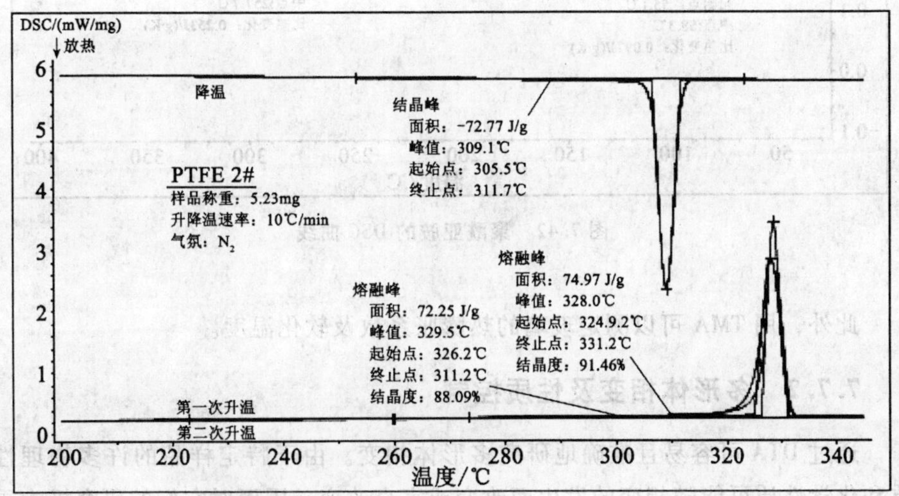

图 7.41　聚四氟乙烯(PTFE)的 DSC 曲线

过程中并没有全部结晶，由它们的热焓比较可知，第二次升温比第一次升温过程的结晶度稍微降低一些，同时热焓也相应变小，与结晶度相吻合。

聚酰亚胺(PI)在质子交换膜燃料电池的电解质膜材料的研究中得到应用。图 7.42 为聚酰亚胺的 DSC 曲线。由图可知，第一次升温过程中，在峰值 60.3℃处出现一吸热宽峰，推测为聚酰亚胺材料中残留小分子助剂的挥发；在起始点、中点分别为 252.4℃、254.5℃处出现玻璃化转变现象，比热变化为 0.133J/(g·K)，此为聚酰亚胺的玻璃化转变；第二次升温过程中，在起始点、中点分别为 55.1℃、58.3℃处出现一玻璃化转变，比热变化为 0.097J/(g·K)，推测为聚酰亚胺中含有的高分子助剂发生玻璃化转变导致，此现象由于第一次升温消除材料热历史，在第二次升温中得以体现；随后，在起始点、中点分别为 253.4℃、257.7℃ 处出现玻璃化转变现象，比热变化为 0.253J/(g·K)，为聚酰亚胺的玻璃化转变现象，与第一次升温相吻合。

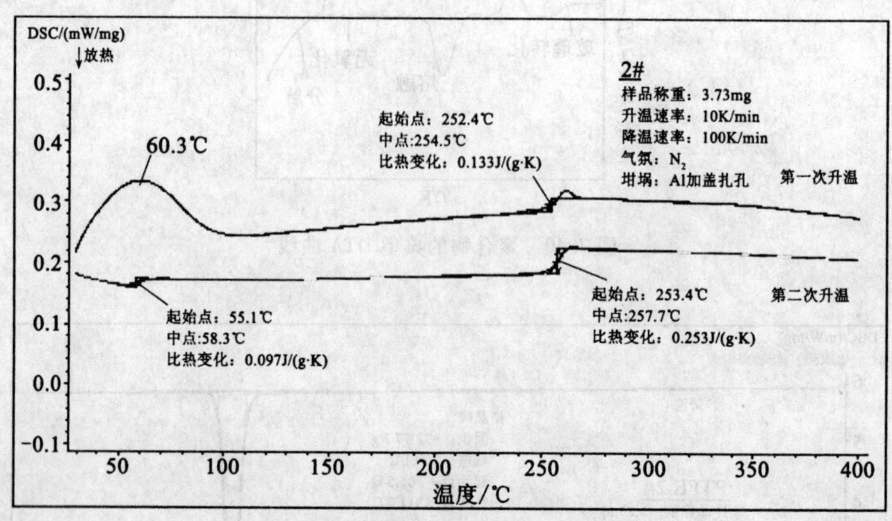

图 7.42　聚酰亚胺的 DSC 曲线

此外，用 TMA 可以测定玻璃的热膨胀系数及软化温度。

7.7.2　多形体相变及性质控制

通过 DTA 可容易且准确地研究多形体相变。由于特定样品的许多物理性质和化学性质可能随相变的发生而改变或完全改变，因而对它们的研究极为重要。例如，我们期望阻止某一特定材料发生相变或改变相变温度，除了设计或寻找全新的材料外，在现有材料中加入某种添加剂形成固溶体以改变其性质往往要更好些。随着固溶体成分不同，相变温度通常发生很大变化，因此 DTA 可作为监测材料性质和组成的一种灵敏的方法。

(1)铁电体 $BaTiO_3$，其居里温度约为 120℃，当其颗粒尺寸小于 30nm 时，其居里温度会发生较大的变化；用其他离子取代 Ba^{2+} 或 Ti^{4+} 后也会引起居里温度发生变化，这些都可通过 DTA 或 DSC 确定。

(2)在水泥中，β-型 Ca_2SiO_4 比 γ-型具有更好的黏结性。当冷却水泥窑中出来的水泥熟料时，期望高温的 α'-型转变成 β-型而非 γ-型，为保证这一转变的完成要加各种添加剂。不同添加剂对 α'-β 和 α'-γ 转变的影响可通过 DTA 或 DSC 加以研究。

(3)在耐火材料中，诸如 $\alpha \rightleftharpoons \beta$ 石英转变或石英$\rightleftharpoons$方石英之间的转变对硅石耐火材料都是有害的，因为随着每一种转变，体积发生了变化，这降低了耐火材料的机械强度。这些转变也可由 DTA 或 DSC 监测，并有可能阻止其发生。

7.7.3 材料的鉴定和热稳定性

DTA 的结果可用于材料的鉴定或分析。如果一种物质是完全未知的，它就不适宜于单独靠 DTA 来鉴定，但 DTA 可从一组材料中找出差异，如上面所提到的高岭土矿。在某些情况下，DTA 也可用于鉴别纯度。例如，$\alpha \rightleftharpoons \gamma$ 铁的转化对杂质很敏感：添加 0.02wt% 的碳，转变温度从 910℃ 降到 723℃。由于杂质存在，熔点通常也受很大影响，尤其当杂质产生一种低熔点的低共熔体时更是如此。通过特定物质分解的重量损失与纯物质分解的理论值比较，TG 同样可用于确定纯度。例如，用 TG 就可测定锂离子电池正极材料 $LiFePO_4/C$ 的含碳量。$LiFePO_4/C$ 在热重过程中的化学反应如下：

$$LiFePO_4 + xC + 1/4O_2 + xO_2 = 1/3Li_3Fe_2(PO_4)_3 + 1/6Fe_2O_3 + xCO_2$$

157.76　12.01x　8

在此，热重样品重量为$(157.76+12.01x)$g，氧为空气中的，由反应式知，1mol $LiFePO_4$完全反应后增重为 8g，失重为 12.01x g。样品的质量变化率为

$$\{(8-12.01x)/(157.76+12.01x)\}\times 100\% = A\%$$

在此，x 为 C 的摩尔数，$A\%$ 为由热重测得样品的质量变化率。

变换

$$8-12.01x=(157.76+12.01x)A\% = 157.76A\% + 12.01A\% x$$

$$157.76A\% - 8 = -12.01x(1+A\%)$$

$$x=(157.76A\% - 8)/[-12.01(1+A\%)]$$

C 的含量为

$$[12.01x/(157.76+12.01x)]$$

将 x 代入上式并简化，得 C 的含量为

$$[12.01x/(157.76+12.01x)] = [(157.76A\% - 8)/-(1+A\%)]/[157.76+(157.76A\% - 8)/-(1+A\%)] = [-(157.76A\% - 8)/(157.76+8)] = 0.04826-0.95174A\%$$

C 的百分含量为

$$(0.04826-0.95174A\%)\times 100\% = (4.826-0.95174A)\%$$

图 7.43 为 $LiFePO_4/C$ 的 TG-DSC 曲线。由热重曲线可看出，400℃左右开始增重，约 460℃重量又有所下降．前者对应于 Fe^{2+} 的氧化，相应的 DSC 为放热峰。后者对应于 CO_2 的逸出，相应的 DSC 为吸热峰。700℃时样品的质量变化率为 0.72%。

将由热重测得样品的质量变化率 0.72%（即 A = 0.72），代入上式

$C\% = (4.826 - 0.95174A)\% = \{4.826 - 0.95174 \times (0.72)\}\% = (4.826 - 0.685)\% = 4.14\%$。

若由热重测得样品的质量变化率为负，如 −0.46%（即 $A = -0.46$），代入上式

$C\% = (4.826 - 0.95174A)\% = \{4.826 - 0.95174 \times (-0.46)\}\% = (4.826 + 0.438) = 5.26\%$。

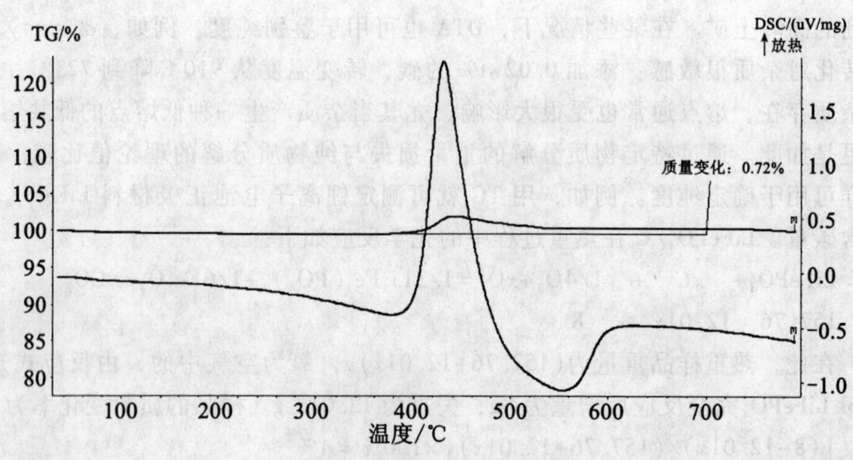

图 7.43　$LiFePO_4$/C 的 TG-DSC 曲线

当然，根据以上公式，也可在马弗炉中进行测定，只不过样品用量就要大得多了。

$LiFePO_4$作为锂离子电池的正极材料，和常规的 $LiCoO_2$相比较，具有更高的安全性且便宜。$LiFePO_4$耐高温、遇热不分解，在电池过充或短路的情况下其物化特性极其稳定。图 7.44 为单一**$LiFePO_4$的TG** 曲线。由图可知，在室温至 850℃附近，失重 2.01%。由于实验之前通过抽真空-充入氮气的方式彻底置换了炉腔内的气氛，其中没有残余氧气，因此样品不会氧化。图中的失重主要原因有可能是制备 $LiFePO_4$时残留在其中的水和小分子溶剂的挥发导致。可见该材料的热稳定性还是很好的。

$LiPF_6$（六氟磷酸锂）常用于锂离子电池的电解液中。图 7.45 为含有 $LiPF_6$ 电解液的 DSC 曲线。由于此类样品存在一定的危险性，即可能有剧烈的反应。所以在测量的时候建议采用耐高压的特殊坩埚。

由图 7.45 可知，在峰值 117.3℃处出现热焓为 9.4J/g 的吸热峰。一般情况下，液体挥发峰表现为宽峰，此处峰形比较尖锐，故排除前者，推测应该为添加剂与电解质盐的反应热；在峰值 255.1℃附近则出现热焓为 343J/g 的放热

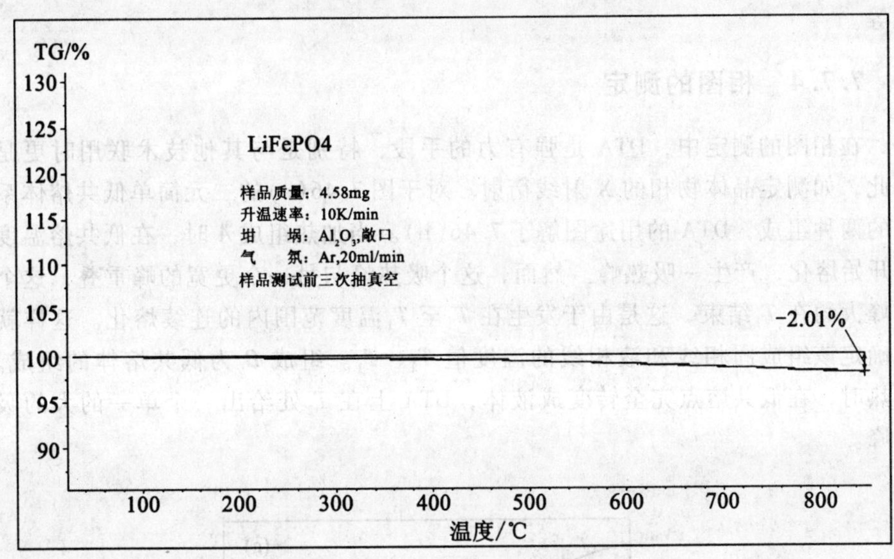

图 7.44 $LiFePO_4$的 TG 曲线

峰。在 200～400℃之间，溶剂酯类易参与反应，故此处的放热峰，推测为酯类参与电解液的化学放热反应。

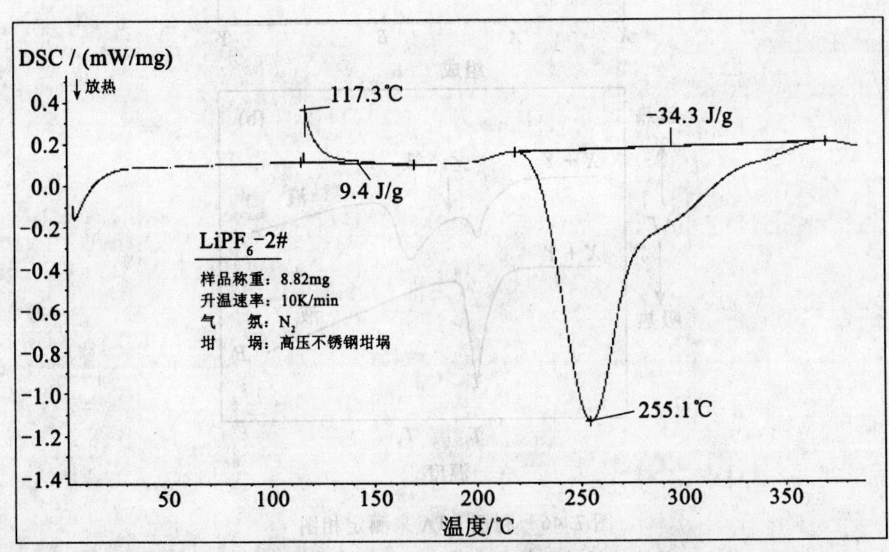

图 7.45 含有 $LiPF_6$电解液的 DSC 曲线

此外，用 TMA 可以测定材料的抗冲击性能、黏弹性、弹性模量、热膨系数等。

7.7.4 相图的测定

在相图的测定中，DTA 是强有力的手段，特别是与其他技术联用时更是如此，如测定晶体物相的 X 射线衍射。对于图 7.46(a)的二元简单低共熔体系中的两种组成，DTA 的用途图解于 7.46(b)。当加热组成 A 时，在低共熔温度 T_2 开始熔化，产生一吸热峰。然而，这个吸热峰与另一个更宽的峰重叠，这个宽峰大约在 T_1 结束，这是由于发生在 T_2 至 T_1 温度范围内的连续熔化。这样就可确定该组成固相线和液相线的温度值 T_2、T_1。组成 B 为低共熔体的组成。加热时，在低共熔点完全转变成液体，DTA 上在 T_2 处给出一个单一的大的吸热峰。

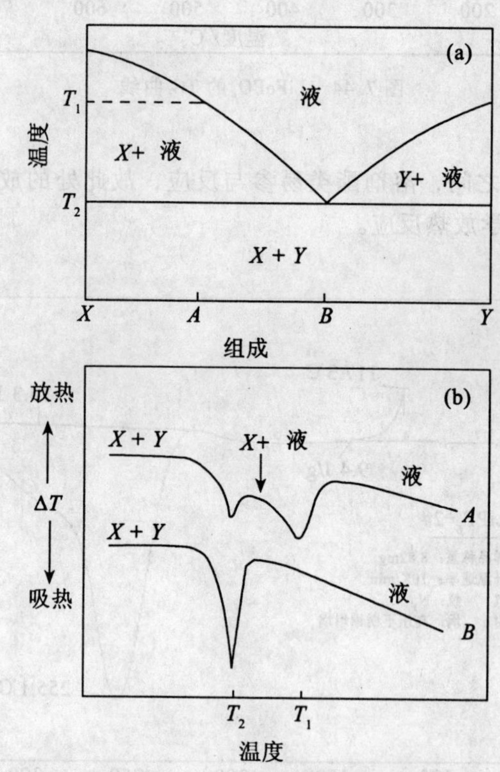

图 7.46 利用 DTA 来测定相图

(a)二元简单低共熔体系 (b)A、B 两组分的 DTA 曲线

因而，如果有可能比较 X 和 Y 之间混合物的 DTA 曲线，它们全都在 T_2 显示出一吸热峰，峰的大小取决于 T_2 时熔化的程度，也即依赖于样品组成与低共熔组成 B 接近的程度。另外，除了 B 组成外，所有组成在高于 T_2 的某一温度会有一宽的吸热峰，这是由于液相线上熔化的完成。此峰的温度随组成不同而不同。

在相图的固相线上也会发生多形体转变，这可通过 DTA 很容易地确定，特别当形成固溶体及转变温度与组成有关时更是如此。

现在我们要对 DTA 曲线上基线的性质加以讨论。理想的水平基线，在实际体系中是极例外的。实际的基线经常有轻微的向上或向下倾斜，其倾斜度随温度而变；峰两边的基线也可能不同，当峰代表一大的转变过程(如熔化)时，这种现象更加突出。通常在峰出现之前，基线上有一先兆的漂移，这一漂移使确定峰开始时的温度变得很困难。这种先兆现象可能与转变快开始时晶体缺陷浓度即无序度的增加有关。在 DTA 曲线上很难把这类先兆现象与实际开始转变分开。

7.7.5 分解机理

含结晶水无机盐的脱水机理，采用简便的等温分析法通常是难以确定的。尤其是反应级数在两步脱水过程中发生连续变化时就更难确定。例如 $BaCl_2 \cdot 2H_2O$ 的脱水机理，就有多种看法，一种认为它的两步脱水过程由相边界反应或 Avrami-Erofeyev 机理所控制；另一种认为等温脱水过程都是由 Avrami-Erofeyev 机理所控制，即 $[-\ln(1-\alpha)]^{1/m}=Kt$，$m=2$，而非等温脱水过程都是由相边界反应控制的，即 $1-(1-\alpha)^{1/n}=Kt$，$n=2$。利用 TG-DSC 联用技术进行进一步的研究结果表明，其脱水过程为

$$BaCl_2 \cdot 2H_2O(\text{固}) \longrightarrow BaCl_2 \cdot H_2O(\text{固}) + H_2O(\text{气})$$

$$BaCl_2 \cdot H_2O(\text{固}) \longrightarrow BaCl_2(\text{固}) + H_2O(\text{气})$$

这两步非等温脱水过程都是由 Avrami-Erofeyev 机理所控制的。另外的研究表明，$Li_2SO_4 \cdot H_2O$ 和 $Cu(OH)_2$ 的脱水机理也是由 Avrami-Erofeyev 机理所控制。

这些实验表明，在研究固体热分解机理方面，TG-DSC 联用是非常有用的。在分步分解过程中，TG 单用或与 DTA 联用都可用于分开和确定每一步骤。图 7.47 所描述的二水合水杨酸钙的分解就是一个很好的例子。这里可以看出分解反应分四步进行，无水水杨酸钙、内盐与碳酸钙均是中间物。许多化合物、氢氧化物、含氧酸盐及矿物都有类似的多步分解反应。

聚吡咯(PPy：polypyrrole)高分子材料为一种常见的导电聚合物。PPy 通常为无定型黑色固体，在 200℃会分解。能导电，电导率最高可达 100S/cm²。小

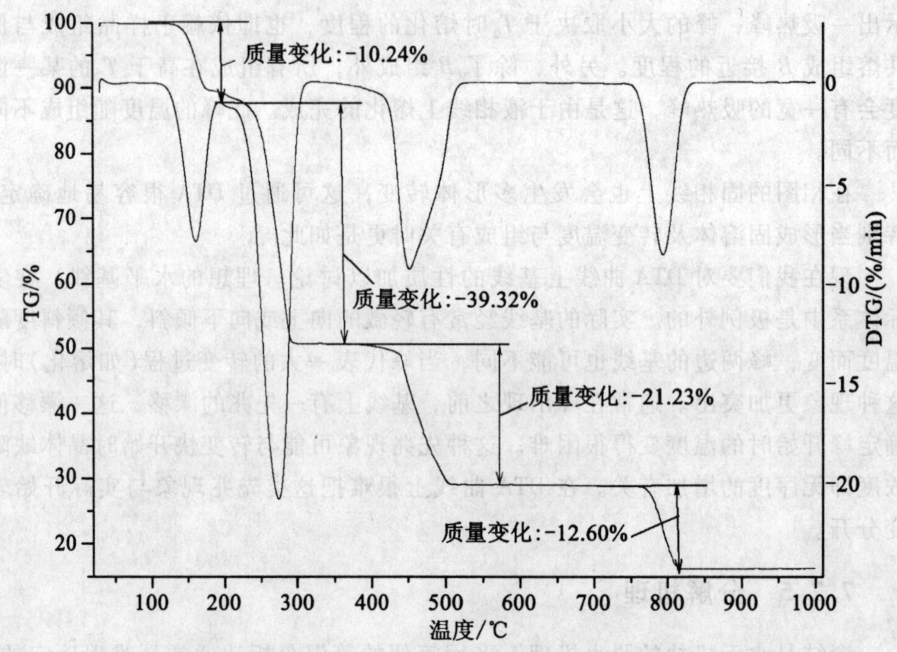

图 7.47 二水合水杨酸钙的分步分解 TG 曲线

阴离子掺杂的聚吡咯在空气中会缓慢老化，导致其电导率降低。大的疏水阴离子掺杂的聚吡咯能在空气中保存数年而无显著的变化。

图 7.48 为 PPy 的 TG 曲线。室温至 200℃ 附近失重 7.96%，推测为 PPy 中水和有机溶剂的挥发，在 29℃、72℃ 处为其热失重峰值；200℃ 至 800℃ 附近出现三步失重，失重率分别为 34.27%、44.03%、9.17%，对应的热失重峰值温度分别为 378.0℃、444.0℃、491.0℃。三步失重均为 PPy 在空气中的热分解所致，推测分别为 PPy 三步不同程度的热分解：200℃ 过后，PPy 开始慢慢分解；400℃ 过后，则为 PPy 的深入分解；而 490℃ 过后，则为 PPy 残留物的最终完全分解。

7.7.6 焓和热容的测量

前面已经讲过，如果用一个适当的经校正的仪器，则 DTA 可用来半定量地确定转变过程或反应的焓。对于给定的仪器和实验条件，我们可以从 DTA 的峰面积得到焓值。

被设计用来测量热效应的 DSC 池或 DTA 池，它们的结果都可做得相当准确，而且，物质或物相的热容作为温度的函数也可以确定。

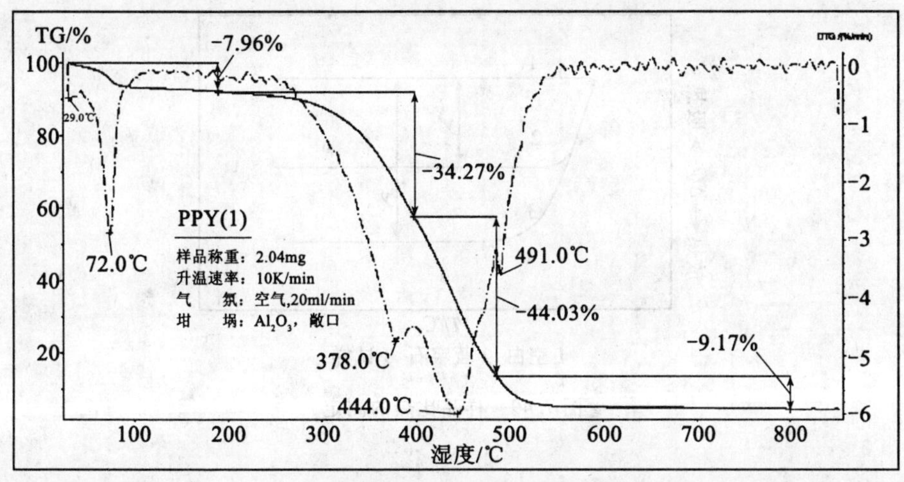

图 7.48　PPy 的 TG 曲线

在 DSC 中试样是处在纯性的程序温度控制下，流入试样的热流速率是连续测定的，并且所测定的热流速率 dQ/dt，是与试样的瞬间比热成正比，因此热流速率可表示为

$$\frac{dQ}{dt}=mC_p=\frac{dT}{dt}$$

式中，m 为试样质量，C_p 为试样比热。

试样的比热即可通过上式测定。在比热的测定中通常是蓝宝石作为标准物质，其数据已精确测定，可从手册中查到不同温度下的比热值。方法为：首先测定空白基线，即空试样盘的扫描曲线，然后在相同条件下使用相同一个试样盘依次测定蓝宝石和试样的 DSC 曲线，所得结果如图 7.49 所示。通过下列方程式求出试样在任一温度下的比热：

$$\frac{C_p}{C'_p}=\frac{m'y}{my'}$$

式中，C'_p、m'、y'分别为蓝宝石的比热、质量和蓝宝石与空曲线之间的纵轴量程差。C_p、m、y 分别为试样的相应值。

目前使用最广泛的锂离子电池正极材料是钴酸锂（$LiCoO_2$），负极是碳（C）。在充电时，Li^+的一部分会从正极中脱出，嵌入到碳层间而形成层间化合物。在放电时，则进行此反应的可逆反应。锂离子电池正极材料 $LiCoO_2$ 在常规电解液中高温条件下存在不稳定性，这极大地限制了其在大容量电池中的应用。因此，其比热、热稳定等性能受到极大关注。图 7.50 为 $LiCoO_2$ 的比热测试（DSC）结果。

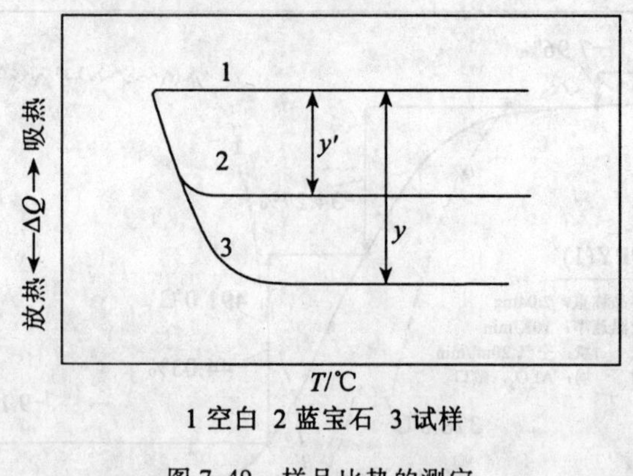

1 空白 2 蓝宝石 3 试样

图 7.49 样品比热的测定

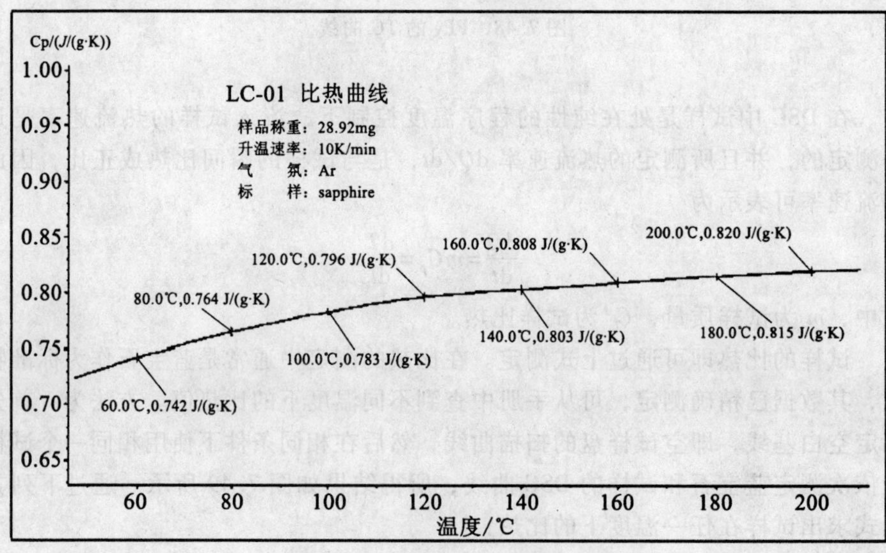

图 7.50 $LiCoO_2$的比热测试(DSC)结果

7.7.7 反应动力学研究

TG，DTA 与 DSC 可用于多种动力学研究。TG 可快速准确地用等温法研究分解反应。TG 炉子置于预定的温度上，样品直接置于此温度。2～3min 后，样品与炉温达到平衡，这时可记下样品随时间分解的曲线。然后在其他温度下重复这一过程，最后分析结构以确定反应机制与活化能等。

另一种动力学研究方法是基于 TG，DTA 或 DSC 的一次动态加热循环，其具有很大的潜力，但数据处理上有困难。

用热重法研究反应的动力学主要基于：由热重曲线求算出变化率即失重率，再根据阿伦尼乌斯公式建立一个反应动力学方程式，然后，将实验数据带入反应动力学方程式求算活化能和频率因子。其关键是建立一个接近实际的合理的反应动力学方程式。

在 DTA 和 DSC 中采用的动力学方法主要基于：试样的热效应与峰面积成正比，通过峰面积可求算出反应的变化率，再根据阿伦尼乌斯公式建立一个反应动力学方程式，然后，将实验数据带入反应动力学方程式求算活化能和频率因子。

实际上建立一个接近实际的合理的反应动力学方程式比较复杂和困难。目前已建立了多个方法，取得了长足的进步，这方面的研究也比较活跃，有大量的文献可供参考。此外新的热分析仪器都带有动力学的软件，使动力学研究更方便简单。

习 题

7.1 加热下列物质至熔化，你认为会得到什么样的 DTA 和 TG 曲线？

(1)砂子；(2)窗玻璃；(3)食盐；(4)洗涤碱；(5)七水合硫酸镁；(6)金属 Ni。

7.2 下列哪些过程会产生可逆的 DTA 现象？这些现象是否有滞后？

(1)食盐的熔化；(2)$CaCO_3$的分解；(3)砂子的熔化；(4)金属镁的氧化；(5)$Ca(OH)_2$的分解。

7.3 冬天通常在有冰的路上撒上食盐，DTA 能否用来定量研究盐对冰的作用？你认为会有什么样的结果？

7.4 试述无机玻璃的 DTA 曲线各个峰的物理意义。

7.5 根据 $CuSO_4 \cdot 5H_2O$ 的结构试讨论其脱水的机理。预期 $CuSO_4 \cdot 5H_2O$ 的 DTA 曲线的形状会是怎么样的？

7.6 根据图 7.47 的数据，试分析二水合水杨酸钙的热分解机理。

7.7 $FePO_4 \cdot xH_2O$ 试样经热重测量其失重率为 19.30%。试计算试样含结晶水的个数。

7.8 取 $CoC_2O_4 \cdot 2H_2O$ 试样分别在空气和惰性气氛下做热重分析，前者得到两步失重率为 19.5% 和 36.4%；后者的失重率为 19.45% 和 39.3%。试写出分解反应式。

第八章　固体的扩散和表面化学

8.1 引　　言

人们对于扩散并不陌生，气体分子的扩散就是众所周知的，同样在固体中也存在有原子的输运和不断混合的作用。但由于固体中原子之间有很大的内聚力，固体中原子的扩散要比气体中原子的扩散慢得多。尽管如此，只要固体中的原子或离子分布不均匀，存在着浓度梯度，就会产生着使浓度趋向于均匀的定向的扩散流。扩散是由于体系内存在有化学势或电化学势梯度的情况下，所发生的原子或离子的定向流动和互相混合的过程，扩散的结果是消除这种化学势或电化学势梯度。

每一种凝聚态物质都具有它的表面和界面，许多相转变都是首先在界面上发生的。在表面上由于所需要的活化能最小，所以一些化学反应也总是从表面上开始发生的。同一个化学反应，在表面上进行的速度要比在固态物相内部进行的速度快几个数量级。几乎所有的电化学反应都是在固-液界面上进行的。石油化工中的催化反应也是在固-气界面进行的。许多重要的生化反应也都是发生在生物膜的界面上。另外，固体表面又是材料防腐蚀或损伤的重要防线。所以人们想方设法使固体表面钝化，从而使之不易发生化学反应。

本章首先讨论固体中的扩散，然后介绍固体表面化学。

8.2 扩散的机理

所谓扩散是指原子或分子作无规则的运动，逐渐远离原来位置的现象。因此，原子或分子只限于一个方向运动时(如原子束)不叫扩散。在发生无规则的运动时，若扩散的途中有某些障碍物，就会改变扩散原子、分子移动的方向。而这种障碍物越大，数目越多，原子或分子无规则运动所需要的时间就越长，扩散速度越慢。

固相内扩散过程的机理如图 8.1 所示，分为四种：

机理(a)称为晶格间隙机理，是氢和碳这类小的原子在金属晶格间既做无规则运动又产生移动的模型。扩散速度取决于在单位时间内所测得的通过单位面积的原子或分子数，与其他机理相比，按这种机理进行扩散的原子或分子运动的速度非常快。

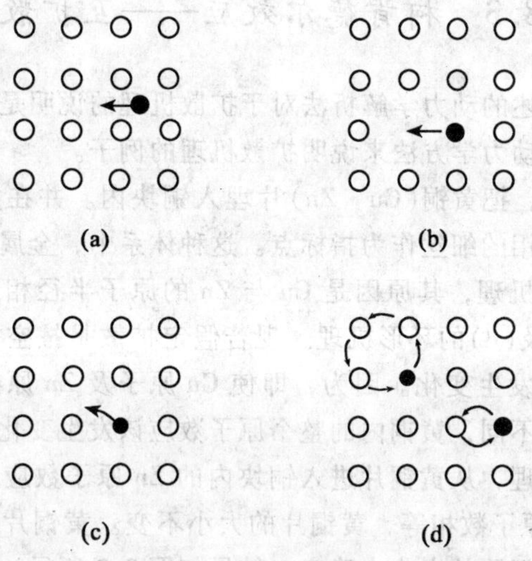

图 8.1　扩散机理

(a)晶格间隙机理　(b)空位机理

(c)离解机理　(d)环形机理　●扩散原子

机理(b)称为空位机理，原子由于热激发或添加杂质而产生了既与相邻空位交换位置又无规则的运动。对金属晶体，热激发是产生空位的唯一来源，但对于离子晶体，热激发和添加杂质都能生成空位。例如，在 NaCl 中由热激发能产生 Na^+空位与 Cl^-空位对，即产生肖特基缺陷，添加 $SrCl_2$ 能产生 Na^+的空位。并且都能促进 Na^+的扩散。关于这个动力学机理将在 8.6 节中讨论。

机理(c)是由(a)和(b)组合起来的一种机理，称为离解机理或亚晶格间隙机理。这种机理的实例有 Ge 中 Cu 的扩散，AgCl 中 Ag^+的扩散。

机理(d)被称为环形机理，不需要有晶体缺陷存在。原子与邻近的原子(或原子团)形成环形，相互交换位置。并按顺序地往返交换，原子进行扩散。构成的环形有二原子环及四原子环。

以上提出的是固体内原子或分子扩散机理的模型。但扩散不仅只在固体的内部，也在固体的表面及界面上发生。固体内部的扩散称为体相扩散。与此相应，在表面及晶界面上的扩散分别称为表面扩散及晶界扩散。这些扩散过程的活化能有体相>晶界>表面的顺序。对于大的单晶因为表面和晶界小，所以可以忽略表面扩散及晶界扩散。但对于粉体与多晶表面其晶界的面积就不能忽略，表面扩散速度及晶界扩散速度对整个扩散速度起很大的作用，甚至在某些情况下能超过体相扩散。

8.3 柯肯德尔效应——互扩散

从下节起所叙述的动力学解析法对于扩散机理的说明是很有用的。但如本节所述，也有不用动力学方法来说明扩散机理的例子。

如图 8.2 所示，把黄铜(Cu · Zn)片埋入铜块内。并在黄铜与铜的分界处以一定的间隔排列钼的细丝作为指标点。这种体系中，金属原子的扩散机理不能看做是晶格间隙机理，其原因是 Cu 与 Zn 的原子半径相近。因此只能考虑为(b)的空位机理及(d)的环形机理。现若假定扩散是按空位机理进行，就会发现黄铜片的大小发生变化。因为，即使 Cu 原子及 Zn 原子两方面都进行扩散，因其扩散速度不同，黄铜内的整个原子数应该发生变化。

但若是环形机理，从黄铜片进入铜块内的 Zn 原子数应与相反的从铜块进入黄铜片内的 Cu 原子数相等，黄铜片的大小不变。黄铜片大小的变化量，可通过测定钼指标点间隔的变化来确定。结果如图 8.2 所示，钼指标点的间隔变窄，由此否定了(d)的环形机理。Zn 原子进入铜块时，指标点间的靠近速度与 $t^{1/2}$ 成正比，由此可以得出结论：造成这种现象的主要原因是 Zn 原子按空位机理进行扩散的结果。

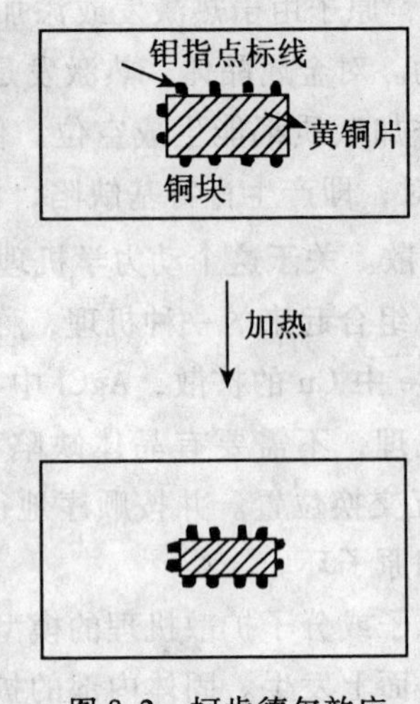

图 8.2 柯肯德尔效应

8.4　扩散的定律

物质的扩散速度可用费克第一定律表示：

$$J = -D\frac{\mathrm{d}C}{\mathrm{d}x} \tag{8.1}$$

式中，J 是在单位时间内通过单位面积流动物质的摩尔数；$\mathrm{d}C/\mathrm{d}x$ 是沿扩散方向的浓度梯度，为负值；D 为扩散系数，为一常数，它与一般的反应速度常数相同，可表示为：

$$D = D_0 \mathrm{e}^{-E_a/RT} \tag{8.2}$$

式中，E_a 是扩散过程的活化能。

在坐标 x 轴上物质浓度随着时间的变化可以表示为：

$$\frac{\partial C}{\partial t} = \frac{\partial}{\partial x}\left(D\frac{\partial C}{\partial x}\right) \tag{8.3}$$

(8.3)式称为费克第二定律。

以下是对 D 的物理意义的讨论。首先考虑图 8.3 所示的一维模型。A 原子在 x 轴上行进，虽然有时返回，但总的结果还是在向前进。但每移动 λcm 就必须越过高为 E_a kJmol^{-1}的能垒。在此 λ 是相邻两个平衡位置间的距离。

在原点每 1cm^3 的 A 原子浓度若为 C，则在距离原点为 λcm 处 A 原子浓度就是 $C+\lambda(\mathrm{d}C/\mathrm{d}x)$。因此通过 1cm^2 截面在 1s 内前进的原子摩尔数 ν_f 可以表示为：

$$\nu_f = C\lambda k_0 \ \mathrm{mol \cdot cm^{-2} \cdot s^{-1}} \tag{8.4}$$

式中，k_0 是扩散的比速度（$C = 1\mathrm{mol \cdot cm^{-3}}$，$\lambda = 1\mathrm{cm}$ 时的扩散速度）。同样在 1s 内从邻近位置向后折回原子的摩尔数 ν_b 可表示为：

$$\nu_b = -\left(C+\lambda\frac{\mathrm{d}C}{\mathrm{d}x}\right)\lambda k_0 \ \mathrm{mol \cdot cm^{-2} \cdot s^{-1}} \tag{8.5}$$

两者加在一起的摩尔数为：

$$\nu = \nu_f + \nu_b = -\lambda^2 k_0 \frac{\mathrm{d}C}{\mathrm{d}x} \ \mathrm{mol \cdot cm^{-2} \cdot s^{-1}} \tag{8.6}$$

最终结果是从左向右（即向前）移动。

比较(8.1)式与(8.6)式可知 $J=\nu$，因此得到了：

$$D = \lambda^2 k_0 \tag{8.7}$$

根据过渡状态理论（绝对反应速度论）k_0 可表示为：

$$k_0 = \frac{kT}{h} \cdot \frac{Q^*}{Q} \cdot \mathrm{e}^{-\varepsilon_0/kT} = \frac{ekT}{h} \cdot \mathrm{e}^{\Delta S^*/R} \cdot \mathrm{e}^{-E_a/RT} \tag{8.8}$$

式中，Q 是分配系数；ε_0 是在 0K 时的活化能，符号 * 表示过渡状态。由(8.2)，(8.7)，(8.8)式得：

$$D_0 = e \cdot \lambda^2 \cdot \frac{kT}{h} \cdot e^{\Delta S^* / R} \tag{8.9}$$

式中的数值除 ΔS^* 外全部是已知的。因此理论值与实验值的一致性取决于对 ΔS^* 值的估计。通过比较，发现在扩散过程中的很多情况下可以设 $\Delta S^* \approx 0$。

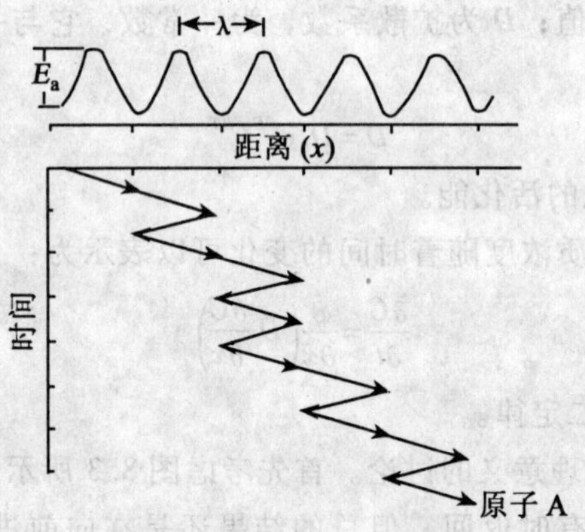

图 8.3　扩散过程的示意图

8.5　金属原子的扩散

通常采用示踪法测定扩散系数。让固体的侧面与放射性同位素的薄层接触，在一定温度下保持一段时间后，测定放射性同位素浓度对表面距离的变化，将测定值用(8.3)式进行分析，决定扩散系数。在各种不同的温度下进行测定，可求出 D_0 和 E_a。表 8.1 是 D_0 与 E_a 的实验值。表中也同时列入了氢及碳的值。由表可以看出：

(1) 贵金属元素的自扩散系数(扩散介质与扩散质是同一物质的扩散系数。也即是组分原子以热运动为推动力而进行的无规则行走，向着特定的方向进行的原子迁移，也就是说在整个化学组成中不存在有浓度梯度或化学势梯度时的原子扩散)有金<银<铜的顺序。

(2) 在金作为扩散介质的情况下，扩散系数有金<银<铜的顺序。

(3) 把扩散介质改换为金、银、铜时，银原子的扩散系数变化不大。

表 8.1　　**关于金属扩散的数据**

扩散介质	扩散质	$D_0/cm^2 \cdot s^{-1}$	$E_a/kJ \cdot mol^{-1}$	在 1 000K 的 D 值
Au	Au	2×10^{-2}	213	$10^{-12.7}$
Au	Ag	2.9×10^{-2}	159	$10^{-9.7}$
Au	Cu	1.1×10^{-3}	115	$10^{-8.9}$
Ag	Ag	9.0×10^{-1}	193	10^{-10}
Cu	Ag	110	239	$10^{-10.3}$
Cu	Cu	2.9×10^{-2}	155	$10^{-9.5}$
* Pb	Pb	6.6	117	$10^{-5.2}$
* Pb	Au	0.35	59	$10^{-3.5}$
Zn	Zn	4.6×10^{-2}	86	$10^{-5.7}$
Fe	Fe	3.4×10^{-4}	323	$10^{-12.1}$
Fe	Fe	(1.0×10^{-3})	(202)	$(10^{-13.4})$
Fe	C	1.7×10^{-2}	120	$10^{-8.0}$
* Fe	H	1.7×10^{-2}	39	$10^{-3.8}$
* Ni	H	2.0×10^{-3}	36	$10^{-4.6}$
* Pd	H	1.5×10^{-2}	28	$10^{-3.2}$

注：D_0 及 E_a 是在远低于 1 000K 的温度范围内测定的体系。

综上所述，当体系只限于贵金属时，可以说扩散系数主要决定于扩散质的种类，扩散介质的影响不太大。铁的自扩散系数与贵金属相近，但铅和锌的自扩散系数要大得多。氢的扩散系数特别大，这表明它是晶格间隙机理，但碳的扩散系数不像氢那么大，断言它是单纯的晶格间隙机理会令人产生怀疑。

按照上述情况，金属原子的扩散机理取何种模型最合适呢？现以 $\lambda = 0.3nm$，$\Delta S^{*}=0$ 代入(8.9)式中，得到 $D_0 \approx 10^{-2} \cdot cm^{-2} \cdot s^{-1}$。由此值及表中在 1 000K时的 D 值，就能得到 $E_a = 150 \sim 200kJ \cdot mol^{-1}$。该值比假定为环形机理所得到的值要小。计算结果与实验结果都表明金属原子的扩散机理以取空位机理最为妥当。

8.6　离子的扩散

将离子晶体中的扩散机理假设为环形机理是不恰当的。其原因为邻接的离子是异种离子，不能构成环形。晶格间隙机理也不适用于离子晶体。经研究得出的结论是：空位机理支配着离子晶体中的扩散。事实上在离子晶体中存在着各种类型的空位，对应于空位浓度的变化，离子的扩散速度也变化，所以这个结论是恰当的。

根据爱因斯坦提出的关系式 $D=kT\mu/q$ 可以得到如下关系：

$$D=\frac{k \cdot T}{n_i \cdot q^2}\sigma \tag{8.10}$$

式中，μ 是离子的迁移率，它与 σ 的关系如(4.5)式。其中 n_i 及 q 是离子的浓度及电荷。因此把离子晶体片夹在电极中，通过测定电导率，可求得扩散系数。另外，根据示踪法也可求得扩散系数。将两者进行比较，可以得到更完善的结论。

图 8.4 是 NaCl 中 Na^+的 lg$D$ 与 $1/T$ 的关系曲线。曲线由斜率不相同的两条直线组成。在低温范围内(820K 以下)的直线给出了 $D_0=1.6\times10^{-5}cm^2\cdot s^{-1}$ 及 $E_a=74kJ\cdot mol^{-1}$。高温范围内(820K 以上)的直线给出了 $D_0=3.1cm^2\cdot s^{-1}$，$E_a=173\ kJ\cdot mol^{-1}$。这个结果可作如下的解释：在低温区域杂质(例如二价的阳离子)是空位生成的主要原因。这种空位的浓度只决定于杂质的量，与温度无关。这种情况由以下事实得以证实，如图 8.5 所示。在 KCl 晶体中若添加 $SrCl_2$，在低温区域空位的浓度与添加量成正比，lgσ 对 $1/T$ 的直线向上移动，但斜率不变。因此可以看出，在低温区域得到的活化能为由(8.2)式或(8.8)式给出扩散基元过程的活化能。

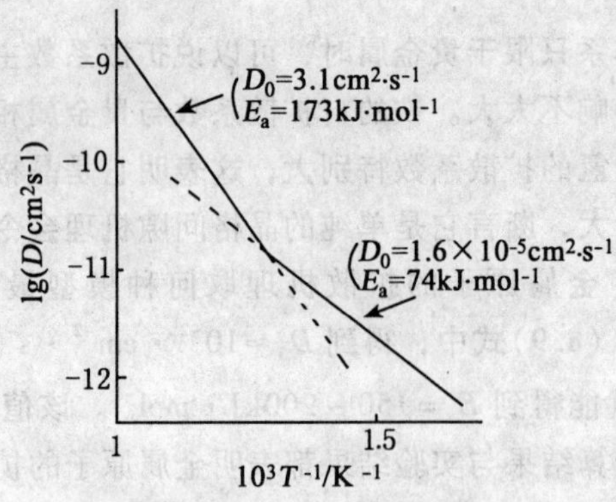

图 8.4 NaCl 中 Na^+的 lg$D$ 与 $1/T$ 的关系

在高温区域，由于热平衡，空位的浓度急剧增加，杂质的影响可以忽略。在此条件下实际上与扩散有关的空位浓度 n_V 可由下式得到：

$$n_V=n_i\cdot K_0^{1/m}\cdot e^{-W/mRT} \tag{8.11}$$

式中，K_0 是常数；W 是缺陷的生成能。另外，m 也是常数，对于弗仑克尔缺

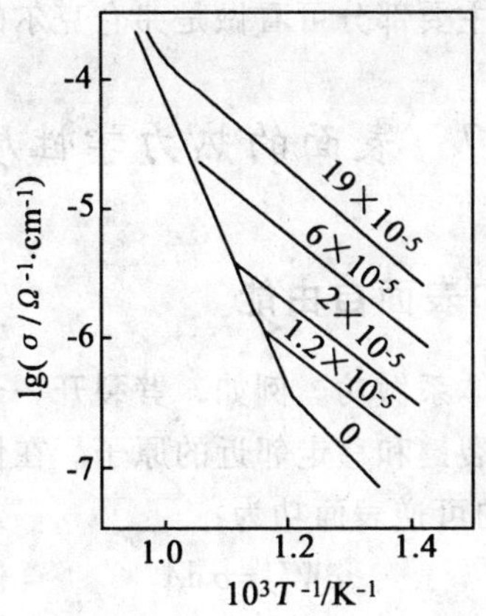

图 8.5　添加了 $SrCl_2$ 的 KCl 的离子导电率图中
数值为 $SrCl_2$ 的摩尔分数

陷为 1；对于肖特基缺陷为 2。这是因为肖特基缺陷中，阳离子空位与阴离子空位以相等的数目存在，生成能 W 可由浓度 $n_{V(+)}$ 和 $n_{V(-)}$ 定义为 $n_{V(+)}\cdot n_{V(-)}=n_V^2=n_i^2\cdot K_0\cdot e^{-W/RT}$。因此在高温部分得到的离子传导活化能等于扩散基元过程的活化能与 $1/m$ 的缺陷生成能之和。这种情况意味着 E_a(高温)$=E_a$(低温)$+W/m$。表 8.2 列出了各种金属氯化物的离子传导活化能。

表 8.2　　　　离子传导的活化能

晶　体	测定温度范围/K	$E_a/kJ\cdot mol^{-1}$	$\Delta E_a/kJ\cdot mol^{-1}$
LiCl	303～623	55	82
	673～823	137	
NaCl	643～833	74(84)	99 (87)
	833～1 073	173(171)	
KCl	523～723	96	
	773～998	196	100
AgCl	523～723	100	

在碱金属卤化物中产生的缺陷是肖特基缺陷，所以阳离子空位与阴离子空位成对存在。但其中对离子传导作贡献的主要是阳离子，阴离子的贡献较小，因此表 8.2 中碱金属的 E_a(低温)实质上可以看做是阳离子扩散的活化能。故 $\Delta E_a=E_a$(高温)$-E_a$(低温)。它是肖特基缺陷生成能 W_S 的 1/2。AgCl 中的缺陷是弗仑克尔缺陷，只存在 Ag^+的空位。这种空位的扩散速度快，活化能小。因

此离子传递的表观活化能主要部分可看做是弗仑克尔的缺陷生成能 W_F。

8.7　表面的热力学性质

8.7.1　表面张力和表面自由能

建立一个表面必须对体系做功。例如，劈裂开一个与气相平衡的晶体以获得新表面，其中须包括断裂键和移走邻近的原子。在恒温、恒容、平衡条件下增加 dA 表面积所需要做的可逆表面功为：

$$\delta W_{TV}^{\sigma}=\sigma dA \tag{8.12}$$

式中，σ 称为表面张力。这个可逆表面功也就等于表面积增加 dA 之后表面自由能的增值 dG，因此随着表面积的增大，自由能也增大，它们之间相互的关系可以表示为：

$$dG=dW=\sigma dA \tag{8.13}$$

表面张力 σ 也就是沿着表面平面的力——表面压力，借以反抗扩展更多的表面，具有使其表面趋于收缩的倾向。我们可以想象表面上有一点 P，通过 P 画一曲线 AB 将表面分为 1，2 两部分，如图 8.6 所示。假如通过 AB 的一个小单元 δl，区域 2 产生一个与表面相切的力 $\sigma\delta l$，σ(垂直 δl)就称为 P 点的表面张力。如果在每一点不管什么方向的 σ 值都相同，另外在表面上所有点都具有相同的 σ 值，σ 就称之为表面的表面张力。在这里需要着重指出，晶体表面的表面张力和液体的表面张力有所不同。液体的表面从力学行为来考虑正像一个被力均匀和各向同性伸张的膜。所以在表面上所有点和所有方向表面张力是相同的。而固体表面的表面张力不一定是各向同性，它的值依赖于表面的方向，也即表面张力随晶面指数的不同而异，因而固体的不同晶面上的化学反应性能，催化活性等也不相同。一般说来，具有最密堆积的晶面，其表面张力 σ 值最小，当晶面上存在有空位缺陷或原子偏离平衡位置时，σ 值较大。

用于表征表面的热力学参数应和表征均匀凝聚相的热力学参数分别加以规定。设一固体由 N 个原子组成，它的比表面能 E^S(即每个表面原子的能量)和凝聚相的总能量 E 之间的关系可以表示为：

$$E=NE^{\circ}+AE^S \tag{8.14}$$

式中，A 为该固体的表面上的原子数；E°为凝聚相内每个原子的能量。因此，比表面能 E^S 是表面上原子多于凝聚相中原子所具有的那份能量。其他的表面热力学函数也可以用相同的方法加以规定，表面热力学函数之间的关系也和体相热力学函数之间的关系一样，例如：

$$G^S = H^S-TS^S \tag{8.15}$$

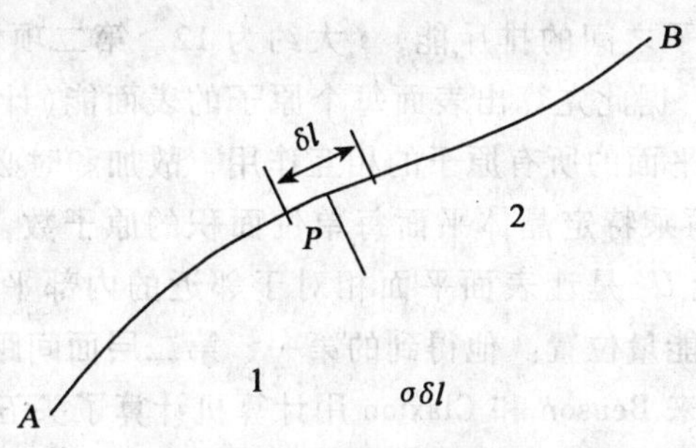

图 8.6　表面张力的定义

固体的表面积与体积之比值是决定固体表面活性的重要参量。将固体粉细时，其表面积增大，其单位质量的表面能也相应地增大，因而活性也增加。这种情况可以铜粉为例加以说明：设金属铜的表面张力为 1 500 dyne/cm，凝聚能为 339.4kJ/mol，当金属铜粉的粒径分别为 100，1 和 0.01μm 时，其表面能分别是 5.85×10^{-2}，5.85×10 和 5.85×10^{3} J。在粒径为0.01μm 时，金属铜粉的表面能与凝聚能之比为 1.72%。这样大的表面能，对于粉粒上原子的扩散蒸发、结晶以及粉粒的烧结等，都会有很大的影响。

8.7.2　表面能的理论估计

理论近似计算表面能，因所考虑的固体种类不同而异。但大体上都分为两步进行。第一步，靠断键将固体劈开分成两部分，从而产生表面。但此时表面原子仍固定在原来处于体相时的位置，由此得到对表面能的主要贡献 $U^{\sigma'}$。第二步，表面原子在垂直表面的方向移动，借以达到它的新的平衡位置，能量减少。这个能量即松弛能以 $U^{\sigma''}$ 表示。

$$U^{\sigma}=U^{\sigma'}+U^{\sigma''} \tag{8.16}$$

式中，U^{σ} 为表面能。为了得到 $U^{\sigma'}$，主要就是计算横跨一个平面的净相互作用能。为此则需要选择一个适宜的势能函数，它只作为粒子分隔距离的函数，给出一对对粒子之间相互作用的势能，将成对相互作用能加和，便得到表面层的 $U^{\sigma'}$，然后再计算松弛能 $U^{\sigma''}$。

在计算 $U^{\sigma'}$ 时，可能最简单的情况就是共价键晶体，晶格位置为原子所占据，而且不需要考虑长程相互作用。Harkins 认为在 0K 时，表面能很简单地就是将穿过 1cm^2 平面的键断掉所需能量的一半。

$$U^{\sigma'}=\frac{1}{2}U_{\text{内聚}} \tag{8.17}$$

对于稀有气体晶体，曾提出过几种势能函数。Lennard-Jones 势能函数为：

$$V_{ij}=\lambda r^{-s}-\mu r^{-t} \tag{8.18}$$

上式第一项给出原子之间的排斥能，s 大约为 12。第二项相当范德华吸引，t 的最佳值大约为 6。据此先算出表面每个原子的表面能(计算时应该包括每个原子与断裂前横跨平面的所有原子的相互作用，故加和时必须将所有原子间距离均考虑在内)，再乘特定晶体平面每单位面积的原子数，最后得 $U^{\sigma'}$。Shuttleworth 计算松弛能 $U^{\sigma''}$ 是让表面平面相对于邻近的内部平面在垂直方向上移动，直至达到最低能量位置。他得到的第一、第二层面间距离较体相层间距离增加百分之几，后来 Benson 和 Claxton 用计算机计算了头五层的数据，发现松弛作用下降很快，第 5 层只改变 0.04%。

对离子晶体所用的势能函数可以写为：

$$V_{ij}=-e_i e_j r_{ij}^{-1}+br_{ij}^{-n} \tag{8.19}$$

式中，第一项为库仑吸引相互作用；第二项为排斥能；b，n 为调节参数。后经修正，Huggins 和 Mayer 取下面形式：

$$V_{ij}=Z_i Z_j e^2 r_{ij}^{-1}-c_{ij}r^{-6}-d_{ij}r^{-8}+bb_i b_j e^{-r/\rho} \tag{8.20}$$

式中，第一项仍为库仑能；第二、第三项为范德华偶极子-偶极子和偶极子-四极子相互吸引作用；最后一项仍为电子排斥。计算步骤完全类似稀有气体晶体。但因晶格点是为离子所占据，表面经受来自下面的净电场，从而引起极化效应，这就使得计算的松弛能很不准确。

计算金属表面能，Morse 提出的势能函数为：

$$V_{ij}=D(e^{-2\alpha}r_{ij}-2e^{-\alpha}r_{ij}) \tag{8.21}$$

式中，D，α 为两个调节参数。对于金属，最好将表面能作为由于表面的存在而引起自由电子动能的变化来考虑。从计算结果来看，不同种类的物质因所用势能函数的性质和所假定的原子或离子大小的不同，结果相差很明显。一般来讲，稀有气体晶体表面能在 $2\times10^{-6}\sim6\times10^{-6}$ J/cm² 范围，松弛能<1%。单电荷离子晶体为 $10^{-5}\sim3\times10^{-5}$ J/cm²，松弛能高达 20%～50%。金属为 $4\times10^{-5}\sim10\times10^{-5}$ J/cm²，松弛能小，约 2%～6%。另外一点应提出，大多数计算第一、第二层之间距离均为膨胀，这是与实验结果不同的。

8.8 表面扩散

表面扩散可定义为单个原子、离子、分子和小的原子簇在晶面上的运动。这个运动是因加热而活化的。表面原子围绕它们的平衡位置振动，随着温度升高原子被激发和振动的振幅加大。随着温度不断地增加，会有愈来愈多的表面原子可得到足够的活化能，得以使它与邻原子的键断裂而后沿表面运动。此表面扩散是假定扩散实体完全是在晶面的顶上，即发生在吸附态。表面空位也将被当做一个吸附的扩散缺陷。这样定义表面扩散就意味着发生扩散的表面层只等于一个面间距。

表面扩散过程与表面结晶学性质和二维表面的存在紧密相关。为此首先介绍作为表面扩散实体的表面缺陷和讨论它们的能量，然后讨论缺陷扩散过程及其规律。

为了测量表面扩散系数，必须将它与微观与宏观可测量的参数诸如平均扩散距离、几何参数、浓度梯度和时间等联系起来，从而导出现象学的关系式。

8.8.1　晶体表面的缺陷模型

许多低能电子衍射实验证实晶体表面是不均匀的，存在平台、阶梯和折皱。而在平台表面上还存在有吸附原子和平台的空位。当然原子也可能吸附在阶梯旁形成阶梯吸附原子和阶梯空位。这些不同原子位置的邻原子数目是不等的，不同部位原子的结合能也是不同的。

热力学平衡时表面缺陷的浓度固定不变，它只是温度的函数，对于吸附原子、平台空位、阶梯吸附原子和折皱等特别是如此，从定性意义来讲，平台-阶梯-折皱表面的最简单的缺陷就是吸附原子和平台空位。它们与表面的结合能比所有其他缺陷的低，因此它们在表面上的流动性也比其他缺陷的大。在这样的条件下，它们对表面扩散的贡献占绝对优势。因此一般认为表面扩散是靠吸附原子和平台空位的运动。

在计算表面缺陷的能量和熵的参数方面，一个不太严格的近似为：假设固体中原子之间存在成对相互作用，用修正的 Morse 函数表示：

$$V(r_{ij})=A\{\exp[-2\alpha(r_{ij}-r_0)]-2\exp[-\alpha(r_{ij}-r_0)]\} \tag{8.22}$$

式中，α，r_0，A 为常数；r_{ij}是两个原子 i 和 j 之间的距离。

计算一个吸附原子生成能的步骤如下：从一个折皱部位移走一个原子到无限远，然后把它放在平台上形成一个吸附原子。令紧靠吸附原子旁的点阵松弛，产生一个松弛能 ΔE_{AR}，因此一个吸附原子的生成能为：

$$\Delta H_f^a=\Delta E_k-\Delta E_A-\Delta E_{AR} \tag{8.23}$$

式中，ΔE_k 是一个折皱位的能量；ΔE_A 是一个未松弛的吸附原子的能量。同样，一个表面空位的形成能量是将一个原子从平台部位移到无限远（能量贡献为 ΔE_T），然后再将它放在一个折皱部位（能量贡献为 ΔE_k），最后使围绕此平台空位的点阵松弛（能量贡献为 ΔE_{VR}），则得：

$$\Delta H_f^v=\Delta E_T-\Delta E_k-\Delta E_{VR} \tag{8.24}$$

计算一个吸附原子的移动能的步骤如下：表面扩散被认为是一个多步过程，在过程中原子离开它们的平衡位置并沿表面运动，直到它们找到新的平衡位置。假定唯一的扩散物类是吸附原子，它为了跳到相邻的位置需要一定热能。因为吸附原子在起始和跳跃的末尾均只能占据平衡位置，那么在两个位置之间区域的原子一定是处于较高的能态，即经过一个马鞍点。图 8.7 表示一个吸附原子从一平衡位置到另一平衡位置伴随扩散跳跃的能量变化。实线代表扩散跳跃时真正的能量变化，E_m 是扩散壁垒的高度或迁移能。虚线代表假想的跳跃能量变化，所有原子除了跳跃的原子外全在固定的位置(即未松弛)。ΔE_2 是假想的势能高度。ΔE_1 为松弛能。ΔE_3 代表马鞍点的松弛能。

$$E_m = \Delta E_1 + \Delta E_2 - \Delta E_3 \tag{8.25}$$

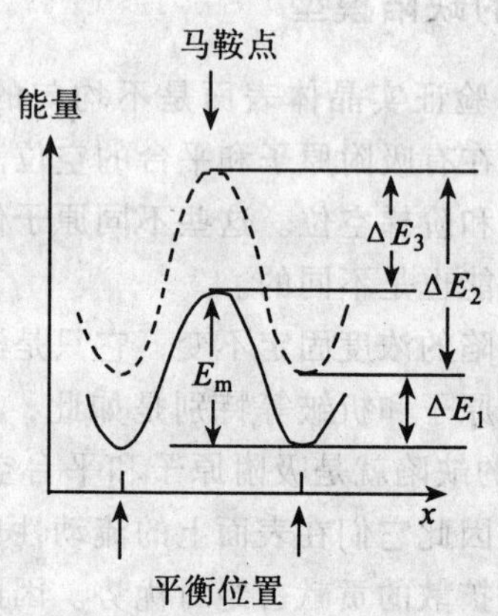

图 8.7　说明各能量项的势能示意图

当吸附原子围绕平衡位置热振动时，原子冲击势能壁垒 ν_0 次/s。大多数时间它的能量是不足以跃过能垒，但是通过声子相互作用偶然能量涨落可以使它的能量增加到 E_m，这时它就跳过势垒到它的新的平衡位置。因此跃到相邻位置的频率为 $\nu_0\exp(-E_m/k_BT)$。又因吸附原子可以跳到 z 个相等的相邻位置，总的跳跃频率为：

$$f = z\nu_0\exp(-E_m/k_BT) \tag{8.26}$$

如果在扩散机理中尚包括吸附原子的生成，则：

$$f = z\nu_0\exp[-(E_m+\Delta H_f)/k_BT] \tag{8.27}$$

总跳跃频率进一步地减少。

8.8.2　随机行走理论(kandom walk)

上面谈到的是一个原子作一次跳跃所需的条件，现在讨论一个吸附原子自某一邻位开始，经过 t 时间和很大数目 n 次跳跃以后，该原子的净位移。

假定原子运动是任意的，跳跃的距离是等长的，等于最近距离 d。又如果是一维的，一个原子行走的净距离为 x，则 x 就等于 $-nd$ 到 $+nd$ 之间各个跳跃的代数和，此处 n 是跳跃数。该吸附原子行走的平均距离 $\langle x\rangle$ 为零，因为向正负两方向跳跃的几率相等。而非代数平均的均方根距离 $\langle x^2\rangle^{1/2}$ 则不为零。净距离 x 的平方为：

$$x^2=(d_1+d_2+d_3+\cdots)(d_1+d_2+d_3+\cdots)$$
$$=d_1^2+d_2^2+\cdots+d_n^2+2d_1d_2+2d_2d_3+\cdots+2d_{n-1}d_n \tag{8.28}$$

因为 $|d_1|=|d_2|=\cdots=|d_n|=d$，所以每一平方项均等于 d^2，又因为 $d_1,\cdots,d_n$ 是正和负机会均等，所以交叉项 $2d_{n-1}d_n$ 当平均时应等于零。故 $\langle x^2\rangle=nd^2$。

跳跃数 n 可表示为总跳跃频率 f 和作 n 次跳跃所需时间 t 的乘积，$n=ft$，则：

$$\langle x^2\rangle=ftd^2 \tag{8.29}$$

假如原子可以相等的几率沿着三个不同的坐标（例如(111)面有六重转动对称性）跳跃，则在一个坐标方向的均方位移就减为 $\langle x^2\rangle=\frac{1}{3}ftd^2$。假如一个表面单胞具有四重转动对称性，则 $\langle x^2\rangle=\frac{1}{2}ftd^2$。令 b 为坐标方向数。在这些方向扩散跳跃几率相等，则：

$$\langle x^2\rangle=\frac{1}{b}ftd^2 \tag{8.30}$$

定义 $D=fd^2/2b$，它可以表征一个物质中原子输运的性质。D 称之为扩散系数。故(8.30)式可以写为：

$$\langle x^2\rangle=2Dt \tag{8.31}$$

将(8.27)式的 f 代入 D 的表示式中，则：

$$D=z\frac{d^2\nu_0}{2b}\exp\left(-\frac{E_m+\Delta H_f}{k_B T}\right) \tag{8.32}$$

扩散系数 D 与温度 T 成指数关系，实验证实大多数固体是如此。如果通过实验求出 D，取 $\ln D$ 对 $1/T$ 作图可测定表观扩散活化能，由 D 也可估计 $\langle x^2\rangle^{1/2}$ 或进行扩散的时间。

8.8.3　宏观扩散参数

以上讨论的仅是单个表面原子的扩散，然而在真实表面上是许多原子同时发生扩散，原子浓度大约在 $10^{10}\sim10^{13}$ 原子/cm^2 范围，因此扩散实验中经过一个给定时间后，扩散距离是统计数字的表面原子扩散长度的平均。所以必须用宏观参数定义扩散过程。假定不同能态吸附原子之间存在着以玻耳兹曼分布为特征的平衡，则表征所有扩散原子的跳跃频率可表示为：

$$f = z\nu_0 \exp\left(-\frac{\Delta G_D^*}{RT}\right) \tag{8.33}$$

式中，ΔG_D^* 是将一摩尔颗粒从它们的平衡能态移到它们的势垒顶能态所增加的自由能。所以上式又可写为：

$$f = z\nu_0 \exp\left(\frac{\Delta S_D^*}{R}\right) \exp\left(-\frac{\Delta H_D^*}{RT}\right) \tag{8.34}$$

式中，ΔH_D^* 和 ΔS_D^* 分别是扩散过程的活化能(或焓)和活化熵。假如扩散机理也包括扩散物种的形成，则仍需要考虑形成一摩尔吸附原子的自由能。因此：

$$f = z\nu_0 \exp\left[-\frac{(\Delta G_D^* + \Delta G_f)}{RT}\right] \tag{8.35}$$

或：

$$f = z\nu_0 \exp\left(\frac{\Delta S_D^* + \Delta S_f}{R}\right) \exp\left(-\frac{\Delta H_D^* + \Delta H_f}{RT}\right) \tag{8.36}$$

扩散系数是对所有扩散原子求平均，则：

$$D = z\frac{d^2\nu_0}{2b} \exp\left(\frac{\Delta S_D^* + \Delta S_f}{R}\right) \exp\left(-\frac{\Delta H_D^* + \Delta H_f}{RT}\right) \tag{8.37}$$

将式中与温度无关的项合并为一个常数 D_0，称之为扩散常数。令 $Q = \Delta H_D^* + \Delta H_f$，$Q$ 为整个过程总的活化能，则：

$$D = D_0 \exp\left(-\frac{Q}{RT}\right) \tag{8.38}$$

式中：

$$D_0 = z\frac{d^2\nu_0}{2b} \exp\left(\frac{\Delta S_D^* + \Delta S_f}{R}\right) \tag{8.39}$$

假定 ΔS_D^* 和 ΔS_f 为零，因为 $\nu_0 \approx 10^{12}\,s^{-1}$，$d \approx 2\times10^{-8}\,cm$，$b=2$，得 $D_0 \approx 6\times10^{-4}\,cm^2/s$。然而对大多数固体表面来讲，$D_0$ 的实验值为 $10^{-3} \sim 10^3\,cm^2/s$ 很广的一个范围。这就表明与扩散过程相关联的熵变化永远为正。

8.8.4 扩散定律

为了计算一维扩散速率，考虑在表面上三个平行的原子排 A，B，C，吸附原子可从 A 和 C 跳到 B。因此从两个方向均有一吸附原子流到 B，参见图 8.8。如果 A 排和 C 排吸附原子的浓度不等，则在一个方向将有一净流，先只考虑从 A 到 B 的吸附原子流。设 l 为一原子排的长；d 为每一排的厚度(即排间距离)；N_A，N_B 为原子排 A，B 所占 ld 面积中吸附原子的数目；C_A，C_B 分别为吸附原子在 A 和 B 排的浓度，$C_A = N_A/ld$，$C_B = N_B/ld$，那么单位时间由 A 向 B 迁移的净数为：

$$\frac{dN}{dt} = \frac{1}{2}f(N_A - N_B) = \frac{1}{2}fld(C_A - C_B) \tag{8.40}$$

式中，f为每秒跳跃的数目，即为离开平衡位置过渡到邻近位置的几率。$\frac{1}{2}$表示每排的吸附原子具有相等的机会跳向 B 或离开 B，假若 $C_A \neq C_B$（有一浓度梯度），则自 A 到 B 就有一净流。

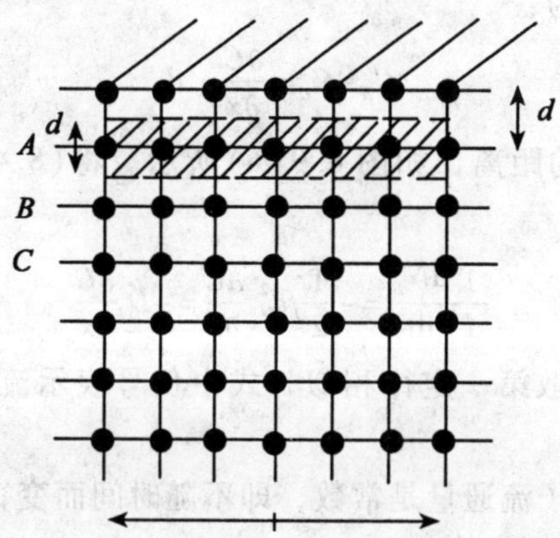

图 8.8　推导一维扩散速率的模型

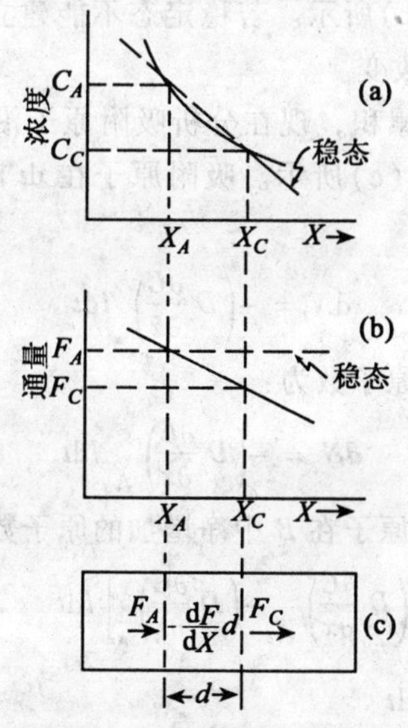

图 8.9　扩散原子的浓度作为距离 x 的函数(a)和扩散原子流通量（以 F 表示）作为距离 x 的函数(b)在 B 排原子浓度增加的速率(c)

如 $C_C<C_A$，则自 A 向 C 有一净原子流，单位时间通过 B 排由 A 向 C 迁移的净数为：

$$\frac{\mathrm{d}N_B}{\mathrm{d}t}=\frac{1}{2}fld(C_A-C_C) \tag{8.41}$$

式中，C_A-C_C 可表示为：

$$C_A-C_C=\frac{\partial C}{\partial x}\cdot d \tag{8.42}$$

x 为沿扩散方向的距离，如图 8.9(a)所示。将(8.41)式代入(8.42)式，得流通量为：

$$\frac{1}{l}\frac{\mathrm{d}N_B}{\mathrm{d}t}=-\frac{1}{2}fd^2\frac{\partial C}{\partial x}=-D\frac{\partial C}{\partial x} \tag{8.43}$$

此式与费克(Feck)扩散第一定律相似，式中负号表示流通量永远是在减少浓度的方向。

假定通过 B 的原子流通量是常数，即不随时间而变，则：

$$-D\frac{\partial C}{\partial x}=常数 \tag{8.44}$$

在此条件下吸附原子的浓度 C_B 在整个扩散过程中保持为常数，这就是稳定态扩散条件，如图 8.9(b)所示。若稳定态不能建立，则在 B 排吸附原子流通量将作为时间的函数而改变。

假定吸附原子在 B 为累积，现在分析吸附原子沿 x 轴方向透过厚度为 d，长度为 l 的扩散，如图 8.9(c)所示。吸附原子在 dt 时间内通过 I 由左进入 B 内的原子数为：

$$\mathrm{d}N_1=-\left(D\frac{\partial C}{\partial x}\right)_x l\mathrm{d}t \tag{8.45}$$

而由Ⅱ向右离开 B 的原子数为：

$$dN_2=-\left(D\frac{\partial C}{\partial x}\right)_{x+d} l\mathrm{d}t \tag{8.46}$$

故在 dt 时间内，吸附原子在 B 中净增加的原子数为：

$$\begin{aligned}\mathrm{d}N&=\mathrm{d}N_1-\mathrm{d}N_2=\left[\left(D\frac{\partial C}{\partial x}\right)_{x+d}-\left(D\frac{\partial C}{\partial x}\right)_x\right]l\mathrm{d}t\\&=\frac{\partial}{\partial x}\left(D\frac{\partial C}{\partial x}\right)dl\mathrm{d}t\end{aligned} \tag{8.47}$$

而净增的浓度 C(单位面积原子数)为：

$$dC=\frac{dN}{ld}=\frac{\partial}{\partial x}\left(D\frac{\partial C}{\partial x}\right)\mathrm{d}t$$

$$\frac{\partial C}{\partial t}=\frac{\partial}{\partial x}\left(D\frac{\partial C}{\partial x}\right) \tag{8.48}$$

在一定的边界条件和起始条件之下，由上式可解出扩散吸附原子的浓度分布函数 $C=f(xt)$，若 D 与 x 无关，则上式可写为：

$$\frac{\partial C}{\partial t}=D\frac{\partial^2 C}{\partial x^2} \tag{8.49}$$

此式即为一维费克扩散第二定律。

8.9　表面蒸发

蒸发和凝聚都是在表面开始进行的，要想控制蒸发过程，就必须研究并了解固体表面原子摆脱其近邻原子的束缚，进入气相的过程。现以单原子固体 A 的晶面蒸发过程 A(固)→A(气)为例来说明。净蒸发速度 J($mol/cm^2 \cdot s$)可表示为：

$$J=K(\mathrm{A})_{固}-K'(\mathrm{A})_{气} \tag{8.50}$$

式中，K 和 K'分别是蒸发过程和凝聚过程的速度常数；$(\mathrm{A})_{固}$和$(\mathrm{A})_{气}$分别代表固体表面上和蒸气中原子的密度。当 $K'(\mathrm{A})_{气}$ 稍小于 $K(\mathrm{A})_{固}$时，蒸发处于动态过程。而在真空中自由蒸发时，凝聚速度可看做等于零，这时有：

$$J_{蒸发}=K(\mathrm{A})_{固}=K_0(\mathrm{A})_{固}\exp(-E^*/RT) \tag{8.51}$$

式中，K_0 是一个常数，它的数值和蒸气分子跃过表面势垒的运动频率有关。

在某一温度下，如果蒸发和凝聚达到平衡，即 $K(\mathrm{A})_{固}=K'(\mathrm{A})_{气}$，这时就得到表面的最大理论蒸发速度 $J_{最大}$，这也是真空蒸发的最大极限速度。但是实际的真空蒸发速度 $J_{蒸发}(T)$ 总是小于最大理论蒸发速度。二者之比叫做蒸发系数 α：

$$\alpha=\frac{J_{蒸发}(T)}{J_{最大}(T)} \tag{8.52}$$

对于大多数金属，真空蒸发速度与最大理论蒸发速度可以相等，它们的蒸发系数 $\alpha(T)$ 等于 1。而对于其他固体物质，如 As，CdS，GaN，Al_2O_3 等，则其真空蒸发速度一般比最大理论蒸发速度小几个数量级，$\alpha(T)\ll 1$。

$$\mathrm{CdS}(固)\longrightarrow \mathrm{Cd}(气)+\frac{1}{2}\mathrm{S_2}(气)$$

硫化镉晶体中所包含的自由载流子(电子或空穴)浓度对于蒸发速度有很大影响。当用适当能量的光照射晶体的表面时，可以增大自由载流子的浓度(光导电现象)，从而也能够增大晶体表面蒸发的速度。

当一种在 T_2 温度下处于平衡的固-气体系冷却到 T_1 温度时，将有一部分气态分子凝聚在固体表面上，凝聚的蒸气的量决定于两个温度下饱和蒸气压之差：$\Delta p=p(T_2)-p(T_1)$。由气相生长晶体时，物质的蒸气必须达到过饱和状态，一种蒸气的过饱和度可以表示如下：

$$\sigma=\frac{p}{p_{\text{平衡}}}-1 \tag{8.53}$$

式中，p 为蒸气压；$p_{\text{平衡}}$ 为固体的饱和蒸气压。如果 $p=p_{\text{平衡}}$，则 $\sigma=0$，在晶体表面上不会发生蒸气的凝聚，晶体就不能进行生长；当 $p>p_{\text{平衡}}$ 时，$\sigma>0$，蒸气处于过饱和状态，在晶体表面上蒸气中的分子不断地沉积，晶体继续长大；当 $p<p_{\text{平衡}}$，蒸气处于不饱和状态，$\sigma<0$，晶体表面上分子继续蒸发。

如果反应体系中已有籽晶存在时，蒸气的过饱和度不需太大，就可以在籽晶上凝聚，使晶体生长。

8.10 表面吸附

当两相组成一个体系时，其组成在两相界面(interface)与相内部是不同的，处在两相界面处的成分产生了积蓄(浓缩)，这种现象称为吸附(adsorption)。已被吸附的原子或分子返回到液相或气相中，称之为解吸或脱附(desorption)。原子或分子从一个相大体均匀地进入另一个相的内部(扩散)，称为吸收(absorption)。吸收与吸附是不同的，而当吸附与吸收同时进行时，称为吸着(sorption)。如当分子撞击固体表面时，大多数的分子要损失其能量，然后在固体表面上停留一个较长的时间($10^{-6}\sim10^{-3}$s)，这个停留时间比原子振动时间($\sim10^{-12}$s)要长得多，这样分子就将完全损失掉它们的动能，以致它们便不再能脱离固体表面，而被表面所吸附。通常，被吸附的物质叫做被吸附物或吸附物，也称为吸附质(adsorbate)。而吸附相(固体)叫做吸附剂(adsorbent)。至于需要在表面上停留多长时间才能被吸附，这要由分子与表面原子之间相互作用的本质以及表面的温度来决定。

8.10.1 物理吸附和化学吸附

由于吸附质与吸附剂之间吸附力的不同，吸附又可分为物理吸附和化学吸附两类。物理吸附也称为范德华吸附，它是由于分子间的弥散作用等引起的；而化学吸附则是由于化学键的作用引起的。

1. 物理吸附

由弱相互作用所产生的吸附叫物理吸附(physical adsorption)。弱相互作用是指分子与表面原子间的短程作用力以及诸如偶极子-偶极子、诱导偶极子间的范德华力，这些作用力跟分子与表面的距离的三次方或六次方成反比。物理吸附需要较低的表面温度和较长的停留时间。其可以是单分子层吸附，也可以是多层吸附，吸附层可以达几个分子厚度。一般说来，物理吸附有几个明显的特点，其一是物理吸附没有选择性，任何气体在任何固体表面上都可以发生物理吸附。其次是愈易液化的气体愈容易被吸附。再者是物理吸附的速度极快，并可在几秒到几分钟内迅速达到平衡。最后是改变温度或压力可以移动平衡。降低压力，可以把吸附气体毫无变化地移走，这表明在物理吸附过程中，气体分子和固体表面的化学性质都保持不变。因此，这类物理吸附就好像被吸附气体凝聚在固体表面上那样。所以物理吸附的热效应也和气体的凝聚热相近，一般在 4.2 ~ 42kJ/mol 范围内。

2. 化学吸附

由静电作用产生的吸附叫做化学吸附(chemisorption)。被吸附分子与固体表面原子间的静电作用力与它们之间的距离的一次方成反比。化学吸附的热效应约为 62 ~ 620kJ/mol，相当于化学结合能。若气体分子与表面原子间具有这样强的相互作用，那么即使它在表面上停留时间很短、表面温度较高，也可能被表面所吸附。因为分子与表面结合时需要一定的活化能，所以升高温度更有利于化学吸附。此外只靠减压也是不能使化学吸附的分子解吸的。

3. 物理吸附和化学吸附的鉴别

物理吸附和化学吸附之间的根本差别在于吸附分子与固体表面的作用力性质的不同。物理吸附的作用力是范德华力，化学吸附的本质是固体表面与被吸附物之间形成了化学键。表面原子的对称性较低和具有剩余的键合力，这是表面吸附的动力。吸附时表面自由能降低，就吸附质而言，由于它的分子被束缚在表面上，体系的熵降低，因此吸附的焓变为负，吸附是放热过程。当吸附质分子中的键合(X—X)和吸附质原子与表面原子间的作用(X—M)强度差不多，但比固体原子的内聚力(M—M)弱时，可能在固体表面上发生单层或多层吸附，在许多情况下，单层吸附和多层吸附之间的平衡是可逆的。当表面原子与吸附原子间的作用(M—X)接近于固体的内聚力时，则不仅可以在表面上发生单层或多层吸附，而且还可能使固体表面结构发生改变，甚至生成表面化合物，许多金属表面和某些化学性质活泼的气体间的作用就属于这种情况。

一些惰性分子的吸附是物理吸附，而一些较活泼气体(O_2，F_2，H_2)在金属(W，Ni)上的吸附是化学吸附。具有相当大的偶极矩或极化率的分子在表面上的吸附介于两者之间。气体分子在固体表面上的吸附状态可直接通过测定其吸收光谱来加以证实和区别。若发生化学吸附，在紫外，可见或红外光谱区将出现新的特征吸附带。而发生物理吸附，只能使被吸附分子的特征吸收带产生位移或改变强度而不会产生新谱带。

8.10.2 吸附等温线

气体在固体表面上的吸附量和许多因素有关。对于一定重量的吸附剂，达到吸附平衡时，所吸附气体体积(即吸附量)是由体系的压力和温度决定的，即 $V=f(p, T)$。如果分别固定吸附量、压力或温度来确定这三者的关系，就可从不同的角度来研究吸附现象的规律。保持温度不变，可得到吸附量和压力关系的吸附等温线。保持压力不变，可得到吸附量和温度关系的吸附等压线。如果保持吸附量不变，得到的是反映压力和温度关系的吸附等量线。这三种吸附曲线是相互有联系的，由其中一种曲线可导出另外两种曲线。实际中常用的是吸附等温线。可以将实验测得的吸附等温线划分为五种基本类型，如图 8.10 所示。

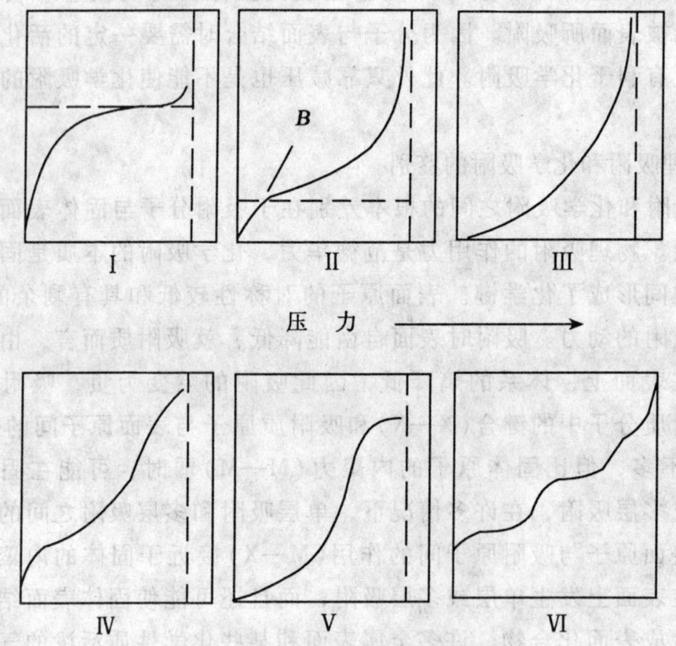

图 8.10 吸附等温线的六种基本类型

I 类等温线表明随着压力增大，吸附量迅速增大并达到一极限值。例如，273K 下 NH_3 在木炭上的吸附即属此类。其又称为兰格缪尔(Langmuir)等温线，代表单分子层吸附的情况，也是化学吸附的情况。某些具有细孔状结构固体吸附也往往呈现 I 类等温线。

Ⅱ类等温线呈S形，表明了非孔性固体表面上的多层物理吸附，在曲线的 B 点处已完成了单层吸附。压力继续增大时，可以发生多层吸附。例如77K下，N_2 在硅胶上的吸附即属此类。其又称为BET(Brunauer-Emmett-Teller)型吸附等温线。

Ⅳ类与Ⅱ类相比，低压条件下大致相同，不同的是在接近饱和蒸气压时出现吸附饱和现象。例如，320K下，苯在 Fe_2O_3 凝胶上的吸附即属此类。

Ⅲ类和Ⅴ类吸附等温线表明的是在起始阶段吸附量不随压力而迅速增大的情况。这两类吸附比较少见。

各种类型的吸附等温线反映了吸附剂的表面性质，孔隙分布以及吸附质和吸附剂之间的作用本质等。这五种类型概括了大多数的情况，但还有一类如图8.10中的Ⅵ类所示，称为阶段等温线，它反映的是90K时Kr在炭黑上的吸附，每一段表示形成了一个完整的单分子层吸附。

8.10.3　吸附层的结构

吸附层中的分子是二维结构，但根据它们之间以及它们与吸附剂表面原子间的作用力大小、它们排列的有序程度，也可把它们的结构类比为三维体系的气态、液态和固态。当吸附体系处于较高温度及表面覆盖率较低的情况下，吸附质分子之间横向作用力不大，可认为是处于二维气态。当吸附质分子具有足够的能量以克服表面扩散活化能势垒，具有相当的流动性，它们就可以从二维气态转变为二维液态或固态，同时发生表面分子有序化过程。某些催化剂的表面含有掺杂成分，表面活化能降低，因此，在较低温度下，催化剂表面上的吸附气体就可以开始有序化过程。如果吸附质分子之间相互作用较强，可以放出大量有序化热，即使在覆盖率低的情况下也可产生吸附质的有序化。通常控制有序化过程的重要参数是覆盖率和温度。例如，在晶体表面气相外延生长中，适当降低分压和提高沉积温度将有利于有序化过程，从而有利于单晶外延层的生长。根据低能电子衍射(LEED)强度随温度的变化，可直接观察到吸附单层的无序—有序的转变，利用LEED还可以测定表面吸附层结构，这些结构具有密堆积的最小晶胞和转动对称性。在吸附质的作用下，晶体表面能也发生变化，某些取向的晶面变得不稳定，还会出现新的结晶平面。

当吸附质分子与吸附剂表面之间有强作用时，例如，氧和硫在大多数金属上的吸附，最终导致形成真正的表面化合物，即二维的氧化物或硫化物，测得它们的键长等于金属原子半径与氧或硫的共价半径之和。

8.11 表面催化

8.11.1 催化反应

研究表面化学反应的意义在于表面催化。如上节所述，化学吸附可看做是吸附质分子和固体表面原子间的化学反应。在表面化学吸附过程中，双原子分子在表面上先分解为原子，与表面原子发生化学吸附以至化学反应，并可能继续向体相中扩散。如果在固体表面上同时有两种吸附质分子存在，并同时在表面上发生化学吸附，生成某些反应的中间产物，它们之间随后就可能发生某种化学反应。因此，化学吸附不是一个孤立的电荷迁移过程，而往往是诱发其他化学反应的先兆。在这种情况下，固体表面起着一种促进某个化学反应的催化剂的作用。

以下列举一些工业上重要的催化反应，在这些反应中只包括两种反应物：

(1) $4NH_3+5O_2 \xrightarrow[850°C]{pt} 4NO+6H_2O$

$(2NO+O_2=2NO_2 \quad 3NO_2+H_2O=2HNO_3+NO)$

(2) $2C_2H_4+O_2 \xrightarrow[260°C]{Ag} 2CH_2\overset{O}{—}CH_2$（环氧乙烷）

(3) $N_2+3H_2 \xrightarrow[450°C]{Fe} 2NH_3$

(4) $nCO+(2n+1)H_2 \xrightarrow[150\sim300°C]{Co(Fe,\ Ru)} C_nH_{2n+2}+nH_2O$

(5) $C_nH_{2n}+H_2 \xrightarrow[100\sim400°C]{Pt(Pd)} C_nH_{2n+2}$

反应(1)是由氨催化氧化制造硝酸的反应。反应(2)中银的表面是有效的催化氧化乙烯的催化剂，生成的环氧乙烯是制造聚乙烯的中间产物。反应(3)是合成氨反应。反应(4)是将水煤气合成有机物的反应。反应(5)则是一个催化加氢反应，把植物油转变为人造黄油。

8.11.2 表面催化反应的条件

进行表面催化反应需具备几个主要条件。

1. 两种反应物都应该被化学吸附在固体(催化剂)的表面上

如果反应物是双原子分子且结合能较大，例如 O_2，N_2，CO，H_2，它们应能在表面上或体相内发生离解。催化剂使分子原子化的能力规定了它的反应活性。铁能形成氮化铁，并能将氮以原子的形式化学吸附在它的表面上。钴能生成表面碳化物，碳化钴是菲舍尔(Fischer)-特罗珀施(Tropsch)由 CO 和 H_2 合成烃反应的中间产物。氧在银中的溶解度很大，并以原子氧的状态在银的体相中迅速扩散。钯和铂可以有效地溶解氢，是原子状态氢的吸收剂，可以作为向表面化学反应提供原子态氢源。当然另一反应物烯烃也可在钯和铂表面上很好地被化学吸附。

2. 反应物和产物在催化剂表面上吸附得不能太牢固

反应物和产物不至于生成较稳定的表面配合物，产物应很易从表面上解吸，以使催化剂表面在连续反应过程中总可以保持其催化活性。同样，反应物与金属表面的化学吸附也不应太强，例如，金属和被吸附的原子态之间的键能值，应该分别介于最强和最弱的金属氧化物，氢化物和氮化物键能的数值之间；氧化铂和氧化银在比较低的温度下蒸发时，能够分解出氧。

3. 催化反应的温度和压力应能控制在使产物的分解降低到最低程度

总之，在表面化学吸附情况下，吸附物的电子结构发生变化，表面的电子结构和晶面也发生重排，从而决定了吸附物在表面上的有序化过程和吸附物之间的相互作用。显然，表面上的这种结构和能量上的变化又改变了表面的反应活性，因此一些专用催化剂就可有选择性地使某一种反应活化能低的表面反应以所希望的速度发生和进行。催化反应是相当复杂的，对其每一步反应机理目前还没有完全弄清，但是对表面反应中间产物的组成和结构的研究将使我们逐步搞清楚可能的反应机理。

8.12 电子表面态

8.12.1 电子表面态及其分布

固体表面的原子结构与体相的原子结构明显不同，继而具有特有的热力学性质。固体中每个相同的原子都给出同样数目的电子和邻近的原子形成化学键，从而使固体中的原子结合在一起。但是固体表面上的原子由于其一面的化学键被切断，因而具有多余的未成键的电子。表面上原子的这种未饱和的键合力叫做悬键(danglingbonds)。这种表面局域的电子态叫做电子表面态，其在表面吸附和表面反应中起着重要的作用。

电子表面态中的电荷密度分布依赖于表面结构和组成。金属、半导体和离子晶体的表面电子密度分布各不相同。金属体相内的自由电子密度很大，和体相原子密度一样多，即使把金属表面上的电子(相当于体相原子数的 2/3 次方，约为 10^{15} e/cm^2)全部移去，其表面电子仍可由邻近表面的原子给予补充。因此，金属表面的自由载流子密度很大。而半导体和绝缘体体相内自由电子的

密度为 $10^4 \sim 10^{17}$ e/cm^3，表面上的更少，如要从表面上移去 10^{15} e/cm^2 电子，就需要从表面下方大约 10^5 原子层里输出电子予以补偿，也就是说，会由此影响到表面约 1μm 厚度层里的电荷分布，从而改变了表面空间电荷层的结构。这对于表面吸附和表面化学反应起着重要的作用。半导体表面态的发现和研究，推动了现代表面实验技术和表面电子理论的发展，其道理也在于此。

8.12.2 电子表面态的研究方法

利用紫外光辐射或低能电子(≤100eV)激发固体表面时，可以测定电子表面态中的电子结合能、电子密度和表面等离子体共振频率等。用紫外光照射时，具有一定能量的电子从表面态以及从费米能级以下的能级被激发出来。对这些发射出来的电子进行能量分析，可得到表面各种状态中电子的能量分布和密度值。当用低能电子束激发表面时，要把表面上不同结合状态中的电子激发发射出来，入射电子束就必须损失相应的能量，对入射电子经过散射后的电子束进行能量分析(即所谓电子能量损失谱)，也可获得表面各种状态中电子的各种信息。上述紫外电子能谱及电子能量损失谱，特别适用于测定固体表面态电子的密度和能量分布。

电子能量损失谱还能反映出表面原子的化学状态，如无序、有序、氧化膜吸附某种气体等。紫外光电子能谱和电子能量损失谱的一个最重要的应用就是用于监测固体表面吸附过程中电子表面态的能量和密度的变化。

此外，还可由内层电子的发射和复合来研究表面的电子结构。当用高能电子束(1 000 ~ 10 000eV)或高能电磁辐射(*X* 射线)去撞击固体表面时，不仅能引起价电子发射，更主要的是将内层电子激发出来。内层电子发射叫做光电子发射，根据入射电子束或 *X* 射线的能量和发射电子的能量分析，可得到各个原子能级的电子的结合能。另外还有一种二次电子发射过程，例如俄歇(Auger)电子跃迁，它是指的当一个内层电子被入射电子所激发除去后，留下的空穴又立即被较外层电子所填补，这个填空电子跃迁所释放出的能量传递给某一层上的另一个电子，并将它激发到真空中，对这个被激发出来的电子进行能量分析，便可以求出参与俄歇电子跃迁过程的各个能级的电子结合能之差。近年来，俄歇电子能谱和光电子能谱在测定表面的化学组成和表面原子的氧化态方面起着重要的作用，也可以用来测定表面吸附质上的电荷迁移以及表面上原子价态的变化。

8.13 纳米粒子的表面

20 世纪 80 年代纳米科学技术开始崛起，纳米粒子的结构、表面结构以及纳米粒子的特殊性质令人注目。当粒子直径为10nm左右时，其表面原子数与总原子数之比多达50%，因而随着离子尺寸的减小，表面的重要性越来越大，其性能也会随之变化。

具有弯曲表面的材料，其表面应力正比于其表面曲率。由于纳米粒子的表面曲率甚大，因而将有特别大的表面应力作用其上，使其处于受高压压缩或膨胀状态。如半径为10nm的水滴，其所受压力为14MPa。对于形状为球形的固体纳米粒子而言，假定表面应力为 σ，且为各向同性，粒子内部的压力应为 $\Delta P=2\sigma/r$。由于该式非常类似于由边长为 l 的立方体推出的结果，而并非与曲率相关，故该式也适用于具有任意形状的小面化的晶体颗粒。当然后者不同小面有不同的表面能，因而情况要复杂得多。对 TiO_2 纳米粒子的观测结果表明，20nm以内的近球形纳米粒子在晶态时均为高压相，即 α-PbO_2 型相，这正是各向同性表面应力作用的结果。

粒子尺寸减小的另一重要效应是晶体熔点的降低。由于表面原子有较多的悬键，因而当粒子变小时，其表面单位面积的自由能将会增加，结构稳定性将会降低，使其可以在较低的温度下熔化。实验观测表明，金粒子的熔点，当其尺寸小于10nm时可以降低数百度。

此外，非常小的纳米粒子的结构不稳定性也早已被人们所关注，早期主要在金属中，近期也在氧化物晶体中观测到。当其在高分辨电镜中观测时，诸如Au，TiO_2 等小纳米粒子非常快速地改变着他们的结构：从高度晶态化到近乎非晶态，从单晶到孪晶直至五重孪晶态，从高度完整到含极高密度的位错。通常结构变化极快，但相对稳定态则往往保留稍长时间。这种行为被称为准熔化态，仍是由于高的表面体积比所造成的，它大大降低了熔点，使纳米粒子在电镜中高强度电子束的激发下发生结构涨落。

习　题

8.1　氢很易在金属钯中扩散，工业上可利用这种性质制取高纯氢。试考虑通过什么方法可以确定氢在钯中是以原子的形式扩散的。

8.2　试讨论在钠玻璃中 Si^{4+} 和 Na^{+} 离子的扩散。

8.3　引起晶体中原子自扩散的原因有哪些。

8.4　在800℃，锂和铟在锗晶体中的扩散系数分别是 10^{-5} 和 10^{-12} $cm^2\cdot s^{-1}$。(1)试考虑二者为什么有这样大的差别；(2)如果根据 $\sqrt{Dt}$ 来估算扩散深度，试求在1h后，锂和铟在锗中的扩散深度各是多少？

8.5　由MgO和 Fe_2O_3 之间的固相反应来制备 $MgFe_2O_4$ 时，如果在两块反应物之间的界面上放置一种惰性标记物，试考虑以下几种情况中标记物应该是怎样移动的：(1)如果是由于 Mg^{2+} 和 Fe^{3+} 离子的互扩散而进行反应；(2)只是

由于 Fe^{3+} 和 O^{2-} 同时向 MgO 中的扩散；(3)伴随着铁离子的氧化还原反应，Mg^{2+} 和 Fe^{3+} 离子之间互扩散。

8.6 从离子电导率求得的扩散系数和用示踪原子法求得的扩散系数之间有较大的差别，原因何在？

8.7 试计算在 1 000℃时铜中的自扩散系数，已经得知 $Q=200.83\text{kJ/mol}$，$D_0=0.2\text{cm}^2\cdot\text{s}^{-1}$。

8.8 假定扩散活化能的数值：$Q_{晶界}\approx\frac{1}{2}Q_{体相}$，试画出体相扩散和晶界扩散的 $\ln D$ 随 $\frac{1}{T}$ 变化的图解。在什么温度范围，晶界扩散超过体相扩散。你的回答将说明一个一般的原则：活化能大的扩散过程在高温下是主要的，活化能小的扩散过程在低温时是主要的。

8.9 在 1 100℃时，氢在 γ-Fe(面心立方)中的扩散系数比碳的扩散系数大三个数量级。试说明其原因。

8.10 试说明放射性镍原子在非放射性金属镍中扩散和互相混合的推动力。

8.11 从下表所列数据看，金属在自身的氧化物中的扩散活化能，以 Fe 在 FeO 中的和 Co 在 CoO 中的为最低，分别为 96.23 和 104.60kJ/mol，试解释其原因。(提示：Fe 和 Co 都是多价态元素)。

扩散体系	活化能 $Q/\text{kJ}\cdot\text{mol}^{-1}$	扩散体系	活化能 $Q/\text{kJ}\cdot\text{mol}^{-1}$
Fe 在 FeO 中	96.23	Mg 在 MgO 中	347.27
Na 在 NaCl 中	171.54	Ca 在 CaO 中	322.17
U 在 UO_2 中	317.98	Cr 在 $NiCrO_4$ 中	317.98
Co 在 CoO 中	104.60	Ni 在 $NiCrO_4$ 中	271.96
Fe 在 Fe_2O_3 中	200.83	O 在 $NiCrO_4$ 中	225.94

8.12 碳在 α-铁(体心立方)和 γ-铁(面心立方)中的扩散系数是：

$$D=0.007\,9\exp\left[-\frac{83\,680\text{J/mol}}{RT}\right]\text{cm}^2\cdot\text{s}^{-1}$$

$$D=0.21\exp\left[-\frac{141\,419\text{J/mol}}{RT}\right]\text{cm}^2\cdot\text{s}^{-1}$$

试计算 800℃时的扩散系数各是多少，并解释差别。

8.13 根据下表所列数据，求出 800℃时铜、银、锌在铜中的扩散系数。

扩散元素	扩散介质	扩散常数 $D_0/cm^2 \cdot s^{-1}$	扩散活化能 $\Delta H/kJ \cdot mol^{-1}$
Cu	Cu	1.1×10	239.33
Ag	Cu	2.9×10^{-2}	155.65
Zn	Cu	3.7×10^{-6}	92.05

8.14　您是否认为具有最密排列的晶面，它的表面能最低？试说明原因

8.15　NaCl 的表面能为 $0.3\times10^3 erg/m^2$。试计算，当 NaCl 颗粒为多大时，它的表面张力相当于 NaCl 结合能的 10%？试解释，为什么精制的食盐受潮时会结块而难以流动？

第九章　相平衡和相转变

在一定的条件下(温度、压强等)，物质将以一种与外界条件相适应的聚集状态或结构形式存在着，这种形式就是相。固体物质的制备和提纯，单晶的生长和固体物质之间的反应都涉及包括固体在内的两种以上共存物相的平衡和转变。相平衡、热平衡以及化学平衡是化学热力学的主要内容。相平衡和相图是固体化学的基础之一。相图是温度(或压力)对组成的图，它以图形的方式概括了在热力学平衡的条件下，某些相或相的混合物存在的温度和组成范围。相图中的每一点都反映一定条件下，某一成分的材料平衡状态下有什么样的相组成，各相的成分与含量。因此温度对固体的影响和固体间能否发生反应，常常可从相应的相图中推断。在固体科学中，相转变是很重要的，同时也是令人感兴趣的。本章将讨论相律和各种典型的相图。然后介绍相转变的热力学和动力学观点及它们的分类。最后描述一些较重要的相转变。

9.1　相　　律

吉布斯相律(Gibbs phase rule)是处于热力学平衡状态的体系中自由度与组元数和相数之间关系的规律，通常简称相律。若相数是 P，组元数是 C，体系所能取的变量(温度、压力、组成)数，即自由度则由下式给出：

$$F=C+2-P \tag{9.1}$$

这就是相律。下面将说明相律中的这些基本概念：

1. 相

体系中具有相同物理性质和化学性质的物质集合体，即体系中性质与成分均匀的一部分。相与相之间有明显的分界面，理论上可以机械分离。但是有明显界面的各个部分不一定是不同的相。例如一块氯化钠单晶或一撮氯化钠粉末就都仅仅构成一个物相。相可以是固态、液态或气态。由于气体是互溶的，平衡体系中的气相数只能为 1。但液相和固相则可能有两种或两种以上。

2. 相平衡

一个多相体系，如果彼此之间互相转变的速度相等，即各物质在每个相的化学势相等，则称这个体系处于相平衡。在相平衡时，同一相内成分必须是恒定的、均匀的，温度(压力)是恒定的。其他影响相平衡的外界条件(如电场、磁场等)都必须是不变的。

3. 组元数

在体系的不同物相中能够独立变化的组分数，或能够表示体系各相的组成的最少的物质种类数。如果体系中各组分之间存在相互约束的关系，例如化学反应等，那么组元数便小于组分数，也就是说，在包含有几种元素或化合物的化学反应中，不是所有参加反应的组分都是这个体系的组元。现以下面的实例来说明。

(1)晶形硅酸钙可认为是由 CaO 和 SiO_2 按不同比例组合而成；因此 CaO-SiO_2 是一个二元体系，即使有三种元素 Ca，Si 和 O。CaO 和 SiO_2 间的组成可以看做在 Ca-Si-O 三组分体系中形成了一种二组元联合。

(2)MgO 体系是一个单元体系，至少在固态时是这样，因为在达到熔点 2 700℃以前MgO 的组成总是固定的。

(3)组成“FeO”是 Fe-O 二元体系，因为方铁矿实际上是一个非整比的缺铁相 $Fe_{1-x}O$，它是由于存在一些 Fe^{3+} 所致。“FeO”的体相组成实际上包含 $Fe_{1-x}O$ 和金属 Fe 两相在平衡时的混合物。

4. 自由度

体系的自由度是指温度、压力和物相组成中独立可变因素的数目，也即是为了完全定义体系所必需确定的上述变量的数目。其例如下：

(1)一个由水和蒸气处于平衡的体系，由于水和蒸气组成都为 H_2O，不存在组成变量。定义该体系只需确定蒸气压即可，因为沸点自动固定(反之亦然)。将相律应用该体系时，因为 $P=2$(蒸气和液体)，$C=1$(H_2O)，所以 $F=C+2-P=1$(可以是温度或压力，而不是两者)。

(2)在 Al_2O_3-Cr_2O_3 体系中，一个固溶体有一个组成变量，因为 Al_2O_3 与 Cr_2O_3 的比率可以改变，而得到相同的均匀相。在单相固溶体区中，温度也可以变动。在 Al_2O_3-Cr_2O_3 体系的温度-组成图中，固溶体占据一个区。因此表征某一固溶体所需的两个自由度是组成和温度。

由相律表明，如果相数比组元数大 2 的话，该体系就不具自由度了，成为无变体系。如果进行实验时，是在固定的压力、温度或组成下进行的话，可以把自由度相应地减小 1，2 或 3，但不能把自由度降低到小于零。由相律可知，一元体系不会存在于三种以上的物相中，十元体系不会存在于十二种以上的物相中。

研究物质的组成，物相和物相平衡时，我们常常把它们随温度、压力以及其他外界条件改变而变化的关系，绘成一系列状态图，这些状态图就叫相图。一般情况下，相图是以组成、温度和压力为变量而绘制的。

对于一元体系，我们可以用二维的图解表示温度、压力(或体积)之间的关系；对于二元体系，就需要用三维的图形来表示它的组成、温度和压力(或体积)之间的关系。对于多元体系则需要三维以上的图解，因此不可能画出，但是可以画出它的投影图或截面图。

以下将分别讨论各种体系的相图。

9.2 杠杆定律

杠杆定律是质量守恒定律的一种表达形式，是通过相图来确定各相含量的重要表达式。在 n 元体系中，如果已知成分为 O 的固溶体由 α 与 β 两相组成，那么 O 点的成分必然位于 α 与 β 两相成分点的连线上，而且任一相的相对含量等于另一相成分点到 O 点的连线的长度与两相成分点的连线长度之比。在 n 元体系中，如果已知成分为 O 的固溶体由 α，β 与 γ 三相组成，那么 O 点的成分必然位于 α，β 与 γ 三相成分点所构成的三角形内，而且任一相的相对含量等于另两相成分点与 O 点所构成的三角形的面积与 α，β，γ 三相成分点所构成的三角形面积之比。同样，在 n 元体系中，如果已知成分为 O 的固溶体由 α，β，γ，δ 四相组成，那么 O 点的成分必然位于 α，β，γ，δ 四相成分点所构成的四面体内，而且任一相的相对含量等于另三相成分点与 O 点所构成的四面体的体积与 α，β，γ，δ 四相成分点所构成的四面体体积之比。其余类推。

杠杆定律在二元相图与三元等温截面上应用的示意图如图 9.1 所示。在图 9.1(a)所示二元体系中，如果成分为 O 的材料在 T_1 温度下处理，将分解为两相，两相的质量比为 $m_\alpha/m_\beta = O\beta/O\alpha$。同样在 9.1(b)所示的三元体系中，

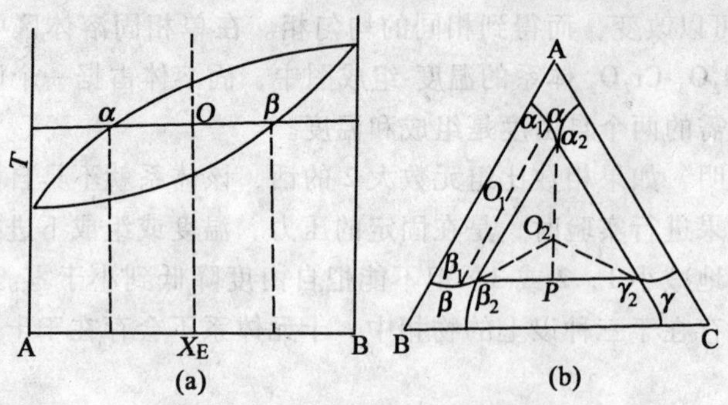

图 9.1 杠杆定律在二元相图
(a)与三元相图 (b)中的应用

如果成分为 O_1 的材料在等温截面所代表的温度下处理，将分解为 α 与 β 两相，两相的质量比为 $m_\alpha/m_\beta=O_1\beta_1/O_1\alpha_1$；如果成分为 O_2 的材料在等温截面所代表的温度下处理，将分解为 α，β 与 γ 三相，三相的质量比为：

$$m_\alpha/m_\beta/m_\gamma=S_{O_2\beta_2\gamma_2}/S_{O_2\alpha_2\gamma_2}/S_{O_2\alpha_2\beta_2}$$

$$=\frac{O_2P}{P\alpha_2}:\frac{O_2\alpha_2}{P\alpha_2}\frac{P\gamma_2}{\beta_2\gamma_2}:\frac{O_2\alpha_2}{P\alpha_2}\frac{P\beta_2}{\beta_2\gamma_2}$$

9.3　单元体系的相图

组元数为 1 的体系称为单元体系。在单元体系中的独立变量限于温度和压力。根据相律 $P+F=C+2=3$，若有一相存在，体系是双变的，自由度 $F=2$；若有两相存在，体系是单变的，自由度 $F=1$；若有三相存在，则体系是无变的，自由度 $F=0$。由此看来，在温度和压力都可变的情况下，单元体系最多有三相平衡。单元体系的相图如图 9.2 所示。坐标轴是独立变量压力和温度。可能的物相为结晶变体或多晶体 X 和 Y，液相和气相。当有两相共存时，体系是单变的，如图中 AB，BC，CD，BE，CF 各线叫单变曲线。在这曲线上，两相的温度与压力都相等，温度与压力只有一个独立可变。若指定了线上的温度值，也即确定了相应的压力值，反之亦然。当有一相存在时，体系是双变的，如图中各曲线之间的区域就是这样的情况。在这些双变区域内，压力和温度可以同时改变，而不至于引起体系物理状态的改变，但是如果要规定体系的性质，也就必须同时规定温度和压力这两个变量。当三相共存时，体系就成为无变的，图中 B，C 点即为三相点，在三相点上，压力和温度均不可能变动。如果稍有变动，就会引起体系相数的减少。在相图上单变曲线表示如下的平衡：

(1) BE——多晶 X 和 Y 的转变曲线；它给出转变温度随压力的变化。

(2) FC——多晶 Y 的熔点随压力的变化。

(3) AB，BC——分别表示 X 和 Y 的升华曲线。

(4) CD——液体的蒸气压曲线。

从图 9.2 还可看出，多晶 X 在平衡条件下不可能直接熔化，因为相图上 X 区和液相区从不相遇。加热时，X 晶体可在压力低于 p_1 的情况下升华，或在压力高于 p_1 时转变成多晶 Y。

对于一元体系的相图各条曲线，体系压力随温度单变的性质可以用克拉佩龙(Clapeyron)方程来表示：

$$\frac{\mathrm{d}p}{\mathrm{d}T}=\frac{\Delta H_\mathrm{p}}{T\Delta V}$$

式中，ΔH_p 是物质的相变热，分别代表摩尔汽化热 ΔH_v，升华热 ΔH_s 和

熔化热 ΔH_f。ΔV 表示该物质共存两相之间的摩尔体积之差。因为 ΔH_v 和 ΔH_s 为正值，蒸气的摩尔体积总是要大于液体和固体的体积。所以，固气、液气相线的斜率为正值。$\Delta H_s = \Delta H_f + \Delta H_v > 0$。

$\Delta H_f = \Delta H_s - \Delta H_v > 0$，但是液体的摩尔体积不一定大于固体的。此外，固-固平衡，ΔV 很小。所以，固-液、固-固相线的斜率可正可负，这主要决定于 ΔV 的正负，如在水的相图中 $V_l - V_s < 0$，所以其固液相线的斜率为负值，应该向左倾斜。

9.3.1 H_2O 体系

图 9.3 表示的这个体系给出了固-固和固-液转变的例子。冰Ⅰ是在大气压下稳定的多晶，冰Ⅰ至冰Ⅴ这几种高压多晶也是已知。乍看起来，单元体系相图(如图 9.2 所示)和水的相图很少有相似之处。这主要是由于单变曲线 XY 的位置所致。众所周知，在 0℃ 时冰Ⅰ具有比液态水密度更小的异常性质。压力对冰Ⅰ-水转变温度的影响可从 Le Chatelier 原理来理解，该原理认为，当一外力施加于平衡体系中，该体系将自动调节以抵消这种外力的影响。冰Ⅰ的熔化伴随着体积的减小，增加压力使熔融变得更容易，所以熔融温度随压力增加而沿 xy 方向降低。H_2O 体系相图比图 9.2 更复杂是因为有附加的零变点存在，如 $YXABC$ 曲线表示了一些不同的多晶冰的熔点随压力的变化。相图中，液-气平衡已略去，因为使用压力标度使上述平衡的位置非常靠近温度轴并在高温一侧。

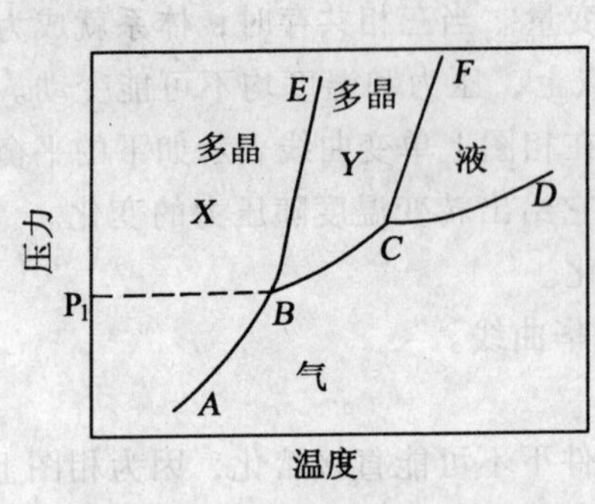

图 9.2 单元体系的相图

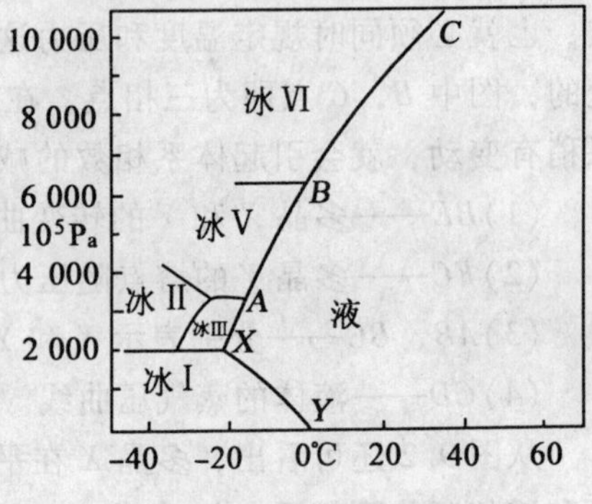

图 9.3 H_2O 的相图

9.3.2 SiO_2 体系

除水外，在地壳中 SiO_2 是最常见的氧化物，它是许多建筑材料和陶瓷的主要成分。SiO_2 有多种晶体构型：

$$\alpha\text{-石英} \xleftrightarrow{573℃} \beta\text{-石英} \xleftrightarrow{870℃} \text{鳞石英} \xleftrightarrow{1\,470℃} \text{方英石} \xleftrightarrow{1\,720℃} \text{熔融石英}$$

SiO_2 体系的相图如图 9.4 所示。由图知，随着压力增加，可看到两个主要变化：①鳞石英区的收缩及其在～900atm 时的最后消失；②在～1 600atm，方英石区的消失，高于 1 600atm，石英是唯一稳定的多晶，并能在更高压力下存在。

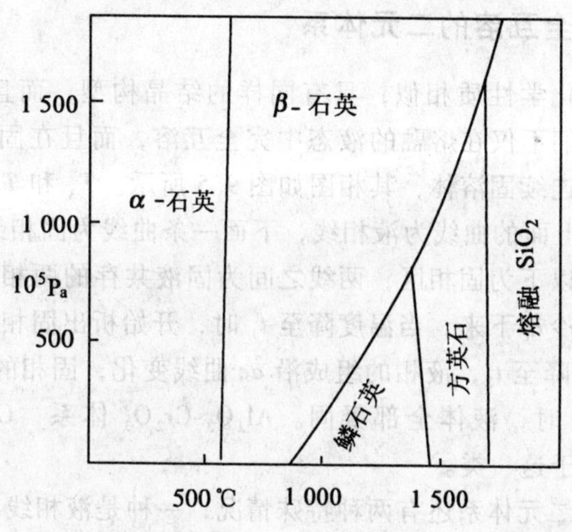

图 9.4　SiO_2 体系的相图

鳞石英和方英石随压力增加而消失的现象与它们有比石英更小的密度有关。压力的影响，一般说来形成较高密度和较小体积的多晶体。高于 20 000～40 000atm，石英转变成另一种多晶体柯石英，压力高于 90 000～120 000atm，还有另一种多晶体超石英，它是稳定的多晶 SiO_2。

9.3.3　凝聚的单元体系

在固态化学里感兴趣的大多数体系和它们的应用中，相律适用于凝聚态，压力不是一个变量，蒸气相也不重要。于是，凝聚的单元体系的相图简化为一条线，因为温度是惟一的自由度。以图解形式表示这样一条线的相图是常用的，除非它是二元体系中的一部分。例如 SiO_2 在大气压下的凝聚态相图将是表示随温度变化而发生多晶体变化的一条线。在这种情况下，可用“流程图”来表示变化，如前面对 SiO_2 所示的那样。

9.4 二元体系的相图

体系组元数为 2 的相图即二元体系相图，简称二元相图(binary phase diagram)。对于固态化学，如前所述，压力不是一个变量，蒸气相也不重要。所以二元体系就只包含温度和组成这两个变量，这时相图就是温度-组成图。以下简单介绍几种二元体系的相图。

9.4.1 完全互溶的二元体系

当两组元的化学性质相似，具有同样的结晶构型，而且离子半径相差在 10%以内时，它们不仅在熔融的液态中完全互溶，而且在固态中也无限互溶，形成组成可变的连续固溶体，其相图如图 9.5 所示。T_A 和 T_B 分别为 A 组元和 B 组元的熔点，上面的曲线为液相线，下面一条曲线为固相线，液相线以上为液相区，固相线以下为固相区，两线之间为固液共存的两相区。设有组成为 c 的熔体，自高温冷却下来，当温度降至 t_1 时，开始析出固相，其组成为 d，当温度由 t_1 继续下降至 t_2，液相的组成沿 ae 曲线变化，固相的组成沿 db 曲线改变。在温度为 t_2 时，液体全部凝固。Al_2O_3-Cr_2O_3 体系，CdS-ZnS 和 $KNbO_3$-$KTaO_3$ 体系都属于这一类。

完全互溶的二元体系还有两种特殊情况，一种是液相线与固相线相切于一个最高点的最高熔点的无限互溶的固溶体体系，如图 9.6 所示；另一种是液相线与固相线相切于一个最低点的最低熔点的无限互溶的固溶体体系，如图 9.7 所示。后者的例子有 KCl-NaCl，KBr-NaBr，KI-NaI，Cu-Au，Ti-Zr 体系等。

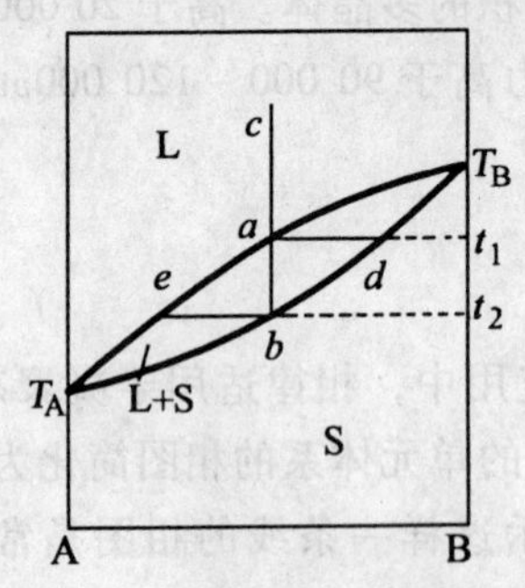

图 9.5 完全互溶生成连续固溶体的二元体系

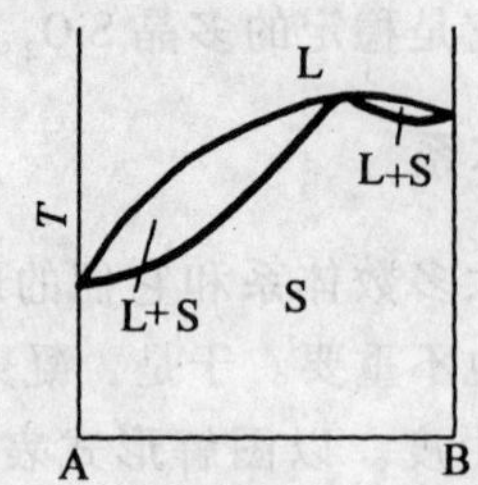

图 9.6 有最高熔点的完全互溶的二元体系

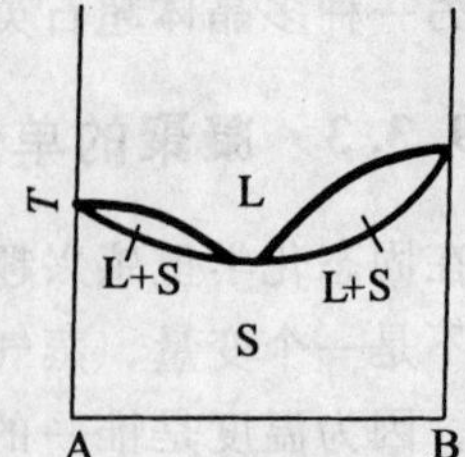

图 9.7 有最低熔点的完全互溶的二元体系

9.4.2　有低共熔点的完全不互溶的二元体系

这是有限互溶的二元体系中的一种极限情况，如图 9.8 所示。图中 $T_A e$ 和 $T_B e$ 两液相线分别表示纯 A 和纯 B 在熔体中的溶解度曲线，是固相与液相共存的单变的温度与组成的关系线。在 *e* 点，两条液相线共同相交于固相线 *jep*，*e* 点是一个无变点(恒压下)，是纯 A 和纯 B 与液相共存的三相点。当一组成为 *a* 的熔体冷却到 T_1 时，液体对纯 A 达到饱和，开始有固相 A 析出。当继续冷却至 T_2 时，体系组成为 *o*，对纯 A 已变得过饱和，因此有纯 A 固相析出，这时液相的组成为 *f*，根据杠杆定律，体系中固相和液相含量之比为 *fo/do*。再继续冷却到 T_3，A 析出的更多，液相中 B 含量也更高。液相组成相当于 *i*，当冷却到 T_e 时，液相变得对 B 也饱和了，开始有 B 析出，这时体系是一个三相共存的无变体系。直到液相中的 B 完全析出之后，温度才会继续下降。固相中 A 和 B 的含量之比为 *ek/jk*。低共熔线 *jep* 以下是 A 和 B 共存的两相区。这个体系中，不论从什么组成的液相开始冷却，最后都将得到 A 和 B 的混合物，只是固相中 A 和 B 的含量有所不同罢了。

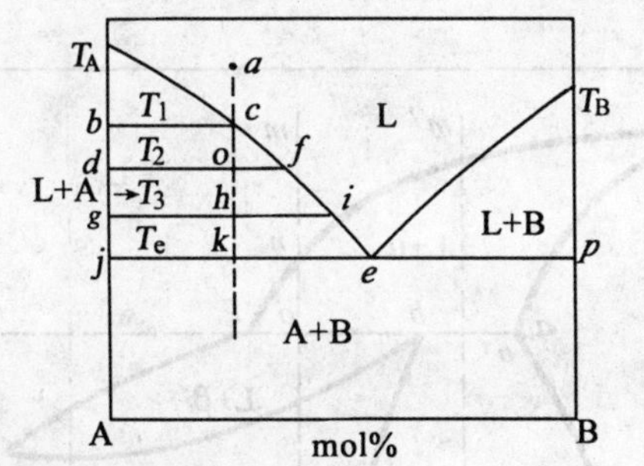

图 9.8　有低共熔点的完全不互溶的二元体系

9.4.3　有低共熔点的部分互溶的二元体系

图 9.9 示出了有低共熔点的部分互溶二元体系的相图。$T_A e$ 是液相与 α 固溶体(B 溶于 A 中)呈平衡的液相线；$T_B e$ 则是液相与 β 固溶体(A 溶于 B 中)呈平衡的液相线。$T_A a$ 和 $T_B b$ 为相应的固相线。*aeb* 是共晶线。$T_A a$ 线左下方是 α 固溶体区，$T_B b$ 线右下方是 β 固溶体区，在 *aeb* 共晶线以下则是 α 和 β 两种固溶体的共存区。Al_2O_3-Ti_2O_3 体系即属此类。

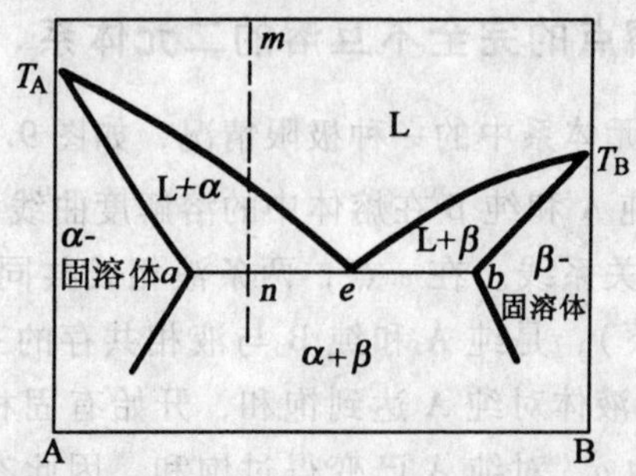

图 9.9　有低共熔点的部分互溶的二元体系

9.4.4　有转熔(包晶)反应的部分互溶的二元体系

在这类体系中生成的两种固熔体 α 和 β 没有低共熔点，在温度 T_p 恒温时，发生一种固溶体 α 与液相 L 作用转熔为另一种固溶体 β，如图 9.10 所示。因为在这种转熔反应中是一种新固相 β 包在原来的固相 α 上面，所以又叫包晶反应。

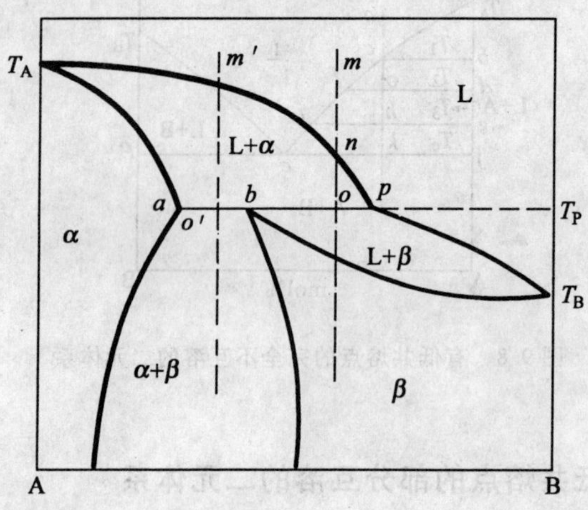

图 9.10　有转熔反应的部分互溶的二元体系

当熔体 m 冷却至 n 点，开始出现固溶体 α；到 o 点时又出现组成为 b 的 β 固溶体，它们的含量比是 bo/ao，同时还有组成为 p 的熔体。abp 线是两固相和一液相的三相共存线。如果体系继续散热，则三相间发生下列转熔过程：α+L→β，α相逐步消失，最后剩下 L+β 两相。如果再继续冷却，体系完全转变为单一的 β 型固溶体。

如果最初的熔体组成为 m'，当温度冷却到转熔温度 T_p 时，出现固熔体 α，β 与熔体 p 共存的情况。这时体系是自由度为零的无变体系。如果继续散热，则发生下列转熔反应，$\beta+L \rightleftharpoons \alpha$，最后当 L 完全消失，生成固溶体 α 和 β 的共晶体，然后温度才再继续下降。

9.4.5　生成同成分熔融化合物的二元体系

生成同成分熔融化合物的二元体系的相图如图 9.11 所示，可以看做是所生成的化合物分别与两个组元形成的两个简单低共熔二元体系组合而成。从图 9.11 可看出：生成的化合物 AB 之固液同组成的熔点 m_{AB} 往往偏离整比的组成 AB；而且由于固体之间总是有部分互溶，所以中间化合物 AB 分别与 A 及 B 形成固溶体；另外，化合物 AB 会发生异组成的蒸发，即蒸气组成不同于凝聚相组成。以上因素对体系的性质有显著的影响。

9.4.6　生成异成分熔融化合物的二元体系

所谓异成分熔融化合物，是指当某种化合物被加热到一定温度时，一般是在低于其液相线的某一温度时，就分解为一个新的固相和一个组成与化合物不一致的熔体。许多化合物熔融时都是固液异组成的，图 9.12 表示在 A 和 B 两组元之间既生成一个固液同组成的化合物 AB，又生成一个固液异组成化合物 A_2B。当把 A_2B 加热到 T_p 时，它就发生一个转熔反应，生成固体 AB 和一个组成为 x_a 的熔体：

$$A_2B(固) \rightleftharpoons AB(固)+L(x_a) \tag{9.2}$$

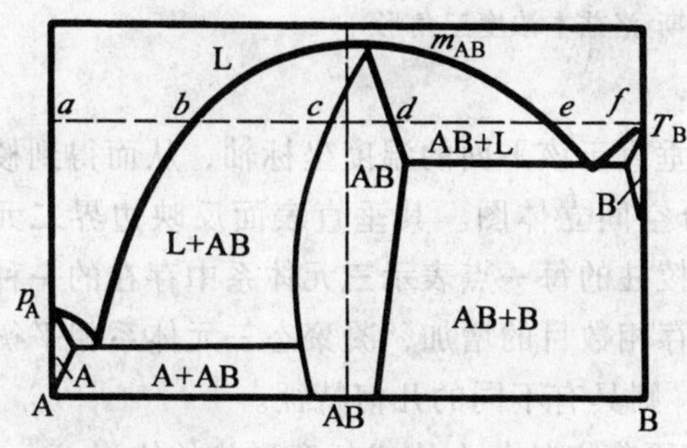

图 9.11　包含有同组成熔融化合物的二元体系

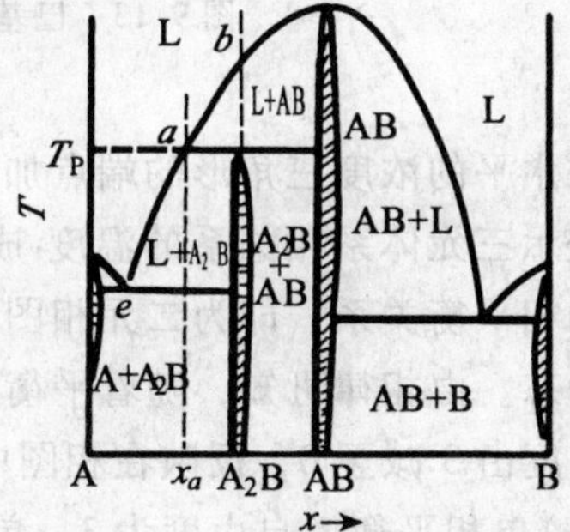

图 9.12　包含有一个固液同组成化合物一个固液异组成化合物的二元体系

9.5 三元体系相图

体系组元数为 3 的相图称为三元相图(ternary phase diagram)。根据相律,对恒压凝聚态体系,$F=3+1-P=4-P$,最大自由度为 3,相平衡关系需 3 个独立的变量(温度和任意两组元的浓度)来表示。

9.5.1 三元相图的表示法

三元体系的成分由任意两组元的浓度来确定,通常以巴基乌斯-洛兹本(Bakhiuus-Roozeboom)等边三角形来表示,如图 9.13 所示。三角形的顶点代表纯组元,边上的点代表边界二元体系的成分,三元体系的组分由三角形内的点来确定。该浓度三角形具有如下的性质,平行于三角形某一边的直线上的任一点都含有等量的对面顶点的组元;三角形一顶点与对边上任一点的连线上的所有点所代表的体系中,其他两组元的含量比值不变。

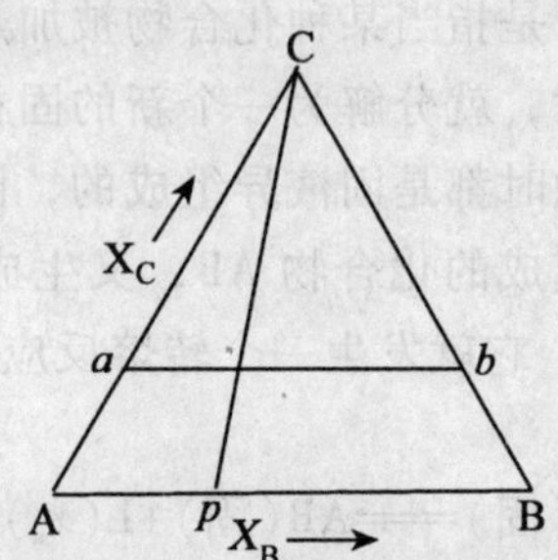

图 9.13 巴基乌斯-洛兹本浓度三角形

在水平的浓度三角形的端点加上垂直于该平面的温度坐标轴,从而得到棱柱形表示三元体系相关系的温度-成分空间立体图。其垂直表面反映边界二元体系的相平衡关系,即为二元相图,棱柱的每一点表示三元体系中存在的一种平衡状态。由相律可知,随着平衡共存相数目的增加,凝聚态三元体系相平衡的自由度由 3 减至 0,反映在相图中,则具有不同的几何特征。

(1)单相平衡。自由度为 3。单相平衡点的集合构成任意形状的体积。

(2)两相平衡。自由度为 2。两相平衡点的集合构成两空间曲面。曲面上的每一点可以由一根水平直线(结线 tie-line)和另一曲面上的共轭点相连,结线通过的空间区域为两相区,结线两端点所代表的成分即两平衡相的成分。

(3)三相平衡。自由度为 1。三相平衡点的集合构成三条空间曲线。曲线上的每一点,由一水平三角形(结三角形)与其他两条曲线上的共轭点相连,所有温度下的结三角形构成的空间曲面三棱柱区域为三相区，结三角的端点所代表的成分就是平衡相的成分。

(4)四相平衡。自由度为0。四相平衡点是恒温面上的4个成分固定的点。该四点组合成的4个结三角所限制的平面区域为四相平衡区，它在4个固定点分别与4个单相区相接触，在四个结三角形的六条边上与六个两相区相接触，在四个结三角形处于四个三相区相接触。其形状为三角形或四边形，对应于三角形区域的四相平衡反应为共晶反应(eutectic reaction)($L\rightarrow\alpha+\beta+\gamma$)或包晶反应(peritectic reaction)($L+\alpha+\beta\rightarrow\gamma$)，对应于四边形区域的四相平衡反应介于前两者之间的一种反应($L+\alpha\rightarrow\beta+\gamma$)，有人称为包共晶反应(monotectic reaction)，如图9.14所示。

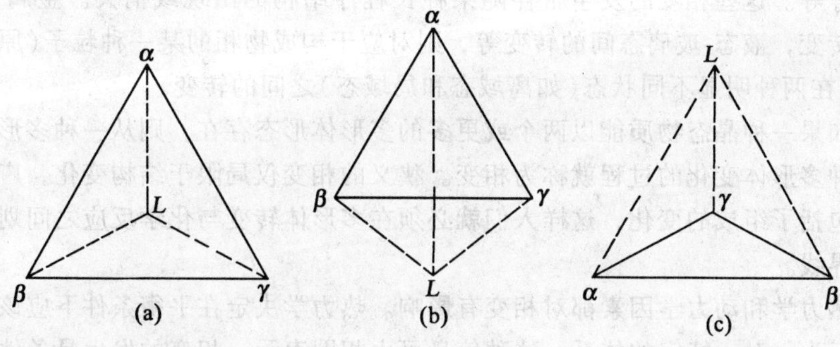

图9.14　三元体系中的四相区

(a)含共晶转变的四相区　(b)含包共晶转变的四相区　(c)含包晶转变的四相区

以上叙述的是立体图表示法，除此外，还可用三元相图的等温截面、垂直截面、投影图等来表示相平衡关系，在此不作介绍。

9.5.2　三元相图的分类

一般把三元相图分为以下五种类型：

(1)最多只有两相平衡的三元相图；

(2)最多只有三相平衡的三元相图；

(3)有四相平衡的三元相图；

(4)有化合物的三元相图；

(5)有溶解度间隙的三元相图。

其详细内容可参阅有关专著。

9.6 相变的定义和热力学分类

9.6.1 相变的定义

相变是指在外界环境发生变化的过程中物相于某一特定条件下发生突变，其表现为从一种结构变化为另一种结构，如气、液、固之间的相互转变，固相中不同晶体结构或原子、离子聚集状态之间的转变；化学成分的不连续变化，例如均匀溶液的脱溶沉淀或固溶体的脱溶分解等；更深层次结构的变化并引起物理性质的突变，如顺磁体-铁磁体转变、顺电体-铁电体转变、常导体-超导体转变等等。这些相变的发生常伴随某种长程序结构的出现或消失。金属-非金属间转变，液态-玻璃态间的转变等，则对应于构成物相的某一种粒子(原子或电子)在两种明显不同状态(如离域态和局域态)之间的转变。

如果一种晶态物质能以两个或更多的多形体形态存在，则从一种多形体向另一种多形体变化的过程就称为相变。狭义的相变仅局限于结构变化，广义的相变包括了组成的变化，这样人们就必须在多形体转变与化学反应之间划出一条分界线。

热力学和动力学因素都对相变有影响。热力学决定在平衡条件下应该观察到的行为，对一特定的体系，这种信息可由相图表示。相变的发生是条件变化的结果，通常是温度或压力，有时还有组成。相变发生的速率，即动力学，受许多因素控制。在成核和生长机理的转变中，由于其速率控制步骤是成核过程，所以转变速率比较慢。而在马氏体和位移型相变中，成核可自发进行，其转变速率通常较快。

9.6.2 相变的分类

平衡热力学理论指出，在等温等压条件下，体系内各种自发进行过程的方向及其平衡状态的判据为$(\Delta G)_{tp}\leqslant 0$。这一判据表明，在给定温度、压力条件下，若存在$G_{\mathrm{II}}-G_{\mathrm{I}}<0$，则Ⅰ相可自发地转变为Ⅱ相，反之则是不可能的。同时又表明，在任何相变点上，平衡共存两相的吉布斯自由能函数必须连续、相等。但作为自由能函数的各阶导数(对应于体系的熵、体积、比热容等)，在相变点可能发生不连续的跃迁。根据相变的这一热力学特征，可按自由能函数导数连续情况来定义相变的级别，即一个体系在相变点有直到$(n-1)$阶连续的导数，但n阶导数不连续，则该相变定义为n级相变。

从热力学可把相转变分为一级、二级和三级。在相转变的平衡温度(或压力)下，两个多形体相的吉布斯自由能相等，即：

$$\Delta G=\Delta H-T\Delta S=0 \tag{9.3}$$

因而，从一个多形体相转变成另一个，自由能没有出现不连续。把自由能对温度和压力的一次导数出现不连续的转变定义为一级转变。这些导数分别相当于熵和体积，即：

$$\frac{\mathrm{d}G}{\mathrm{d}T}=-S \tag{9.4}$$

$$\frac{\mathrm{d}G}{\mathrm{d}P}=V \tag{9.5}$$

通常一级转变是易测的，体积变化可用热机械分析仪检测。随着体积变化常发生焓 ΔH 的变化，它可用 DTA 检测，随着转变的进行可观察到放热峰或吸热峰。直接测量熵变化是不易做到的，但也可从 DTA 峰的存在推知。在转变温度下，$\Delta G=0$，因而 $\Delta S=\dfrac{\Delta H}{T}$。

或者在有序-无序转变情况下用 X 射线衍射研究。某些一级相转变的例子和它们的热力学特性列于表 9.1。二级相变以自由能的二次导数不连续为特征。也就是以热容 C_p，热膨胀系数 α 和压缩系数 β 的不连续为特征：

$$\frac{\partial^2 G}{\partial P_T^2}=\frac{\partial V}{\partial P_T}=-V\beta \tag{9.6}$$

$$\frac{\partial^2 G}{\partial P\partial T}=\frac{\partial K}{\partial T_P}=V\alpha \tag{9.7}$$

$$\frac{\partial^2 G}{\partial T^2}=\frac{\partial S}{\partial T_P}=\frac{-C_P}{T} \tag{9.8}$$

表 9.1　　某些一级相变的特征

化合物	转变	T_c/℃	$\Delta V/\mathrm{cm}^3$	$\Delta H/(\mathrm{kJ\cdot mol^{-1}})$
石英 SiO_2	低温⟺高温	573	1.33	0.363
CsCl	CsCl 结构⟺岩盐结构	479	10.3	2.424
AgI	纤锌矿结构⟺体心立方结构	145	−2.2	6.145
NH_4Cl	CsCl 结构⟺岩盐结构	196	7.1	4.473
NH_4Br	CsCl 结构⟺岩盐结构	179	9.5	3.678
Li_2SO_4	单斜⟺立方	590	3.81	28.842
$RbNO_3$	三方结构⟺六方结构	166	6.0	3.971
	CsCl 结构⟺六方结构	228	3.12	2.717
	六方结构⟺NaCl 结构	278	3.13	1.463

二级相变的检测不像一级相变那么容易，因为有关的变化常常是很小的。最好的方法或许是用量热计来测量热容。热容一般在接近转变温度 T_c 时增加，

并在 T_c 处出现不连续。DTA 在有些情况下可区别稳定相和介稳相。加热时从一稳定的多形体相转变成另一相，其 DTA 曲线将出现一个吸热峰。加热时从一个淬火后的介稳的多形体相变化到一个稳定的多形体相，其 DTA 曲线上将出现放热峰。玻璃在加热时的晶化作用(失透)就是一个例子，玻璃发生晶化时，其 DTA 曲线上有放热峰出现。

原则上更高级的相变可通过更高次微分来定义。实际上二级以上的相转变并不常见。

一级相变中自由能、熵和比热容随温度的变化示于图 9.15 中。由图可看出，在相变点 T_t 上，G_{I} 和 G_{II} 两条曲线相交，当温度 $T<T_t$，$G_{\text{II}}>G_{\text{I}}$，则Ⅱ相可自发地转变为Ⅰ相；而当温度 $T>T_t$，$G_{\text{II}}<G_{\text{I}}$，则Ⅰ相可自发地转变为Ⅱ相。在相变点上，焓、熵和体积等均发生跳跃变化，相变的潜热则等于焓的跃迁值 ΔH，这反映了体系在相变前后结构上的明显差异。因此一级相变往往属于键改变型相变，在动力学上由于涉及结构的重组，常出现所谓的相变滞后现象，如图 9.16 所示。

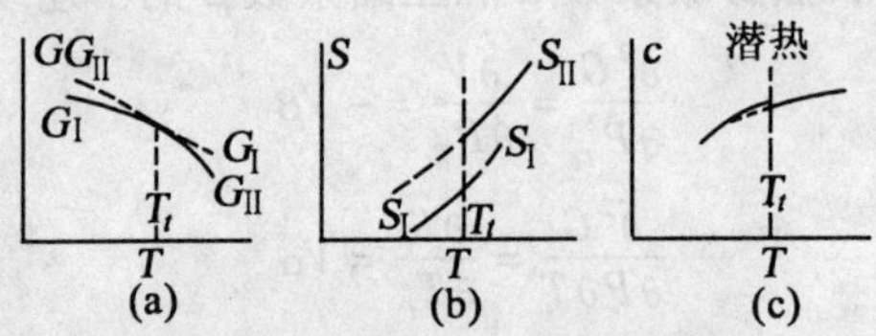

图 9.15 一级相变中自由能(a)、熵(b)和比热容(c)随温度的变化

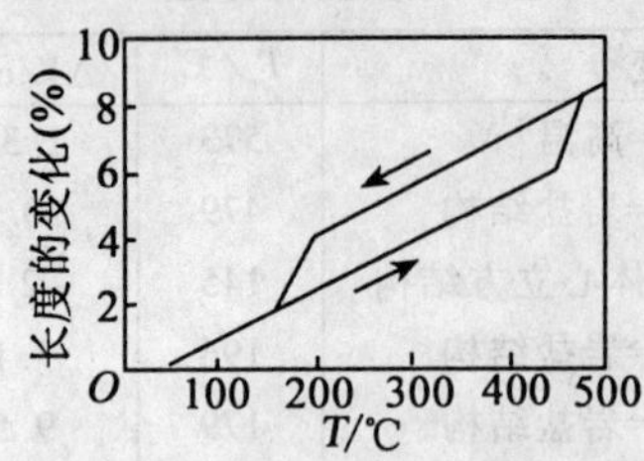

图 9.16 钴的一级相变中的温度滞后现象

典型二级相变体系中热力学函数变化的情况示于图 9.17。由图知，在低于相变点 T_c 时，Ⅱ相是稳定的；在高于相变点 T_c 时，Ⅰ相是稳定的。自由能曲线及其一阶导数在相变点连续，故二级相变的自由能曲线实为一条连续曲线，相变点为该曲线的奇点。因而，在相变点两相合二为一，不存在有明显的

差异，不会存在两相共存和相变滞后现象。在二级相变中，熵和体积呈连续变化，因而相变不伴随潜热和体积突变发生。但熵和体积曲线在相变点并不光滑，对应的一阶导数如比热容或膨胀系数等将会发生跳跃变化。在有些情况下，T_c 点比热容会趋于无穷大而使比热容-温度曲线形似希腊字母 λ，故常称为 λ 相变，其 T_c 称为 λ 点。

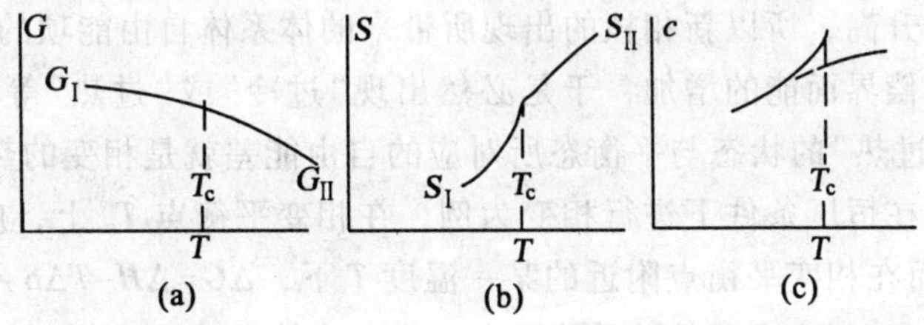

图 9.17 二级相变中自由能(a)、熵(b)和比热容(c)随温度的变化

大量研究表明，发生于自然界中的相变大多属于一级相变，在大部分金属和非金属材料中，所涉及的相变也多为一级相变。二级相变的存在远不及一级相变那样普遍，但其丰富的物理内容一直吸引着科学家的研究兴趣。常见的二级相变包括在临界点的气-液相变、铁磁相变、超导相变、超流相变、部分固溶体的有序-无序相变、部分铁电相变，等等。

9.7 固态相变动力学

在凝聚体系中，达到平衡的速率往往是相当慢的，以致在固体中经常观察到非平衡的或接近平衡的结构。本节介绍有关转变速率的基本概念。

9.7.1 相变的热力学驱动力

相图表明在平衡条件下，体系中可能存在的相和相变，但不能提供有关转变速率的信息。虽然压力、成分或温度的变化都能引起体系的相变，但是温度变化最重要。若加热或冷却过程进行得非常缓慢，那么相变将在相图上标明的平衡温度附近发生。即使如此，转变的发生和继续仍要求相对于平衡温度有一些微小的过热或过冷。在较快的加热或冷却这样的非平衡的条件下，可以发现，在觉察到任何发生反应的迹象之前，已有一定程度的过热或过冷。成核和长大(它们是相变的基本过程)的动力学往往由热激活所控制，这与控制化学反应速率的方式大致相同。的确，化学平衡与相平衡之间，以及化学动力学与相变动力学之间都有对应的关系。

从平衡态热力学观点看，当外界条件如温度压力等的变化使体系达到相转变点时，则会出现相变而形成新相。然而事实上并非如此，因为新相的出现往往需要母相经历一"过冷"或"过热"的亚稳态才能发生。其原因是，要使相变能自发进行，则必须使过程自由能变化 $\Delta G<0$，另一方面则是因为在非均相转变过程中，由涨落而诱发产生的新相颗粒与母相间存在着界面。它的出现使体系的自由能升高，所以新相核的出现所带来的体系体自由能项的下降必须足够大，才能补偿界面能的增加，于是必然出现"过冷"或"过热"等亚稳态。这种"过冷"或"过热"的状态与平衡态所对应的自由能差就是相变的热力学驱动力。

以体系在恒压条件下进行相变为例，在相变平衡点 T_0 上，应有 $\Delta G=\Delta H-T_0\Delta S=0$。而在相变平衡点附近的某一温度 T 下，$\Delta G=\Delta H-T\Delta S\neq 0$。考虑在 T_0 的小邻域内，ΔH 和 ΔS 近似不随温度变化，比较上述两式便可得到：

$$\Delta G=\Delta H\left(\frac{T_0-T}{T_0}\right)=\Delta H\left(\frac{\Delta T}{T_0}\right) \tag{9.9}$$

由此可见，自发相变要求 $\Delta G<0$，即应有 $\Delta H\Delta T/T_0<0$。若相变过程放热如凝聚、结晶等过程，则 $\Delta H<0$，要使 $\Delta G<0$，必须有 $\Delta T>0$。此时应有 $T_0>T$ 而表明体系必须存在过冷的相变条件；如相变为吸热过程如蒸发、熔融等过程，则 $\Delta H>0$，要使 $\Delta G<0$，必须有 $\Delta T<0$。此时应有 $T_0<T$ 而表明体系必须存在过热的相变条件。

成核（也就是生成相的微粒由母相中形成）和长大（也就是说成核所得微粒的尺寸增大）两者都要求相应的自由能变化为负值。因此，可以预期，相变需要过热或过冷。也就是说，不可能恰好在平衡转变温度时发生转变，因为根据定义，在平衡温度时，各相的自由能相等。除了必须 $\Delta G<0$ 之外，对于大多数相变，还有两个影响转变速率的基本障碍：第一个障碍，各种转变都涉及原子的重排，这是由于成分的变化，晶体结构的差异或两者兼而有之。由于这种重排通常是通过原子的扩散运动来完成的，所以扩散的快慢就限制了重排的速率。在许多情况下，成核速率和长大速率都要受到扩散的限制。另一个障碍较为微妙一些，就是生成相的微粒在成核时所遇到的困难，困难的主要原因在于成核相与母相间的界面存在着表面能。这就使自由能局部升高，而不是如预期的那样降低。

了解相变的障碍及其与晶体结构的关系，以及它们是怎样介入成核和长大的基本过程的，这些对于理解接近平衡的相变和非平衡的相变都是重要的。

9.7.2 成核

具备相变条件的体系一旦获取相变驱动力，体系就具有发生相变的趋势。

经典的成核-生长相变理论认为，新相的出现首先是通过体系中区域能量或浓度大幅起伏涨落形成新相的颗粒而开始的，随后由源于母相中的组成原子不断扩散至新相表面而使新相的核得以长大。但是，在一定亚稳的条件下，并非任何尺寸的颗粒都可以稳定存在并得以长大而形成新相。尺寸过小的颗粒由于溶解度大很容易重新溶入母相而消失，只有尺寸足够大的颗粒才不会消失而成为可以继续长大形成新相的核。

1. 均质成核

考虑在低于平衡凝固温度时，有一个球形固体颗粒在纯液体中形成，固体颗粒的形成导致自由能降低，因为固体的体自由能低于液体的自由能。在体自由能降低的同时，由于固体与液体之间产生了界面，又使自由能增加，这两种相反的趋势可以用一个方程来表示，此方程给出了球形颗粒形成时，自由能变化与球半径 r 和过冷度 ΔT 的函数关系：

$$\Delta G=\left(\frac{4\pi}{3}r^3\right)\Delta G_V+(4\pi r^2)\gamma=\frac{4}{3}\pi r^3\Delta H\frac{\Delta T}{T_0}+4\pi r^2\gamma \tag{9.10}$$

式中，第一项是每个颗粒的体自由能的总增加量，其中 ΔG_V 是负值，即为(9.9)式，它是液体中生成单位体积固体所引起的自由能变化。第二项是每个颗粒所增加的总表面能，其中 γ 为单位面积的固-液表面能。相变体系的临界晶核尺寸决定于相变单位体积自由能变化和新相-母相界面能的相对大小。相变自由能变化 ΔG 为颗粒半径 r 和过冷度 ΔT 的函数。当颗粒很小很小时，总表面能的数值大于总体自由能的变化，而每个颗粒的自由能将随颗粒尺寸增大而增加，如图 9.18 所示。每个颗粒的自由能一直增加到临界半径 r_k 处的 ΔG_k，临界晶核就是以这个自由能极大值为条件所规定的。当 $r>r_k$ 时，颗粒尺寸可以自发增大，因为与此同时，总自由能相应地降低，并且上式中的体自由能项占优势。当 $r<r_k$ 时颗粒尺寸趋于减小，即颗粒将自发重新消溶回母相，因为该过程将使自由能降低。

为使颗粒成核，必须克服能垒。每个临界晶核的激活自由能为：

$$\Delta G_k=\frac{16\pi\gamma^3}{3(\Delta G_V)^2}=\frac{4}{3}\pi r_k^2\gamma \tag{9.11}$$

此自由能变化临界值实际上为形成临界晶核所必须越过的能垒，所以又常称为成核功。所必须达到的相应的临界半径为：

$$r_k=-\frac{2\gamma}{\Delta G_V}=-\frac{2\gamma T_0}{\Delta H\Delta T} \tag{9.12}$$

(9.11)和(9.12)两式的含义是在体积一定时，晶核半径小则其表面积大，表面能大，晶核存在困难。在大于 r_k 时，因表面能的影响变小，晶核存在变易，也即晶核易生长。

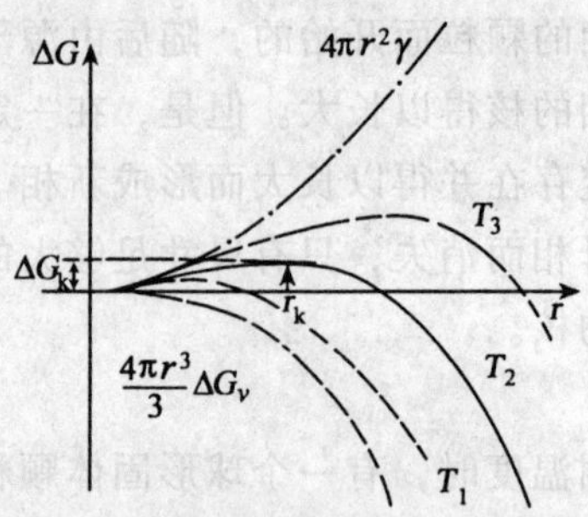

图 9.18 晶核形成的自由能变化与颗粒尺寸 r 和过冷度的关系

值得注意的是，只有在 $\Delta G<0$ 时，r 才是一个有物理意义的量。在平衡凝固温度 T_m 时，$\Delta G_V=0$，因而 $\Delta G\to\infty$，$r_k\to\infty$。显然，在平衡转变温度时，成核是不可能的。

表面能远不及 ΔG_V 那样对温度敏感。当温度在 T_m 以下降低时，ΔG_V 将负得更多。因此 ΔG_k 和 r_k 两者都随着过冷度的增加而减小(图 9.19)。但是，温度降低，热激活的几率也将变得更小，于是有一个使 $e^{-(N_0\Delta G_k/RT)}$ 为极大值的温度(图 9.20(a))。成核速率不仅与形成临界晶核的激活自由能有关，而且与原子从液体越过界面向固体跃迁的能力有关。这种颗粒长大所必需的过程是一个热激活的过程，而激活能 Q 是与液-固界面附近的扩散相联系的。上述两种激活能结合在一起，就给出了总的成核速率：

$$N = K\mathrm{e}^{-(N_0\Delta G_k+Q)/RT} \tag{9.13}$$

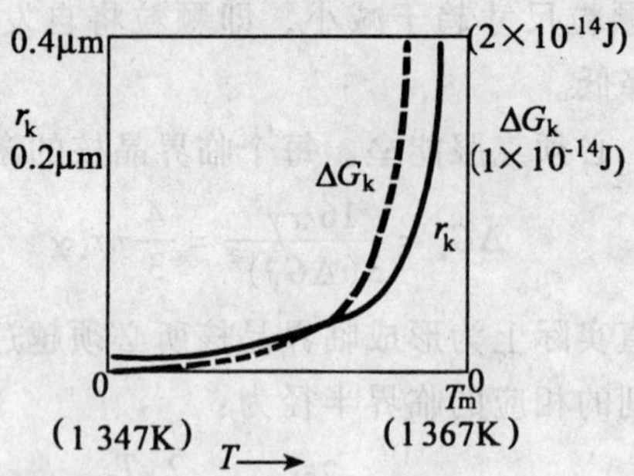

图 9.19 临界晶核参量(r_k 和 ΔG_k)随温度的变化关系

式中，N 为母相在单位时间和单位体积内生成的临界晶核数，K 为成核速率常

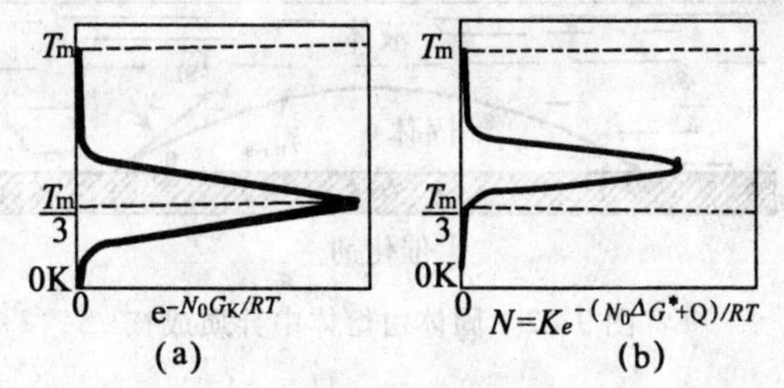

图 9.20　形成 N_0 个临界晶核的热激活因子 $e^{-(N_0\Delta G_k/RT)}$ 与温度的关系(a)以及成核速率 N 与温度的关系(b)

数，它实质上与温度无关。N 与温度的关系示于图 9.20(b)中。

值得注意的是，在有限的相变体系中稳定成核过程不可能无限期地延续。随着相变的进行和母相量的减少，往往会出现相变驱动力的下降或成核势垒的升高，而最终使成核过程趋于停顿。在非均质相变过程中典型的新相粒子数随时间变化的关系如图 9.21 所示。

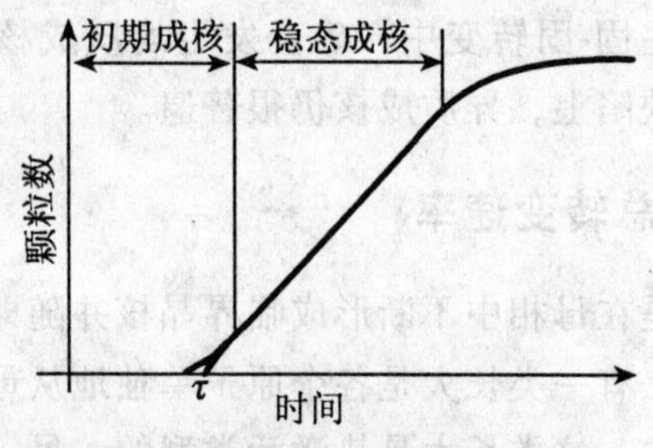

图 9.21　新相粒子随时间的变化

2. 异质成核

以上讨论描述了均质成核，也就是在没有催化剂帮助的情况下生成临界晶核。实际上，凝聚相体系中的大多数转变都借助于催化剂，与此相应的成核过程称异质成核。异质成核之所以比均质成核更容易发生，其主要原因是均质成核中新相颗粒与母相间的高能量界面被异质成核中新相颗粒与杂质异相间的低能量界面所取代。显然，这种界面的替代比界面的创生所需的能量要小，从而使成核过程所须越过的能垒降低，进而使异质成核能在较小的相变驱动力下进行。

在凝固时，催化剂通常是一些像器壁或氧化物颗粒这类外来媒介物。这些催化剂不仅使临界晶核的体积减小，而且使成核的激活能下降。例如，如图 9.22 所示，当固体与催化剂部分浸润时就会发生这种情况。接触角 θ 由表面

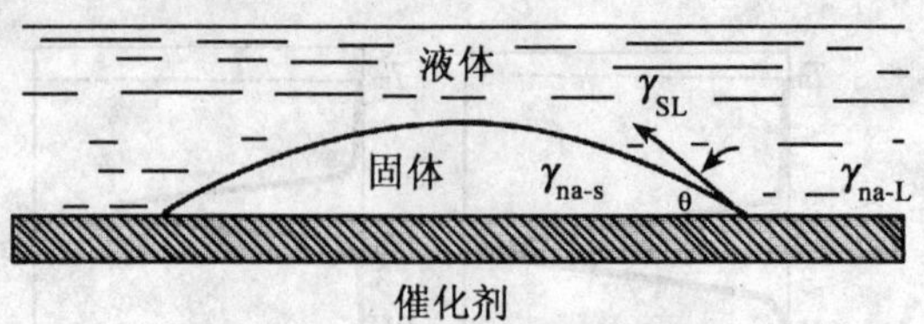

图 9.22 固体由熔体中异质成核

张力的平衡所决定：

$$\gamma_{na\text{-}L} = \gamma_{na\text{-}S} + \gamma_{SL}\cos\theta \tag{9.14}$$

在 $0 \leqslant \theta \leqslant 180°$ 的所有情况下，异质成核的 ΔG_k 都低于均质成核的 ΔG_k。的确，当 θ 减小时，ΔG_k 不断变小，而在完全浸润时(即 $\theta=0$)ΔG_k 趋近于零，因为新界面的总表面能小于原来液体-催化剂界面的总表面能。实际中的成核几乎都是异质成核。事实上，只有在严密控制的实验条件下，才能观察到凝固时的均质成核。

在固体中，尽管所用的催化剂不同，但可用同样的道理来说明异质成核，虽然可以相信，在某些固-固转变中，确会发生均质成核，但在晶界、位错以及其他像夹杂那样的缺陷上，异质成核仍很普遍。

9.7.3 长大和总转变速率

许多转变的发生是在母相中不断形成临界晶核并随即长大的结果。长大以两种不同的方式进行。有一类长大是各个原子单独地从母相移到生成相，也就是说，扩散是很重要的。这类长大是热激活类型的。另一类长大是许多原子协同地移动。这只能发生于固态转变中，此时热激活并不重要。在此，先讨论前者。

对于纯物质的凝固或者接近平衡的同素异构转变(即多型性转变)这样一些简单的情况，可以说明其热激活长大的特征。生成相(α)在母相(β)中的长大相应于原子越过界面的跃迁。原子从 β 到 α 的净通量造成界面的移动，而这与长大速率 $\xi = \mathrm{d}r/\mathrm{d}t$(或界面速率)直接相关，也就是将长大速率看做成长颗粒的线尺寸增长速率。当长大时，原子从 β 跃迁到 α，同时也从 α 跃迁到 β，但两个方向的自由能垒是不同的，如图 9.23 所示，从 β 至 α 的原子通量为：

$$J_{\beta\to\alpha} = S\nu \mathrm{e}^{-\Delta G_k/RT} \tag{9.15}$$

式中，ν 为原子振动频率因子；S 为几何因子。同样，从 α 至 β 的原子通量为：

$$J_{\alpha\to\beta} = S\nu \mathrm{e}^{-(\Delta G_k - \Delta G)/RT} \tag{9.16}$$

因此，原子从 β 到 α 的净通量为：

$$J = J_{\beta-\alpha} - J_{\alpha-\beta} = S\nu e^{-\Delta G_k/RT}(1 - e^{\Delta G/RT}) \tag{9.17}$$

用Ω(α相中一个原子的体积)乘以净通量，即得α颗粒的长大速率：

$$\xi = \frac{dr}{dt} = J\Omega = S\nu\Omega e^{-\Delta G_k/RT}(1 - e^{\Delta G/RT})$$

$$= KD(1 - e^{\Delta G/RT}) \tag{9.18}$$

式中，$D = D_0 e^{-\Delta H_k/RT}$，为原子越过界面的扩散率；$K$为比例常数；$\Delta G$($<0$)为$\beta$和$\alpha$的摩尔自由能之差。定性地看，图9.24所示的$\xi$对温度的依赖关系对于任何热激活的长大都是正确的，并不局限于所讨论的例子。当温度远低于平衡温度T_0时，长大速度基本上为扩散率所决定。当温度接近T_0时，ξ主要为两相的自由能差所决定。在$T=T_0$时，由于$\Delta G=0$，所以$\xi=0$。长大速率在某一温度时达到极大值，这温度总是高于与最大成核速率相应的温度。

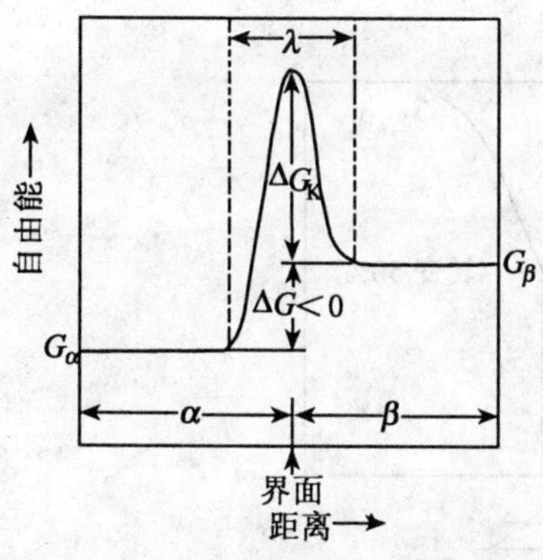

图9.23　α-β界面附近的自由能变化

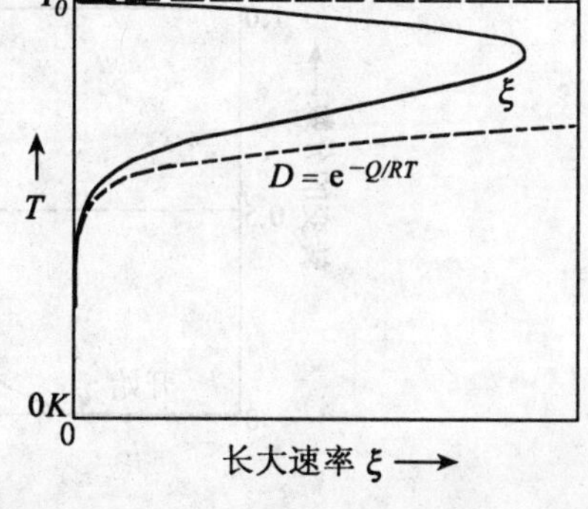

图9.24　长大速率ξ对温度的依赖关系

总转变速率(见图9.25(a))由ξ与N的乘积所给出，它取决于具体转变的细节，反过来，转变进行一半所需的时间(这可由实验测定)与总转变速率存在着倒数关系。这个时间对温度的依赖关系示于图9.25(b)中。在包括从高温转变为低温相的一切热激活成核和长大的过程中，都可以观察到如图9.25(b)所示的C曲线动力学。必须指出，瞬时速率是随转变进程而变化的(见图9.26)，这主要是由于扩散在成核和长大过程中都起着相当重要的作用。此外转变可以在长大迅速而成核缓慢的情况发生，也可以在相反的情况下发生，而这些情况极大地影响到所得显微组织的特征。当过冷度较小时，一般成核缓慢，而长大迅速，结果得到比较粗大的颗粒，而当过冷度较大时，则得到比较细的颗粒。

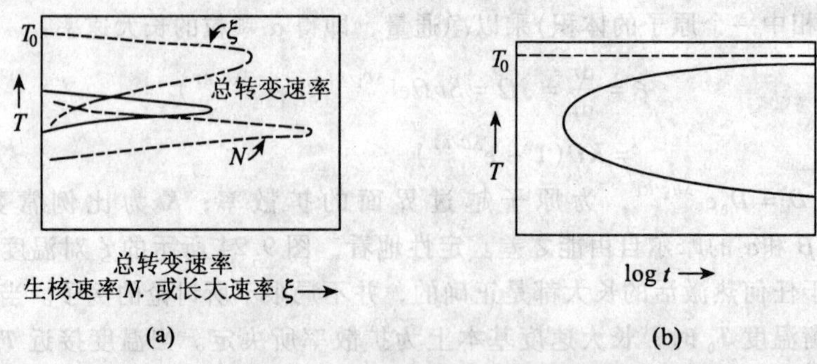

图 9.25　总转变速率随温度而变化的示意图(a)以及等温转变所需时间与温度的函数关系(b)

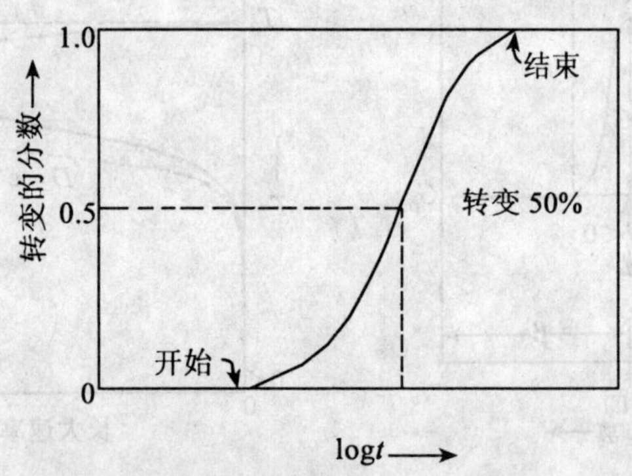

图 9.26　等温转变的转变分数与时间的函数关系

9.7.4　固体中扩散控制的转变

固体中最简单的相变，是不涉及成分变化的转变，也就是等成分转变。这包括在钛中所看到的同素异构转变[冷却时，β(体心立方)→α(六方密堆积)]。这里只需要稍微移动原子，就可以改变原子的配位。但是 SiO_2 在 1 470℃由方英石变为鳞石英的多型性转变，则要慢得多，因为原子或原子集团重排时，必须破坏牢固的共价键。反之，当任一种晶型的 SiO_2 在急冷时的重排(例如冷却时，β-方英石→α-方英石)只涉及键角的改变，而不需要扩散时，这个过程进行得很迅速。有序-无序转变代表另一种依赖扩散的等成分转变，75at% Cu-25at% Au 就是一例。当温度高于 410℃时，这种合金是无序置换固溶体。从高温急冷到室温(即淬火)，则能保留无规的面心立方固溶体，如果合金随后重新加热到低于410℃的温度，则 Au 原子移到晶胞的角上，而 Cu 原子移到面心，从而得到有序的 Cu_3Au 晶体结构。通过淬火可以把高温相保留到室温的现象是由于这种转变需要扩散以及总转变速率随温度变化的缘故（见图 9.25）。

许多重要的固态相变，由于生成物的成分与母相不同而变得复杂化。附加的扩散问题使成核和长大较之等成分转变更为困难。尽管有这些复杂性，但是像沉淀速率和共析反应速率等还是可以用 9.7.2 和 9.7.3 小节所述的概念来解释。上一节中关于总转变速率的讨论，为了解固体中的成核和长大，提供了定性的基础，但是这个理论还不足以定量地预计转变速率。因此，必须进行实验研究得出经验性规律。虽然许多实际的固态转变并不是在等温条件下进行的，但固体中的扩散控制的成核和长大比较缓慢，因而提供了研究等温转变的机会。

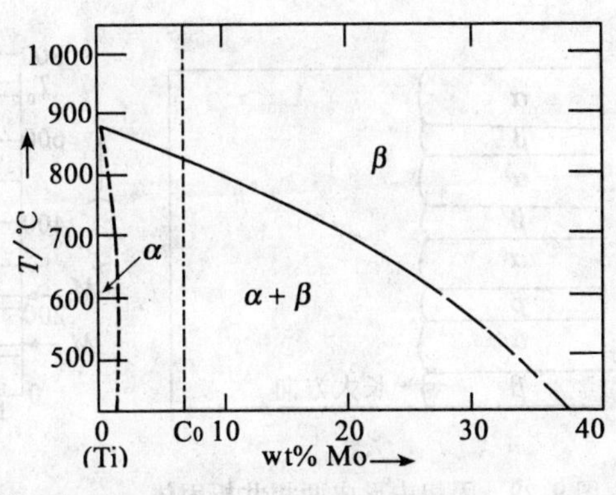

图 9.27 Ti-Mo 相图的一部分

为了说明这一点，现讨论 Ti-Mo 合金中，由 β 相析出 α 相颗粒的情况，如图 9.27 所示。如果合金从 β 单相区的温度急冷到 $\alpha+\beta$ 相区的温度，并在该温度下保温，那么通过观察此温度下保温不同时间后的显微组织，就可以了解 α 相析出的情况。最初仍然是过饱和的 β 相，而过了一段时间后，就开始出现一些 α 相，转变程度随时间变化的函数关系表示于图 9.26。利用几套该合金的样品，可以在双相区的各种温度下重复这一实验。这种实验方法称为等温转变研究，其结果可以归纳为等温转变图，通常称为 TTT（时间-温度-转变图），如图 9.28 所示（参照图 9.25(b)）。图中画出了最初观察到 α 相的时间以及 α 相完全析出的时间（作为等温转变温度的函数），所得 C 曲线是转变速率的镜像（参照图 9.25(a)）。虽然涉及三相反应的固态转变更为复杂些，但是与上述讨论的图像大致相同。不但成核和长大的基本原理是适用的，并且 TTT 图也证明是有用的。共析分解是合金中最重要的三相反应。在进行共析分解时，两种生成相同时由母相中成核和长大，如图 9.29 所示。Fe-C 系中的共析反应即可作为一例。如果用共析成分的合金来进行等温转变的研究，则可得到图 9.30 所示的 TTT 图。这里反应的完成相应于 γ 相完全转变为 α 和 Fe_3C 的两相混合物。在显微组织中很容易看出两种生成相互相交替。这主要是由于这两种相在共析反应时协同长大的结果。转变温度降低，则混合物变得较细。这个情况可与共晶合金在凝固速率增加时得到较细的共晶组织相比较。

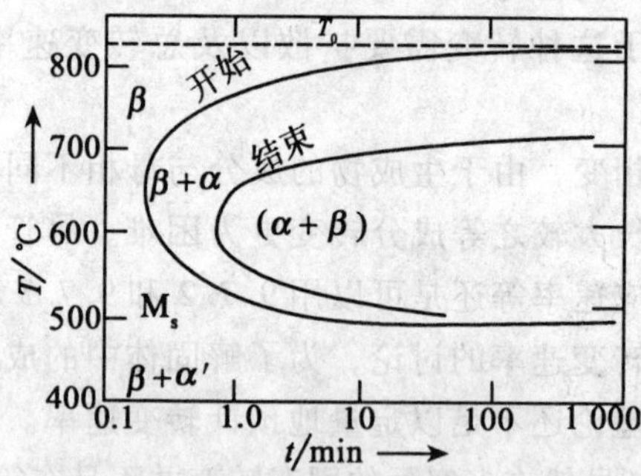

图 9.28 实验所得 Ti-Mo 合金的时间

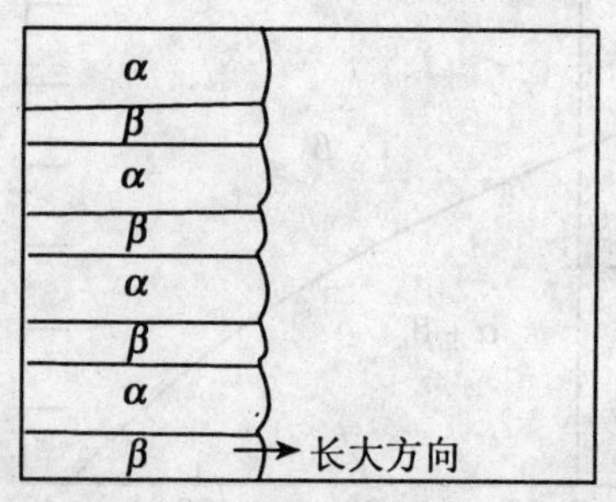

图 9.29 固相中形成两相共析固体的示意图

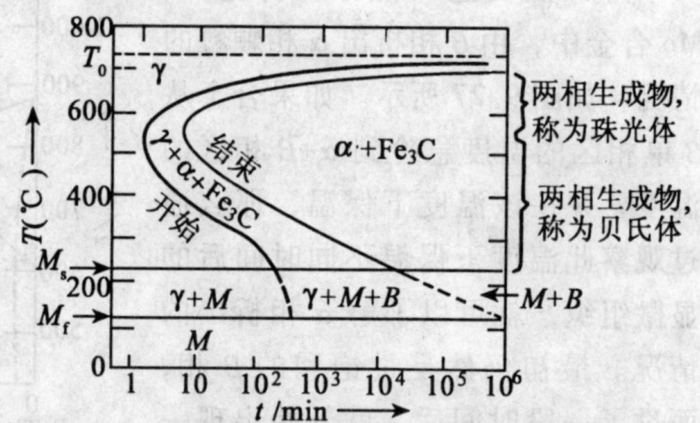

图 9.30 共析钢(0.8wt% C)的 TTT 图(实验测定)

根据扩散控制的成核和长大的性质，高温的固溶体往往可以通过淬火而保留到室温，也就是淬火时的冷却速率相当快，因此不会发生扩散过程并能抑制任何转变。对于许多合金，这是一个有用的方法，因为淬火后可以进行有控制的等温转变，另一方面，有许多金属具有两种同素异构体，而以这种金属为基础的高温固溶体并不能通过淬火保留下来。这种情况是由于在某些情况下长大可以不通过扩散而进行，这将在下一节中讨论。

9.7.5 固体中的马氏体转变

马氏体(Martensite)是钢高温淬火过程中通过相变而得到的一种高硬度产物。为纪念德国冶金学家 A. Martens 在钢铁显微结构研究方面的贡献，将该高硬度产物相命名为马氏体，其相变过程称为马氏体相变。马氏体相变在许多金属、合金固溶体和化合物中都可观察到，本质上属于以晶格畸变为主，无成分变化，无扩散的位移型相变，其特征为发生于晶体中某一部分的极其迅速的剪切畸变。这种相变在热力学和动力学上都有相当显著的特点，如其相转变无特定的温度点，转变动力学速率可高达声速等。

像面心立方钴冷却到427℃以下转变为密堆积六方钴那样的等成分转变被认为是无扩散的，因为这一转变的速率接近声速，这个转变就是马氏体相变。它可以想象为一种协同的作用过程。在这一过程中，由于相邻原子的相似运动所引起的应变能使原子移至新的位置，而不必借助于热激活，也就是说，原子集团移至新的位置将引起它们的邻居也以相同的方式运动，于是，在面心立方基体中迅速形成密堆积六方钴的片状区域。在密堆积六方片附近的面心立方基体中建立起来的应变，有阻碍这一区域进一步转变的趋势。因此要使整个材料发生转变，必须降低温度或进行机械形变。这种马氏体转变中的原子协同位移类似于切变过程，面心立方结构中的(111)原子面相互滑动，使密堆积面 *ABCABC*…的堆积次序变为密堆积六方结构中的 *ABAB*…堆积次序。这只要求面心立方相中的原子移动几分之一的原子间距。

由于马氏体转变的结晶学特点，它只能在固态转变中发生。此外，生成物的晶体结构必须很容易地从母相的晶体结构中产生出来，而不需要原子的扩散，并且外部所加的条件也必须使扩散受到抑制。这对于金属在低温时所发生的大多数同素异构转变以及金属通过淬火而发生的高温同素异构转变都是正确的。于是，在883℃以上稳定的β-Ti 就不能通过淬火而保留到室温，因为它将因马氏体转变而形成α-Ti。钛的马氏体转变以及其他的马氏体转变发生的基本原因有两个：①温度越低，高温相与低温相之间的自由能差负得越多。②金属同素异构体的晶体结构在大多数情况下是相当简单的，并且彼此具有共同的特征。而像大多数化合物的多晶型体和锡的同素异构体(体心正方锡和金刚石立方锡)则不能满足后一条件，因此，这些物质只能通过扩散控制的成核和长大来实现转变。至于在慢冷的条件下，即使β-Ti 也将通过成核和长大而转变为α-Ti。因此，在许多情况下，扩散控制的成核和长大与马氏体转变是互相竞争的过程。

马氏体转变开始于称为 M_s 的温度，它通常低于平衡转变温度 T_0，并在更低的称为 M_f 的温度结束。母相转变为生成相(称为马氏体)的数量只取决于温度，如图9.31所示，而与时间无关。此外，在大多数情况下，倘若冷却速率相当快，致使扩散不能发生，则 M_s 温度以及作为温度函数的 M 的分数都与淬火速率无关，因此，在 TTT 图上(见图9.28或9.30)用 M_s和 M_f温度处的水平线来代替马氏体的转变。必须指出：利用冷形变的“催化”效应，可以使 M_s 温度接近于平衡转变温度。

钛中的马氏体转变，特别是铁-碳合金的马氏体转变，在工艺上是非常重要的。马氏体相变不仅发生在金属中，也发生在大量的陶瓷材料中，例如钙钛矿结构 $BaTiO_3$，$PbTiO_3$ 的等高温顺电立方相-低温铁电四方相以及 ZrO_2 中都存在这种相变，利用 ZrO_2 的四方-单斜马氏体相变可有效地进行陶瓷高温结构材料的增韧。

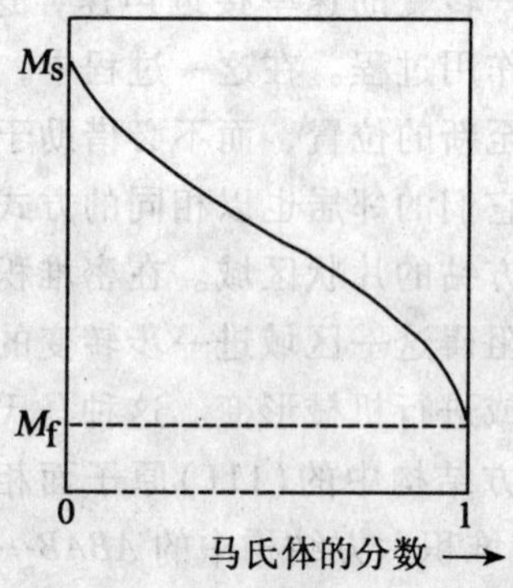

图 9.31　产生的马氏体分数与温度的函数关系

9.8　相转变的机理

由于产生了相变，必须使原子或原子团发生移动。根据不同的转变机理，原子或原子团移动的规模不同。规模大的则进行相变需要的活化能大，因此转变速度慢。若是在升温或冷却速度很快的情况下，出现的相并不是在平衡状态图中给出的稳定相，而是亚稳定相。本节考察相变机理。首先从原子移动小的转变开始。

(1)移位型转变。在配位数及配位多面体构型相同的两相间的转变中，原子或原子团的移动小，特别是不需要切断原子间的键。因此转变速度快。例如石英 SiO_2 的高温型—低温型相转变就属于这种情况。

(2)再编型转变。起始配位数及配位多面体构型不变，次配位层产生原子或原子团的很大移动。六配位八面体构型的锐钛矿与金红石间的 TiO_2 相变就是一例。因需要切断原子间的某些键，所以活化能大，转变速率慢。在 TiO_2 的情况下，相变量与时间呈 S 形的变化。如前所述，成核速率是控制速度的关键。晶体生长按照此过程为逐级反应。从温度的变化，晶核形成及晶体生长均能测到约 $550kJ \cdot mol^{-1}$ 的活化能。

(3)配位改变型转变。这是一种配位数及配位多面体构型都发生变化的转变。α-Fe→γ-Fe 转变就是这种情况。即 α-Fe 是体心立方结构八配位，γ-Fe 是面心立方结构六配位。这种转变在钢的生成中是一重要现象，因此在 9.9 节中将进一步讨论。

(4)键改变型的转变。按照词义是伴随有键型发生变化的转变，三配位的石墨和四配位的金刚石之间的相转变就是这种类型。这种转变的速度很慢，高压稳定相的金刚石在常压下也能稳定存在。

以上例子除(1)外，其他的相转变都很慢，来不及随急剧的温度变化或压力变化做相应的改变，体系处于非平衡组成。相反，如果有意识地引入这种相转变的非平衡性，就能得到具有各种有用物性的固体。对于钢就是有意识地安排了这种非平衡相。以下就举出在钢及合金制备中采用的热处理方法：

(1)退火。在能发生原子扩散的温度下加热，保持一段时间后将其冷却到室温。通过这种处理，材料能均质化。

(2)正火。保持在平衡状态下慢慢冷却。

(3)淬火。以很快的速率冷却，能够生成非平衡相。

(4)回火。保持在共析[固相(1)→固相(2)+固相(3)]温度以下，消除淬火残留下来的应力，制造稳定相。

(5)析出硬化。冷却过饱和状态的合金，使其产生析出反应。常采用这种方法，获得高硬度材料。

9.9 钢的相变

根据不同的温度或碳含量，钢具有各种不同的相。图 9.32 是钢的相图。图中的 α，γ，δ 相与纯铁的 α，γ，δ 相具有相同的结构(α 相与 δ 相是体心立方晶格，γ 相是面心立方晶格)，碳存在于晶格间。我们分别称 α 相为铁素体，γ 相为奥氏体。

根据图 9.32 可知，奥氏体比铁素体含有较多的碳。若把奥氏体慢慢冷却到 700℃以下，就会变成铁素体，这时就有铁素体所不能容纳的碳产生。但这种碳不是以石墨的形式存在，而是生成组成为 Fe_3C 称为渗碳体的亚稳定化合物(在热力学上对 Fe 及 C 的分离有利)，它与铁素体形成层状的混合物。从含碳量 0.83%(重量)的奥氏体共晶析出 87.3%的铁素体及 12.7%的渗碳体，这种共析混合物具有致密的层状结构，称为珠光体。珠光体的生成相当于上节(4) 所述的键改变型转变，所以转变速度慢，因此需要慢慢地冷却(正火)。

把奥氏体急冷至 200℃(即淬火)，并不生成珠光体，而是生成结构为体心正方晶格、非常硬和脆的马氏体(马氏体相变)。其过程如作以下考虑就很容易理解：奥氏体转变成铁素体时，如果慢慢冷却就能从铁素体相中析出碳原子，如果很快冷却碳就被封闭在铁素体内。而且这时碳的分布为偏于在铁素体

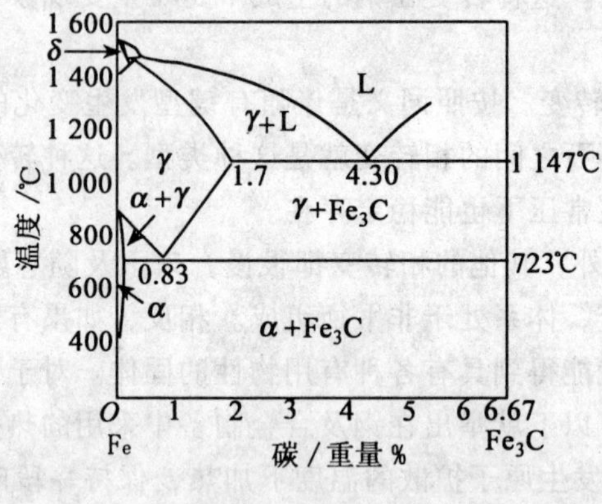

图 9.32　钢的相图

c 轴方向上的 Fe-Fe 间，所以铁素体的体心立方晶格变形成为体心正方晶格的马氏体。因为位错不容易通过这种变形的结构，所以赋予了马氏体很大的硬度。另外，马氏体相变因原子不需要作大的移动，所以转变速度快。

习　题

9.1　解释以下基本概念：相，相平衡，组元数，自由度，相律。“在三元体系中，存在六种物相”，此话正确否？为什么？

9.2　一元体系的相图包含有几种情况？二元体系的相图呢？

9.3　什么叫相变？从热力学分类有几种？

9.4　根据下列信息画出 Al_2O_3-SiO_2 的相图，Al_2O_3 和 SiO_2 在 2 060℃ 和 1 720℃ 熔化，在 Al_2O_3 和 SiO_2 间形成一个熔点为 1 850℃ 的固液同组成熔融化合物 $Al_6Si_2O_{13}$；低共熔点出现在约 5 mol% Al_2O_3，1 595℃ 和约 67 mol% Al_2O_3，1 840℃ 处。

9.5　详细讨论 Cu-Ni 体系中一个含有质量组成为 50% Cu 和 50% Ni 的合金的平衡凝固过程。

9.6　在 MgO，Al_2O_3 和 Cr_2O_3 中，阳离子和阴离子的半径比分别是 0.47，0.36 和 0.40。(1) Al_2O_3 和 Cr_2O_3 之间能形成连续固溶体，你认为这个结果奇怪吗？为什么？(2) 预测 MgO-Cr_2O_3 体系中是否存在有限的或较宽的范围的固溶体？为什么？(3) 预测 MgO-Al_2O_3 体系的情况。答题后，请参看：A. M. Alper, et. al., J. Am. Ceram. Soc., 45(6), 264(1962); ibid., 47(1), 30(1964).

9.7　Cu-Ni 体系的相图和 Ge-Si 体系的相图一样，都形成连续的完全互溶的固溶体，但是为什么 Cu-Ni 合金均匀化要比 Ge-Si 合金容易得多？

9.8　就 r 的大小讨论晶核形成的难易。

9.9　叙述晶体生长机理，如何控制晶核的形成和晶体的生长?

9.10　当一种纯物质在恒压下加热时发生相变，热焓明显地增加，即 $\Delta H_{转}>0$，相变时物质的体积可以增大或缩小。这样就决定了一元体系相图中两个相区边界线的斜率的符号是正还是负。(1)以水的相图为例，证明固-液相和液-气相的边界线的确如此；(2)在912℃以下温度稳定存在的α-Fe，是体心立方结构，其晶格参数 $a=0.2904$nm(912℃)；而在912℃以上稳定的γ-Fe是面心立方结构，其晶格参数 $a=0.3646$nm(912℃)。在高压下，α-γ相变是在高于还是在低于912℃时发生？为什么？(3)加热时，α-Ti转变为 β-Ti，同时相对体积变化-0.55%。α-β 两相边界线将是怎样随压力变化的?

9.11　你预料作为(1)升高温度，(2)增加压力的结果，SiO_2；ZnO；SnO_2(金红石型)；NH_4I 接着将发生何种结构变化?

第十章 固相反应

固相反应是在固体无机化合物制备的高温过程中普遍存在的一种反应。广义地讲，凡是有固体参加的反应都称为固相反应。如固体的氧化、还原、相变、分解，固体与固体、液体、气体的反应等都属于固相反应的范畴。狭义地讲，是指固体与固体之间发生化学反应生成新的固体产物的过程。本章从广义的概念来讨论固相反应。

10.1 固相反应的属性

10.1.1 固相反应的分类

固相反应从不同的观点出发，可有不同的分类。若从组成变化方面出发可分为组成发生变化的反应(如固体与固体、液体、气体的反应，分解反应等)和组成不发生变化的反应(如相变、烧结反应等)两类。如果从固体成分输运的距离来划分，又可分三类：短距离输运的反应，如相变等；长距离输运的反应，如固体与气体、液体、固体的反应，烧结反应等；介于上述两者之间的反应，如固相聚合等。若按参与反应的物质形态来分类，可归纳为下列几类：①单一固相反应，如固体物质的热解、聚合等；② 固-固相反应；③固-气相反应；④固-液相反应；⑤粉末和烧结反应。

10.1.2 研究固相反应的目的和意义

研究固相反应的目的是要认识固相反应的机理，了解影响反应速度的因素，控制固相反应的方向和进行程度。在许多场合，希望固体物质具有高的反应活性，如火箭用的固体推进剂、固相催化剂等。但在防锈蚀的情况下，则希望尽最大可能地降低固体物质的反应活性，减慢其反应速度，使反应进行得愈慢愈好。还有种情况，那就是在制作固体电子器件时，希望在固体表面的某一指定的位置进行一种特定的化学反应，并且希望控制反应进行的深度和程度，如集成电路制作中的外延、p-n 结、隔离层、掩模、光刻等工艺步骤中所包含的化学反应。固相反应的热力学和动力学研究的目的就是探索固相反应的规律性的。

10.1.3 固相反应的驱动力

一种固相反应总是在晶体物相中发生物质的局部输运时产生，这是经典的观点。此时晶格点阵中原子的电子构型发生改变，这种改变涉及晶体部分的化学势(偏摩尔自由能)的局域变化。因此，固相化学反应就表现为组分原子或离子在化学势场或电化学势场中的扩散。原子或离子的化学势的局域变化便是固相反应的驱动力。扩散速率与驱动力成正比，比例常数就是扩散系数。

固相中组分的化学势或电化学势梯度只是固相反应的驱动力之一，温度、外电场、表面张力等因素也是固相反应的驱动力。例如，一个初始是均匀的固溶体体系，在温度梯度的作用下，可以发生分离(demix)现象，即热扩散作用；离子晶体中的离子在电场的作用下发生迁移或电解；烧结过程中固体趋向最小表面积，因而使原子从表面曲率大的地方向曲率小的地方扩散等等。

众所周知，液相或气相反应的动力学可以表示为反应物浓度变化的函数。但是对于固体物质参与的固相反应来说，反应物浓度的概念是毫无意义的。因为参与反应的组分的原子或离子不是自由地运动，而是受到晶体内聚力的限制的，它们参加反应的机会是不能用简单的统计规律来描述的。对于固相反应来说，决定的因素是固态反应物质的晶体结构、内部的缺陷、形貌(粒度、孔隙度、表面状况)以及组分的能量状态等等。这些因素中，晶体的结构和缺陷、物质的化学反应活性和能量等是内在的因素；反应温度、参与反应的气相物质的分压、电化学反应中电极上的外加电压、射线的辐照、机械处理等是外部的因素。有时外部因素也可能影响到甚至改变内在的因素，例如，对固体进行某些预处理时，如辐照、掺杂、机械粉碎、压团、加热、在真空或某种气氛中反应等，均能改变固态物质内部的结构和缺陷的状况，从而改变其能量状态。

10.1.4 固相反应的机理

与气相或液相反应相比较，固相反应的机理是比较复杂的。固相反应的过程中，通常包括以下基本的步骤：①吸附现象，包括吸附和解吸；②在界面上或均相区内原子进行反应；③在固体界面上或内部形成新物相的核，即成核反应；④物质通过界面和相区的输运，包括扩散和迁移。

一般说来，可把固相反应过程分为几个步骤。例如，对于一个分解反应，可以认为反应最初发生在某一些局域的点上，随后这些相邻近的星星点点的分解产物聚集成一个个的新物相的核，然后核周围的分子继续在核上发生界面反应，直到整个固相分解。实验证明，高氯酸铵晶体的热分解过程就是如此。当在478K加热 NH_4ClO_4 晶体15 min后，晶体的[210]晶面上出现一些孤立的核，特别是沿解理面附近尤其明显。从[001]晶面上可以看出这些孤立的核呈现无规分布。再经过478K下加热40 min之后，发现最初的核停止生长，但是又出现了一些新的核。因为 NH_4ClO_4 的热分解产物是气体，所以核就表现为热腐蚀小坑，这可以利用扫描电子显微镜很清楚地观察到。又如某些金属的氧化反应，开始的时候是在金属表面上吸着氧的分子，并发生氧化，在表面上生成氧化物的核，并逐步形成氧化物的膜。如果这层氧化物膜阻止氧分子进入到金属表面，那么进一步的反应就要依靠在金属与氧化物以及氧化物与氧之间的界面上进行界面反应了，也要依赖于物质通过氧化膜的扩散和输运作用。在各个步骤中，往往有某一个反应步骤进行得比较慢，那么整个反应过程的反应速度就受这一步反应所控制，叫做控速步骤(rate-datermining step)。

可以用图10.1来概括固相反应的类型、反应步骤，和决定反应的各种因素。

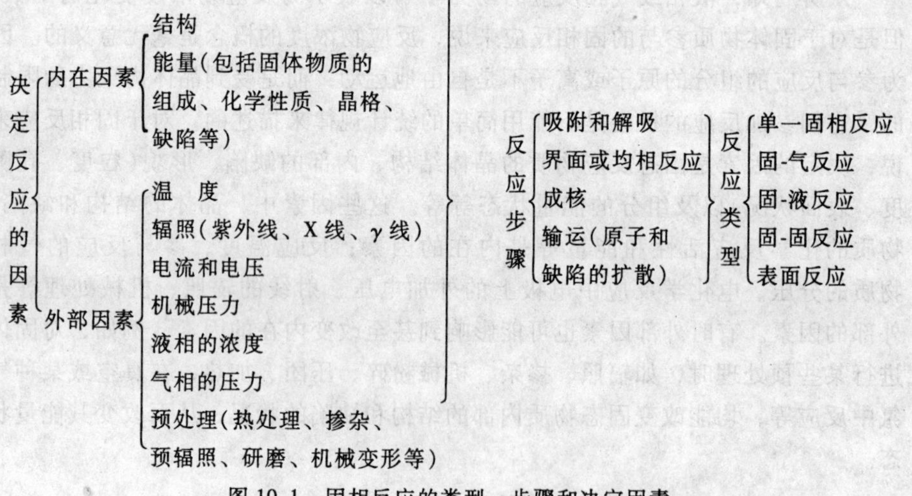

图10.1　固相反应的类型、步骤和决定因素

10.2　单一固相的反应

由热或光化学方法引发的固体无机化合物的分解和固体有机化合物的分子二聚及聚合都属此类反应。本节只介绍分解反应。

分解反应往往开始于晶体中的某一点，首先形成反应的核心。晶体中易成为初始反应核心的位置，就是晶体的活性中心。活性中心总是位于晶体结构中缺少对称性的位置，例如，晶体中那些存在着点缺陷、位错、杂质的地方。晶体表面、晶粒间界、晶棱等处，也缺少对称性，因此，也容易成为分解反应的活性中心。这些都属于所谓局部化学因素(topochemical factors)。用中子、质子、紫外线、X线、γ线等辐照晶体，或者使晶体发生机械变形，都可以增加这种局部化学因素，从而能促进固相的分解反应。

核的形成速度以及核的生长和扩展的速度，决定了固相分解反应的动力学。核的形成活化能大于生长活化能，因此，当核一旦形成，便能迅速地生长和扩展。一个固相分解反应的动力学曲线如图 10.2 所示。它表示下列等温分解过程：

$$A(固) \longrightarrow B(固或气) + C(气)$$

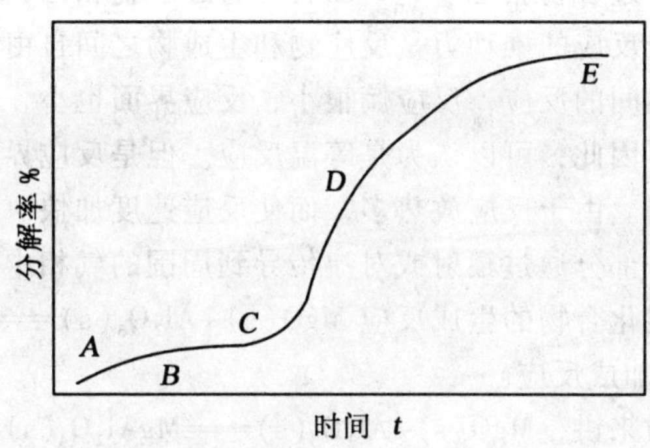

图 10.2　固相分解反应的动力学曲线

在一定温度下，测定反应容器中分解产物的蒸气压随时间的变化情况。纵坐标表示某一时刻分解压与完全分解后总压之比，即分解的百分率 $\alpha(t)$，横坐标为时间。这种 S 形的图形是固相分解反应的典型动力学曲线。如果利用热重法测定等温下试样的质量变化，也可以得到类似的曲线。曲线的 AB 段相当于与分解反应无关的物理吸附气体的解析，BC 段相当于反应的诱导期，这时发生着一种缓慢的、几乎是线性的气体生成反应。在 C 点反应开始加速，反应速度迅速上升到最大值 D 点，然后反应速度又逐渐减慢，直到 E 点反应完成。BE 间的 S 形曲线对应于三个阶段，即 BC 对应于核的生成，CD 对应于核的迅速长大和扩展，DE 对应于许多核交联一起后反应局限于反应界面上。因此，分解反应是受控制于核的生成数目和反应界面的面积这两个因素。

10.3 固-固相反应

固-固相反应是指两种固态反应物相互作用生成一种或多种生成物物相的反应。这类反应包括两种类型：加成反应和交换反应。它们都属于多相体系中的反应。

10.3.1 加成反应

加成反应是指两个固相 A 和固相 B 作用生成一个固相 C 的反应。A 和 B 可以是单质，也可以是化合物。A 和 B 之间被生成物 C 所隔开，在反应过程中，原子或离子穿过各物相之间的界面，并通过各物相区，形成了原子或离子的交互扩散。整个反应的推动力是反应物和生成物之间自由能之差。本节只讨论晶体或单晶体之间的反应，反应熵很小，反应界面也小，反应速度慢，单位时间内放热很少，因此，可以认为是等温反应。但是反应界面较大的粉末物质的反应则大不相同。由于反应放热多，而使反应速度加快。反应热一部分传导到晶体的内部，一部分通过辐射或对流传导到周围的气相中。

现以尖晶石类化合物的生成反应 $MgO(s)+Al_2O_3(s)=\!=\!=MgAl_2O_4$(尖晶石型)为例，来讨论加成反应。

从热力学性质来讲，$MgO(s)+Al_2O_3(s)=\!=\!=MgAl_2O_4(s)$完全可以进行。然而实际上，在 1 200℃以下几乎观察不到反应的进行，即使在 1 500℃反应也得数天才能完成。这类反应为什么对温度的要求如此高，这可从图 10.3 的简单图示中得到初步说明。在一定的高温条件下，MgO 与 Al_2O_3 的晶粒界面间将发生反应而生成尖晶石型化合物 $MgAl_2O_4$ 层。这种反应的第一阶段是在晶粒界面上或界面邻近的反应物晶格中生成 $MgAl_2O_4$ 晶核，实现这步是相当困难的，因为生成的晶核结构与反应物的结构不同。因此，成核反应需要通过反应物界面结构的重新排列，其中包括结构中键的断裂和重新结合，MgO 和 Al_2O_3 晶格中 Mg^{2+}和 Al^{3+}离子的脱出、扩散和进入缺位。高温下有利于这些过程的进行和晶核的生成。同样，进一步实现在晶核上的晶体生长也有相当的困难，因为原料中的 Mg^{2+}和 Al^{3+}需要经过两个界面的扩散才有可能在核上发生晶体生长反应，并使原料界面间的产物层加厚，如图 10.3 (b)所示。因此可明显地看出，决定此反应的控制步骤应该是晶格中 Mg^{2+}和 Al^{3+}离子的扩散，而升高温度有利于晶格中离子的扩散，因而明显有利于促进反应。另一方面，随着反应物层厚度的增加，反应速度随之而减慢。曾经有人详细地研究过另一种尖晶石型 $NiAl_2O_4$ 的固相反应动力学关系，也发现阳离子 Ni^{2+}，Al^{3+}通过 $NiAl_2O_4$ 产物层的内扩散是反应的控制步骤。按一般的规律，它应服从于下列关系：

$$\frac{dx}{dt}=kx^{-1}$$

$$x=(k't)^{\frac{1}{2}}$$

式中，x 是 $NiAl_2O_4$ 产物层的厚度；t 是时间；k, k'是反应速率常数。实验验证 $NiAl_2O_4$ 的生成反应的确符合上述关系。图 10.4 示出了 $NiAl_2O_4$ 在不同温度下的反应动力学 x^2 与 t 的线性关系。速率常数 k 可从直线的斜率求得，反应活化能可从 $\lg k'-T^{-1}$ 作图算出。同样，从实验结果来看 $MgAl_2O_4$ 的生长速度(x)和时间(t)的关系也符合上述规律。根据上述分析和实验的验证，$MgAl_2O_4$ 生成反应的机理可由下列(a),(b)两式示出(相应于图 10. 3 (b))：

(a) $MgO/MgAl_2O_4$ 界面

$$2Al^{3+}-3Mg^{2+}+4MgO=\!=\!=MgAl_2O_4$$

(b) $MgAl_2O_4/Al_2O_3$ 界面

$$3Mg^{2+}-2Al^{3+}+4Al_2O_3=\!=\!=3MgAl_2O_4$$

总反应为：$4MgO+4Al_2O_3=\!=\!=4MgAl_2O_4$

从以上界面反应可看出，由反应(b)生成的产物将是由反应(a)生成的三倍。这即如图 10.3 (b)所表明的那样，产物层右方界面的增长(或移动)速度将为左面的三倍，这点已为实验结果所证明。

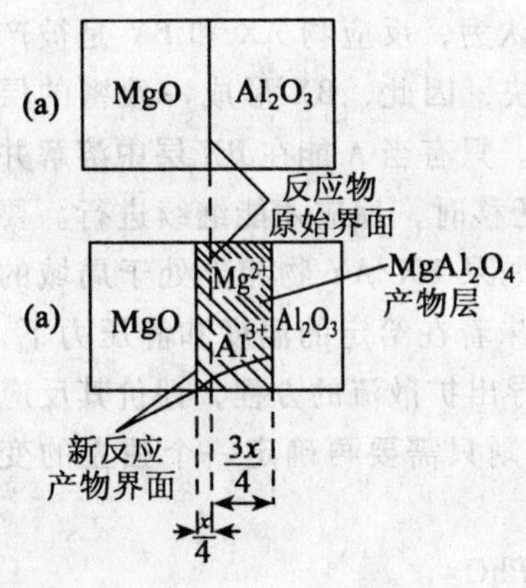

图 10. 3　反应机制示意图

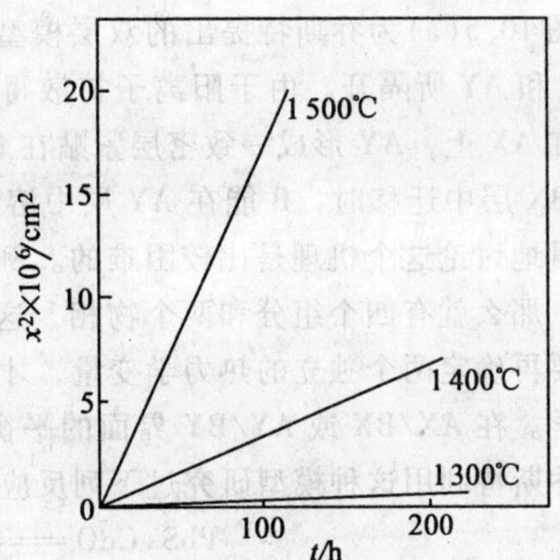

图 10.4　$NiAl_2O_4$ 在不同温度下的反应动力学 x^2-t 关系

10.3.2　交换反应

固相交换反应的形式是：$AX+BY=\!=\!=BX+AY$。例如：

$$ZnS+CuO \xlongequal{} CuS+ZnO$$

$$PbCl_2+2AgI \xlongequal{} PbI_2+2AgCl$$

根据反应体系的热力学、各种离子在各物相中的迁移度以及各反应物质的交互溶解度，可以认识这类反应的机理。乔斯特(Jost)和瓦格纳(Wagner)规定了交换反应的两个条件：在 $AX+BY \xlongequal{} BX+AY$ 这个类型的反应中，参加反应的各组分之间的交互溶解度很小；阳离子的迁移速度远远大于阴离子的迁移速度。他们提出反应的模型如图 10.5 所示。

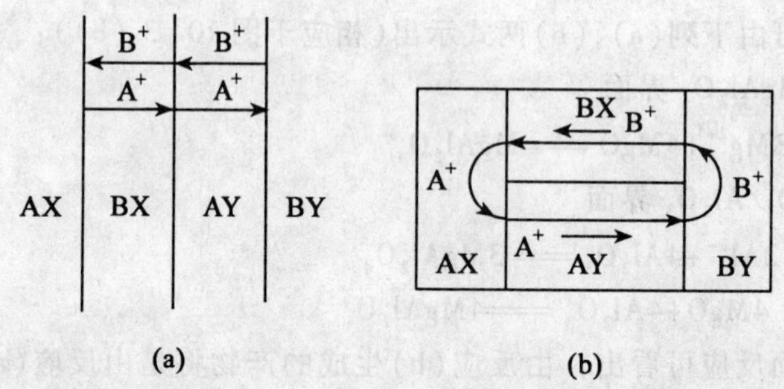

图 10.5 固态交换反应的机理

(a)乔斯特提出的双层模型 (b)瓦格纳提出的镶嵌式模型

图 10.5(a)为乔斯特提出的双层模型。他认为，反应物 AX 和 BY 是被产物 BX 和 AY 所隔开。由于阳离子扩散得比较快，因此，BX 形成一致密的层紧贴在 AX 上，AY 形成一致密层紧贴在 BY 上。只有当 A 能在 BX 层中溶解并能在 BX 层中迁移时，B 能在 AY 层中溶解并迁移时，反应才能继续进行。要想定量地讨论这个机理是比较困难的。例如，如果 BX/AY 物相界处于局域的平衡，那么就有四个组分和两个物相，这就意味着在给定的温度和静压力下，还需要再确定两个独立的热力学变量，才能推导出扩散流的方程，评价其反应动力学。在 AX/BX 或 AY/BY 界面的平衡中，则只需要再确定一个独立的变数。乔斯特利用这种模型研究过下列反应：

$$PbS+CdO \xlongequal{} CdS+PbO$$

$$ZnS+CdO \xlongequal{} CdS+ZnO$$

$$AgCl+NaI \xlongequal{} NaCl+AgI$$

瓦格纳提出了另一种镶嵌式模型，即交换反应所生成的两个产物构成两个镶嵌块，如图 10.5(b)所示。瓦格纳指出：在 AY 中一个杂原子 B 的溶解度和迁移率均很小，同样，在 BX 中杂原子 A 的溶解度和迁移率也很小，因此乔斯特模型的反应速度是很低的。而镶嵌式模型规定阳离子只在它自己所组成的晶体中运动，因此扩散速度很快。下列置换反应符合这种反应模型：

$$Cu+AgCl \xlongequal{} Ag+CuCl$$

$$Co+Cu_2O \xlongequal{} 2Cu+CoO$$

一种固体电化学反应的模型如图 10.6 所示。它解释了下列两个固体反应，其中第一个反应还有气体产物产生：

$$Cu_2S+2Cu_2O \xlongequal{} 6Cu+SO_2(\text{气})$$

$$Ag_2S+2Cu \xlongequal{} Cu_2S+2Ag$$

这两个反应都伴随有电化学反应，原电池的电势是反应的推动力

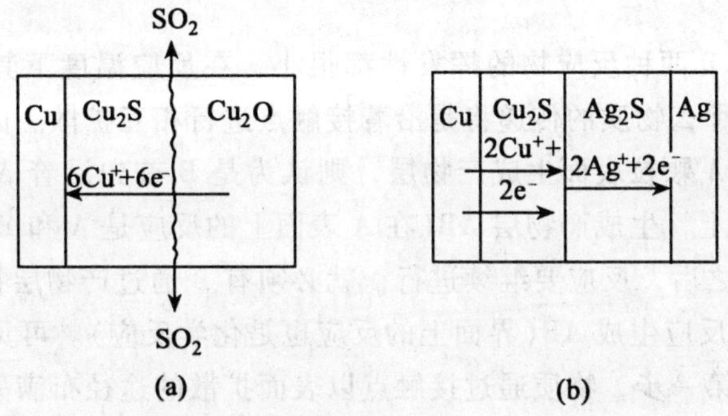

图 10.6　两个固体电化学反应的模型

(a) $Cu_2S+2Cu_2O=6Cu+SO_2$(气)

(b) $Ag_2S+2Cu=Cu_2S+2Ag$

此外，以下的反应也属固-固反应：

固溶反应和离溶反应。这是指多组元体系中，各组元形成固溶体或由固溶体中离析出纯组元的现象，后面这种反应和由过饱和溶液中析出沉淀的情况相似。钢铁的高温热处理、表面的渗碳（carburization）和脱碳（decarburization）属于这类反应，这类反应与固体的物理和机械性能有很大的关系。

玻璃的失透现象（devitrification）。玻璃长期放置或长时间加热时，可能析出部分的结晶物相，玻璃由透明变成乳白色。

10.4　粉末和烧结反应

10.4.1　粉末反应

1. 粉末反应的简单模型

固体粉末 A 和 B 反应生成 AB 固体产物，其最简单的模型如图 10.7 所示。

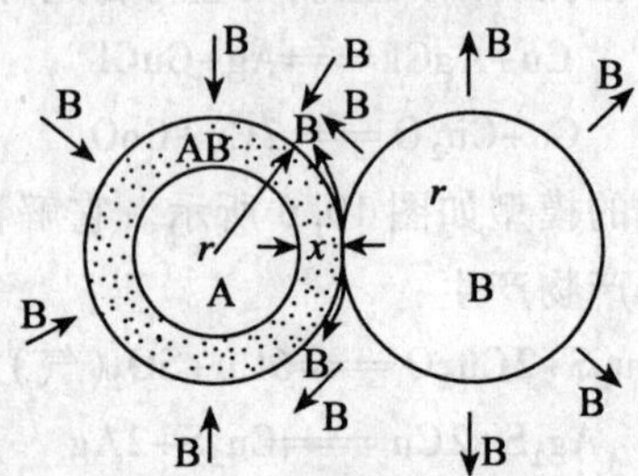

图 10.7　固相反应的简单模型

如果 A 和 B 两种反应物的挥发性都很小，在反应温度下其蒸气压小到可以忽略不计，那么物质的传递将是沿着接触点进行相互扩散。因为表面扩散系数大，如果在 A 颗粒表面生成产物层，则认为是 B 首先沿着 A 的表面扩散到整个 A 的表面上，生成产物层 AB(在 A 表面上的反应是 A 和 B 的化学反应)。当产物层生成之后，反应要继续进行，就必须有 B 通过产物层扩散到 A-AB 的界面才能与 A 反应生成 AB(界面上的反应也是化学反应)。可见，物质的迁移分三步进行：第一步，物质通过接触点以表面扩散的途径布满另一反应物的表面，或 B 蒸发通过气相传递到 A 的表面并进行反应；第二步，当产物层生成之后，B 通过产物层扩散到 A-AB 的界面上；第三步，在 A-AB 的界面上进行反应。第一步进行得快，第二步最慢，即该反应是由通过产物层的扩散速度控制的。这时，反应的动力学用扩散动力学方程表示。大多数固体粉末间的反应都属于这种类型。若产物层相当疏松，或者产物一旦生成马上就脱离，那么 B 就能很快地到达 A-AB 界面，在 A-AB 界面上的反应速度将决定整个反应的速度。这时的反应过程称为受化学反应速度控制的过程。如果 B 升华到 AB 表面的速度慢于在 AB 层中的扩散速度，则反应是由升华速度所控制。在固体粉末反应中，大部分是扩散控制的反应，小部分是化学反应速度控制的。在固相反应中若有液相存在，就属于化学反应控制的反应。

2. 杨德尔方程

杨德尔(Jander)首先提出了关于粉末反应的动力学方程。他为了推导出动力学方程，对反应体系做了一些简化处理，设想反应物 A 是半径为 r 的球形颗粒，其分散在连续的反应物 B 的介质中，并假定在 A 微粒的表面上产生厚度为 x 的反应产物层。假定反应是受扩散控制的，反应产物的增厚速率与厚度成反比：

$$dx/dt = k/x$$

积分得：

$$x^2 = 2kt$$

在时间 t 时，未反应物质的体积为：

$$V=(4/3)\pi(r-x)^3$$
$$V=(4/3)\pi r^3(1-\alpha)$$

α 为已反应的原始球的分数。令上两式相等，得：

$$x=r[1-(1-\alpha)^{\frac{1}{3}}]$$

将 x 值代入，就得到著名的杨德尔方程：

$$[1-(1-\alpha)^{\frac{1}{3}}]^2=2kt/r^2=Kt$$

式中，k 是实际的抛物线速率常数。将 $[1-(1-\alpha)^{\frac{1}{3}}]^2$ 对 t 作图得到一直线。我们应注意到在推导出这个方程时，曾经忽略了一些基本的因素，必须加以修正：①抛物线增长是适合于一维的扩散控制反应的，而并不一定适合球形对称的反应，顶多它只能适用于反应初始阶段；②推导过程中令方程的右边相等。实际上，这两个体积相等，只有当由未反应的组元 A 部分和反应部分组成的总体积等于组元 A 的初始体积时才能成立。这样的情况，在 $\alpha=0$，即开始时或如果一摩尔的组元 A 的体积和一摩尔产物的体积相等时才能出现；③A 分散在连续的反应物 B 的介质中这个假定，只是在 r_A/r_B 的比值很大时才能成立。

3. 卡特方程

卡特(Carter)考虑到以上不完善的地方，提出了另一个反应模型，如图 10.8 所示。该模型设想一个半径为 r_0 的 A 组分的球，在整个球的表面上与很细的粉末反应，进一步的反应将受到扩散的控制。令 r_1 为组分 A 的临时半径，当 α 从零变到 1 时，r_1 必须从 r_0 减小到零。r_c 是当 $\alpha=1$ 时，反应产物球的半径。r_2 是未反应的组分 A 加上反应产物的球的临时半径。反应的结果，r_2 必须从 r_0 变到 r_c。最后用 z 表示消耗一个单位体积的组分 A 所生成的产物的体积，即等价体积比。

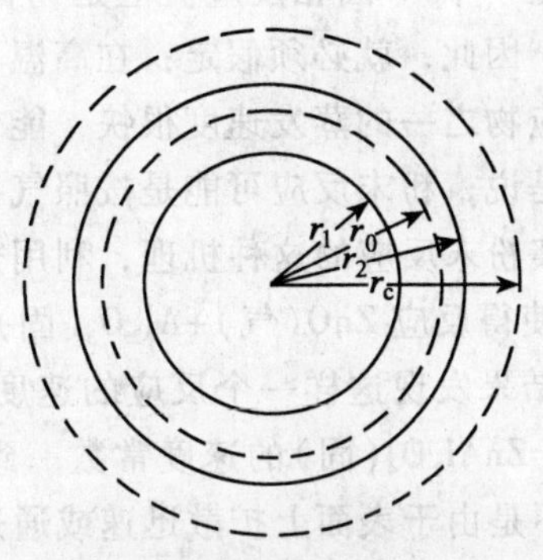

图 10.8 卡特反应模型

根据该模型，卡特推导出了另一个粉末反应的动力学方程：

$$[1+(z-1)\alpha]^{\frac{2}{3}}+(z-1)(1-\alpha)^{\frac{2}{3}}=z+2(1-z)\frac{kt}{r_0^2}$$

这就是卡特方程。把方程的左边对 t 作图应得到一条直线。卡特将该方程用于处理镍球的氧化过程，发现当反应进行到完全的程度（$\alpha=1$）时，实验值和计算值也是吻合的，如图 10.9 所示。

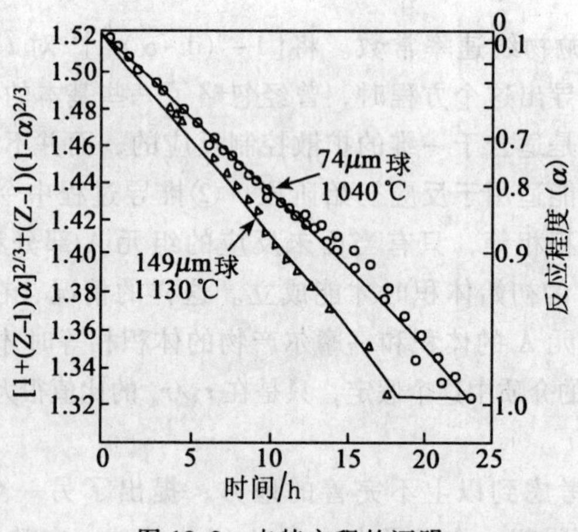

图 10.9　卡特方程的证明

反应 $ZnO+Al_2O_3 \rightleftharpoons ZnAl_2O_4$ 的实验也证明卡特方程一直到反应进行至 $\alpha=1$ 仍然有效。

应该指出：这个反应是在 1 400℃的高温下，在充满 ZnO 的坩埚中悬浮一些大小相同的 α-Al_2O_3 微粒进行的，实际是当 Al_2O_3 微粒被活度 $\alpha_{ZnO}=1$ 的 ZnO 蒸气的包围下进行的，是一个气-固相反应。但是杨德尔或卡特方程的确能圆满地解释许多粉末反应，因此，就必须假定：在高温下，反应物的颗粒表面上扩散是很快的，或者反应物之一的蒸发速度很快，能保证其蒸气充分包围着另一反应物的表面，也就是说，粉末反应可能是按照气-固相反应的方式进行的。有人做了下面实验来证实粉末反应的这种机理，利用热天平将 Al_2O_3 单晶体悬浮在 ZnO 坩埚的里面，使得反应 ZnO(气)$+Al_2O_3$(固)$=\!=\!=ZnAl_2O_4$(固)仅仅是在 ZnO 的蒸气中进行：结果发现这样一个反应的速度常数，完全和固-固反应 ZnO(固)$+Al_2O_3$(固)$=\!=\!=ZnAl_2O_4$(固)的速度常数一致。从另一方面也可以证明，如果粉末反应中，不是由于表面上扩散迅速或通过气相输运，使得反应物之一的活度保持恒定，那么反应的动力学不仅要受 r_A/r_B 比值的影响，而且还要受 r_A 和 r_B 的绝对值的影响。

因为当 r_A 大到超过一定限度时，A 颗粒本身就要互相接触，不再可能被 B 包围着，反应也就不能按照上述动力学方程进行了。在较低的温度下进行粉末反应时，反应物粒度的大小和粒度分布、装紧程度、接触面积等就变得重要了，在推导反应动力学方程时，必须考虑进去。

4. 金斯特林格方程

金斯特林格(Ginsterlinger)针对杨德尔方程只能适用于反应程度不大的情况先于卡特对它进行了修改。金斯特林格认为杨德尔方程之所以不能适用于反应程度大的情况，在于实际上反应开始后生成产物层是一个球面而不是一个平面，其次反应物与反应产物的密度是不同的，因此反应前后体积不等。

金斯特林格提出的反应模型如图 10.10 所示。当 A 和 B 反应生成 AB 时，认为在 B 表面上 A 可以通过接触 B 借助于表面扩散而布满 B 的表面，也可以通过气相而布满 B 的表面。当产物层生成之后，反应要继续进行，就必须有 A 通过产物层扩散到 B-AB 的界面才能与 B 反应，而且一到界面上立即生成 AB。因此在 B-AB 界面上 A 的浓度等于零，而在 AB 产物层的外表面上 A 的浓度不变。反应由通过产物层的扩散所控制。根据这个反应模型，推导出了产物层厚度与反应时间的关系：

$$x^2\left(1-\frac{2}{3}\frac{x}{R}\right)=kt$$

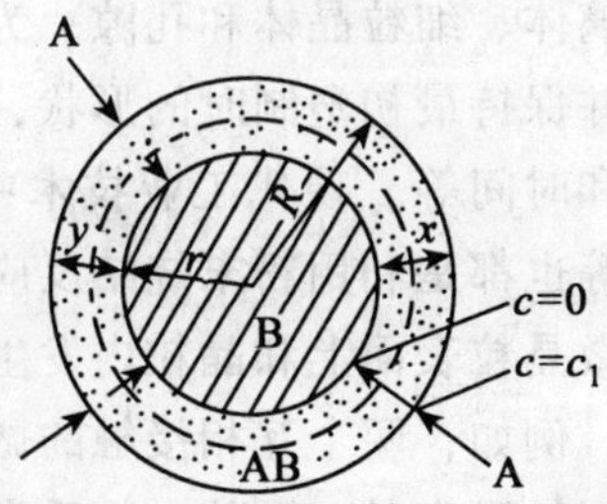

图 10.10 金斯特林格反应模型

这是金斯特林格方程的一种形式。当产物层厚度很小时即 $x \ll R$，上式就变成杨德尔的抛物线方程：

$$x^2=Kt$$

将产物层厚度改用反应分数 α 表示，经整理即得：

$$1-\frac{2}{3}\alpha-(1-\alpha)^{\frac{2}{3}}=\frac{K_2}{R}t=K't$$

此式就是著名的金斯特林格方程。杨德尔方程可写为：

$$1+(1-\alpha)^{\frac{2}{3}}-2(1-\alpha)^{\frac{1}{3}}=Kt$$

实验结果证明，与杨德尔方程相比，金斯特林格方程可适应于更大的反应程度。例如，碳酸钠与二氧化硅在820℃下的固相反应，根据金斯特林格方程计算的K'值，在较大的试验范围内，即α由0.24到0.61都无变化，均为1.83×10^{-4}。而根据杨德尔方程计算的K值，则从1.81×10^{-4}变到2.25×10^{-4}。

10.4.2 烧结反应

烧结反应是将粉末或细粒的混合材料，先用适当的方法压铸成型，然后在低于熔点的温度下焙烧，在部分组分转变为液态的情况下，使粉末或细粒混合材料烧制成具有一定强度的多孔陶瓷体的过程。烧结是一个复杂的物理、化学变化过程。烧结机制经过长期的研究，可归纳为黏性流动、蒸发与凝聚、体扩散、表面扩散、晶界塑性流动等。实践说明，用任何一种机制去解释某一具体烧结过程都是困难的，烧结是一个复杂的过程，是多种机制作用的结果。这种烧结反应也是我国古代已有的化学工艺技术，例如，陶瓷器皿和工具、建筑用的砖瓦等的生产就是运用烧结反应。以硅酸盐为基质材料的陶瓷生产，是将天然陶土粉细掺水和成面团，然后塑制成各种器皿或用具的形状，放入窑内，在适当温度下加热。这时混合物中的一部分组分(如黏土成分)转变为黏滞状态的液体，湿润着其余的晶态细粒的表面，经过物相之间物质的扩散，把细粒状态的成分黏结起来。冷却时，黏滞状态的液相转变为玻璃体。最后形成的陶瓷体的显微结构中包含有玻璃体、细粒晶体和孔隙。为了保证烧成的陶瓷器件具有足够的强度和致密度，并保持最初塑制时的形状，需要适当控制陶土的配料组成、粒度以及烧结温度和时间等。现代工业技术中使用的高熔点金属材料、硬质合金、高温耐热材料等也都是利用粉末烧结反应制备的。

烧结过程中，物质在微晶粒表面上和晶粒内发生扩散。烧结反应的推动力是微粒表面自由能的降低。例如，两个互相接触的微粒，各都具有较大的表面能，当加热到它们熔点以下的温度时，颗粒内物质发生移动，表面能减少，当两个微粒互相熔合时，它们的总表面积逐渐减少，表面能也随之逐步降低，趋向于表面积达到极小、表面能也达到极小的状态，即两颗微粒最终熔合成一个颗粒的极限状态。但是在烧结温度而不是熔融温度的条件下，这种总表面积最小的极限状态是难以达到的。实际上经过烧结反应所得到的是一种亚稳态的烧结体，它是一种包含有大量晶态微粒和气孔的集合体，其中还存在有许多晶粒间界。烧结体的物理性质与单晶体或玻璃体完全不同。

图10.11示出了四个直径均为R的等径圆球晶粒的烧结过程模型。设圆球晶粒的表面能是各向同性。当由状态(a)经过状态(b)和(c)最终达到状态(d)时，烧结过程百分之百地进行到底，即达到总表面积变为最小，晶粒间界完全消失，表面能降低到极小的极限状态，过程的自由能变化可表示为：

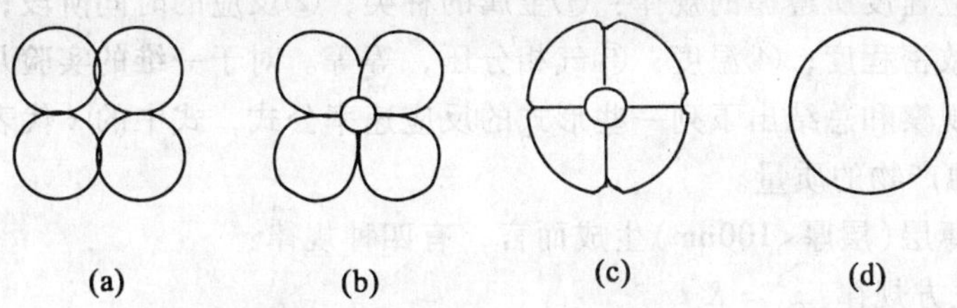

图 10.11　四个等径圆球晶粒的烧结过程模型

$$\Delta G_{(a)\to(d)} = -8\pi\gamma(2-2^{\frac{1}{3}})R^3$$

设 $R=1\mu m$，$\gamma=1\ 000 erg/cm^2$，则 $\Delta G_{(a)\to(d)} = -2\times10^{-4}$ erg。当烧结过程由状态(a)只进行到状态(c)时，假定晶粒间界的表面能 $\gamma_{gb}=\gamma/2$，状态(c)的气孔率为10%，则表面自由能的变化 ΔG_s 和晶粒间界自由能的变化 ΔG_{gb} 的值分别为 -0.9×10^{-4} erg 和 -3.2×10^{-4} erg。由此可以推算出一摩尔 R 为 $1\mu m$ 的 α-Al_2O_3 的微晶粒经过烧结转变为一个完整的球体时，自由能的变化 $\Delta G=-79.5 J/mol$。这个数值表明，物理过程所伴随的自由能变化值比起化学反应所产生的自由能改变要小得多。

10.5　固-气相反应

固-气相反应主要有金属的锈蚀或氧化反应、化学气相输运反应和无机微粒的气相合成等。

锈蚀反应是指气体作用于固体(金属)表面，生成一种固相产物，这样就在反应物之间形成一种薄膜相。所以在锈蚀反应的最初阶段，因为气体分子和金属表面可以充分接触，反应迅速。但当锈蚀产物(如氧化物)的物相层一旦形成之后，它就成为一种阻挡金属和氧互相扩散的势垒，反应的进展就决定于这个薄膜相的致密程度。若是疏松的，它不妨碍气相反应物穿过并达到金属表面，反应速度与薄膜相的厚度无关；若是致密的，则反应将受到阻碍，受到包括薄膜层在内的物质输运速度的限制。锈蚀反应过程包括有气体分子扩散、金属离子的扩散、缺陷的扩散和电离、电子和空穴的迁移以及反应物分子之间的化学反应等。锈蚀反应产物的薄层既起着一种固体电解质的作用，又起着一种外加导体的作用。

金属的锈蚀反应可表示为：

$$M(固) + \frac{n}{2}X_2(气) = MX_n(固)$$

式中，X_2 可以是氧、硫、卤素等电负性大的物质。下列因素将决定这样一类反应的反应速度所遵循的规律：①金属的种类；②反应的时间阶段；③金属锈蚀产物的致密程度；④温度；⑤气相分压，等等。对于一维的实验几何模型来说，已经观察和总结出下列一些形式的反应速率公式，式中的 x 代表在反应时间 t 内锈蚀产物的质量。

对于薄层（层厚<100nm）生成而言，有四种规律：

(1) 立方规律：$x^3 = K_c t$

(2) 对数规律：$x = K_1 - K_2 \ln t$

(3) 对数倒数规律：$\dfrac{1}{x} = K'_1 - K'_2 \ln t$

(4) 抛物线规律：$x = \sqrt{2At}$

对于厚层（层厚>100nm）生成而言，有两种规律：

(1) 直线规律：$x = Bt$（由 $\dfrac{dx}{dt} = B$ 导出）

(2) 抛物线规律：$x = \sqrt{2At}$（由 $\dfrac{dx}{dt} = \dfrac{A}{x}$ 导出）

这些规律如图 10.12 所示。

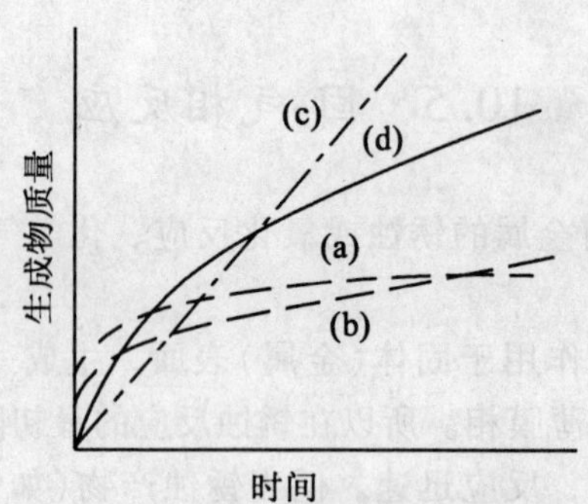

图 10.12 气-固反应的几种速率规律图解

(a) 对数规律 (b) 对数倒数规律

(c) 直线规律 (d) 抛物线规律

锈蚀反应理论必须能对这些反应速率与时间的关系作出解释，并且用简单的物理化学量表示出其中的速度常数。应该指出：这些关系式只是一些极限情况，而实际的反应情况要复杂些，如果一个实际反应中包含有两个或更多的这些基本的过程在内，那么就不可能用一个简单的速率方程来表示它。例如，在反应进行时，锈蚀薄层产生裂隙或者局部发生剥落，则反应的速率就会改变。

金属氧化的抛物线型的反应速率规律，是金属腐蚀反应的最普遍的动力学规律，即生成的金属氧化物膜的厚度 x 与反应时间的关系为：

$$\Delta x^2 = 2kt$$

这个规律可以用瓦格纳的锈蚀理论来阐明，瓦格纳对金属氧化反应提出以下的假设模型：金属与外界的氧作用，生成一层致密的氧化物膜，牢固地附着在金属上。在整个氧化反应过程中，在 M/MO 和 MO/O_2(气)的两个界面上，以及在 MO 产物膜层中，始终保持着热力学平衡。在反应过程中，由于在两个界面处，各组分的化学势不同，推动了离子和电荷载流子(电子与空穴)穿过 MO 层而形成扩散流，产生物质的输运。又由于各组分的扩散速度不同，在 MO 层中形成扩散电势和电化学势梯度。反应机理示于图 10.13 中。

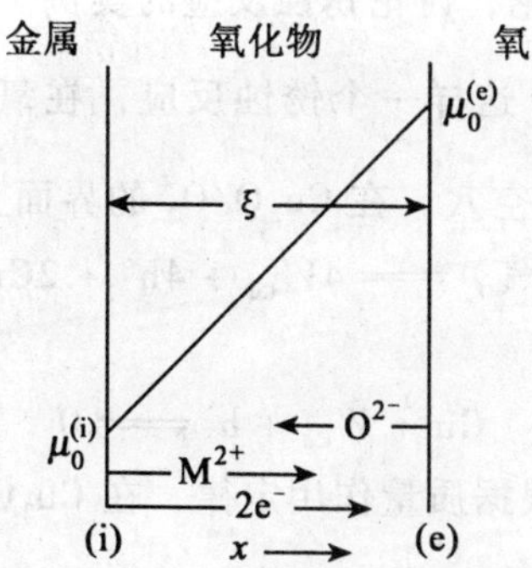

图 10.13　金属氧化反应的模型

瓦格纳利用扩散流方程：

$$J_i = -\frac{D_i c_i}{RT}\frac{\mathrm{d}\eta_i}{\mathrm{d}x}$$

以及电中性条件(以消除扩散电势)，推导出速率常数 k 的方程：

$$k = \frac{1}{Z_M F^2}\int_{\mu_{M(O_2)}}^{\mu_M^0} t_{电子}(t_{离子} + t_O)\sigma \mathrm{d}\mu_M$$

式中，Z_M 是金属离子的价态；$t_{电子}$，$t_{离子}$ 和 t_O 分别是电子、金属离子和氧离子的迁移数；σ 是 MO 层的总电导率。迁移数和电导率可以用扩散系数代替：

$$k = \frac{2}{RTV_{MO}}\int_{\mu_{M(O_2)}}^{\mu_M^0} t_{电子}(D_M + D_O)\mathrm{d}\mu_M$$

对于二价过渡金属的锈蚀(生成 NiO，CoO，FeO 等)，$t_{电子}$ 等于 1，因此，实际锈蚀反应的速率常数 $\bar{k}$ 为：

$$\bar{k}=\frac{1}{RT}\int_{\mu_{M(O_2)}}^{\mu_M^0}(D_M+D_O)\mathrm{d}\mu_M$$

阴离子的扩散比阳离子的扩散小得多($D_O \ll D_M$)，可以忽略，因此，上式可以简化为：

$$\bar{k}=\bar{D}_M\frac{|\Delta G_{MO}|}{RT}$$

式中，$\bar{D}_M$ 为金属离子的平均扩散系数。上式的物理化学意义是很清楚的：锈蚀反应的速率常数$\bar{k}$跟控速组分的平均扩散系数与反应推动力(表示为氧化物生成自由能 ΔG_{MO})的乘积成正比。式中的 ΔG_{MO} 只是以和温度 T 的比值出现，这是因为离子沿化学势梯度的扩散流，只相当于温度所引起的离子无规运动的一部分。

以下用固体缺陷的理论，讨论锈蚀反应的实例。

对于 $2Cu+\frac{1}{2}O_2=Cu_2O$ 这样一个锈蚀反应，在氧化膜 Cu_2O 中，以空穴导电为主，存在着 V_{Cu}'和电子空穴，在 Cu_2O/O_2 的界面上，

$$O_2(\text{气}) \rightleftharpoons 4V'_{Cu}+4h^{\cdot}+2Cu_2O$$

在 Cu/Cu_2O 的界面上，

$$Cu+V'_{Cu}+h^{\cdot} \rightleftharpoons 0$$

0 在此是指无缺陷状态。根据质量作用定律，在 Cu_2O/O_2 的界面上反应的平衡常数式可写为：

$$[V'_{Cu}]^4\,p^4=Kp_{O_2}$$

如果假定$[V'_{Cu}]=p$，则：

$$[V'_{Cu}]=p=\text{常数}\times p_{O_2}^{1/8}$$

因为 Cu_2O 中电导率与空穴浓度成正比，因此，可预测：

$$\sigma \propto p_{O_2}^{1/8}$$

瓦格纳和格林瓦尔德(Grünewald)还在 1 000℃ 和氧气压介于 3.0×10^{-4} 和 8.3×10^{-2} atm 之间，对金属铜进行了表面氧化实验，测定了试样的电导率和迁移数，求得了氧化反应的速度常数和氧压的 1/7 方成正比，如图 10.14 所示。这些实验结果均表明金属表面的氧化反应中，O_2 通过氧化物层的扩散是控速的步骤。

溴蒸气与金属银的反应如图 10.15 所示。一块金属银在溴气作用下，表面生成一层 AgBr 膜。反应的继续进行与溴的气压、金属银中的本征缺陷和杂质缺陷以及电子空穴的运动有关。实验测定的结果表明：

(1)反应速度常数与 p_{Br_2} 的平方根成正比，即 $k\propto p_{Br_2}^{1/2}$

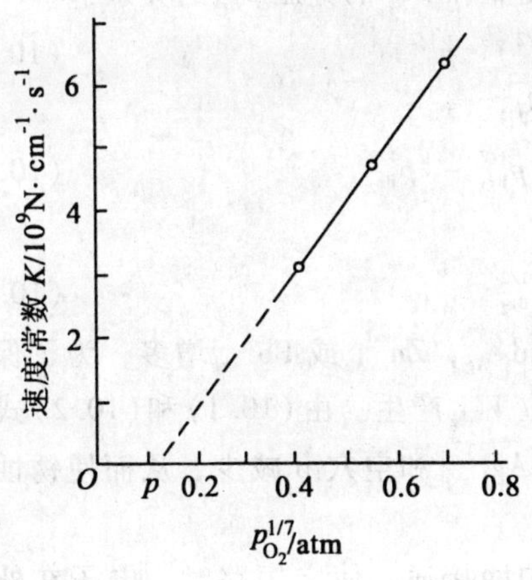

图 10.14　$2Cu+\frac{1}{2}O_2=Cu_2O$ 反应的速度常数与 p_{O_2} 的关系，图中 p 点是 Cu/Cu_2O 上氧的平衡压。

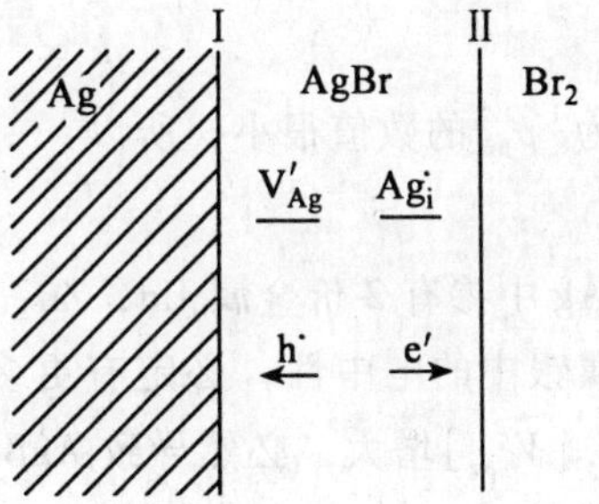

Ag　I　AgBr　II　Br_2
V'_{Ag}　$Ag_i^{\cdot}$
$h^{\cdot}$　e'

图 10.15　Br_2 在 Ag 上的锈蚀反应

(2)当金属银中掺杂有 Cd，Zn，Pb 等杂质时，反应速度要比纯银的反应速度慢；

(3)当在 AgBr 物相层中压入一个铂网，并将铂网与银块之间短路时，锈蚀反应的速度约增大两个量级。

因为 AgBr 是一个离子导体，我们可以用银的间隙缺陷 $Ag_i^{\cdot}$ 和空位缺陷 V'_{Ag} 以及电子-空穴的存在和运动来说明上述实验结果。Br_2 与 Ag 可能发生下列反应：

$$\frac{1}{2}Br_2(\text{气})=AgBr+V'_{Ag}+h^{\cdot} \qquad K_1=[V'_{Ag}]\cdot p/p_{Br_2}^{1/2} \tag{10.1}$$

$$\frac{1}{2}Br_2(\text{气})+Ag_i^{\cdot}=AgBr+h^{\cdot} \qquad K_2=p/[Ag_i^{\cdot}]\cdot p_{Br_2}^{1/2} \tag{10.2}$$

在 AgBr 层中产生弗仑克尔缺陷：$0=V'_{Ag}+Ag_i^{\cdot}$

$$K_F=[V'_{Ag}][Ag_i^{\cdot}] \tag{10.3}$$

因为空穴不断地由界面Ⅱ向界面Ⅰ运动，$Ag_i^{\cdot}$ 不停地由界面Ⅰ向界面Ⅱ扩散，所以反应(10.1)和(10.2)就继续地进行。因为空穴扩散的速度较慢，所以是控速反应的步骤，空穴扩散的速度决定于界面Ⅰ和界面Ⅱ上 Br_2 的浓度差 ${}^{\mathrm{I}}p_{Br_2}-{}^{\mathrm{II}}p_{Br_2}$，假定在实验温度 300～400℃下，AgBr 中的弗仑克尔缺陷是主要的缺陷，那么由(10.3)式得：

$$[Ag_i^{\cdot}]=[V'_{Ag}]=K_F^{1/2} \tag{10.4}$$

将(10.4)式代入(10.1)式，可得空穴浓度 p 和 Br_2 的分压 p_{Br_2}的关系：

$$p = (K_1/K_F^{1/2}) \cdot p_{Br_2}^{1/2} \tag{10.5}$$

因此 Ag 与 Br_2 之间的反应的速率常数 k 为：

$$k \propto {}^{\mathrm{II}}p - {}^{\mathrm{I}}p = {}^{\mathrm{II}}p_{Br_2}^{1/2} - {}^{\mathrm{I}}p_{Br_2}^{1/2} \tag{10.6}$$

因为${}^{\mathrm{I}}p_{Br_2}^{1/2}$的数值很小，所以：

$$k \propto {}^{\mathrm{II}}p_{Br_2}^{1/2} \tag{10.7}$$

当 Ag 中掺有 2 价金属 Cd，Zn，Pb 时，$Cd^{\cdot}_{Ag}$，$Zn^{\cdot}_{Ag}$或 $Pb^{\cdot}_{Ag}$增多，为了保持金属银中的电中性，必定有更多的银空位 V'_{Ag}产生。由(10.1)和(10.2)式知道：$[V'_{Ag}]$增大，必然导致 AgBr 层中的$[Ag_i^{\cdot}]$和空穴 p 减少，从而使锈蚀反应减慢。

当用导线将 Ag 与压入 AgBr 层中的铂网接通，使之短路时，电子在外电路上快速流动，代替了 AgBr 层中比较慢的空穴的移动，从而可以加快锈蚀反应的速度。后面这两种情况是属于局部化学反应。

10.6 固-液相反应

固-液相反应，从广义上可包括：①固体于常温下在作为液体的液相中转化、溶解、析出的反应。②固体在加热时可变为液体的液相中转化、溶解、析出的反应。

固-液相反应比固-气相反应要复杂得多，其包括像腐蚀和电沉积这样的重要工艺过程。当某固体同某液体反应时，产物可能在固体表面上形成薄层或溶进液相。在产物形成层覆盖全部表面的情况下，反应类似于固体-气体反应。如果反应产物部分地或全部地溶进液相中，液相则会有机会接触到固体反应物，因此，决定动力学的重要因素是界面上的化学反应。

最简单的固-液相反应是固体在液体中的溶解。固体在液体中溶解的速度依赖于所暴露的特殊晶面(平面)。晶面对溶解的影响，从溶解球形单晶时获得多面体形状的观察中可以看得很清楚。氧化锌在酸的溶解中，含氧的$[000\bar{1}]$面比含锌原子的[0001]面更迅速地受到酸的侵蚀。

像热分解一样，固体的溶解明显地受位错的影响。例如，蚀刻点在晶体表面上位错出现的位置上形成。正是由此原因，蚀刻是有用的位错显现技术，甚至可用来测定位错的密度。$NiSO_4 \cdot 6H_2O$ 中蚀刻点生长速度的测定已用来决定位错位置上成核的活化能降低。人们已指出在一半新解理的萘晶体上的蚀刻点与另一半相同晶体上光二聚反应中心之间呈相对应性的关系。

10.7 影响固相反应的因素

由以上讨论可看出，与气、液反应相比，固相反应有其基本的特征，如其属于非均相反应，参与反应的固体相互接触是固相间发生化学反应的先决条件，这就涉及反应固体颗粒大小(也即表面积)，固体粒子的扩散，反应的温度、压力等等。事实上，影响固相反应的因素是多方面的，在此讨论若干主要的影响因素。

10.7.1 固体的表面积

由于固体的存在形式可以是细粉、粗粉、块体，对一定量的固体，其表面积的大小具有极大的差别，这就是说固体的表面积是由其颗粒大小所决定。一个棱长为 a 的立方体，其表面积为 $6a^2$。当把这个立方体分割为棱长等于$\frac{a}{n}$的小立方体时，可得到 n^3 个小立方体，每个小立方体的表面积为$\frac{6a^2}{n^2}$，则其总表面积为$\frac{6a^2}{n^2}\times n^3=6na^2$。由此可见，颗粒状物质的比表面(每单位重量的表面积)是与颗粒尺寸成反比的。表 10.1 列出了一定量的物质颗粒度不同时颗粒总表面积的数值。

表 10.1　　立方体棱长与总表面积的关系

立方体棱长/cm	1	1×10^{-1}	1×10^{-2}	1×10^{-3}	1×10^{-4}	1×10^{-5}	1×10^{-6}	1×10^{-7}
立方体总表面积/cm^2	6	6×10	6×10^2	6×10^3	6×10^4	6×10^5	6×10^6	6×10^7

因为颗粒的总表面积可大致限定反应固体细粒之间接触的总面积，所以反应固体表面积对反应速度影响极大。值得注意的是，实际上接触面积要比总表面积小得多。尽管固体表面积大大地控制着混合物中反应颗粒间的接触面积，但在一般反应速度式中并无直接体现出来。不过它已间接地被包括进去了，因为在产物层厚度 x 和接触面积之间存在着反比的关系。对于给定质量的反应物和一定的反应程度，产物层厚度 x 随颗粒度的减小而减小。颗粒度和表面积以此影响着 x 值。事实上，反应物颗粒尺寸对反应速率的影响，在杨德尔方程中具有明确的体现，反应速度常数 k 值与反应物颗粒半径的平方成反比。而比表面积与颗粒半径成反比，足见总表面积对反应速率的影响！此外，反应体系比表面积越大，反应界面和扩散界面也越大，因而也使反应速率增大。再者比表

面积越大，表面能越高，悬键越多，缺陷越密集，这些都会有助于加快扩散和反应。

10.7.2 温度

温度对固相反应的影响是不言而喻的。从热力学性质来讲，某些固相反应完全可以进行。然而实际上，在常温下反应几乎不能进行，即使在高温下，反应也需要相当长的时间才能完成。这是因为这类反应的第一阶段是在晶粒界面上或界面邻近的反应物晶格中生成晶核，完成这一步是相当困难的，因为生成的晶核与反应物的结构不同。因此成核反应需要通过反应物界面结构的重新排列，其中包括结构中的阴、阳离子键的断裂和重新组合，反应物晶格中阳离子的脱出、扩散和进入缺位等。高温下有利于这些过程的进行和晶核的生成。同样，进一步实现在晶核上的晶体生长也有相当的困难。因为对反应物中的阳离子来讲，则需要经过两个界面的扩散才有可能在核上发生晶体生长反应，并使反应物界面间的产物层加厚。由此可看出，决定这类反应的控制步骤应该是晶格中阳离子的扩散，而升高温度有利于晶格中离子的扩散，因而明显有利于促进反应的进行。

其实不论是对于化学反应或扩散，其速度均随着温度的升高而增加。这可由反应速率常数方程式和扩散方程式看出：反应速率常数 $k=A\exp(-\Delta G/RT)$；扩散系数 $D=D_0\exp(-Q/RT)$。

实际上，固相反应的开始温度往往低于反应物的熔点或体系的低共熔点。若用 T_M 代表物质的熔点(绝对温度)，当温度为 $0.3T_M$ 时，则为表面扩散的开始，也即在表面上开始反应。在烧结反应中，也就是表面扩散机理起作用的温度。当温度达到 $0.5T_M$ 时，固相反应可强烈地进行，这个温度相当于体扩散开始明显进行的温度，也就是烧结开始的温度。这一现象是泰曼发现的，故称为泰曼温度。不同的物质有不同的泰曼温度，如对于金属有 $0.3\sim0.5T_M$；对于硅酸盐类有 $0.8\sim0.9T_M$；如果要使固体物质发生有效的固相反应必须在泰曼温度以上才有可能。

10.7.3 压力与气氛

对于纯固相反应来讲，加压可改善粉料颗粒之间的接触状况，如缩短颗粒之间的距离，减小孔隙度，扩大接触面积，从而提高反应速率，特别是对于体积减小的反应有正面的影响。而对于有气、液相参加的固相反应，加压不一定有正面的影响，反而会有负面的影响。这要具体反应具体分析。

气氛对固相反应的影响比较复杂，不能一概而论。首先对纯固相反应来讲，若反应物都为非变价元素组成，且反应也不涉及氧化和还原，则气氛对此类反应基本上不产生影响；若反应物都为非变价元素组成，且反应涉及氧化或还原，则须在氧化或还原气氛下进行反应；若反应物中有变价元素组分，且不希望反应涉及氧化和还原，则必须在惰性气氛下反应；若反应物中有变价元素组分，且希望反应涉及氧化或还原，则必须在氧化或还原气氛下反应；对于有气相参加的固相反应来讲，如分解反应，如果不希望分解产物(固相和气相)进一步发生氧化或还原，则必须在惰性气氛下反应；如果希望分解产物(固相和气相)进一步发生氧化或还原，则必须在氧化或还原气氛下反应；由此看来，气氛对于得到什么样的产物至关重要。

10.7.4 化学组成和结构

反应物的组成和结构是影响固相反应的重要因素，它是决定反应方向和反应速率的内在原因。从热力学的观点看，在一定的外部条件下，反应向吉布斯自由能减小的方向进行，而且吉布斯自由能减小的越多，反应的热力学驱动力越大。从结构的观点看，反应物的结构状态，质点间的化学键性质，以及各种缺陷的存在与分布都将对反应速率产生影响。研究表明，同组成反应物的结晶状态、晶型由于热历史的不同会有很大的差别，进而导致反应活性的不同。典型的例子可举出用氧化铝和氧化钴合成钴铝尖晶石的反应，$Al_2O_3+CoO=CoAl_2O_4$。对于 Al_2O_3 来说，若分别采用 γ-Al_2O_3 和 α-Al_2O_3 作原料，发现反应的速率相差很大，即前者大于后者。这是因为在 1 100℃左右的温度区域内，由于氧化铝的 γ-型向 α-型的转变，而大大提高了 Al_2O_3 的反应活性，从而大大的强化了反应的速率。对于 CoO 来说，如分别采用 Co_3O_4 和 CoO 作原料，发现前者的反应活性大于后者。因为当用 Co_3O_4 时，首先发生分解反应：$Co_3O_4 \rightleftharpoons 3CoO+\frac{1}{2}O_2$，新生态的 CoO 具有很高的反应活性。

10.7.5 矿化剂

有的学者指出，在反应过程中能够加速或者减慢反应速度，或者能控制反应方向的物质称为矿化剂。其实，矿化剂类似于催化剂，它的作用从本质上看是降低或提高反应的活化能。具体地说，它影响晶核的形成速率和长大速率，影响体系的状态和晶格的性质。然而矿化剂并不是在所有温度下都起作用，而是在一定的温度范围内起作用。当矿化剂与反应物生成少量液相时，往往可加速反应。例如，在耐火材料硅砖中，若不加矿化剂，其主要成分为 α-石英等。当掺入 1% ~3% 的[Fe_2O_3+$Ca(OH)_2$]作为矿化剂，则可使大部分 α-石英转化为鳞石英，从而提高硅砖的抗热冲击性能。反应中有少量液相生成，由于 α-石英在液体中溶解度大，而鳞石英的溶解度小，从而使 α-石英不断地溶解，鳞石英不断地析出，促使 α-石英向鳞石英转变。如果不加矿化剂，即是在 870～1 470℃下较长时间加热，也难使 α-石英向鳞石英转变。有关矿化剂的矿化机理可能是复杂多样的，它影响反应速率的作用也是明显的。

10.8 固相反应的研究方法

固体混合物中的实验研究要困难得多，一般在液体或气体中进行反应的研究方法，对非匀相的固相反应并不适用，所以往往需要采用综合的特殊研究手段。

固相反应一般都在比较高的温度下进行，得到性质相当近似的几种产物，它们具有类似的物理性质、复杂的结构、低的对称性，并且存在晶格的变形等缺陷，使得物理方法在固相反应研究中的应用受到极大限制。要获得关于产物的组成、性质、反应过程的机理和动力学方面准确可靠的资料，往往需要几种不同研究方法的结果，进行综合分析，而不是单独用一种方法就可以完成的。

对于固相反应来说，可应用的现代技术有显微镜、热分析、X 射线分析、电子显微镜、波谱技术、能谱技术、选择吸附法、示踪原子法和微探针技术等。

在研究多晶转变时，可以采用结晶形态学、晶体物理和物理化学的方法进行研究。

结晶形态学就是测定所研究物质的晶体归属何种晶系以及其对称性，于是就可断定物质是什么变体。但在实际的固相反应中，测定晶体的角度是相当困难的，能够进行这种测定的可能性很小。

晶体物理的方法就是根据晶体的密度、硬度、光性、热性、磁性和电性等来判断晶体的变体。例如 $\gamma\text{-}Al_2O_3 \longrightarrow \alpha\text{-}Al_2O_3$、单斜 $ZrO_2 \rightleftharpoons$ 四方 ZrO_2 的相变时，都伴随着密度的明显变化。$BaTiO_3$ 有四种变体：斜方 $\xrightleftharpoons{-90℃}$ 单斜 $\xrightleftharpoons{0℃}$ 四方 $\xrightleftharpoons{130℃}$ 立方。这些变体之间的转变可以用热膨胀方法研究，或通过测定 $BaTiO_3$ 的介电常数与温度的关系来查明它们的转变过程。

应用现代的实验技术可以准确地测定粉末的形状大小及其比表面。吸附法、超倍显微镜和电子显微镜都可以应用于这种目的研究。因为固相反应几乎都是用粉末作为原料，它们的形状及尺寸是必不可少的一个参数。

由于原料粉末的大小和形状是固相反应的一个十分重要的条件，它对动力学有明显的影响，则可应用电子显微镜测定从 1 000～4nm 的颗粒及其形状。用吸附法可以测定的范围是 20 000～2nm。

气氛的影响也是研究的课题之一。可采用真空，或改变特定的气体的压力来观察气氛对反应过程的影响。

10.8.1　综合热分析

在固相反应过程中，随着反应的进行会伴随有热效应、重量变化、体积或长度变化等。差热分析只能发现热效应，而对晶相转变、脱水或脱气、熔化等，从差热分析上是无法区别的。如果在同一张坐标图上，同时画出 DTA 曲线和 TG(热重)曲线，就可以把晶型转变、熔化的效应和脱水、脱气的效应区别开来(见 7.6、7.7 节)。如果把热膨胀的图也同时作出来，对于反应过程的理解会更全面。把差热分析、热重和热膨胀等都结合起来的分析称综合热分析。

图 10.16 是用综合热分析仪研究碳酸钡与二氧化钛反应生成钛酸钡的综合热分析图。图中 *a* 线代表热膨胀，即样品长度的变化；*b* 线代表样品重量的变化；*c* 线代表热效应，即差热分析曲线。图 10.16(a)中的每一曲线是 TiO_2，$BaCO_3$ 这两种原料的单独的热分析。可以看到，TiO_2 从 1 100℃开始产生收缩。而 $BaCO_3$ 在 835℃和 970～980℃左右发生晶相转变，伴随着两个热效应，同时发生收缩。在 1 000℃，$BaCO_3$ 的重量发生变化，说明在 1 000℃时及稍后 $BaCO_3$ 发生分解。图 10.16(b)是 $BaCO_3$: TiO_2 = 1 : 1 的混合物的综合热分析曲线。这实验是苏联学者克列拉(КЕЛЕБ)和库兹涅佐夫(КУЗНЕЦОб)(1953 年)

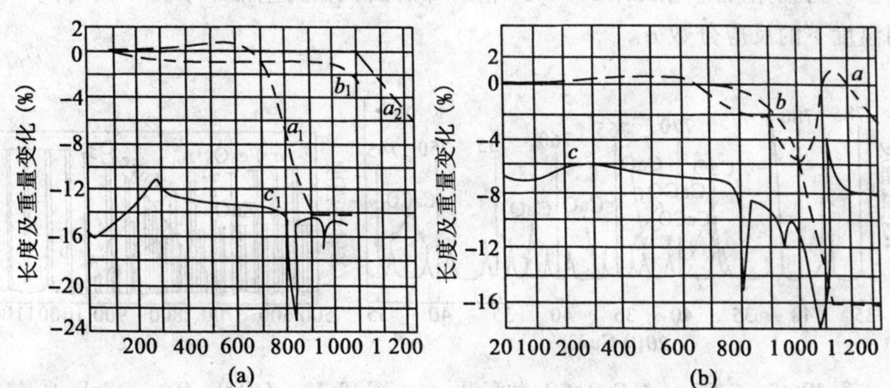

图 10.16　碳酸钡与二氧化钛反应的综合热分析

(a)原料的热分析：a_1—$BaCO_3$ 的热膨胀；b_1—$BaCO_3$ 的失重；

c_1—$BaCO_3$ 的差热曲线；a_2—TiO_2 的热膨胀

(b)$BaCO_3$: TiO_2 = 1 : 1 混合物的热分析：*a*—样品长度的变化；

b—失重；*c*—差热分析曲线

所做。他们认为在 TiO_2 的存在下，降低了 $BaCO_3$ 的分解温度，产生一个形成 $BaTiO_3$ 的吸热效应(1 100～1 140℃)，同时重量减少，而体积强烈地增大。反应可以写为 $BaCO_3+TiO_2 \longrightarrow BaTiO_3+CO_2\uparrow$。而在 1 150℃的放热峰是钛酸盐的烧结。根据后来其他学者进行的工作，确定在 1 100～1 190℃的吸热峰主要是钛酸二钡的生成(Ba_2TiO_4)，反应为 $2BaCO_3+TiO_2 \longrightarrow Ba_2TiO_4+2CO_2\uparrow$，同时也发生 $BaTiO_3$ 的生成反应 $BaCO_3+TiO_2 \longrightarrow BaTiO_3$，但 $BaTiO_3$ 的生成量很少。温度更高的放热峰，才是 $BaTiO_3$ 的大量生成。这时的反应 $Ba_2TiO_4+TiO_2 \longrightarrow 2BaTiO_3$ 是一个放热的反应(因为是一个纯固相反应，符合特范甫规则，是放热的)。现在市售的仪器大都是 TG-DTA 联用的，这样做综合热分析就更方便了。

10.8.2 高温 X 射线分析

为了研究高温下发生的相变化，采用高温 X 射线分析是一个有效的方法，它比在高温下淬火，然后对样品进行常温下的 X 射线分析更为敏捷而准确。采用高温 X 射线分析，可以对加热过程中发生的相变化作定性定量分析，进行固相反应动力学的研究。图 10.17 是 $CaCO_3$ 分解的高温 X 射线衍射图谱。久保辉一郎等(1960 年)用高温 X 射线仪研究了 $ZnO+Fe_2O_3 \longrightarrow ZnFe_2O_4$ 的固相反应过程。三种化合物在 27.0°～43.0°的 2θ 角的衍射峰的消长如图 10.18 所示。可以用反应完成时 $ZnFe_2O_4$ 衍射峰的面积作为基准来求得不同时间、不同温度下的反应分数 α。

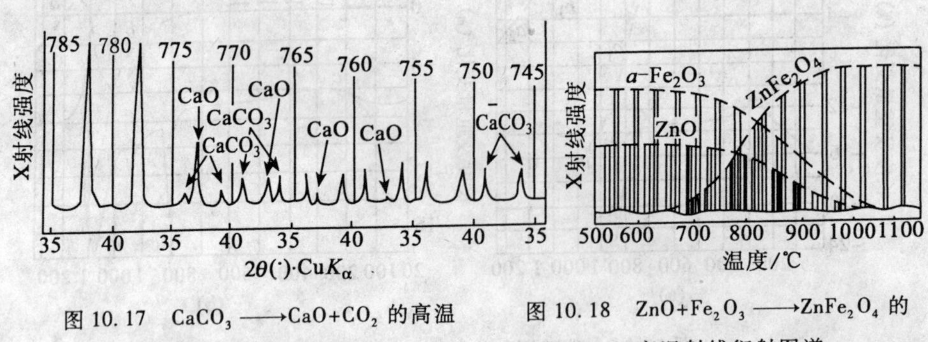

图 10.17 $CaCO_3 \longrightarrow CaO+CO_2$ 的高温 X 射线衍射图谱

图 10.18 $ZnO+Fe_2O_3 \longrightarrow ZnFe_2O_4$ 的高温射线衍射图谱

荒井康夫用高温 X 射线仪研究了 $BaCO_3+TiO_2 \longrightarrow BaTiO_3+CO_2\uparrow$ 的反应。发现这个反应符合杨德尔(Jander)方程，并求得粉碎程度与反应活化能的关系。粉碎时间长反应活化能下降，如图 10.19 所示。

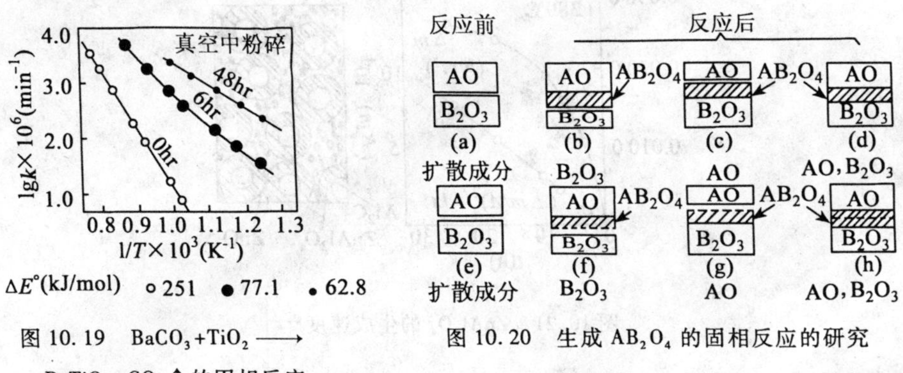

图 10.19 $BaCO_3+TiO_2 \longrightarrow BaTiO_3+CO_2\uparrow$ 的固相反应

图 10.20 生成 AB_2O_4 的固相反应的研究

10.8.3 试料成型研究法(pellet method)

对于一个最简单的 $A+B \longrightarrow AB$ 的粉料之间的反应产物层，可能产生在 B 表面上，也可能产生在 A 的表面上，同时也可能在 A 和 B 的表面上形成，这取决于反应时扩散的方式。前面所述的各种研究方法，都无法回答这个问题。要了解主要扩散离子是什么，产物层位置在那里，从而确定固相反应的具体的机理，可以采用试料成型研究法。这个方法是把反应物的单晶或多晶体制成片状或小球状，采用适当的方法使反应物密切接触，从加热反应后的重量的变化来求得反应的速度，并推断扩散的机理。

例如，对于 $AO+B_2O_3 \longrightarrow AB_2O_4$(尖晶石的生成反应)的反应前后片状试料变化如图 10.20 所示。(a)是反应之前的情况；(b)是在 AO 片状试料的表面生成 AB_2O_4，B_2O_3 是扩散的成分；(c)是在 B_2O_3 的表面生成 AB_2O_4 时的情况，扩散的成分是 AO；(d)是在两个反应物的表面都生成 AB_2O_4，AO 和 B_2O_3 都是扩散成分。杰盖希(Jagitsh)将试料成型成小球状，研究了 $ZnO\text{-}Al_2O_3$ 系的固相反应，发现 Al_2O_3 的小球增重，这相当于图 10.20(c)的情况。因此，扩散的成分是 ZnO，结果如图 10.21 所示。如果用 Δm 表示 Al_2O_3 小球的增重，则符合 $(\Delta m/A)^2=kt$ 的抛物线关系，式中 A 是小球的截面积。ZnO 的扩散控制了反应的速率。从图中可以看到产物层在 Al_2O_3 表面上。

另外一个可以判别扩散机理的方法称标志法(mark method)。就是在 AO 和 B_2O_3 的表面上涂上白金等作为原始表面位置的标志。图 10.20 的(e)~(h)所画出的粗黑虚线，就是表示白金的位置。根据白金位置的迁移，扩散的行为也就可以查清楚了。

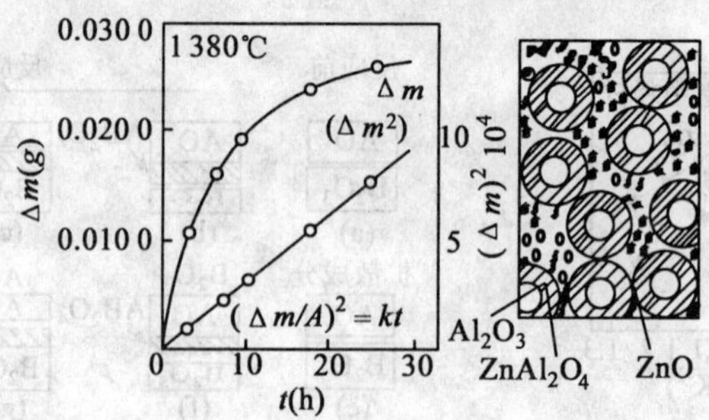

图 10.21　$ZnAl_2O_4$ 的生成速度

习　题

10.1　请解释为何在大多数情况下固体间的反应都很慢？怎样才能加快反应速度？

10.2　研究固态反应动力学时，你必须考虑哪些因素？如 MgO 和 Al_2O_3 粉末生成尖晶石 $MgAl_2O_4$，怎样分析结果？

10.3　请用图 10.4 中的数据，计算 NiO 和 Al_2O_3 反应生成 $NiAl_2O_4$ 的活化能，将计算结果与文献值相比较。

10.4　金属表面生成氧化物的反应遵守抛物线规律 $x^2=kt$，式中 k 是随温度变化的常数。试证明当离子扩散是氧化物膜生成的控速步骤时，反应就按抛物线关系进行，并说明 k 和扩散系数 D 之间的关系？

10.5　试讨论尖晶石型化合物生成反应的几种可能的反应机理，写出 AO(固)+B_2O_3(固)两种反应物界面上可能发生的反应？

10.6　试从点阵能的观点考虑下列固相反应的平衡趋向：

$$\text{LiBr(固)}+\text{KF(固)} \rightleftharpoons \text{LiF(固)}+\text{KBr(固)}$$

化合物的晶体结构都是 NaCl 型，但假设它们之间不形成固溶体，因而可以忽略熵效应。

10.7　利用 10.6 题的结果，讨论下列固相反应的方向：

(1) 2NaF(固)+$CaCl_2$(固) $\rightleftharpoons$ CaF_2(固)+2NaCl(固)

(2) Na_2S+$CaCO_3$(固) $\rightleftharpoons$ Na_2CO_3(固)+CaS(Le Blanc 制碱工艺)

(3) $MgCl_2$(固)+H_2O $\rightleftharpoons$ MgO(固)+2HCl

(4) $CaCl_2$(固)+H_2O $\rightleftharpoons$ CaO(固)+2HCl

10.8　在 0.1 atm 的氧气中使镍氧化，测得在各种温度下镍的增重速度如下表所示，试推导出与这些数据相适合的反应速度方程式。计算反应的活化能。

反应时间 t/h 试样增重($\mu g/cm^2$) 反应温度/℃	1	2	3	4
550	9	13	15	20
600	17	23	29	36
650	29	41	50	65
700	56	75	88	106

10.9　求下列反应的298K热焓变化，并讨论这一反应能够进行的必要条件。

$$2MgO(固)+SiO_2(固)\longrightarrow Mg_2SiO_4(固)$$

反应中各化合物的标准生成热分别是：-601.7，-859.4和-2 042.6 kJ/mol。

10.10　石灰石的热分解反应为：

$$CaCO_3(固)\longrightarrow CaO(固)+CO_2(气)$$

(1)求分解压达到1 atm时的温度；(2)求分解压为0.01 atm时的ΔG_{308}。假设ΔS与温度无关，反应物的热容随温度的变化也甚小，可以忽略不计。

10.11　金属与氢反应形成以下各类氢化物：分子型氢化物、盐型氢化物和间隙型氢化物。(1)试述这些氢化物在结构上和物性上的特征；(2)按照生成氢化物的类型试将金属分类。

10.12　将细铜丝浸入熔融态的硫中，发生硫化作用，最后形成一根中空的Cu_2S的管子，从这个现象推断这种硫化反应的机理。

10.13　概述研究固相反应的方法。分析影响固相反应的因素。

第十一章　固体的电性质

长期以来，金属以它们的导电能力闻名于世。继 1948 年 Bardeen Shockley 和 Bratcain 发现半导体及晶体管以后，世人对材料电性质之兴趣倍增。应用于硅集成片器件的材料就是典型的例子。本章之目的在于根据固体的能带理论对电性质作非数学的论述。重点放在金属、半导体、超导体和电介体，但也要涉及其他固体无机化合物。

11.1　金属，半导体和绝缘体

金属、半导体和绝缘体的主要差别在于其电导率之大小。金属非常容易导电，电导率 σ 在 $10^4 \sim 10^5 \Omega^{-1} cm^{-1}$ 范围；绝缘体完全不导电，电导率 $\sigma \leqslant 10^{-5} \Omega^{-1} cm^{-1}$；而半导体介于两者之间，电导率 σ 在 $10^{-5} \sim 10^3 \Omega^{-1} cm^{-1}$ 范围。三者的电导率 σ 值的界限系人为，一般会有重叠交叉。

然而，三者在导电机理上却存在着根本上的差别：金属为一类，半导体与绝缘体为另一类。大多数半导体与绝缘体的电导率随温度增加而迅速增加，而金属的电导率随温度上升呈现微小而缓慢的下降。

电导率由公式 $\sigma = ne\mu$ 给出。其中 n 是载流子的数目，e 是载流子的电荷，而 μ 为载流子的迁移率。不同材料的 σ 与温度的关系可以从考察 n，e 和 μ 与温度的关系来理解。对于所有电子导体，e 是常数且与温度无关；迁移率一项对于大多数材料来说是相似的，由于运动着的电子与声子，即晶格振动之间的碰撞，它常随温度增加而略有下降。因此，金属、半导体和绝缘体行为不同之主要原因是 n 的数值及其对温度的依赖性。

对于金属，n 值大且基本上不随温度而变，σ 中唯一可变的是 μ。由于 μ 随温度增加略有减小，σ 也减小。

对于半导体和绝缘体，n 常随温度按指数规律增加，这种 n 急剧增加的效应远超过 μ 微弱减小的效应，因此 σ 随温度迅速增加。绝缘体是在常温下 n 很小的半导体的极端例子。因此有些绝缘体在高温下变成了 n 成为可感知的半导体；相反，某些半导体在低温下变得和绝缘体十分相似。

半导体可以分为两类：

(1)元素半导体。元素硅和锗是典型的半导体。这些元素处于周期表第ⅣA族。随着第ⅣA族元素原子量的增加，元素由绝缘体(金刚石)变为半导体(Si，Ge，灰Sn)，变为金属(白Sn，Pb)。除了两种金属，其余均有金刚石结构，其中每个原子被其他四个原子按四面体的方式配位。各四面体共角相连形成具有立方对称性的刚性三维网络结构。金刚石结构似乎对半导体特别有利。

(2)化合物半导体。许多无机化合物和某些有机化合物是半导体。最熟悉的无机化合物半导体是所谓的ⅢA～ⅤA族化合物。这些化合物是第ⅢA族和第ⅤA族元素按1∶1摩尔比结合的产物，其中有些是居间第ⅣA族元素的等电子体。例如GaAs和InSb分别是锗和锡的等电子体。像GaP那样的其他非等电子结合体也是半导体。大多数ⅢA～ⅤA族化合物具有与金刚石结构密切相关的闪锌矿结构。

具有种种晶体结构的一大批氧化物、硫化物等也是半导体。其中有些将在后面讨论。

11.2 能带理论

金属、半导体和其他许多固体的电子结构可以用能带理论来描述。在金属铝中，内部原子实的1s，2s和2p电子定域在个别铝原子的分立原子轨道上。然而，构成价层的3s和3p电子则占有那些离域于整个金属晶体的能级。这些能级犹如巨大的分子轨道，每个轨道只能由两个电子占据。实际上，在固体材料中必定有大量这样的能级，它们以非常小的能量差互相分开。在含有N个原子的铝晶体中，每个原子贡献一个3s轨道，最终形成了一个包含N个紧密相间的能级的能带。这个能带称为3s价带。铝中的3p能级同样以离域的3p能级带的形式存在。

其他材料的能带结构可以说是一样的。金属、半导体和绝缘体之间的差别则决定于：

(1)各自的能带结构；

(2)价带是充满的还只是部分地被充满；

(3)满带和空带之间能隙的大小。

固体的能带理论得到X射线谱的数据和两种独立的理论处理的有力支持。能带理论的“化学上的处理”是采用分子轨道理论，像通常用于小的、有限尺寸的分子那样，将这种处理方法扩展到无限的三维结构。在双原子分子的分子轨道理论中，原子1的一个原子轨道与原子2的一个原子轨道相重叠，结果形成了两个离域于两个原子的分子轨道。一个分子轨道是“成键的”，能量比原子轨道低。另一个是“反键的”，具有较高的能量，如图11.1所示。

将这种处理推广至较大的分子导致分子轨道数目的增加。因为放到体系中去的每个原子轨道会产生一个分子轨道。随着分子轨道数目的增加，各毗邻分子轨道间的平均能隙必然减小(见图 11.2)。成键和反键轨道之间的间隙亦随之减小，直到形成一个连续的能级。

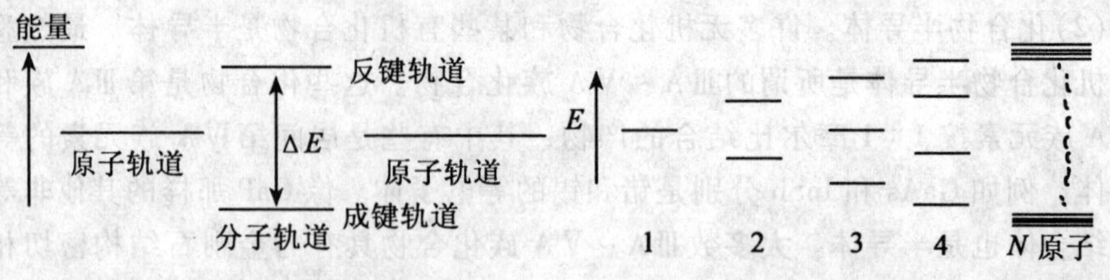

图 11.1　双原子分子的分子轨道　　　图 11.2　分子轨道理论中的能级分裂

金属可以被看成是无限大的“分子”，其中存在着大量的能级或“分子轨道”，一摩尔金属有约 6×10^{23} 个。然而由于每个能级离域于金属晶体的所有原子，再把每个能级当做分子轨道就不妥了。通常称其为能级或能态。

用“紧束缚近似”计算得到的金属钠的能带结构示于图 11.3。由图可看出，一个特定能带的宽度与原子间距有关，因而与毗邻原子上轨道之间的重叠程度有关。据计算，在实验测定的原子间距值 r_0 处，毗邻原子上的 3s 和 3p 轨道可有效地重叠而形成宽的 3s 和 3p 带，如图 11.3 中阴影部分所示。3s 带上方的能级与 3p 带的较低能级的能量相近。因此，在 3s 和 3p 带之间没有能量的不连续性。能带的重叠在解释某些其他元素如碱土金属的金属性质时是很有用的。

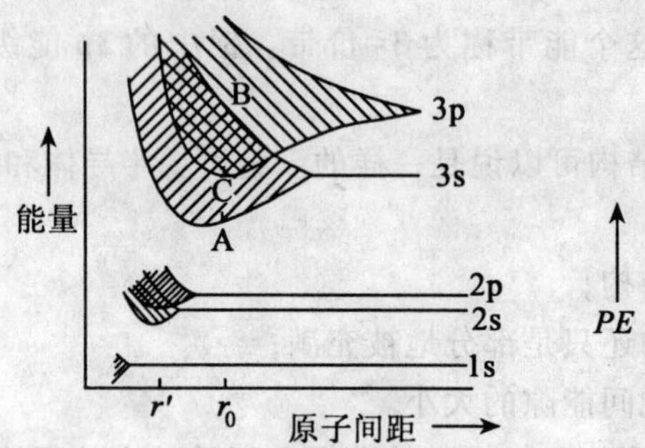

图 11.3　原子间距离对钠的原子能级和能带的影响(用紧束缚理论计算)

在原子间距离 r_0 处，毗邻钠原子上的 1s，2s 和 2p 轨道是不重叠的，它们不形成能带，仍为与单个原子联系着的分立轨道。在图 11.3 中它们被表示为一根细线。如果有可能以外压压缩金属钠而将核间距由 r_0 减小到 r'，那么 2s

和2p轨道亦将重叠而形成能级带，如图11.3中阴影部分所示。然而，在距离r'处，1s能级仍以分立能级的形式存在。人们已经指出，其他元素在承受高压时会发生类似的效应。例如，人们估算在压强为10^6 atm时氢将会变成金属。

钠具有电子构型$1s^22s^22p^63s^1$，因而每个原子上有一个价电子。由于3s，3p带重叠(见图11.3)，价电子并不限制在3s带而是分布在3s和3p两个带的较低能级上。

能带理论的"物理学上的处理"是考察电子在固体中的能量和波长。在早期Sommerfeld的自由电子理论中，金属被看做一个势阱，在势阱内部结合得较松的价电子能自由运动。电子可占有的能级是量子化的(类似于箱中粒子的量子力学问题)，而能级按每个能级占据两个电子的原则从阱底填起。在绝对零度时的最高填充能级称为费米(Fermi)能级。相应的能量为费米能E_F，如图11.4所示。功函数Φ是从势阱中移去最高价电子所需的能量。它类似于孤立原子的电离能。

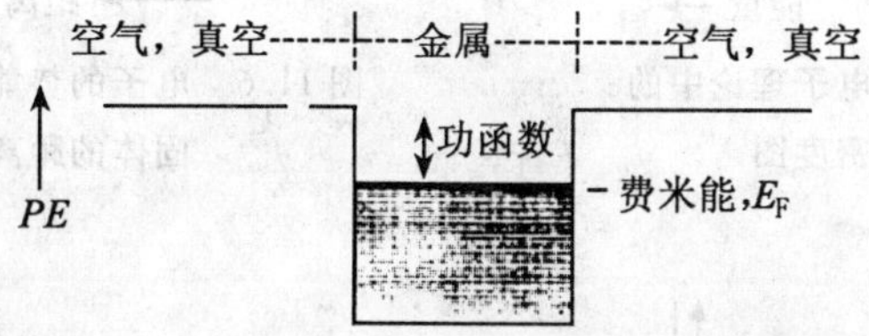

图11.4　金属的自由电子理论：势阱中的电子

图11.5是以能级数$N(E)$作为能量E的函数作的状态密度$N(E)$图。在Sommerfeld理论中，可用能级的数目随着能量增加而稳定增长。尽管能级是量子化的，但由于它们的数目很多，因而毗邻能级之间的能量差很小。以致实际上存在的是一个连续区。在绝对零度以上，靠近E_F的能级上的某些电子有足够的热能被激发到高于E_F的空能级上去。因此在实际温度下，某些高于E_F的状态是被占有的，而低于E_F的其他能级必然空着。在某些高于绝对零度的温度T时，能级的平均占有数示于图11.5的阴影部分。

金属的高导电性是由于那些在紧靠E_F的半占有状态上的电子之漂移。在价带底部那些被两个电子占有的状态上的电子不可能在特定方向上作任何净的移动，而在单个的占有的能级上的那些电子则能自由运动。所以一个电子从一个低于E_F的满能级向一个高于E_F的空能级的激发，实际上产生了两个可运动的电子。

自由电子理论是对金属电子结构的极度简化，但这是一个非常有用的原始模型。在比较精密的理论中，晶体或阱内的势能被看成是周期性的，如图

11.6 所示，而并不像在 Sommerfeld 理论中那样被认为是常数。带正电荷的原子核以有规则地重复的方式排列，由于库仑吸引，电子的势能在原子核的位置上经历一个极小，而在相邻原子核之间的中途经历一个极大。如图 11.6 所示的周期性势能函数的 Schrdinger 方程的解已由 Bloch 用 Fourier 分析解出。重要的结论是不存在无间断的能级连续区，而只有某些能带或能量范围对电子是允许的。禁阻能量与在晶体的特定方向上满足 Bragg 衍射定律的电子波长相当。这种效应将在 11.3 节作进一步的讨论。因而，由 Bloch 结果得出的状态密度图呈现如图 11.7 所示的不连续性。

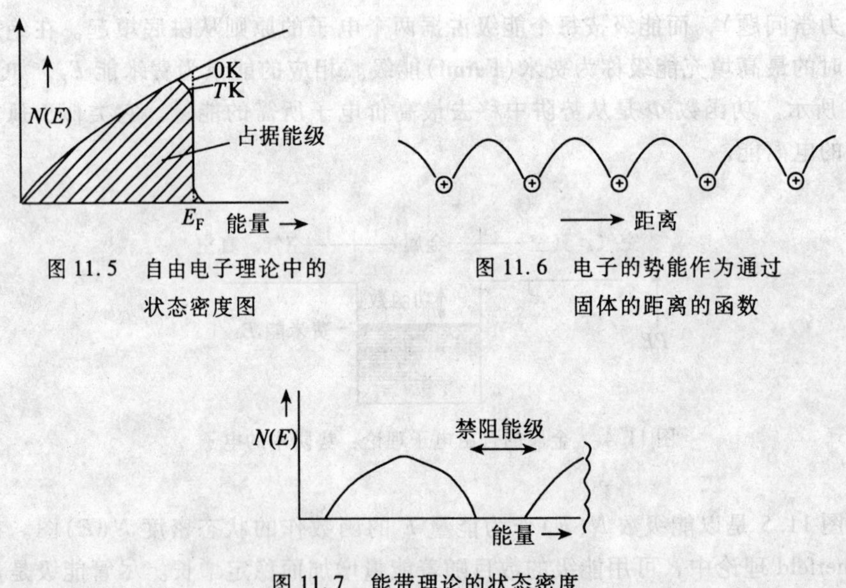

图 11.5　自由电子理论中的状态密度图

图 11.6　电子的势能作为通过固体的距离的函数

图 11.7　能带理论的状态密度

分子轨道理论和周期性势能处理都得出了固体中有能带存在的相似结论。不论从哪一种理论出发，人们得到了一个价电子能级带的模型。在有些材料中，不同的能带发生重叠，而在另一些材料中，能带之间有禁隙存在。

通过光谱学的研究取得了固体能带结构的实验证据。不同能级的电子跃迁可以用各种光谱技术来观察。对于固体，X 射线发射和吸收是获取有关内部原子实电子和外部价电子两者信息的最有用的技术。一定量的关于外部价电子的信息也可以从可见和紫外光谱得出。

固体的 X 射线发射光谱常包含不同宽度的峰或带。在内部或原子实的能级间的跃迁显示锐峰，如铜的 2p→1s 跃迁，这说明金属铜的这些能级是分立的原子轨道。然而，涉及价层电子的跃迁则给出宽谱峰，特别对于金属是如此。这说明价电子有宽的能量分布，因而处在能带上。

金属铝的 L 发射谱示于图 11.8。它跨越 13eV 的能量范围，包含由 $n=3$ 到 $n=2$，即 $M \rightarrow L$ 的跃迁。在 ~73eV 处的截止表示 3p 带电子的跃迁，其能量接近于 E_F。L 发射谱的形状（见图 11.8）与由计算所得的铝的状态密度图相似。它在能量较低的地方有一个宽的谱带，相当于从 3s 带的跃迁。这个谱带与较高能量处另一个相当于从 3p 带跃迁的谱带相重叠。显然，只有较低的 3p 带能级才含有电子。

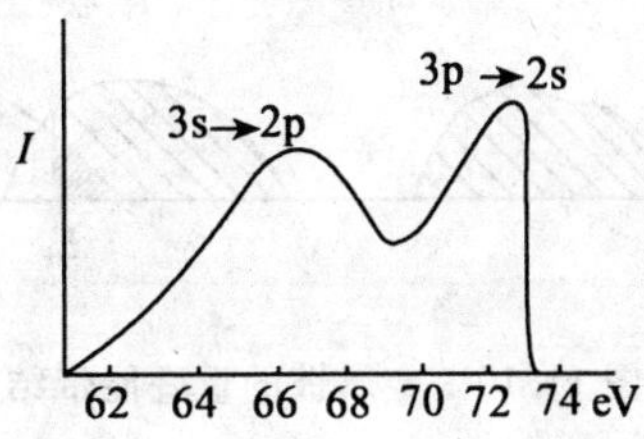

图 11.8　金属铝的 L 发射谱

X 射线发射光谱提供低于 E_F 的能级的有关信息。X 射线吸收光谱可用来研究高于 E_F 的能级。

11.3　金属和绝缘体的能带结构

11.3.1　金属的能带结构

金属能带结构的特征是：最高占有带，即价带，仅部分充满（见图 11.9）。占有能级以阴影表示，有些略低于费米能级的能级空着而有些高于 E_F 的能级则被占有了。在单独地占有 E_F 附近的状态上的电子可以运动，这是金属高导电性的原因。

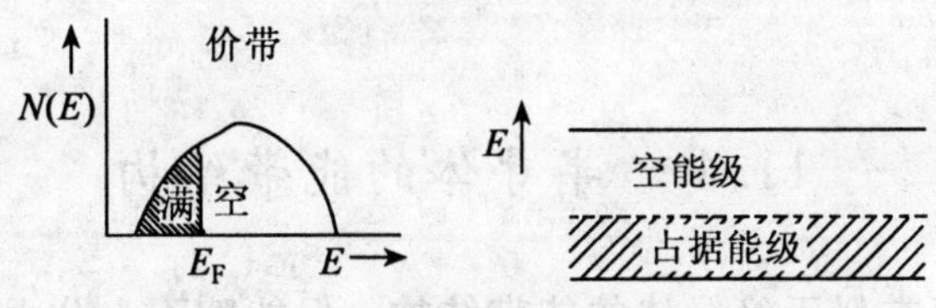

图 11.9　金属的能带结构

在有些金属（如钠）中能带重叠，如图 11.3 所示。所以，钠的 3s 和 3p 带都有电子。能带重叠是碱土金属的金属性的原因。铍的能带结构示于图 11.10。它具有重叠的 2s，2p 带，两者都只部分充满。若 2s 和 2p 带不重叠，那么 2s 带就会充满，2p 带则空着，铍就不再是金属性的了。绝缘体和半导体的情况就是如此。

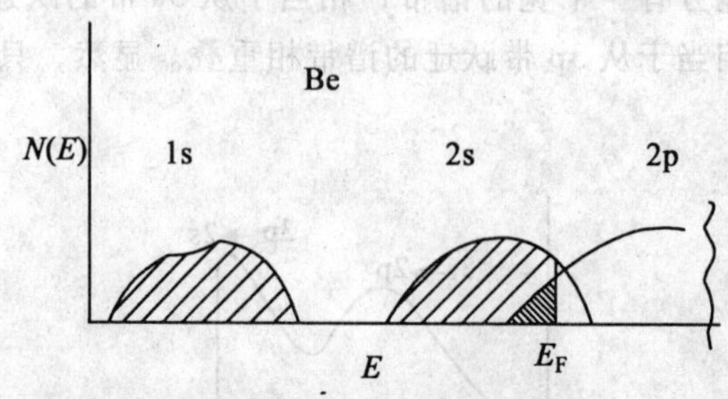

图 11.10　金属铍的重叠能带结构

11.3.2　绝缘体的能带结构

绝缘体的价带是充满的。它与下一个空着的能带被一个大的禁隙隔开，如图 11.11 所示。金刚石是一种能隙为 ~6eV 的极佳绝缘体。在价带中只有很少的电子具有足够热能而被激发到上面的空带上去。因此电导率可忽略不计。金刚石中能隙的来源将在 11.4 节讨论，其类似于硅的能隙。

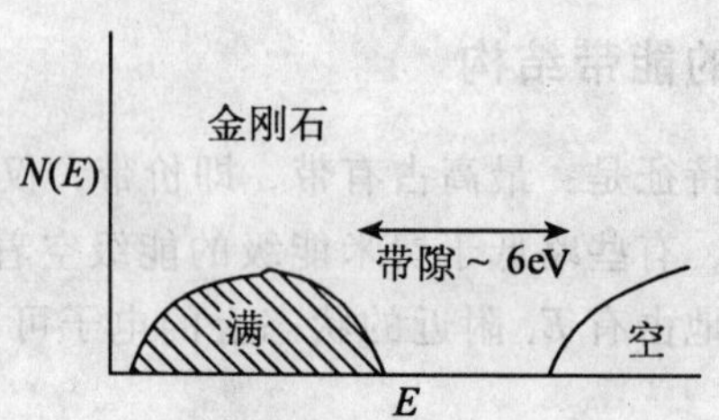

图 11.11　绝缘体碳（金刚石）的能带结构

11.4　半导体的能带结构

半导体具有类似于绝缘体的能带结构，但能隙不十分大，通常在 0.5 ~ 3.0eV 的范围内。至少有少数具有足够热能的电子能被激发到空带中去。

半导体中可分为两类导电机理，如图 11.12 所示。被激发到上部空的导带上去的任何电子，可以看做是负的载荷子，在施加电势的作用下能朝正极移动。留在价带中的缺电子能级可以看做是正电荷空穴。当电子进入空穴而把自己的位置空出来作为一个新的正电荷空穴时，正电荷空穴就移动。所以，实际上正电荷空穴运动的方向与电子相反。

半导体可以分成两类，即本征半导体和非本征半导体。

(1) 本征半导体是纯物质，其能带结构如图11.12所示。对于这些半导体，导带中的电子数 n 完全受能隙的大小和温度的支配。纯硅是一种本征半导体，它和其他第ⅣA族元素的能隙列于表11.1。

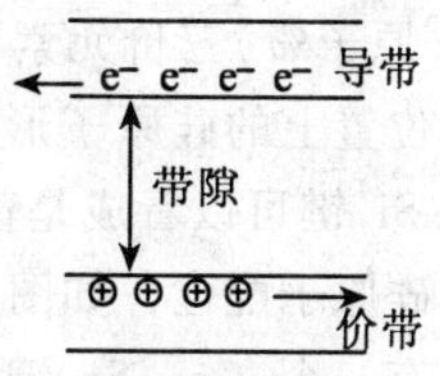

图 11.12 正和负载荷子

硅和锗的能带结构完全不同于那些可以通过与钠和镁相比较而作预言的结构。在钠和镁中，3s，3p能级重叠而得出两个宽带，两者都部分充满。若这种趋势继续下去，可以预计在硅中会存在两个相似的带，在这种情况下，平均地看，两个带都应该是半充满的，因而硅应当是金属。显然事实并非如此，实际上硅具有两个被禁隙相隔的能带。而且，较低的带含有每个硅原子的四个电子，是一个满带。假如禁隙只与s和p带的间隔相当，s带只能容纳每个硅的两个电子。这就无法解释。

表 11.1 第ⅣA族元素的能隙

元 素	能隙(eV)	材料类型
金刚石，C	6.0	绝缘体
Si	1.1	半导体
Ge	0.7	半导体
灰 Sn(>13℃)	0.1	半导体
白 Sn(<13℃)	0	金属
Pb	0	金属

硅的能带结构的解释在于量子力学以及硅晶体结构十分不同于钠的事实：钠的结构是配位数为八的体心立方，而硅的结构是配位数为四的面心立方。不管怎样，可以对硅(和锗、金刚石等)的能带结构作出一种简单的、非数学的解释。从每个硅形成四个四面体排列的等价键的假设出发，这些键或轨道可以认为是 sp^3 杂化的。每个杂化轨道与相邻硅原子上的一个相似轨道重叠形成一对分子轨道，一个为成键的，σ；另一个为反键的，σ^*。每个轨道可含两个电

子，每个硅原子中各取一个。留下来的唯一一步在于允许各个 σ 分子轨道重叠而形成一个 σ 带，这个带成为价带。σ^* 轨道相似地重叠而成为导带。σ 带是充满的，因为它含有每个硅原子的四个电子。σ^* 带是空的。

(2) 非本征半导体是其电导率受掺杂剂控制的材料。通过添加周期表中第ⅢA 族或第ⅤA 族的元素，硅可以转变成非本征半导体。首先来看以少量 (10^{-2}原子%) 三价元素 (如镓) 掺杂硅的效应。以镓原子代替金刚石结构中四面体位置上的硅原子形成了一种取代固溶体。按共价键理论，在纯硅中所有 Si—Si 键可以看成是正常的电子对共价键，因为硅有四个价电子而且被四个其他硅原子配位，如图 11.13 所示。然而，镓只有三个价电子，在镓掺杂的硅中，有一个 Ga—Si 键必然少一个电子。按能带理论，发现与每个单电子 Ga—Si 键联系的能级不形成硅的价带的一部分。而是构成一个略高于价带顶的分立能级或原子轨道。

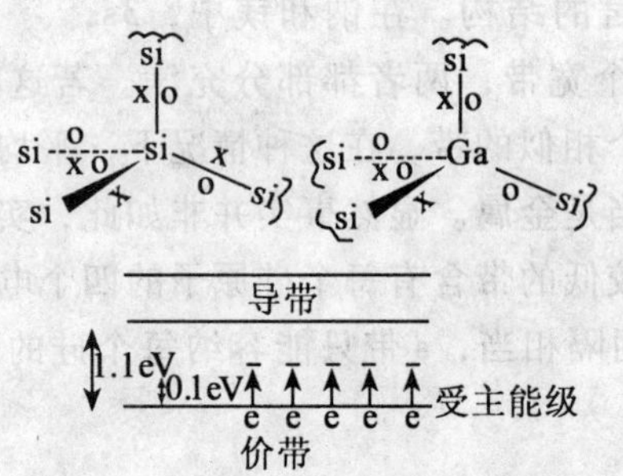

图 11.13　镓掺杂硅的 p 型半导性

这种能级称为受主能级，因为它能接受一个电子。受主能级和价带顶之间的间隙是小的，0.1eV。所以，价带中的电子可以有足够的热能容易地被激发到受主能级上去。若镓原子的浓度小，受主能级是分立的，因此受主能级上的电子不可能对电导做出贡献。留在价带中的正电荷空穴能运动，因而镓掺杂硅是一种正电荷空穴半导体或 p 型半导体。

在常温下，由镓掺杂原子存在而产生的正电荷空穴数远超过由电子热激发到导带上去所产生的数目，也就是说，非本征正电荷空穴的浓度远超过本征正电荷空穴的浓度。因此，电导率受镓原子浓度的控制。随温度升高，本征载流子的浓度迅速增加，在足够高的温度下，本征载流子浓度会超过非本征值，此时可观察到向本征行为的转变。

现在来考察用五价元素 (如砷) 掺杂硅的效应。砷原子取代类金刚石结构中的硅，每个砷原子的电子比形成四个 Si—As 共价键所需的要多一个，如图 11.14 所示。按能带描述，这个额外电子占有导带底下面约 0.1eV 处的分立能

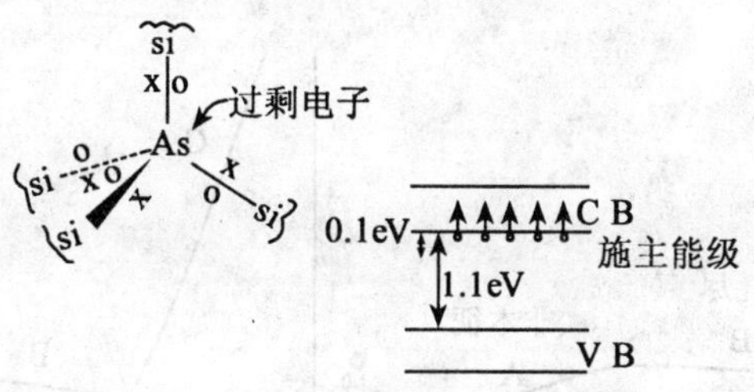

图 11.14　砷掺杂硅的 n 型半导性

级。同样，由于它们不足以形成连续的能带，因而在这些能级上的电子不能直接运动。但这些能级可以作为施主能级，因为其中的电子有足够的热能上升到导带上去，在那里它们就能自由运动。这种材料称为 n 型半导体。

总之，非本征和本征半导体之间主要差别为：

(1)在常温下，非本征半导体的电导率比相似的本征半导体要高得多。例如，在 25℃时纯硅只有约 $10^{-2}\Omega^{-1}cm^{-1}$ 的本征电导率。然而通过适当的掺杂，其电导率可以增加几个数量级。

(2)非本征半导体的电导率可以通过控制掺杂物的浓度准确地加以控制。因此就有可能设计和生产具有预期电导率值的材料。对于本征半导体，其电导率严格地依赖于温度和寄生杂质的存在。

图 11.15 示出了低温下为非本征而高温下为本征的半导体材料的(a)载流子浓度和(b)电导率对温度的依赖关系。在低温区域 A，载流子浓度与温度有关，由于在受主/施主态和价/导带之间约 0.1eV 的相对小的能隙已足够大，只有有限数目的电子能做这样的跃迁。当非本征载流子的浓度达极大值时，随着温度升高出现“饱和”或“耗尽”状态(区域 B)。在这一阶段，载流子浓度与温度无关而电导率由于迁移率效应可能显示为随温度进一步上升而缓慢下降。在更高的温度下，本征载流子的浓度超过非本征载流子的浓度，载流子浓度和电导率均明显地增加(区域 C)。

对于半导体器件，合乎需要的通常是处在耗尽区域的材料，因为它们对温度变化相对地不敏感。耗尽区域 B 可以通过以下措施扩大到很宽的温度范围：①选择具有本征能隙大的材料；②选择伴生能级尽量接近相应价带或导带的掺杂物质。用这种方法，区域 A 就移向低温区域，区域 C 则移向高温区域。

有一种以上氧化态元素的某些过渡金属化合物是导电体。这种效应的一个典型例子是经过氧化的氧化镍。纯氧化镍 NiO 是一种电导率低的淡绿色固体。它是本征半导体，其颜色是由于八面体配位 Ni^{2+} 离子内固有的 d—d 跃迁所致。

在 NiO 氧化的时候，例如 1 000℃时在空气中加热，由于吸收了氧，重量

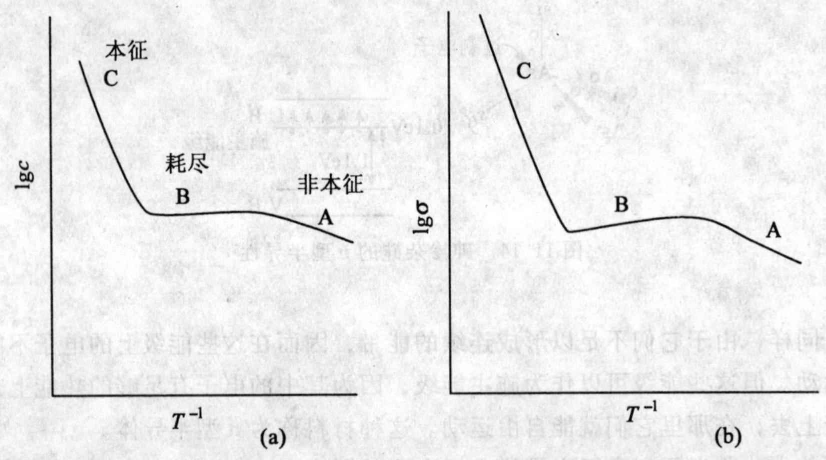

图 11.15　半导体的本征、耗尽和非本征区域

略有增加，固体变为黑色，它成为一种中等程度的良导电体。在氧化时，有些 Ni^{2+}离子被氧化为 Ni^{3+}，固态产物的组成可写为：

$$Ni^{2+}_{1-3x}Ni^{3+}_{2x}V_xO$$

添加在 NiO 晶体表面的氧离子和扩散到表面上的一些镍离子达到较好的局部电荷平衡，从而在晶体内部留下了阳离子空位。这种黑色氧化镍是一种导体，因为电子可以由 Ni^{2+}向 Ni^{3+}离子转移：

$$Ni^{2+} \longrightarrow Ni^{3+} + e$$

$$Ni^{3+} \longrightarrow Ni^{2+} + h^{\cdot}$$

实际上，Ni^{3+}离子可以凭借这些电子转移反应而移动，因而黑色氧化镍是一种 p 型半导体。和同是 p 型的镓掺杂硅相比较，最好把黑色 NiO 看做跳跃半导体。这是因为 Ni^{2+}/Ni^{3+}交换过程是热激活过程，因此具有高度的温度相依性。在能带模型中，这与镍 d 轨道之间的较少重叠相当，产生一个仍然定域在个别镍离子上的窄 d 带或 d 能级。对 d 能级的进一步讨论见 11.6 节。

把 NiO 用作半导体的缺点是它的电导率难以控制，它同时依赖于温度和氧的分压。为了克服这一困难，Verwey 引进了可控价半导体的概念，在可控价半导体中例如 Ni^{3+}离子的浓度与温度无关而与添加可控量的掺杂物有关。

氧化锂可以与氧化镍和氧反应而形成化学式如下的固溶体：

$$Li_xNi^{2+}_{1-2x}Ni^{3+}_xO$$

在这个固溶体中，Ni^{3+}离子的浓度和 Li^+离子的浓度有关，因此它的电导率和 Li^+离子浓度有关。电导率的大小强烈地随 x 而改变：在 25℃时，由 $x=0$ 时的约 $10^{-10}\Omega^{-1}cm^{-1}$增加到 $x=0.1$ 时的约 $10^{-1}\Omega^{-1}cm^{-1}$。

11.5 半导体的应用

半导体的应用表现在将 p 型和 n 型半导体接合(p-n 结)时会产生整流作用。首先考察在 p-n 结中半导体的电子结构如何变化。假设 p 和 n 区都是由硅杂质半导体构成的。如图 11.16 所示，两个区的费米能级高度在接合前不同，接合后变为相同。随之，p 区价带和导带的位置变得比相应 n 区的高。这两者的位置差称为接触电位差 Φ。在两区之间有一狭窄的空间电荷区，在该区中带是倾斜的，从而联结了 p，n 区的带。

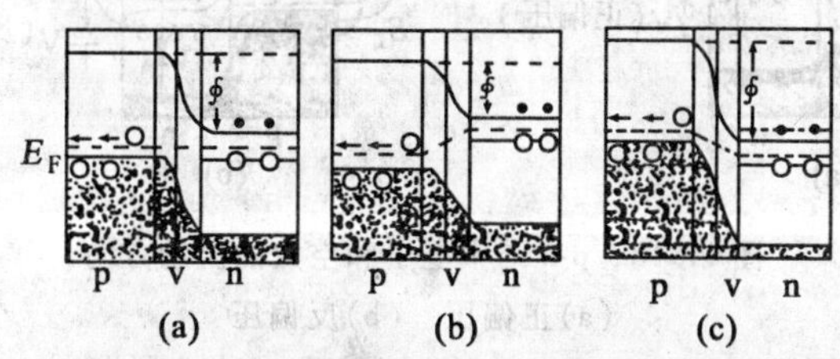

图 11.16 p-n 结的带结构

(a)零偏压 (b)正偏压 (c)反偏压

Φ 为接触电位差 p，n，v 为 p 型，n 型与空间电荷

●电子 ○空穴

将电压加于 p-n 结上。电池的正极接在 p 侧(正偏压)和接在 n 侧(反偏压)，接触电位差和电流的大小会出现巨大的差别。正偏压的情况如图 11.16(b)所示，Φ 变小，电流较大。反偏压的情况如图 11.16(c)所示，Φ 变大，电流很小。所加电压和电流的关系示于图 11.17 中。

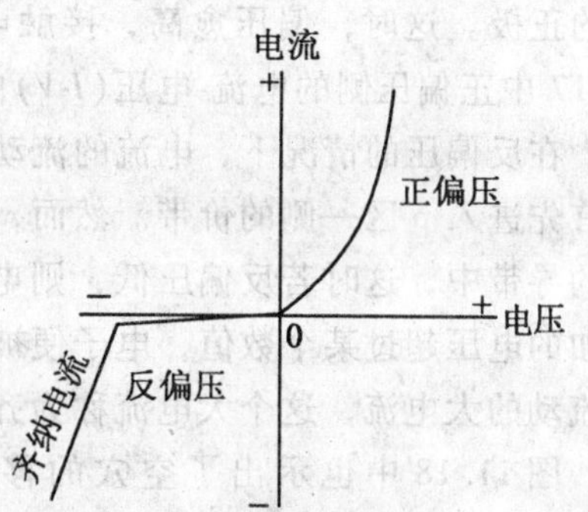

图 11.17 p-n 结的电流-电压曲线

上述现象可作如下解释。首先，加上正偏压意味着这样的情况：相对于 n 侧，仅将 p 侧空穴的能级提高到偏电压的程度，相反，将电子的能级降低到偏电压的程度。在反偏压的情况下，相对于 n 侧，p 侧的电子能级上升，空穴的能级下降。这样，由于加上偏压，带结构发生了如图 11.16(a)到

图 11.16(b)，(c)所示的变化。

其次，考察在 p-n 结上加电压时电子和空穴的流动路线，首先考虑在 p-n 连接上导线的情况。将半导体同金属导线连接，在其接点产生一种金属键。这时，在 p 区的价带中存在空轨道，它与金属导线成键。但是，n 区的价带没有空轨道。因此，和导线成键的是属于导带的空轨道。如图 11.18 所示，在 p 区导线与价带连接，在 n 区则与导带连接。

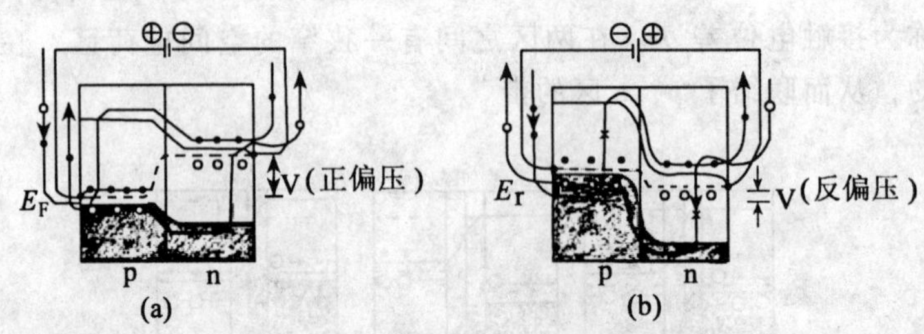

图 11.18 p-n 结中电子和空穴的流动方向

(a)正偏压 (b)反偏压

● 电子，○空穴，箭头表示电子和空穴的运动方向，

符号×表示该处电子或空穴的运动受到阻碍

现在如果加上正偏压，则从电池负极出发的电子首先进入 n 区的导带。如果价带中有空轨道，则电子落入其空轨道中，若没有空轨道，则其越过空间电荷区的势垒，移向 p 区的导带，继而落入价带的空轨道，最后经过导线流进电池的正极。这时，偏压愈高，接触电位差，即能量势垒愈低，电流愈大。图 11.17 中正偏压侧的电流-电压(I-V)曲线描述的就是这种情况。

在反偏压的情况下，电流的流动方向则相反。这时，从电池负极出发的电子首先进入 p 区一侧的价带。然而，电子为了流入 n 区，必须首先被激发到 p 区的导带中，这时若反偏压低，则电子激发不到导带中，故流动的电流很小。若加的电压超过某个数值，电子便被激发到导带中，如图 11.17 所示，产生急剧流动的大电流，这个大电流称为齐纳电流。

图 11.18 中也示出了空穴的移动路线。在此，先要理解的不只限于图 11.18，一般说来，在表示半导体能级的图中，空穴的能级和电子相反，画得越低，所具有的能量越高。在正偏压的情况下，所加电压愈大接触电位愈小，空穴从 p 区向 n 区的流动愈容易，此时电流增大。在反偏压的情况下，从 n 区的导带向价带的“激发”过程限制了空穴的移动。在低电压时，空穴不被激发，流过的电流很小。若逐渐加大电压到某一电压值时，这个限制被冲破，大电流开始急剧流动。以上假定空穴为电荷载流子，与电子的情况相同，同图 11.17

的 *I-V* 曲线没有矛盾，这个情况是可以理解的。实际的 *I-V* 曲线是电子和空穴两个 *I-V* 曲线的复合。

二极管的整流作用很好地利用了上述的现象。现在 p-n 结上加上交流电压，根据图 11.17，仅在正向加上偏压时，电流才流动，也就使交流变为直流。

太阳能电池是半导体应用的另一个例子。用具有大于能隙能量的光照射硅的 p-n 结，如图 11.19 所示，在两区中，电子从价带激发到导带，之后留下空穴。激发到导带的电子，一部分立即返回价带，其余的聚集在能级低的 n 区导带中。同时，空穴聚集在 p 区的价带也就是说实现了电荷的分离。如图 11.19 所示，用导线连接 p 侧和 n 侧，电子通过导线从 n 区流向 p 区，空穴从 p 区流向 n 区，即产生了电流。这时的电动势 *V* 等于 n 侧导带和 p 侧价带的能量差。

以上两例表明了半导体 p-n 结的实用性。用半导体 p-n-p 结或 n-p-n 结制成的晶体管具有放大作用和振荡作用，这些都得到了广泛的应用。

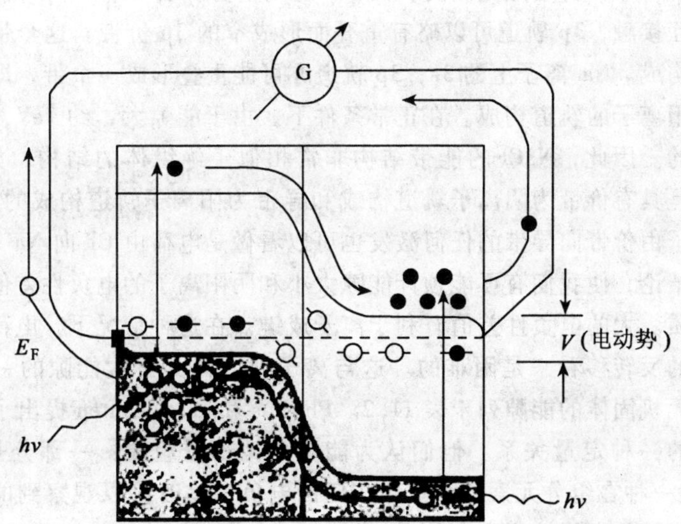

图 11.19　光照射引起的 p-n 结(太阳能电池)内的电荷分离和电动势的产生

●电子　○空穴　箭头表示电子和空穴的运动方向

11.6　无机固体的能带结构

能带理论对无机固体的结构、成键和性质提供了另一种理解，补充了由离子/共价模型得到的知识。大多数无机固体可以用能带理论作出令人满意的处理，不论它们是不是导电体。许多无机材料的结构比金属和半导体元素要复杂得多。关于能带结构计算之类的理论亦不大注意它们。所以，对它们的能带结构往往只有近似的了解。

以上，已考察了第ⅣA族元素，特别是硅，以及与之密切相关的ⅢA～ⅤA族化合物，如GaP。后面这些化合物是第ⅣA族元素的等电子体，至少就价层电子数而论是如此。现在进一步考察某些更为极端的情况：像NaCl那样的ⅠA～ⅦA族化合物和像MgO那样的ⅡA～ⅥA族化合物。

这些材料的成键以离子型为主，它们是无色或白色的、电子导电性微乎其微的绝缘性固体。掺杂物的加入有助于产生离子导电性而不是电子导电性。按照NaCl是100%离子成键的假定，两种离子的电子构型为：

$$Na^+:1s^2 2s^2 2p^6$$

$$Cl^-:1s^2 2s^2 2p^6 3s^2 3p^6$$

因此Cl^-的3s，3p价层是充满的；而Na^+的则空着。在NaCl中，相邻的Cl^-离子近乎相互接触，3p轨道可以略有重叠而形成窄的3p价带。这个带只由阴离子的轨道构成。Na^+离子上的3s，3p轨道亦可能重叠形成一个带，即导带。这个带只由阳离子的轨道构成。在正常条件下，由于能隙大，约7eV，这个带是完全空着的。因此，NaCl的能带结构非常相似于绝缘体的结构，如图11.11所示。但是具有价带为阴离子轨道构成和导带为阳离子轨道构成的附加细节。这样，电子由价带向导带的任何激发也可以看做是电荷由Cl^-向Na^+的反转移。

这一结论，使我们有可能预计能隙大小和阴阳离子的电负性差值之间的某种相关性质。大的电负性差值有利于离子成键。在这种情况下，电荷由阴离子向阳离子的反转移看来是困难的。这与离子性固体具有大能隙的一般观察相关。各种无机固体的能隙列于表11.2。Phillips和van Vechten提出了能隙和离子性之间的一种定量关系。他们认为能隙由两部分组成：一部分是“同极带隙”，这是一种在组分元素之间不存在任何电负性差时可以观察到的能隙；另一部分则与键的离子性程度有关。

表11.2　　某些无机固体的能隙(eV)

ⅠA～ⅦA化合物	eV	ⅡA～ⅥA化合物	eV	ⅢA～ⅤA化合物	eV
LiF	11	ZnO	3.4	AlP	3.0
LiCl	9.5	ZnS	3.8	AlAs	2.3
NaF	11.5	ZnSe	2.8	AlSb	1.5
NaCl	8.5	ZnTe	2.4	GaP	2.3

续表

ⅠA～ⅦA 化合物	eV	ⅡA～ⅥA 化合物	eV	ⅢA～ⅤA 化合物	eV
NaBr	7.5	CdO	2.3	GaAs	1.4
KF	11	CdS	2.45	GaSb	0.7
KCl	8.5	CdSe	1.8	InP	1.3
KBr	7.5	CdTe	1.45	InAs	0.3
KI	5.8			InSb	0.2

*有些数据，特别是碱金属卤化物的数据是近似的。

在过渡金属化合物中，一个附加的因素是在金属离子中存在着部分充满的轨道。在有些场合下，这些轨道重叠产生一个或多个 d 带，因而材料可具有高的导电性。在另一些场合下，d 轨道的重叠十分有限而轨道实际上定域在个别原子上。产生后面这种情况的一个例子是整比 NiO。其淡绿色是由于个别 Ni^{2+} 离子内固有的 d—d 跃迁所致。它的电导率很低，在 25℃ 时为约 $10^{-14}\Omega^{-1}\cdot cm^{-1}$。不存在 d 轨道有任何显著重叠而形成部分充满的 d 带的证据。另一极端的例子是 TiO 和 VO。它们像 NiO 一样具有岩盐结构，但通过对照，在 M^{2+}离子上的 d_{xy}，d_{yz}，d_{zx}轨道强烈地重叠形成一个宽的 t_{2g} 带。这个带仅部分地被电子充满。因此，TiO 和 VO 几乎具有金属的电导率，在 25℃时，约为 $10^{3}\Omega^{-1}\cdot cm^{-1}$。

TiO 和 NiO 之间的另一个差别是能容纳每个金属原子的六个电子的 t_{2g}带在 NiO 中必定充满。Ni^{2+}上的两个额外 d 电子是在 e_g，即 d_{z^2}和 $d_{x^2-y^2}$能级上。这些 e_g 轨道指向氧离子，如图 11.20(b)所示。因为中间插入了氧离子，在毗邻 Ni^{2+}离子上的 e_g 轨道不可能重叠形成能带。因此，e_g 轨道仍定域在个别的 Ni^{2+}离子上。

Phillips 和 Williams 提出了有关 d 轨道能否有效重叠的若干普遍准则。按这些准则，若满足下列条件 d 带可能形成：①阳离子的形式电荷小。②阳离子存在于过渡系的前部。③阳离子处于第二或第三过渡系。④阴离子有适当的电正性。

这些准则背后的原因是很简单的，其论据与用于配位场理论的相似。①～③均涉及使 d 轨道尽可能伸展出来并减小它们从其母体过渡金属离子原子核上"感受到"的正电荷量。④与减小离子性和能隙有关，如本节前面所讨论的。

各条准则都可以举一些例子来说明：

对于①，TiO 是金属性的，而 TiO_2 是绝缘体。Cu_2O 和 MoO_2 是半导体而 CuO 和 MoO_3 是绝缘体。对于②，TiO，VO 是金属性的而 NiO 和 CuO 为不良

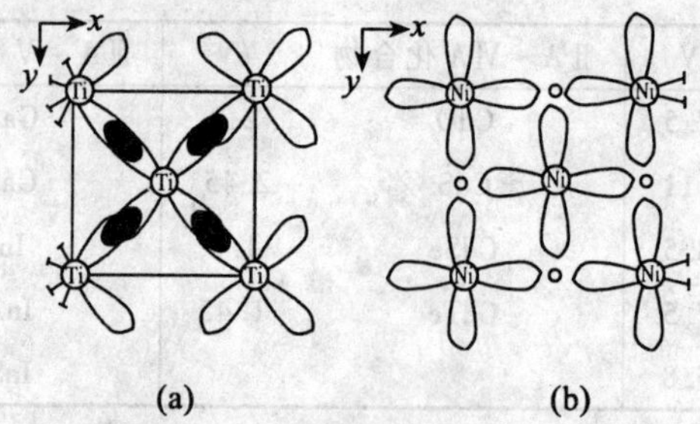

图 11.20 (a)TiO 结构的截面，与单胞面平行，只表示了 Ti^{2+} 的位置，毗连 Ti^{2+} 离子的 d_{xy} 轨道重叠，和 d_{xz} 及 d_{yz} 轨道之相似的重叠一起形成一个 t_{2g} 能带，(b)NiO 的结构，图中表示了直接指向氧离子的 $d_{x^2-y^2}$ 轨道，因而不可能重叠形成 e_g 能带

半导体。对于③，Cr_2O_3 是不良导体而低价 Mo，W 氧化物为良导体。对于④，NiO 是不良导体而 NiS，NiSe，NiTe 为良导体。

固态过渡金属化合物的 d 电子结构对固体的晶体结构以及对过渡金属氧化态的任何变化也是敏感的。具有尖晶石结构的某些复合氧化物可以作为例子。

(1) Fe_3O_4 和 Mn_3O_4 两者都具有尖晶石结构，Mn_3O_4 实际上是一种绝缘体而 Fe_3O_4 几乎呈金属导电性。Fe_3O_4 的结构可写成：

$$[Fe^{3+}]_t[Fe^{2+}, Fe^{3+}]_oO_4 \quad \text{反尖晶石}$$

而 Mn_3O_4 的结构为：

$$[Mn^{2+}]_t[Mn^{3+}{}_2]_oO_4 \quad \text{正尖晶石}$$

由于 Fe_3O_4 是一种反尖晶石，它含有遍布于八面体位置上的 Fe^{2+} 和 Fe^{3+} 离子。由于它们是共边八面体，这些八面体位置密集在一起。所以正电荷空穴能方便地由 Fe^{3+} 向 Fe^{2+} 迁移，Fe_3O_4 就成了良导体。Mn_3O_4 具有正尖晶石结构，其意味着间距小的八面体位置上只含有一种 Mn^{3+} 离子，而含有 Mn^{2+} 离子的四面体位置只与八面体位置共用一个顶角，Mn^{2+}-Mn^{3+} 距离较大，电子交换就不易发生。

(2)一个有关的例子是锂尖晶石 $LiMn_2O_4$ 和 LiV_2O_4。这实际上也是上面准则②的一个例子。这些尖晶石的结构式相似：

$$[Li^+]_t[Mn^{3+}Mn^{4+}]_oO_4$$

$$[Li^+]_t[V^{3+}V^{4+}]_oO_4$$

两者的八面体位置上都存在着+3 和+4 价离子的混合物。但是由于钒的 d 轨道重叠比锰的大，反映在电学性质上 $LiMn_2O_4$ 是一种跳跃半导体，而 LiV_2O_4 具有金属导电性。

11.7 无机固体的颜色

颜色的产生往往是由于固体在某种程度上与可见光相互作用的结果。在大多数场合下，要是一有色固体受白光的照射，可见光中的部分辐射就被吸收，我们看到的颜色则与未被吸收的辐射及其波长范围相对应。

然而产生吸收的原因往往与过渡金属离子有关，当然并非总是如此。在分子化学中，颜色的产生有两种原因。d—d 电子跃迁导致许多过渡金属化合物具有颜色。例如，深浅不同的蓝色和绿色与不同的铜(Ⅱ)配合物有关。电子在阴离子和阳离子之间迁移的电荷转移效应往往是产生深色的原因，如高锰酸钾(紫色)和铬酸盐(黄色)。在固体中，颜色的另一种来源则涉及电子在能带之间的跃迁。

颜色可以用光谱技术作定量的测量，其中被样品发射或吸收的辐射以频率或波长的函数做记录。这些技术亦可用于检测可见区以外的红外或紫外区的跃迁或效应。一种包括红外、可见及紫外区的吸收光谱如图 11.21 所示。我们看到，在红外区存在着与晶格振动有关的吸收峰。在频率较高的范围，可能发生与 *d* 能级分裂、杂质离子、晶体缺陷等有关的电子跃迁，许多这样的跃迁却发生在可见区域而与颜色有关。

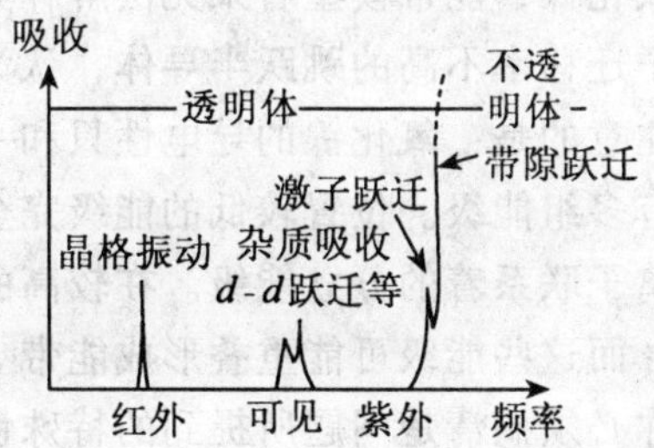

图 11.21　非金属固体的吸收光谱示意图

能带间跃迁的位置是重要的，它明显地影响着固体的导电性，也可能影响固体的颜色，并提供一个固体对辐射不透明的频率极限。

在图 11.21 所示的例子中，能隙很大，有几个电子伏特，落在紫外区域。因此这种固体将是一种不良的电子导体，除非有涉及存在于可见区的分立能级间的电子跃迁，否则它应当是无色的。有关的例子有：金红石 TiO_2(能隙 3.2eV)是白色的；而绿色的 Cr_2O_3(能隙 3.4eV)是因为 Cr^{3+}离子内的 d—d 跃迁。同样，绿色的 NiO(能隙 3.7eV)也是由于 d—d 跃迁。

有些固体，如亮黄色的 CdS(能隙 2.45eV)，能隙落在可见区域(1.7 ~

3.0eV)，因而直接对颜色起作用。

若能隙约小于1.7eV。固体就不可避免地呈暗色并吸收可见光。例如，PbS(能隙0.37eV)和CuO(能隙0.6eV)为黑色。这样的材料可能是一般的或非常良好的导电体。

用示于图11.21的光谱可以实现能隙的实验测定。但是能隙大的固体，可能会发生困难，对这些固体来说，激子跃迁可能发生在比能隙跃迁要小一点的频率上。这涉及向略低于导带底的分立能级上的跃迁，因而不可能清晰地分辨激子跃迁和能隙跃迁。

上面提到的有些固体可用于辐射探测装置，这些装置靠与发生能隙跃迁联系着的吸收起动。例如，PbS，PbSe和PbTe在红外区域具有能隙约0.3eV，被用于红外探测器。相应的镉的硫族化合物具有在可见区的能隙，被用于曝光表。

固体材料中三种主要的成键类型是离子键、共价键和金属键。在每一种类型的范围内可以举出许多典型的例子。然而，大多数无机固体并不是唯一地从属于哪一种特定的类型。在这里，不再考虑固体中实际存在的成键效应的广泛可变性，而仅限于判断什么时候用能带模型比成键模型更合适。

成键的能带模型显然适用于像金属和某些半导体那样有自由运动电子的体系。迁移率的实验测定指出，这些电子具有高度的流动性而与个别原子无关。另一些半导体，像掺杂氧化镍，能带模型看来无法解释其电学行为。证据表明可把这些材料看成是电子迁移率不高的跳跃半导体，认为d电子占据镍离子的分立轨道。然而，值得注意的是：氧化镍的导电性只和一或二组能级有关。像其他材料一样，氧化镍有多组能级。位置较低的能级完全被电子占有，这些能级是与个别阳离子和阴离子联系着的分立能级。在较高的能量处存在着许多通常全无电子的激发能级，而这些能级可能重叠形成能带。在问键合或能带模型哪一个最合适的时候，你必须搞清楚问题所提到的特殊性质或特殊能级组。例如，在紫外光照射下显示电子导电性的许多以离子键键合的固体最好还是用能带理论来描述。

11.8 超导性与超导体

1911年荷兰物理学家卡麦琳·翁奈(Kamerlingh Onnes)研究水银在低温下的电阻时，发现温度降低至4.2K以下，水银的电阻突然消失。后来又陆续发现十多种金属(如Nb，Tc，Pb，La，V，Ta等)都有这种现象。这种在超低温下失去电阻的性质称为超导电性，相应的这类物质即谓超导体。若用超导金属制成一闭合环，且通过电磁感应在环中激起电流，那么该电流将在这封闭环中维持长达数年之久。虽然超导现象发现甚早，20 世纪 30 年代就已建立了超导理论的基础，50 年代又出现了超导微观理论，为超导体的应用研究提供了理论基础。但是，在实用上的突破，却是在 60 年代以后，1961 年首次将 Nb_3Sn 做成实用螺管（磁场 8.80T，电流密度 10^5 A/cm^2），接着出现了Nb-Zr，Nb-Ti 和 Nb_3Al，Nb_3Si，$Nb_3(Al_{0.75}Ge_{0.25})$，V_3Si，V_3Ga，$PbMoS_8$ 等一系列超导合金和化合物，逐步形成了一个新的技术领域——超导技术。1969 年制成了热磁稳定性良好的超导纤维。这是在超导应用上的又一飞跃，促使了超导技术在 20 世纪 70 年代的大发展。在当前一系列现代尖端科学技术（磁流体发电、受控热核反应、宇宙航行和高能物理等）发展中，建立高磁场强度、大体积磁体是必不可少的。譬如，受控热核反应之所以能成为现实，并在实用中显示巨大优越性，其关键之一是要有理想的磁体，而强磁场、大体积超导磁体技术的发展则是上述尖端科学发展的先决条件。

世界各国最为重视并且研究竞争最为激烈的超导材料，长期以来只限于金属、合金及金属互化物，20 世纪 80 年代以来多集中于镧或钇的化合物上，如钇钡铜氧化物、镧锶铜氧化物等。

11.8.1 超导体的基本特征

1. 零电阻效应

金属产生电阻的原因有两方面：一是原子的热运动（声子）对电子的衍射，这种电阻随温度的下降而减小；二是晶体缺陷和杂质原子对电子的衍射，它与温度无关。高温时以前者的（声子）贡献为主，低温时不纯金属以杂质贡献为主，称为剩余电阻；很纯的金属才能看到声子电阻。因此要验证低温下金属电阻与温度的关系，要求金属越纯越好。1911 年卡麦琳·翁奈发现，水银的电阻在温度降到 4K 附近时突然消失。经过反复试验，它确认了这个结果。他称水银进入了零电阻的超导状态。后经物理学家进一步的测定，确定零电阻是任何超导体的基本特征之一，称之为零电阻效应。对水银，4.2K 是其超导转变温度，也叫临界温度，以 T_c 表示。当温度高于 T_c 时，材料处于有电阻的常导态。

2. 迈斯纳效应

迈斯纳（Meissner）于 1933 年通过实验证明，当金属在外磁场中冷却而常导态转变为超导态时，体内原有的磁力线立即被推出体外。而且若对超导体施以强外磁场（$\leqslant H_c$），体内亦将没有磁力线透过。也就是说，超导体不仅是一个理想的导电体，而且也是一个理想的抗磁体。这一特征叫完全抗磁性或迈斯纳效应。这是超导体的第二个基本特征。

因此，人们在确定一个样品是否为超导体时，常要考察这两个基本特征。

11.8.2 超导体的分类及性质

超导体可分为两类：第一类超导体(包括除铌和钒以外的纯金属)和第二类超导体(铌、钒和所有超导合金及化合物)，前者之意义仅局限于固体物理、超导理论等科研领域，具有实用价值的却是大量的第二类超导体。

第一类超导体除了由过渡到超导态的转变温度(T_c)来表征外，尚有以下临界参数和性质：

(1)临界磁场(H_c)。

当金属已处于超导态时，若施以足够强的磁场，便能破坏其超导性，使它由超导态转变为常导态，电阻重新恢复。临界磁场即是指这种破坏超导态所需的最小磁场强度。一般地，临界磁场和温度有如下关系：

$$H_c = H_0\left(1 - \frac{T^2}{T_c^2}\right), \quad T \leqslant T_c \tag{11.1}$$

式中，H_0 为 0K 时的临界场强，由上式可知，当 $T = T_c$ 时，$H_c = 0$，随着温度的降低，H_c 渐增，并至 0K 时达到最大值 H_0。第一类超导体的临界磁场值不太大，约为 10^{-2}T 的数量级。

(2)临界电流(I_c)。在第一类超导体中，电流是在它的表层(δ 约为 10^{-5}cm)内流动的，当电流值达到临界值时，超导性亦将遭受破坏。事实上，在表面流动的电流会产生一个磁场，相应于临界电流的磁场，其值即为临界磁场(H_c)。所以，临界电流不仅是温度的函数，而且与磁场有密切的关系。

(3)比热容突变。第一类超导体在磁场中过渡到超导态时，有潜热发生，属一级相变，若外磁场为零，物质在临界温度(T_c)下转入超导态时，将没有转变潜热，为二级相变。但物质的比热容在超导转变时将发生突变，见图 11.22。

(4)同位素效应。超导体的临界转变温度和其同位素质量有关。同位素质量愈大，转变温度便愈低。例如，原子量为 199.5 的汞同位素，它的临界转变温度是 4.18K，而原子量为 203.4 的汞同位素，临界温度却为 4.146K。这种同位素效应可用下式表示：

$$T_c \cdot M^{1/2} = 常数 \tag{11.2}$$

由于同一元素各同位素的差别在于原子核的质量，因此同位素效应表明，在超导现象中，电子和晶格振动的相互作用是一个重要的原因。

此外，在超导转变(T_c)时，物质的某些物理性质亦将改变。如热电动势消失，霍耳效应和超声吸收都改变了，还观察到对红外线的吸收等。

第二类超导体发现于 1930 年，这类超导体的特征是存在两个临界磁场：

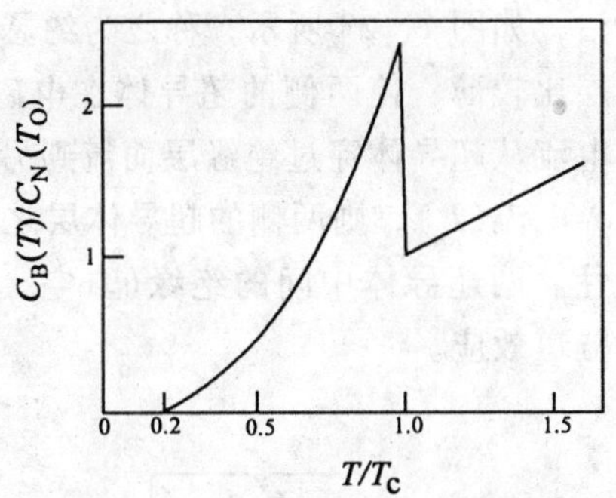

图 11.22　超导转变时的比热容突变图

下临界磁场(H_{c1})和上临界磁场(H_{c2})。在磁场小于 H_{c1} 时，第二超导体的性能与第一类超导体相同，当磁场达 H_{c1}，磁力线将突然穿透超导体，并在一较宽的磁场范围内透过直至 H_{c2}。超导体处于 H_{c1} 与 H_{c2} 之间的状态称混合态，此时，第二类超导体不存在迈斯纳效应。在磁场中，由超导态过渡到正常态属二级相变。某些第二类超导材料(如 Nb_3Sn，V_3Si，V_3Ga，Nb_3Ge，$Nb_3(AlGe)$，$PbMoS_8$ 等)的上临界磁场 H_{c2} 能高达数十特斯拉。但是，对理想的第二类超导体而言，当处于与传输电流相互垂直的磁场大于 H_{c1} 而小于 H_{c2} 时，它不能既承载电流而又不破坏其超导性。

实际上，一般制得的第二类超导体(如 Nb-Zr，Nb-Ti 合金和 Nb_3Sn，V_3Ga)均存在超过原子尺度的化学和物理的不均匀性(如第二相析出物、位错等)。这种不均匀的第二类超导体称为硬超导体。它除了具有表征第二类超导体的全部性质外，还表现如下特性：

(1)硬超导体在磁场中通过电流而不破坏超导性，有时临界电流(I_c)可以很高。超导体的临界电流与其变形程度有关，变形程度愈大，它的临界电流也就愈高。

(2)超导体中的临界电流与其横截面的面积成正比。

(3)硬超导体的磁化曲线与理想的第二类超导体不同，它存在着磁滞回线。

所以，在某些场合称硬超导体为第三类超导体或强磁场超导体。

11.8.3　超导隧道效应

20 世纪 60 年代在超导研究中的另一个重大发现是超导隧道效应，它首先由约瑟夫森在理论上预言，不久后即被实验证实，所以也叫约瑟夫森效应。这个效应是在弱连接超导体中发现的。所谓的弱连接超导体是在两块超导体中间夹一块纳米厚度的绝缘膜，形成超导层-绝缘层-超导层(S-I-S)的结构，类似于夹层很薄的一块三明治，如图 11.23 所示，称之为约瑟夫森结，也叫超导隧道结。由于中间的绝缘层比较薄，使两侧的超导体在电磁性质上弱耦合在一起。假如，当有一很小的电流从超导体穿过绝缘层而流到另一超导体时，该电流没有超过这种结构的临界电流(I_c)，则两侧的超导体层之间没有电压，整个弱连接超导体呈现零电阻性。两超导体中间的绝缘(真空，正常)层能让超导电流通过的现象即叫超导隧道效应。

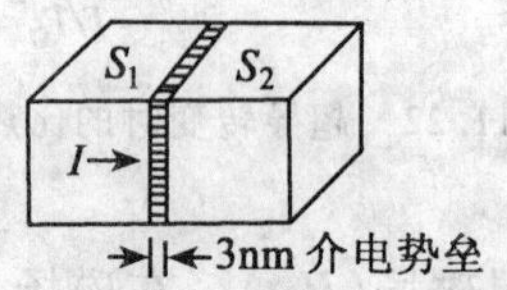

图 11.23　约瑟夫森结示意图

根据以上隧道结的原理，两块超导体中间夹一层金属也可形成约瑟夫森结(S-N-S)。进而中间不夹东西(真空)，只是靠得很近也可形成约瑟夫森结(扫描隧道电子显微镜(STM)用的结)。约瑟夫森结还可以是两块超导体的点接触，或微桥接触等结构，其关键是让两块超导体间能有弱连接而导致隧道效应。弱连接超导体中的弱体现在两方面：一是结的临界电流(I_c)很小，这意味着很小的电流就会破坏零电阻性；二是它对磁场极为敏感。在此，很弱的磁场是指通过结的磁通量只要变化 $\Phi_0/2$ 时就足以使通过结的电流从最大变到最小。因为 Φ_0 是个极小的磁通量，利用这个对微弱磁通量极度灵敏的特性，制成了直流超导量子干涉器件(DC SQUID)，它是超导量子干涉器件的一种。同样利用约瑟夫森结也制成了交流(射频)SQUID。约瑟夫森效应已成为微弱电磁信号探测和其他各种电子学应用的物理基础。另外还有一种叫单电子隧道结的隧道结，在该结上产生单电子隧道效应。单电子隧道效应是测量超导能隙的一个重要方法，扫描隧道电子显微镜(STM)就是根据单电子隧道效应的基本原理造成的。

11.8.4　超导理论基础

为什么有些物质在低温下会出现超导现象呢？1957 年，巴丁(Bardeen)、库柏(Cooper)、施瑞弗(Schrifer)在量子理论基础上提出了现代超导微观理论(BCS 理论)。他们指出，超导现象与电子对的形成有关。按量子力学理论计算证明，物质中能量处于靠近费米能级的导带中的电子，由于和晶格热振动的相互作用，也即在金属中的电子通过交换声子，产生了形成电子对的吸引力，使两个自旋相等而方向相反的电子配成一对，而这种电子对能不散开作自由运动形成超导电流。一切电子对都具有相同的总动量。虽然在超导态中电子的热散射仍存在，但它只能破坏个别的电子对，且单个电子又会和晶格热振动相互作用(交换声子)形成新的电子对。电流的大小是由电子对的总动量决定的，电子散射并不能改变它，因而保证了电流的连续性。在超导体中，除了电子对外，还有平常的电子气。于是，可认为在超导体中存在着两种电流：平常电流和超导电流。当超导体的温度从热力学零度上升时，热运动将破坏越来越多的电子对，电子气占的成分逐渐增加。最后达到临界温度(T_c)时，电子对将全部消失，从而进入常导态。根据这个 BCS 理论，能比较满意地说明超导电现象和第一类超导体的性质，但是尚不能完满地解决完全抗磁性问题。

至于第二类超导体特性的由来，可能在于这类超导体中存在着能使电子散射的缺陷，并由此导致电子自由程(l)的减小。当缺陷的浓度使电子自由程减小到小于电子对的尺度时，则 l 便起着电子对尺度的作用。随着杂质浓度或其他缺陷数目的增加，使得电子对的尺度小于磁场穿透深度。这时，超导相和正常相之间的表面能恰与第一类超导体相反出现了负值。图 11.24 表示了超导相(S 相)和正常相(N 相)之间表面能的形成机理。曲线 Δ 为电子对的结合能，它在 S 相时，有一定值，在 N 相时为零，而这表面能不可突然由 Δ(S 相中)转变为零(N 相中)，而是在电子对的尺度上逐渐地衰减。S 相和 N 相之间的平衡，只是在 N 相内的磁场等于临界磁场时才可能。该磁场值(图中实线 H)在 S 相中经穿透深度 λ 衰减至零。图(a)中是第一类超导体的情况，电子对尺度 ξ 大于穿透深度 λ。为了便于说明，以陡直的边界代替连续的渐变曲线讨论之。垂直虚线 A 的 S 侧，电子对的结合能即视做 S 相深处的结合能；而在其 N 侧，视为零。同样，磁场在虚线 B 的 N 侧视为临界磁场值，S 侧为零。这样出现了两个边界：一个是对应于磁场的(B 线)，另一个则是对结合能而言的(A 线)。在 A 与 B 之间，既无磁场，结合能也为零。因此，AB 层具有附加的能量，它相当于所有的电子对均遭破坏，边界上出现附加的能量导致体系处于不稳定状态，而任何体系都趋于进入较低能态。在第二类超导体中，情形恰好相反，磁场穿透深度 λ 大于电子对的尺寸 ξ。A 与 B 线交换了位置，如图(b)所示。这样，在 BA 层中，在磁场存在时，部分电子将结合成电子对，导致该区的能量比 N 相更小，即表面能为负。显然，这种状态是稳定的。于是，对第二类超导体来说，可分裂为很多互相交替的超导和正常相区域。

从以上理论分析可知，任何第一类超导体，当它具有一定的杂质浓度使电子自由程足够小，则将成为第二类超导体。通常以参量 $\varkappa$ 来判别超导体属于哪一类，该参量定义为：

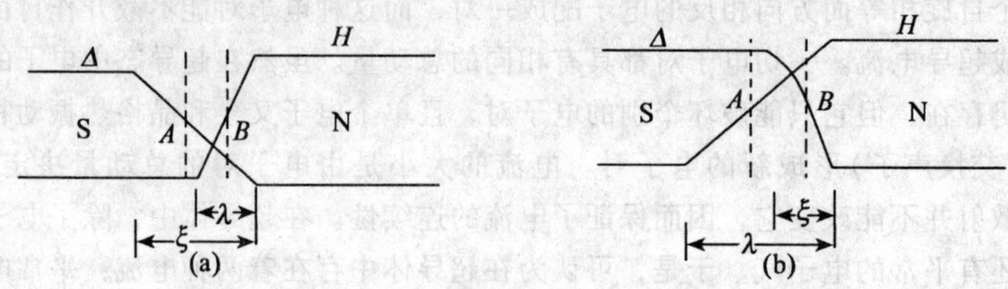

11.24　超导相和正常相间的表面能产生的示意图

$$x = \sqrt{2} \cdot \frac{2e}{\eta c} H_{cb} \lambda^2 \quad (11.3)$$

式中，e 是电子电荷，H_{cb} 为大块超导体的热力学临界磁场，c 为光速，λ 是穿透深度。当 $x<1/\sqrt{2}$，则为第一类超导体；$x>1/\sqrt{2}$ 者便属第二类超导体。

若在处于混合态的第二类超导体中通一与磁场方向垂直的超导传输电流，则将非常不稳定。这是因为超导电流与第二类超导体内量子化的磁力线作用产生洛伦兹力，导致磁力线的运动，结果破坏超导性。在硬超导体中，因存在物理和化学的不均匀性，这种不均匀性将起着“钉扎”磁力线束的作用，阻止了磁力线的运动，从而得到很高的临界电流密度。

11.8.5　超导体研究进展和应用

虽然自 20 世纪 50 年代以来超导理论有了很大进展，先后提出了许多超导模型，但就实际情况来看，至今尚难以断定哪个模型是唯一正确的。它们各自有其合理性，同时亦存在局限性。在许多超导实验中，常发现这些机理并不互相排斥，相反地表现出互为补充，若把几种模型结合起来考虑能说明更多的实验结果。现在所有的超导理论共同存在着一个严重的不足，即它们并不能预料实际的超导材料性质，也不能说明由哪些元素和如何配比时才可得到所需临界参量(如液氢、液氖、液氮温度)的超导材料。因此，在超导材料的研究中，与固体化学的其他领域相仿，实验研究是起着首要作用的。最有现实意义的是对现已积累的大量实验资料进行综合分析研究，从中得出经验规律。这对寻求和探索一些符合实用要求的超导材料将具有非常有益的指导作用。譬如，有很大实用价值的 Nb_3Sn 和 $Nb_{0.8}(Al_{0.75}Ge_{0.25})_{0.2}$ 等超导化合物，就是按经验规律而求得新材料的典型例子。

目前已应用的超导材料有两类：一类是要求其承受大电流和强磁场，称之为强电超导材料。它们可又分为两种，一种是合金，如铌钛合金等，它们的机械性能好，即强度大，韧性好，容易生产，价格便宜，性能稳定，安全可靠，是广泛使用的超导材料。另一种是铌三锡等金属间化合物，其优点是临界磁场高，但机械性能差，较难生产，使用不便，价格昂贵，一般用作高磁场材料。另一类是利用约瑟夫森效应，只涉及小电流和弱磁场，叫弱连接超导材料或超导电子材料，其应用目前仅限于高科技仪器方面。近年重点研究的是高温超导材料，主要集中在寻找高临界温度和高临界磁场的材料上。它们大多是镧或钇的化合物。如1986年日本东京大学发现$(LaBa)_2Cu_{4-y}O_{7-x}(4>y>1,\ x>0)$的$T_c\approx30K$。1987年中国科学院物理研究所宣布，在$Ba_xY_{5-x}Cu_5O_{5(3-y)}$系统中$(x=0.75$或$1,\ y>0)$出现零电阻的温度是78.5K。此后，北京大学、中国科学院金属研究所、中国科技大学等单位也研制出了液氮温区超导体。后来又报道制得了$YBa_2Cu_3O_{7-x}$块体和薄膜，其零电阻温度分别为88.5和90K。

超导体过去主要用来产生强磁场，其潜在的应用包括变压器、磁流体动力磁铁、控制热核聚变的磁瓶、磁矿石分离管以及磁悬浮的高速列车和作为传输电功率的电缆等。利用超导电缆可以使大量的电功率长距离无损耗地传送，为能源利用创造最佳条件。

11.9 电 介 体

材料可根据其对外加电场的响应方式划分为两种类型：一类是以电荷长程迁移(即传导)的方式对外加电场做出响应，这类材料即为导电材料；另一类是以感应的方式对外加电场做出响应，即沿电场方向产生电偶极矩或者电偶极矩的改变，这类材料即为电介体。电介体又可分为极性电介体和非极性电介体两种类型。前者由极性分子组成，即使在无外加电场存在时分子的正负电荷中心都不相互重合，存在固有的电偶极矩，它与铁电性有密切的关系。后者由非极性分子组成，在无外加电场存在时分子的正负电荷中心相互重合，无电偶极矩存在。只是在外加电场作用下分子的正负电荷中心产生相对位移，出现电偶极矩。电介体是电的绝缘体。它们主要应用于电容器及电绝缘体中。为了能在实际中得到应用，它们应该具有以下的性质：①高的介电强度，即可经受高压而不致降级转变为导体。②低的介电损失，即在交变电场中表现为热形式的电能损失应为最小。其他电介体有关的性质如铁电性、压电性和热电性将在以下几节中讨论。现在先讨论在交变电场中电介体的行为。

如前所述将一电场加在电介体上，会导致材料内部发生电荷的极化作用，虽然不可能引起离子或电子的长程运动。当电场除去后，极化作用即随之消失。

介电性质可以用材料在平行板电容器中的行为来定义。这是一对彼此平行的平板导体，两板间隔为d，远小于平板的线度，如图11.25所示。若两平板之间是真空，则电容C_0定义为：

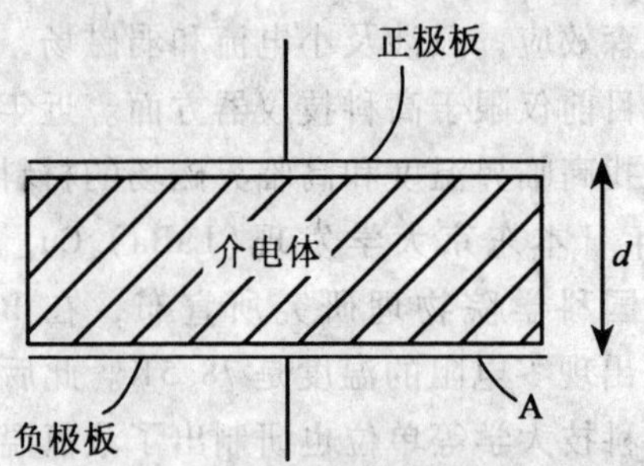

图 11.25　平行板电容器两板间的电介材料

$$C_0 = \frac{e_0 A}{d} \tag{11.4}$$

式中，e_0 是自由空间电容率，为 $8.854\times10^{-12}\mathrm{Fm}^{-1}$；$A$ 是平板的面积。由于 e_0，A 和 d 都是常数，因此电容只与电容器的大小有关。当一电位差 V 加于两极之间，电荷量 Q_0 即储存在两板上：

$$Q_0 = C_0 V \tag{11.5}$$

假如将一种电介物质置于两板之间，并施加相同的电位差，那么储存的电荷量增加至 Q_1，而电容则增至 C_1。电介质的介电常数或相对电容率 ε' 与电容的增加有关：

$$\varepsilon' = \frac{C_1}{C_0} \tag{11.6}$$

ε' 的数值取决于发生在电介材料中的极化或电荷位移的程度。在空气中，$\varepsilon'\approx1$。对于大多数离子型固体，$\varepsilon'=5\sim10$。对于铁电性物质，如 $BaTiO_3$，$\varepsilon'=10^3\sim10^4$。

电介物质的极化率 α 被定义为：

$$p = \alpha E \tag{11.7}$$

式中，p 是由局部电场 E 诱导的偶极矩。极化率有四个可能的分量：

$$\alpha = \alpha_e + \alpha_i + \alpha_d + \alpha_s \tag{11.8}$$

这四个分量如下：

(1)电子极化率 α_e。它是原子中带负电荷的电子云相对于带正电的核发生微小位移引起的。电子极化率存在于所有的固体中，在某些固体如金刚石中，由于没有离子、偶极及空间电荷极化率，它是介电常数的唯一贡献者。

(2)离子极化率 α_i。它是固体中阴离子和阳离子间微小位移或分离引起的。在离子晶体中，它是极化作用的主要来源。

(3)偶极极化率 α_d。它存在于如 HCl 或 H_2O 那样有永久电偶极的物质中。

这类偶极可改变它们的取向，而且它们倾向于与外电场顺向排列。由于偶极在低温时可被“冻结”，这种效应受温度的影响一般是很大的。

(4)空间电荷极化率 α_s。它存在于那些不是理想的、然而其内部可发生某种长程电荷迁移的电介物质中。例如在 NaCl 中，利用阳离子空位之类的晶体缺陷，阳离子可优先地朝负极方向迁移；因此，在电极-NaCl 界面处建立起一个双电层。当这类效应显著时，将这类物质看做导体或固体电解质要比看做是电介物质更恰当些。可以测得高达 $10^6 \sim 10^7$ 的表观介电常数(相当于约 10^{-6}F 双层电容)，但这些数值在传统电介物质的概念上是没有意义的。

不是所有的物质都能显示上述四种类型的极化作用，但是 α 值递变的顺序通常是：$d>c>b>a$。实验上可以在很宽的交流频率范围内，综合利用电容电桥、微波及光学测量的方法，可把对 α 和 ε'的四种贡献分开来，如图 11.26 所示。在低频例如声频(约 10^3Hz)下，所有四种分量(若存在的话)对 α 都有贡献。在射频(约 10^6Hz)下，大多数离子导电物质中可能来不及发生空间电荷效应而实际上已被“松弛”了。在微波频率(约 10^9Hz)下，大多数离子导电物质中可能来不及重新定向就已“松弛”。离子极化作用的时间尺度在高于红外频率(约 10^{12}Hz)时，这种极化作用不会发生，此时只留下了电子极化作用，它可发生在紫外区，然而在 X 射线频率下也被“松弛”了。

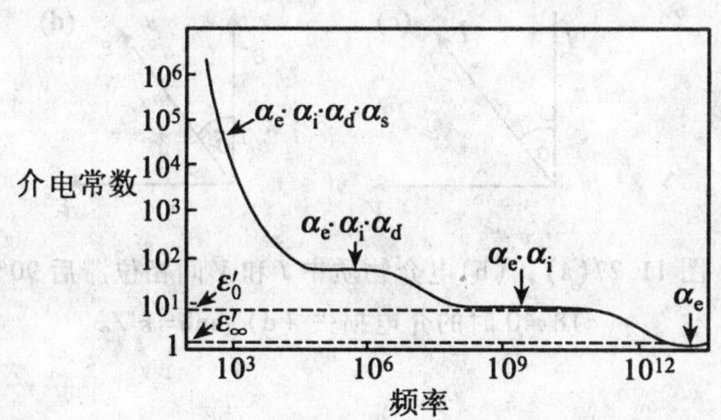

图 11.26　在电介物质中的极化效应

在不含 α_s 和 α_d 贡献的良好电介物质中，极限低频电容率 ε_0 主要是由 α_i 和 α_e 构成。电容率 ε_0'可通过交流电容电桥测得，电容值是当在电容器或电池的两板之间加入或不加入电介物质时确定的(式 11.6)。只含有 α_e 贡献的 ε'_∞ 值，可以通过折射率(可见光频率)的测定，用简单的关系式即可求得：

$$n^2 = \varepsilon'_\infty \tag{11.9}$$

对于相当典型的离子晶体 NaCl，ε_0'和 ε'_∞的数值分别是 5.62 和 2.32。为获得电介物质的详细信息，一般需要在覆盖声频、射频及微波区的很宽频率范围内测试。测量结果被绘成 Cole-Cole 复合电容率图或作为介电损失因子 $\tan\delta$ 得到。让我们讨论电介物质对交变电场的响应。如果一低频正弦电动势加在电介物质上，在电场逆转以前各种极化作用都可能发生。这些极化过程会通过电介物质传递能量，与交流电是等价的。在低频时，交流电恰好超前电动势90°，如图 11.27(a)和(b)所示。这正是对理想电介物质预期的性质，因为此 Joule 发热的能量损失为零，即对于 I 和 V 之间的位相差为 90°的矢量积 $\boldsymbol{I}\times\boldsymbol{V}$ 为零。这种情况下能量通过样品的传递不发生介电损失。随着频率增加，就会出现离子极化作用(假如 $\alpha_s\alpha_d=0$)再也不能跟上交变电动势的情况。于是电流超前电压小于 90°，即相差一个角度(90°$-\delta$)。与电压同相的电流有一分量 $I\sin\delta$，如图 11.27 所示。这就使能量以热的形式被消耗，此即介电损失。

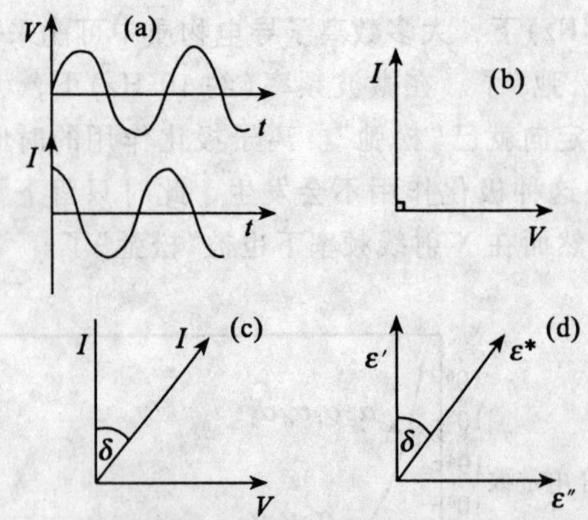

图 11.27(a)，(b)电介物质中 I 和 V 间相位滞后 90°

(c)δ≠0 时的介电损失 (d) $\tan\delta=\varepsilon''/\varepsilon'$

δ 很大时的频率与图 11.26 中 ε' 不是常数，而是对应于在 ε'_0 和 ε'_∞ 之间变化的区域。在此区域中，可用复数表示电容率 ε^*：

$$\varepsilon^* = \varepsilon' - j\varepsilon'' \tag{11.10}$$

式中，ε' 是 ε^* 的实部，等价于测得的介电常数；ε'' 是损失因子，是物质中电导或介电损失的一种量度；$\tan\delta$ 由比值 $\varepsilon''/\varepsilon'$ 给出，如图 11.27(d)所示。ε' 和 ε'' 随频率的变化如图 11.28 所示；ε'' 有特征的频率依赖性，当 ε' 随频率变化的速率达到最大时，正是 ε'' 通过一个最大值的频率。这种 ε'' 的峰形称为 Debye 峰。它由公式表征：

$$\varepsilon'' = (\varepsilon'_0 - \varepsilon'_\infty)\frac{\omega\tau}{1+\omega^2\tau^2} \tag{11.11}$$

式中，$\omega=2\pi f$，τ 是离子极化作用的特征弛豫时间或衰减时间；当 $\omega\tau=1$（即 $\omega=\tau^{-1}$）时，ε''峰有一最大值，它可表示为：$\varepsilon''\max=\frac{1}{2}(\varepsilon'_0-\varepsilon'_\infty)$。

结果也可用称为 Cole-Cole 图即复合平面图表示，这是 ε''对 ε'点绘的图，如图 11.29 所示。要注意，ε'是由下式得出的：

$$\varepsilon'=\varepsilon'_\infty+\frac{\varepsilon_0'-\varepsilon'_\infty}{1+\omega^2\tau^2}$$

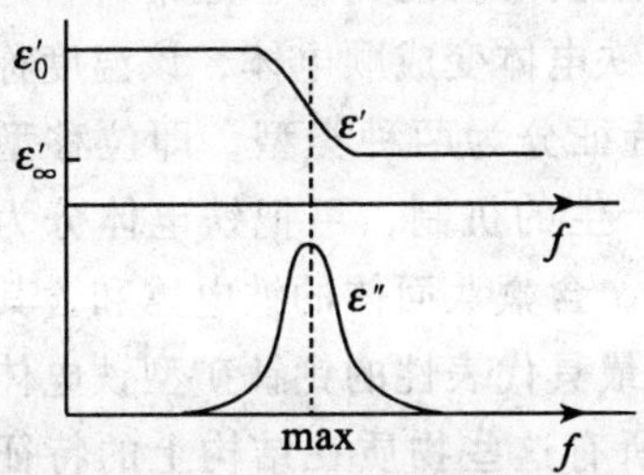

图 11.28 频率 ε'与 ε''的关系

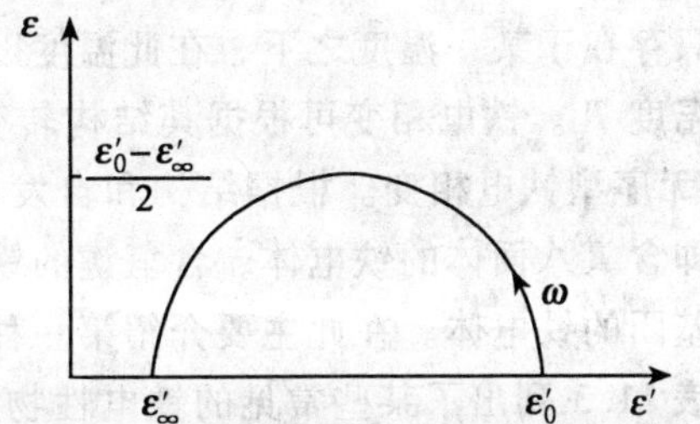

图 11.29 电介物质的 Cole-Cole 复合平面图

结果都落在半圆上，将数据外推至与 ε'轴相交，可以得到 ε'_0 和 ε'_∞ 值。

实际上，Cole-Cole 图并不常常正好是半圆，而是存在不同程度的变形。与此相似，介电损失的 ε''峰也并不是对称的 Debye 峰，而常常是不对称地展宽。解释这些变形峰的传统方法是把这些峰看做是相当数量的各自发生在不同频率处多个 Debye 峰的叠加。这就引出了弛豫时间分布的概念。

近年来，这个传统的方法已引起了争议，主要是 Jonscher 提出了他的所谓"普适介电响应定律"（Law of universal dielectric response）。他导出了一套能很好符合实验数据的公式。可适合于各种材料（也可以是导电体）介电损失的公式之一是：

$$\varepsilon''\propto\frac{\sigma}{\omega e_0}$$

$$\propto\left(\frac{\omega}{\omega_p}\right)^{n_1-1}+\left(\frac{\omega}{\omega_p}\right)^{n_2-1} \tag{11.12}$$

式中，ω 是角频率 $2\pi f$；ω_p 是载流子的跳跃频率；n_1，n_2 是常数。该公式的固有意义是，各个极化事件是不会彼此独立发生的，而只能是协同地相互作用，不论它们是导体中离子的跳跃还是电介物质中偶极的重新定向。这意味着，若在晶体中一个偶极重新定向，就一定会影响晶体中邻近的偶极。但是怎样用 Jonscher 定律来定量解释这类现象还不清楚。

11.10 铁电性

铁电体(ferroelectrics)是电介体的一个亚类，其基本特征是具有自发极化，并且这种极化可以在外加电场作用下改变方向。由于自身结构的原因，铁电体同时具有压电性和热电性，某些铁电体还具有非线性光学效应、电光效应、声光效应、光折变效应和反常光生伏达效应。铁电体的这些性质使得它们可以将声、光、电、热效应相互联系起来，成为一类重要的功能材料。通常材料的铁电性只存在于某一温度之下，在此温度以上，铁电体变成顺电体，该温度称为居里温度 T_c。铁电相变可根据其结构转变的特征分为两种类型，即位移型和有序-无序型铁电相变。根据结构和自发极化产生的机制，可把铁电体分为四类，即含氧八面体的铁电体、含氢键的铁电体、含氟八面体的铁电体和含其他离子基团的铁电体。在此主要介绍第一种，即最具代表性的钙钛矿型铁电体。

表 11.3 列出了某些常见的铁电性物质。所有这些物质在结构上的特征都是有一类阳离子(例如在 $BaTiO_3$ 中有 Ti^{4+})可以相对于它们邻近的阴离子发生显著的位移(例如 0.01 nm)。这类电荷位移形成了铁电性物质的特征——偶极和很高的介电常数。

$BaTiO_3$ 是典型的具有钙钛矿结构的化合物。在 $BaTiO_3$ 的立方晶胞中，钛离子占据了角顶的位置，氧离子占据了立方体棱的中心，而钡离子则处于立方体的体心。也可以用另一种分布方式描述它，即钡离子位于立方晶胞的角顶，钛离子位于体心，氧离子则占据面心位置。不管哪一种方式，结构总是由(TiO_6)八面体组成的，它们共享角顶互相联结，成三维骨架，在这个骨架内，钡离子占据了十二配位的空隙。

表 11.3　　某些铁电物质

名　称	化学式	T_c(℃)
钛酸钡	$BaTiO_3$	120
罗谢尔(Rochelle)盐	$KNaC_4H_4O_6 \cdot 4H_2O$	-18 ~ +24
铌酸钾	$KNbO_3$	434
磷酸二氢钾，KDP	KH_2PO_4	-150
钛酸铅	$PbTiO_3$	490
铌酸锂	$LiNbO_3$	1210
钛酸铋	$Bi_4Ti_3O_{12}$	675
钼酸钆，GMO	$Gd_2(MoO_4)_3$	159
锆钛酸铅，PZT	$Pb(Zr_xTi_{1-x})O_3$	取决于 x

理想的立方钙钛矿结构(对 $BaTiO_3$ 在 120℃以上是稳定的)，因电荷对称分布，而没有净的偶极矩。因而材料的行为如同正常的电介物质，虽然它有极高的介电常数。低于 120℃时，$BaTiO_3$ 发生结构畸变。由于钛偏离它的中心位置而移向一个角顶氧的方向，TiO_6 八面体不再是规则的。这产生了一种自发极化。如果所有的 TiO_6 八面体中均发生相似的平行位移，就会使固体有一个净极化。

在铁电性物质 $BaTiO_3$ 中，各个 TiO_6 八面体始终是极化的；外加电场的作用是迫使各个偶极与电场方向一致。当所有偶极完全顺向排列后，就达到了饱和极化的状态。从 P_s 的测量可估算出钛偏离八面体中心大约 0.01nm，而且偏向其中的一个氧。这已为 X 射线结晶学所证实。与八面体 TiO_6 中 Ti—O 平均键矩约 0.195nm 相比，0.01nm 或 10pm 的距离是很小的。偶极的排列如图 11.30(a) 所示，每个箭头代表一个畸变 TiO_6 八面体，并且仅表示共同的畸变方向。

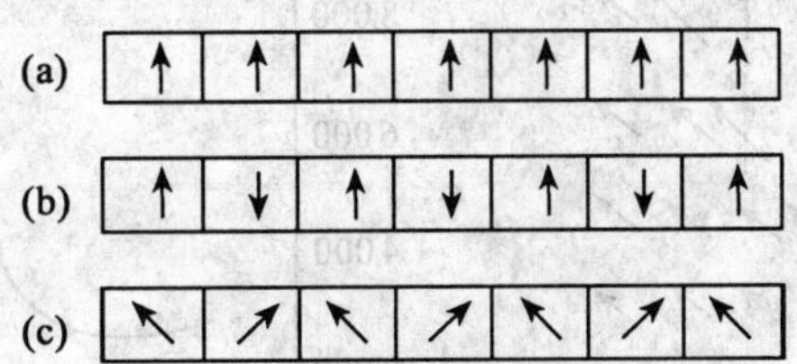

图11.30　在不同电介物质中偶极的排列
(a)铁电性物质；(b) 反铁电性物质；(c) 亚铁电性物质

在像 $BaTiO_3$ 这样的铁电性物质中，因相邻 TiO_6 偶极倾向于彼此平行排列而形成畴构，如图 11.31 所示。畴的大小是可变的，但一般十分大，横切几个到几十纳米。在一个单畴内，偶极的极化有一共同的结晶学方向。一块铁电性材料的净极化是各个畴极化的矢量和。

将一个电场加到铁电体上，导致净极化的改变。这由以下几种可能的过程引起：

(1)畴的极化方向可能改变。如果畴内所有 TiO_6 偶极改变它们的取向，例如在图 11.31 中的畴ⓘⓘ 内全部偶极改变它们的方向以与畴ⓘ 中的偶极平行，就将发生这种情况。

(2)每个畴的 P 值可能增加，特别是当施加外电场前，偶极取向存在混乱。

(3)畴壁的移动可能发生，以损失一些取向不利的畴来使取向有利的畴长大。例如在图 11.31 中，当畴壁向右移动一步，畴ⓘ 即可长大。为此，畴ⓘⓘ

边上的偶极就要将它们的取向变为虚线所示的位置。

铁电性状态一般存在于低温条件下，因为高温下不断增加的热运动的影响足以打乱相邻八面体中共同的位移，从而破坏了畴结构。发生破坏时的温度就是铁电体的居里温度 T_c，如表 11.3 所示。高于 T_c 时，材料呈顺电性(即非铁电性)。高于 T_c 时，仍可维持高的介电常数，如图 11.32 所示，但在没有外电场时，不能再保留剩余极化。高于 T_c 时，ε' 通常由居里-韦氏定律得到：$\varepsilon'=C/(T-\theta)$。这里 C 是居里常数，θ 是居里-韦氏温度。通常 T_c 和 θ 是一致的，或者只相差几度。T_c 时铁电性-顺电性转变是一个有序-无序相变的实例。但是，与黄铜中的有序-无序现象不一样，不发生离子的长程扩散。相反，在低于 T_c 时发生的有序化则涉及多面体的择优性畸变或倾斜，因此，这是一种移位式相变的例子。在高温的顺电性相中，多面体的畸变或倾斜如果发生的话也将是混乱的。

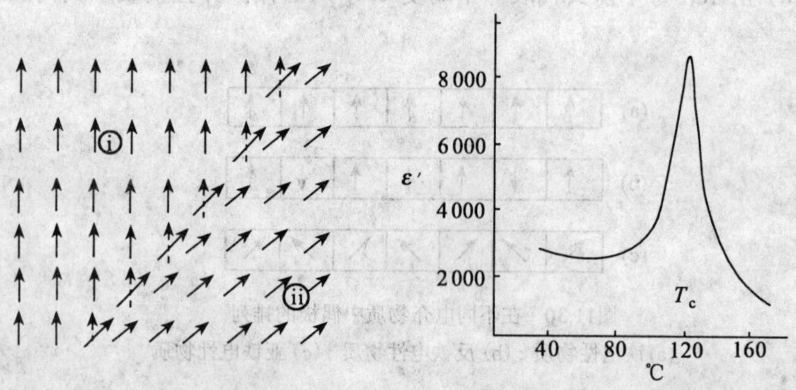

图 11.31 被畴壁分开的铁电性畴　　图 11.32 $BaTiO_3$ 陶瓷的介电常数

能显示自发极化并成为铁电体的晶体，一个必要条件是，它的空间群应该是非中心对称的。在 T_c 以上稳定的顺电性相的对称性是中心对称的，而在冷却时发生的有序化转变只是涉及将对称性降为一个无对称中心的空间群。

目前人们已知有数百种铁电性物质，包括很多具有畸变(非立方的)钙钛矿结构的氧化物。它们均含有易于处在畸变八面体环境中的阳离子如 Ti^{4+}，Nb^{5+}，Ta^{5+}，而且在 MO_6 八面体内的不对称成键引起了自发极化和偶极矩。并不是所有的钙钛矿结构都是铁电性的，例如 $BaTiO_3$ 和 $PbTiO_3$ 是铁电性的，而 $CaTiO_3$ 则不是，这可能与所涉及离子的半径有关。很可能是较大的 Ba^{2+} 离子引起晶胞膨胀相对于 Ca^{2+} 的大，这导致 $BaTiO_3$ 中有较长的 Ti—O 键，使 Ti^{4+} 离子在 TiO_6 八面体中有较大的可动性。其他铁电性氧化物含有不对称成键的阳离子，是由于在它们外价电子层中存在着孤对电子。它们均是重的 p 区元素，其氧化态比族的序数少 2，例如 Sn^{2+}，Pb^{2+}，Bi^{3+}等。

因为铁电性氧化物有很高的介电常数(特别是接近 T_c 时)，它们被应用于电容器中。在实际使用中，为使 ε'最大，有必要移动居里点，使它接近室温。若 Ba^{2+}或 Ti^{4+}被其他离子部分取代，$BaTiO_3$ 的居里温度 120℃，如图 11.32 所示，可被降低及加宽。$Ba^{2+} \rightleftharpoons Sr^{2+}$的取代使晶胞收缩，并降低 T_c，若"活泼"Ti^{4+}被"不活泼的"四价离子如 Zr^{4+}和 Sn^{4+}所取代，导致 T_c 的迅速降低。

铁电性材料在以下两方面区别于一般的电介物质：①极大的电容率；②在撤除外电压后，有保持某种剩余电极化的可能性。随着加在电介物质上电位差的增加，诱导极化 P 或储存电荷 Q 会成正比地增加[(11.5)式]。但对于铁电体，如图 11.33 所示的 P 和 V 之间简单的线性关系不再成立。相反，观察到的是有滞后回线的更复杂的行为。在电压增加时观察到的极化行为并不在随之减少电压时重现。铁电体在高电场强度下显示饱和极化 P_s (23℃ 时，$BaTiO_3$ 的 $P_s = 0.26\,C\,m^{-2}$)和剩余极化 P_R，后者是 V 在降至零时保持的值。为了将极化降为零，就需要一个相反的电场，这即是矫顽场 E_c。

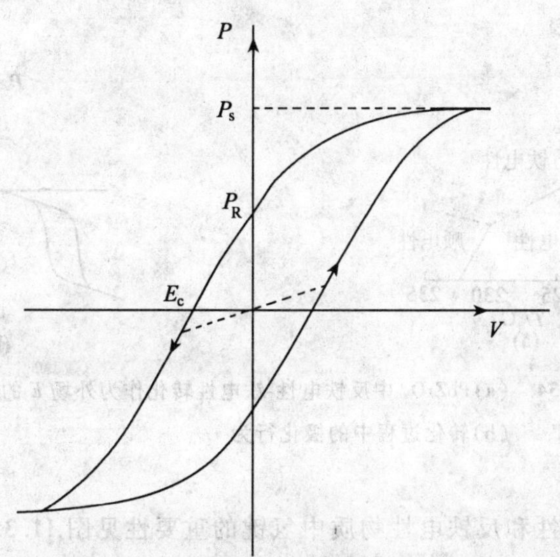

图 11.33　铁电性物质的滞后回线

通过原点的虚线表示正常电介物质的行为

一类有关的自发极化发生在反铁电性物质中。在这类材料中，虽然也能产生各个偶极，但它们通常使自己与邻近偶极成反平行排列，如图 11.30(b)。因此净的自发极化为零。高于反铁电性居里温度时，材料转变成正常的顺电性行为。反铁电性物质和它们的居里温度的例子是：锆酸铅 $PbZrO_3$，233℃，铌酸钠 $NaNbO_3$，638℃以及磷酸二氢铵 $NH_4H_2PO_4$，-125℃。

反铁电体的电学特性与铁电体有相当大的差别。反铁电状态是一种非极性状态，不产生滞后回线，虽然在接近 T_c 时电容率可能有很大增加（对于 $PbZrO_3$，200℃时，$\varepsilon' \approx 100$；230℃时，$\varepsilon' \approx 3\ 000$）。有时，反铁电状态中偶极的反平行排列仅比铁电状态中的平行排列稍微稳定一点，条件的小小改变可能导致相变。例如，加一电场于 $PbZrO_3$，它即可从一个反铁电体转变为铁电体的结构，如图 11.34(a)所示；所需要的场强与温度有关。因此，极化行为就如图 11.34(b)所示。在低场强度下，它没有滞后现象，此时 $PbZrO_3$ 是反铁电体，在高的正和负场强下，则产生了滞后回线，$PbZrO_3$ 呈现铁电性。

在图 11.30(c)中表示了一种有关类型的极化现象，其结构只在某一或某些方向上才是反铁电性的。在 x 方向上净极化为零，结构是反铁电性的，但在 z 方向上却发生了净的自发极化。这一类结构称为亚铁电性结构，例如它可发生在 $Bi_4Ti_3O_{12}$ 和一水合酒石酸铵锂中。

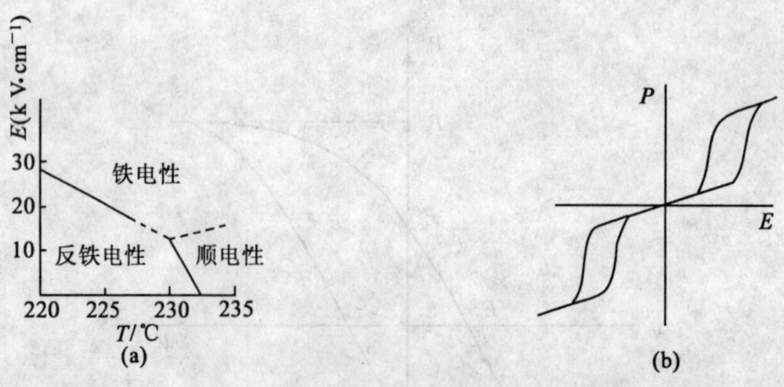

图 11.34 (a) $PbZrO_3$ 中反铁电性-铁电性转化作为外场 E 的函数；(b)转化过程中的极化行为

在一些铁电性和反铁电性物质中氢键的重要性见图 11.35 所示。铁电体 KH_2PO_4（如图 11.35(a)所示）和反铁电体 $NH_4H_2PO_4$（如图 11.35(b)所示）均由 K^+，NH_4^+ 离子（图中未绘出）和氢键联结起来的隔离的 PO_4 四面体所构成。这些氢键把相邻 PO_4 四面体中的氧联结起来。两边结构的主要区别在于氢键中氢的位置，两者均有大的正交晶胞，它们部分地沿 c 向下投影。看到的是 PO_4 四面体的轮廓，用正方形表示，每条对角线表示四面体上方的氧-氧边，因此氧位于正方形的角顶上。四面体的 c 的相对高度在图 11.35(a)中由磷的位置给出，它们与图 11.35(b)中的情况相同。四面体沿着 c 交错，使一个四面体

的上边 XX' 与两个相邻四面体的下边 YY' 有几乎相等的 c 高度。

每个 PO_4 四面体与相邻四面体形成 4 个氢键，在每个氢键中，氢均发生偏移，以便接近一个氧或另一个氧，也就是说，每一个氢键中氢原子的位置有两种选择，但都不会处于键的正中。因此每个 PO_4 四面体中，有 2 个氢是靠近的，另 2 个氢则相距较远。高温下，在 KH_2PO_4 和 $NH_4H_2PO_4$ 的顺电性状态中，氢随机地分布在每个键的两种位置上，得到一种无序的结构。低温下，在铁电性物质 KH_2PO_4 中，氢是有序的，两个氢均与每个 PO_4 四面体的上边相联。氢对于 PO_4 四面体内的自发极化有间接的作用，因为磷原子向下偏离氢原子，如图 11.36 所示。这产生了其方向与 c 平行的偶极。为使偶极方向逆转，并不需要整个地倒转四面体。在氢键中氢原子简单地移动一下即可达到相同效果。在图 11.35(a)中与上面的氧相结合的两个氢横向外移使与相邻四面体下面的氧相联；同时另两个氢则向内移动与下面的氧相联。氢原子的这种与 c 垂直的移动导致了偶极平行于 c 的逆转。

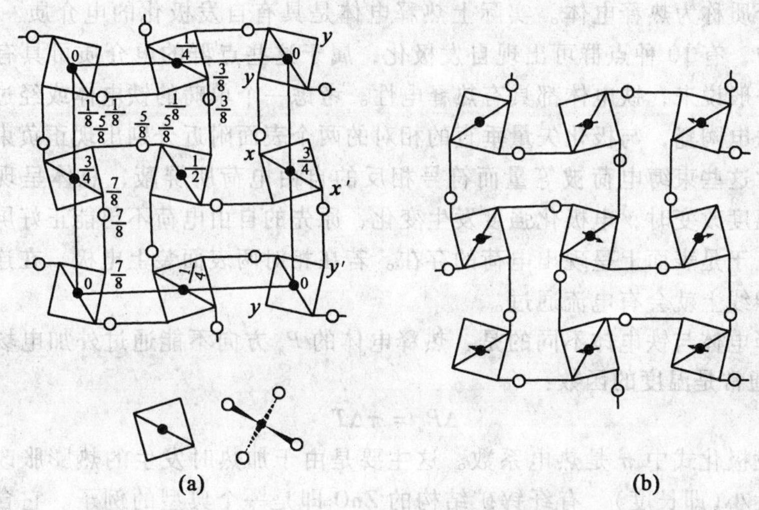

图 11.35　铁电体 KH_2PO_4(a)，反铁电体 $NH_4H_2PO_4$(b)和 POH 在(001)上的投影

在反铁电体 $NH_4H_2PO_4$ 中，每个四面体的两个氢与一个上面的氧和一个下面的氧相联，如图 11.35(b)所示，这产生了一个与 c 垂直[即在(001)面内]的偶极。偶极的方向由图 11.35(b)中的小箭头表示，从中可以看出整个晶体的净极化为零。

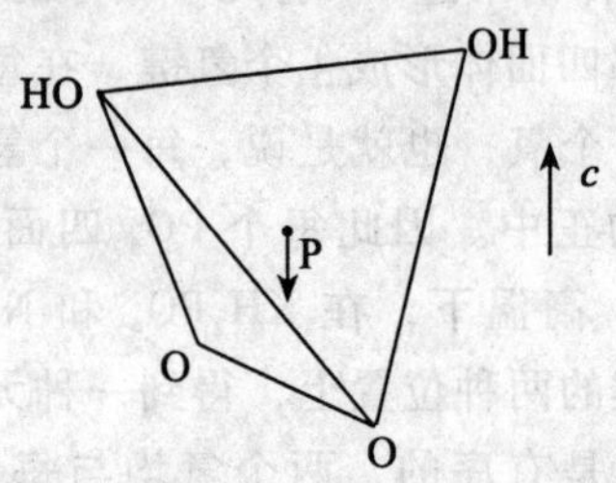

图 11.36 在 $PO_2(OH)_2$ 四面体中磷的位移引起自发极化

11.11 热释电性

热释电性(pyroelectricity)指的是某些电介质的电极化随温度改变的性质。这些电介质称为热释电体。实际上热释电体是具有自发极化的电介质。在32种点群中，有10种点群可出现自发极化，属于这些点群的电介质可具有热释电性。一般说来，铁电体都具有热释电性。考虑一个单畴的铁电体或经过极化处理的铁电陶瓷，与极化矢量垂直的相对的两个表面附近分别出现正负束缚电荷。通常这些束缚电荷被等量而符号相反的自由电荷所屏蔽，总体呈现电中性。当温度改变时，电极化强度发生变化，原先的自由电荷不再能正好屏蔽束缚电荷，于是表面上呈现出电荷的存在。若在相对两表面装上电极，在连接两电极的导线上就会有电流通过。

热释电体与铁电体不同的是，热释电体的 P_s 方向不能通过外加电场来逆转。P_s 通常是温度的函数：

$$\Delta P_s = \pi \Delta T$$

自发极化式中 π 是热电系数。这主要是由于加热时发生的热膨胀改变了偶极的大小(即长度)。有纤锌矿结构的 ZnO 即是一个典型的例子。它含有一个 O^{2-} 离子的六方密堆积排列，Zn^{2+} 离子位于四面体顶点位置上。ZnO_4 四面体都指向相同的方向，由于每个四面体都有一个偶极矩，故晶体有一净的极化。ZnO 晶体两个相对的(001)表面必分别包含 Zn^{2+} 和 O^{2-} 作为最外层的离子。但是，通常极性的杂质分子被吸附在晶体上以中和表面电荷。因此，晶体中的热电效应在恒定温度下常常是检测不出的，只有在加热晶体使 P_s 发生变化时才变得明显。

11.12 压电性

在外加机械应力作用下，晶体发生电极化或电极化的变化，这样的性质称为压电性。电极化的改变导致在晶体的一对面上产生了等量反号的电荷变化。具有压电性的物质称为压电体(piezoelectrics)。在压电体的适当方向上施加外电场会导致压电体发生应变，这一现象称为逆压电效应。

正像铁电体和热释电体的情况那样，压电晶体也必定属于一种非中心对称的点群。在32类点群中有20类点群不具有对称中心，属于这20类点群的电介体才可能是压电体。图11.37示出了压电晶体产生压电效应的机理。铁电体具有自发极化，它们不仅结构上没有对称中心，而且在无外力作用下晶胞的正负电荷中心就不相互重合。在应力作用下，其自发极化一般都要发生变化，因而常见的铁电体都是压电体。压电性的产生与物质的晶体结构及外应力的方向有关，例如石英在沿着[100]方向受到压缩应力作用可产生极化，但若应力沿[001]方向作用时，则不产生极化。极化 P 与应力 σ 均与压电系数 d 有关：

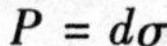

$$P = d\sigma$$

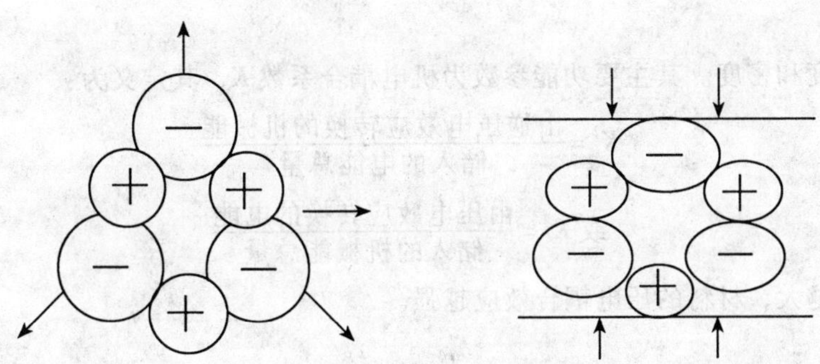

图 11.37　压电晶体产生压电效应的机理示意图

含有四面体基团的许多晶体如 ZnO，ZnS 都是压电性的，因为施加剪切应力会使四面体变形。锆钛酸铅 PZT 是最重要的压电物质之一，它是 $PbZrO_3$ 和 $PbTiO_3$ 之间的一个固溶体系列。这些固溶体在某些组成下也是反铁电体和铁电体，这由部分相图表示于图11.38中。最佳的压电体组成为 $x \approx 0.5$。

压电材料包括单晶、陶瓷、聚合物和复合材料。压电单晶材料有很强的各向异性，测量晶体沿各晶轴的压电系数是比较复杂的。陶瓷是大量晶粒的聚集体，尽管单个晶粒表现出压电性，但由于它们在空间的分布是无序的，各个晶粒的压电效应相互抵消，总体上表现不出压电性，故实际应用的压电陶瓷都是经过极化处理的铁电陶瓷。极化处理使铁电陶瓷保留沿极化电场方向的剩余极化，表现出单轴各向异性。应力造成剩余极化的改变就表现出压电性。

表征压电材料的物理量主要为压电系数、弹性系数、介电系数、热膨胀系

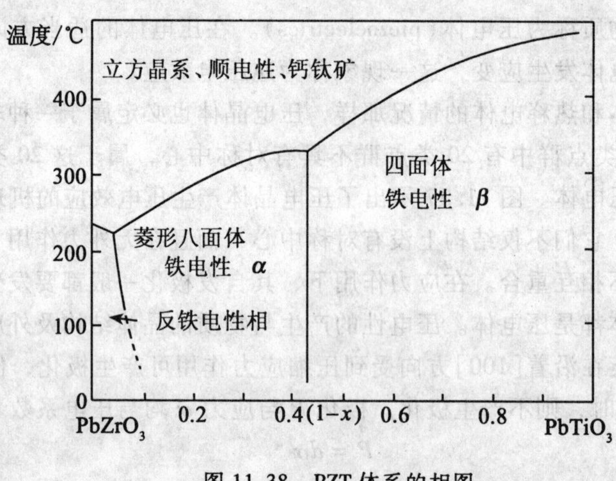

图 11.38　PZT 体系的相图

数、硬度和密度。其主要功能参数为机电耦合系数 K，其定义为：

$$K^2=\frac{\text{由逆压电效应转换的机械能}}{\text{储入的电能总量}}$$

$$\text{或 } K^2=\frac{\text{由压电效应转换的电能}}{\text{储入的机械能总量}}$$

此系数越大，材料的压电耦合效应越强。

11.13　铁电体、压电体及热释电体的应用

铁电性、压电性及热释电性这三种性质均涉及晶体中的极化效应。电介质的极化特性与其晶体结构有着深刻的内在联系，根据对称性，可将晶体分为 7 大晶系，32 种点群。研究表明，属于这 32 种点群的任一种的材料都可具有介电性。其中有 20 种点群不具有对称性，具有这 20 种点群结构的晶体的电偶极矩可因弹性形变而改变，因而具有压电性，并被称为压电体。在压电体中具有唯一极轴(又称自发极化轴)的 10 种点群可发生自发极化，即在无外加电场存在的情况下也存在电极化。一般说来，自发极化可因温度的变化而改变，具有这 10 种点群的晶体可呈现热释电性，并被称为热释电体。热释电体中又有一部分晶体其自发极化可在外电场的作用下改变方向，而且电极化矢量与外电场呈类似于磁滞回线的关系，这样的晶体被称为铁电体。

显然，铁电体、压电体及热释电体有很多共同之处。它们之间存在着如下的关系：很多物质都可归属于电介质这一总类中，它们的性质尤其是电性

质都受电场的影响。压电体是电介质的一个亚类。当施加机械应力时，压电体可产生电荷；反过来，在外电场作用下压电体又会产生机械应力。压电性物质中的一个亚类是热释电性物质，它能自发极化而显示净的偶极矩。某些热释电性物质也是铁电性的，因为它们自发极化的方向在外电场作用下可逆转。因此，根据定义，铁电性物质也都是热释电体和压电体，进而热释电性物质也是压电体。但反过来并不成立，即并不是所有压电性物质都是热释电体，等等。有关介电性、压电性、热释电性及铁电性相应的对称群和典型晶体如表 11.4 所示。

表 11.4　　**晶体介电性与其结构对称性的关系**

性能特征	对称群	典型晶体
介电性	32 种点群	高岭土 $Al_2Si_2O_5(OH)_4$，($\bar{1}$) 硫酸铜 $CuSO_4 \cdot 5H_2O$，($\bar{1}$) 亚硝酸钾 KNO_2，(m) 正长石 $KAlSi_3O_8$，($2/m$) 刚玉 Al_2O_3，($\bar{3}m$)
压电性	$\underline{1}$，$\underline{2}$，$\underline{4}$，$\underline{3}$，$\underline{6}$，$\bar{6}$ M，$2mm$ $4mm$，$3m$ $6mm$，$\bar{6}m2$ 222，422，322 622，23 $\bar{4}$，$\bar{4}2m$ $\bar{4}3m$ 20 种点群	低温石英 SiO_2，(322，或 32) 罗息盐 $NaKC_4H_4O_6 \cdot 4H_2O$，简称 RS，(2) 锗酸铋 $Bi_{12}GeO_{20}$，(23) 氧化锌 ZnO，($6mm$) 硫化锌 ZnS，($\bar{4}3m$) 高温石英 SiO_2，(622) 锗酸铅 $Pb_5Ge_3O_{11}$，($\bar{6}$) 铌酸锂 $LiNbO_3$，($3m$)
热释电性	$\underline{1}$，$\underline{2}$，$\underline{4}$，$\underline{3}$，$\underline{6}$ M，$mm2$， $4mm$，$3m$， $6mm$	铌酸锂 $LiNbO_3$，($3m$) 钛酸钡 $BaTiO_3$，($4mm$，$mm2$，$3m$) 碘硫化锑 SbSI，($mm2$) 硫酸三甘酞$(NH_2CH_2COOH)_3 \cdot H_2SO_4$，简称 TGS，(2) 硫化镉 GdS，($6mm$)

续表

性能特征	对称群	典型晶体
铁电性	$\bar{1}$，$\bar{2}$，$\bar{4}$，$\bar{3}$，$\bar{6}$ M，$mm2$，$4mm$， $3m$，$6mm$	磷酸二氢钾 KH_2PO_4，简称 KDP，($mm2$) β-钼酸钆 β-$Gd_2(MoO_4)_3$，($mm2$) 铌酸锂 $LiNbO_3$，($3m$) 钛酸钡 $BaTiO_3$，($4mm$，$mm2$，$3m$) 钛酸铅 $PbTiO_3$，($4mm$) 六水硫酸铝胍 $C(NH_2)_3Al(SO_4)_2 \cdot 6H_2O$，简称 GASH，($3m$) 硬硼钙石 $CaB_3O_4(OH)_3 \cdot H_2O$，(2) 亚硒酸三氢锂 $LiH_3(SeO_3)_2$，(m)

铁电体在工业上的主要用途是制作电容器。由于它们有高的电容率或介电常数，ε'一般在 $10^2 \sim 10^4$ 范围，因此可用于制造大型电容器((11.4)和(11.6)式)。$BaTiO_3$ 和 PZT(锆钛酸铅)是重要的工业用材料，其用于制造致密的多晶态陶瓷。作为对照，像 TiO_2 或 $MgTiO_3$ 这样的传统电介质，它们的 ε'值介于 10～100 之间。因此，若体积一定，$BaTiO_3$ 电容器的电容将是电介质电容器的 10～1 000 倍。

某些铁电体如 $BaTiO_3$ 和 $PbTiO_3$ 的一种与铁电性并无直接关系的重要用途是制造 PTC 热敏电阻，即具有正温度系数的对热敏感的电阻器。大多数非金属材料的电阻率随温度的升高而减小，即电阻率有负的温度系数(NTC)。但某些铁电体包括 $BaTiO_3$ 在内，当温度接近铁电性-顺电性转变点 T_c 时，其电阻率显示一种反常的巨大增加，如图 11.39 所示。尽管 ρ 值增加的原因还不很清楚，但 ρ 的增加与接近 T_c 时 ε'值大的增加还是相匹配的。PTC 热敏电阻器用作开关，当电流通过任何有电阻的材料时，由 I^2R 表示的 Joule 发热损失使材料加热。用一个 $BaTiO_3$ 热敏电阻器，当它受热时，电阻率急剧增大，随即使电流断开。用途包括：①热和电流的过载保护装置，其中热敏电阻的作用相当于可反复使用的保险丝；②时间延迟保险丝。

压电性晶体用作由机械能转化为电能或由电能转化为机械能的换能器已有多年了。它的用途很多，例如，用作传声器、话筒、扩声器和立体声拾音器中的双压电晶片；用作保险丝、电磁点火系统和打火器，以及声呐发生器和超声净化器。更为复杂的装置可使用于变压器、滤波器和振荡器中。以上大多数用途均是采用 PZT 陶瓷、石英、Rochelle 盐或 $Li_2SO_4 \cdot H_2O$。近年来压电材料在高科技中的应用越来越广泛，其主要应用领域如表 11.5 所示。

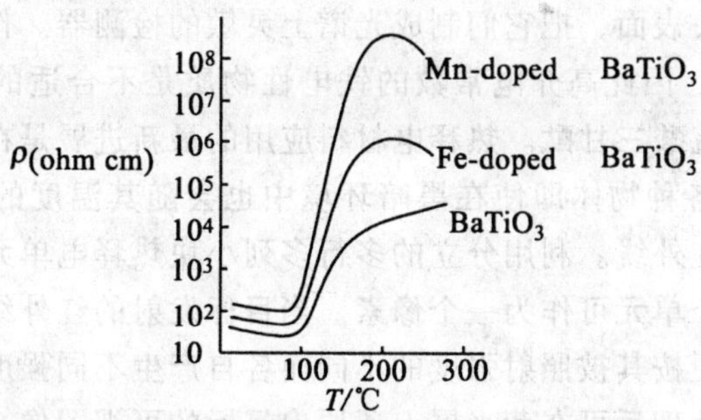

图 11.39　含不同掺杂物的半导体 $BaTiO_3$ 陶瓷中正温度系数的电阻率

表 11.5　　　　　　　　　　压电材料应用领域

应用领域		举　例
电　源	压电变压器	雷达、电视显像管、阴极射线管、盖革计数器、激光管和电子复印机等高压电源和压电点火装置
信号源	标准信号源	振荡器、压电音叉、压电音片等用作精密仪器中的时间和频率标准信号源
信号转换	电声换声器	拾声器、送话器、受话器、扬声器、蜂鸣器等声频范围的电声器件
	超声换能器	超声切割、焊接、清洗、搅拌、乳化及超声显示等频率高于 20kHz 的超声器件
发射与接收	超声换能器	探测地质构造、油井固实程度、无损探伤和测厚、催化反应、超声衍射、疾病诊断等各种工业用的超声器件
	水声换能器	水下导航定位、通信和探测的声呐、超声探测、鱼群探测和传声器等
信号处理	滤波器	通信广播中所用各种分立滤波器和复合滤波器，如彩电中频滤波器；雷达、自控和计算机系统所用带通滤波器、脉冲滤波器等
	放大器	声表面波信号放大器以及振荡器、混频器、衰减器、隔离器等
	表面波导	声表面波传输线
传感与测量	加速度计、压力计	工业和航空技术上测定振动体或飞行器工作状态的加速度计
	角速度计	测量物体角速度及控制飞行器航向的压电陀螺
	位移发生器	激光稳频补偿元件、显微加工设备及光角度、光程长的控制器
其他	非线性元件	压电继电器

热释电性晶体主要应用于红外辐射检测器。进一步，还可用适宜的吸收物质涂于晶体的探头表面，把它们制成光谱上灵敏的检测器。作为检测器，总希望 π/ε' 比值最大，因此高介电常数的铁电性物质是不合适的。已发现的最好的检测器材料是硫酸三甘酞。热释电材料应用的最新进展是在红外成像系统即“夜视”装置中。各种物体即使在黑暗环境中也会随其温度的变化发射具有不同强度和波长的红外线。利用分立的多行多列小块热释电单元作为红外摄像机的焦平面，每一个单元可作为一个像素。当目标发射的红外线成像于该焦平面时，各分立单元便按其被照射强度的不同而各自产生不同强度的电信号，这些电信号被放大和处理后可在荧光屏上还原出目标的可视图像。热释电红外成像系统的最大优点是不需要低温条件，可在室温下工作，因而可大大降低重量和成本，可以制成用于轻武器的夜间瞄准器等夜视器件。

习　题

11.1　钙的电子构型是 $1s^2 2s^2 2p^6 3s^2 3p^6 4s^2$，试说明何以钙显金属导电性。

11.2　画出能隙为 1.1eV 的硅的能带结构，要把它做成 p 型，你准备在硅中加什么元素？画出在价带顶上 0.01eV 处形成的受主能级的能级结构。室温下，受主能级的占有分数是多少？假定激发的几率正比于 $\exp(-E/kT)$。若杂质浓度是 10^{-4} 原子百分数，由杂质产生的载流子密度是多少？在没有杂质时，室温下的本征载流子浓度是多少？在什么温度下本征载流子密度等于杂质引起的载流子密度？

11.3　对具有能隙为 0.7eV 的锗重复上述问题。

11.4　为用于实际的半导体器件，为什么需要价带和导带间能隙大而价/导带和杂质能级之间间隙小的材料？

11.5　卤化钾对可见光是完全透明的。计算它们变成透明的波长，能隙数据给予表 11.2。

11.6　顺电性物质、铁电性物质、亚铁电性物质及反铁电性物质之间的区别是什么？

11.7　若把下列物质置于电容器平板间，你预期它们的表观介电常数大概是什么数值？(1)氩气；(2)水；(3)冰；(4)纯单晶硅；(5)纯单晶 KBr；(6)用 $CaBr_2$ 掺杂的 KBr 单晶；(7) $BaTiO_3$。

11.8　你预料下面两种物质的导电性与温度的关系可能有何不同？(1) $CaTiO_3$；(2) $PbTiO_3$。

11.9　你预料下列哪一种晶体(若有的话)可能会显示出压电性？(1) NaCl；(2) CaF_2；(3) CsCl；(4) ZnS，纤锌矿；(5) NiAs；(6) TiO_2，金红石。

11.10　讨论下述说法的真实性：“热释电性物质就是当加热时会产生净的自发极化的物质。”

11.11　什么是介电损失？它们的起因是什么？在用作电绝缘体的材料中它们怎样可以变得最小？

11.12　离子晶体的离子式电导的载流子是什么？它们是怎样形成的？在电场作用下，它们是如何运动的？

11.13　Fe_3O_4 和 Mn_3O_4 都具有尖晶石结构，Mn_3O_4 实际上是一种绝缘体，而 Fe_3O_4 几乎呈金属导电性，为什么？

11.14　区分压电体、热释电体以及铁电体的特点，并指出它们之间的关系。为什么说凡是铁电体必然是热释电体，凡是热电体必然是压电体，反之就不一定？

第十二章　固体的磁性质

磁性是所有物质的基本属性之一。通常所谓的磁性与非磁性，实际上是指强磁性及弱磁性。物质的磁性来源于原子的磁矩，原子的磁矩来源于未填满壳层中的单电子，即未成对电子。未成对电子通常定域在金属阳离子上，因此磁性行为主要限于分别具有未成对的 d 和 f 电子的过渡金属和镧系元素化合物。

在不同原子上未成对电子可随机取向的情况下，物质具有顺磁性。未成对电子可能平行取向，在这种情况下物质具有总磁矩并呈现铁磁性。相反，未成对电子反平行取向，则总磁矩为零，并呈现反铁磁性。若未成对电子自旋取向是反平行的，但两种取向的电子数不等，则产生一个净磁矩，呈现亚铁磁性。此外，大多数有机物和无机固体都呈现抗磁性。由上述可知，物质的磁性大体上可分为五类，即抗磁性、顺磁性、反铁磁性、铁磁性和亚铁磁性。前三种磁性很弱，而后两种则为强磁性。强磁性广泛应用于工程技术中，如磁性氧化物，特别是 $MgFe_2O_4$ 一类的铁氧体，是制作变压器磁芯、磁性记录和信息储存器件的材料。

磁性理论颇为复杂，为了能够判别不同种类的磁行为以及它们与晶体结构的联系，在此简要地介绍其基本的理论。

12.1　基本理论

12.1.1　物质在磁场中的行为

首先考察不同物质在磁场中的反应。若将一个物体放置在磁场 H 中，则物体内的磁力线密度叫做磁感应强度 B，其由下式给出：

$$B = H + 4\pi I \tag{12.1}$$

式中，I 为试样单位体积的磁矩。磁导率 P 和磁化率 κ 的定义为：

$$P = \frac{B}{H} = 1 + 4\pi\kappa \tag{12.2}$$

$$\kappa = \frac{I}{H} \tag{12.3}$$

摩尔磁化率χ为：

$$\chi=\frac{\kappa F}{d} \tag{12.4}$$

式中，F为试样的式量；d为试样的密度。

根据P，κ，χ的值及其与温度和磁场的关系如表12.1所列，可区别不同类型的磁行为。

表12.1　**固体物质的磁化率**

物质的类型	典型的χ值	随温度上升χ的变化	是否依赖于磁场
抗磁性物质	-1×10^{-6}	无变化	否
顺磁性物质	$0\sim10^{-2}$	下　降	否
铁磁性物质	$10^{-2}\sim10^{6}$	下　降	是
反铁磁性物质	$0\sim10^{-2}$	上　升	是

(1) 抗磁性。抗磁性物质的磁化率为负，其磁化强度I与磁场H反向，$P<1$，且与温度无关。抗磁性物质的原子或离子的电子壳层都是填满的，所以，它们的原子磁矩等于零，或虽原子磁矩不为零，但由原子组成的分子的总磁矩为零。虽然抗磁性普遍存在于所有材料中，但由于其磁化率很小，当材料的原子、离子或分子有固有磁矩时，顺磁磁化率掩盖了抗磁磁化率。只有无固有磁矩或固有磁矩很小的材料抗磁性才能表现出来。

(2) 顺磁性。顺磁性物质的磁化率为正，其磁化强度I与磁场H同向，$P>1$。顺磁性物质的原子或分子都具有未填满的电子壳层，所以有电子磁矩。但这些物质的原子或分子磁矩之间作用很微弱，对外作用相互抵消，所以不显宏观磁性。在外磁场中，呈现微弱的磁性。

置于磁场中的若是顺磁性物质，则穿过物体的磁力线的数目大于穿过真空时的数目；若是抗磁性的，则稍小些，如图12.1所示。因此，顺磁性物质为磁场所吸引而抗磁性物质稍受排斥。

(3) 反铁磁性。反铁磁性物质的$P>1$，而且κ，χ为正值。反铁磁性物质一个显著的特点就是磁化率κ在临界温度时出现极大值，这个临界温度叫奈尔温度。当温度T大于奈尔温度时呈顺磁性。反铁磁性是由原子或离子磁矩反平行排列所造成的。相邻近的磁矩反平行排列，使整个晶体中磁矩自发有序排列，两种相反方向的磁矩相互抵消，结果总磁矩为零。

(4)铁磁性。铁磁性物质的$P\gg1$，并观察到大的κ，χ值。这类物质受到磁场的强烈吸引，是一种磁性很强的物质。抗磁性物质和顺磁性物质只有在外

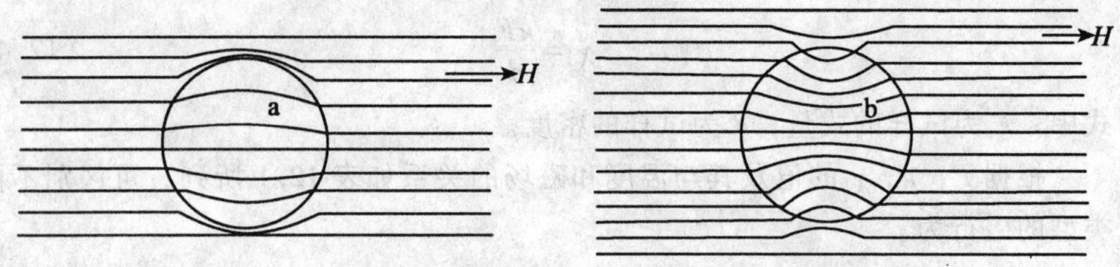

图 12.1　抗磁性物质(a)和顺磁性物质(b)在磁场中的行为

磁场的作用下才显示其抗磁性和顺磁性。而铁磁性物质即使无外磁场的存在，它们中的元磁体也会定向排列，这叫做“自发磁化”。事实上铁磁性是通过相邻晶格结点原子的电子壳层的相互作用而引起的，显然，电子壳层中必须有未成对电子。这种相互作用导致原子磁矩定向平行排列，并产生自发磁化现象。铁磁体内这些自发磁化的区域叫做“磁畴”。在外磁场作用下，促使磁畴磁化成同一方向，即表现出宏观的磁化强度。铁磁性物质只有在铁磁居里温度以下才具有铁磁性，在居里温度以上就会转变为顺磁性。这是因为促使原子磁矩定向排列的相互作用力并不很强，这种作用力受晶体热运动的干扰，会最终消失，从而使内部原子磁矩定向排列遭到破坏而失去铁磁性。

铁磁性物质的另一特点是，在外磁场作用下，磁化过程的不可逆性，即所谓的磁滞现象。

(5) 亚铁磁性 。亚铁磁性物质的 $P\gg1$，也有大的 κ，χ 值。顾名思义，亚铁磁性介于铁磁性和反铁磁性之间。和反铁磁性物质一样，它的原子磁矩之间也存在反铁磁性相互作用，只不过反平行排列的磁矩大小不相等，导致一定的自发磁化。因而，它也和铁磁性物质一样，具有自发磁化基础上的较强磁场和磁滞现象等磁化特征。

各元素的磁性可根据上述物质的各种磁性的原理来定性的理解和讨论。

从周期表的左侧ⅠA和ⅡA组开始，跨过过渡组ⅢB至ⅦB，直至ⅣA和ⅤA的一部分，为金属材料和半金属。它们的磁性来源于正离子满壳层的局域电子抗磁性 κ_{id} 和传导电子顺磁性 κ_{ep} 与抗磁性 κ_{ed} 的竞争，$\kappa=\kappa_{id}+\kappa_{ep}+\kappa_{ed}$。当 $\kappa_{ep}>|\kappa_{id}+\kappa_{ed}|$ 时，呈现顺磁性，反之呈抗磁性。碱金属、碱土金属和过渡金属除铍外均为顺磁性。前两族 κ 与温度的依赖性微弱，近于自由电子顺磁性。过渡金属中 d 带电子状态随原子序数作周期变化，使其 κ_{ep} 的数值作周期变化，温度系数或正或负。ⅠB族铜、银、金以右的金属中，正离子局域抗磁性占优势，$|\kappa_{id}|>\kappa_{ep}+\kappa_{ed}$，除铝和白锡($\beta$)外均呈抗磁性。半金属、锑、铋则由于有效质量 m^* 特别小，有大的传导电子抗磁性。ⅣA和ⅤA中的半导体及右侧

的非金属元素直至惰性气体，或为磁矩为零的共价键固体、液体或气体，或为满壳层的原子，均呈现局域电子抗磁性。在过渡族中，铬与锰为反铁磁性元素。铁、钴、镍为铁磁性元素。稀土族中多数在低温下有复杂的磁有序相变及复杂的磁结构。

12.1.2　居里(Curie)定律和居里-韦氏(Curie-Weiss)定律

不同种类磁性物质的磁化率可以根据它们与温度不同的关系和其绝对数值的大小来区分。许多顺磁性物质遵循简单的居里定律，特别是在高温下。这个定律指出磁化率与温度成反比：

$$\chi = \frac{C}{T} \tag{12.5}$$

式中，C 为居里常数。然而，通常与实验数据符合得更好的是居里-韦氏定律：

$$\chi = \frac{C}{T - \theta} \tag{12.6}$$

式中，θ 为韦氏常数。两种类型的性质以 χ^{-1} 对 T 作图，示于图 12.2 中。

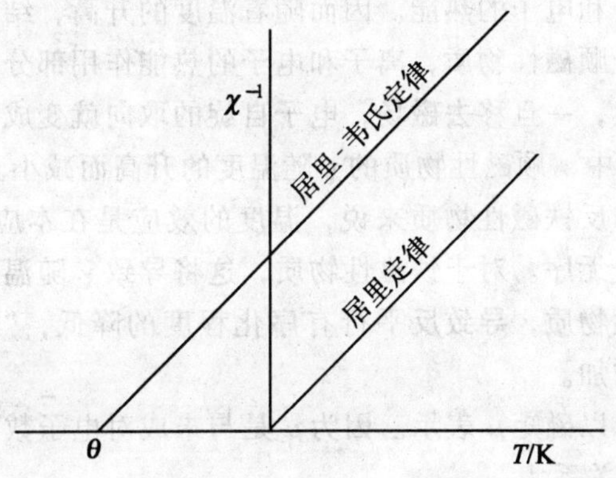

图 12.2　以磁化率的倒数对温度作图表明居里/居里-韦氏定律行为

对于铁磁性和反铁磁性物质，χ 对温度的关系不符合简单的居里/居里-韦氏定律，如图 12.3 所示。在低温下，铁磁性物质显示一个很大的磁化率，随温度的上升，磁化率急剧下降，如图 12.3(b)所示。高于某一温度(铁磁性居里温度 T_c)时，物质就不再具有铁磁性而转化为顺磁性，这时通常可观察到居里-韦氏行为。对于反铁磁性物质，如图 12.3(c)所示，在温度达到称为奈耳(Neel)点的临界温度 T_N 之前，χ 值实际上随温度上升而增加。高于 T_N，物质又转变为顺磁性。

不同物质中 χ 的大小及其随温度的变化可作如下的解释：

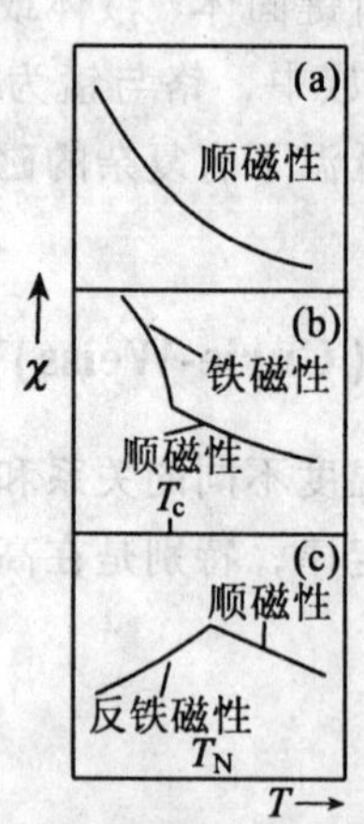

图 12.3　顺磁性物质(a)、铁磁性物质(b)、反铁磁性物质(c)的磁化率与温度的关系

顺磁性χ值对应于物质中存在未成对电子，并在磁场中显示某种程度顺向排列趋势的情形。在铁磁性物质中，由于晶体结构中相邻离子上自旋的协同作用，电子自旋平行取向，χ值之大表明大量的自旋为平行取向。除非所用的是非常高的磁场和低温条件，一般来说，对于给定的物质并非所有的自旋都平行取向。反铁磁性物质，电子自旋以反平行取向，对χ有抵消作用。因此可预期得到较小的χ值。残余的χ值可能与反平行自旋排列的无序有关。

对于所有的物质，升高温度的作用是增加了离子和电子的热能。因而随着温度的升高，结构无序的增大是一种自然倾向。对于顺磁性物质，离子和电子的热能作用部分抵消了外磁场的有序化效应。事实上，一旦移去磁场，电子自旋的取向就变成无序。因此，在居里/居里-韦氏定律中，顺磁性物质的χ随温度的升高而减小。

对于铁磁性和反铁磁性物质来说，温度的效应是在本应完全平行/反平行的自旋取向中产生无序。对于铁磁性物质，这将导致χ随温度的上升而迅速减小；对于反铁磁性物质，导致反平行有序化程度的降低，“无序的”电子自旋数增加，因而χ增加。

物质的磁性常以磁矩μ表示。因为μ是与未成对电子数直接相关的一个参数。μ与χ之间的关系为：

$$\chi = \frac{N_A \beta^2 \mu^2}{3kT} \tag{12.7}$$

式中，N_A是阿伏伽德罗常数，β是玻尔磁子，k是玻耳兹曼常数。将N_A，β和k值代入上式得：

$$\mu = 2.83\sqrt{\chi T} \tag{12.8}$$

磁化率和磁矩常用 Gouy 磁天平进行实验测量。试样置于由磁铁构成的极靴之间，监测试样质量的变化作为外磁场的函数关系。顺磁性物质的未成对电子受磁场的吸引，表现为在磁场开启后，试样的质量明显增加。测得磁化率要经过包括对试样及试样盛器的抗磁性在内的各种因素的校正。

12.1.3　磁矩的计算

未成对电子的磁性被认为有两个来源：电子自旋和电子的轨道运动。其中最重要的是自旋分量。可把电子设想为绕着自身旋转的一束负电荷。所产生的自旋磁矩 μ_s 为 1.73 玻尔磁子(BM)。玻尔磁子定义为：

$$1\text{BM} = \frac{eh}{4\pi mc} \tag{12.9}$$

式中，e 为电子电荷；h 是普朗克常数；m 为电子质量；c 是光速。

用以计算单电子 μ_s 的公式是：

$$\mu_s = g\sqrt{s(s+1)} \tag{12.10}$$

式中，自旋量子数 s 为$\frac{1}{2}$；g 是磁旋比，约等于 2.00。将 s，g 值代入，得到单电子的 $\mu_s = 1.73\text{BM}$。

所含未成对电子数>1 的原子或离子，总自旋磁矩为：

$$\mu_s = g\sqrt{S(S+1)} \tag{12.11}$$

式中，S 是各个未成对电子自旋量子数的总和。例如，高自旋的 Fe^{3+} 含有 5 个未成对的 $3d$ 电子，因而 $S=\frac{5}{2}$，$\mu_s = 5.92\text{BM}$。不同未成对电子数的 μ_s 计算值列于表 12.2 中。

表 12.2　　一些过渡金属离子的实验和理论磁矩

离子	未成对电子数	μ_s(计算)	μ_{S+L}(计算)	μ(观察)
V^{4+}	1	1.73	3.00	~1.8
V^{3+}	2	2.83	4.47	~2.8
Cr^{3+}	3	3.87	5.20	~3.8
Mn^{2+}	5(高自旋)	5.92	5.92	~5.9
Fe^{3+}	5(高自旋)	5.92	5.92	~5.9
Fe^{2+}	4(高自旋)	4.90	5.48	5.1~5.5
Co^{3+}	4(高自旋)	4.90	5.48	~5.4
Co^{2+}	3(高自旋)	3.87	5.20	4.1~5.2
Ni^{2+}	2	2.83	4.47	2.8~4.0
Cu^{2+}	1	1.73	3.00	1.7~2.2

在有些物质内，一个电子的绕核运动产生对总磁矩有贡献的轨道磁矩。在轨道磁矩做出完全贡献的情况下，总磁矩为：

$$\mu_{S+L} = \sqrt{4\ S(S+1) + L(L+1)} \tag{12.12}$$

式中，L 是离子的轨道角动量量子数。方程(12.10) ~ (12.12)适用于自由原子或离子。实际上固体物质中，当围绕着原子或离子的电场可约束电子的轨道运动，轨道角动量全部或部分地猝灭了，所以方程(12.12)是不适用的。

实验观察和用方程(12.11)和(12.12)计算的不同离子的磁矩一起列在表12.2中。在大多数情况下，观察结果近似或稍大于仅考虑自旋的计算值。

上面概述的关于磁矩的计算方法源于量子力学。方法的细节实际上是极为复杂的，即使这样，理论和实验之间的符合常常并不理想，如表12.2所示。常用的另一个简单得多的方法尤其为研究铁磁性和反铁磁性及其应用的人们所采用。这种方法规定单个未成对电子的磁矩等于1个玻尔磁子，对含有 n 个未成对电子的离子，其磁矩为 nBM。这样高自旋 Mn^{2+}，Fe^{3+} 都有5BM的磁矩。该法可用简单的方程定量化：

$$\mu = gS \tag{12.13}$$

式中，$g \approx 2.00$；离子的自旋态 $S = \frac{n}{2}$ 。以这种方法得到的数值低于真实值，如表12.2中第2列和第5列所示，然而它提供了一个近似而有用的表明 μ 大小的方法。对方程(12.13)所作的修正是使 g 成为一个可调参数。方程(12.13)被称作惟自旋公式，通过允许 g 值超过2，事实上已经考虑了轨道角动量对 μ 的贡献。例如，对于 Ni^{2+} 常用的 g 值在2.2~2.3的范围内。因为其简单，在讨论铁氧体相磁性时(参见12.2节)，我们将用方程(12.13)来计算 μ 值。

12.1.4 磁有序及超交换

在顺磁态，含有未成对电子离子的各个磁矩是随机排列的。仅在外磁场的作用下，才定向排列。这里虽未作详尽的说明，但偶极与磁场之间的相互作用能是容易计算的，它通常大于离子或偶极具有的热能 kT。

在铁磁性和反铁磁性状态，磁偶极的定向排列是自发的。这表明相邻自旋间的相互作用，必有某种正的能量，促使以平行或反平行的方式定向排列。自旋耦合或协同作用源于量子力学。可定性地理解这种效应，尽管尚需对如铁磁性铁和钴的行为作出完整的解释。

通过自旋耦合的发生而在例如NiO中产生反铁磁性的一种过程，叫做超交换，如图12.4所示。Ni^{2+} 离子有8个d电子。在八面体环境中，其中有2个电子分占 d_{z^2} 和 $d_{x^2-y^2}$ 的 e_g 轨道。这两个轨道是平行于晶胞轴取向的，因而直接指向相邻的氧离子。Ni^{2+}离子 e_g 轨道上的未成对电子可与 O^{2-}离子 p 轨道上的电子发生磁性耦合，这种耦合可能涉及形成一个激发态，其中电子从 Ni^{2+}离子的 e_g 轨道到氧的 p 轨道。O^{2-}离子的每个 p 轨道含有两个电子，它们也反平行耦合。故只要 Ni^{2+}和 O^{2-}离子充分接近，它们的电子发生耦合就是可能的，这种链式的耦合效应通过晶体结构，如图 12.4 所示。净效应是被插入的 O^{2-}离子隔开的相邻的 Ni^{2+}离子反平行耦合。

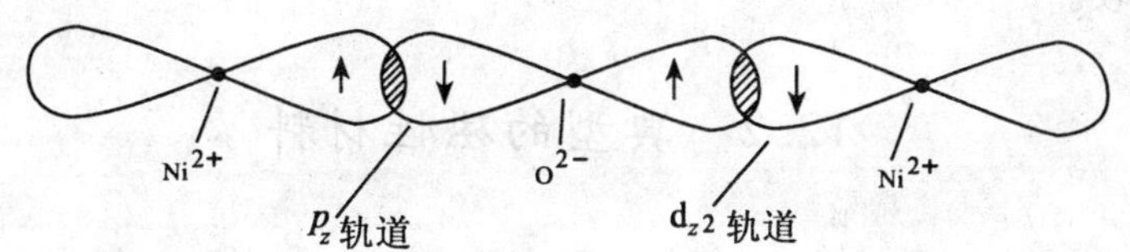

图 12.4　Ni^{2+}离子的 d 电子通过氧离子的 p 电子的反铁磁性自旋耦合

与铁电性物质的畴结构(参见第十一章)相似，铁磁性物质也有一种畴结构，称为磁畴。在每个磁畴内，所有自旋均为平行取向，但除非物质处在饱和条件下，不同的磁畴具有不同的自旋取向。

铁磁性物质对外磁场的响应类似于铁电体对外电场的响应(参见 11.11 节)。以磁化强度 M 或磁感应 B 对外磁场 H 作图，产生一个磁滞回线。以铁电体的极化对电压作图，可观察到类似的回线(参见图 11.33)。在足够高的磁场下，所有磁畴的自旋都成平行，就达到饱和磁化条件。在交变磁场中进行磁化和退磁过程中，能量通常以热的形式消耗，在一个完整的循环内，磁滞损失正比于磁滞回线的面积。对某些应用，需要低损失的材料，重要的是磁滞回线包围的面积应尽可能地小。

软磁性材料具有较低的矫顽力 H_c。矫顽力(参见图 11.33)是完成退磁化作用所需的相反磁场的大小。软磁性材料还具有低的磁导率。因此，磁滞回线是“瘦腰形的”同时面积也小。硬磁性材料具有高的矫顽力和高的剩磁 M_r。后者是在关掉磁场后仍能保留的磁化强度(参见图 11.33)。硬磁性材料不易退磁，因而可用作永磁体。

铁磁性材料具有优先的或“易”磁化方向；在铁中，这个方向平行于立方晶胞的晶轴，如图 12.5(a)所示。磁晶各向异性是改变优先方向的磁化强度所需的能量。

交变磁场中能量损失的另一个来源是与材料中由感应而产生的被称为涡流的电流有关。变化的磁场感生一个变化的电压，涡流损失为 I^2R 或 V^2/R。因此在高阻抗材料中，涡流减少到最小。大多数磁性氧化物比起金属来，一个优势是它们具有非常高的电阻抗。

大多数磁性材料表现出磁致伸缩性质，即在磁化时，它们能改变形状。例如镍和钴都在磁化方向收缩而在其垂直方向膨胀。铁在弱磁场中发生相反的情况，而在强磁场中，铁的行为如同镍和钴一样。有关形状的变化是微小的。磁致伸缩系数定义为 $\lambda_s = \frac{\Delta l}{l_0}$，当饱和磁化强度在 $1 \sim 60 \times 10^{-5}$ 的范围内，λ_s 随 H 升高而上升达到一个最大值。因此，这种效应可与材料的温度发生几度变化的效应相比较。

12.2 典型的磁性材料

12.2.1 金属和合金

五种过渡金属 Cr，Mn，Fe，Co，Ni 以及大部分镧系元素显示铁磁性或反铁磁性。很多合金和金属互化物也表现某种磁有序。

如图 12.5 所示，铁、钴和镍具有铁磁性。在体心立方 α-Fe 中，自旋指向[100]方向，平行于立方晶胞的棱，而面心立方的镍，自旋指向[111]方向，平行于立方体的体对角线；钴具有六方密堆积结构，其自旋取平行晶胞 c 轴的方向。这些例子清楚地表明铁磁性与晶体结构的特定类型无关。

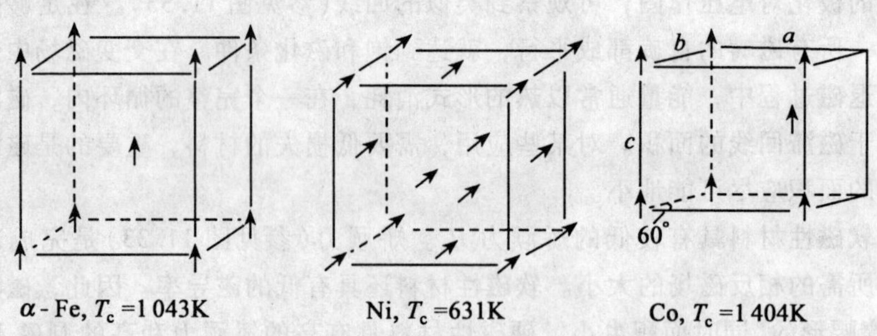

图 12.5 体心立方 α-Fe，面心立方 Ni 和六方密堆积 Co 中的铁磁性有序

在低温时，铬和锰均有反铁磁性，$T_N = 95\text{K}$(Mn)，313K(Cr)。锰有复杂的晶体结构，但铬类似于 α-Fe，具有体心立方结构。铬中的自旋以反平行方式排列，平行于立方晶胞的一根轴。

图 12.6 列举了铁磁性材料的一些特性。(a)表明磁化率或磁矩与温度的关系。虽然坐标标度稍有不同。纵轴表示铁的饱和磁化强度，相对于它在 0K 时发生的最大可能值，横轴是以实际温度与居里温度的比值——“对比温度”

为标度作图。因而在居里点时 $T/T_c=1$。运用这样的对比轴有利于对不同居里点和磁矩的材料进行比较。以这种方法作图，就能发现铁和镍具有十分相似的行为：在 0K 以上而 T/T_c 较小时，随温度的上升，饱和磁化强度几乎保持不变，尔后在趋近 T_c 时越来越快地下降。

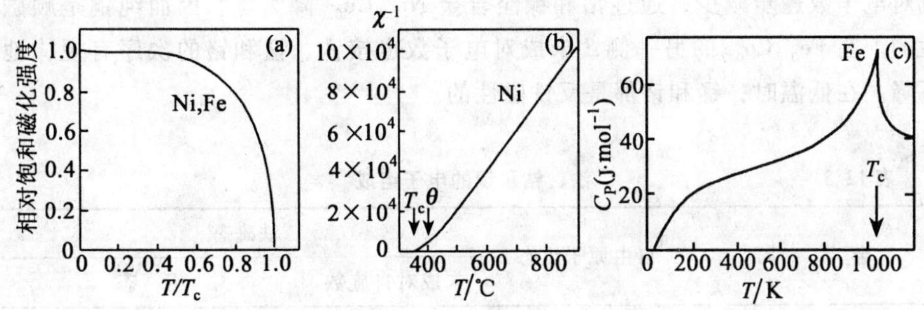

图 12.6 铁磁性材料的一些性质

(a)饱和磁化强度相对于在绝对零度时的值，作为对比温度的函数；

(b)镍的磁化率倒数与温度关系的居里-韦氏定律图，在接近 T_c 时出现偏差；

(c)铁的热容与温度的关系

超过居里点后，铁、钴和镍都是顺磁性的。当温度高于 T_c，可观察到居里-韦氏定律行为，但在 T_c 附近则发生偏差，如图 12.6(b)所示。这种偏差是由自旋间的短程有序作用造成的。在温度刚超过 T_c 时，铁磁态的长程有序消失，但保留着残存的短程有序。所以韦氏温度 θ 就是从 T_c 中扣除掉的那一部分。图中示出了镍的数据，铁和钴的行为相似。

在 T_c 点，由铁磁性到顺磁性行为的转变具有许多二级或 λ 相变的特征。它是有序-无序相变的一个经典例证。仅在 0K 时，才能获得完全的有序，在所有真实温度下，存在着无序，并随温度的上升而速度增大。这一点为热容在 T_c 时通过一个最大值所说明。

铁磁性的神秘问题之一是与它们在周期表中的位置有关，特别关系到有多少未成对电子对铁磁性做出了贡献，事实如下，试解释之。

第一过渡系中三个铁磁性元素的电子组态见表 12.3，第 2 列给出了基态自由原子的组态，在每种情况下 4s 能级是全充满的。在铁磁性态(第 4 列)，4s 能带未充满，而是有一部分电子在 3d 能带上。有关的证据来自能带理论计算，而且饱和磁化强度的数值与未成对自旋数成正比(第 3 列)。例如，铁每个原子有 2.2BM 的净磁矩，因此，每个铁原子平均有 2.2 个未成对 d 电子，即在 7.4 个 d 电子中，4.8 个具有一种符号，2.6 个具有另一种符号。问题是关于3d系元素或合金中对铁磁性做出贡献的未成对电子数的最大数目。显然，回答是每个原子有2.4个，但目前对可用2.4个这个数值的意义尚未作出令人满意的解释。有效未成对电子数随3d系内总电子数的变化而变化。对组成为$Fe_{0.8}Co_{0.2}$的合金，发现未成对电子数的最大值为2.4。随总电子数的增加，未成对电子数逐步减少，通过钴和镍至合金$Ni_{0.4}Cu_{0.6}$降为零。因而纯铜是顺磁性的。在$Fe_{0.8}Co_{0.2}$的另一侧，未成对电子数也按铁、锰和铬的次序有规律地下降。在低温时，锰和铬都是反铁磁性的。

表12.3　　铁、钴和镍的电子组成

金　属	自由原子组态	铁磁态	
		未成对自旋数	组　态
铁	d^6s^2	2.2	$d^{7.4}s^{0.6}$
钴	d^7s^2	1.7	
镍	d^8s^2	0.6	

d轨道的重叠程度和d能带的宽度似乎是一个重要因素，它与在3d过渡系中金属原子间的距离随原子序数增加直接相关。在距离短时，重叠程度大且量子力学交换力迫使自旋反平行耦合，如同在反铁磁性的铬、锰中见到的。随原子间距离的增大，重叠程度仍很大，但耦合产生平行排列，如在铁磁性的铁、钴、镍中那样。距离更大时，耦合变弱，因而观察到顺磁性行为，如铜。

与未成对4f电子有关，镧系元素具有磁有序结构。那些4f层是空的元素：La，$4f^0$；或全满的元素：Yb，$4f^{14}$，Lu，$4f^{14}$是例外。在低于室温时，大多数镧系元素有反铁磁性。某些镧系元素，特别是较后的镧系元素，在不同的温度下形成铁磁性和反铁磁性两种结构，随着温度的降低，这些元素总是出现这样的次序：

顺磁性→反铁磁性→铁磁性

奈耳和居里温度列于表12.4。出现例外的是钆，它不形成反铁磁性结构。

有几个反铁磁性的镧系元素表现另外一种称为变磁性的性质。当施加适当的高磁场，它们可以被感应向铁磁态转变。例如，镝在85K时是铁磁性的，但在较高温度下转为反铁磁性，施加一个磁场，则在85K到奈耳温度179K之间能保持铁磁态。

表 12.4 镧系元素的奈耳(反铁磁性)和居里(铁磁性)温度(K)

元素	奈耳温度 T_N	居里温度 T_c
Ce	12.5	
Pr	25	
Nd	19	
Sm	14.8	
Eu	90	
Gd	–	293
Tb	229	222
Dy	179	85
Ho	131	20
Er	84	20
Tm	56	25

12.2.2 过渡金属氧化物

第一过渡系的氧化物在性质上随原子序数和 d 电子数显示有规则的变化。二价氧化物 MO 的导电率变化，曾在第十一章中以 TiO 的金属导电性和 NiO 的绝缘性质为极端的例子作了讨论。氧化物 MO 还表现了大致与电性平行的广泛范围的磁行为。前面几个元素的氧化物 TiO，VO 和 CrO 是抗磁性的。这些氧化物中的 d 电子不是定域在单一的 M^{2+}离子上，而是离域于部分填充 t_{2g}能带的整个结构中。这些离域电子之间似乎没有磁相互作用，因而材料是抗磁性的，并且是导电体。后面几个元素的氧化物 MnO，FeO，CoO 和 NiO，在高温时是顺磁性的，在低温时，呈现有序的磁结构。在这些氧化物中，d 电子定域于单一离子 M^{2+}上。这种未成对电子的定域作用是造成可观察的磁性和实质上无导电性的主要原因。

氧化物 MnO，FeO，CoO 和 NiO 在低温时都是反铁磁性的，并在高于奈耳温度 T_N 时，转化为顺磁性。摄氏温度 T_N 值为：MnO，-153℃；FeO，-75℃；CoO，-2℃和 NiO，+250℃。在反铁磁性和顺磁性时都具有相似的结构。以氧化镍为例，在高温时具有岩盐晶体结构。可用不同方法来观察和描述这种结构。对我们的目的，若沿着四个等价的[111]方向中任意一个平行于面心立方晶胞的体对角线来考察结构，可找到交替的 Ni^{2+}和 O^{2-}离子层。

NiO 的结构在低于 250℃时发生菱形畸变，结构沿着平行于[111]方向的一根三重轴发生轻微的收缩。MnO 也有类似的收缩，而 FeO 结构则是轻微的伸长。因失去了所有的四重轴和三根三重轴留下一根三重轴，结构的对称性降低了。事实上，结构从立方体对称性畸变的程度是微小的，例如，NiO 的 X 射线粉末衍射谱图上几乎觉察不到产生了影响。

引起 NiO 菱形畸变的原因是 Ni^{2+} 离子的反铁磁性有序化。对某一指定的 Ni^{2+} 离子层，所有 Ni^{2+} 离子的自旋都是平行取向的，而其相邻一层的 Ni^{2+} 离子都是反平行的，如图 12.7 所示。像这类磁超结构可用中子衍射非常精细地进行研究。观察到的衍射谱图上显示两种类型的散射：原子核的散射和未成对电子的散射。前一种类型产生的衍射谱图与用 X 射线观察的相似，但强度上有一些差别。对于反铁磁性结构，第二类散射在中子粉末衍射谱图上产生额外的谱线。这是因为：①未成对电子间的协同作用可能导致一种超结构；②中子受未成对电子的强烈散射而 X 射线则不会。

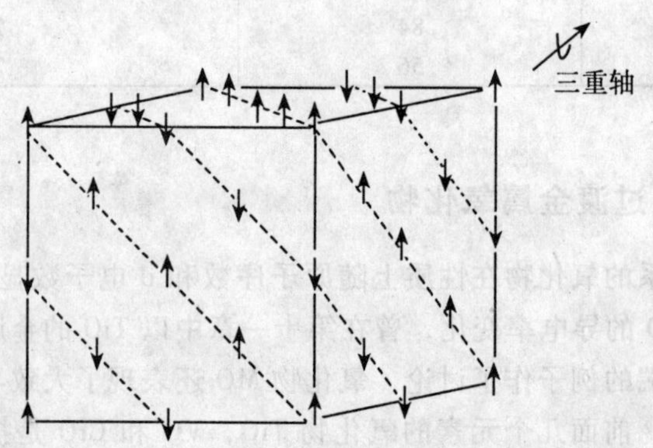

图 12.7 MnO、FeO 和 NiO 中的反铁磁性超结构显示了 a(超晶胞)=2a(亚晶胞)的假立方晶胞；氧的位置未标出

图 12.8 表示温度低于和高于奈耳温度时 MnO 的中子粉末衍射谱图和室温下的 X 射线粉末衍射谱图。对照高于 T_N 时的两种谱图如图 12.8(b)和(c)，说明谱线产生在相同的位置，但其强度颇为不同。岩盐结构的反射条件是 h，k，l 必定全部是奇数或全部是偶数。因此，粉末衍射谱图上预期的头四条谱线是 111，200，220，311。在两张图上这 4 条线都出现了，但在中子谱图(b)中，200，220 是弱线。(b)中 200 和 220 的强度小在很大程度上是由于 Mn^{2+} 和 O^{2-} 的中子散射能力的符号相反而数值稍有差异。所以位于同一平面的 Mn^{2+} 和 O^{2-} 离子相互以异相位散射，使 200 和 220 面的反射部分地抵消了。X 射线散射情况正好相反，这时所有元素的散射因子具有相同的符号，对 200 和 220 面的反射，Mn^{2+} 和 O^{2-} 是同位相的散射。

对照图 12.8(a)和(b)，表明在温度低于 T_N 时，在中子衍射谱中出现了额外的谱线(标有*的峰线)。这些额外谱线的出现与反铁磁性超结构有关。虽然前面提及反铁磁性结构的真正对称是菱形的，但作为一级近似，可作为立方对

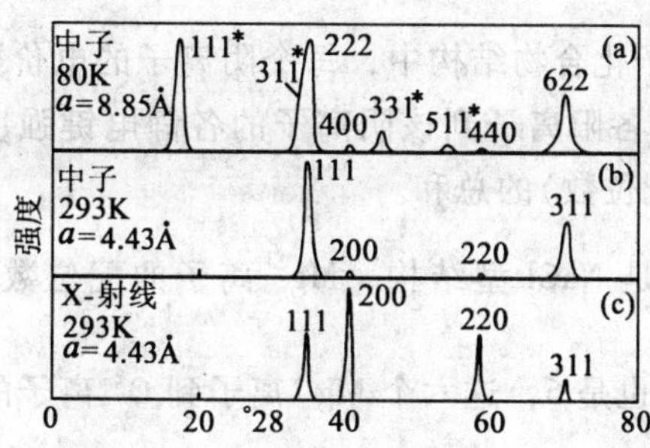

图 12.8　$\lambda=0.1542$nm 时，MnO 的中子和 X 射线衍射谱图
峰以立方晶胞的密勒指数的形式标出

称性处理，其晶胞大小为高温顺磁结构的 2 倍，即在 80K（$<T_N$）时，$a=0.885$nm，而在 293K（$>T_N$）时，$a=0.443$nm，如图 12.8 所示。因此，晶胞的体积比为 8∶1。反铁磁性结构粉末谱图上的额外谱线可作如图的指标化，观察到的反射，其 h，k 和 l 均为奇数。

12.2.3　多元氧化物

许多无机材料是多元氧化物。它们中的许多都具有磁性质，这当然与它们的结构有关。从组成上看，多元氧化物是指由两种或多种阳离子与氧离子形成的化合物。它们的结构比较复杂。1928 年 L. Pauling 根据离子晶体的特点，在实验的基础上，概括出五条规则，这些规则能够帮助了解多元氧化物的晶体结构。

1. 鲍林（Pauling）规则

a. 配位多面体规则

在离子晶体中，阴离子半径通常大于阳离子半径，阴离子在阳离子周围组成配位多面体，阳离子的配位数决定于阳、阴离子半径之比，参见表 12.5。

表 12.5　**阴离子配位多面体与 r_+/r_- 比值的关系**

配位多面体的构型	阳离子的配位数	r_+/r_- 比值
三角形	3	0.15 ~ 0.22
四面体	4	0.22 ~ 0.41
八面体	6	0.41 ~ 0.73
立方体	8	>0.73

b. 电价规则

在一个稳定的离子化合物结构中，每个阴离子的电价数(除了符号相反之外)等于或近似于相邻各阳离子到该阴离子的各静电键强度 $S(S=Z_+/n,\ Z_+$为阳离子电荷数，n为配位数)的总和。

例如：MgO 晶体是 NaCl 型结构，Mg^{2+}离子的配位数为6，故其 $S=\frac{2}{6}=\frac{1}{3}$。$O^{2-}$离子的配位数也是6，这六个 Mg^{2+}离子到 O^{2-}离子的静电键强度的总和是$6\times\frac{1}{3}=2$，这正是 O^{2-}离子的电价数(-2)。又如，CaF_2 晶体(结构见图12.9)中，Ca^{2+}离子的配位数是8，静电键强度 $S=\frac{2}{8}=\frac{1}{4}$。$F^-$离子的配位数是4，四个 Ca^+离子到 F^-离子的总静电键强度是：$4\times\frac{1}{4}=1$，这正好等于 F^-离子的电价数(-1)。电价规则有助于推测阴离子多面体的连接方式，这对于了解硅酸盐等晶体的结构有益。硅酸盐的基本结构单元是[SiO_4]四面体，可以认为它由 Si^{4+}离子与四个 O^{2-}离子组成，Si^{4+}离子位于由四个 O^{2-}离子形成的四面体空隙中，Si^{4+}离子给予每个 O^{2-}离子的静电键强度 $S=\frac{4}{4}=1$，而 O^{2-}离子的电价为负二价，所以每个 O^{2-}离子还可以与另一个[SiO_4]四面体中的 Si^{4+}离子结合，即两个[SiO_4]四面体共用一个 O^{2-}离子。用同样的方法可以分析硅铝酸盐结构中的结合方式。硅铝酸盐中基本结构单元除了[SiO_4]四面体外，还有[AlO_6]八面体。在[AlO_6]八面体中每个 Al^{3+}离子给予每个 O^{2-}离子的静电强度是$\frac{3}{6}=\frac{1}{2}$，因此，[AlO_6]八面体中的每个 O^{2-}离子还可以同时与另一个[AlO_6]八面体中的 Al^{3+}离子以及[SiO_4]四面体中的 Si^{4+}离子相结合，即三个配位多面体(两个[AlO_6]八面体和一个[SiO_4]四面体)共用一个 O^{2-}离子，这样才能使 O^{2-}离子的电价饱和。硅酸盐的结构虽然很复杂，利用这个基本规律去分析也就不感到困难了。

c. 阴离子多面体共用顶点、棱和面的规则

电价规则只是指出共用同一顶点的多面体的数目，但不能判断这两个多面体所共用的顶点数。图12.10是几种多面体连接的情况。

由图12.10可知，在两个四面体或八面体之间共用的顶点数可以是1，也可以是2或3。这就是多面体之间可以共用顶点，也可以共用棱或共用面相连接。究竟采用哪种连接方式才是稳定的呢？鲍林第三规则指出："在一个配位

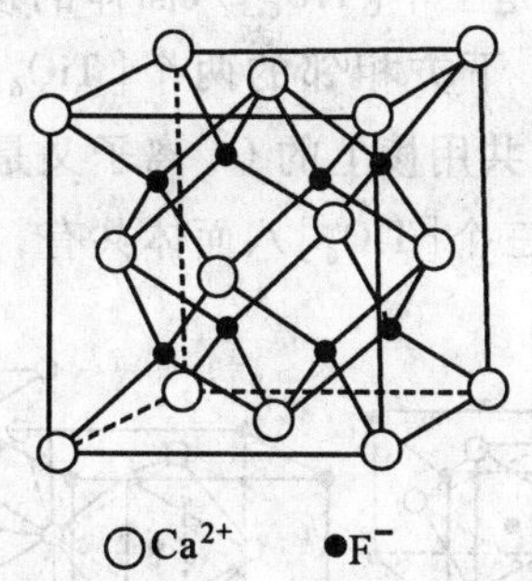

图 12.9　CaF_2(萤石)的晶体结构

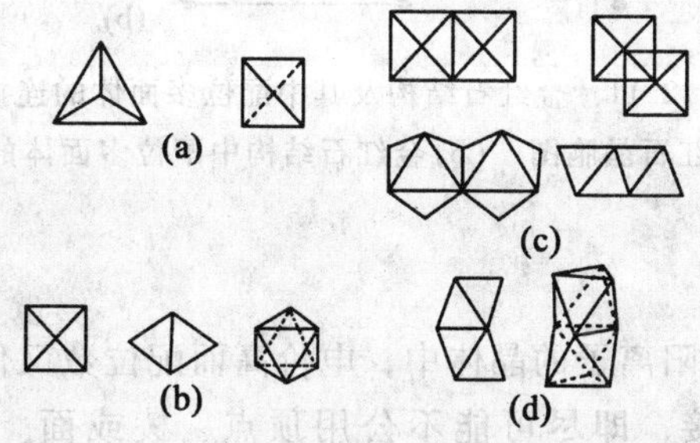

图 12.10　四面体和八面体投影和连接的图形
(a)四面体投影　　(b)八面体投影
(c)八面体共棱连接　(d)八面体共面连接

结构中，配位多面体共用的棱，特别是共用面的存在，会降低这个结构的稳定性，尤其是对电价高，配位数低的阳离子，这个效应更显著。当阴、阳离子半径比接近于稳定多面体下限时，该效应特别大。"这是因为两个多面体的中心的阳离子间的距离会随着它们之间共用顶点数的增加而缩短。假设两个四面体中心的距离在共用一个顶点时为 1，共用两个顶点(共用棱)时就是 0.58，共用三个顶点(共用面)时则为 0.33。如果是两个八面体，则在上述三种情况下，中心距离各为 1，0.71 与 0.58。可见随着共用顶点数的增加，两个多面体的中心阳离子间距离逐渐缩短，阳离子间的静电斥力加大，尤其是阳离子电价高时静电斥力就更大，因而影响到晶体的稳定性。[SiO_4]等四面体一般只共用顶点而不共用棱和面，[AlO_6]等八面体却可以共用棱，有时还可以共用面。

在金红石晶体结构(见图 12.11)中有[TiO_6]八面体。Ti^{4+}离子对每个 O^{2-} 离子的静电键强度 $S=\frac{4}{6}=\frac{2}{3}$，$O^{2-}$离子的电价为-2，故每个 O^{2-}离子可以和三

个 Ti^{4+} 离子配位，也即同时是三个[TiO_6]八面体的顶点。由图 12.11(b)可见，每个[TiO_6]八面体与其上、下方相邻的两个[TiO_6]八面体共棱，连成长链；同时每个[TiO_6]八面体中被共用棱上的 O^{2+} 离子又是邻链的一个[TiO_6]八面体的顶点；这个 O^{2-} 离子属于三个[TiO_6]八面体共有，即与三个 Ti^{4+} 离子配位。

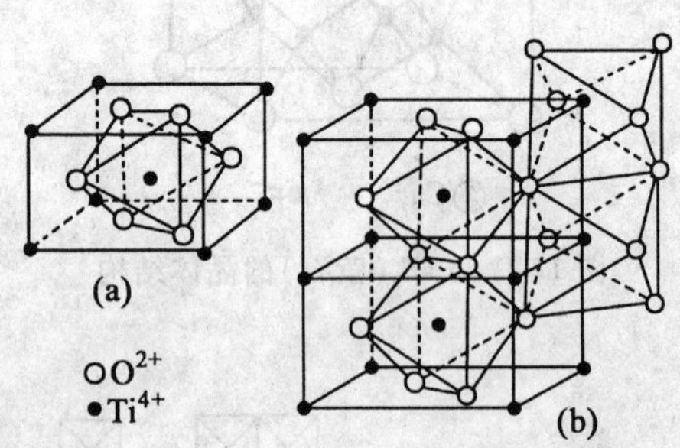

图 12.11 金红石结构及其中配位多面体的连接

(a)金红石晶胞图 (b)金红石结构中配位多面体的连接

d. 第四条规则

在含有一种以上阳离子的晶体中，电价高而配位数又低的阳离子的配位多面体倾向于互不连接，即尽可能不公用顶点、棱或面。例如，在镁橄榄石(Mg_2SiO_4)中的[SiO_4]四面体互不连接，但[SiO_4]四面体却和[MgO_6]八面体共用顶点或棱。

e. 第五条规则

在同一晶体中，不同组成的结构单元的数目趋向于最少。例如，硅酸盐晶体中没有[SiO_4]与[Si_2O_7]双四面体同时存在。

应当指出：鲍林规则只适用于离子型晶体，它是经验规则，有例外。此规则不适用于以共价结合为主的晶体。

2. ABO_3 型化合物

ABO_3 型化合物有复合氧化物及含氧酸盐两类。复合氧化物的晶体结构是由半径较大的 O^{2-} 离子形成密堆积，在密堆积的四面体或八面体等空隙中分别填入两种不同的阳离子 A 及 B。钙钛矿等属于复合氧化物。这种结构中不存在分立的含氧酸根离子。含氧酸盐(如方解石)的晶体则是由阳离子 A 与含氧酸根离子 BO_3 所组成。

a. 钙钛矿($CaTiO_3$)

钙钛矿的化学式符合 ABO_3 通式，现以符合此通式而又具有钙钛矿型晶体结构的 $BaTiO_3$ 为例，它的晶体结构如图 12.12 所示。

具有钙钛矿型结构的化合物 ABO_3 中，A 为半径较大的阳离子。当 A 是二

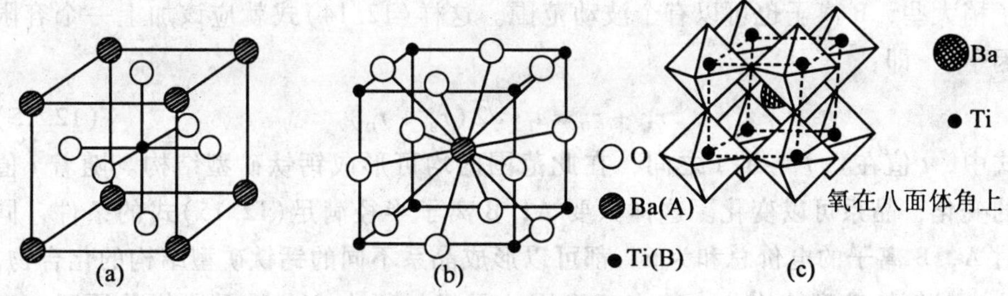

图 12.12　钙钛矿型结构

(a)与(b)是 $BaTiO_3$ 晶胞的两种不同的绘制方法

(c)是钙钛矿型结构中配位多面体的连接方式

价阳离子时，B 应是四价阳离子；若 A 是一价阳离子，则 B 应为五价阳离子。后者如 $KNbO_3$。这种晶体结构的特点是由 O^{2-} 离子和 A 离子共同按立方密堆积排列。因为 O^{2-} 离子与 A^{2+}(或 A^{+})离子半径不一定相等，这种堆积可能只近似于密堆积。B 离子的半径小，它位于 O^{2-} 离子堆成的八面体空隙内，B 的配位数是 6。形成的[BO_6]八面体各以顶角相连，A 又处于八个[BO_6]八面体的空隙中，A 的配位数是 12。在图 12.12(a)中，晶胞体心处有一个 B 离子，晶胞顶点处共有 8×(1/8)＝1 个 A 离子，晶胞面心处共有 6×(1/2)＝3 个 O^{2-} 离子，故组成为 ABO_3。从图 12.12(b)看也可得到同样的结果。从图 12.12(b)更能看清楚 A 的配位关系。

理想的钙钛矿型结构属于立方晶系。若其中 B 离子沿[BO_6]八面体的纵轴方向稍稍位移，就畸变成四方晶系。若在两个轴向发生程度不同的伸缩，就畸变成正交晶系。若沿晶胞体对角线[111]方向伸缩，就畸变成三方晶系。畸变降低了晶体的对称性，可使晶体变成有自发偶极矩的铁电体。发生这种畸变时，并不需要在结构上作大的变动，只需稍稍改变离子的位置。所以具有钙钛矿型结构的化合物按其 A，B 离子的种类不同以及温度的变化，可以有不同的晶体结构类型，$BaTiO_3$ 在不同温度时的结构如下：

$$\underbrace{\text{三方晶系}\xrightleftharpoons{-80℃}\text{正交晶系}\xrightleftharpoons{5℃}\text{四方晶系}}_{\text{铁电体}}\xrightleftharpoons[\text{居里点}]{120℃}\text{立方晶系}\xrightleftharpoons{1\,460℃}$$

$$\text{六方晶系}\xrightleftharpoons{1\,612℃}\text{熔融态}$$

属于钙钛矿结构的化合物比较多。从几何因素看，要形成理想的立方晶系的钙钛矿型结构，要求 A，B 离子和 O^{2-} 离子半径之间的关系为：

$$r_A + r_O = \sqrt{2}(r_B + r_O) \tag{12.14}$$

式中，r_A，r_B，r_O 分别是 A，B，O^{2-} 离子半径。事实上，A 离子可以比 O^{2-} 离子稍大些，B 离子也可以有个波动范围。这样(12.14)式就应该加上一个容限因子 t，即：

$$r_A + r_O = t \cdot \sqrt{2}(r_B + r_O) \tag{12.15}$$

式中，t 值在 0.77～1.1 之间，在此范围内均可形成钙钛矿型结构。随着 t 值的变化，晶系可以变化。这样只要 A，B 离子半径满足(12.15)式的条件，同时 A，B 离子的电价总和为 6，都可以形成晶系不同的钙钛矿型结构的化合物。这也是钙钛矿型结构化合物在新型固体无机材料中占有重要地位的原因。表 12.6 列出了某些钙钛矿型结构的化合物。

某些含 Fe^{3+} 和 $Mn^{3+,4+}$ 的氧化物具有钙钛矿型结构和有趣的铁磁性质。它们是 $La^{3+}Mn^{3+}O_3$ 和 $A^{2+}Mn^{3+,4+}O_3$ 的混合物，形成双取代固溶体，式为：

$$[La^{3+}_{1-x}A^{2+}_x][Mn^{3+}_{1-x}Mn^{4+}_x]O_3$$

其中较大的 La^{3+}，A^{2+} 离子占有十二配位的位置，而 $Mn^{3+,4+}$ 占据八面体的位置。离子 A 可是 Ca^{2+}，Sr^{2+}，Ba^{2+}，Cd^{2+}，Pb^{2+}。周密的研究表明这类体系的晶体化学、相图和磁性实际上是十分复杂的。

表 12.6　**钙钛矿型结构的化合物**

结晶类型	$A^{2+}B^{4+}O_3$ 型化合物
立方晶系(理想型)	$BaTiO_3$，$BaZrO_3$，$BaSnO_3$，$SrTiO_3$，$SrZrO_3$，$SrSnO_3$
四方晶系	$BaTiO_3$，$PbTiO_3$，$PbZrO_3$
正交晶系	$CaTiO_3$，$CaZrO_3$，$CaSnO_3$，$BaTiO_3$
六方晶系	$BaTiO_3$
三方晶系	$CaTiO_3$，$BaTiO_3$，$MgTiO_3$

b. 钛铁矿($FeTiO_3$)

钛铁矿型结构与钙钛矿型结构有所不同如图 12.13 所示。原因在于 $FeTiO_3$ 中的 Fe^{2+} 离子的半径较小，不能像钙钛矿型化合物中的 Ca^{2+}，Ba^{2+} 等离子那样，用 Fe^{2+} 离子和 O^{2-} 离子共同构成密堆积。所以对于 ABO_3 型化合物，当 $r_A<85pm$ 时，O^{2-} 离子单独进行密堆积，A，B 离子交替地占据氧八面体的空隙中。在 $FeTiO_3$ 中就形成$[FeO_6]$八面体和$[TiO_6]$八面体，此两种八面体交替排列，如图 12.13 所示。

钛铁矿的晶体结构与 α-Al_2O_3(刚玉型)结构类似。α-Al_2O_3 晶体结构可以认为是由 O^{2-} 离子形成六方密堆积，Al^{3+} 离子则有规律地占据 O^{2-} 离子的八面体空隙的2/3。另外1/3空隙未被填充。在钛铁矿结构中Ti^{4+}离子和Fe^{2+}离子交替地占据了Al^{3+}离子的位置，仍然有1/3的八面体空隙未被填充。

由上可见$CaTiO_3$型和$FeTiO_3$型的结构都不属于含氧酸盐一类结构。它们都不含分立的含氧酸根离子。

c. 方解石($CaCO_3$)

方解石型结构属三方晶系，如图12.14所示，它的结构可看成是在立方NaCl型结构中，以Ca^{2+}离子取代Na^+离子的位置，以CO_3^{2-}离子取代了Cl^-离子的位置，再将NaCl的立方晶胞沿三重轴方向压缩成三方晶系，晶面交角由90°变成101°55′。Ca^{2+}离子配位数为6。方解石不属于复合氧化物，而是典型含氧酸盐结构。

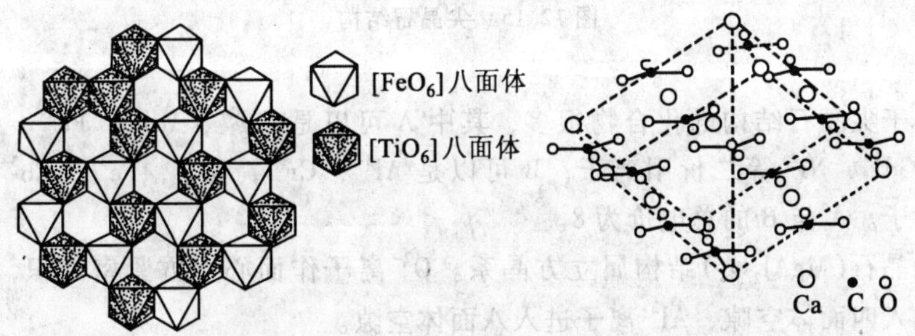

图12.13　$FeTiO_3$的结构示意图　　图12.14　方解石的结构

$CaCO_3$除了能以方解石型结构存在外，还可成文石结构存在，文石属正交晶系。限于篇幅，在此不予介绍。

如果方解石中Ca^{2+}离子被Mg^{2+}离子取代，就成为菱镁矿($MgCO_3$)；若一半为Ca^{2+}离子，一半为Mg^{2+}离子(沿体对角线方向交替排列)则成为白云石$CaMg(CO_3)_2$。

ABO_3型化合物究竟采用钙钛矿型、钛铁矿型还是方解石型，与容限因子t有关。一般规律是：$t>1.1$以方解石(或文石)型存在；$1.1>t>0.77$以钙钛矿型存在；$t<0.77$以钛铁矿型存在。

从(12.15)式可知：$t=\dfrac{r_A+r_O}{\sqrt{2}(r_B+r_O)}$，当A离子半径比B离子半径大得多时，B离子不能居于氧离子八面体空隙中，所以成为方解石型。当A离子半径较小，不能与O^{2-}离子共同形成密堆积时，只能以钛铁矿型存在。

3. 尖晶石(AB_2O_4)型化合物

AB_2O_4型化合物的结构中最典型的是尖晶石($MgAl_2O_4$)结构，如图12.15所示。

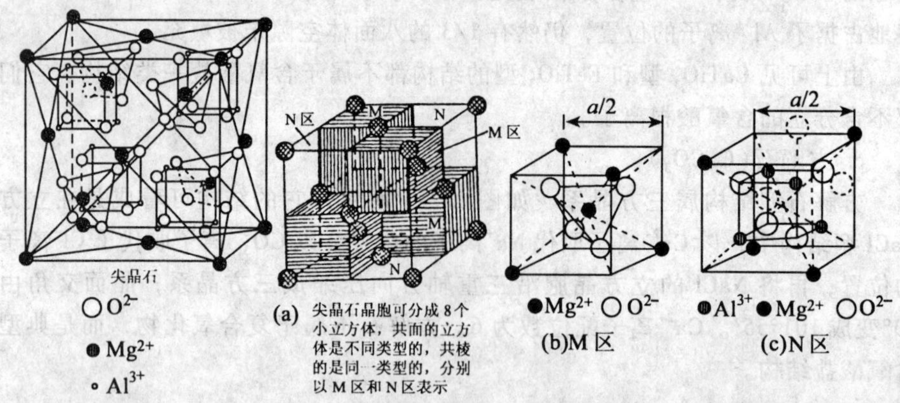

图 12.15　尖晶石结构

属于尖晶石结构的化合物很多，其中 A 可以是 Mg^{2+}，Mn^{2+}，Fe^{2+}，Co^{2+}，Zn^{2+}，Cd^{2+}，Ni^{2+}等二价阳离子；B 可以是 Al^{3+}，Cr^{3+}，Ga^{3+}，Fe^{3+}，Co^{3+}等三价阳离子。A 与 B 的总电价为 8。

尖晶石($MgAl_2O_4$)结构属立方晶系。O^{2-}离子作面心立方紧密堆积，Mg^{2+}离子进入四面体空隙，Al^{3+}离子进入八面体空隙。

尖晶石晶胞中含有 32 个 O^{2-}离子，16 个 Al^{3+}离子和 8 个 Mg^{2+}离子，即为 $Mg_8Al_{16}O_{32}$，相当于有 8 个 $MgAl_2O_4$"分子"。32 个 O^{2-}离子作立方密堆积时，有 64 个四面体空隙，32 个八面体空隙。但是 Mg^{2+}离子只占有四面体空隙的 1/8，而 Al^{3+}离子只占有八面体空隙的 1/2，所以晶体内空隙仍然很多。图 12.15 表示了尖晶石的晶胞，它可以看做是由 8 个小立方体拼合而成。这 8 个小立方体内部离子的排列有两种不同类型，分别用 M 区、N 区表示。在 M 区类型中，显示出 Mg^{2+}离子占有四面体空隙，N 区类型中，是 Al^{3+}离子占有八面体空隙。在尖晶石晶胞中，由 M 区和 N 区小立方体按图 12.15 所示位置组合而成，共棱的小立方体是相同的类型，共面的是不同类型。

所有二价阳离子都填充在四面体空隙中，并且所有三价阳离子都填充在八面体空隙中的尖晶石叫正尖晶石。镁铝尖晶石 $MgAl_2O_4$ 即为一个典型例子。另有一类反尖晶石，其化学式与正尖晶石一样，仍为 AB_2O_4，但 A^{2+}离子与 B^{3+}离子的结构位置不同，有 8 个 B^{3+}离子与 8 个 A^{2+}离子共同占据在 16 个八面体空隙中，另外 8 个 B^{3+}离子则占据在原来 A^{2+}离子的 8 个四面体空隙的位置。最典型的反尖晶石化合物就是磁性氧化铁 Fe_3O_4，它可以表示为 $Fe^{2+}Fe_2^{3+}O_4$ ($Fe_8^{2+}Fe_{16}^{3+}O_{32}$)。在它的晶胞中，8 个 Fe^{3+}离子和 8 个 Fe^{2+}离子进入 16 个八面体空隙，另外 8 个 Fe^{3+}离子进入四面体空隙。

为了清楚地表明 A，B 离子所处的空隙(指是四面体或八面体空隙)，可在 A，B 离子的右下角用 O 代表八面体的(octahedral)空隙，用 t 代表四面体的(tetrahedral)空隙。反尖晶石的通式可写成$[B^{3+}]_t[A^{2+}B^{3+}]_oO_4$。磁性氧化铁 Fe_3O_4 就可写成如下的形式：$[Fe^{3+}]_t[Fe^{2+}Fe^{3+}]_oO_4$。

属于尖晶石型(包括反尖晶石型)结构的化合物还有 $A^{4+}B_2^{2+}O_4$ 型，如$[Co^{2+}]_t[Sn^{4+}Co^{2+}]_oO_4$ 是反尖晶石；$A^{6+}B_2^{+}O_4$ 型，如 Na_2WO_4 和 Na_2MoO_4，其中 Na^+离子占据八面体空隙，W^{6+}离子(或 Mo^{6+}离子)占据四面体空隙。另有一种具有很高催化活性的 γ-Fe_2O_3，它是缺金属离子的尖晶石型。可以表示为：$[Fe_{8/9}^{3+}\cdot\square_{1/9}]_t[Fe_{16/9}^{3+}\square_{2/9}]_oO_4$，式中□表示空位。其中四面体和八面体空隙都为 Fe^{3+}离子占据，但是有 1/3 的位置是空的，因此在 γ-Fe_2O_3 晶胞中只有 $21\frac{1}{3}$ 个 Fe^{3+}离子和 32 个 O^{2-}离子，化学组成式为 Fe_2O_3。

除了正和反两种极端情况，也可能有中间的阳离子分布。有时阳离子分布随温度而变化。阳离子分布可简单地以参数 γ 来定量表示，γ 是 A 离子在八面体位置上的分数。

正　$[A]_t[B_2]_oO_4$　$\gamma=0$；　反　$[B]_t[A,B]_oO_4$　$\gamma=1$

无规　$[B_{0.67}A_{0.33}]_t[A_{0.67}B_{1.33}]_oO_4$　$\gamma=0.67$

已经对尖晶石中阳离子分布和反位程度 γ 进行了相当详尽的研究。有许多因素影响 γ，包括离子大小对位置的选择、共价成键的效应、晶体场稳定化能等。对任一特定的尖晶石，实际上 γ 值是由全都取定的这些不同参数的净效应决定的。

商业上称为铁氧体的重要尖晶石是 MFe_2O_4 型的，这里 M 为二价离子，如 Fe^{2+}，Ni^{2+}，Cu^{2+}，Mg^{2+}。它们全都是完全或部分反位的。这可能由于 Fe^{3+} 是 d^5 离子，位于八面体空隙无晶体场稳定化能，因此较大的二价离子优先进入八面体空隙，而 Fe^{3+}分布在四面体和八面体两种空隙中。

这些铁氧体相具有有趣的磁结构，不是反铁磁性就是亚铁磁性的。这是因为四面体空隙位置上的离子具有与八面体空隙位置上离子反平行的磁性自旋。现在让我们用方程(12.13)来计算不同尖晶石的磁矩。

首先以 $ZnFe_2O_4$ 为例，在非常低的温度下，它是一种反尖晶石，即：

$$[Fe^{3+}]_t[Zn^{2+},Fe^{3+}]_oO_4$$

因为在四面体空隙和八面体空隙位置上有相等数目的 Fe^{3+}离子，它们有相反的自旋，Fe^{3+}离子的净磁矩为零。Zn^{2+}没有磁矩，所以 $ZnFe_2O_4$ 总磁矩为零，是反铁磁性的。实验测量证明了这一点($T_N=9.5K$)。

可预料 $MgFe_2O_4$ 应有相似的结果，但事实上它有残存的总磁矩而显亚铁磁性。有两种可能的解释：或者是尖晶石并非完全反位，位于八面体空隙的 Fe^{3+} 离子多于位于四面体的。这将使自旋仅能部分抵消；或者是位于两种位置的每个 Fe^{3+} 离子的有效磁矩是不同的。实验结果证实第一种解释是正确的。在高温下，$MgFe_2O_4$，逐步转化为正尖晶石结构。在室温下，试样的反位程度在很大程度上取决于它的热历史，特别是它从高温冷却下来的速度。例如，快速淬火的试样具有较低的反位程度，因而比缓慢冷却的试样有较大的磁矩。

锰铁氧体 $MnFe_2O_4$ 约有 80% 的正位和 20% 的反位，但因为 Mn^{2+} 和 Fe^{3+} 两种阳离子都是 d^5，总磁矩对反位程度以及加热或热历史效应是不敏感的。预期 $MnFe_2O_4$ 是亚铁磁性的，总磁矩为约 5BM，经证实情况正是这样。

混合铁氧体 $M_{1-x}Zn_xFe_2O_4$，M = Mg，Ni，Co，Fe，Mn，对阳离子位置占有和固溶体效应的重要性提供了一个饶有兴趣的例子。这些铁氧体在 $x=0$ 时基本上是反位的，即：

$$[Fe^{3+}]_t[M^{2+}, Fe^{3+}]_oO_4$$

对完全反尖晶石，预计 μ 值是：Mg 为 0，Ni 为 2，Co 为 3，Fe 为 4 和 Mn 为 5。实验值实际上稍稍偏大，如图 12.16 左边轴所示。与之相反，锌铁氧体 $ZnFe_2O_4$ 在 $x=1$ 和室温下几乎完全为正常结构。但位于 $ZnFe_2O_4$ 八面体空隙位置的 Fe^{3+} 离子的自旋并未发生取向，而是无序的。所以 $ZnFe_2O_4$ 是顺磁性的，无饱和磁化强度。在以 Zn^{2+} 部分取代 M^{2+} 形成铁氧体固溶体的过程中，发现存在一个由反位向正常行为的逐步变化过程。Zn^{2+} 进入四面体空隙位置，导致 Fe^{3+} 被取代到八面体空隙位置，即：

$$[Fe^{3+}_{1-x}Zn^{2+}_x]_t[M^{2+}_{1-x}\ Fe^{3+}_{1+x}]_oO_4$$

若 $x=0$ 时铁氧体 MFe_2O_4 的固溶体能够维持反铁磁性特性，μ 应线性递增并在 $x=1$ 时达到 $ZnFe_2O_4$ 的 $\mu=10$。但远在达到 $x=1$ 之前，八面体空隙和四面体空隙位置之间反铁磁性耦合就遭到破坏，饱和磁化强度下降，如图 12.16 所示。对于低值 x，饱和磁化强度的实验值增大，与反铁磁性/亚铁磁性有序的保留相一致，但在 $x=0.4\sim0.5$ 时，通过一个最大值。

除了铁氧体的磁矩之外，包括饱和磁化强度 M_s，磁致伸缩常数 λ_s，磁导率 P 和磁晶各向异性常数 K_1 在内的另外一些参数对控制磁性是重要的。这里只说对不同的铁氧体相这些参数值变化之大就够了。根据这些性质的数值和预期的应用，可选择特定的铁氧体。利用两个或多个纯铁氧体形成固溶体来制造混合铁氧体，可获得磁性质的进一步变更。例如，在 $MnFe_2O_4$ 中以 Fe^{2+} 取代

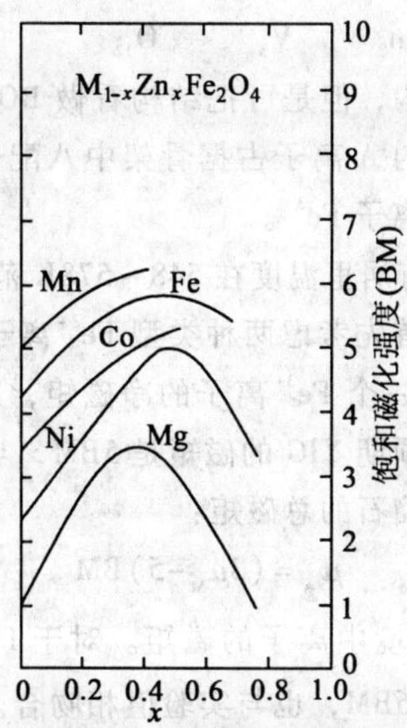

图 12.16 铁氧体固溶体的饱和磁化强度随组成的变化

Mn^{2+}，得到固溶体 $Mn_{1-x}^{2+}Fe_x^{2+}Fe_2^{3+}O_4$，可使磁各向异性参数降到零。这个参数是在磁场中磁矩取向易变的量度。磁各向异性的降低导致磁导率的增加，商用铁氧体常常需要这种性质。但它产生的副作用是随着 Fe^{2+} 含量的增加，电导率也增加。

4. 石榴石

石榴石是一类复杂的氧化物，其中一些是重要的亚铁磁性材料。可用通式 $A_3B_2X_3O_{12}$ 表示它们。A 是半径约 0.1nm 的大离子，在畸变立方环境中配位数为 8。B 和 X 分别是占有四面体和八面体空隙位置的较小离子。令人感兴趣的磁性石榴石是 A＝Y 或稀土 Sm，Gd，Tb，Dy，Ho，Er，Tm，Yb，Lu；B，X＝Fe^{3+}。其中最重要的是钇铁石榴石（YIG），$Y_3Fe_5O_{12}$。也可能有 A，B，X 的多种其他组合，例如：

	A	B	X	O
钙铝榴石	Ca_3	Al_2	Si_3	O_{12}
钙铬榴石	Ca_3	Cr_2	Si_3	O_{12}
镁铝榴石	Mg_3	Al_2	Si_3	O_{12}
钙铁榴石	Ca_3	Fe_2	Si_3	O_{12}
	Ca_3	CaZr	Ge_3	O_{12}
	Ca_3	Te_2	Zn_3	O_{12}

$$
\begin{array}{llll}
Na_2Ca & Ti_2 & Ge_3 & O_{12} \\
NaCa_2 & Zn_2 & V_3 & O_{12}
\end{array}
$$

在此未画出它们的结构，但是可把结构看做 BO_6 八面体和 XO_4 四面体共享角顶而成的骨架。较大的 A 离子占据骨架中八配位空隙。在 YIG 和稀土石榴石中，B 和 X 是同一种离子 Fe^{3+}。

YIG 和稀土石榴石都有居里温度在 548～578K 范围内的亚铁磁性。为了计算这类石榴石的总磁矩，首先考虑两种类型 Fe^{3+} 离子，它们的自旋部分抵消，得到每式单位 $M_3Fe_5O_{12}$ 有一个 Fe^{3+} 离子的净磁矩，即 5BM。因为 Y^{3+} 是 d^0 离子，它无磁矩。因此，可预期 YIG 的磁矩是 5BM，与实测值相当吻合。

可从下式预测稀土石榴石的总磁矩：

$$\mu_{总}=(3\mu_M-5)\,BM$$

式中，μ_M 是在畸变立方环境中离子的磁矩。对于 f^7 的 Gd^{3+} 离子，$\mu_{Gd}=7BM$，计算得 GdIG 的净磁矩为 16BM，也与实验值相吻合。对 f^{14} 的 Lu^{3+} 离子，$\mu_{Lu}=0$，所以净磁矩是 5BM，与实验值相符。对于从 Tb 到 Yb 的其他离子，轨道角动量似乎并未完全猝灭，μ_M 值大于惟自旋公式取 $g=2.00$ 所给的。实验值和计算值示于图 12.17 中。对于后者，画出相应于惟自旋公式和自旋+轨道角动量公式得到的两条曲线。实验值一般落在两条理论曲线之间，表明轨道角动量仅部分地猝灭。

稀土石榴石的磁矩与温度的依赖关系如图 12.18 所示。由图 12.18 可知，0K 时的自发磁矩，随温度上升而下降，并在补偿温度处降为零，在相反的方向又出现回升，并在居里温度处第二次变成零。这种效应是由于稀土亚晶格之一上的自旋无序化比 Fe^{3+} 离子亚晶格上的自旋无序化更快造成的。

在石榴石结构中，许多离子的取代是可能的，且磁性可能有规律性的变化。例如：较大的三价离子，可部分地为 Ca^{2+} 离子取代，并为保持电荷平衡，若干四面体空隙位置上的 Fe^{3+} 离子可按下式为 V^{5+} 所取代：

$$[Y^{3+}_{3-2x}Ca^{2+}_{2x}]Fe^{3+}_2[Fe^{3+}_{3-x}V^{5+}_x]O_{12}$$

5. 磁铅石

磁铅石是矿物 $PbFe_{12}O_{19}$。它的钡类似物 $BaFe_{12}O_{19}$ 称为 BaM，是永磁体的一个重要组分。磁铅石的结构与 β-铝土“$NaAl_{11}O_{17}$”有密切的关系。后者基本上是在子重复单元中有五个氧离子层的密堆积结构。单位晶胞中每层含 4 个氧离子，结构上与众不同的特征是每第五层中缺失 3/4 的氧离子。因此每个五层子重复单元中氧离子数是 $(4\times4)+1=17$。对 β-铝土来说，第五层上空的空间部分地被 Na^+ 离子占用。磁铅石具有相似的五层子重复单元。像 β-铝土一样，其

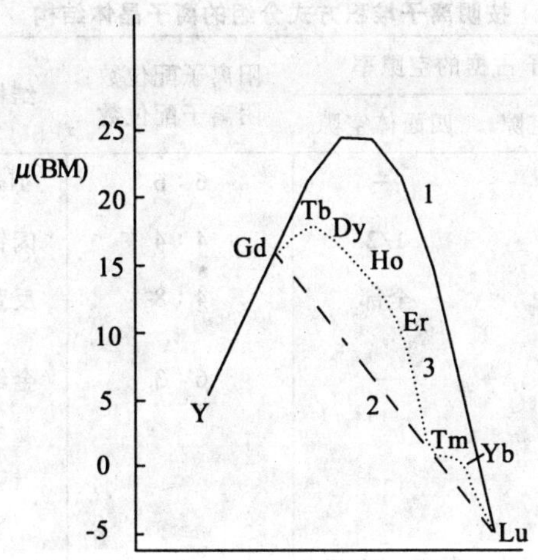

图 12.17　0K 时，石榴石的磁矩变化

曲线 1，计算值：自旋+轨道公式；曲线 2，计算值：惟自旋公式；曲线 3，实验值

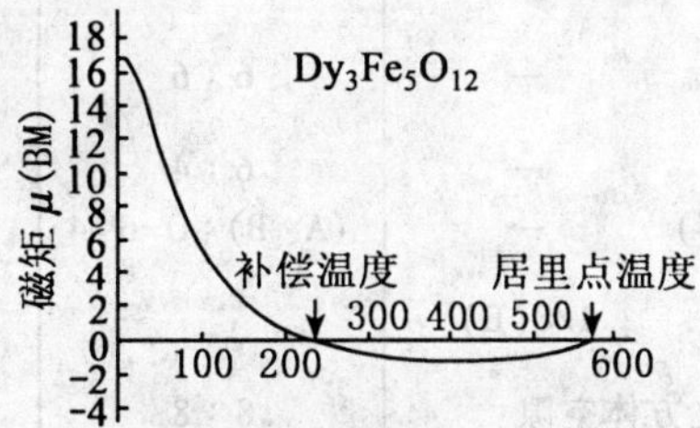

图 12.18　镝铁榴石的自发磁化强度与温度的关系

中 4 层含有密堆积的氧离子。第五层应含有氧离子数的 3/4，由一个大的二价离子如 Pb^{2+}或 Ba^{2+}占用另一个氧离子的位置。因此，最后单元中含(4×4)+(1×3)= 19 个氧离子，以一个 Pb^{2+}或 Ba^{2+}离子补足第五层。

BaM 的磁结构是复杂的，因为有在五种不同的结晶学位置的 Fe^{3+}离子。但其净作用表现为：在式单位 $BaFe_{12}O_{19}$中，8 个 Fe^{3+}离子具有沿一个方向的定向自旋，其余 4 个为反平行的，得 4 个铁离子的合成磁矩为 20BM。

从上述讨论可知：多元氧化物的结构，大部分是与 O^{2-}离子的密堆积方式有关，阳离子按其离子半径大小充填在 O^{2-}离子组成的合适的空隙位置上。

几种典型的无机化合物的晶体结构，按照阴离子的堆积方式列于表 12.7 中。

表 12.7　按阴离子堆积方式分组的离子晶体结构

阴离子堆积方式	阳离子占据的空隙率		阳离子配位数：阴离子配位数	结构类型	实例
	八面体空隙	四面体空隙			
立方密堆积	全部	—	6：6	NaCl 型	NaCl，CaO
	—	1/2	4：4	闪锌矿型	ZnS
	—	全部	4：8	反萤石型	K_2O
畸变的立方密堆积	1/2	—	6：3	金红石型	TiO_2，SnO_2
O^{2-}与 A 共				钙钛矿	$CaTiO_3$
同构成立方密堆积	1/4(B)	—			$BaTiO_3$
立方密堆积	1/2(B)	1/8(A)		尖晶石型	$MgAl_2O_4$
	1/2(A及B各半)	1/8(一半B)		反尖晶石型	Fe_3O_4
六方密堆积	—	1/2	4：4	纤锌矿	BeO
	全部	—	6：6	NiAs 型	NiAs，FeS
	2/3	—	6：4	刚玉型	α-Al_2O_3
	2/3(A，B各半)	—	(A，B)：O=6：4	钛铁矿型	$FeTiO_3$
	1/2(A)	1/8(B)		橄榄石型	Mg_2SiO_4
简单立方	全部立方体空隙		8：8	CsCl 型	CsI
	1/2 立方体空隙		8：4	萤石	CaF_2

12.3　磁性材料的应用

大量的参数影响着材料的磁性。通过仔细地控制组成和生产工艺，现已可能实现“晶体工程”和有意识地制造有一组预期性质的材料。本节将简要地总结磁性材料的某些应用和影响选择特定用途材料的因素。

12.3.1　变压器磁芯

铁磁性和亚铁磁性材料的主要用途是做变压器和马达磁芯。它们必须是具有巨大的功率转换能力和低损失的软磁性材料。软磁性材料有高的导磁率（在低的外磁场中易磁化）和低的矫顽场。它们也倾向于有低的磁滞损失。所有这些性质都有利于材料具有较小的磁致伸缩系数 λ_s 和较低的磁晶各向异性系数 K_1。从力学上说，软磁性材料是畴壁容易移动的材料。注意到组成和生产的细节，这些不同参数全部可最优化。

除了磁滞损失外，在高频下，特别是低阻抗的材料，涡流损失是一个严重的问题。这是因为涡流与频率的平方成正比。金属如铁中的涡流，可用铁与镍或硅的合金化方法来降低。因为合金通常比纯组分金属有高得多的阻抗。像 Mn，Zn 铁氧体，Ni，Zn 铁氧体和 YIG 亚铁磁性氧化物的最大优点是：若能正确地制造加工，它们有非常高的阻抗和小到可忽略的涡流。像 YIG 一类的石榴石更是如此，它们仅含有三价阳离子，所以不易产生电导机制。在室温下，YIG 的电导率仅为 $10^{-12}\Omega^{-1}\cdot cm^{-1}$。对于铁氧体，必须确保所有的铁以+3 氧化态存在，否则 $Fe^{2+} \rightleftharpoons Fe^{3+} + e$ 氧化还原转移可产生高导电性。例如磁铁矿 Fe_3O_4 或 $Fe^{2+}Fe_2^{3+}O_4$，在室温下电导率为 $10^2 \sim 10^3\Omega^{-1}\cdot cm^{-1}$，比 YIG 高 ~15 个数量级。这一高的电导率是与铁的混合价态有关的。

12.3.2　信息储存

基于信息储存元件的磁性关键要求是：它们应是软磁性的有低涡流损失并有某种类型的磁滞回线，正方形或矩形的，如图 12.19 所示。具有这样特性，施加一个反向磁场于磁化试样，在未超过矫顽场 H_c 之前，它不应有变化；当达到 H_c 点，磁化强度发生突然的转变。磁化强度的两个方向(+)和(-)可以用来代表二进制中的 0 和 1。某些磁性铁氧体具有为这类用途所需的特性，并有 10^{-6}s 或更短一些的转换时间，它们是现代计算机的重要元件。

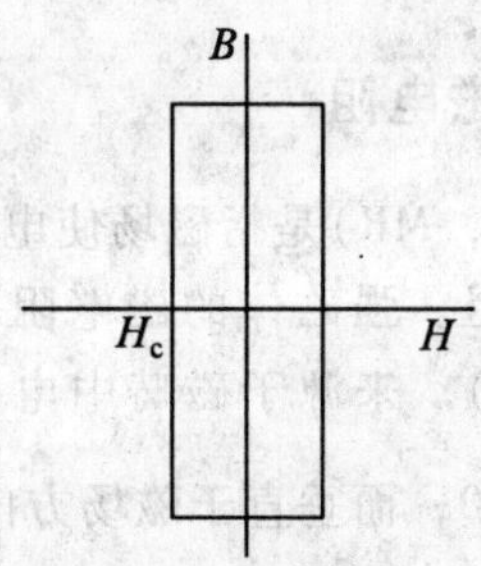

图 12.19　信息储存器所需的矩形磁滞回线

12.3.3　磁泡储存器

信息储存的一个有趣的新进展是利用通过外延沉积在非磁性基片上达几微米厚的石榴石薄膜。经精心选择石榴石的组成，特别是晶格参数，在高温下沉积的薄膜在试样冷却到室温时发生稍有不同的热收缩。所产生的应力足以在石榴石薄膜中感生一个优先磁化方向垂直于薄膜平面。所得的薄膜畴结构具有上下指向的自旋，在偏光显微镜下观察就像是泡泡。因此，如 12.3.2 节指出的，磁泡材料能用作二进位计算机的储存元件。

12.3.4 永磁体

要用作永磁体，需要具备下列性质：高的饱和磁化强度、高的磁能积 *BH*、高矫顽场、高剩磁强度、高居里温度、高磁晶各向异性。竞争用作永磁体的材料，多半是以 Fe，Co，Ni 为基础的金属；或“硬”氧化物，如钡磁铅石 BaM。让我们看看如何能使这两类材料的性能最优化。

若能发现有牵制或减少畴壁容易移动的方法，磁体的硬度就能增加。例如，可在钢铁中加入诸如铬和钨一类适当的掺杂剂，以引起碳化物相的沉积或在冷却过程中马氏体的转变来达到这种目的。吕臬古类磁体的一个新奇的特性是：铁磁性的 Co 基、Ni 基材料大量存在于微晶区嵌入铝基的基质之中，这些微晶区会在同一方向磁化，且非常难以使它们退磁或改变其磁性取向。

如 BaM 一类氧化物磁体相对地说是轻的和廉价的。虽其固有的磁性质通常比吕臬古磁体差，但如能制得一种磁取向的织构，磁性可以得到改善。为了做到这一点，在粉末原料加工成型的同时就受到磁场的作用，嗣后再高温烧结。施加磁场的作用是使粒料产生磁性取向，这样就增加了材料的剩磁强度。

12.4 巨磁电阻效应及应用

12.4.1 磁电阻和巨磁电阻

磁电阻(magnetoresistance, MR)是指磁场使电阻发生变化的现象。1857 年凯尔文首先发现了铁的磁电阻。强磁体的磁电阻称为各向异性磁电阻(anisotropic magnetoresistance, AMR)。来源于磁畴中电阻率的各向异性。通常，沿磁场方向的磁电阻比$\left(\frac{\Delta R}{R}\right)_{/\!/}>0$，而垂直于磁场方向的$\left(\frac{\Delta R}{R}\right)_{\perp}<0$，可在低磁场下饱和。饱和值为 1% ~5%。正常磁电阻(OMR)普遍存在于所有的金属和半导体中。它来源于磁场对电子的洛伦兹力，$\left(\frac{\Delta R}{R}\right)>0$，磁场低时$\left(\frac{\Delta R}{R}\right)$很小，但无饱和。20 世纪 70 年代，OMR 及 AMR 均用于传感器，90 年代初 AMR 开始用于硬磁盘读出头。后来，在纳米金属多层膜中发现了巨磁电阻(GMR)。其$\left(\frac{\Delta R}{R}\right)$为负值，绝对值比 AMR 可高 1 ~2 个数量级。

巨磁电阻(giant magnetoresistance, GMR)是指在外磁场的作用下电阻可显著降低的现象。由于具有巨磁电阻的材料在电磁器件如磁头、磁传感器、磁开关、磁记录以及磁电子学等方面具有巨大的应用前景，因此引起了人们极大的关注。巨磁电阻材料最早是1988年南巴黎大学的Fert教授在铁和铬构成的磁性多层膜中发现的。图12.20为Fe/Cr多层膜的磁滞回线和磁电阻比曲线。近几年，研究及应用开发迅速发展，后来在铁磁颗粒与非铁磁金属组成的不均匀合金中也观察到GMR。这类材料的研究成了学术界和信息产业界关注的焦点。

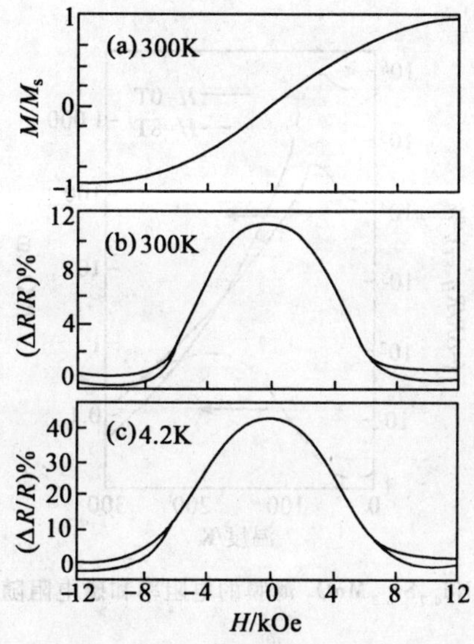

图12.20　Fe/Cr多层膜的磁滞回线和磁电阻比曲线

尔后，两种新的巨大磁电阻效应得到发展：铁磁/绝缘体/铁磁结构的隧道结巨磁电阻TMR和钙钛矿型锰氧化物体系中的庞磁电阻(colossal magnetoresistance, CMR)。前者提供了一种高内阻的巨磁电阻结构，在应用上有吸引力，后者出现了高达$10^6\%$以上的磁电阻比，并有丰富的物理内容。

12.4.2　巨磁电阻材料

具有CMR效应的化合物包括：钙钛矿结构的稀土锰氧化物如($RE_{1-x}M_xMnO_3$)、烧绿石结构的钛锰氧化物(如$Ti_2Mn_2O_7$或其衍生物$Ti_{2-x}Sc_xMn_2O_7$)、尖晶石结构的硫属化合物(如$Fe_{1-x}Cu_xCr_2S_4$)，甚至一些变价稀土的二元硫化物或它们的掺杂衍生物。稀土元素和过渡金属元素由于存在4*f*和3*d*电子，它形成的化合物可以呈现丰富的磁电特性。

$RE_{1-x}M_xMnO_3$ 属钙钛矿结构，RE 为三价稀土元素 La，Nd 等，M 为二价金属离子如 Ca，Sr，Ba，Pb 等。当掺杂量合适，如 x 约为 1/3 左右时，顺磁/铁磁相变和绝缘/金属相变在相近的温度下出现，电阻率在相变点附近出现极大值，这种材料在磁场作用下出现了相变点的升高及超大的磁电阻，图 12.21 为 $Nd_{0.7}Sr_{0.3}MnO_3$ 薄膜的电阻率在零场下及 8T 的磁场作用下的 $\rho \sim T$ 曲线及磁电阻比 $\left(\frac{\Delta R}{R}\right) \sim T$ 的关系。其磁电阻比超过了 10^6，即磁场使电阻率改变 6 个数量级，这就是被称为庞磁电阻 CMR 的原因。

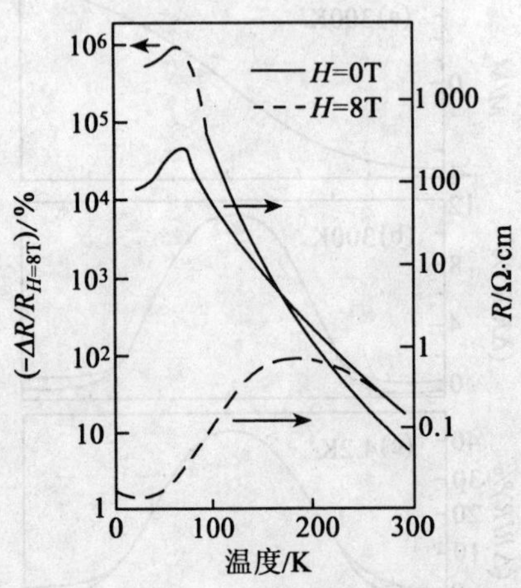

图 12.21　$Nd_{0.7}Sr_{0.3}MnO_3$ 薄膜的电阻率和磁电阻随温度的变化

根据结构和性能之间的关系，可以合理设计分子，得到结构新颖、性能优异的磁电阻材料。对于钙钛矿结构的 $RE_{1-x}M_xMnO_3$，通过掺杂或其他手段改变 A，B，O 位点的原子种类或大小，例如改变 A 位稀土和二价金属离子的种类及掺杂量、对 B 位进行掺杂，甚至用同位素 ^{18}O 取代 ^{16}O，都可以改变磁电阻性能，不仅可提高磁电阻比，也使得实现低磁场室温下的磁电阻效应成为可能。这些归根结底都是因为结构的变化使性能发生变化，磁电阻效应源于 Mn^{3+} 和 Mn^{4+} 的双交换机制。A，B，O 位点的原子的变化导致了 Mn—O 的键长、键角及网络结构发生变化，从而影响电子传导和自旋排列。

制备巨磁电阻化合物单晶和多晶样品时，大多采用高温固相反应，例如多晶样品一般采取类似陶瓷烧结的方法，在 1 300 ~ 1 500℃ 烧结数小时。在用直接溅射、脉冲激光沉积（PLD）等物理方法制成薄膜时，必须先制备所需的多晶材料，然后制成靶材，再在 1 000℃ 以上的高温下反复退火，工艺比较复杂，而且所得膜的性能受靶材及其性质的影响很大，同时对设备的要求也较高。通过软化学方法，预先合成先驱物，只需在500～800℃的温度下灼烧，即可得到单一相的多晶粉末。例如制备 $La_{1-x}Ca_xMnO_3$ 多晶，用配合物方法合成非晶态先驱体，如在水溶液中用螯合剂二乙三胺五乙酸（DTPA）与 La^{3+}，Ca^{2+}，Mn^{2+}的碳酸盐反应生成玻璃态先驱体 $La_{1-5x}Ca_{5x}Mn(DTPA)_{1-x}\cdot nH_2O$，再用较低的温度（450～600℃）灼烧，就可得到单相钙钛矿多晶。与陶瓷烧结法相比，这种方法的反应温度要低600～800℃，因此通过这样的软化学方法，反应条件显然要温和得多。软化学方法所合成的多晶材料，磁电阻效应受颗粒尺寸的影响较大，当粒径小于100nm时，由于纳米颗粒的界面效应，使得界面电阻过大，MR值相应就较低。但另一方面，小颗粒磁电阻材料MR值受温度影响较小，室温下也能具有磁电阻效应，同时，由于其电子传导与自旋相关颗粒间隧穿有关，也使实现低磁场化成为可能。

采用化学方法也可以直接制备磁电阻薄膜材料，比较可行的方法有溶胶-凝胶法（sol-gel）和金属有机化合物分解法（MOD）。前者一般采用高分子sol-gel法，通过旋转涂膜技术制备薄膜。后者则利用挥发性金属有机化合物作先驱物，分解沉积后得到薄膜。化学方法制备的薄膜在微观结构上虽不如物理方法所得的膜致密，但可以在分子尺度上对薄膜的结构进行设计，很容易在大范围内对组成进行调变，得到不同形态的复合氧化物膜或纳米薄膜。

物理方法中，可采用磁场放大或自旋阀技术使外加磁场降低，制备薄膜时更侧重于利用特殊工艺实现室温低磁场化。例如在一定的基底上用外延法定向生长薄膜，或者用类似金属多层膜的方法制备三明治结构的氧化物多层膜。由于材料结构和磁电性能之间存在密切的关系，化学方法则侧重于结合结构和工艺实现室温低磁场化，例如利用掺杂种类和量的不同来改变结构，或制备纳米颗粒膜，或合成特殊结构缺陷的磁电阻材料。

提高材料的 T_c 是实现室温磁电阻效应的有效途径。一般钙钛矿型和烧绿石型材料的 T_c 低于室温，掺Sr和Ba的稀土锰氧化物比掺Ca的 T_c 要高。尖晶石型硫化物的 T_c 值虽可达到300K以上，但目前所得到的这类材料的MR值一般较小，很难超过-10%，且硫化物制备薄膜尚存在一定困难，应用前景并不乐观。非金属化合物巨磁电阻材料的研究开发的重点仍应是氧化物。

12.4.3　双交换机理

巨磁电阻材料的磁相变，金属/绝缘体相变和庞磁电阻的机制为当前的研究热点。早在20世纪50年代，Zener等人就提出双交换作用来解释这类材料的铁磁性及金属性导电共存的现象。掺二价金属后为了保持电中性该化合物中的锰离子出现变价。Mn^{3+}及Mn^{4+}共存。Mn^{3+}上的4个d电子中3个电子为局域的低能态，一个电子为高能态 e_g，Mn^{4+}中的3个d电子为局域态，高能态的

e_g 为空轨道。$Mn^{3+}-O^{2-}-Mn^{4+}$ 中 O^{2-} 的一个 p 电子可能转移到 Mn^{4+} 的空 e_g 轨道，同时 Mn^{3+} 中的 e_g 电子转移给氧离子。由于洪德法则的限制，这个电子自旋方向必须与 Mn 离子磁矩相同，这种双交换作用导致了铁磁性及金属性电导，而且导电电子的自旋方向均与 M_s 的方向相同。故原则上其自旋极化度 $P=1$。但单纯的双交换作用给出的电阻值与磁相变温度远不能与实验一致。进一步深入研究考虑了电子-声子相互作用形成的极化效应等。由于这类材料的 T_c 低，且 CMR 出现在 T_c 附近，巨大磁电阻出现在低温及强场下。如何提高 CMR 材料的 T_c 及降低工作磁场就成为获得应用的重要方向。另外，将 $P=1$ 的 CMR 材料作为隧道结的磁性层以获得高的隧道磁电阻也是令人感兴趣的课题。

12.4.4 巨磁电阻的应用

在当前的计算机系统中，信息的长期储存主要是通过磁记录和光记录技术实现的。磁记录技术虽已有近 50 年的历史，但仍然是当今信息存储的主要方式，而硬盘驱动器则是计算机系统中最流行的信息存储设备。对读出磁头的革新是实现硬盘驱动器高密度、大容量和小型化这一趋势的关键。存储在磁盘中的每一个数据位都是通过磁盘表面的一个微小磁化区来表达的，当磁盘旋转着在读出磁头下面通过时，它便改变磁头的电阻，使电压发生变化，从而得到储存的信息。

基于 GMR 及 TMR 效应的实用化的 GMR 器件目前主要有以下 3 类：

1. 传感器

GMR 传感器于 1994 年进入市场，其性能优于已在上市的半导体和 AMR 磁电阻传感器。磁电阻传感器可以传感磁场，特别是对微弱磁场的传感，如可用于伪钞识别器、弱磁场测量等。更广泛的应用是各类运动传感器，如对位置、速度、加速度、角度、转速等的传感，在机电自动控制、汽车工业和航天工业等方面有广泛的应用。

2. 磁记录读出磁头

读出磁头属于磁场传感器中最为突出的应用。图 12.22 为 GMR 读出头的示意图。目前的读出头主要包括感应式薄膜读头和磁阻读头。传统的感应式磁头无法单独控制道宽和间隙宽度、对小尺寸的驱动器输出幅值太小，不能满足驱动器小型化、大容量的要求。自 1971 年由 R. P. Hunt 首次提出磁阻式磁头以来，磁阻头得到迅速发展。第一只商用磁阻头于 1985 年为 IBM 公司所采用。1990 年和 1991 年美国 IBM 公司和日本日立公司研制的磁阻头，记录密度可分别达到 $150Mb/cm^2$ 和 $300Mb/cm^2$，这类磁头主要以各向异性磁电阻(AMR)读出头为主。自从人们在金属多层膜中发现 GMR 效应和稀土锰酸盐体系中发现 CMR 效应后，这类磁电阻材料随即成为磁头制造商们竞相追逐的目标。一般磁阻头在磁盘上下波动时，介质的磁场只能使它的电阻发生不高于 2.0% 的变化，而磁电阻材料显示出的电阻变化可达 200% 甚至更高，这就意味着读头能检测的磁场比原来小得多，读出灵敏度大大增加，可以把数据写在更小的磁性粒子上，从而使信息的存储密度发生质的飞跃。目前磁盘表面最大存储密度为 $75Mb/cm^2$，批量生产的磁阻头记录再生密度在 $120 \sim 180Mb/cm^2$ 之间，这类磁头的极限记录密度为 $460 \sim 520Mb/cm^2$。随着 GMR 现象的发现，用 GMR 材料作为读出头引起了各国的兴趣。据报道，IBM 公司正在研究的 GMR 磁头，其存储的信息密度可达现在存储密度的 20 倍，为 $1\ 500Mb/cm^2$，即每平方厘米可存储 15 亿个数据点，完全可与光记录相媲美。

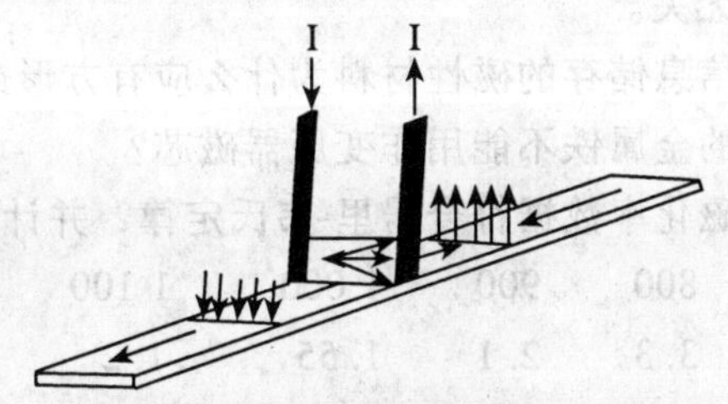

图 12.22　GMR 读出头的示意图

3. 磁随机存储器 MRAM

最近，在巨磁电阻用于计算机内存的主要组成部分——随机存储器 RAM 方面获得较大进展。1995 年报道了开关速度为亚纳秒的自旋阀型 MRAM 记忆单元及由 16Mb 的 MRAM 晶片组成的 256Mb 的 MRAM 芯片的设计报告。最近新的报道，已用自旋阀及隧道结制备了 16kb 及 1Mb 的芯片，预计几年可能上市，很有竞争能力。表 12.8 列出了对 MRAM 性能的预测及与其他 RAM 的性能对比。

表 12.8　**对 MRAM 性能的预测及与半导体存储器的对比**

存储器	DRAM	FLASH	SRAM	MRAM
容量	256Gb	256Gb	$180Mb/cm^2$	>256Gb
速度	150MHz	150MHz	913MHz	>500MHz
寻址时间	10ns	10ns	1.1ns	<2ns
写入时间	10ns	10μs		<10ns
擦除时间	<1ns	10μs		
保持时间	2.4s	10 年		无穷

写入擦除次数	无穷	10^5	无穷	无穷

习 题

12.1 说明你将如何用 Gouy 磁天平来区别顺磁性、铁磁性和反铁磁性行为。

12.2 一氧化钒是抗磁性的，是电的良导体，而一氧化镍是顺磁性/反铁磁性的，是电的不良导体。说明这一观测结果。

12.3 说明下列尖晶石的磁性行为：(1) $ZnFe_2O_4$ 是反铁磁性的；(2) $MgFe_2O_4$是亚铁磁性的，其磁矩随温度上升而增加；(3) $MnFe_2O_4$ 是亚铁磁性的，但其磁矩与温度无关。

12.4 说明用于信息储存的磁性材料为什么应有方形或矩形的磁滞回线。

12.5 为什么纯的金属铁不能用作变压器磁芯？

12.6 证明下列磁化率数据符合居里-韦氏定律，并计算 T_c 或 θ 和 C

T(K)	800	900	1 000	1 100	1 200
$x\times10^{-5}$	3.3	2.1	1.55	1.2	1.0

12.7 已知 $r_{Mg^{2+}}=66$pm，$r_{Ca^{2+}}=99$pm，试根据鲍林规则来证明 CaF_2 晶型是萤石型，而 MgF_2 晶型为金红石型。

12.8 某一离子晶体，经 X 射线分析鉴定属立方晶型。在晶胞中顶点位置为 Mg^{2+}离子所占据，体心位置为 K^+离子所占据，所有各棱的中心位置为 F^-离子占据：

(1)写出此晶体的化学组成。

(2)指出 Mg^{2+}离子的氟配位数与 K^+离子的氟配位数。

(3)检验此晶体是否符合电价规则。

12.9 $BaTiO_3$，$FeTiO_3$，$CaCO_3$ 三者的化学式的形式相同，均属 ABO_3 型：

(1)比较上述三种化合物晶型的特点。

(2)指出这三种化合物中 A 离子、B 离子和氧离子在晶胞中的位置。

(3)描述这三种化合物中 A 离子、B 离子和氧离子的配位情况。

12.10 正尖晶石和反尖晶石的异同点是什么？

12.11 指出顺磁性、抗磁性和铁磁性三类物质在结构上的特点。

12.12 各举一例比较铁磁性、反铁磁性和铁氧体磁性的特性。

12.13 试分析 Fe_3O_4 成为反尖晶石型结构的原因。

12.14 试解释 MR，AMR，GMR，CMR 的含义。巨磁电阻材料有什么用途？

第十三章 固体的光学性质

通常，人们把波长在 $10^2 \sim 10^4$nm 范围的电磁波定义为光。在这一章中，考察由光和固体的相互作用而产生的各种现象。

固体的光学性质是指光照射到固体表面上发生折射和反射，在固体内部发生吸收和散射，或者有选择地吸收或反射特定波长的光，只透过特定偏光面的光等现象。所有这些现象都是由原子所具有的电子能量、晶格缺陷、杂质等原因引起的。被吸收的光能转换成其他形式的能量发射，或仍以光的形式放出。光与固体作用产生的这些性质，对材料在光学上的应用有着重要的意义。例如透镜、棱镜、滤光片等光学元件，透明陶瓷，荧光体，固体激光工作物质等，都是利用光学性质制成的材料或器件。

光照射到某种物质时所发生的透射、反射和吸收这三种作用各占多少，除了和投射光的入射角等有关外，更重要的是和物质的本质(如组成、结构等)有关。这也就是说，光照射到物体上时，是发生电磁波和物质相互作用的过程。

13.1 光和固体的相互作用

光照射到固体上时会发生各种现象(从①到⑫)，如图 13.1 所示。首先，从入射角 i 照射到固体表面的一部分光以相同的角度被反射①。照射光量对反射光量的比率即为反射能，依固体的种类而异。固体表面不平整时，则有一部分光被散射②。

光进入固体时，其前进方向会改变。这就是光的折射③。这时，折射角 r 是入射角 i 及固体和包围固体的介质的函数。此外，由于固体的晶体结构和入射角的不同，入射光有被折射而分为两部分的情况③和④，这种现象称双折射。双折射的产生是由于入射光被分为互相正交的两个平面偏振光的缘故。

折射光在固体内部进行时，和内部的电子或晶格等的振动子互相作用，使其激发为高能级状态，即为光的吸收⑤，其强度衰减服从朗伯定律。被激发的振动子经过弛豫振荡⑥，发光⑦、光离子化或其他的光化学反应⑧等诸过程，失去能量而恢复到原来的状态。

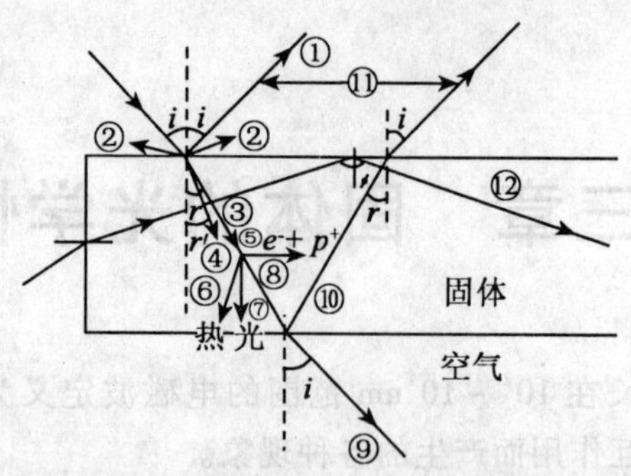

图 13.1　光和固体的相互作用示意图

①反射　②散射　③折射　④+③双折射　⑤吸收　⑥弛豫振荡　⑦发光

⑧光离子化和其他光化学反应　⑨透过　⑩再反射　⑪干涉　⑫全反射

没有被吸收而透过固体的一部分光，以其原状离开固体⑨，剩余的部分在内部再被反射⑩，在回到表面后射出固体外。这时，被再反射到外面的光与在固体表面反射的光相互之间产生干涉⑪。

上述现象是光由空气入射到固体，即从低密度介质入射到高密度介质时发生的现象。与此相反，光由高密度介质入射到低密度介质时，若入射角 i 在某角度以上，则光全部被反射(全反射)，产生了光不逸出固体外的现象⑫。因为这种现象有许多重要的应用，故在 13.3 节中叙述。

宝石的颜色和上述诸过程有着密切的关系。固体加上电场能产生发光的现象叫场致发光，具有很大的利用价值。关于这些，将在 13.4 和 13.5 节中讨论。

13.2　折射和色散

光的折射是光在不同物质中传播速度不同所引起的光弯曲的结果。某物质的折射率 n 是光在真空中速度 c 和在此物质中的速度 v 之比，即 $n=c/v$。它和物质内部离子的堆积密度和极化率有关。如果固体是由大的原子(或离子)构成，折射率就大，反之折射率就小。例如，$n_{PbS}=3.912$，$n_{LiF}=1.392$。同质异象变体中，粒子堆积得较紧密的物质具有较大的折射率。例如，TiO_2 有锐钛矿、板钛矿和金红石三种变体，相对密度依次为 3.84，3.95 和 4.24，折射率依次为 2.524，2.637 与 2.760。当晶体的各向异性反映在晶体对光的折射依方向不同而不同时，就产生了双折射。光通过非晶态物质和等轴晶系的晶体时，光速不因传播方向的改变而变化，即介质只有一个折射率，称为“均质介质”。

除等轴晶系晶体以外的晶体，都是“非均质介质”，光通过时，一般都要分解为振动方向相互垂直、传播速度不等的两个波，这就是双折射。例如，层状结构的晶体，沿原子紧密堆积层内的光波速度比其他方向都小，垂直于层面的光波速度最大。晶体结构内虽未形成明显的层状结构，但有平面构型阴离子团（如 CO_3^{2-}，NO_3^- 或 ClO_3^-），而且它们在晶体中上下方互相平行排列时，也会出现强的双折射。用来产生偏振光的 Nicol(尼科耳)棱镜就是典型的例子。

所谓色散是指折射率随入射光波长 λ 而改变的变化率$\frac{dn}{d\lambda}$。大多数透明材料的色散是入射光波长减小，折射率增大。棱镜能把自然光(混合光)分解为光谱，就是由这种原因造成的。为了准确地测定一种介质的折射率，应当使用单色光源，在报告折射率数据时对其符号加下标注明，例如用钠灯的黄光时，为 n_D，黄色的钠 D 谱线波长为 589.3nm。

13.3　全反射与光导纤维

当光线从光密介质射入到光疏介质时，会发生全反射现象。因为此时折射线是偏离法线的，故当入射角增大到某一临界值时，折射角可以达到 90°，此时没有光进入光疏介质中，而是全部掠过界面离开，反射折回到原来的光密介质中，这称为全反射。在光学仪器中常常使用全反射棱镜来改变光线的方向。近年来迅速发展起来的光导纤维，就是利用全反射原理实现光信息传送的，如图 13.2 所示。

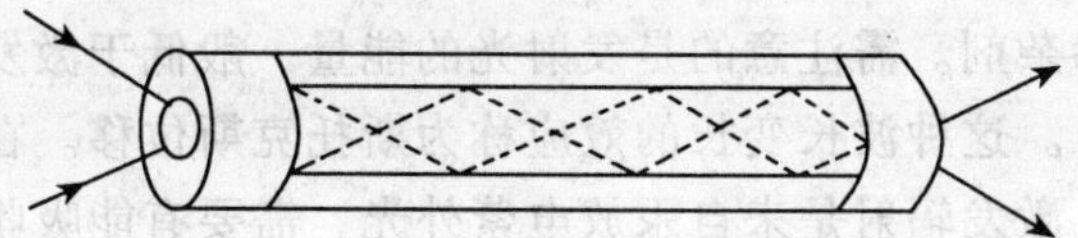

图 13.2　光在光导纤维中传播的情况

相对折射率关系式为 $n=\frac{\sin i}{\sin r}$，式中 i 是折射角，r 是入射角。对于一般玻璃，相对折射率 $n=1.50$，当 $i=90°$时可由上式求得入射角 r。$\sin r=\sin i\cdot\frac{1}{n}=\sin 90°\cdot\frac{1}{1.5}$，由此求得临界入射角 r 为 41.8°。所以用光导纤维导光时，只要选择适当的入射角度，总可以使角度 r 大于临界角，入射光线在光导纤维芯体内部界面产生全反射，全反射光线又以同样的角度 r 在对面界面上发生第二次全反射，这样经过多次反射后，将光从一端送到另一端，就可用来传导信息和图像。纤维表面的擦痕、油污、尘埃等都会影响光的全反射。光导纤维由折射率高的芯体和折射率较低的包层组成。芯体的直径大约是几十个微米。光导纤维要求用高纯的原料（杂质含量降低到亿分之几）制成，并且工艺很严格，不允许存在气泡、微裂纹、微晶或成分不均匀等情况。否则会引起光的吸收和散射，而使光在传递过程中衰减损失（见 5.1.4 小节）。

光导纤维用于医疗器械、电子光学仪器、光通信线路及光电控制系统等方面。

13.4 发光现象和发光体

13.4.1 概　　述

发光现象这个术语一般是指一种材料在吸收能量后所产生的光发射现象。可以使用多种不同的激发源，在命名时标以不同的词头。光致发光使用光子或光线作激发源（往往是紫外光）。电致发光使用电能输入作激发源。阴极射线发光用阴极射线或电子来提供激发能。光致发光可分为两类。在激发与发射之间的时间间隔 $\leqslant 10^{-3}$ s 时，此过程称为荧光现象。当移开激发源时，荧光现象就有效地中止了。当衰变时间很长时，该过程称为磷光现象，在移开激发源时，这种发光现象可长时间地继续进行。

光致发光材料一般需要有一种基质晶体如 ZnS，$CaWO_4$，Zn_2SiO_4 等，它们掺有少量的激活剂阳离子如 Mn^{2+}，Sn^{2+}，Pb^{2+}，Eu^{2+}。有时须加入起敏化剂作用的第二种掺杂剂。需注意的是发射光的能量一般低于激发光的能量，因此发射的波长较长。这种波长变长的效应称为斯托克斯位移。在发光体最重要应用的荧光灯中，激发辐射是来自汞放电紫外光，需要有能吸收此紫外光并发射“白光”的发光材料。它是由一支玻璃管组成的，在其内壁涂有一层发光材料衬里，并在管内充有汞蒸气和氩气的混合物。当有电流通过此灯管时，汞原子受到电子的轰击并激发到较高电子能态。它们随即跳回到基态，同时发射有两种特征波长 254 和 185nm 的紫外光。这种光辐照到玻璃灯管内壁的磷光体涂层上，随后即发射出白光。为了提高光转换效率，曾经研究了成千上万种激活离子与基质晶体的组合。磷光体可根据激活中心的电子组态划分为三大类。

一级激活剂中，发射的激发态的电子组态在宇称上不同于基态的电子组态，其实例包括 Sn^{2+}，Pb^{2+}，Sb^{3+}，Cu^{+}，Ce^{3+}和 Eu^{2+}。Sb^{3+}的基态为 $4d^{10}5s^2$，而发射态则为 $4d^{10}5s5p$。在 Cu^{+}和 Eu^{2+}磷光体中，荧光分别通过 $3d^9 4p \rightarrow 3d^{10}$ 和 $4f^6 5d \rightarrow 4f^7$ 跃迁而产生。这一类激活剂的共同特点是荧光快速衰减，典型的情

况为微秒或更短。使用第一类激活剂有1%～10%的基质阳离子被激活离子所取代。

次级激活剂中，基态和发射态的电子组态在宇称上是一致的，例如，二价锰的荧光在 $3d^5$ 态之间发生。这一类的其他激活剂包括 Cr^{3+}，Mn^{4+}，Sm^{3+} 和 Tb^{3+}。次级激活剂的衰减速率相当慢，其半衰期在毫秒的范围。实际应用的磷光体浓度为0.5%～5%。为了激发这种磷光体，通常利用来自激发配合物离子的能量转移，如果可引发组态改变的话，次级激活剂可直接由紫外光激发，波长短于200nm的光具有足够的能量把 Mn^{2+} 激发到它的 $3d^44p$ 态。

第三类磷光体由配合物离子激活，例如钨酸盐中 W^{6+} 离子具有 $5p^6$ 基态的电子组态。其他有关的中心离子如 Mo^{6+}，Nb^{5+}，Ta^{5+}，V^{5+} 和 Ti^{4+}，全都具有填满的p壳层。这一类磷光体的特征是衰减时间为微秒且发射带宽。有证据表明 d^{10} 离子(如 Zn^{2+} 和 Cd^{2+})也是有效的配合物离子磷光体，许多镉和锌的化合物是 Mn^{2+} 的有效基质晶体。

被不同阳离子激活的ZnS发光体发射光谱的例子示于图13.3中。每一种激活剂使ZnS产生出一种特征光谱和颜色。在激活剂离子中发生了不同类型的电子跃迁，例如：

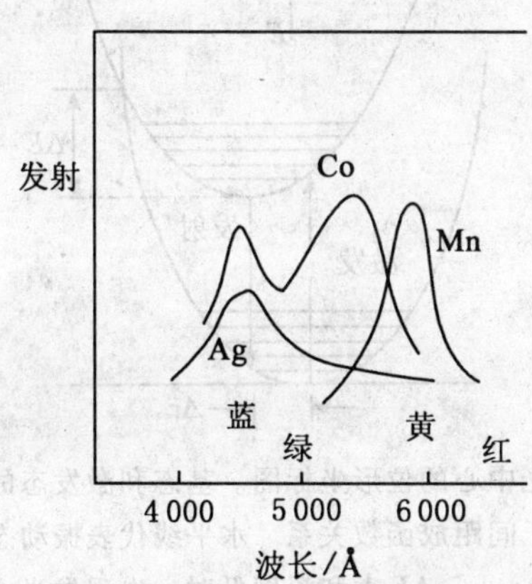

图13.3　活化的ZnS发光体经紫外光辐照后的发光光谱图

离子	基态	激发态
Ag^+	$4d^{10}$	$4d^95p$
Sb^{3+}	$4d^{10}5s^2$	$4d^{10}5s5p$
Eu^{2+}	$4f^7$	$4f^65d$

用来制造发光体的基质材料可分为两大类：

(1)离子键型的绝缘材料，如 $Cd_2B_2O_5$，Zn_2SiO_4 和磷灰石 $3Ca_3(PO_4)_2$·

$Ca(Cl, F)_2$。在这些材料中，激活剂离子有一组不连续的能级，这些能级会因基质晶体结构的局部环境而发生变化。对离子型发光体来说，位形坐标模型为定性地表示发光过程提供了一种有用的方法。

(2)共价型半导体硫化物，如 ZnS。在这些材料中，基质的能带结构因激活剂离子定域能级的加入而发生了改变。

13.4.2 位形坐标模型

为了说明为什么有些离子发光而其他一些离子却不发光，这里用一种位形坐标图来表示，如图 13.4 所示。设 r 为发光阳离子与其毗邻的阴离子之间的距离。在 $T=0K$ 时，中心处在基态的最低振动态；加热时，有可能占据较高的振动能级。激发和发射分别相当于两条曲线之间的垂直跃迁。如果两条曲线形状上类似，Δr 又小，则不论吸收或发射谱线都会是窄的。但当激发态的平衡距离与基态的平衡距离相差很大时，有可能出现宽的谱带。在这种条件下，基态与激发态之间的间隔则随 r 而变化。与 $4f$ 能级跃迁有关的稀土谱线一般是尖锐的，另一些谱线却是相当宽的。

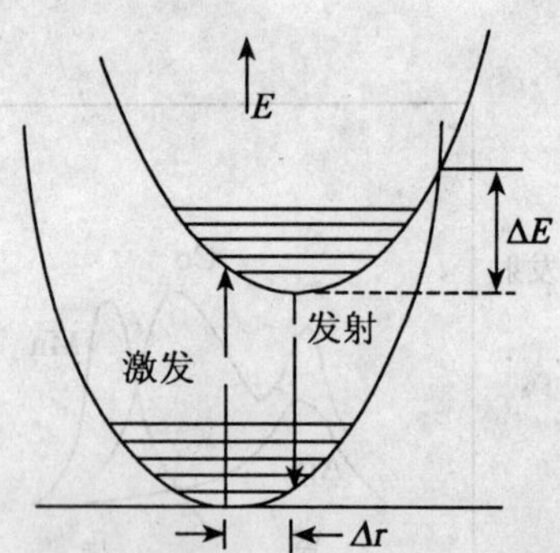

图 13.4 发光中心的位形坐标图。基态和激发态的势能曲线与原子间距成函数关系。水平线代表振动态。当 Δr 小，ΔE 大和温度低时，出现发光。

发光理论中跨越能 ΔE 是十分重要的。激发态的原子可能通过发射光子或者是发射声子而返回到基态，后一种又称为无辐射跃迁。当 ΔE 与 kT 大小差不多时，就主要是无辐射跃迁；而当 Δr 很小使得 $\Delta E \gg kT$ 时，就出现了发光。从位形图中可以看出，基态和激发态的平衡距离必须相似，才有利于发光。

电子的轨道半径提供了一种估算 Δr 的方法，从而有可能预估发光中心是否存在。试用普通荧光灯上所用的激活剂 Mn^{2+} 和 Sb^{3+} 来作一说明。对于二价锰离子，发射来自 3d 壳层中的电子跃迁，因此 Δr 接近于零。而 Sb^{3+} 出现的则是 5p—5s 跃迁，5p(Sb)和 5s(Sb)的半径分别为 0.116 和 0.097nm，因而 Δr= 0.019nm。Blasse 和 Bril 在研究了大量的发光中心的基础上，指出发光的必要条件是 Δr<0.03nm。不过，并非所有满足这一条件的离子都会发光，因为这里忽略了周围晶格的影响。

总之，发光过程包括三个步骤：第一步，激发过程包括将激活中心从基态提升到激发态的较高振动能级。第二步，当此离子很快弛豫到激发态的一个较低能级时，它即失去了一些能量。这份能量转移给基质晶格并以热的形式出现。第三步，激活中心跃迁回基态，这样就发出了光。由于激发能大于发射能，所以发射辐射比激发辐射有较长的波长。因而这就说明了斯托克斯位移。

有一种效应叫做热猝灭，即在高于某一温度时发光效率发生显著的降低，这种效应也可借助于图 13.4 来加以解释。在基态和激发态势能曲线的交点处，激发态的一个离子可以转移到具有相同能量的基态。它可以通过一系列的振动跃迁回归到基态的更低振动能级。因此交点代表一种溢流点，如果在激发态的一个离子可以获得足够的振动能而达到交点，它可以溢流到基态的振动能级。如果发生了这种情况，所有的能量都以振动能的形式释放出来而不出现发光现象。在交点处的能量显然是临界的。一般而言，它看来是由于升高温度而达成的结果，因为升高温度时，离子增加了热能而能够移向越来越高的振动能级。

上面为说明热猝灭而描述的这类跃迁是一种非辐射跃迁的例子。在这种跃迁中激发态离子通过向周围基质晶格输送振动能来减少它的过剩能量。这样一来，激发态离子就能够回归到较低能级而没有发射电磁辐射，即没有发光。

另一种非辐射跃迁涉及敏化发光体的操作过程。这种跃迁称为非辐射能量转移，如图 13.5 所示。非辐射能量转移进行的前提是：①敏化剂和激活剂离子在激发态都有相似的能级；②在基质晶体结构中敏化剂和激活剂离子彼此靠得相当近。在操作中，激发辐射使敏化剂离子升高到激发态，然后这些离子将能量转移给邻近的激活剂离子，在转移过程中很少或不损失能量，同时敏化剂离子回归到它们的基态。最后，激活剂离子经光发射而回归到它们的基态。

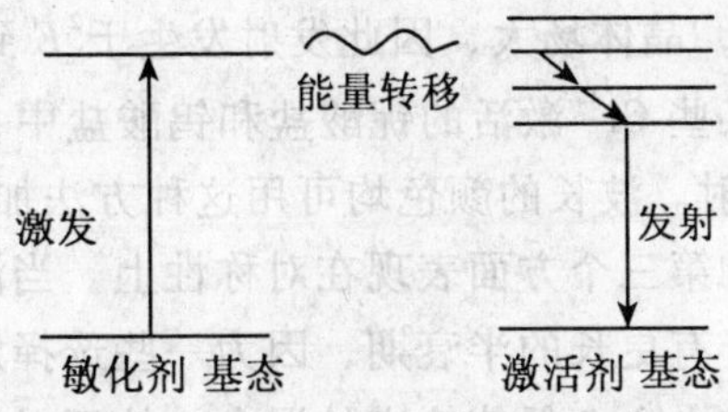

图 13.5　敏化磷光体操作中的非辐射能量转移示意图

非辐射能量转移也与某些杂质的中毒效应有关。在此种情况中，能量从敏化剂或激活剂转移到中毒位置，在此处能量以振动的形式逸失给基质结构。在制备发光体时必须避免能向基态作非辐射跃迁的离子包括 Fe^{2+}，Co^{2+}和 Ni^{2+}。

13.4.3 发光体

目前对发光现象已研究过极大量的基质激活剂组合并取得了相当的成功，不过对新材料的进一步改进和发展或许要依赖于改进对晶体结构和掺杂离子能级之间关系的理解。

为了阐明结晶化学在磷光体发展中的重要性，可考虑氧化物磷光体的光致发光。经典的例子是硅锌矿 Zn_2SiO_4，它由大约 1% Mn^{2+}取代锌来激活。其他普通使用的荧光中心是亚稳激发态的离子，例如 Cu^+，Bi^{3+}，Sn^{2+}，Cr^{3+}，Ce^{3+}和 Eu^{3+}。

如前所述，光致发光是一种三步过程：①吸收一个紫外光子，②把激发能转移到荧光中心，③由荧光中心发射辐射。第二步在直接激发的磷光体中是不重要的，例如在用波长大于 270nm 辐照的经 Eu^{3+}激活的 Y_2O_3 中，Eu^{3+}既作为吸收体又是发射体。在 $YVO_4:Eu^{3+}$中，钒酸根基团吸收而 Eu 发射，因此出现了间接的激发。在这种情况下就需要有效的转移过程。能量转移可以通过三种机理进行：①电荷载流子；②辐射发射和吸收；③无辐射过程，例如多极子或交换机理。在 $YVO_4:Bi^{3+}$磷光体中，电荷转移似乎是主要的，而在许多经 Eu^{3+}激活的磷光体中则出现超交换。在能量转移上 V-O-Eu 角起了十分重要的作用。在 $YVO_4:Eu^{3+}$中，该角大约为 170°，从而获得快速的能量转移及高的光致发光效率。在 Eu 激活的石榴石 $NaCa_2Mg_2V_3O_{12}$中，该角小于 50°，因此效率低。其他磷光体也有类似的结果。

晶体结构不仅对能量转移过程而且对吸收和发射的过程都十分重要。晶体场改变了原子的能级，这就大大地改变了发射辐射的强度和波长的分布。Cr 激活磷光体的^4T激发态与^4A基态之间的分裂由晶体场参数 Δ 决定；而^2E-^4A 的分裂却几乎与 Δ 无关。因此，两个激发态的相对位置是由晶体场支配的。在红宝石(Al_2O_3：Cr)中，晶体场大，因此发射发生于^2E 到^4A 的跃迁，给出了尖锐的荧光谱线。而在某些 Cr^{3+}激活的铌酸盐和钨酸盐中，晶体场较弱，出现的则是^4T 到^4A 的宽带发射。波长的颜色均可用这种方法加以改变。

晶体化学重要性的第三个方面表现在对称性上。当激活离子占据高对称性的格位，激发态倾向于有更长的半衰期，因为一些选择定则的违反要取决于对称性。例如，没有对称中心会促使轨道的混合，从而对激发半衰期产生有害的影响。这一点对持续性磷光体非常重要。

合成氟磷灰石曾用作荧光灯的磷光体，它是用 Mn 和 Sb 来激活

$Ca_5(PO_4)_3F$ 的。二价锰发出红色荧光，而三价 Sb 则发出蓝色荧光，这两者都是宽带发射体，因此调节这两种激活剂的配比就可能得到白光。在磷灰石的基质晶格中，用少量的 Cl 取代 F，可以进一步调节发射的颜色，取代作用“调谐”了钙格位周围的晶体场，从而产生了能级位移，改变了发射波长。其他一些选出的灯用发光材料列在表 13.1 中。

表 13.1　一些灯用发光材料

发光体	激活剂	颜 色
Zn_2SiO_4，硅锌矿	Mn^{2+}	绿色
Y_2O_3	Eu^{3+}	红色
$CaMg(SiO_3)_2$，透辉石	Ti	蓝色
$CaSiO_3$，硅灰石	Pb，Mn	黄橙色
$(Sr, Zn)_3(PO_4)_2$	Sn	橙色
$Ca_5(PO_4)_3(F, Cl)$，氟磷灰石	Sb，Mn	白色

决定磷光体的可用性有两个因素，即颜色和量子效率。首先，考虑晶体结构对激发和发射跃迁的影响。Eu^{3+}磷光体作为彩色电视荧光屏的红色磷光体有着十分重要的实际意义。铕化合物的强光由电子从$^5D_0$ 激发态到$^7F_1$ 或$^7F_2$ 的跃迁产生。$^5D_0 \to {}^7F_1$ 的跃迁发射出橙光(0.59μm)，而$^5D_0 \to {}^7F_2$ 的跃迁则发出红光(0.61μm)。局部场对波长影响不大，因为 4f 电子受到很好的屏蔽。

彩色电视荧光屏需要三种基本的阴极射线发光颜色，它们是：

(1)红色，上面已讲过，为此常常用的是 $YVO_4:Eu^{3+}$或 $Y_2O_2S:Eu^{3+}$；

(2)蓝色 $ZnS:Ag^+$；

(3)绿色 $ZnS:Cu^+$。

对于黑白电视荧光屏来说，需要使用发蓝色光的 $ZnS:Ag^+$和发黄色光的 $(Zn, Cd)S:Ag^+$所组成的混合物。

不过，晶格环境确实能对选择定则产生很强烈的影响。宇称禁戒只有在晶体晶格的影响下才能解除。如果稀土离子处在对称中心，则晶体场奇次项就要消失，只有磁偶极跃迁是可能的，这就有利于 Eu^{3+}中$^5D_0 \to {}^7F_1$ 的跃迁，在掺杂铕的基质晶体如 Ba_2GdNbO_6，$NaLuO_2$ 与 $Gd_2Ti_2O_7$ 中，Eu^{3+}占据了反演中心。所有这三个化合物都发射橙黄色光。当 Eu^{3+}处在非对称中心位置，则有可能产生更强的电偶极跃迁。这种情况下的选择定则是 $\Delta J = 2$，4 或 6，有利于$^5D_0 \to {}^7F_2$的跃迁。在 $NaGdO_2:Eu^{3+}$以及其他铕不处于对称中心的化合物中观察到红光的发射。由此看来，基质晶体对 Eu^{3+}磷光体的颜色起着支配的作用。

量子效率是磷光体发射的光子数与吸收的光子数之比。工艺上有意义的磷光体，其量子效率接近于80%。

13.4.4 反斯托克斯发光体

反斯托克斯发光体是一类已引起人们很大关注的相当新的发光体。它们的表现是能发射出比入射激发光能量较高(波长较短)的光线或光子的不寻常性质。举例来说，利用这些材料有可能把红外辐射转化成较高能量的可见光。当然，在此情况中一定有某种内在原因，能量守恒定律是不能违反的。作为一种替代解释，这类激发过程是分两步或多步进行的，如图13.6所示。

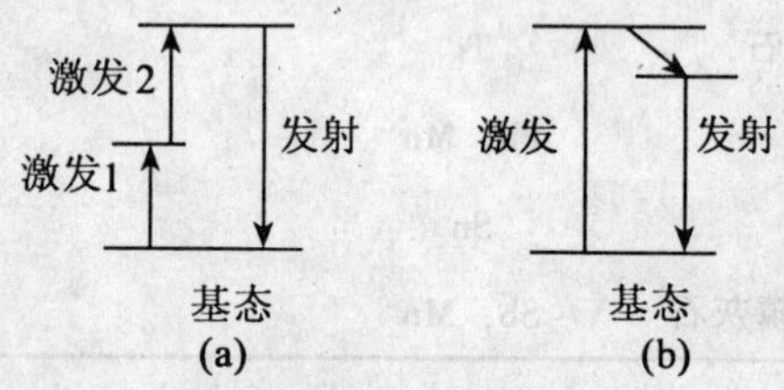

图13.6 反斯托克斯发光现象(a)和正常发光现象(b)的图解说明

到目前研究得最详细的反斯托克斯发光体是有如 $YF_3 \cdot NaLa(WO_4)_2$ 和 α-$NaYF_4$ 的这类基质结构，它们是双重掺杂的，以 Yb^{3+} 为敏化剂和以 Er^{3+} 为激活剂，这些材料可以把红外辐射转化成绿色发光。在照射时，Yb^{3+} 离子向邻近的 Er^{3+} 离子转移2个光子，于是 Er^{3+} 被提升到一种双重激发态，衰变时放出可见光。

这里需要超纯原料，因为像 Dy^{3+} 和 Fe^{2+} 这样一些离子会猝灭荧光。从晶体结构方面来看，可见光发射强度增加与以下因素有关：①Er^{3+} 和阴离子间的距离较大；②基质晶格中阳离子的价数较高；③Er^{3+} 离子周围的对称性较低。这些条件产生于以下的事实，即稀土离子中由于低对称性的晶体场取消了一级选择定则的要求，同时原子间距较长和相互作用较弱又趋向于降低声子的频率。

13.5 光的吸收与激光

13.5.1 光的吸收

除真空外，光通过任何介质都会或多或少地使强度有所减弱，这就是发生了能量的损失，即使对光不发生散射的透明物质如玻璃等也是如此。

光通过介质时常被不同程度的吸收。如果介质在可见光范围内对各种波长的光吸收程度相同，称为“均匀吸收”，在此情况下随着吸收程度的增加，颜色的变化是从灰到黑。但如果对某一波段有强烈的吸收，则称为“选择性吸收”，此时介质呈现的颜色是吸收余下颜色的混合色。所以凡是能吸收可见光的物质，都能显出颜色，参看表 13.2。

物质吸收光时，其原子的外层电子从基态跃迁到激发态，所以只要基态和激发态的能量差等于可见光的能量(即相当于波数 13 800 ~25 000cm^{-1})就可显出颜色。

无机绝缘体对光的吸收有以下几种情况：

(1)紫外光区。如果离子晶体是纯净的、无杂质无缺陷，则由于导带和价带之间不存在有电子的能级，能隙很大。因此，如果光子的能量不足以使电子从价带越过能隙到导带，那么晶体就不会发生光的吸收。离子晶体的能隙约为几个电子伏特，相当于紫外区的能量，所以，纯净的理想的离子晶体对可见光区及红外区的辐射，都不会发生吸收，是透明的。当有更高能量的辐射(如紫外光)照射离子晶体时，价带中的电子有可能被激发越过能隙进入导带，发生光的吸收。因而，离子晶体在紫外区是不透明的。

表 13.2 被吸收光波长、颜色及观察到的颜色

被吸收光			观察到的颜色
波长/nm	波数/cm^{-1}	颜色	
400	25 000	紫	绿黄
425	23 500	深蓝	黄
450	22 200	蓝	橙
490	20 400	蓝绿	红
510	19 600	绿	玫瑰色
530	18 900	黄绿	紫
550	18 500	橙黄	深蓝
590	16 900	橙	蓝
640	15 600	红	蓝绿
730	13 800	玫瑰色	绿

(2)红外光区。离子晶体的阴离子与阳离子的离子对形成强的偶极子，偶极子的振动可以被红外辐射所激发，产生对辐射的吸收。所以离子晶体在红外

区域的吸收不是基于电子的吸收，而是基于离子振动的吸收，这就是将在14.1.1中讨论的光频支产生的原因。晶格的红外吸收不仅限于离子晶体，其他绝缘体如金刚石、水晶等也有这类吸收。

(3)可见光区。离子晶体中的杂质和缺陷所产生的可见光区吸收，是引起离子晶体(或其他绝缘体)显色的主要原因。例如 α-Al_2O_3 晶体(参见4.6.3小节)，纯净时是无色透明的。Al^{3+}离子和 O^{2-}离子的电子能级是填满的、封闭的，禁带宽为9eV，不可能吸收可见光。但是，如果在 Al_2O_3 晶体中掺入0.1% Cr^{3+}离子，晶体呈粉红色，掺入1% Cr^{3+}离子则呈深红色，即为红宝石。这是因为 Cr^{3+}离子具有 $3d^3$ 电子组态，在 Al_2O_3 晶体中造成了一部分较低的激发态能级，当白光照射时，可以吸收绿光和蓝光，透过红光，因而呈现红色。

13.5.2 固体激光器

固体激光器基本上是一种能满足某些专门条件的发光固体。激光这个术语是指通过辐射光的受激发射而产生的光的增强作用。此类激发过程包括将活性中心抽运到一种具有相当长寿命的激发态，然后可以达到一种能发生“布居数反转”的情况，使激发态的激活中心多于基态的激活中心。在发光过程中，从一个中心发出的光激励了其他的中心使其与第一个中心发射的辐射发生相位衰变。这样一来，就形成了一束强的相干辐射光束或光脉冲。在晶体、玻璃体、气体、半导体和液体中都已获得了激光，其谐振频率范围从远红外到紫外。典型的固体激光器如表13.3所示。这里仅就氧化物和半导体的激光器进行一些讨论，虽然其他类型的激光器也有很广泛的应用。掺杂的氧化物激光器的优点是激发态寿命长、热导率好、熔点高。所有这些优点对于产生高峰值功率都十分有用。此外，某些系统还有窄的荧光线宽，因此可作为频率标准使用。

表13.3　典型的固体激光材料

激光材料	发射波长（μm）
$Al_2O_3(Cr^{3+})$	0.693 4
$CaF_2(Nd^{3+})$	1.046
$CaF_2(Sm^{3+})$	0.708 5
$CaF_2(Ho^{3+})$	2.09
$CaWO_4(Nd^{3+})$	1.06
GaAs	0.84
GaP	0.72

续表

激光材料	发射波长（μm）
$GaAs_xP_{1-x}$	0.64～0.86
InP	0.91
InAs	3.10
PbS	4.27
PbSe	8.53
$Sn_xPb_{1-x}Te$	9.5～28

* 括号中表示的是激光离子。

红宝石激光器是最先发现的激光系统，并且在四十多年之后它仍然是一种重要的激光系统。现已广泛应用于照相、医疗、通信和精密测量等方面。红宝石激光器的主要组件是一种掺杂了少量（重量 0.05%）Cr^{3+} 的 Al_2O_3 单晶体。Cr^{3+} 离子取代了刚玉晶体结构（此种结构与钛铁矿 $FeTiO_3$ 结构相似）中变形八面体位置中的 Al^{3+} 离子。在 Al_2O_3 中加入 Cr_2O_3 之后，单晶颜色从 Al_2O_3 的白色变为 Cr^{3+} 含量低时的红色和 Cr^{3+} 含量高时的绿色。

在红宝石中 Cr^{3+} 离子的能级绘在图 13.7 中，当用可见光如氙闪光灯的光照射红宝石晶体时，Cr^{3+} 离子的 d 电子可以从 $^4A_2$ 基态激发到 $^4F_2$ 和 $^4F_1$ 的激发态。这些激发态迅即衰变，通过一非辐射过程，降到 ^2E 能级。^2E 激发态的寿命很长，约 5×10^{-3}s，这表明有足够的时间可形成不小的布居数反转。然后由 ^{2}E 能级跃迁到基态发生了激光作用。在此跃迁过程中许多离子受激发生彼此同相衰变，给出一束强的红光相干脉冲，其波长为 693.4nm。

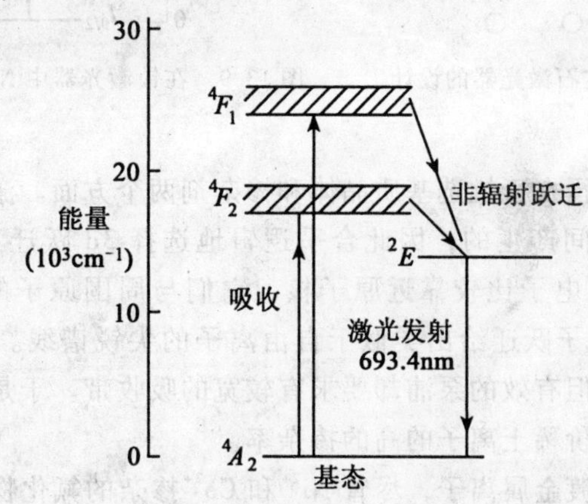

图 13.7　在红宝石晶体中 Cr^{3+} 离子的能级和激光发射

一种红宝石激光器的设计示意图如图 13.8 所示。它包含一支红宝石晶棒，长度为几厘米和直径为 1～2cm。闪光灯包围在红宝石棒的周围。另一种办法是将闪光灯与红宝石棒并排放置；然后把两者放在一个反射孔道中使红宝石棒能有效地从各方面受到照射。在红宝石棒的一端有一个镜面将光脉冲反射回来使之通过红宝石棒。在另一端有一个称为 Q 开关的装置，它既可以允许激光束从系统中导出，又可以把它反射回来通过红宝石棒而进行另一循环，这个 Q 开关可以是一面简单的定时旋转镜面，当激光束达到最佳强度时令其从系统中发射出来：当光脉冲沿着红宝石来回通过时，激励出越来越多的激活中心，增强了强度而发射出与原始脉冲相干的辐射。

激光活性 Nd^{3+} 离子的基质材料是一种玻璃或钇铝石榴石(YAG)，$Y_3Al_5O_{12}$（见 12.3.3 小节关于 YIG 和其他石榴石的讨论）。在钕激光器的操作中有关的能级和跃迁示于图 13.9 中，在用高能灯进行辐照过程中，发生了若干个吸收跃迁，图中只绘出了一种。这些激发态都发生非辐射跃迁至 $^4F_{3/2}$ 能级，从此能级至 $^4I_{11/2}$ 能级发生激光作用，Nd-玻璃的激光波长为 1 060nm 和 Nd^{3+}YAG 的激光波长为 1 064nm。此 $^4F_{3/2}$ 能态是长寿命的，约 10^{-4} s，但多少要决定于 Nd^{3+} 的浓度。这种情况又允许形成布居数反转而使 Nd^{3+} 能用于高功率激光器中。

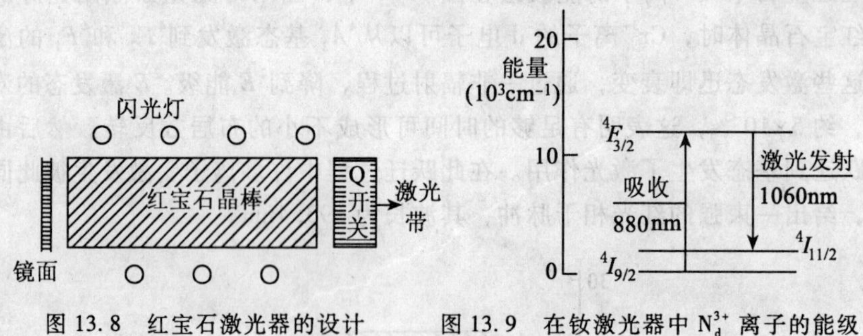

图 13.8　红宝石激光器的设计　　　图 13.9　在钕激光器中 N_d^{3+} 离子的能级

激光材料的选择在于挑选基质晶体和掺杂剂两个方面。激光作用是在单个壳层的诸电子态之间产生的，因此合乎逻辑地选择 3d 跃迁系列和稀土 4f 系列。稀土离子的 4f 电子比较靠近原子核，它们与周围原子的相互作用较小，因此 4f 壳层中的电子跃迁给出类似于自由离子的尖锐谱线。这种窄的线宽有助于实现低阈值，但有效的泵浦却要求有较宽的吸收带。于是，为了获得有效的吸收，就要求三价稀土离子的高的掺杂率。

铬是最好的过渡金属离子，尽管 Ni^{2+} 和 Co^{2+} 掺杂的氟化物曾作为低温红外激光器运转，Cr^{3+} 既具有宽的吸收带，又有窄的发射谱线，使它成为几乎理想的掺杂离子。

曾经提出了各种各样的掺杂比以求改进总体效率。用 Cr^{3+} 和 Nd^{3+} 来掺杂 $Y_3Al_5O_{12}$ 体系，泵浦光由 Cr^{3+} 离子吸收，再把激发能转移给 Nd^{3+}，后者在返回到基态时产生激光(即所谓双掺敏化作用)。对控制这一交叉传递过程目前还不十分了解，不过在红外区相互竞争的自发辐射速率下降，像这样一种敏化体系却很起作用。

基质晶体应同激活的掺杂离子相匹配。三价铬离子优先选取八面体格位；而较大的稀土离子却常常是八配位的。基质晶体产生一种消除了自由离子态简并度的晶体场，因此在决定电子能级方面，特别是那些过渡金属离子的电子能级方面，是一个主要的因素。这种格位的对称性也影响了选择定则。低的对称性促进轨道的混合，使跃迁更为容易。高功率脉冲激光器(Q 开关)，由于脉冲之间的时间弛豫需要有较长的寿命。立方的格位对称性(例如 $LaAlO_3:Cr^{3+}$ 中的情况)对于这样的应用是很值得考虑的材料。

习　题

13.1　试解释物体呈黑色、白色、无色的原因。

13.2　固体的折射率与什么因素有关？什么情况下发生双折射？什么叫色散？

13.3　光导纤维作为通信的媒介，应用的是什么原理？全反射的条件是什么？

13.4　能用作激光源的固体材料一般需要满足哪些条件？

13.5　反斯托克斯发光体发射的波长较短于激发光的波长。试说明何以能量守恒定律并没有被违反？

13.6　发光材料有哪几类？磷光和荧光有什么不同？

13.7　金刚石的禁带宽是 5.33eV，试解释金刚石对可见光为什么是透明的。

第十四章 固体的热学性质和机械性质

14.1 晶格的热振动和热容

14.1.1 晶格的热振动

与温度或热有关的热膨胀、热容、热传导、熔化、蒸发等的属性都属于热学性质。与热学性质密切相关的是构成的分子、原子、离子和电子的热振动。

最简单的情况是一维单原子点阵的振动，原子由于热振动会偏离平衡位置，同时由于原子间的相互作用力，已偏离平衡位置的原子又可回到平衡位置，因而可以把原子的热振动看做是一种简谐振动。在晶体中原子间有较强的相互作用力，一个原子的振动会牵连着相邻原子随着振动，相邻原子间的振动存在着一定的位相差，这就使晶格振动以弹性波的形式在整个晶体内传播，这种存在于晶体中的波称为格波。由于晶格振动也是量子化的，因此可以把格波看成微粒，又叫声子，如图 14.1 所示。

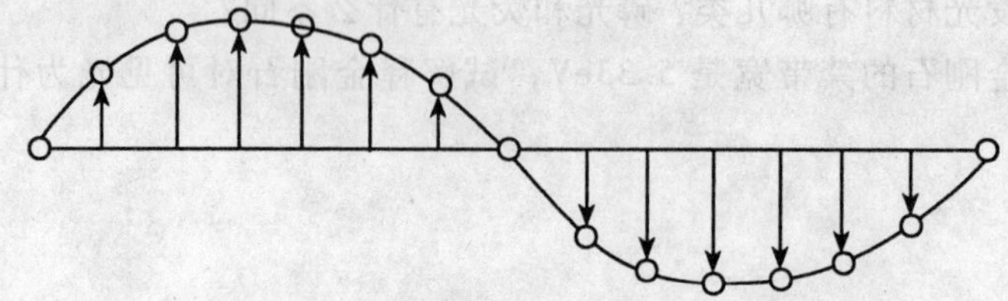

图 14.1 一维单原子点阵中格波的传播

如果晶体中有两种质量不同的原子(对于离子晶体可看成是阴、阳离子)，周期性地排列成一无限直线点列，这两种原子不仅各自有独立的振动频率，而且振幅也不同，所以两种原子间有相对运动。图 14.2(a)表示相邻两种原子具有相同的振动方向，因此，表现出原胞(就是相邻的两个异类原子的总称。它相当于三维晶体中的晶胞)质量中心的振动，这种格波频率低，叫做声频支。

图 14.2(b)表示相邻两种原子的振动方向相反，原胞质量中心可能维持不动，而是两个原子的相对振动，由于质点间相互作用大，而质点质量小，所以引起了一个范围很小、频率很高的振动，叫做光频支。对于离子晶体来说，当异号离子间有反向位移时，便构成一个偶极子，在振动过程中，这些偶极子的极矩是周期性变化的，它们会发出电磁波(相当于红外波)，其强度决定于振幅大小(即温度高低)。通常在室温下，这种电磁波强度是很微弱的，如果从外界辐射进一个属于这一频率范围内的红外光波，就会被晶体吸收，被吸收的光波能量激发了这种点阵振动，这也是该格波称为光频支的原因。

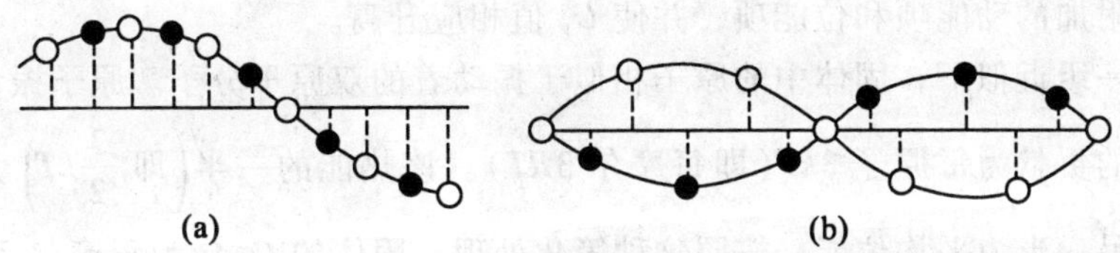

图 14.2　一维双原子点阵中的格波

(a)声频支　(b)光频支

14.1.2　热能和热容

物质吸热时温度随之升高，物质的比热是根据使其升温 ΔT 所需的热量来定义的:

$$C = \frac{\Delta Q}{\Delta T} \tag{14.1}$$

如果物质的体积被约束为恒定的，那么所吸收的热量就正好等于内能的增量，即:

$$(\Delta E)_V = Q \tag{14.2}$$

内能对温度的曲线之斜率，就是等容比热:

$$C_V = \left(\frac{\mathrm{d}E}{\mathrm{d}T}\right)_V \tag{14.3}$$

另外，如果物质是处于恒压，所吸收的热量就正好等于焓的增量:

$$(\Delta H)_p = Q \tag{14.4}$$

焓对温度的曲线之斜率，就是等压比热:

$$C_p = \left(\frac{\mathrm{d}H}{\mathrm{d}T}\right)_p \tag{14.5}$$

C_V 和 C_p 都是描述固体材料性能的量，通常是以每摩尔、每单位质量或每单位体积物质为基准。C_V 与 C_p 在热力学上是有联系的。可以证明，C_p 总

是大于 C_V，除非在绝对零度时 $C_p=C_V=0$。C_V 比较容易与固体的基本性能建立联系，所以在今后的讨论中要涉及它。但必须指出，对于凝聚相，C_V 比 C_p 更难于由实验测定，不过，在室温或更低的温度时，凝聚相的 C_p 与 C_V 非常接近。

如上所述，内能随温度的变化决定了 C_V，单原子理想气体可以提供简单的例子。这种情况下，摩尔内能 $E=\frac{3}{2}RT$，因而 $C_V=\frac{3}{2}R$，温度的升高以及热能的随之增加，相应于单原子气体中各个粒子的平均动能增加。对于双原子气体，持续升高温度会激发分子围绕质心的转动和原子沿分子轴的振动。这些运动造成附加的动能项和位能项，并使 C_V 值相应升高。

在一级近似下，固体中的原子相似于振动着的双原子分子。原子振动对固体内能的贡献为每原子 $3kT$(即每摩尔 $3RT$)。该热能的一半$\left(\text{即 }\frac{3}{2}kT\right)$为平均动能，另一半为平均位能。按照这种简化处理，固体的 C_V 应为每摩尔 $3R$。这种关系称为杜隆-珀替(Dulong-Petit)定律。在室温或更高的温度时，可以观察到许多非金属固体近似符合这种关系，但温度较低时并不符合。的确，实验观测到任何固体在接近绝对零度时比热都趋近于零，杜隆-珀替定律不适用于低温，原因在于原子振动的能量是量子化的，每种固体在低于某一特定的温度以后，随着温度的下降被激发的振动方式数目减少。

在固体中，各个原子的运动不仅受邻近原子的限制，还与邻近原子的运动相匹配，并不是独立的。晶体中振动方式的数目等于假如原子可以独立振动时的数目(也就是固体中每原子三种振动方式)，但是允许的频率(ν)从而声子能量($h\nu$)有一定范围。德拜所采用的分布函数(即频率在 ν 与 $\nu+\mathrm{d}\nu$ 之间的振动方式数目，确切地讲应为：频率 ν 的单位频谱宽度内的振动方式数目)表示于图 14.3，频率 ν 到 $\nu+\mathrm{d}\nu$ 之间的振动方式数目为 $N(\nu)\,\mathrm{d}\nu=9N(\nu/\nu_{\mathrm{m}})^2\mathrm{d}\nu$，式中，$N$ 为原子数；ν_{m} 为截止频率，等于 $V_{\mathrm{s}}(3N/4\pi V)^{1/3}$[$V$ 为晶体中的声速，约等于$\sqrt{E/\rho}$ (E=杨氏模量，ρ=密度)]，并且 $\nu_{\mathrm{m}}\approx V_{\mathrm{s}}/\lambda_{\min}$($\lambda_{\min}$为可能的最短波长，例如为金属密排方向原子间距的两倍)。振动方式的总数(也就是分布函数曲线下的面积)为 $3N$。这类似于单原子气体的速度分布和能量分布以及固体的电子态密度分布。频率允许范围是从零到某一最大值(ν_{m})。这最大频率取决于固体中所能存在的最短波长(即与截止频率相应的波长，等于最近邻原子间距的两倍)和固体中的声速。

C_V 随温度的变化表示于图 14.4，C_V 的实验值，特别是非金属的，通常很符合这条曲线。当温度高于称为德拜温度(θ_{D})的特征温度时，来源于声子的 C_V 变得几乎与温度无关，差不多等于杜隆-珀替值。这时各种振动方式(见图

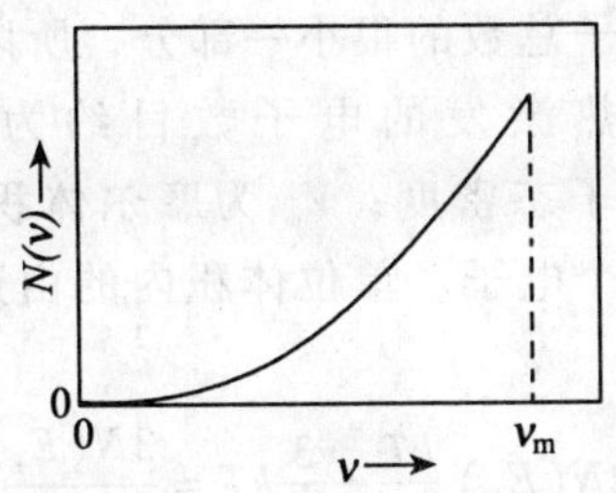

图 14.3　按照德拜模型，晶体中振动方式的分布函数

14.3)都已激发，并且每一频率的声子数目随温度而线性增加，正如与原子振动相联系的那部分内能随温度而递增一样，德拜温度定义为：

$$\theta_D = \frac{h\nu_m}{k}$$

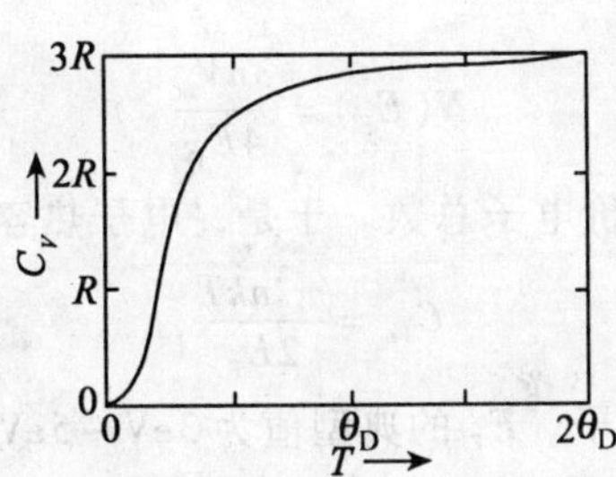

图 14.4　按照德拜模型所得来源于声子的摩尔热容的计算值，表示为温度的函数

低于 θ_D 时，C_V 随温度的降低而单调下降，因为温度降低时，高频振动方式中未激发的方式所占的分数越来越大，当 $T \ll \theta_D$ 时，热容为：

$$C_V = \frac{12\pi^4}{5}R\left(\frac{T}{\theta_D}\right)^3 \qquad (14.6)$$

固体的密度越大，则振动的最高频率越低。这就解释了为什么在室温下观察到重的非金属元素固体的 $C_V = 3R$，而轻的则不然。

既然热容决定于总内能随温度的变化，那么对于金属而言，热容还应包括电子动能对内能的贡献。假若全部价电子都像自由电子一样运动，则每个电子对热容的贡献为$\frac{3}{2}k$，但是实际上并非如此。这原因在于金属中的电子能态分布，正如在金属两端加上电压时，只有接近费米能(E_F)的电子可以偏移其对应能态的填充而参加导电一样，也正是这样一些电子才会被热激发。可以证明，被热激发的电子所具有的能量是在与费米能相距大约 kT 的范围内。这种电子只占电子总数的很小一部分，所以电子对热容的贡献比较小，单位体积内可以被热激发的电子数目约为 $2N(E_F)kT/V_m$。此处，$N(E_F)$为费米能级处的电子态密度；V_m 为摩尔体积；因子 2 的引进，是由于每个电子态可以填充两个电子。单位体积内的由这些电子添加的动能(即热能)可以近似表示为：

$$E_e \approx 2N(E_F)\frac{kT}{V_m}\cdot\frac{3}{2}kT = \frac{3N(E_F)k^2T^2}{V_m} \qquad (14.7)$$

相应地，电子对单位体积金属热容的贡献为：

$$C_{Ve} \approx \frac{6N(E_F)k^2T}{V_m} \qquad (14.8)$$

精确分析可以得到上式的数值因子为 $2\pi^2/3$，而不是 6。当自由电子处于单能带中，而该能带的费米能级又远低于任何能隙的情况下，费米能所在处的电子态密度为：

$$N(E_F) = \frac{3nV_m}{4E_F}$$

式中，n 为单位体积内的价电子总数。于是，电子热容为：

$$C_{Ve} = \frac{\pi^2 nkT}{2E_F} \qquad (14.9)$$

上式采用了精确的数值因子。E_F 的典型值为 3eV～5eV；室温时 $kT\approx 0.025$eV。显然，自由电子对金属的室温热容贡献甚微，虽然高温时电子热容的确变得比较显著，在很低的温度时(接近绝对零度时)，电子的贡献可以与原子振动的贡献相比，并超过后者。这时，总热容可以表示为：

$$C_V = \gamma T + AT^3 \qquad (14.10)$$

上式的第一项表示(14.9)式；第二项表示(14.6)式。对于许多金属，电子热容要比按简单的自由电子近似法所预期的，也就是按(14.9)式算出的大得多，因为费米能级所在处的电子态密度要比推导(14.9)式所采用的高得多，然而，一般说来可以认为 γ 就是(14.8)式的温度系数(采用合适的数值因子)。测量低温热容，再按(14.8)式计算，可以作为确定费米能级处的电子态密度的一种最直接的实验方法。其他热激发过程，如某些合金中长程有序的破坏，铁磁材料和亚铁磁材料中电子自旋的无规化，超导体中电子分布的变化等，也可以使电子热容增大。例如，铁在铁磁性到顺磁性转变点附近就有热容的急剧升高(见图 14.5)。

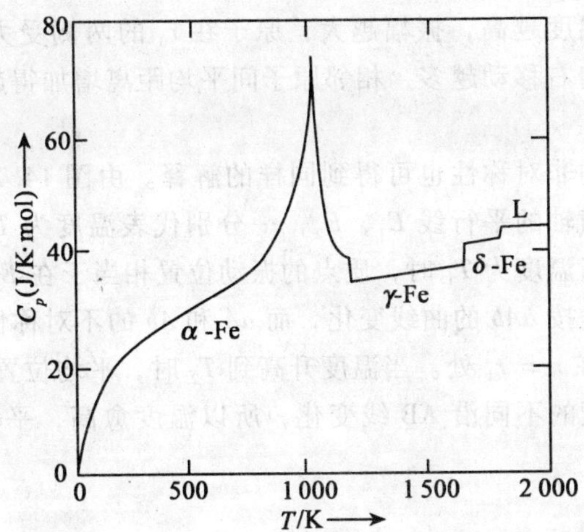

图 14.5　纯铁的等压热容实验值，表示为温度的函数，任何相变都伴随着 C_p 的不连续变化。α-Fe 的 C_p 峰值相应于温度升高时从铁磁性到顺磁性的转变

14.2　热　膨　胀

热膨胀是指温度改变 Δt 时，固体在一定方向上发生相对长度的变化 $\Delta l/l_0$，称为线膨胀系数 α，即每升高一度所引起的线尺寸相对变化。如果是指相对体积的变化 $\Delta V/V_0$，则称为体膨胀系数 β，即每升高一度所引起的体积相对变化。因此：

$$\alpha=\frac{1}{l_0}\frac{\Delta l}{\Delta t} \tag{14.11}$$

$$\beta=\frac{1}{V_0}\frac{\Delta V}{\Delta t} \tag{14.12}$$

式中，l_0，V_0 分别表示物体原来的长度、体积。

晶体的长度或体积随温度变化而改变的事实，表明晶体中相邻原子之间的平衡距离也随温度变化而改变。实际上，晶体中相邻原子间除了有简谐振动而引起的简谐力外，还有非简谐力存在，这可以从原子间作用力的曲线和位能曲线示意图(见图 14.6 及图 14.7)看出。位能曲线不是严格对称的抛物线，而是左边陡、右边平滑。因此，晶体中相邻原子间的作用力并不是简单地与位移成正比。从图 14.6(a)可见，原子在平衡位置 r_0 两侧的合力曲线的斜率并不相等。当 $r<r_0$ 时，曲线斜率较大；当 $r>r_0$ 时，曲线斜率较小。所以，在 $r<r_0$ 时，斥力随位移减小而增大得很快；$r>r_0$ 时，引力随位移增大而减小得慢些。在这样的受力情况下，原子振动时的平均位置就不在 r_0 处，而要右移使相邻原子平均距离增加。温度越高，振幅越大，原子在 r_0 的两侧受力不对称的情况越严重，平均位置向右移动越多，相邻原子间平均距离增加得越多，以致造成晶体的热膨胀。

从位能曲线的非对称性也可得到同样的解释。由图 14.7 可看到，在位能曲线上作平行于横轴的平行线 E_1，E_2，…分别代表温度为 T_1，T_2，…时质点振动的总能量。当温度为 T_1 时，质点的振动位置相当于在 E_1 线的 ab 间变化，相应的位能变化是按 aAb 的曲线变化，而 aA 和 Ab 的不对称性，使得平均位置不在 r_0 处，而是在 $r = r_1$ 处。当温度升高到 T_2 时，平均位置移到 $r=r_2$ 处，结果平均位置随温度的不同沿 AB 线变化，所以温度愈高，平均位置移得愈远，晶体就愈膨胀。

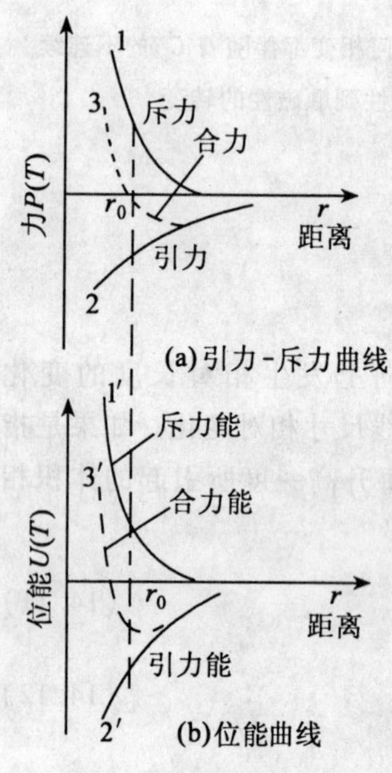

图 14.6 晶体中质点间引力-斥力曲线和位能曲线

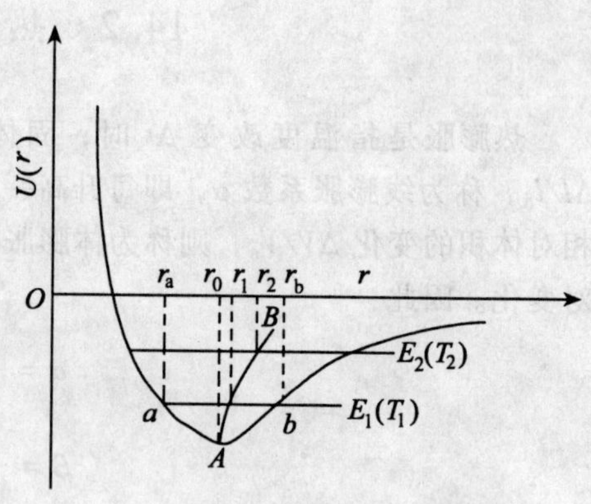

图 14.7 晶体中质点振动非对称性示意图

表 14.1 列出了几种陶瓷材料的平均线膨胀系数。热膨胀和结构的关系很密切，对于相同组成的物质，由于结构不同，膨胀系数也不同。通常结构紧密的晶体，膨胀系数都较大，而类似于非晶态的玻璃则往往有较小的膨胀系数。最典型的例子是 SiO_2。晶体石英的线膨胀系数为 12×10^{-6}/℃，而石英玻璃的线膨胀系数只有 0.5×10^{-6}/℃。这是由于玻璃的结构较松弛，结构内部的空隙

多，当温度升高使原子振幅加大而原子间距离增加时，部分地被结构内部的空隙所容纳，整个物体宏观的膨胀量就会小些。此外，膨胀系数也和原子间键强有密切关系。相应键强愈大，膨胀系数愈小。例如金刚石、碳化硅等具有较大键强的物质，熔点高，膨胀系数较小。NaCl 的线膨胀系数为 40×10^{-6}/℃，而 MgO 的线膨胀系数为 13.5×10^{-6}/℃。对于氧原子成紧密堆积结构的氧化物，一般膨胀系数都较大，这是因为氧离子紧密接触，相互热振动导致热膨胀系数增大。

表14.1 **几种陶瓷材料的平均线膨胀系数 α(0～1 000℃)**

材料名称	$\alpha\cdot10^6$/℃	材料名称	$\alpha\cdot10^6$/℃
Al_2O_3	8.8	石英玻璃	0.5
BeO	9.0	钠钙玻璃	9.0
MgO	13.5	石英(晶体)	12.0
尖晶石	7.6	金红石瓷	7～3
SiC	4.7	钛酸钡瓷	10
ZrO_2	10.0	堇青石瓷	1.1～2.0
TiC	9.0	黏土耐火砖	5.5
(金属陶瓷)			

有许多晶体在不同方向上键的强度不同，膨胀系数也不同。例如，石墨受热时在垂直 c 轴(即沿碳原子平面层)的方向和平行 c 轴两个方向上的热膨胀系数相差很悬殊。垂直 c 轴方向的线膨胀系数为 1×10^{-6}/℃，而平行 c 轴方向的线膨胀系数为 27×10^{-6}/℃。表 14.2 列出了某些各向异性晶体的膨胀系数。

表 14.2 **某些各向异性晶体膨胀系数 $\alpha\cdot10^6$/℃**

晶 体	$\perp c$ 轴	$/\!/ c$ 轴	晶 体	$\perp c$ 轴	$/\!/ c$ 轴
Al_2O_3(刚玉)	8.3	9.3	石英	14	9
$3Al_2O_3\cdot2SiO_2$	4.5	5.7	$NaAlSi_3O_8$	4	13
TiO_2(金红石)	6.8	8.3	石墨	1	27
$ZrSiO_4$	6.8	8.3	$Mg(OH)_2$	11	4.5
$CaCO_3$(方解石)	-6	25			

热膨胀系数越小的固体，在温度变化时，固体内部产生的应力越小，不易出现裂纹，可耐温度的剧变，石英玻璃就具有这种优良特性。

14.3 热 传 导

气体的传热是依靠分子的碰撞来实现的。固体中的质点只能在平衡位置附近作热振动，不能像气体分子那样自由运动。在金属晶体中有大量自由电子，可依靠自由电子的运动来传递热量，因此金属大都具有较大的热导率(晶格振动对于金属晶体的导热影响较小)，而且易导电的金属也易导热。在非金属性晶体中自由电子很少，所以晶格振动是这类晶体热传导的主要方式。

如果晶体某处受热，该处质点热振动必定增强，由于质点间的相互作用力，温度较低处振动较弱的质点受到热振动强烈的质点的影响，前者的振动就会加剧，振动能量也得以增加。所以振动能量高的格波就会向振动能量低(温度低)的方向移动，热量得到传递，产生了热传导。这就是无机非金属固体材料热传导的特点。

影响固体无机材料热传导的因素有以下几点：

(1)温度的影响。在晶体的热振动中已说明了可以把格波看做是量子化的微粒，叫做声子。格波的传播是声子的运动。格波在晶体中传播时遇到的散射可看做是声子与晶体中质点的碰撞。理想晶体中热阻的来源可看做是声子与声子的碰撞。因此，晶体热传导也可看做是声子碰撞的结果。由于晶格热振动并不是线性的，格波间有一定的耦合作用，声子间会发生碰撞，使声子的平均自由路程减小。温度越高，格波之间的相互作用也越大，声子间碰撞几率也越大，声子平均自由路程就越短，热阻也愈大。这种由声子间碰撞散射而产生的热阻是晶体中热阻的主要来源，特别是在高温时更为显著。

(2)晶体结构的影响。晶体结构越复杂，晶格振动的非谐振性程度越大，格波受到的散射越小，声子平均自由路程也越短，热导率越小。因此镁铝尖晶石的热传导率比 MgO，Al_2O_3 小。对于非等轴晶系的晶体，热导率也存在各向异性。例如，石英、金红石、石墨等都是在质点密集的方向上膨胀系数低，同时热导率也大。晶体结构相同而构成晶体的各原子的相对原子质量相近时热导率大，如金刚石热导率是 SiC 的 2.4 倍。

(3)晶格中缺陷的影响。晶格的缺陷、杂质、位错以及晶界等都会使声子受到散射，降低其平均自由路程，所以热导率就小。

非晶态物质如玻璃由于是远程无序，它的声子平均自由路程的数量级与原子间距离相近并且近似为一个常数，所以自由路程与温度无关。这也表明玻璃的热导率比晶体小，如石英玻璃的热导率比石英晶体低三个数量级。

材料的制造工艺也会影响到材料的热传导性。如果材料中含有较多的气孔，那么热传导性就会大大降低。因而，粉末、多孔状材料、纤维状材料都具有良好的保温性能。

14.4 热电效应

热学性能与电学性能的相互联系导致一些值得注意的效应。最简单的一种，是电阻率(或电阻)随温度的变化。利用这点，可以用金属和半导体制成温度探测器。半导体的电阻率强烈依赖于温度，对低温和中温的测量特别敏感。现在已经大量应用这种热敏电阻。电阻测温器件需要进行标度，并且任何影响电阻率的结构变化和化学变化都会引起偏差。

14.4.1 汤姆逊(Thomson)效应

通过一个均匀导体如一根金属棒的一个温度梯度 ΔT 产生一个电位梯度 ΔV，这就是汤姆逊效应。若将金属中流动的传导电子视为其速度和动能随温度升高而增加的粒子，就可以理解汤姆逊效应的起因。当建立起一个温度梯度时，在热端的电子比在冷端的电子有较大的热能，并且统计地看，有更多载流子从热端流向冷端。因此有过量的电子积聚在冷端，引起一个电位差并使冷端为负。

汤姆逊效应也可用能带理论来解释，如图 14.8 所示。(a)热端上传导电子分布在 E_F 两侧的一个能级范围上；(b)在冷端上也发生相似的效应，只是程度较小些。既然“最热的”电子(也就是能量最高的电子)在热端，要比在冷端占据较高的能级，那么就会产生电子从热端到冷端的净的漂移，其数值则取决于 ΔT。所得电动势 E 由下式给出：

$$E = \sigma \Delta T \tag{14.13}$$

式中，σ 是汤姆逊系数；E 通常是几个毫伏数量级。

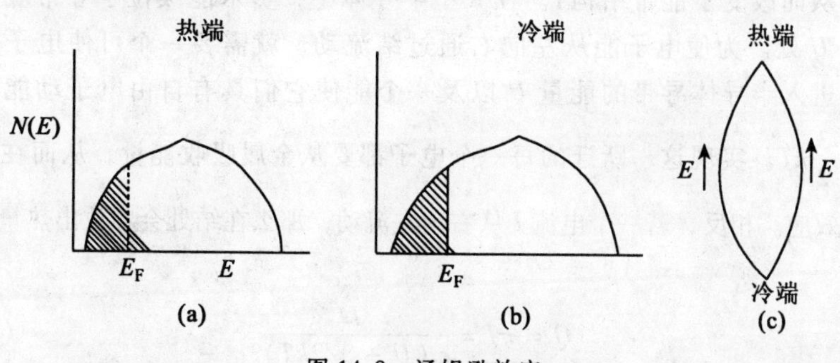

图 14.8　汤姆逊效应

半导体也有汤姆逊效应，利用电动势的符号可区分 n 型和 p 型的传导机理。如果半导体是 n 型的，有如在金属中那样，其冷端是负的。但是，如果半导体是 p 型的，而且在非本征区工作，那么载荷子是正空穴，冷端变成荷正电。这是因为在热端比冷端有更多的电子从价带激发到受主能级。过剩的正空穴积聚在热端，其中的一些会流向冷端，使冷端荷正电。

利用汤姆逊效应本身来作为能源是很难的。例如，它不能用来驱动一个闭路内的电流，因为，如果在组成金属环的电路的两点上有不同的温度，从热端到冷端的两条途径上就会产生相等和相反的电动势，如图 14.8(c)所示。另一方面，如果两条途径使用了不同的金属，那么正如下节要讨论的，在两种金属的联结处会产生附加的温差电效应。

14.4.2 佩尔蒂尔(Peltier)效应

在两种不同的导体如铁和铜之间的联结处，当电流从一个方向通过时，会吸收热量；而当电流从相反方向通过时，则放出热量。或者，若两种不同的金属只是简单地接触，一些电子会从一种金属通过联结处流向另一种金属，直至建立起有足够数值的电场或“空间电荷”，以阻止电子的进一步流动。这种过程产生的原因是，在两种不同的金属中，它们的费米能级通常是不同的。因此，金属联结点就成为被称为佩尔蒂尔电动势 π 的电动势源，它的数值与这两种金属和结点的温度有关。

佩尔蒂尔电动势一般是几个毫伏的数量级。金属锡和铋及某些半导体化合物有最大的佩尔蒂尔电动势。图 14.9 示意地表示在一金属-n 型半导体结处的能带结构。在任何这样的一个结处，一旦达到平衡，结两侧的费米能级高度相同。但是，为了达到平衡，在半导体表面处能带结构发生某些变化是必然的(相似的效应也发生在半导体-空气表面。在这里，半导体表面内侧形成空间电荷层，从而改变了能带结构)。在 n 型半导体中，费米能级位于导带底部以下深度为 U 处。为使电子能从左向右通过结流动，就需要一个可使电子从金属的价带进入半导体导带的能量 U 以及一个能使它们具有自由电子动能的额外能量，$\frac{3}{2}kT$。实现这一跃迁的每一个电子都要从金属吸收能量，从而在结处产生致冷效应。相反，若一个电流 I 从右向左流动，那么在结处会释放出热量 Q：

$$Q = \pi I = \frac{I}{e_o(U + 3/2kT)} \tag{14.14}$$

14.4.3 西别克(Seebeck)效应

考察一个由两种不同导体 A 和 B 形成的闭路，如图 14.10 所示，它们的

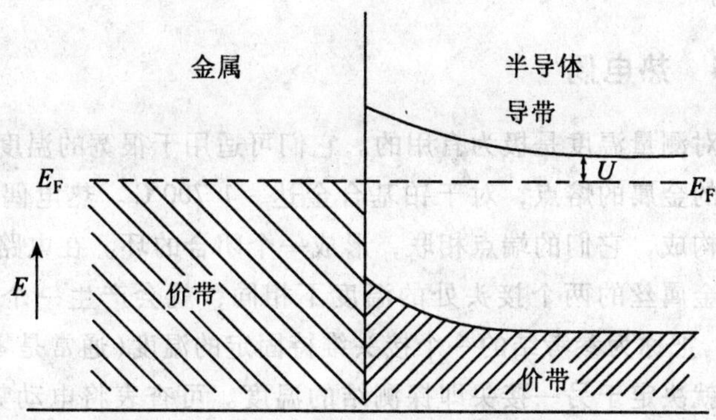

图 14.9　产生佩尔蒂尔电动势金属-半导体结处的能带结构

结处的温度为 T_1 和 T_2。两种金属中都出现一个温度梯度，各自都产生了汤姆逊电动势。在每一结处都有佩尔蒂尔电动势产生，但由于两个结的温度不同，它们的数值不等。电路中的净电动势是两个汤姆逊电动势与两个佩尔蒂尔电动势的代数和，一般说来，它不等于零。如果每个电动势及其方向如图 14.10 所示，则净电动势可由下式得到：

$$E = (\sigma_A - \sigma_B)\Delta T + (\pi_{ABT_2} - \pi_{ABT_1}) \tag{14.15}$$

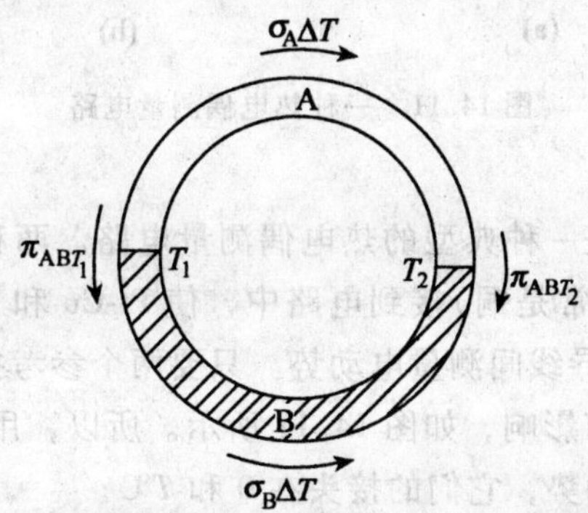

图 14.10　热电偶中的佩尔蒂尔和汤姆逊效应

只要接头保持不同的温度，在电路中就有电流通过。这称为西别克效应。它是热电偶工作的基础。西别克系数或温差电势率 α 被定义为：

$$\alpha = \frac{\pi}{T} \tag{14.16}$$

α 的典型值是每摄氏度几个微伏的数量级，但是对某些半导体，α 的数值可高达 1mV℃$^{-1}$。

14.4.4 热电偶

热电偶对测量温度是极为有用的。它们可适用于很宽的温度范围，可高达构成热电偶的金属的熔点，对于铂基合金达 ~1 700℃。热电偶由两种不同材料的金属丝构成，它们的端点相联，形成一个闭合的环。在电路的某处接上毫伏计，如果金属丝的两个接头处的温度不相同，就会产生一个电动势，如图 14.11 所示。把称为参考结的一个接头维持固定的温度(通常是零度)，那么电动势的数值就决定于另一接头即探测结的温度。可查表将电动势转换成温度。电动势通常是毫伏数量级，采用高电阻的伏特计或电位计来测量。为了使通过仪表端钮的电位读数与探测结处产生的相同，在测量时无电流通过是很重要的。这也避免了在电路中产生“I^2R 发热损失”的可能性。

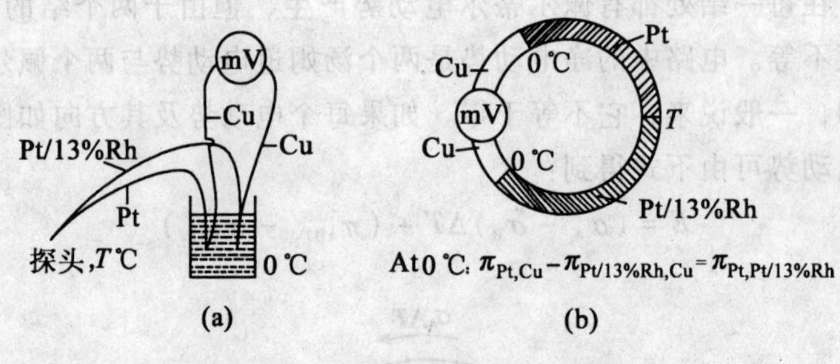

图 14.11 一种热电偶测量电路

图 14.11 所示的是一种典型的热电偶测量电路。两种金属铂和铂/13% 铑合金。第三种金属(通常是铜)接到电路中，使 Pt-Cu 和 Pt/13% Rh-Cu 接头均保持 0℃。在两根 Cu 导线间测量电动势。只要两个参考接头处于相同的温度，电路中铜的存在就没有影响，如图 14.11 所示。所以，用图示的装置即可测出 Pt-Pt/13% Rh 偶的电动势，它们的接头在 0 和 T℃。

热电偶的电动势与温度的关系可相当精确地表示如下：

$$E = a_{AB}(T_2 - T_1) + \frac{1}{2}b_{AB}(T_2^2 - T_1^2) \tag{14.17}$$

式中，a 和 b 是金属的特征温差电系数；T_1 和 T_2 是在两个结点处的温度。为制定一个可以比较不同金属 a 和 b 值的表，就需要一个假定 a 和 b 为零的参考金属。习惯上将铅当做参考金属（这和相对于 $\frac{1}{2}H_2/H^+$ 电极的零值把氧化还原电位列表的情况一样）。

某些供选择的温差电系数列于表 14.3 中。为计算任意 AB 偶的 E 值，$a_{AB}=a_A-a_B$，$b_{AB}=b_A-b_B$。高灵敏度的电偶具有大的 a_{AB} 值，例如，Fe-康铜，它的 $a=16.7-(-38.1)=54.8$。铂基电偶的 a 值则较小，但它们都有可在高温下使用的优点。

表 14.3　　温 差 电 系 数

金属或合金	a	b
锑	+35.6	+0.145
铁	+16.7	-0.0297
铜	+2.71	+0.0079
铂	-3.03	-3.25
镍	-19.1	-3.02
康铜(60% Cu, 40% Ni)	-38.1	-0.0888
铋	-74.4	+0.032

从(14.17)式可见，E 对 T_2 的图是抛物线，如图 14.12 所示。当 $T_2=T_1$ 时，$E=0$；当 $T_2=-a/b$ 时，E 通过一个最小值；当 $T_2=-2a/b-T_1$ 时，E 再次为零。对于大多数实用的热电偶电路，$T_2\gg T_1$，而且电动势与温度的关系基本上限于抛物线的高温翼。

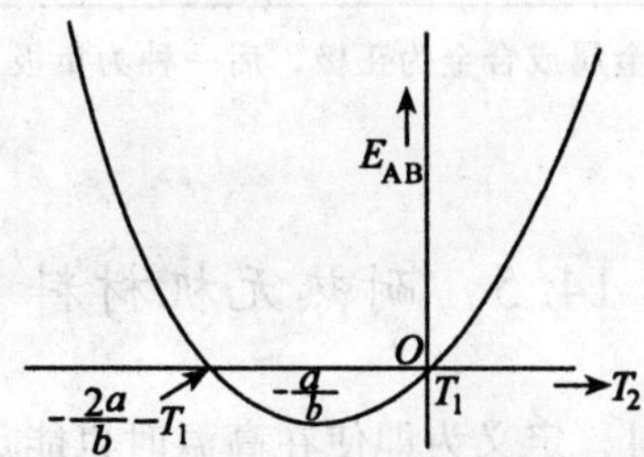

图 14.12　热电偶电动势与温度的关系

实用的热电偶，其组成金属的绝对温差电系数必须具有相当大的差别，以便于测量所产生的电压。表 14.4 列出了某些普通热电偶及其应用温度范围，以及相对温差电系数的大约数值，温度超过 1 300℃时，采用铂铑-铂热电偶或钨-钨铼热电偶，尽管它们的灵敏度相当低。所以采用这些热电偶，是由于较为灵敏的那几种热电偶在这样高的温度会变得太软，严重氧化，甚至熔化。低灵敏度的(Pt-Rh)-Pt 热电偶是由于抗氧化而被采用；低灵敏度的 W-(W-Re) 热电偶是由于可以用到更高的温度，但只能在真空中或惰性气氛中使用。最后必须指出，化学成分的不均匀性以及结构缺陷都会影响金属的温差电系数。因此，必须控制加工条件和工作条件，以免引起结构变化，这样西别克电位才有重复性。

表 14.4　　某些常用的热电偶

热电偶*	最高使用温度/℃	平均灵敏度/(mV/K)	温度范围/℃
镍铬(90Ni-10Cr)-镍铝(94Ni-2Al-3Mn-1Si)	1 250	0.041	0~1 250
铁-康铜(55Cu-45Ni)	850	0.033	-200~-100
		0.057	0~850
铜-康铜	400	0.022	-200~-100
		0.052	0~400
铂铑(Pt-10% Rh)-铂(Pt)	1 500	0.009 6	0~1 000
铂铑(Pt-13% Rh)-铂(Pt)	1 500	0. 010 5	0~1 000
		0. 013 9	1 000~1 500
		0.012 0	1 000~1 500
镍铬-康铜	850	0.076	0~850
钨(W-3% Re)-钨铼(W-25% Re)	2 500	0.018 5	0~1 500
		0.013 9	1 500~2 500
铱铑(Ir-40% Rh)-铱(Ir)	2 000	0.005	1 400~2 000

* 各个热电偶的前一种金属或合金为正极，后一种为负极

14.5　耐热无机材料

这里所称的耐热材料，定义为即使在高温时也能足以耐久使用，保持其机械的、电的、磁的性质的材料。表 14.5 示出了各种耐热无机材料的组成和分类。

表 14.5 中的超耐热合金与耐火合金不同，前者使用的范围限制在 1 100℃ 以下，后者即使在较高温度(1 300℃以上)也能耐用。这是由于主成分金属的熔点差别引起的。即 Fe，Co，Ni 单质的熔点分别为 1 528，1 490，1 452℃，W，Ta，Mo，Nb 的熔点为 3 410，2 966，2 610，2 468℃，后一系列比前一系列高 1 000 ~2 000℃。Cr 和 Ti 的熔点为 1 890℃和 1 680℃，其合金呈现为表中的(A)和(B)合金组之中间性质。这些合金即使在高温中也具有 10^8 ~ $10^9 N \cdot m^{-2}$ 的张力强度。

(A)组作为汽轮机部件的原材料，(B)组作为原子反应炉或宇宙火箭部件的原材料广泛地应用。(C)组为陶瓷，这类材料具有异常引人注目的热、电、光、机械和化学性质，使其迅速地受到人们的重视，并得到了极大的发展。作为耐热材料，它必将作为(A)组或(B)组的代用品而取得应用。

表 14.5　　耐热无机材料的组成和分类

物　质	组　成　(%)	分　类
	(A)超耐热合金	
①A-286	Fe(55), Ni(26), Cr(15), Ti(2.5), Mo(1.3)	
②Incoloy 901	Ni(42.7), Fe(34), Cr(13.5), Mo(6.2), Ti(2.5)	Fe 基合金
③Hasteloy C	Ni(57), Mo(17.0), Cr(16.5), Fe(5.0), W(4.5)	
④Inconel 600	Ni(76.5), Cr(15.5), Fe(8.0)	Ni 基合金
⑤Stellite 31	Co(54), Cr(25.5), Ni(10.5), W(7.5), Fe(<2.0)	
⑥WI 52	Co(63), Cr(21), W(11), Nb(2.0), Fe(2.0)	Co 基合金
	(B)耐火合金	
⑦ Nb-753	Nb(~74), V(5), Zr(1.25)	Nb 基合金
⑧Mo-50Re	Mo(50), Re(50)	Mo 基合金
⑨Ta-782	Ta(90), W(10)	Ta 基合金
⑩W-1ThO_2	W(99), ThO_2(1)	W 基合金
	(C)陶瓷	
	SiC, Ti_3C, WC	碳化物
	BN, Si_3N_4	氮化物
	Al_2O_3, BeO	
	MgO, SiO_2, ThO_2	氧化物

14.6　应力和变形

把橡皮绳的两端用外力 F 进行拉引，橡皮绳仅依外力的大小而伸长到某一长度。这时，橡皮绳的内部处于紧张的状态，在绳子内部任意断面的两侧受到方向正好相反的张力作用。又如，把砖的两侧用外力压紧，在砖内任意断面的两侧也受到方向恰好相反的压力作用，其内部同样也产生紧张状态。

一般说来，称作用在任意断面的单位面积的力为应力。应力对于所考察的横截面不一定是垂直的。因此，应力可分为对作用面成垂直的成分和成平行的成分。前者称法线应力，后者称切线应力或切应力。图 14.13 表示出各种外力

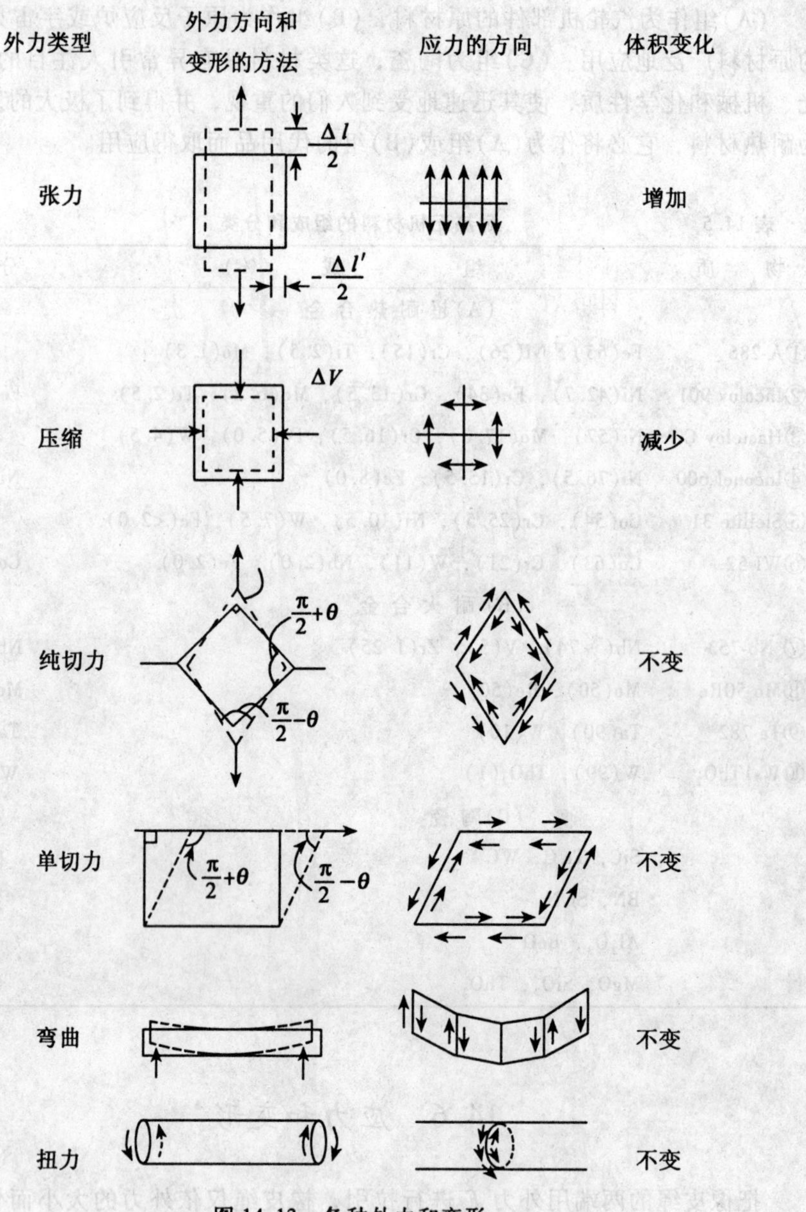

图 14.13　各种外力和变形

和在其中伴随产生的应力方向、变形的方法及其量。由图可知，弯曲和扭力是切应力的一种。因此，我们由张力、压缩及切应力三种情况，可以很好地阐明应力和变形之间的量的关系。

14.7　弹 性 系 数

当变形的固体消除外力或外力变小时，固体会恢复原来的形状，这样的性质称为弹性，可恢复原形的极限称弹性限度。在弹性限度内，变形量与所加力的大小成比例。在张力的情况下，单位面积的张力 T 和伸长的比例 $\Delta l/l_0$ 之间可列成下式：

$$T = E\Delta l/l_0 \tag{14.18}$$

式中，把 E 称为纵伸长的弹性系数或杨氏弹性模量。另外，在横向收缩比例 $-\Delta l'/l_0'$ 和纵向伸长比例的比 σ 称为泊松比。

$$\sigma = -(\Delta l'/l_0')/\Delta l/l_0 \tag{14.19}$$

在压力的情况下，静水压(加在物体的任意部分的单位面积压力) p 和体积变化率 $\Delta V/V_0$ 之间有如下关系：

$$p = -k\Delta V/V_0 \tag{14.20}$$

式中，k 称为体积弹性系数，其倒数 $1/k$ 是压缩系数。

在切力的情况下，切应力 τ 和角度变化 θ 之间有如下关系式：

$$\tau = n\theta \tag{14.21}$$

式中，n 称为刚性系数。

E，σ，k，n 等各弹性系数不是完全独立的量，相互之间的关系可以下式表示：

$$k = \frac{E}{3(1-2\sigma)} \tag{14.22}$$

$$n = \frac{E}{2(1+\sigma)} \tag{14.23}$$

因此，上述四种弹性系数中如果有两种确定，其余的两种可通过计算求得。表 14.6 列出了各种固体的弹性系数。由表 14.6 可以了解下述诸项：①在具有键方向性的固体中，其弹性系数有异向性。②有大的键力或硬度的固体，如金刚石、刚玉、钨、铱等，其弹性系数大。③金属晶体因各向同性高，故很好地符合(14.22)式和(14.23)式，其泊松比大体在 0.2 到 0.4 间，n 约为 $E/3$，k 具有 $(0.6\sim2)E$ 范围内的值。

表 14.6　**各种无机固体的弹性系数**

物　质	$10^{-9}E/\mathrm{N\cdot m^{-2}}$	$10^{-9}k/\mathrm{N\cdot m^{-2}}$	$10^{-9}n/\mathrm{N\cdot m^{-2}}$	σ
金刚石	1 210(111)	556	505	
硅	188(111)	99	–	

续表

物质	$10^{-9}E/N \cdot m^{-2}$	$10^{-9}k/N \cdot m^{-2}$	$10^{-9}n/N \cdot m^{-2}$	σ
NaCl	44(100)	23.5	23.7	
MgO	245(100)	167	147	
Al_2O_3	460(001)	263	–	
SiO_2(玻璃)	73	37(石英)	31	~0.2
TiO_2	243	208	92.5	~0.31
Ir	514	357	(204)	(0.26)
W	354	312	131	0.35
Fe	206	(156)	80.3	0.28
Cu	123	137	45.5	0.35
Ag	73.2	100	23.6	0.38
Au	79.5	172	27.8	0.42
Pt	168	277	59.7	0.39
Pb	16.4	41.5	5.86	0.44
Sn	54.4	52.3	20.4	0.33
Al	68.5	(71.4)	25.6	0.34
黄铜	88.2	(73.5)	34	0.30
硬铝	144	(100)	57.2	0.26
WC	53.4	(318)	219	0.22

14.8 塑性变形

在加上超出弹性限度以外的张力时，氧化铝有不太大的伸长就被拉断。但是，低碳钢如图 14.14 所示，显示出有与复杂应力相对应的变形(即伸长的比例)曲线而很不容易切断，而且即使除去外力，也不能恢复到原来的长度。这样的变形称塑性变形。塑性变形也是时间和温度的函数，在材料学上是一个极重要的性质。以下用低碳钢作例子，考察一下关于塑性变形的情况。

如图 14.14 所示，低碳钢一旦超过弹性限度，便会马上到达应力不增加仅变形增大的 A 点，此点称屈服点。若通过点 B，因为要使钢再伸长，所以必须增加应力。在这范围内(例如 G 点)即使除去外力，变形也不会沿着 $GBAE$ 曲线回到0，而是在短时间内到达 H，以后在那里停止而决不能回到原点。$0H$ 称永久变形。由 G 附近的曲线，根据应力定义的方法可将其分为两部分，即变形增大时，固体的横截面积 S_L 比起始横截面积 S_0 为小。把使用横截面积 S_0 时的应力称为表观应力，使用 S_L 时的应力称为真应力，可以分别得到各自相应的曲线①和②。在曲线①中，有表观应力变为最大的点 C，若超过 C 点，则

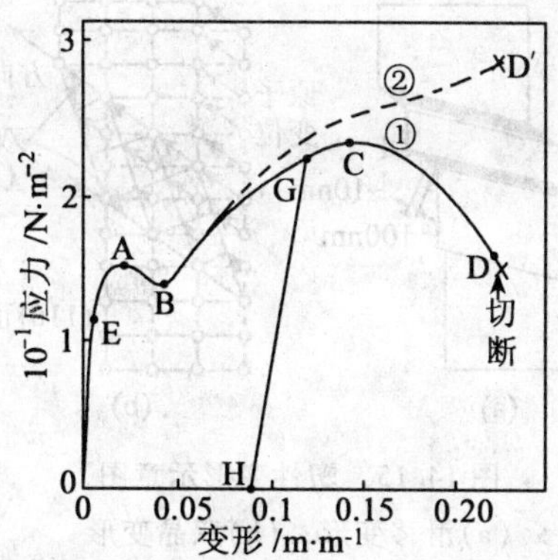

图 14.14　低碳钢的应力对变形曲线

①表观应力对应的变形曲线

②真应力对应的变形曲线

E：弹性限度　A：屈服点

表观应力对变形曲线稍朝下降低，而在 D 点处钢被拉断。但真应力即使在 C 以后直至拉断点 D' 还继续增加。C 点及 D' 点应力分别称为张力强度和破坏强度。

各种固体的张力强度的实测值和理论值相比，实测值比理论值小 1/10 甚至 1/100。这个可作如下解释，即固体即使是单晶，但也不是完整的晶体，很多情况下含有位错。由于这种位错的存在，固体容易产生滑移变形或双晶化变形，故在比理论值小的强度下即发生折断。这种观点也由无缺陷单晶的张力强度接近理论值的事实所支持。例如，须晶或称之为猫须结晶的纤维状晶体是几乎不含缺陷的单晶。氧化铝和铁须晶的张力强度分别为 $21\times10^9\,N\cdot m^{-2}$ 和 $13\times10^9\,N\cdot m^{-2}$，接近理论值。

以上的塑性变形由滑移和双晶化两个机理引起。两个机理的示意图如图 14.15 所示。滑移变形由刃形位错和螺位错的运动所产生。滑移变形在电子显微镜下观察，可看到每隔 10nm 厚度有约 100nm 的滑移。而且，原子密度越大的面，滑移越容易产生，这个面称滑移面。在双晶变形中，变形的部分对于原来的晶格有镜像关系。由于需要大的应力，双晶变形比滑移变形难以产生。

在多晶体中，除位错外还存在有晶界。一般地说，小倾角晶界助长其滑移产生，大倾角晶界妨碍其滑移产生。因此，调整位错和晶界的种类、密度，在制造固体材料中成为极其重要的因素。

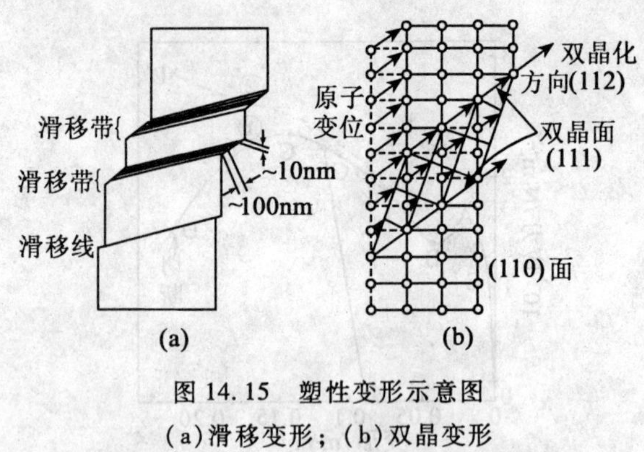

图 14.15　塑性变形示意图
(a)滑移变形；(b)双晶变形

14.9　固体材料的强化

固体材料强度变弱的主要原因是由位错移动引起的。这在前节已经述及，因此，要想使固体的强度增大，降低位错密度或减弱其移动即可。在此，有下面四种强化方法：加工硬化(或称变形硬化及位错硬化)，固溶强化，晶界强化，析出强化。

加工硬化是固体受到变形时，增加位错密度（由 $10^7 \sim 10^9$line · cm^{-2} 到 $10^{11} \sim 10^{12}$line · cm^{-2})的方法，这些位错有时相互联结，有时交织在一起，从而阻止位错移动而达到强化的目的。例如，如图 14.16 所示，在钢铁中因位错存在而变得很小的强度，由于位错的增加而变大，成为所谓超强力钢，其强度达到了理论值的 1/3。这个方法不依赖于杂质的浓度，在高纯度的单晶中也是适用的。

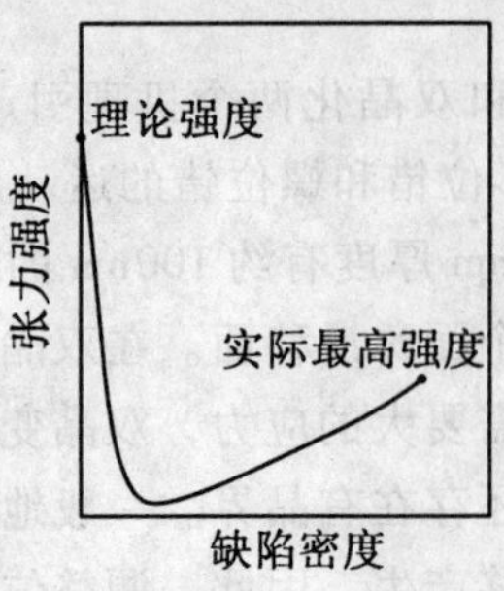

图 14.16　钢铁的张力强度对缺陷密度的依赖性示意图

固溶强化是在固体中添加各种杂质的方法。由于杂质的量或母体的构成元素不同，硬化程度也不同。此硬化法原理是基于杂质的溶解度在位错附近增高，从而阻碍了位错移动之故。

晶界强化是把晶粒微型化，增加晶界抑制位错移动的方法。这个方法是与后述的韧性性质一起同时达到强化的唯一方法。

析出强化是由母相析出第二相(碳化物或金属间化合物的微粒)的方法。此析出相阻止了位错的移动发生。

以上是使固体材料的硬度即张力强度增加的方法。但是，即使张力强度很大，若脆性也很大时亦不能成为优良的材料，因为在固体材料中，与所谓韧性有关的柔韧性质也是重要的。这相当于达到破坏点时需要的能量，其大小等于表观应力对变形曲线覆盖的面积。但是，韧性和张力强度是相反的性质，使用晶界强化方法，要使其同时都获得很大的值，这是很困难的。因此，妥善的办法是通过适当的加工方法去使某一性质优先强化。例如，可制成高韧性低强度钢，或低韧性高强度钢等各种不同特点的材料。

Ti，Mo，W 以至 Be 这样的元素本身就具有很大的强度，都无须施加特别的强化方法，它们即使在高温下也能耐用。但是相反地，它们的延展性极差，所以加工非常困难。因此，对这样的物质需要把其纯度提高，使杂质浓度控制在 10^{-6} 的程度，以消除由于杂质而引起的位错蔓生机构。其结果能使延展性增大，加工变得容易。

习　题

14.1　解释下列名词：声子；声频支；光频支；比热；等容比热；等压比热。

14.2　无机固体的热传导机理与气体和金属的有什么不同？影响因素有哪些？

14.3　热膨胀与结构的关系如何？组成相同结构不同的物质中为什么玻璃态的热膨胀系数小，而结晶态的热膨胀系数大？

14.4　绘出铁-康铜热电偶在 −100 ~ 500℃ 范围内的电动势对温度的关系图。

14.5　如果金属的电阻率随温度线性增加，则可以预计，其热导率对温度比较不敏感，指出这种说法的理由及局限性。

第十五章　固体无机材料及其设计

在前面的章节中，我们讨论了固体化学中一些令人感兴趣的内容。通过“剪裁”来制备具有所希望性质的材料是现代固体化学的一个重要部分，不涉及这一问题，对于固体化学来说将是不完全的。

固体无机材料的制造与使用，在人类历史发展的过程中起了相当大的作用。早在史前旧石器时代，人类就以天然的岩石作为主要的劳动工具和生活用具，这是最早的无机材料。随着生产力的发展，科学技术的进步，人类利用黏土及某些石料烧制成陶瓷制品，又有玻璃、水泥等材料的发明和广泛应用，构成了庞大的固体无机材料体系。这类固体无机材料都以二氧化硅为主要成分，因而又把它们称为硅酸盐材料。

现代科学技术的发展，对材料提出了更新更高的要求。仅以天然石料、黏土为原料，不足以制造具有特种性能的精细产品以满足现代科技和高技术产业的要求。因此需要用化工原料按所需的组成配比来制造这种产品，所得产品性能稳定，又可满足特定要求。这类新型材料的出现，大大改变了原来以硅酸盐材料为主体的固体无机材料的面貌。例如氮化硼、碳化硅、砷化镓以及钛酸钡等都是重要的新型固体无机材料。近年来快离子导体(固体电解质)、超导材料、光导纤维、纳米材料的研究更是热门课题。这些材料的组成、应用范围和制造工艺都与传统的硅酸盐有很大的差别。在前面的章节中已经涉及大量的固体无机材料，如磁性材料、发光体、电介材料等，本章首先讨论材料的分类，介绍有关材料设计的内容。然后将集中介绍一些重要的前面没有涉及的新型固体无机材料，并探讨它们的性能与其组成结构的关系。

15.1　材料的分类

固体材料的种类很多，如果把形形色色的材料按化学组成分类，可分为金属材料、无机非金属材料和有机高分子材料三大类。它们鼎足而立，构成了材料世界的“三大家族”。前两种从广义上说都是无机材料。若按材料的形态分类，可分为多晶材料、非晶材料、复合材料。此外还有按材料用途分类的，如建筑、耐火、电工、光学、感光材料等；按材料的物理效应与性能分类的，如

- 材料分类
  - 化学分类
    - 金属材料
    - 无机非金属材料
    - 有机高分子材料
  - 形态分类
    - 多晶材料
    - 非晶材料
    - 复合材料
  - 物理效应分类
    - 导电材料
    - 绝缘材料
    - 磁性材料
    - 光导材料
    - 耐温材料
    - 超导材料
    - 高强材料
  - 用途分类
    - 信息材料
    - 计算机材料
    - 生物材料
    - 储氢材料
    - 感光材料
    - 电工材料
    - 电讯材料
    - 电子材料
    - 研磨材料
    - 光学材料
    - 耐火材料
    - 建筑材料
    - 仪器仪表材料
    - 传感材料
    - 能源材料
    - 航空航天材料
  - 功能分类
    - 结构材料
      - 金属材料
      - 非金属材料
      - 合成材料
      - 复合材料
    - 功能材料
      - 能量转换
      - 能量存储
      - 能量传输
        - 光电材料
        - 电光材料
        - 压电材料
        - 磁光材料
        - 热电材料
        - 激光材料
        - 声光材料
        - 发光材料
        - 铁电材料

图 15.1　材料的分类

压电、热电、电光、声光、激光材料等。如果从功能角度看，不论上述哪一种材料都可归纳为两大类：一类叫结构材料，主要是利用它们的强度、韧性、硬度、弹性等机械性能；另一类是功能材料，主要是利用它们所具有的电、光、声、磁、热等功能和物理效应。功能材料是目前国内外研究的热点领域，其种类颇多，进一步可概括为能量转换材料、能量存储材料和能量传输材料等。显然，由于材料的种类很多，功能繁杂，应用领域广泛，上述的分类只是相对的、局部的，之间多有交叉重叠，现汇总于图 15.1 中。目前尚未有完全统一的分类方法，在此采用混合分类方法叙述。

15.2　固体无机材料的设计

15.2.1　引言

在当今信息、能源和材料号称文明社会三大支柱的今天，信息高速公路工程已经实施，高新技术迅猛发展，对新材料的需求不断高涨。为了适应发展的需要，科学家已不满意以往化学制备凭经验摸索的方式了，而是向物质微观世界的更深层进军，寻求原子内部结构与物质特性之间的变化规律。并利用电子计算机进行分子设计，可任意“剪裁”分子。这是涉及计算机科学、物质结构、量子化学、材料科学与材料工程等学科的理论性、技术性颇复杂的工作。可以肯定，随着科学技术的迅猛发展，各个学科的长足进步与对材料的深入了解，计算机的不断智能化等，不久的将来，分子设计将会普遍实施，材料设计将成为可能。要做到这些，必须建立完善的知识库和数据库，提出符合实际的物理模型。这就需要数学家、物理学家、化学家、材料科学家、生命科学家以及工程技术人员等协同作战，密切配合。

材料设计(materials design)或设计材料(materials by design)是指通过理论和计算来预期材料的组分、结构和性能，或者通过理论设计来合成具有预期特性的材料。这是科学家们长期追求的长远目标。熊家炯、朱嘉麟根据研究对象的空间尺度将材料设计划分为三个层次：①微观设计层次，空间尺度在约 1nm 量级，是原子、电子层次的设计；②连续模型层次，典型尺度在约 1μm 量级，这时材料被看做连续介质，不考虑其中的单个原子、分子的行为；③工程设计层次，尺度对应于宏观材料。师昌绪则把材料设计划分为四个层次：一是量子设计(quantum design)，这是由电子运动而引起的多种现象，如光、电、磁等，其是功能材料的基础。二是原子设计(atomic design)，这是纳米技术的基础，原子排列决定着材料的力学和化学性质。三是微观设计(micro-design)，即微米级结构的设计，金属的相变，晶界的控制都属于这一范畴。四是宏观设计

(macro-design)，以毫米到厘米为对象，如金属在凝固过程的结构与偏析便属于此。作者认为，根据目前科学技术发展的现状和可操作性，材料设计可分为三个层次：一是分子设计，这是原子、电子层次的设计，各种功能特性皆由此而生。二是微观设计(micro-design)，其尺度对应于微米量级，这是高级、特殊结构材料的基础。三是宏观设计(macro-design)，其对应于宏观材料，涉及材料的构型和效能。

在此，拟在我们所学知识的范围内，从一般意义上来讨论无机材料的设计。

15.2.2　材料设计的含义

从一般意义讲，材料设计有两层意思：其一是在既定目标的物理性质和规格明确的前提下，为了使材料具有所期望的特性，设定材料必须满足的条件，提供为满足该条件的合成手段。其二是在没有确定所要求的物理性质或功能的情况下，合成各种各样的材料，并测定其物理性质，然后建立一个原则，该原则在发现新材料、新功能之际起着指导的作用。这中间有一个共同的问题，即作为新材料必须满足的必要条件是什么？首先是晶体结构。讨论材料的物理性质时，必然要涉及晶体结构。然而，即使晶体结构相同(如同属于相同的空间群)，其物理性质也不一定相同。这主要一是由于构成晶体的离子或原子不同；二是离子或原子间的化学键不同。结晶有无缺陷往往对物理性质有颇大的影响。关于缺陷，需在各种空间讨论，零维晶格缺陷、一维晶格位错、二维晶格层错等都不同程度地影响材料的性质。

材料的形态可分为单晶、玻璃、烧结体、粉体等。其中单晶、玻璃是所谓整体性(monolithic)的材料，电子结构、化学键、晶体结构、缺陷结构是决定这类材料的主要因素。相反，对于粉体来说，由于其存在有表面，所以呈现出由粒径、粒子形状等所导致的效应。也就是说，对于粉体需要考虑其表面构造和粒子构造。在烧结体中，作为复合材料的要素，存在有粒子、粒界间隙。这些在几何学上如何分布，支配着烧结体的性质。但是，即使在几何学上形状相似，而物理性质不相同是常有的事。即作为烧结体构成要素的粒子特性(粒径、形状)、粒界构造(尤其是厚度)、间隙的大小等体积效应对物理性质也有很大的影响。这是因为由于这些体积的大小使得构成要素间的相互作用大小不同，所以在整个烧结体中存在相互作用范围的大小也不同。

材料的功能分为定性或示强的和定量或示量的两种。上述各种结构是定性或示强功能的基础。为充分发挥材料的功能，其必须有定量的功能。这个定量的功能则由材料的尺寸大小和形状所决定。表15.1列出了定性和定量功能的例子。对于材料，需要给出尺寸精度，材料的成型、加工也必须包括在材料设计的范围内。

表 15.1　材料的定性功能的和定量功能

定　　性	定　　量	定　　性	定　　量
介电性，电容率(介电常数)	电容值(F)	压电振动性	振动频率(Hz)
导电性，电导率	阻抗值(Ω)	强磁性	抗磁力(He)
非线性阻抗性(非线性电阻)	起始电压(V_B)	荧光性	发光波长(nm)
阻抗发热性	发热量(W)	导光性(光导纤维)	光吸收率(dB/km)

了解这些各维空间的结构对什么样的问题和物理性质有影响，考虑为得到这个结构最好采用什么样的合成手段，这就是一般意义的材料设计。这时，就不必将各维空间的结构都完全记述、设计出来。在这样的设计概念中，也应该包括设计本身。设计的最优化也进入了设计之中。

在各维的设计中，不一定各自独立地进行。根据原子或离子结构的设计，同周围的原子或离子形成的化学键构造也发生变化，进而往往伴随晶体结构的变化。另外，考虑在某些晶体结构中固溶异种原子或离子这样的问题时，如果在固溶界限内，可看做是限于晶体结构元中的设计，但若超出固溶界限，析出的晶体怎么存在？这样的烧结体组织的维构造就成问题了。如果各自的构造发生变化，粒子-粒界间的相互作用也自然不同。

如果用数学公式来表示结构和性能的关系，那么将作为问题的性能假设为 p_1，…，p_i，…，p_m；将作为材料设计要素的构造设为 S_i，…，S_j，…，S_m，则有如下的关系：

$$p^{\circ}{}_j = \sum_{j=1}^{m}(r_j)(S_j) \tag{15.1}$$

但 S_j 本身往往由其他的 $S_{j'}$，$S_{j''}$间的相互作用所决定：

$$\Delta p_j = \sum_{j'=1}^{m-1}\sum_{j''=2}^{m}(r_{j'}r_{j''})(S_{j'}S_{j''}) \tag{15.2}$$

式中，$j''>j'$。上式的修正项，或者如 $S_{j'}$，$S_{j''}$，$S_{j'''}$间的相互作用那样更高次的修正项也假定是需要的。这些综合为：

$$\Delta^{k-1}p_j = \sum_{j'=1}^{(m-k'+1)}\sum_{j''=2}\cdots\sum_{j^{k'}=k'}^{m}(r_{j',j'',\cdots,j^{k'}})(S_{j'},S_{j''},\cdots,S_{k'}) \tag{15.3}$$

式中，$k'>\cdots>j''>j'$。

即：

$$p_j = p^{\circ}{}_j + \sum_{k=2}^{m}\Delta^{k-1}p_j \tag{15.4}$$

成为联系性能和结构的关系式。

材料设计的第一层意思是，定义构造 S_1，…，S_m，求出结构性能相关系

数 r_1，…，r_m；r_{21}，…，r_{m1}；…；$r_{j'1}$；…；r_{m1}；…；$r_{j'j''\cdots,j^{k'}}$，…。知道这些系数之后，提出满足这些系数的材料的合成手段。

材料设计的第二层意思是，在发现新性能合成新材料之际，对于未知的物性，要有一个指导原则，该原则可以预见什么样的结构可产生这样的性能。这必须在了解第一层意思中的构造-性能相关系数之后才是可能的。

新物质、新性能的发现没有完全的偶然性。对于发现的人来说，这是他的知识和经验的积累所培植起来的洞察能力。当然，有时由于不是设计思想的反映，可能会被漏掉。因此有必要进行规范化，在规范中必须包含对未知参数 r_m…的预期。在固定概念中，有排除未知参数的危险。

15.2.3　材料设计中应该考虑的构造

在上述的构造性能相关系数中仅知道极少一部分。但是凭经验可大致地阐述该系数的大小。如比较大的系数有：构成晶体结构和以其为基础的化学键构造以及像电子结构那样的结晶化学构造，晶格缺陷构造，在烧结体中像粒子粒界的相互作用那样的组织构造和结晶化学构造的相关结构等。以下分别加以介绍。

在结晶化学构造中，最重要的是原子或离子的填充形式。在离子键中，根据阴阳离子的半径比，决定阳离子的配位数。在了解阳离子的特征后，通过论述阳离子的配位数，可推论、设计大部分性能。以下就研究得比较多的常用氧化物来加以讨论。

在像离子键那样的中心力中，阳离子插入密堆积的阴离子空隙中，其阳离子的配位数有3(平面三角形)，4(正四面体)，6(正八面体)，8(立方体)。关于性能与配位数的关系应强调两点：一是配位数大的化合物，一般熔点高。例如在阳离子：阴离子＝1：2 的化合物中，ThO_2 为八配位，熔点为 3 300℃，TiO_2 为六配位，熔点为 1 870℃，SiO_2 为四配位，熔点为 1 723℃。二是从离子半径比可预测配位数及其键的稳定性，在配位数相同的情况下，离子半径比越接近几何学上理想半径比的越稳定。这个参数定义为实际离子半径对理想离子半径的偏离(见表 15.2)。在此，化合物的熔点采用陶瓷相图提供的数据。

在异种原子间键合的配位结构中，决定构型的因素是共价键成键轨道的形状。即各种杂化轨道生成的配合物的构型如下：sp＝直线形，sp^2＝平面三角形，sp^3＝正四面体，p^2＝直角，p^3＝三角锥，dsp^2＝平面四方形，sp^3d＝双三角锥，d^2sp^2＝四角锥，d^2sp^3＝正八面体等。共价键和离子键共有的构型为平面三角形，正四面体和正八面体。不论从离子半径比或是从共价键轨道，推测的构型都相同的化合物是稳定的，如 SiO_2，NiO 等。推测构型不一致的，则不稳定，如 ZnO。ZnO 通常为纤锌矿型的四配位构造，但从半径比推测应为六配位。实际上 ZnO 易升华，不稳定。

表 15.2　　氧化物的熔点和结晶化学数据

氧化物	阳离子半径/nm	预测配位数	实际配位数	实际配位数中与理想离子半径的偏差/nm	阳离子电场强度/ (Z/a^2)	熔点/(℃	备注
BeO	0.033(4)	4	4	+0.001 4	0.67	2 410～2 573	有 sp^2 的因素
MgO	0.066(6)	6	6	+0.008	0.47	2 852	在尖晶石中，为四配位取向，二价氧化物中熔点最高
CaO	0.099(6)	6(8)	6(8)	+0.041	0.35	2 614	易生成 CaO_2 等过氧化物
SrO	0.116(6)	8	6	+0.058	0.30	2 420	易生成 SrO_2 等过氧化物
BaO	0.143(6)	12	6	+0.085	0.25	1 918	易生成 BaO_2 等过氧化物
NiO	0.069(6)	6	6	+0.011	0.46	1 960	sp^3 杂化，配位场也为六配位取向($d^8=t^6e^2$)
CoO	0.072(6)	6	6	+0.014	0.45	1 795～1 805	d^2sp^3 杂化，六配位(在尖晶石中为四配位取向 $d^7=e^4t^3$)
ZnO	0.074(6)	6	4	+0.042 4	0.44	升华*	sp^3 杂化
B_2O_3	0.021(3)	3	3(4)	-0.000 6	1.16	450	添加 Na_2O 为四配位
Al_2O_3	0.051(6) 0.049(4)	4(6)	6(4)	-0.007(6) +0.017 4(4)	0.83	2 050	α-Al_2O_3 为六配位(但 Al-O 间距不同)。在 γ-Al_2O_3 等迁移型中，存在四、六两种配位
Bi_2O_3	0.096(6) 0.100(8)	6	(8) 8	-0.002 6(8) +0.038(6)	0.52	825	基本上为 CaF_2(8)型
SiO_2	0.040(4)	4	4	+0.008 4	1.23	1 723	sp^3 杂化，与四配位一致
TiO_2	0.068(6)	6	6	+0.010	0.92	1 870	
ZrO_2	0.079(6) 0.082(8)	6	8	+0.021(6) -0.020 6(8)	0.83	2 690	ZrO_2 中的 Zr-O 距离不相同，作为 8 配位的稳定剂，可添加 CaO，Y_2O_3 等
ThO_2	0.106(8)	8	8	+0.003 4	0.66	3 220	氧化物中最高熔点

*四配位的纤锌矿，在常压下不稳定，升华。然而高压型为 NaCl 型的六配位，在 10GPa 的压力下，熔点值为 1 969℃。在这个场合，实际配位数中的离子半径与理想离子半径的偏差只不过+0.016nm，而且因为成 d^0 的全空结构，比诸如 CoO(d^7)，NiO(d^8)具有不满电子层结构的熔点高。

电子结构对键的影响也很大。Zn^{2+}离子易形成四配位化合物，实际上这已有效地被用于尖晶石型铁氧体磁性离子配位的控制和设计中。即使相同的过渡金属离子，四配位取向和六配位取向不同的情况，是由 d 电子数及其行为所造成的。即具有 d^3 或 d^8 的 Cr^{3+}，Ni^{2+}取向六配位，d^{10}的 Zn^{2+}，Cd^{2+}取向四配位。Co^{2+}为 d^7，通常取向六配位，而且与 Ni^{2+} d^8 相比有取向四配位的倾向。d^5 的 Fe^{3+}，Mn^{2+}都是四、六配位，尤其是半满的结构与 d^{10}相似，可能取向四配位。d^6 的六配位取向比 d^5 强。Fe_3O_4 成为反尖晶石型结构就是由于这个原因。关于 f 电子，f^0、f^{14}为全空、全满，f^7为半满，需要特别叙述一下形成比较稳定的结构。即在通常认为 3 价稳定的镧系中，也常常出现 f^0的 Ce^{4+}，f^7的 Tb^{4+}，Eu^{2+}，f^{14}的 Yb^{2+}。特别是 Eu^{2+}，由于原子半径或离子半径受镧系收缩的影响，其大小与 La^{3+}相当，在 LaF_3 固溶体中以 EuF_2 的形式被固溶，生成了 F 的晶格缺陷（在八配位半径中，La^{3+} = 0.118nm，Eu^{2+} = 0.112nm，参考 Eu^{3+} = 0.102nm）。固溶的难易，也可从其是否满足填充构造的条件方面来判断。最典型的例子是，在由离子半径推测具有不合理四配位构造的 ZnO 中，可固溶 Al_2O_3，而不固溶 Bi_2O_3。即 Al^{3+}的四配位半径为 0.049nm，其减缓了 ZnO 四配位的不合理性，所以可以固溶，而 Bi^{3+} = 0.096nm，其加大了 ZnO 四配位的不合理性，故被析出。Bi_2O_3 析出形成什么样的组织呢？这由 ZnO 和 Bi_2O_3 的熔点关系决定。然而 Bi_2O_3 是熔点比较低的物质，这是因为在高温型 CaF_2 构型（八配位）中，含有 $\frac{1}{4}$的阴离子缺陷。

由于生成固溶体，所以可进行晶格缺陷的控制。这有以下两种情况：

(1)将原子价不同且又难变化的化合物固溶于原子价易变化的化合物中，仅使母体离子的原子价变化，以此来控制原子价。

(2)将原子价不同且又难变化的化合物固溶于原子价难变化的化合物中，使之生成空位或填隙子缺陷。前者的例子列于表 15.3。特别是电导率值本身的控制、氧分压依赖性的控制(一般说来，根据添加物的不同，分压依赖性变为零或变小)是可能的。由于这些添加物大量地生成流动性的小空穴，使由气体吸附导致的影响变小，合成了仅对温度敏感的热敏电阻。相反在 n 型半导体中，一般来说，由于电子的流动性大，由吸附产生的载体温度变化非常敏感地对应于电导率的变化。后一种情况适用于离子导体的合成。其例列于表 15.4。在此介绍由化学键构造的差别产生的性能变化的例子。即在 ZrO_2 固溶 CaO 和 Y_2O_3 的情况中，它们的电导率不同。这是因为在两者中间，生成的晶格缺陷之间的相互作用强度不同。在 Y_2O_3 固溶体中，Y^{3+}的离子半径(0.096nm)由于比 Ca^{2+}(0.103nm)接近于 Zr^{4+}(0.082nm)的离子半径，故在 Zr^{4+}亚晶格中产生歪曲的程度小，生成缺陷的电荷，对于 Y'_{Zr}是 1 价，而 Ca''_{Zr}则为 2 价。由 $V_O^{\cdot\cdot}$

和库仑力产生的相互作用小，这些是其特征。在 CaO 固溶体中，若升到 1 500℃的高温，由于高温产生的无序化，可使上述的影响忽略。

表 15.3　原子价控制型固溶体

母　体	添加物	生成晶格缺陷	离子半径{( )内为配位数}/nm	半导体类型	备　注
NiO	Li_2O	Li'_{Ni}，$Ni^{\cdot}_{Ni}$	$Li^+(6)=0.068$，$Ni^{3+}(6)=0.060$，$Ni^{2+}=0.069$	p	(窄 d 轨道谱带或跳跃)热敏电阻
CoO	Li_2O	Li'_{Co}，$Co^{\cdot}_{Co}$	$Li^+(6)=0.068$，$Co^{3+}(6)=0.063$，$Co^{2+}(6)=0.072$	p	(窄 d 轨道谱带或跳跃)热敏电阻
FeO	Li_2O	Li'_{Fe}，$Fe^{\cdot}_{Fe}$	$Li^+(6)=0.068$，$Fe^{3+}(6)=0.064$，$Fe^{2+}(6)=0.074$	p	(窄 d 轨道谱带或跳跃)热敏电阻
MnO	Li_2O	Li'_{Mn}，$Mn^{\cdot}_{Mn}$	$Li^+(6)=0.068$，$Mn^{3+}(6)=0.070$，$Mn^{2+}(6)=0.080$	p	(窄 d 轨道谱带或跳跃)热敏电阻
ZnO	Al_2O_3	$Al^{\cdot}_{Zn}$，Zn'_{Zn}	$Al^{3+}(4)=0.049$，$Zn^+(4)+0.093$，$Zn^{2+}(4)=0.071$，$(0.049+0.093)/2=0.071$	n	sp^3 反键或 O^{2-} 谱带
TiO_2	Ta_2O_5	$Ta^{\cdot}_{Ti}$，Ti'_{Ti}	$Ta^{5+}(6)=0.068$，$Ti^{3+}(6)=0.076$，$Ti^{4+}(6)=0.068$	n	
Bi_2O_3	BaO	Ba'_{Bi}，$Bi^{\cdot}_{Bi}$	$Ba^{2+}(8)=0.143$，$Bi^{4+}(8)=0.085$，$Bi^{3+}(8)=0.10$	p	高阻抗，窄 d 轨道谱带(ZNR 可变电阻构成分)
Cr_2O_3	MgO	Mg'_{Cr}，$Cr^{\cdot}_{Cr}$	$Mg^{2+}(6)=0.066$，$Cr^{4+}(6)=0.063$，$Cr^{3+}(6)=0.069$	p	
Fe_2O_3	TiO_2	$Ti^{\cdot}_{Fe}$，Fe'_{Fe}	$Ti^{4+}(6)=0.068$，$Fe^{2+}(6)=0.074$，$Fe^{3+}(6)=0.064$	n	
$BaTiO_3$	La_2O_3	$La^{\cdot}_{Ba}$，Ti'_{Ti}	$La^{3+}(12)=0.123$，$Ba^{2+}(12)=0.147$，$Ti^{3+}(6)=0.076$，$Ti^{4+}(6)=0.068$	n	PTC 热敏电阻
$BaTiO_3$	Ta_2O_5	$Ta^{\cdot}_{Ti}$，Ti'_{Ti}	同 TiO_2-Ta_2O_5 体系	n	PTC 热敏电阻
$LaCrO_3$	SrO	Sr'_{La}，$Cr^{\cdot}_{Cr}$	$Sr^{2+}(12)=0.125$，$La^{3+}(12)=0.123$，$Cr^{4+}(6)=0.063$，$Cr^{3+}(6)=0.069$	p	高温阻抗发热体
$LaMnO_3$	SrO	Sr'_{La}，$Mn^{\cdot}_{Mn}$	$Sr^{2+}(12)=0.125$，$La^{3+}(12)=0.123$，$Mn^{4+}(6)=0.060$，$Mn^{3+}(6)=0.070$	p	高温阻抗发热体
$K_2O\cdot11Fe_2O_3$	TiO_2	$Ti^{\cdot}_{Fe}$，Fe'_{Fe}	同 Fe_2O_3-TiO_2 体系	n	离子-电子复合传导体
SnO_2	Sb_2O_5	$Sb^{\cdot}_{Sn}$，Sn'_{Sn}	$Sb^{5+}(6)=0.062$，$Sn^{3+}=0.081$，$Sn^{4+}(6)=0.071$，$(0.062+0.081)/2=0.0715$	n	透明电极

表 15.4 某些由晶格缺陷导致的离子导电性物质

物 质	扩散种	离子电导率($ohm^{-1}\cdot cm^{-1}$)	备 注
$Ca_xZr_{1-x}O_{2-x}$	$V_O^{\cdot\cdot}$	10^0(1 500℃), 10^{-4}(700℃)	$x=0.15$，一般，$0.1<x<0.2$
$Y_xZr_{1-x}O_{2-x/2}$	$V_O^{\cdot\cdot}$	10^0(1 500℃), 10^{-2}(700℃)	$x=0.08$
$Y_xTh_{1-x}O_{2-x/2}$	$V_O^{\cdot\cdot}$	$10^{-0.5}$(1 500℃), $10^{-2.5}$(700℃)	$x=0.13$
$La_{1-x}Sr_xF_{3-x}$	$V_F^{\cdot}$	10^0(400℃), $10^{-1.0}$(150℃)	$x=0.05$
$Ca_{1-x}Y_xF_{2+x}$	F'_i	10^{-1}(400℃), $10^{-4.2}$(200℃)	$x=0.25$
$Na_2O(5\sim11)Al_2O_3$	$Na_i^{\cdot}$	10^{-1}(275℃), $10^{-2.5}$(25℃)	MgO，2wt%，Na_2O，8wt%
$RbAg_4I_5$	$Ag_i^{\cdot}$	$10^{-0.5}$(25℃)	在室温附近，保持最高离子电导率的固体
AgBr	$Ag_i^{\cdot}$	$10^{-1.7}$(300℃), $10^{-3.3}$(200℃)	

15.2.4 组织—微细构造的设计

A，B 两种以上的物质，以不均质体分布的情况有多种，以下是典型的情况。

(1) B 物质的粒子分散在由 A 物质组成的连续基体中。

(2) A 粒子、B 粒子都形成连续相。例如，A 粒子、B 粒子都是同一大小，形成密堆积的平截八面体形状的场合下，A 在 25% ~75% 的范围满足该条件。

(3) A，B 两物质平面接合。对应于物性的测定方向，称垂直这个平面的情况为直线状接合，平面平行时称为平行接合。

一般来说，A，B 两物质作为不均质构造分布时，其性能不存在加和性。这个对于材料设计是难点之一。然后研究各种加和性的方程式，找出最有效的表示，则是使材料设计变容易的一个手段。其中之一是对数混合法则，如下所示：

$$\lg p_{\mathrm{eff}} = x_A \lg p_A + (1 - x_B)\lg p_B \tag{15.5}$$

表 15.5 复合组织和效果

分散质	基 质	特 征
n-$BaTiO_3$	p-$BaTiO_3$+绝缘体	PTC 热敏电阻
n-$BaTiO_3$	p-$BaTiO_3$+Bi_2O_3	2 级 PTC 热敏电阻
n-$BaTiO_3$	绝缘体	BL 电容器
SiC	黏土烧成相	SiC 可变电阻 a 小
n-ZnO	Bi_2O_3	ZNR 可变电阻 a 大
Ta	Al_2O_3	厚膜热敏电阻
n-CdS	p-Cu_2S	太阳能电池
Al_2O_3	$MgO\cdot Al_2O_3$	透明陶瓷
WC	Co	超硬合金

续表

分散质	基　质	特　征
强电介体	分域壁	磁滞曲线控制
强磁性体	磁壁	
石榴石	磁壁	磁泡
强磁性体	顺磁性体	硬磁性体
强磁性体	薄的绝缘体	软磁性体
强磁性体	橡胶	橡胶磁石
强电介体	树脂	挠性压电体
荧光体	电介体	EL
结晶	玻璃	晶化玻璃

A，B 两种物质的混合体系之合成比电容率适合于这个式子。此外，比较单纯的加和性成立的情况，像在(3)的直线状接合的阻抗值，在平行接合中的传导率(热导率、电导率)，不过是理想的情况，A，B 之间有大的相互作用的场合，基本上加和性不成立。

作为复合构造的组织，最常见的是(1)的情况。其例列于表 15.5。以下介绍这类组织设计的几个例子。将微量的 MgO 作为 Al_2O_3 粒子的成长抑制剂而加入，使气孔的迁移率比粒成长速率大，使之不残存空隙，从而得到透明多晶氧化铝。MgO 之所以成为粒成长抑制剂，是因为在 Al_2O_3 粒子中的扩散种是铝的空位 V_{Al}''' 。因此关于晶格缺陷的知识，是设计的基础。表 15.6 列出了为得到透明烧结体而选定添加物的结果。

关于将 MgO 添加到 Al_2O_3 表面上的方法，运用了 MgO 比 Al_2O_3 蒸气压高这一性质。在无机材料合成设计中，关于构成成分的蒸气压的知识是十分有用的。

对于 MnZn 铁氧体，同时添加 CaO 和 SiO_2，在复合组织的控制中是有效的。烧成过程中，CaO 和 SiO_2 结合，在粒界中形成液相。冷却后，粒界的硅酸钙成了高阻抗相，截断了铁氧体粒子间的导电通路，具有使涡流损失减少的效果。但是该绝缘相的厚度不应厚到使铁氧体粒子间磁的相互作用减弱的程度。

使 p 型半导体 Bi_2O_3 浸渗在 n 型半导体 ZnO 烧结体的粒子中或粒间，致密化以后，达到称为非线性电阻电压 V_B，是高阻抗，在 V_B 以上为良导体。这个特性称为非线性电阻。ZnO 由于结晶化学上的原因不固溶 Bi_2O_3。而且由于 Bi_2O_3 熔点低，成为如上所述的组织。在 ZnO 和 Bi_2O_3 之间似乎有相互作用，即这可由如下情况推测：非线性电阻电压与 Bi_2O_3 厚度之和不成正比(该说法，认为非线性电阻是由于粒界的 Bi_2O_3 绝缘层被破坏而造成的，ZnO 仅是 Bi_2O_3

的保持体)，而正比于 ZnO 和 ZnO 的接合数(该说法认为 ZnO-ZnO 接合中存在位垒)。Bi_2O_3 的存在，可看做在接合中生成了位垒并丧失了空隙。在产生表面传导的多孔体中，没有发现非线性电阻特性。

表 15.6　　加入添加剂得到透明陶瓷的效果

基体	添加剂(添加量)	光透过率(%)	测定波长(μm) (试样厚度)	晶系	烧结条件 温度(℃)×时间，压力，气氛
Al_2O_3	MgO(0.25wt%)	40~60	0.3~2(1mm)	六方	1 850~1 900×16h，H_2 中
	Y_2O_3(0.1wt%) MgO(0.05wt%)	~70	0.3~1.1 (0.5mm)	六方	1 700×5h，H_2 中
	MgO(0.05wt%)	~40	(~0.9mm)	六方	~1 700，~6.65×10^{-2}Pa
	Y_2O_3，La_2O_3 ZrO_2(0.1~0.5wt%) MgO(0.55~1.0wt%)	~80 (扩散透过率)	可见光(~1mm)	六方	~1 700，H_2 中
	MgO(0.05wt%)	85~90 (扩散透过率)	可见光(0.75mm管)	六方	1 725~1 800×17~30h，H_2 中
CaO	CaF_2(0.2~0.6wt%)	40~70	0.4~8(1.25mm)	立方	1 200~1 400×0.5~2h 34.4~55.1MPa， 1.33×10^{-2}~1.33×10^{-4}Pa
MgO	LiF，NaF(1wt%)	80~85	1~7(5mm)	立方	1 000×15min，10.3MPa， 在真空中
	NaF(0.25wt%)	透明	可见光	立方	1 600×111h，O_2 中

在组织构造相同、相互作用不同的物质中，有几个把半导性 $BaTiO_3$ 作为分散体的材料。存在于 $BaTiO_3$ 粒子间接触部分的绝缘体，若受 $BaTiO_3$ 自发极化影响程度大的是厚度(推测为 μm 以下)，那么在产生自发极化的居里温度以下，整个器件变成了低电阻，在自发极化消失的居里温度以上，变成了高电阻，显示了所谓 PTC 效应。相反，即使粒子-粒界间的相互作用存在，但若为可忽略的场合，则粒界或粒间物质仅以绝缘体起作用。这个可做成 BL(barrier layer)电容器。在烧结体表面生成极薄的 Bi_2O_3 等绝缘膜时，作为又一个新现象，是在室温左右 $BaTiO_3$ 相转变中也伴随的电阻异常，即呈现了二级 PTC 效应。Bi_2O_3 的厚度为数十至数百纳米。曾运用 SnO_2 或 ZnO 等氧化物半导体，根据气体的吸附·解吸，电阻大幅度变化的性质，开发了气敏元件。但是为了提高其灵敏度或气体选择性，对于 n 型半导体，使用了分散添加 Pt，Pd，Cr_2O_3 等使之为非欧姆性接触的方法。这些非欧姆性接触以怎样的机制增加了气体的选择性尚不清楚，但引入 p，n 结之类接合的方法似乎很有效。即使是一种物质，由于

粒界和粒子具有不同的性质，往往也可作为复合材料处理。特别是粒子为各向异性晶体时，粒子晶体的取向性往往左右烧结体的整体性能。这样的例子中有硬磁性铁氧体的取向性烧结体磁石。使氧化铅铁淦氧磁体型的铁氧体晶体的 c 轴一致，这样烧结的磁体，其矫顽磁力大。在支配烧结体取向性的因素中，有原料粒子的形状(针状、板状……)，成型时(加压、挤出……)生成的各向异性，结晶生长方向(epitaxial, unidimensional solidification……)等。

在烧结体中，即使是几何模型相同，性能也不相同的情况很多。其中之一有材料强度。一般，材料强度 σ 与烧结体构成粒子粒径 D 的平方根成反比，而且相对于空隙率 p 的增大以指数函数减小，即

$$\sigma = \sigma_0 D^{-1/2} \exp(-bp) \tag{15.6}$$

式中，σ_0，b 为常数。因此，抑制粒子的生长，在防止产生空隙的情况下进行烧结是极其重要的。

微粒子烧结体不同于粗粒子烧结体的另一个重要问题是，在粒子内容易起作用的物种(离子或电子)，在粒界难起作用；在粒子内难起作用的物种，在粒界容易起作用。作为固体电解质使用的稳定化氧化锆、β-氧化铝等，在微粒子烧结体中其离子导电率可能会下降。相反，在电子导电体的微粒子烧结体中，往往产生离子导电性。

15.2.5 形状控制

上述定向性烧结体的原料，使用针状或板状晶体是有利的。因此需要适当设定微晶生长时的各种条件。在沉淀反应的场合，浓度、温度、速度、晶种等是要设定的因子。在升华法中，母体的温度、组成、气氛等是要设定的因子。钛酸钾 $K_2O \cdot nTiO_2$ 是纤维生长的例子。

由接合的相互作用发挥功能的典型例子有薄膜。已开发了化学气相沉积法(CVD)、化学气相输运法(CVT)、气相沉积法(VD)、离子电镀法、溅射法、改良刮片法等各种合成方法。多层薄膜合成技术的开发，使材料设计变得更容易。预期会有系统的材料设计基础理论诞生。

由于提高了尺寸精度，在各种成型法开发的同时，加工方法的进步也做出了大的贡献。

总之，无机材料设计有两层意思：设定相应于性质或功能的必要条件，规定满足该条件的结构，提供为得到该结构的合成手段，这是其一。在没有确立所要求的性质或功能的情况下，要建立为了寻找新材料而进行研究时的指导原理，这是其二。

在决定性能的结构中，有电子结构能级、物质的聚集状态、形状乃至尺寸。其中化学键类型，原子或离子的填充方式、固溶、晶格缺陷、表面、粒

径、粒界、相互作用等也都是重要的因素。

在材料设计中，求出性能-结构相关系数作为前提是必不可少的。

15.3　非晶态物质

固体物质就其状态而言，可分成结晶态和非晶态两大类。两者之间根本的区别在于其内部质点的排列是远程有序还是远程无序。非晶态物质是远程无序，近程有序的固体，它包括无机玻璃、有机玻璃、许多有机材料如树脂、橡胶等，甚至还有非晶态的金属。它们都是重要的固体材料，其中尤以玻璃的应用最早最为广泛。所以非晶态和玻璃态常看做同义语，虽然实际上非晶态的定义更广泛一些。玻璃一般是从液态凝固而成，其结构与液态结构有连续性。其他非晶态固体由蒸气凝结、真空蒸发、溅射、电沉积、液体的分解合成以及化学反应等途径制得，这在第五章已谈及。现在以硅酸盐玻璃为例，对玻璃的特性、结构作一介绍。

15.3.1　玻璃的通性

1. 各向同性

物质的一些性质如折射率、导电性、硬度、热膨胀系数等在玻璃态物体内部任何方向都是相同的。这与晶体的某些性质具有各向异性的特点是不相同的。

2. 介稳性

由熔融态冷却成玻璃态，和从熔融态转变为晶体时一样，也伴有放热现象，但其放热量比凝结成晶体时要少，而且随冷却速率的不同所放热量也不相同。从热力学观点看，玻璃态是一种高能量状态，必然有向低能量状态(结晶态)自发转化的趋势，也就是有析出结晶的趋势。然而我们平时看到的玻璃之所以能长期不析晶而保持足够稳定性，是由于常温下玻璃黏度大，由玻璃态转变为晶态的速率十分小。所以玻璃态是处于介稳状态。

3. 无固定熔点

由熔融转变为玻璃态是渐变的过程，是在一定温度范围内完成的，因此无固定熔点。

15.3.2　玻璃的结构

从结构上看，玻璃态的结构是一种介于液态与结晶态之间的物理状态。处于结晶态的物质，其内部粒子(原子、分子、离子)在较长的距离或较大的范围内保持着排列的周期性。处于玻璃态的物质只在几百皮米范围内保持着有序性，也就是只维持近程有序而不是远程有序。

半个多世纪以来，随着研究物质结构的手段的发展，对玻璃的结构也有了较深入的了解，但直到目前对于这种处于介稳状态的物质还有许多不明确的问题，也没能建立公认的完整而严密的理论。以下简单介绍两种主要理论。

1. 微晶学说

微晶学说认为玻璃中含有许多不连续的微晶，它们是晶格很不完整、有序排列的范围很小、还不具备真正晶体特性的原子集合体。这些微晶分散在原子排列无序的中间层里面。从微晶区过渡到中间层时，原子的排列逐渐变得更无秩序。然后又逐渐出现另一种排列规律，进而过渡到另一个微晶区。因此，玻璃体是近程有序的，可以看成是微观多相体。

2. 无规则网络学说

无规则网络学说可以用石英玻璃的结构为例来说明。按照无规则网络理论，石英玻璃中仍含有[SiO_4]四面体，它们通过共用顶角互相连接而形成向三度空间发展的网络，但其键角和键长都不固定，原子排列是无序的，因此整个玻璃是一个原子排列不存在对称性和周期性的体系。石英晶体和石英玻璃都有相同的四面体单元，不同的是在石英晶体结构中每个四面体都是有规则地和其他所有四面体保持一定方向和周期距离，而在石英玻璃中没有这种规律性(见图 15.2)。

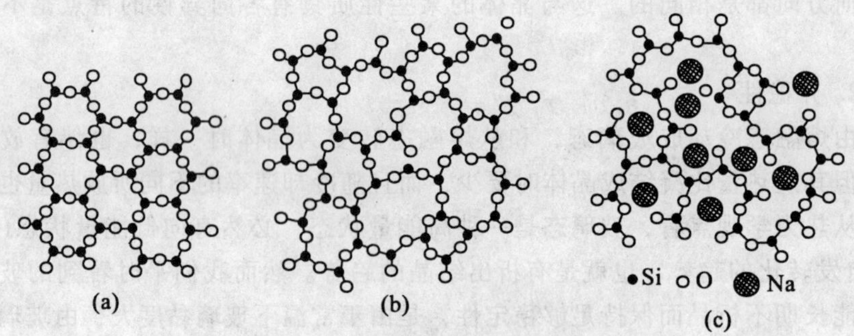

图 15.2　按无规则网络学说的玻璃结构示意图

(a)石英晶体结构示意图；(b)石英玻璃结构示意图；(c)钠钙玻璃结构示意图

如果玻璃中有 Na^+，K^+或 Ca^{2+}，Mg^{2+}等离子，那么硅氧四面体的网络就会部分断裂，作为氧桥的氧离子只和 1 个 Si^{4+}离子结合，两个相邻的[SiO_4]四面体之间出现了缺口，上述这些金属离子就位于被切断的氧桥离子附近的网络外间隙中。

上述两种理论的一致看法是：玻璃具有近程有序、远程无序的结构特点。但在有序无序的比例和结构上还有争论。应该看到玻璃处于热力学不稳定状态，因此玻璃的不同成分、熔体形成条件等都会对结构产生影响，不能以局部的、特定条件下的结构来代表所有玻璃在任何条件下的结构状态。

15.3.3　玻璃态形成的条件

1. 热力学条件

从热力学观点看，玻璃态的内能比晶态的高，是一种介稳态，但是如果两者内能差别大，则在不稳定过冷条件下，晶化倾向大，形成玻璃态的倾向就小。但实际上玻璃态和晶态的内能差是很小的，如玻璃态 SiO_2 的生成焓为 -847.26kJ/mol，而β-方石英的生成焓为 -857.72kJ/mol；玻璃态 Na_2SiO_3 的生成焓为 -1 505.40kJ/mol，晶态 Na_2SiO_3 的生成焓为 -1 525.90kJ/mol，它们相差都不大。可见形成玻璃的条件除了热力学条件外，还有更主要的条件，就是动力学条件。

2. 动力学条件

由熔体冷却结晶化和玻璃化是矛盾的两个方面，对熔体结晶作用的不利因素，恰恰是玻璃形成的有利因素。熔体能否结晶取决于熔体过冷后能否形成新相晶核，以及晶核能否长大。所以总的结晶过程应分为成核和生长两个阶段。这两个阶段都需要时间。若要使熔体形成玻璃，必须在熔点以下迅速冷却使它来不及析出结晶，借控制析晶速度来控制玻璃的形成。

3. 玻璃体形成的结构因素

实践证明，并非所有的物质都能形成玻璃体。1932 年查哈里阿生(W. H. Zachariasen)对氧化物形成玻璃的能力提出了这样一些条件：①连接每个氧离子的金属离子不能超过两个；②在阳离子周围的氧离子数(配位数)要尽可能少，例如 3 或 4；③阳离子及其周围氧离子形成的配位多面体之间是共用顶点而不是共用棱或面；④每个多面体至少有三个顶点是与其他多面体共用的，这样才可能保证形成三维的空间网络。一些最易形成玻璃体的常见氧化物如 SiO_2，GeO_2，P_2O_5，B_2O_3，As_2O_3 均满足这些条件，其中前三者形成[AO_4]四面体，后两者形成[AO_3]三角形(A 代表 Si，Ge 等原子)。

从化学键来看，离子化合物在熔融态时的黏度很小，当熔体冷到结晶温度以下时，由于阴阳离子间的吸引使它们容易按规律排列成晶体。离子晶体中的配位数较高，离子进入点阵格点的几率也较大，所以离子化合物容易生成晶体。以金属键结合成的物质中原子的配位数更高，熔融体主要由单个原子组成，熔体的黏度小，其中的原子容易运动，所以金属键型物质的熔体在冷却时很容易结晶。熔体冷却时容易转变成玻璃体的物质，主要是具有极性共价键的化合物。斯梅卡尔(Smekal)认为：具有混合键型的化合物(及单质)才能形成玻璃态。这包括：其化学键具有部分共价性又具有部分离子性的化合物；具有链状结构的单质如硫、硒等。它们的原子靠共价键联结成链，链与链间是 van der Waals 力；还可以是具有复杂分子结构的有机化合物，它们的分子间是 van der Waals 力，分子内的原子则靠共价键结合。

关于形成玻璃态的条件，还有待于进一步的探讨。

15.3.4 光导纤维用玻璃

1. 石英光纤

光纤通信是激光技术领域中最活跃的一个分支，跟通常的通讯手段比较，光纤通信由于具有容量大、抗电磁干扰、体积小，对地形适应性强、保密性高以及制造成本低等优点，而引人注目。利用光导纤维作为信息传输介质的光缆电视系统，多达几千路通道的电话线路和用光纤代替目前计算机系统的巨大电缆等种种应用，像雨后春笋般地出现，这一新技术得以实现的关键是光导纤维的研制成功。而在这一重大突破中，制造光纤预制棒的化学气相淀积技术则独揽其功。

通信用的光导纤维，大致可以分为石英玻璃和多组分玻璃两种。就传输损耗而言，现阶段石英玻璃纤维是最佳的。其主要损耗如图 15.3 所示，可概括如下：

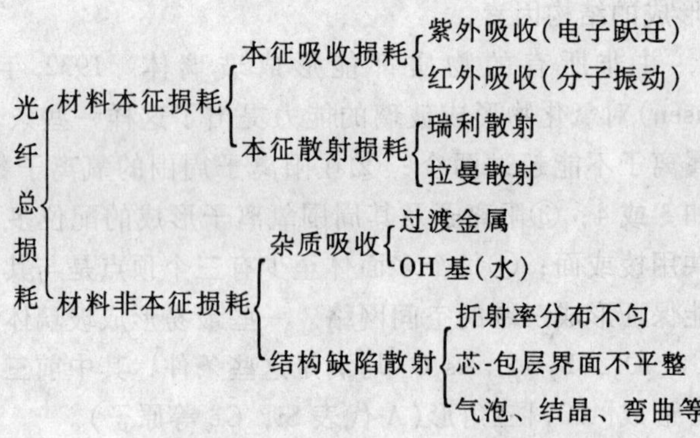

从以上可看出，一旦确定了材料，材料的本征损耗就无法改变。人们只有在非本征损耗的降低上做出努力。杂质的吸收，主要是 Fe，Co，Ni 等过渡金属杂质离子在可见和近红外区有强的吸收，这要在原料的纯化过程中除去过渡金属杂质离子而加以解决。

而结构缺陷则是在工艺上应小心注意的。在目前的技术范围内，与波长四次方成反比的瑞利散射和 OH 基的吸收是损耗的主要原因。OH 基在 2.73μm 有一大的基本吸收峰，其高次谐波在 0.94μm，1.24μm 和 1.38μm 处也产生吸

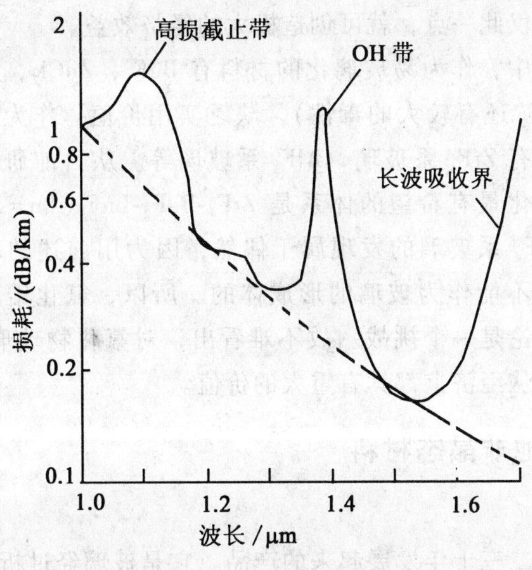

图 15.3　石英光纤的损耗

收。例如质量分数为 10^{-6} 的 OH，在 0.94μm 造成的损耗约为 1dB/km，在 1.38μm 则为 15dB/km。目前由于 MCVD 法的改善，制出的光纤在 1.38μm 由 OH 产生的损耗可控制在 1dB/km，在 0.95μm 可控制到检测不出的水平。

石英玻璃纤维的制造过程是：首先用化学气相淀积技术制得石英玻璃预制棒，然后加热拉制成数千米的细丝(一般 100～150μm 的直径)，接着涂上一层适当厚度(5～20μm)的树脂加固，最后再进行二次涂覆(通常用尼龙、聚乙烯等)。可见关键步骤是“预制棒”的制备。其制备工艺参见 5.1.4 小节。

2. 红外光导纤维

1979 年 T. Miya 等人使石英光纤的传输损耗达到了接近理论极限的 0.2dB/km(1.55μm，理论值为 0.18dB/km)。决定石英光纤损耗极限的主要因素是瑞利散射和红外吸收。瑞利散射与光波长的四次方成反比，由于石英光纤红外吸收在比 1.7μm 长的波长段急剧升高，所以在长波长一侧的低损耗波长区的使用受到制约。因此，为了得到更低损耗的光纤，必须采用可透过比石英光纤透过的波长更长的材料。红外光纤就在这样的背景下应运而生。

与石英玻璃相比红外吸收端在长波长一侧的材料已知有重金属氧化物、硫属化物和卤化物。其中卤化物玻璃是备受注目的。这是因为卤化物玻璃不但有透光范围广(从紫外 0.2μm 到红外 8μm 都透明)的优点，而且还有理论损耗低(在 3.5μm，10^{-3}dB/km)的魅力。这就是说比石英光纤的理论损耗低 1～2 个数量级，若能达到理论值，则使用红外光纤，其中继站间的距离将比石英光纤的远 10~100 倍。仅此一点，就可创造极大的经济效益。

在卤化物玻璃中，作为易玻璃化的材料有 BeF_2，$ZnCl_2$，但这两种材料的潮解性都很大(BeF_2 还有较大的毒性)，缺乏实用价值。作为潮解性低，易玻璃化的卤化物玻璃有 ZrF_4 系玻璃，AlF_3 系玻璃等。从目前研究的情况看，在红外光纤中低损耗化最有希望的体系是 ZrF_4-BaF_2-LnF_3(Ln = La，Gd 等)系氟化物红外光纤。ZrF_4 系玻璃的发现属于偶然，因为用前述的玻璃形成理论来衡量的话，ZrF_4 是不能作为玻璃的形成体的。所以，氟化锆玻璃的发现，对传统的玻璃形成理论是一个挑战。故不难看出，对氟化物玻璃的研究、开发，不论从学术上还是从经济上都具有重大的价值。

15.3.5 其他非晶态材料

1. 微晶玻璃

微晶玻璃是近二三十年发展起来的产品。它是玻璃经过析晶相变生成的类似陶瓷的材料，又叫玻璃陶瓷。它有优异的电学、力学、光学和热学性能。其特点是结构非常致密，基本上没有气孔。在玻璃相基体中有很多非常细小的弥散结晶，其体积可达总体积的 55% ~98%。微晶玻璃的制造工艺与一般玻璃的制造工艺相比，除了共同之处外，还要增加两阶段热处理。首先在有利于成核的温度下使之产生大量的晶核，然后再缓慢加热到有利于结晶长大的温度下保温，使晶核得以长大，最后冷却。微晶玻璃中晶粒的大小约为 1 000nm，最小可到 20nm。比普通陶瓷晶粒小得多，故称微晶玻璃。

从微晶玻璃的特点来看，为了产生大量晶核，在配料中常常要加入各种不同的成核剂。表 15.7 列出了几种微晶玻璃及其成核剂的成分。不同组成的微晶玻璃的热膨胀系数可以在很大范围内(10^{-5} ~10^{-7}/℃)控制，这样有利于与金属部件匹配。微晶玻璃的导热率也较高。它的软化点比普通玻璃有很大提高，约从 500℃提高到 1 000℃左右。在电性能方面的变化是提高了绝缘性而且降低了介质损耗。微晶玻璃的机械性能的变化尤为突出，断裂强度比同种玻璃提高一倍以上，即从 $7\times10^3 N \cdot cm^{-2}$ 增加到 $1.4\times10^4 N \cdot cm^{-2}$ 或更高，抗热振性和 Mohs 硬度也提高了许多。

2. 非晶态半导体

非晶态半导体是一种比较新的材料。非晶态的单质，如硅、锗、硼等，硫系玻璃(如含 85% Te 和 15% Ge 的“85Te-15Ge”)、含某些过渡金属氧化物的玻璃等都是非晶态半导体。

表 15.7 某些微晶玻璃及其成核剂成分

成核剂	基体玻璃	主晶相	特征
Au, Ag, Cu	Li_2O-Al_2O_3-SiO_2 (Na_2O, K_2O)	$Li_2O \cdot SiO_2$, $Li_2O \cdot 2SiO_2$	需要紫外线照射
Pt,Ru,Rh,Pd,Os,Ir	Li_2O-SiO_2 Li_2O-MgO-Al_2O_3-SiO_2	$Li_2O \cdot 2SiO_2$ β-锂辉石 $LiAl[Si_2O_6]$	
TiO_2	Li_2O-Al_2O_3-SiO_2 MgO-Al_2O_3-SiO_2 Na_2O-Al_2O_3-SiO_2	β-石英，β-锂辉石，$Li_2O \cdot 2SiO_2$，堇青石，霞石	低膨胀，高绝缘，低损耗
Cr_2O_3 Al_2O_3	Li_2O-Al_2O_3-SiO_2 PbO-TiO_2-SiO_2	$PbTiO_3$	强介电性

非晶态材料的制备常常比相应的晶态材料要容易和经济，晶态半导体生长需要极精细的技术，产品尺寸也不可能很大，成本较高。例如，目前利用晶态硅太阳能电池来获得电能，就比火力发电要贵数十倍，这样，大量使用就受到限制。而后来在硅烷(SiH_4)气中由辉光放电法制得了非晶态硅。非晶态硅对太阳光的吸收系数比单晶硅大很多，单晶硅要 0.2mm 厚才能有效地吸收太阳光，非晶态硅只需要 0.001mm 厚就够了。它是廉价而又有效的太阳能电池材料。非晶态半导体还有其他的优点如硫系玻璃半导体的电导对杂质不敏感等。

15.4 纳 米 粒 子

纳米粒子又称超细粉末。其粒径约为 1 ~ 100nm。纳米粒子是由数目较少的原子或分子所组成，它保持了原有物质的化学性质，但在磁性、光吸收、热阻、化学活性、催化等方面具有独特的性质，这为纳米粒子的广泛应用奠定了基础。目前在制造超硬、超强、超纯及超导等材料上都要用到纳米粒子。

纳米粒子和一般粒度的固体物质相比之所以具有独特的性质，是因为纳米粒子有极大的比表面积，表面结构状态对粒子性质有决定性的影响。随着粒子的微细化程度加大，比表面积增大，表面结构的有序化程度受到愈来愈强烈的扰乱，使表面力场变得不均匀，其活性也随着变化，这些都引起纳米粒子的表面能的增加。活性大、表面能高的粉料常具有独特的性质。例如，金的熔点为 1064℃，而超细金粉的熔点为 830℃；镍粉的烧结温度在 700℃以上，超细镍粉的烧结温度是 200℃。

纳米粒子的应用很广，如用超细 Si_3N_4，SiC 等制成的陶瓷发动机，可使热效率提高 45% 以上，减少燃料消耗 1/3。用约 50nm 的强磁性金属超细粉作磁性材料，能制成高密度、高感度的记录磁带和唱片。总之，用纳米粒子制成的材料质地均匀，具有轻、薄、小等特点，因此可用于传感器，电极材料，储氢材料，薄膜集成电路的导电材料等各个领域。

15.5 复合材料

按不同的用途，要求材料具有的性质是多种多样的。在选用材料时最好根据材料的特性量材使用。随着科学技术的发展，对材料提出的要求也越加苛刻。例如需要相对密度小而强度高，坚硬而又不脆，耐高温强度好，摩擦系数小而又耐磨等兼具各种不同特性的材料。对这些要求仅用单一的材料是难以满足的，因此不得不将两种或两种以上的材料，通过适当方法加以组合，取长补短，集各种材料的优点于一身，制备出兼具各种特性的新型材料，这种由两种或两种以上性质互不相同的物质组合在一起制成的新材料，称为复合材料。

复合材料的使用由来已久，我们日常接触到的石灰中掺入麻纤维用作涂抹墙壁的建筑材料，搪瓷制品、钢筋混凝土等，都是根据复合的想法制成的复合材料。近几十年来，高科技的发展，要求材料既要有高强度、高弹性模量(在一定应力作用下的应变小)，又须有耐高温、耐磨擦和低密度的特性，因此对复合材料的研制有了长足进步。在无机材料中常见的复合材料是涂层材料，例如在金属材料的基底上烧附一层珐琅釉的搪瓷。作为新型无机材料，近年来发展迅速的是高温陶瓷涂层，这是将耐火性的无机质保护层牢固地涂附在镍铬系统的不锈钢、轻质合金、金属钛、钼、钨等耐高温金属表面上，以提高它们的耐热冲击性、耐磨性和高温抗氧化性。

在新型无机材料中占有重要地位的细颗粒复合材料是陶瓷与金属组合而成的金属陶瓷。这种材料既具有金属的韧性，又具有陶瓷体的耐高温性、耐磨性和抗蚀性等特点。例如，TiC-Co，TiC-Mo，TiC-W 可用作喷气发动机涡轮叶片、火箭用喷管、热交换器。金属陶瓷中的无机非金属材料基质通常是 Al_2O_3，ZrO_2，TiC，SiC，TiB_2，ZrB_2，TiN，Si_3N_4，TiS_2，$MoSi_2$ 等，复合用的金属有 Co，Ni，Cr，Fe，Mo，W，Sb 等。

分散型增强材料是类似于金属陶瓷的一种复合材料，所不同的是基质为金属，在其中掺入氧化物的超细粉，起到分散增强的作用。例如，在金属钨中掺入 ThO_2 粉所得烧结制品用作活塞杆、空压机叶片。这种复合材料因掺入增强剂，提高了基质金属所能承受的使用温度或其他性能。

另有一大类纤维增强复合材料，它是用各种纤维状的材料作为填料起到增强的作用。所用的增强纤维种类很多，有天然产的矿物石棉和植物纤维，有人工制成的玻璃纤维，各种有机合成纤维、碳纤维、硼纤维、金属及无机物的晶须和细丝等。复合的基质材料有金属、陶瓷、玻璃、橡胶、树脂等。玻璃钢是当前纤维复合材料中产量最多用途最广的一种，它由玻璃纤维同环氧树脂或酚醛树脂一类有机材料黏结在一起制成的。强度高而不脆。用有机树脂作基质材料时，使用温度、抗老化性等都有一定的局限性。近年来发展了用金属、陶瓷、玻璃等作基质材料的纤维复合材料，大大提高了使用温度，如硼纤维和金属铝的复合材料可用于制造火箭、人造卫星、导弹外壳等。

15.6　储 氢 材 料

氢是最引人注目的能源之一，它可由许多方法制备。其中之一是利用太阳能光电解水。氢作为一种燃料(即所谓的氢经济)最受关注，这主要是源于廉价和丰富的电能(来自于核聚变，或太阳光生伏打电池)可用来电解水生产大量氢的思路。氢作为燃料的应用涉及储氢的问题。氢可作为气体、液体或固体加以储存。气体和液体的储存技术是大家熟知的，但低沸点(20.4K)和低密度(0.071kg/L)使它难于作为液体储存。氢作为气体的储存压力不能超过通常使用的150 atm储氢罐的压力，况且，尚存在着氢与空气形成爆炸混合物的危险。以固体化合物形式(氢化物)的储氢，也可能由于多种原因而引人注目。它安全，储存密度可达液体形式的水平，储存中没有损失，并且储存可逆。所以氢化物储存要求没有能量消耗。事实上，在氢化反应过程中释放出来的能量可加以利用。

金属储氢材料的理想要求是低原子质量，快速的氢吸附动力学性质和在室温时具有大约1 atm平衡分压的可逆的大量储氢能力。氢吸附行为可表示为组成等温线形式(见图15.4)。初始吸附导致了氢压的突然增加。在特定的压力下，氢化反应开始，材料在接近等压下吸附大量的氢。在这个区域，金属氢化物(β相)和用氢饱和的金属(α相)共存。当所有的α相转成β相时，压力的进一步增加导致氢/金属比的微小变化，对应于平衡$\alpha + H_2 \rightleftharpoons \beta$的压力叫做平稳压力。当压力低于平稳压力以下时，反应逆转，材料释放出氢。吸附不是严格可逆的，在某些情况下伴随发生滞后现象。氢化反应是放热的，逆反应是吸热的。

虽然许多金属形成氢化物，但其热力学和动力学性质不利于满足理想储氢材料的要求。两类相反行为对金属是常见的。像Pd，V，Nb和Tb这样的金属可逆地吸附氢，但氢与金属的比例小。如碱土金属、稀土、Ti和Zr这样的金属吸收大量的氢形成氢化物，但反应近乎不可逆，使这些固体储氢无用。然

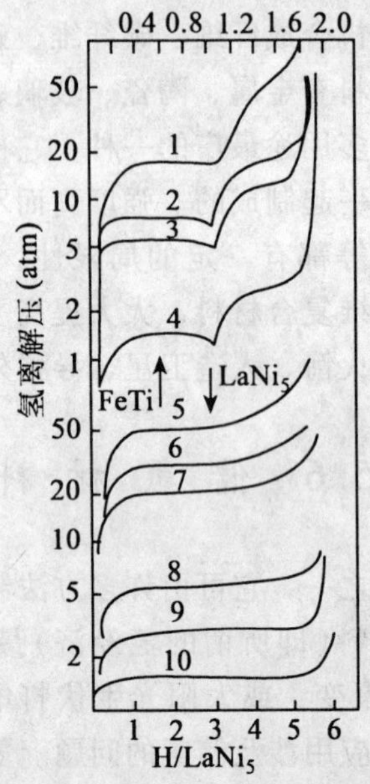

图 15.4 $LaNi_5$ 氢化物和 FeTi 氢化物的压力-组成等温线

1—343K；2—313K；3—303K；4—273K；5—413K；6—393K；
7—373K；8—333K；9—313K；10—293K

而，这两类金属以金属间化合物的形式结合则很有用。某些重要的储氢材料列于表 15.8 中，表中同时列出了储氢反应的特点。用于储氢的金属间化合物是属化学计量的 AB，A_2B，AB_2 和 AB_5，这里 A 是 Ti，Ca，La，Ce，Sm，Mg 或 Zr；而 B 是 Fe，Ni，Cu 或 Al。其中，$LaNi_5$ 和 FeTi 是目前为储氢而着重考虑的两个候选材料。

表 15.8　　　储氢中使用的金属间化合物

化合物	x^*	平稳压(atm)	反应热($kJ/mol^{-1}H_2$)
$LaNi_5$	5~6	2.9(313K)	-31.0
$SmCo_5$	2.5	3.3(293K)	-32.7
$CeNi_3$	3	0.09(323K)	-
FeTi	1~2	5(303K)	-28.0
$ZrMn_2$	3.6	0.01(293K)	-53.2
Zr_2Cu	1.2	0.20(1 073K)	-120

* x 表示金属间化合物的每个化学式单元的氢原子数目。

适用的金属间化合物的设计并非简单的事。首先不是所有的两种金属的组合在所有的情况下都形成金属间化合物。例如稀土和 Nb，Mo，Ta 或 W 间没有发现有金属间化合物。Miedema 提出了一个模型来预示两种金属的结合是否将形成金属间化合物。然而，这个模型不能预示金属间化合物的组成或晶体结构。在这方面相图的知识很重要。金属间化合物通常在感应电炉的氧化物坩埚（Al_2O_3，MgO 或 TbO_2）中通过熔融母体物质制得。浮熔法或电弧熔融法也用来避免因同坩埚料反应而可能受到的污染。如果组分之一 Mg，Zn 或 Cd 在高温下蒸气压很高则采用 Ta 或 Mo 管的密封管技术。

$LaNi_5$ 和 FeTi 除能相对储存较大量的氢外，在常压和常温下亦能迅速地吸氢和脱氢（见图 15.4）。氢化物形成热大约在每摩尔氢 30kJ。这种热必须在储存时移走，而当合金放氢时又要提供这部分热量。金属间化合物相对于它的氢化物的热力学稳定性决定着材料的用途。Miedema 等发现，在一系列同结构的 AB_n 金属间化合物中，氢化物的形成焓与金属间化合物的形成焓正相反。这导致了逆稳定性规则，即母体金属间化合物越不稳定，氢化物越稳定，反之亦然。当氢化物稳定时，它的平衡氢（平稳）压低。因此，在 $LaNi_5$（ΔH_f^0 = -60kJ/mol）和 $LaCu_5$（ΔH_f^0 = -101kJ/mol）中，镍化合物是较好的储氢材料。平稳压的对数和 $LaNi_5$ 型相的单位晶胞体积之间存着线性关系（见图 15.5），这对于氢化物选择应用具有很大的帮助。

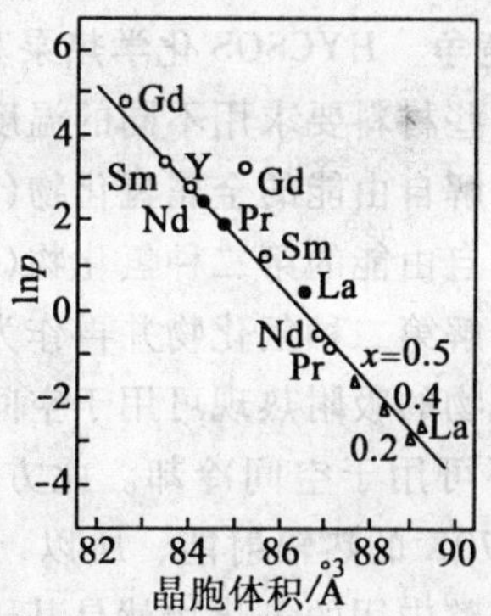

图 15.5 氢平衡压力对各种 $LnNi_5$ 型化合物单位晶胞体积的依赖关系

Ln=稀土；空圈：$LnCo_5$；实圈：$LnNi_5$；空三角：$LaCo_{5-5x}Ni_{5x}$

$LaNi_5$ 型合金结晶成六方 $CaCu_5$ 结构，它的这种结构提供了一些吸附氢的间隙位置（9 个）。$LaNi_5$ 正常氢化物的组成是 $LaNi_5H_6$，但在高压下，得到组成为 $LaNi_5H_{8.35}$ 的氢化物。在这种氢化物中，所有的间隙位置可能都被占有了。

$LaNi_5$ 中氢吸附脱附是局部规整反应，反应进行时没有明显的结构变化(空间群从 P6mm 变到 P3Im。当氢化物 $LaNi_5H_6$ 形成时，晶格大约膨胀 25%)。FeTi (CsCl 结构)形成两种氢化物，$FeTiH_1$，$FeTiH_2$，其氢化物的结构不同于母体金属间化合物的结构。$LaNi_5$ 及其类似物的一个重要特点是它们能被其他的 $3d$ 金属或ⅢA 和ⅣA 族金属在 Ni 位置上取代，或用稀土或 Ga 在 La 位置上取代。取代明显地改变了氢化物的平衡压力。例如，$LaNi_4Al$ 平稳压为 0.002 atm，而 $GdNi_5$ 在室温压力达 150 atm，$LaNi_5$ 压力为 2.9 atm。这样，通过适当的取代，可能剪裁具有特殊的储氢特点的金属间化合物。

金属间化合物吸附氢要求预"活化"。$LaNi_5$ 能通过简单地把它暴露到几个大气压的氢中而得到活化。活化过程中，样品劈劈啪啪地响并剧烈地破裂。在吸氢和脱氢几个循环以后，材料变成细粉(10～100μm)。活化 FeTi 更难，初始吸附要求很大的压力和高温(400～600K)。直到最近才清楚活化和失活过程中发生的微观过程。莫斯鲍尔谱、磁性和 XPS 测定揭示出活化在表面上产生 $3d$ 金属的微晶，这些微晶可能有助于 H_2 分子的解离，使之被迅速吸附。

以金属氢化物形式储氢有一些工艺技术上的应用，这包括超纯氢的制备、氘与氢的分离、内燃机中来自氢化物的氢燃料的利用、质子电池中或质子电池与燃料电池组合中作为电极的金属间化合物的应用。在各种应用之中值得提及的是，由美国戴姆斯-本兹公司开发的作为燃料驱动电动机车的 FeTi 氢化物的利用，由阿尔格尼国家实验室开发的 HYCSOS(氢转换和储存系统)化学热泵，以及电站负荷调整中金属氢化物的应用。然而，轿车中金属间氢化物的利用必须与类似使用的钠-硫电池竞争。HYCSOS 化学热泵利用像 $LaNi_5$ 和 $CaNi_5$ 这样的两种不同的储存材料，这些材料要求用不同的温度来产生相同的平稳压。低级热能用来分解具有较高分解自由能的金属氢化物(A)，释出的氢在中间温度被吸附并作为具有较低分解自由能的第二种氢化物(B)而被储存。在热泵模式的操作中，外围的热用来分解第二种氢化物并再作为第一种氢化物在同样的中间温度吸附氢，第一种氢化物的吸附热现可用于空间加热。通过把中间温度吸附热排放到户外，热泵循环可用于空间冷却。此方法能用来制作氢吸附致冷箱，它的唯一的能源是约 370K 的热辐射能，所以，对以太阳能为动力的空调是非常合适的。电站负荷调整中用的氢化物就是基于非高峰时间里电解产生的氢能作为氢化物(FeTi 氢化物)储存起来，其后在高峰期间氢可利用燃料电池再转成电能的思路。

利用金属间化合物储氢尚存在一些问题。首先，即使像 CO 和 H_2O 这样的少量的气体也能降低 $LaNi_5$ 和 FeTi 的储氢能力。因为金属间氢化物相对于其他的稳定相来说是介稳的(如 $LaNi_5H_x$ 相对于 LaH_2 和 Ni 是介稳的)，所以当反复循环时，存在着材料的本征的降解。另外，热释放和热吸收、与氢吸附相关的体积变化、储存材料的微粒性质全都是金属间化合物有效利用中的难题。

15.7　固体电解质

15.7.1　固体电解质的结构及性质

1. 固体内离子的移动

在固体物质上加上电场，则在固体内存在着的荷电粒子就沿着静电场的方向加速，输送电荷。在金属或半导体中其荷电粒子是电子或空穴，但在某种离子晶体中，除了电子和空穴外，离子也为荷电粒子。在这种化合物中，人们把荷电粒子中离子所占的比例非常大的物质称为固体电解质(solid electrolyte)或离子导体(ionic conductor)。在固体电解质中，由离子所传输电流的程度(离子电导率)一般和食盐水等电解质水溶液相同($10^{-1}\sim10^{-4}\Omega^{-1}\cdot cm^{-1}$)。但这并不意味着其导电性都必须在室温下呈现出来，而是在所工作的温度下，离子能自由运动即可。这类物质也属固体电解质的范围。稳定 ZrO_2 即为此种固体电解质，其在室温下是绝缘体。表 15.9 中列出了在固体内容易移动的离子和目前所知的具有代表性的固体电解质。

表 15.9　　**一些典型固体电解质**

	导电性离子	固体电解质	电导率/$\Omega^{-1}\cdot cm^{-1}$
阳离子导体	Li^+	Li_3N	3×10^{-3}(25℃)
		$Li_{14}Zn(GeO_4)_4$(锂盐)	1.3×10^{-1}(300℃)
	Na^+	$Na_2O\cdot11Al_2O_3$(β-矾土)	2×10^{-1}(300℃)
		$Na_3Zr_2Si_2PO_{12}$(钠盐)	3×10^{-1}(300℃)
		$Na_5MSi_4O_{12}$(M=Y, Gd, Er, Sc)	3×10^{-1}(300℃)
	K^+	$K_xMg_{x/2}Ti_{8-x/2}O_{16}$($x$=1, 6)	1.7×10^{-2}(25℃)
	Cu^+	$RbCu_3Cl_4$	2.25×10^{-3}(25℃)
	Ag^+	α-AgI	3×10^{0}(25℃)
		Ag_3SI	1×10^{-2}(25℃)
		$RbAg_4I_5$	2.7×10^{-1}(25℃)
	H^+	$H_3(PW_{12}O_{40})\cdot29H_2O$	2×10^{-1}(25℃)

续表

导电性离子		固体电解质	电导率/$\Omega^{-1}\cdot cm^{-1}$
阴离子导体	F^-	β-PbF_2(+25% BiF_3)	5×10^{-1}(350℃)
		$(CeF_3)_{0.95}(CaF_2)_{0.05}$	1×10^{-2}(200℃)
	Cl^-	$SnCl_2$	2×10^{-2}(200℃)
	O^{2-}	$(ZrO_2)_{0.75}(CaO)_{0.25}$(稳定二氧化锆)	2.5×10^{-2}(1 000℃)
		$(Bi_2O_3)_{0.75}(Y_2O_3)_{0.25}$	8×10^{-2}(600℃)

由表 15.9 可知，作为导电性离子都是那些离子半径较小，价态低的离子。这是因为在固体电解质内具有和导电性离子的电荷符号相反的离子占据某一定的格点位置，它妨碍了导电性离子的移动。因此，Li^+，Ag^+等阳离子在室温下就能呈现出高的离子导电性，而像 F^-，O^{2-}等阴离子，由于半径大，故仅在高温下才能显示出离子导电性。除了导电性离子本身的限制以外，能成为具有离子导电性物质的条件大致有三点：①固体结构中存在着大量的晶格缺陷；②平均结构的存在；③固体有网状或层状结构。表 15.10 中列出了具有以上结构的固体电解质。

表 15.10　　　　**典型固体电解质及其导电机制**

结构		固体电解质
晶格缺陷	空位机制	$ZrO_2(CaO)$(稳定二氧化锆)
	间隙机制	$ThO_2(Y_2O_3)$，$LaF_3(SrF_2)$ $CaF_2(YF_3)$
平均结构		α-AgI，Ag_3SI，$RbAg_4I_5$
网状或层状结构		$Na_2O\cdot 11Al_2O_3$(β-矾土)，Li_3N

在①的情况下，晶格缺陷是指在离子或原子作规则排列的晶体中，存在着破坏这种规律的区域。②的平均结构是指在晶体中，导电性离子可占据的格点位置的数目要比实际存在着的离子数目更多，导电性离子具有在其格点上统计分布的结构。此种固体电解质的特征是离子的移动非常容易，故即使是室温也具有与电解质水溶液相比的离子导电性，α-AgI 等的 Ag^+离子导体可作为典型的例子。具有③的结构的固体电解质的代表性物质是 β-铝矾土的钠离子导体。在这种固体电解质中，Na^+沿着二维的宽广的层和层之间的间隙移动，所以出现了与层平行的方向上的电导率高，而与层垂直方向上的电导率低的非常大的

各向异性的特征。

2. 稳定氧化锆的导电机构

固体电解质的晶体结构与其离子导电性的具体关系如何呢？现在以最早使用的稳定二氧化锆的氧离子导体为例加以说明。

氧化锆（ZrO_2）随温度的改变，晶体结构发生如下相变：

$$\text{单斜晶系} \xrightleftharpoons{\text{约 1 170℃}} \text{正方晶系} \xrightleftharpoons{\text{约 2 200℃}} \text{立方晶系}$$

在此物质中，若以 2 价或 3 价金属氧化物与其形成固溶体时，就变成了在室温下也能稳定存在着的萤石型立方晶系结构。此时，在这种稳定的 ZrO_2 晶体中出现了氧离子导电性。作为固溶成分的金属氧化物（稳定化剂）一般使用 CaO，把这种氧化锆体系的固体电解质称为稳定性氧化锆。在萤石结构中，阳离子对阴离子是正六面体型的八配位体，从结晶化学的角度来看，在这种八配位体的理想情况下，离子半径比（阳离子半径/阴离子半径）是 0.732。但是在纯的 ZrO_2 中是 0.586（Zr^{4+}：0.082nm，O^{2-}：0.140nm），故变为相当歪斜的萤石结构。若把具有比 Zr^{4+}离子半径还大的 Ca^{2+}和其固溶时，则转变成为阳离子的平均离子半径接近于理想的八配位的离子半径，从而使萤石结构得到了稳定。此时，在这种结构中，虽然每有一个阳离子就存在 2 个阴离子格点，但对 CaO 来说，由于每一个 Ca^{2+}离子仅引入一个 O^{2-}离子，所以为了保持电中性，则残留的阴离子格点就变成了空位，其缺陷反应式为 $CaO \xrightarrow{ZrO_2} Ca''_{Zr} + V_O^{\cdot\cdot} + O_O$，固溶体的化学式为 $Zr_{1-x}Ca_xO_{2-x}$。在此，$V_O^{\cdot\cdot}$ 表示氧离子空位。而且，把此空位作为媒介，于是出现了氧离子导电性。图 15.6 为稳定化氧化锆的导电机制。

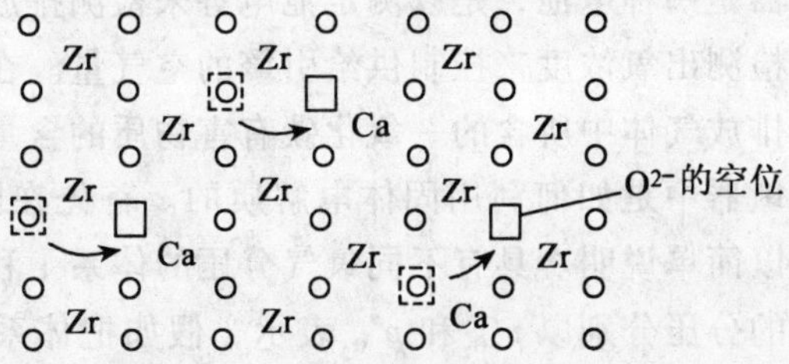

图 15.6　稳定二氧化锆的导电机制

在空位附近的氧离子向空位移动时，空位便向其相反的方向移动。实际上，氧离子空位是作为导电性离子来运动的。用作稳定化剂的物质除 CaO 之外，常用的是三价的金属氧化物 Sc_2O_3，Y_2O_3，Sm_2O_3，Nd_2O_3，Gd_2O_3，Yb_2O_3 等稀土氧化物。这些氧化物中的金属离子的原子价均难以改变，而且熔点高，耐热性优良。稳定化氧化锆的电导率随稳定化剂的固溶量的变化而发生很大的改变。

图 15.7 所给出的是在 800℃时各种稳定化氧化锆的电导率和稳定化剂的固溶量的关系。由图中可看出，对电导率来说，不论在哪种情况下均都出现有极大值。这是由于通过稳定化剂的固溶化所产生的氧空位达到某浓度以上时，空位之间便相互作用变成有规则的排列了，这样，空位的移动就变得困难了。

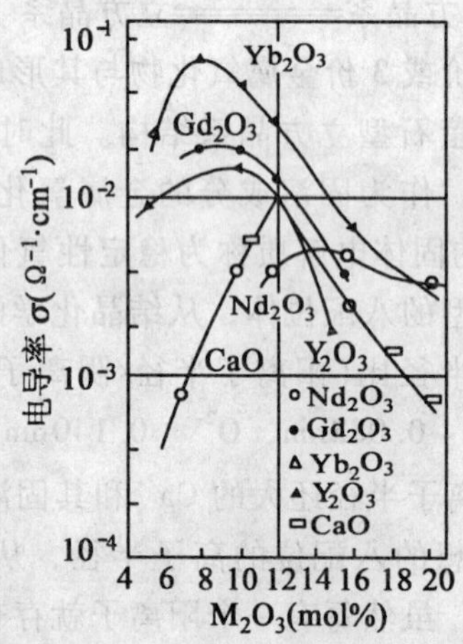

图 15.7　对应于各种稳定化剂浓度稳定二氧化锆的电导率

15.7.2　氧浓度测定原理

图 15.8 给出了使用稳定化二氧化锆作为固体电解质的汽车用气敏器的基本结构。这种气敏器是一种电池，是以测定池电势来检测排放气体中的氧浓度的一种装置。通过检测出氧浓度来控制供给引擎的空气量。在提高燃烧效率的同时，尽量抑制在排放气体中所含的一氧化碳有害物质的含量。

下面讨论在气敏器中是如何利用固体电解质的。首先在图 15.9 中对汽车用气敏器的原理给以简单说明。具有不同氧气分压的体系Ⅰ和体系Ⅱ用稳定氧化锆将其分开，氧的分压分别以 p'_{O_2}和 p''_{O_2}表示，假如把体系Ⅰ作为排放气体体系，体系Ⅱ为大气压体系，即 $p'_{O_2}<p''_{O_2}$。在这种情况下形成了与氧的化学势有关的一种浓差电池，在氧分压较高的体系Ⅱ和稳定化氧化锆的界面上存在着氧分子离解形成氧离子，氧离子通过稳定化氧化锆层向体系Ⅰ移动。随着氧离子的移动，产生了在高分压一侧为正，低分压一侧为负的电位差。而且由氧的分压产生的推动力和由产生的电位差所形成的推动力(电力)恰好均衡时达到平衡，化学反应式如下：

在界面Ⅰ：$2O^{2-} \longrightarrow O_2+4e^-$　　负极

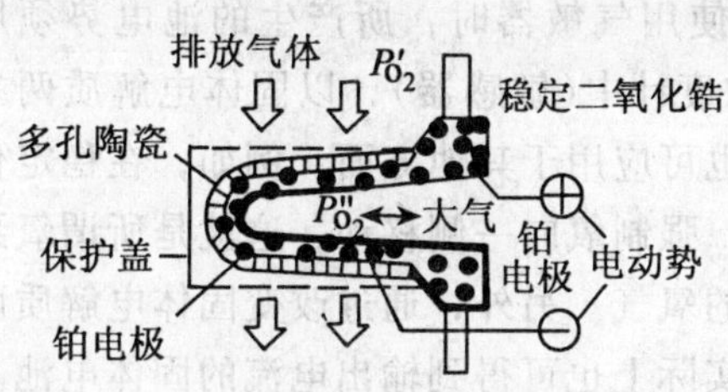

图 15.8　汽车引擎中控制燃烧用的气敏器的基本结构

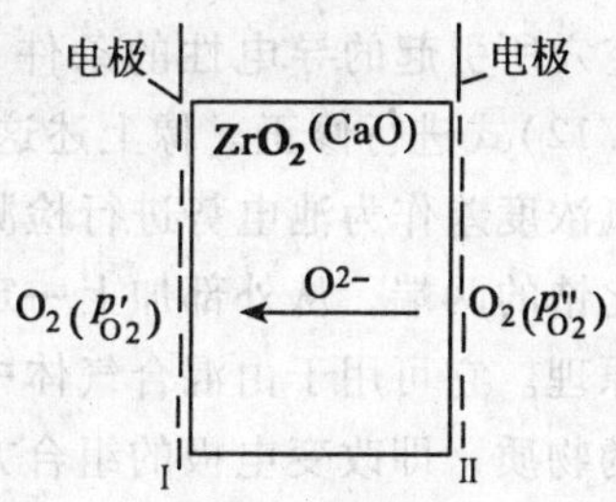

图 15.9 使用稳定二氧化锆的氧浓度计原理图

在界面Ⅱ：$O_2+4e^- \longrightarrow 2O^{2-}$　　正极

此时，在两界面间产生的池电势 E 为：

$$E=\frac{1}{4F}\int_{\mu'_{O_2}}^{\mu''_{O_2}} t_1 \, d\mu_{O_2} \tag{15.7}$$

式中，F 和 μ_{O_2} 分别为法拉第常数和氧的化学势。另外 t_1 为离子的迁移数，定义为离子电导率(σ_i)对固体电解质的总电导率(σ_t)之比。

$$t_1=\sigma_i/\sigma_t=\sigma_i/(\sigma_i+\sigma_e+\sigma_h) \tag{15.8}$$

式中，$0\leqslant t_1\leqslant 1$，$\sigma_e$ 和 σ_h 分别表示电子及空穴的电导率。现在稳定化氧化锆是理想的固体电解质，即当 $t_1=1$ 时，池电势为：

$$E_0=\frac{1}{4F}\int_{\mu'_{O_2}}^{\mu''_{O_2}} t_1 \, d\mu_{O_2}=\frac{\mu''_{O_2}-\mu'_{O_2}}{4F} \tag{15.9}$$

由化学势和氧分压间的关系：

$$\mu_{O_2}=\mu^0_{O_2}+RT\ln p_{O_2} \tag{15.10}$$

(15.9)式变为：

$$E_0=\frac{RT}{4F}\ln\frac{p''_{O_2}}{p'_{O_2}} \tag{15.11}$$

在汽车用气敏器中，把 p''_{O_2} 作为大气压中氧的分压是已知的，代入(15.11)式中即可求出排放气体中的氧分压 p'_{O_2}。实际上稳定化氧化锆在800℃以上的温度时是 $t_1=1$ 的固体电解质，故(15.11)式仍能适用。另外，用(15.7)式和(15.9)式可导出固体电解质总的离子迁移数的平均值 t_1 的表达式：

$$\bar{t}_1=\frac{\int_{\mu'_{O_2}}^{\mu''_{O_2}} t_1 \, d\mu_{O_2}}{\int_{\mu'_{O_2}}^{\mu''_{O_2}} d\mu_{O_2}}=\frac{E}{E_0} \tag{15.12}$$

由热力学计算求出之 E_0 和实际测出之 E 的比即可求出 t_1。所以在有由于电子或空穴所引起的导电性的条件下，必须使用气敏器时，所产生的池电势须用(15.12)式进行修正。像上述这种在氧浓度计中(敏感器)，以固体电解质两端的氧浓度差作为池电势进行检测的原理也可应用于其他方面。例如，在稳定化氧化锆的两端，从外部加上一定的电压，强制氧向一侧移动，这就是所谓氧泵的原理。它可用于由混合气体中精制纯的氧气。另外，通过改变固体电解质两端的物质，即改变电极的组合方式，在实际上也可得到输出电流的固体电池。

15.7.3 固体电解质在电池中的应用

一般使氧化剂和还原剂直接接触时，产生激烈的反应，化学反应的能量转变成热能。然而在氧化剂和还原剂之间放入不同的电解质时，则可把所产生的化学能直接变为电能而加以利用，这种体系称为电池(或化学电池)，所用的电解质是固体电解质时特称为固体电解质电池。固体电解质电池和过去所用的电解质水溶液相比，容易做到小型化、薄膜化等，而且使用温度特别广泛，以作为新型电池而引人注目。业已实用化的有燃料电池、常温型一次电池、蓄电池等。

此外，在理论研究方面，可用其作为测定热力学参数与固体反应速度，或固体内的晶格缺陷等的手段。在这方面已经建立了固体电化学领域，并开展了研究工作。

1. 燃料电池

燃料电池是连续地供给燃料(还原剂)和氧化剂，如能不断地除去所生成的氧化物，则从理论上说是能够进行连续不断供电的装置。在这一点上和一次电池或二次电池有很大的不同。图 15.10 所给出的就是利用稳定化氧化锆的氢-氧体系燃料电池的示意图。

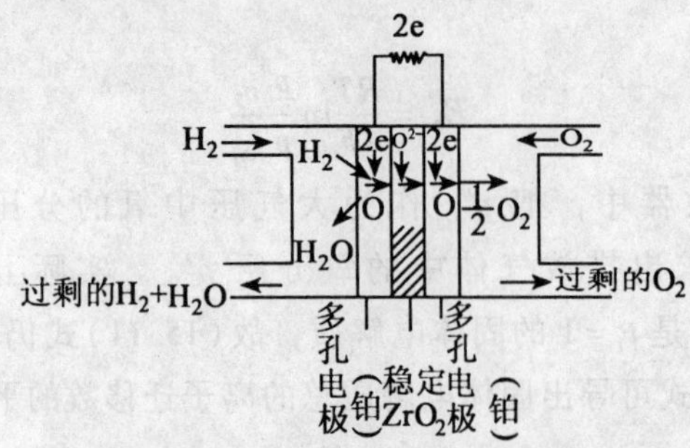

图 15.10 使用稳定二氧化锆固体电解质的燃料电池

在各电极上的反应如下：

$$\text{正极}\quad \frac{1}{2}O_2+2e^-\longrightarrow O^{2-}$$

$$\text{负极}\quad H_2+O^{2-}\longrightarrow H_2O+2e^-$$

$$\text{总反应}\quad H_2+\frac{1}{2}O_2\longrightarrow H_2O$$

燃料电池的池电势从(15.9)式很容易导出：

$$E=-\Delta G/nF \tag{15.13}$$

式中，ΔG 为总反应的自由能变化；n 是反应电子数。在燃料电池中作为氧化剂的是氧气或空气，作为还原剂的是氢气或各种可燃性气体。表 15.11 中列出了各种燃料电池的特性。

目前，在用稳定化氧化锆体系的燃料电池方面所存在的问题是稳定化氧化锆本身的比阻抗太大，所以得到大容量的电能是困难的，为改变这一点，可将其厚度变薄以减小阻抗。

表 15.11　　各种燃料电池的特征

电池反应	反应电子数	电动势，V(800K)	发电量(kW·h/kg 燃料)
$H_2+1/2O_2\longrightarrow H_2O$	2	1.05	30.8
$CH_4+2O_2\longrightarrow CO_2+2H_2O$	8	1.04	13.8
$C_3H_8+5O_2\longrightarrow 3CO_2+4H_2O$	20	1.10	13.1
$NH_3+3/4O_2\longrightarrow 1/2N_2+3/2H_2O$	3	1.18	5.4

2. 常温型固体电解质电池

在常温下呈现出离子导电性的物质几乎仅限于银离子(Ag^+)。其中以α-AgI为主成分的化合物作为常温型固体电解质电池的电解质，已广泛使用。在这种电池中，负极用银，正极用含碘或其他的银化合物构成的电极，其电极反应为：

$$\text{正极}\quad Ag^++I+e^-\longrightarrow AgI$$

$$\text{负极}\quad Ag\longrightarrow Ag^++e^-$$

$$\text{总反应}\quad Ag+I\longrightarrow AgI$$

表 15.12 列出了各种常温型固体电解质电池的特征。银离子导体由于比阻抗小，而且离子迁移数几近于 1，所以自放电少，此种电池可长时间保存，理论上寿命可达 10 年之久。

表 15.12　　由 Ag^+ 离子导电的各种固体电解质电池的特性

电池形式	池电势/V	内阻/Ω	短路电流/cm^{-2}
$Ag \mid Ag_3SI \mid I_2$	0.68	4	10mA
$Ag \mid RbAg_4I_5 \mid RbI_3$	0.65	0.25	1 000mA
$Ag \mid KAg_4I_4CN \mid I_2$	0.65	0.36	166mA
$Ag \mid AgBr \mid CuBr$	0.74	4×10^7	7μA

3. 蓄电池

以 β-铝矾土作为电解质的钠(Na)-硫(S)蓄电池，由于单位重量的发电量大，能进行大电流放电，从而在电车用电池方面得到了重视，正在进行着应用性研究。这种电池的负极用的是熔融钠，正极用的是多硫化钠(Na_2S_x)，电解质是 β-铝矾土(钠离子导体)。其电池反应是：

$$\text{正极}\quad 2Na^+ + xS + 2e^- \underset{\text{充电}}{\overset{\text{放电}}{\rightleftharpoons}} Na_2S_x$$

$$\text{负极}\quad 2Na \underset{\text{充电}}{\overset{\text{放电}}{\rightleftharpoons}} 2Na^+ + 2e^-$$

$$\text{总反应}\quad 2Na + xS \underset{\text{充电}}{\overset{\text{放电}}{\rightleftharpoons}} Na_2S_x$$

因为反应均是可逆的，所以可作为能充电的蓄电池。这种电池的工作温度由于 β-铝矾土的离子导电性及多硫化钠中的硫蒸气的限制，所以只适用于 350 ~ 400℃范围内。这种电池的特征是放电效率高而放电容量降低得少。具有相当于过去所使用的、有代表性的铅蓄电池发电量的数倍，有 100 ~ 200W・h/kg。但是，这种电池的最大缺点是由于使用多硫化钠这种腐蚀性较强的物质，所以必须使用长期耐腐蚀的绝缘材料。

固体电解质除上述的几个以外，正在合成各种这方面的物质。但现在要求合成出的离子导体要在较低的温度下工作，并且又具有低的阻抗。另外，作为导电离子也期待着能合成原子价高的或半径大的如 Mg^{2+}，Ca^{2+}，S^{2-} 等离子导体。如果合成了这样的一些物质时，那么其应用范围将更加扩大。此外，就实用方面而言，正试图把固体电解质作为记忆元件和显示元件而组合到电路中去。

15.8　锂离子电池正极材料

15.8.1　锂离子电池简介

从科学和商业的角度来说，锂离子电池或许是当前最令人感兴趣的研究开发领域之一。市场需求极大，尤其是对于便携式计算机、移动电话、数码摄像机等电子产品，锂离子电池为之提供了一个小型轻便、高能量密度的电源支持。

其实人类早在公元前左右就对电池有了一定的认识，但是直到1800年由于意大利人伏特(Volt)的发明才对电池原理有所了解，使电池得到了应用。最先得到应用的充电电池是铅酸电池。后来出现了Ni-Cd电池，20世纪80年代产生了镍氢电池。然而更令人惊喜的是20世纪90年代初又诞生了锂离子电池，使历史发展的后浪推前浪，后浪更比前浪大。

1. 锂离子电池的发展

如表15.13所示，锂是金属中最轻的元素，且其标准电极电位为-3.05V，是金属元素中电位最负的一个元素，长期以来受到化学电源科学工作者的极大关注。随着电子技术的不断发展，电子器件不断向着小型化、轻量化和高性能化的方向迅速发展。便携式电子电器的迅速普及和功能的多样化，使得人们对电池性能的要求不断提高，再加上人们环境意识的不断增强，对环境友好、性能更好的绿色电源的需求越来越迫切。20世纪70年代以金属锂为负极的各种高比能量锂原电池分别问世，并得以广泛应用，其中Li/MnO_2和Li/CF_2等锂原电池实现了商品化，与传统的原电池相比，具有电压高，比能量大，放电平稳等优点。

表15.13　　电池负极金属材料的物理化学性能

金属	原子量	标准电极电位(25℃)/V	密度/(g/cm^3)	熔点/℃	化合价变化	电化学当量		
						/(A·h/g)	/(g/A·h)	/$(A·h/cm^3)$
Li	6.94	-3.05	0.534	180.5	1	3.86	0.259	2.08
Na	23.0	-2.7	0.97	97.8	1	1.16	0.858	1.12
Mg	24.3	-2.4	1.74	650	2	2.20	0.454	3.80
Al	26.9	-1.70	2.7	659	3	2.98	0.335	8.10
Ca	40.1	-2.87	1.54	851	2	1.34	0.748	2.06

续表

金属	原子量	标准电极电位(25℃)/V	密度/(g/cm³)	熔点/℃	化合价变化	电化学当量		
						/(A·h/g)	/(g/A·h)	/(A·h/cm³)
Fe	55.8	-0.44	7.85	1 528	2	0.96	1.04	7.50
Zn	65.4	-0.76	7.13	419	2	0.82	1.22	5.80
Cd	112.0	-0.40	8.65	321	2	0.48	2.08	4.10
Pb	207.0	-0.13	11.35	327	2	0.26	3.85	2.90

20 世纪 80 年代中期以后，随着对嵌入化合物的研究，人们发现锂离子可在 TiS_2 和 MoS_2 等嵌入化合物的晶格中嵌入或脱嵌，利用这一原理，美国和加拿大等国研制出了一批商业化的金属锂蓄电池，如 Li/MoS_2，Li/V_2O_5 等。但是在充电的时候，由于金属锂电极表面凹凸不平，使表面电位分布不均匀，造成锂不均匀沉积，从而导致锂在一些部位沉积过快，产生枝晶。当枝晶发展到一定程度时，一方面会发生折断，产生“死锂”，造成锂的不可逆；另一方面更严重的是，枝晶穿过隔膜，将正极与负极连接起来，结果产生大电流，生成大量的热，使电池着火，甚至发生爆炸，从而产生严重的安全问题。枝晶导致短路的示意图如图 15.11 所示。因此这种金属锂蓄电池的应用受到很大的限制。1990 年，日本索尼公司采用可以使锂离子嵌入和脱嵌的碳材料代替金属锂和采用可以脱嵌和可逆嵌入锂离子的高电位氧化钴锂正负极材料和与正负极材料能相容的 $LiPF_6$(EC+DEC) 电解质后，研制出了新一代实用化的新型锂离子电池。

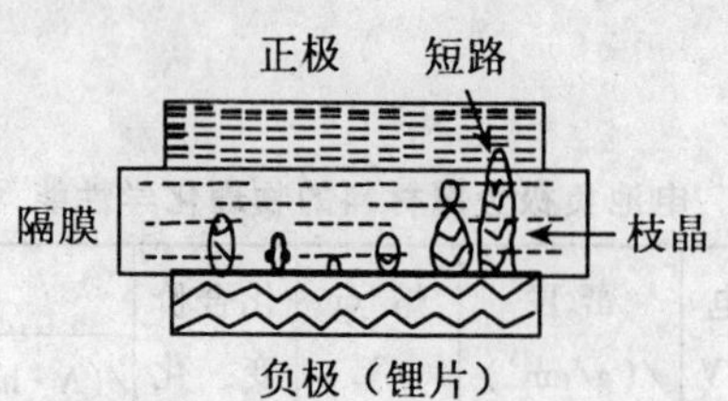

图 15.11　充放电过程产生枝晶的示意图

经过近 20 年的探索，第一代实用化的锂离子电池终于诞生了。与传统蓄电池相比，锂离子电池有许多优点，尤其是它的平均工作电压为 3.6V，是镍镉电池、镍氢电池的三倍，它既保持了锂电池高电压、高容量的主要优点，又具有循环寿命长、安全性能好等显著特点。由于其优良的综合性能，锂离子电池在通讯设备、电动汽车、空间技术等方面展示了广阔的应用前景和潜在的巨大经济效益，迅速成为近几年广为关注的研究热点。

2. 锂离子电池的工作原理

锂离子电池工作原理如图 15.12 所示，充电时锂从氧化物正极晶格间脱出，迁移通过锂离子传导的有机电解液后嵌入碳材料负极中，同时电子的补偿电荷从外电路供给碳负极，保证负极的电荷平衡；放电时则相反，锂从碳负极材料中脱出回到氧化物正极中。充放电过程中发生的是锂离子在正负极之间的移动，在正常充放电情况下，锂离子在层状结构的碳材料和层状结构氧化物的层间的嵌入和脱出，一般只引起层间距的变化，而不会引起晶体结构的破坏，伴随充放电的进行正负极材料的化学结构基本不发生变化，因此从充放电反应的可逆性来讲，锂离子电池中的反应是个理想反应。在正极和负极中，有人认为锂均以离子形式存在，因此又称之为摇椅电池。

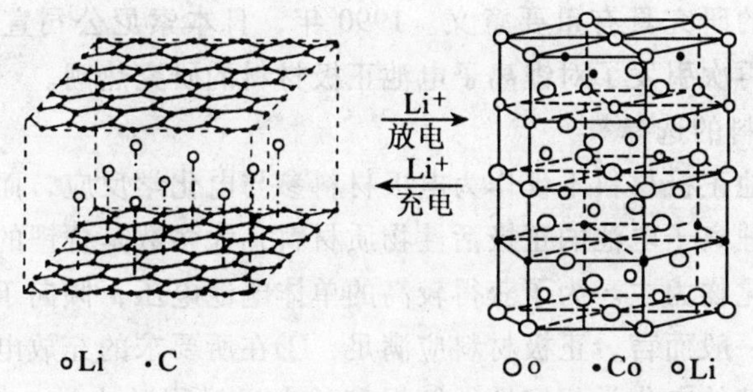

图 15.12　锂离子电池的充放电原理示意图

以具有石墨化结构的碳为负极，氧化钴锂为正极，其充放电过程的电极反应如下：

正极　$LiCoO_2 \underset{放电}{\overset{充电}{\rightleftharpoons}} Li_{1-x}CoO_2 + xLi^+ + xe^-$

负极　$6C + xLi^+ + xe^- \underset{放电}{\overset{充电}{\rightleftharpoons}} Li_xC_6$

总反应　$6C + LiCoO_2 \underset{放电}{\overset{充电}{\rightleftharpoons}} Li_{1-x}CoO_2 + Li_xC_6$

在正极中，Li^+和 Co^{3+} 各自位于立方紧密堆积氧层中交替的八面体位置。充电时，锂离子从八面体位置发生脱嵌，释放一个电子，Co^{3+} 氧化为 Co^{4+}；放电时，锂离子嵌入到八面体位置，得到一个电子，Co^{4+} 还原为 Co^{3+}。而在负极中，当锂插入到石墨结构中后，同时得到一个电子。电子位于石墨的墨片(graphene)分子平面上，与锂离子之间发生一定的静电作用，因此实际大小比在正极中要大。

15.8.2 锂离子电池正极材料概述

1. 正极材料发展的过程

20世纪70年代诞生了锂原电池，而锂原电池的优点促进锂嵌入化合物的研究。锂离子电池正极材料的研究在很大程度上是锂原电池正极材料的研究的继续，人们在锂原电池的近三十年的研究中为锂离子电池正极材料的研究积累了丰富的经验。70年代的后期，Whittingham提出用层状硫化物TiS_2作为正极构成Li/TiS_2电池，这引起了人们对嵌入反应的研究兴趣。充放电反应过程中，锂离子在TiS_2层间的嵌入脱出可逆性很好，但由于合成时硫的非化学计量比，硫容易进入锂离子层，同时硫在有机溶剂中不稳定，这就促进了人们对新的正极材料的研究。1980年，牛津大学著名固体化学研究者Goodenough的研究小组提出用$LiCoO_2$，$LiNiO_2$，$LiMn_2O_4$作为正极材料，这项研究对以后锂离子电池的正极材料的研究具有重要意义。1990年，日本索尼公司宣称锂离子电池的商品化后，再次引发了对锂离子电池正极材料的研究热潮。

2. 正极材料的选择

锂离子电池正极材料不仅作为电极材料参与电化学反应，而且可作为锂离子源。能作为锂离子电池的正极活性物质材料，大多数是含锂的过渡金属化合物，而且以氧化物为主。为了获得较高的单体电池电压，倾向于选择高电势的嵌锂化合物。一般而言，正极材料应满足：①在所要求的充放电电位范围内具有与电解质溶液的电化学相容性；②温和的电极过程动力学；③高度可逆性；④全锂状态下在空气中的稳定性。

正极氧化还原电对一般选用$3d^n$过渡金属，一方面过渡金属存在混合价态，电子导电性比较理想，另一方面不易发生歧化反应。对于给定的负极而言，由于在氧化物中阳离子价态比在硫化物中的高，以过渡金属的氧化物为正极，得到的电池开路电压(OCV)比以硫化物为正极的要更高一些。

以在水溶液电解质中γ-MnO_2正极和在非水电解质中尖晶石$LiMn_2O_4$正极为例，可以说明氧化物比硫化物的开路电压更高。在MnO_2中锰可能达到+4价，而在MnS_2化合物中锰和硫分别为+2价和-1价(S_2^{2-})。硫化物S^{2-}的最高价带$3p^6$位于Mn^{4+}/Mn^{3+}电对的价带之上，也位于电解质最高已占分子轨道的价带之上。氧化物O^{2-}的最高价带$2p^6$则比上述两者的价带均低，因此能以氧化物的形式将Mn^{4+}/Mn^{3+}氧化还原电对的价带置于电解质的最高已占分子轨道的价带之上。而以硫化物的形式，则不能做到这一点。

图15.13为尖晶石$Li[Mn_2]O_4$结构中$[Mn_2]O_4$框架的能级示意图。在氧原子密堆积分布的$[Mn_2]O_4$框架中，Mn^{4+}与Mn^{3+}位于八面体位置，两者之比为1∶1，费米能级为E_F，位于O^{2-}的$2p^6$价带之上。Mn^{2+}的空$3d^5$轨道的能量比

已占价带 3d^4 轨道的能量高 U_σ，即 U_σ 为将第 5 个电子加入到 Mn^{3+} 高自旋空电子轨道 t^3e^1 所需的能量。由于电子从 Mn^{3+} 跃迁到 Mn^{4+} 所需的时间 τ_h 比以局部形变方式捕获电子的光模晶格振动（optical-mode lattice vibration）所需的时间 ωR^{-1} 要长，能级发生重排，使 Mn^{4+}/Mn^{3+} 电对中 Mn^{4+} 3d^4 轨道的能量升高。如果 τ_h 比 ωR^{-1} 要短，那么 E_F 将位于只有一个电子的 3d^4 的窄频中间。已占电子 Mn^{4+} 3d^3 态能量为 $U_\sigma+\Delta_c$，比 Mn^{4+} 空 3d^4 态低。Δ_c 是由于 Mn 的 3d 多重 π 键 t 轨道和 σ 键 e 轨道在立方场下的分裂而产生的。而在硫化物中，S^{2-} 的最高轨道 3p^6 价带与 Mn^{2+} 的 3d^5 轨道的价带相重叠，因此得不到 3d^4 的氧化还原电对 Mn^{4+}/Mn^{3+}。

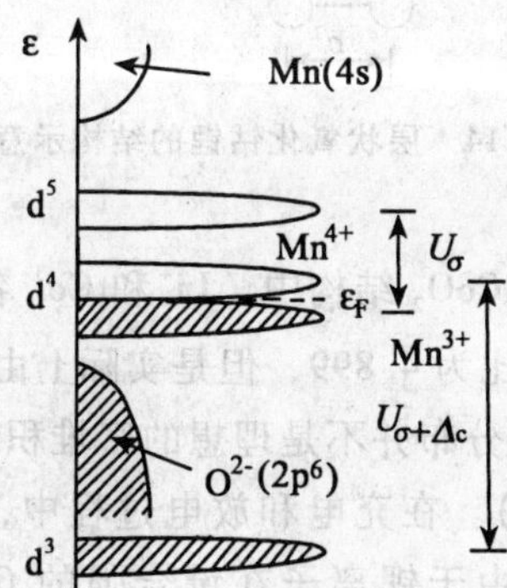

图 15.13　尖晶石 Li[Mn_2]O_4 结构中 [Mn_2]O_4 框架的能级示意图

因此同样为层状结构，TiS_2 与 $LiCoO_2$ 的电势就明显不同，前者为 2.2V，后者为 4V 左右，所以，电压高的锂离子电池一般选用氧化物作为正极材料。

作为锂离子电池正极材料的氧化物，常见的有氧化钴锂（Lithium Cobalt oxide）、氧化镍锂（Lithium Nickel oxide）、氧化锰锂（Lithium Manganese oxide）、钒的氧化物（Vanadium oxide）以及铁的氧化物和其他金属的氧化物等。

最近人们还对 5V 的正极材料以及多阴离子正极材料做了些研究，但目前已实现或有望实现商业化的锂离子电池正极主要是以下几种：$LiCoO_2$，$LiNiO_2$，$LiMn_2O_4$ 和 $LiFePO_4$ 等。

15.8.3　几种重要的正极材料

1. 氧化钴锂

常用的氧化钴锂为层状结构，如图 15.14 所示。由于其结构比较稳定，研究得比较多。而对于氧化钴锂的另一种尖晶石型结构则常被人们忽略，因为它结构不稳定，循环性能不好，在此不予讨论。

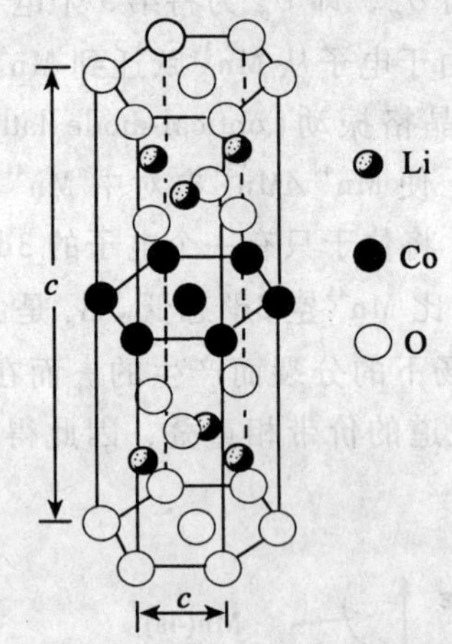

图 15.14　层状氧化钴锂的结构示意图

在理想层状氧化钴锂 $LiCoO_2$ 结构中，Li^+ 和 Co^{3+} 各自位于立方密堆积氧层中交替的八面体位置，c/a 比为 4.899，但是实际上由于 Li^+ 和 Co^{3+} 与氧原子层的作用力不一样，氧原子的分布并不是理想的密堆积结构，而是发生偏离，呈现三方晶系(空间群为 $R3m$)。在充电和放电过程中，锂离子可以从所在的平面发生可逆脱/嵌入反应。由于锂离子在键合强的 CoO_2 层间进行二维运动，锂离子电导率高，扩散系数为 10^{-9} ~ $10^{-7}cm^2/s$。另外共棱的 CoO_6 的八面体分布使 Co 与 Co 之间以 Co—O—Co 形式发生相互作用，电子电导率 σ_e 也比较高。

锂离子从 $LiCoO_2$ 中可逆脱嵌量最多为 0.5 单元，当大于 0.5 单元时，$Li_{1-x}CoO_2$ 在有机溶剂中不稳定，会发生失去氧的反应。$Li_{1-x}CoO_2$ 在 $x=0.5$ 附近发生可逆相变，从三方晶系转变为单斜晶系。该转变是由于锂离子在离散的晶体位置发生有序化而产生的，并伴随晶体常数的细微变化，但不会导致 CoO_2 次晶格发生明显破坏。因此曾估计在循环过程中不会导致结构发生明显的退化，应该能制备 $x\approx1$ 的末端组分 CoO_2。但是，由于没有锂离子，其层状堆积为 *ABAB*…型，而非母体 $LiCoO_2$ 的 *ABCABC*…型。$x>0.5$ 时，CoO_2 不稳定，容量发生衰减，并伴随钴的损失。该损失是由于钴从其所在的平面迁移到锂所在的平面，导致结构不稳定而使钴离子通过锂离子所在的平面迁移到电解质中。因此 x 的范围为 $0\leqslant x\leqslant0.5$，理论容量为 156mA · h/g，在此范围内电压表现为 4V 左右的平台。X 射线衍射表明 $x<0.5$，Co-Co 原子间距稍微减小；$x>0.5$，则反而增加。

由于钴价格昂贵，氧化钴成本高，人们已将大部分注意力转向成本较低的氧化镍锂和氧化锰锂等正极材料。

2. 氧化镍锂

a. 氧化镍锂的性能

氧化镍锂和氧化钴锂一样，为层状结构。尽管 $LiNiO_2$ 比 $LiCoO_2$ 便宜，容量可达 130mA · h/g 以上，但是在一般情况下，镍较难氧化为+4 价，易生成缺锂的氧化镍锂；另外热处理温度不能过高，否则生成的氧化镍锂会发生分解。因此实际上很难批量制备理想的 $LiNiO_2$ 层状结构。层状氧化镍锂中晶格参数 c/a 通常为 4. 93，在锂层中含有少量镍，镍对锂层的污染明显影响电化学性能。在锂脱嵌的过程中，发生一系列类似从三方到单斜转变的细微相转变。因此，当 $Li_{1-x}NiO_2$ 中 $x \leqslant 0.5$ 时，结构的完整性在循环过程中还能得到保持。但是，如果 $x>0.5$ 时，Ni^{4+} 离子较 Co^{4+} 离子更易在有机电解质中发生还原。如在 PC 或 EC 电解质溶液中，$LiNiO_2$ 在 4. 2V 时就观察到气体产生，而对于 $LiCoO_2$ 和 $LiMn_2O_4$ 而言，则在 4. 8V 以上才能观察到气体的产生。

原材料及 Li/Ni 配比对 $LiNiO_2$ 的纯度影响大，以 Li_2CO_3 和 $Ni(OH)_2$ 为原材料，易生成 $Li_2Ni_8O_{10}$ 相，不利于电化学反应。而以 LiOH 和 $Ni(OH)_2$ 为原材料，在 600 ~ 750℃ 能得到单一相层状结构的 $LiNiO_2$。

b. 氧化镍锂的改性

$LiNiO_2$ 改性的目标主要有以下几个方面：

(1) 提高脱嵌相的稳定性，从而提高安全性；

(2) 抑制容量衰减；

(3) 降低不可逆容量，与负极材料达到较好的平衡；

(4) 提高可逆容量。

采用的方法有：掺杂元素和软化学合成方法。在此只讨论前者。掺杂的元素较多，下面进行简单的介绍。

Al 可均匀掺杂到 $LiNiO_2$，在氧气气氛下（750℃）形成层状结构，可逆容量及循环性能均有提高。Al^{3+} 可防止过充电对 $LiNiO_2$ 结构的破坏，降低电荷传递阻抗，提高 Li^+ 的扩散系数，充电时放热反应明显得到抑制，电解质的稳定性有了明显增加。氧化还原电位也表明，掺杂 Al 后，电位升高约 0. 1V，因而在 4. 3V 以下不会导致对应于锂嵌入的第 3 个平台的出现（取代以前位于 4. 23V），只出现第 1 个和第 2 个平台电压（分别为 3. 73V 和 4. 05V），取代前为 3. 63V 和 3. 93V。通常采用静电喷射沉积法在 700℃ 的氧气流下制备掺杂 $LiAl_{0.25}Ni_{0.75}O_2$ 和 $LiCo_{0.5}Ni_{0.5}O_2$。

用镓掺杂的 $LiNiO_2$ 为单一的六方结构，没有其他化合物如 $LiGaO_2$ 等的存在，在充电过程中，仍保持六方结构，并没有观察到单斜相或两种六方形结构的出现，因此，晶格参数连续缓慢地发生变化，在 3. 0 ~ 4. 3V 范围内充放电容量大于 190mA·h/g，100 次循环后容量保持率在 95% 以上，当充电电压更高(4.4V 或 4.5V)时，可逆容量在 200mA·h/g 以上，循环性能并没有衰减，具有良好的耐过充电性。

加入 Fe^{3+} 以后，电池电压升高，因此更难导致 Ni^{3+} 的氧化；同时，大量 Ni^{2+} 或 Fe^{3+} 占据锂所在的位置，所以电化学性能下降。

为了稳定 Ni^{4+}，将部分钴替代镍，得到 $LiNi_{1-x}Co_xO_2$，可逆容量达 180mA·h/g。Ni-O，Ni-Ni 原子间距随 Li_xNiO_2 中 x 减少而减小($x \leqslant 0.8$)，NiO_6 的局部形变随掺杂 Co 的增加而减少。

当 $LiNi_xCo_{1-x}O_2$ 中 $x=0.26$ 时，第一次充电容量为 206mA·h/g，以 0.5C(C 为电池的额定容量值)放电、充电时，可逆容量达 157 mA·h/g，快速充放电能力可与 $LiCoO_2$ 相比。

引入氟原子取代部分氧，从 X 射线衍射的结果来看，晶体结构在充放电过程中依然发生变化，而从充放电来看，循环性能的提高是由于内阻降低所致。用氟取代部分氧，可抑制相转变，提高循环性能。

固相反应合成 Co，F 同时掺杂的 $LiNi_{1-x}Co_yO_{2-z}F_z$ 可逆容量达 182mA·h/g，在 100 次循环后仅衰减 2.8%，在随后的循环中衰减更少，其循环曲线如图 15.15 所示，这主要是由于 Co，F 的取代均能导致循环性能的提高。

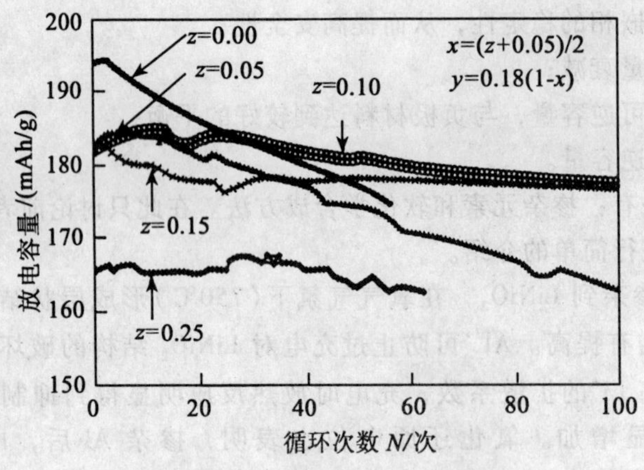

图 15.15 掺杂有钴、氟的氧化镍锂 $LiNi_{1-x}Co_yO_{2-z}F_z$ 的循环性能

$LiNi_{0.75}Ti_{0.125}Mg_{0.125}O_2$ 和 $LiNi_{0.70}Ti_{0.15}Mg_{0.15}O_2$ 的可逆容量达190mA·h/g，当处于充电状态时在 400℃ 没有观察到放热峰，而 $LiNiO_2$ 的放热峰在 220℃。$LiNi_{1-x}Ti_{x/2}Mg_{x/2}O_2$ 处于充电状态时在 220℃ 的放热随 x 增加而减少。

Co，Al 同时掺杂后最佳组分为 $Li(Ni_{0.84}Co_{0.16})_{0.97}Al_{0.03}O_2$，容量高达 185mA·h/g，第一次不可逆容量仅为 25mA·h/g，具有良好的循环性能，热稳定性也有明显提高。

Co，Mn 同时掺杂得到的 $Li_8(MnCo_2Ni_5)O_{16}$ 为单一的层状结构，容量为 150mA·h/g，容量衰减仅为每一循环约 0.41mA·h/g。

3. 锰的氧化物

图 15.16 为锂-锰-氧三元体系的相图。该图表明，锰的氧化物比较多，为了便于说明，特从结构的角度来说明。主要有三种结构：隧道结构、层状结构和尖晶石结构，在此仅介绍后两种。

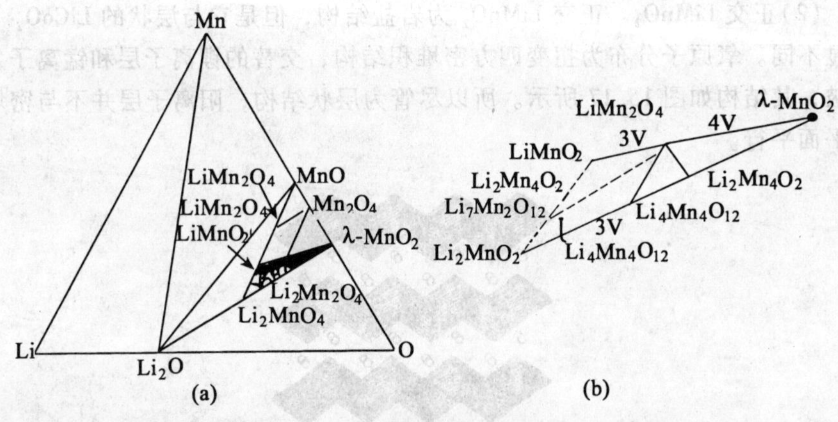

图 15.16 锂-锰-氧三元体系的相图

在 25℃ 的等温截面曲线(a)和(a)中阴影部分的放大图(b)

a. 层状结构的氧化锰锂

层状结构的氧化锰锂随合成方法和组分的不同，结构存在差异。

(1)层状结构 $LiMnO_2$。在正己醇或甲醇中将层状结构 $NaMnO_2$ 与 LiCl 或 LiBr 进行离子交换得到无水 $LiMnO_2$。结构的对称性与三方晶系的层状 $LiCoO_2$ ($R\bar{3}m$)相比，要差一些，为单斜晶系(空间群为 $C2/m$)。主要原因是 Mn^{3+} 离子产生的姜-泰勒效应使晶体发生明显的形变。尽管所有的锂均可以从 $LiMnO_2$ 中发生脱嵌，可逆容量达 270mA·h/g，但是在循环过程中，结构变得不稳定。与 $LiCoO_2$ 和 $LiNiO_2$ 相似，当锂层中有 9% 的锰离子时，锂的脱嵌和嵌入基本上受到了锰离子的抑制。当锂层中锰离子的含量低时(如低到 3% 时)，可逆充电、放电容量均有明显改进，只是在 4V 和 3V 生成两个明显的平台。这表明充放电过程中发生层状结构与尖晶石结构之间的相转变。该转变导致锰离子迁移到锂离子层中去，结果在锂化 $LiMnO_2$ 尖晶石结构中，交替层中含锰的层数与不含锰离子的层数达到 3 : 1。先将 $NaMnO_4$ 与 NaI 反应制备 $Na_{0.25}MnO_{2+d}$，然后再通过离子交换得到仍为层状结构的 $Na_{0.06}Li_{0.46}MnO_{2.16}$，在 3.8 ~ 1.8V 范围的初始容量达 225mA · h/g。将溶液与离子交换相结合制备掺杂有 10% Co^{3+} 的 $Li_{0.9}(Mn_{0.9}Co_{0.1})O_2$ 可逆容量达 200mA · h/g，而且没有发生姜-泰勒效应，循环性能随 Co 的量增加而改善。当然循环时层状结构会转化为尖晶石结构。

将 $KMnO_4$ 在酸性介质中还原，然后用酸处理以便 H^+ 完全取代 K^+，接着与 Li^+ 进行离子交换反应，得到 $LiMnO_2$，比表面积达几十平方米/克，锂的嵌入使容量达 220mA · h/g，但是容量发生衰减。在此基础上进行改进，比表面积减少到 $10m^2/g$ 以下，循环性能大大提高。

(2) 正交 $LiMnO_2$。正交 $LiMnO_2$ 为岩盐结构，但是它与层状的 $LiCoO_2$ 等有明显不同。氧原子分布为扭变四方密堆积结构，交替的锂离子层和锰离子发生折皱，其结构如图 15.17 所示。所以尽管为层状结构，阳离子层并不与密堆积氧平面平行。

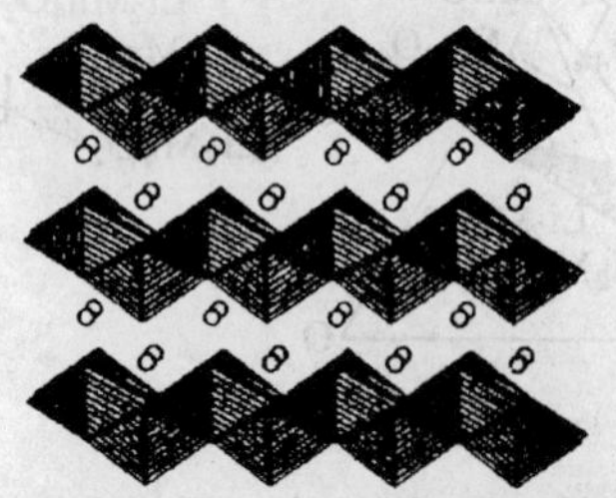

图 15.17　正交 $LiMnO_2$ 的结构

影线区表示 MnO_6 八面体，圆圈表示锂离子所在位置

在 2.0 ~ 4.5V 范围内，正交 $LiMnO_2$ 的脱锂容量高，可达 200mA · h/g 以上，但是脱锂以后不稳定，慢慢向尖晶石型结构转变，充放电曲线上出现 4V 和 3V 两个电压平台。由于该转变为固相反应，反应时间长，需要多次循环才能实现。

b. 尖晶石结构的氧化锰锂

由于锂化尖晶石 $Li[Mn_2]O_4$ 可以发生锂脱嵌，也可以发生锂嵌入，导致正极容量增加。同时，可以掺杂阴离子、阳离子及改变掺杂离子的种类和数量而改变电压、容量和循环性能，再加之锰比较便宜，Li-Mn-O 尖晶石结构的氧化电位高(对金属锂而言为 3 ~ 4V)，因此它引人注目。在尖晶石 $[Mn_2]O_4$ 框架中立方密堆积氧平面间的交替层中，Mn^{3+} 阳离子层与不含 Mn^{3+} 阳离子层的分布比例为 3 : 1。因此，每一层中均有足够的 Mn^{3+} 阳离子，锂发生脱嵌时，可稳定立方密堆积氧分布。

人们感兴趣的尖晶石结构可在 Li-Mn-O 三元相图中的 $Li[Mn_2]O_4$-$Li_4Mn_5O_{12}$-$Li_2[Mn_4]O_9$ 的连接三角形中找到(见图 15.18)。广义而言，可分为两类：计量型尖晶石 $Li_{1+x}Mn_{2-x}O_4(0\leqslant x\leqslant 0.33)$ 和非计量型尖晶石。后者包括富氧(如 $LiMn_2O_{4+\delta}$，$0<\delta\leqslant 0.5$)和缺氧(如 $LiMn_2O_{4-\delta}$，$0<\delta\leqslant 0.14$)型两种。

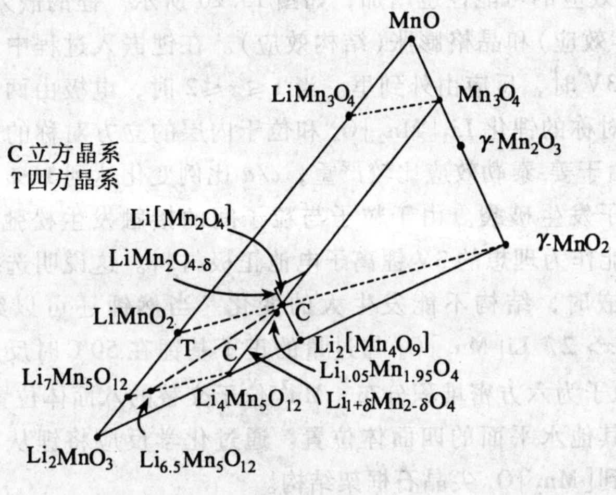

图 15.18 锂-锰-氧三元体系相图的一部分

尖晶石 $Li[Mn_2]O_4$ 具有立方晶系($Fd\bar{3}m$)，结构示意图如图 15.19 所示。锂可以嵌入，也可以脱嵌。

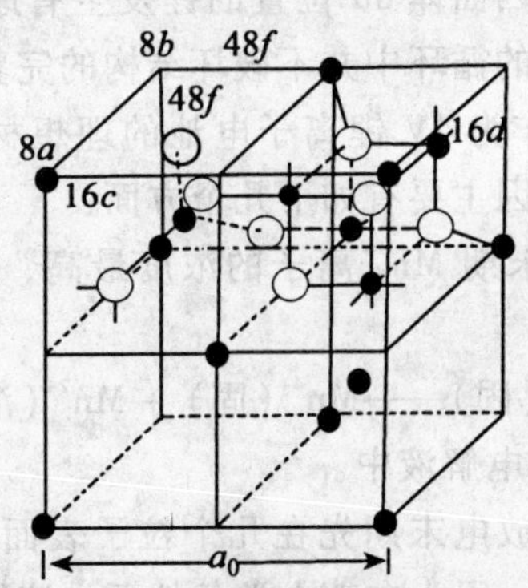

图 15.19 尖晶石 $Li[Mn_2]O_4$ 的结构

影线、实心和空心圆圈分别表示 $Li[Mn_2]O_4$ 中的 Li^+，$Mn^{3+/4+}$ 和 O^{2-} 离子，数字指尖晶石结构中的晶体位置

当锂嵌入到 $Li[Mn_2]O_4$ 时，产生协同位移，锂离子从四面体位置(8*a*)移到邻近的八面体位置(16*c*)。嵌入的锂离子填在余下的八面体位置(16*c*)，得到岩盐化合物 $Li_2[Mn_2]O_4$。至于锂离子在 $Li_2[Mn_2]O_4$ 中的位置，应该说不只在 16*c* 位置，8*a* 位置也应该有。从 $Li[Mn_2]O_4$ 到 $Li_2[Mn_2]O_4$，锰从 3.5 价还原为 3.0 价，使位于八面体 16*d* 位置的 $Mn^{3+}(d^4)$ 离子数增加，导致尖晶石结构发生姜-泰勒效应的可能性也增加，如图 15.20 所示。锂的嵌入过程分两步：锂的嵌入(化学效应)和晶格膨胀(结构效应)。在锂嵌入过程中，当对应于金属锂的电位为 3V 时，反应由外到里。当 $1 \leqslant x \leqslant 2$ 时，电极由两相组成：位于表面具有四方对称的锂化 $Li_2[Mn_2]O_4$ 和位于内层的立方对称的未锂化尖晶石 $Li[Mn_2]O_4$。由于姜-泰勒效应比较严重，*c/a* 比例变化达到16%，足以导致表面的尖晶石粒子发生破裂。由于粒子与粒子间的接触发生松弛，因此在 $1 \leqslant x \leqslant 2$ 范围内不能作为理想的 3V 锂离子电池正极材料。这说明选择的电极材料在锂嵌入和脱嵌时，结构不能发生大的变化。当然锂还可以继续嵌入，使 $Li_x[Mn_2]O_4$ 中 $x > 2$。$Li[Mn_2]O_4$ 与过量的正丁基锂在 50℃时反应，得到层状 Li_2MnO_2，氧原子为六方密堆积分布，Mn^{2+} 位于交替的八面体位置的水平面上，锂离子则占据其他水平面的四面体位置。通过化学反应将锂从 Li_2MnO_2 中取出，能再生得到 $[Mn_2]O_4$ 尖晶石框架结构。

当锂从 $Li[Mn_2]O_4$ 的四面体位置发生脱嵌时，电压位于 4V 附近的平台，尖晶石结构得到保持。在有机溶剂中，如果不使高度脱锂的 $Li_x[Mn_2]O_4$ 电极发生分解，锂是很难全部发生电化学脱嵌的。脱嵌过程中，$Li[Mn_2]O_4$ 晶胞单元体积发生各向同性收缩 7%，生成 $Li_{0.27}[Mn_2]O_4$。在 $Li_{0.5}[Mn_2]O_4$ 处发生细微相转变。这与一半位于四面体 8*a* 位置的锂发生有序化有关。由于该转变产生的体积变化小，在随后的循环中并不破坏结构的完整性。

尽管 $Li_x[Mn_2]O_4$ 可作为 4V 锂离子电池的理想材料，但是容量发生缓慢衰减。一般认为衰减的原因主要有如下几个方面：

(1)锰的溶解。放电末期 Mn^{3+} 离子的浓度最高，在粒子表面的 Mn^{3+} 发生如下歧化反应：

$$2Mn^{3+}(\text{固}) \longrightarrow Mn^{4+}(\text{固}) + Mn^{2+}(\text{溶液})$$

歧化反应产生的 Mn^{2+} 溶于电解液中。

(2)姜-泰勒效应。在放电末期先在几个粒子表面发生的姜-泰勒效应扩散到整个组分 $Li_{1+\delta}[Mn_2]O_4$。因为在动力学条件下，该体系不是真正的热力学平衡。由于从立方到四方晶系的相转变为一级相变，即使该形变很小，也足以导致结构的破坏，生成对称性低且无序性增加的四方相结构。

(3)在有机溶剂中，高度脱锂的尖晶石粒子在充电尽头不稳定，即 Mn^{4+} 有高氧化性。

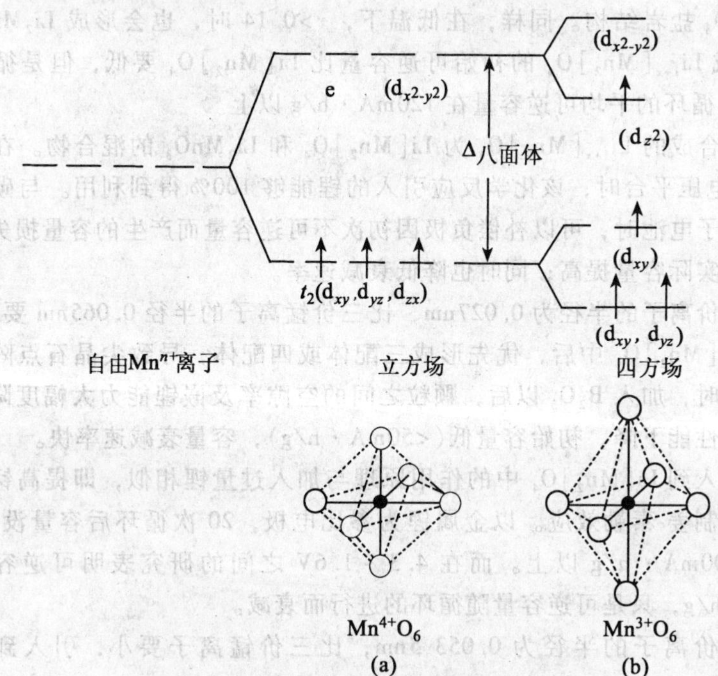

图 15.20　锰的氧化物发生姜-泰勒效应示意图
(a)Mn^{4+}为立方晶系 $3d^3$(没有姜-泰勒效应)；
(b)Mn^{3+}为四方晶系 $3d^4$(有姜-泰勒效应)

有可能上述三个方面均能同时导致 4V 平台容量的衰减。如果将尖晶石结构进行改性，至少可以部分克服上述现象的发生。改进的方法主要是掺杂阳离子、阴离子，采用软化学合成法、表面改性和其他方法。

(1)阳离子的掺杂。

掺杂阳离子的种类比较多：如锂、硼、镁、铝、钛、铬、铁、钴、镍、铜、锌、镓、钇等，下面对它们的掺杂效果进行说明。

锂的引入有两种方法：一种为在合成尖晶石 $Li[Mn_2]O_4$ 的过程中加入过量锂盐，形成 $Li_{1+x}[Mn_2]O_4(x>0)$；另一种为将合成的 $Li[Mn_2]O_4$ 与正丁基锂反应，生成 $Li_{1+x}[Mn_2]O_4$：

$$Li[Mn_2]O_4 + xLiC_4H_9 \longrightarrow Li_{1+x}[Mn_2]O_4 + 0.5xC_8H_{18}$$

前者合成的 $Li_{1+x}[Mn_2]O_4$ 随合成温度及 x 值的不同而表现为不同的结构。当 $x<0.14$，合成温度为 700℃ 时，为单一的尖晶石结构；当温度大于 750℃ 时，四方尖晶石结构转化为菱形尖晶石结构，并发生分解，形成

$Li[Mn_2]O_4$ 和 Mn_3O_4。生成的 $Li[Mn_2]O_4$ 不稳定，会发生歧化反应，从而生成 Li_2MnO_3 盐岩结构。同样，在低温下，$x>0.14$ 时，也会形成 Li_2MnO_3。在 750℃合成 $Li_{1+x}[Mn_2]O_4$ 的初始可逆容量比 $Li[Mn_2]O_4$ 要低，但是循环性能好，50 次循环的平均可逆容量在 120mA · h/g 以上。

后者合成的 $Li_{1+x}[Mn_2]O_4$ 为 $Li[Mn_2]O_4$ 和 Li_2MnO_3 的混合物。在充电到约 3V 的电压平台时，该化学反应引入的锂能够 100% 得到利用。与碳材料组装成锂离子电池时，可以补偿负极因初次不可逆容量而产生的容量损失，使整个电池的实际容量提高；同时也降低衰减速率。

硼三价离子的半径为 0.027nm，比三价锰离子的半径 0.065nm 要小得多，引入到 $Li[Mn_2]O_4$ 中后，优先形成三配体或四配体，导致尖晶石点阵结构的破坏；同时，加入 B_2O_3 以后，颗粒之间的空隙率及嵌锂能力大幅度降低，结果电化学性能下降，初始容量低(<50mA · h/g)，容量衰减速率快。

镁引入到 $Li[Mn_2]O_4$ 中的作用原理与加入过量锂相似，即提高锰的平均价态，抑制姜-泰勒效应。以金属锂为参比电极，20 次循环后容量没有衰减，保持在 100mA · h/g 以上。而在 4.3 ~ 1.6V 之间的研究表明可逆容量可达 180mA · h/g，只是可逆容量随循环的进行而衰减。

铝三价离子的半径为 0.053 5nm，比三价锰离子要小，引入到尖晶石 $Li[Mn_2]O_4$后，铝离子位于四面体位置，晶格发生收缩，形成$(Al_2^{3+})_{四面体}[LiAl_3^{3+}]_{八面体}O_8$ 结构。因此在得到的尖晶石结构 $LiAl_{0.02}Mn_{1.98}O_4$ 中，Al^{3+}离子可取代位于四面体 8*a* 位置的锂离子，导致原来的锂离子迁移到八面体位置。而八面体位置的锂离子在 4V 时不能发生脱嵌。这样，阳离子的无序程度增加，电化学性能下降，这与 $LiCoO_2$，$LiNiO_2$ 掺杂 Al 的效果不一样。可是另外的研究结果表明，在形成的 $LiAl_xMn_{2-x}O_4$ 中，只要 $x\leqslant0.05$，可逆容量只是稍有降低，而循环性能有明显提高，30 次循环基本上没有发现容量衰减。

从三价钛离子的半径(0.067nm)来看，它很容易进入到 $Li[Mn_2]O_4$ 的点阵结构中，但很容易氧化为 Ti^{4+}，导致锰的平均价态在 3.5 以下，因此反而会加剧姜-泰勒效应，产生结构形变，导致物理化学性能退化，容量衰减快。

Cr^{3+}的离子半径为 0.061 5nm，与三价锰离子很相近，能形成稳定的 d^3 构型，优先位于八面体位置。因此在形成的复合氧化物 $LiCr_xMn_{2-x}O_4$ 中，即使 x 高达 1/3，它还是单一的尖晶石结构。在充电过程中，该尖晶石结构的立方晶系没有受到破坏，循环性能有明显提高。当然，随着铬掺杂量的增加，容量会下降，甚至会下降得比较多。其最佳组分为 0.6% 的 Mn^{3+}被 Cr^{3+}取代，此时初始容量只下降 5 ~ 10mA · h/g，而循环性能有明显提高，100 次循环后，容量还可达 110mA · h/g。循环性能的提高主要是由于尖晶石结构的稳定性得到了提高，从 MO_2 的结合能也可以间接得到说明：MnO_2(α 型)和 CrO_2 的 M—O

结合能分别为 946 kJ/mol 和 1 029 kJ/mol。同时稳定性好的尖晶石结构降低了锰发生的溶解反应。

三价铁离子的离子半径为 0.064 5nm，虽然与三价锰离子相近，但是它为高自旋的 d^5 构型，同 Al^{3+}一样，以反尖晶石结构 $LiFe_5O_8$ 存在，易导致阳离子的无序化，结果充放电效率不高，容量衰减快。另外铁有可能催化电解质的分解。

钴在所形成的尖晶石结构 $LiCo_yMn_{2-y}O_4$ 中以三价形式存在，同铬的掺杂一样，提高了所得尖晶石结构的稳定性（CoO_2 的 Co—O 结合能为 1 142 kJ/mol）；在充放电过程中，体积变化小（≤5%），这样尖晶石结构不易受到破坏。另外 $LiCo_yMn_{2-y}O_4$ 的导电性较 $LiMn_2O_4$ 有明显提高，锂的扩散系数（在充电状态时进行测量）从 $9.2\times10^{-14}\sim2.6\times10^{-12}\ m^2/s$ 提高到 $2.4\times10^{-12}\sim1.4\times10^{-11}\ m^2/s$。这些均有利于锂的可逆嵌入和脱嵌，使循环性能得到明显提高。再加之掺杂钴后，材料的粒子变大，比表面积减小，使活性物质与电解液之间的接触机会减少，降低电解质与电极的分解反应速率和自放电速率。从容量及循环性能来看，钴掺杂后得到的尖晶石结构不仅可以作为 4V 锂离子电池的正极材料（4.2～3.7V），而且也可以作为 3V 锂离子电池的正极材料（3.3～2.3V）。

镍在 $LiMn_2O_4$ 以二价形式存在，虽然镍的嵌入导致锰的平均价态低于 3.5，即可达到 3.3，但是并没有发现四方扭变相的存在。但它同钴、铬一样，能够稳定尖晶石结构的八面体位置（NiO_2 的 Ni—O 结合能为 1 029 kJ/mol），使循环性能得到提高。当充电电压从 4.3V 提高到 4.9V 时，发现在 4.7V 附近有一新的电压平台，对应于镍从+3 价变化到+4 价，可作为 5V 锂离子电池的正极材料。将 Ni^{2+}引入到尖晶石结构中得到 $Li_2[Mn_{1.5}Ni_{0.5}]O_4$ 也可以发生锂的嵌入，在 3V 平台时锂的嵌入为两相反应，锂化的最终产物为岩盐结构计量化合物 $Li_2[Mn_{1.5}Ni_{0.5}]O_4$。掺杂有镍的尖晶石氧化锰锂的合成温度不能过高，超过 650℃ 时，会出现 $Li_xNi_{1-x}O$ 相，导致性能劣化。在 600℃ 合成的 $Li_2[Mn_{1.5}Ni_{0.5}]O_4$ 于 4.9～3.0V 之间进行循环，容量能稳定在 100mA · h/g 以上。

铜引入到尖晶石 $LiMn_2O_4$ 后，分别以二价和三价形式存在，其化学式可写为 $LiCu_x{}^{II}Cu_y{}^{III}Mn_{[2-x-y]}{}^{III,IV}O_4$。在 4.9V 附近也有新的充放电平台，对应于 Cu^{2+}与 Cu^{3+}之间的氧化还原电压平台。可作为 5V 锂离子电池的正极材料。同别的元素一样，掺杂后容量有所下降，但是循环性能得到改善。

锌引入到尖晶石结构后，由于 Zn^{2+}为 $3d^{10}$结构，不存在姜-泰勒效应，与引入锂、镁一样，抑制了姜-泰勒效应，从而提高循环性能。$LiZn_{0.05}Mn_{1.95}O_{4-0.0375}$ 的容量在 20 次后还保持在 102mA · h/g。

对于镓的掺杂，目前有两种不同的结果。从离子半径(0.062nm)来看，同锰离子相近，但是同 Al^{3+} 一样，易形成反尖晶石结构的 $LiGa_5O_8$，因此会导致点阵结构的无序化，使容量下降快。另一种研究结果表明，镓掺杂后所得到的结构为单一尖晶石相，并且保持立方晶系，因为 Ga^{3+} 同 Zn^{2+} 一样为 $3d^{10}$ 构型，没有姜-泰勒效应，晶格参数 a 也相近(0.822 7nm)，这样使 $Mn^{3+}/Mn^{4+}<1$，减少了充放电过程中姜-泰勒效应产生的形变，从而改善循环性能；与其他元素一样，容量有所降低。当 $LiGa_xMn_{2-x}O_4$ 中 $x=0.05$ 时，行为最佳，容量基本上没有降低，而且循环性能良好。

在这些掺杂元素中，元素的离子半径一般都是小于或接近于 Mn 元素的离子半径，而对于比 Mn 离子半径大的元素掺杂却很少。虽然稀土元素的离子半径比 Mn^{3+} 的离子半径要大，但由于稀土金属的 M—O 键能一般要比 Mn—O 键能要大，因此选择三价钇掺入到 $LiMn_2O_4$ 尖晶石结构中来增加其循环过程中的稳定性，并取得了很好的效果。我们采用流变相反应法首次成功地合成了具有纯相的 Y^{3+} 掺杂的尖晶石 $LiY_xMn_{2-x}O_4$，并对其结构和电化学性能进行了初步研究。对于尖晶石 $LiY_{0.02}Mn_{1.98}O_4$，循环过程中电极的极化很小，其初始容量为 118 mA · h/g，但表现出了极好的循环性能，在 0.5C 电流下，100 次循环后仍能保持初始容量的98%，并且其可逆效率几乎达到100%。这是因为钇离子的掺入使得尖晶石材料中 Mn^{3+} 的相对含量减少，从而降低了由 Mn^{3+} 而引起的姜-泰勒效应和材料在充放电过程中的结构畸变，并且由于二元化合物 YO 中的 Y—O 键能值大于 MnO 的 Mn—O 键能值，钇进入尖晶石结构中，较强的 Y—O 键有利于整个 $8a$ 位置的稳定，因而能明显地改善尖晶石的充放电循环性能。

以上结果表明，掺杂元素要想改善尖晶石 $LiMn_2O_4$ 的循环性能，必须能够稳定尖晶石结构，从而在充放电过程中能保持良好的稳定性。

(2)阴离子的掺杂。

掺杂的阴离子有氟、碘和硫等。氟取代部分氧形成 $Li_{1-x}Mn_2O_{4-y}F_y(0<y<0.5)$，由于氟的电负性比氧大，吸电子能力强，降低了锰在有机溶剂中的溶解度，明显提高在较高温度下(约 50℃)的储存稳定性。但是氟取代氧后，锰的价态降低了。为了补偿该影响，在该结构中锂的量必须减少，即 x 必须稍微大一点，从而保证锰的平均价态在放电末期还在 3.5 以上。在此基础上可进一步引入 Al 掺杂，提高在高温下的稳定性。

将无水 $NaMnO_4$ 用 LiI 在乙腈中还原，得到碘掺杂的氧化锰锂。事实上，所得材料不再是明显的尖晶石结构，而应属于无定形结构。I/Na 之比随反应物之比而发生相应的变化。由于导电性比尖晶石 $LiMn_2O_4$ 要低，初始电化学性能不理想，容量发生衰减。将其与导电碳材料一起进行球磨混合，电化学性能明显改善，最佳时以 $0.05mA/cm^2$，$0.5mA/cm^2$ 和 $1mA/cm^2$ 进行充放电时，容量分别达 335mA · h/g，275mA · h/g 和 220mA · h/g。图 15.21 为无定形 $Li_{1.51}Na_{0.51}MnO_{2.85}I_{0.12}$ 的电化学性能，图 15.21 中的曲线 *a*，*b*，*c*，*d* 分别为正极材料与 25%（质量百分比）的细碳球磨 5，10，20，40min 后测量的结果，电流密度为 $0.5mA/cm^2$。由于其为无定形结构，因此锂嵌入时形变小，循环性能明显提高。

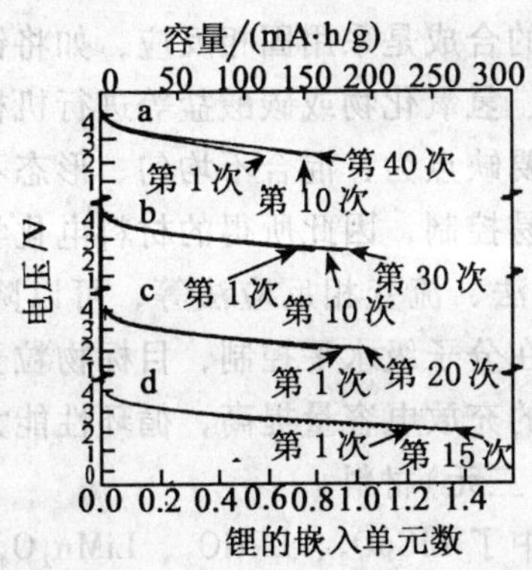

图 15.21　无定形 $Li_{1.51}Na_{0.51}MnO_{2.85}I_{0.12}$ 的电化学性能

硫取代氧原子的 $LiMn_2O_{3.98}S_{0.02}$ 可以用溶胶-凝胶法制备，取代后初始容量仅为 80mA · h/g，随后升高，第 20 次循环达到 99mA · h/g。氧被硫取代后，由于硫原子大，在循环过程中可保持结构的稳定性，克服尖晶石结构在 3V 区域发生的姜-泰勒效应。在此基础上也可以进一步引入掺杂阳离子，如 $LiAl_{0.2}Mn_{1.8}O_{3.96}S_{0.04}$ 在循环过程中，初始的立方尖晶石结构不发生变化。$LiAl_{0.24}Mn_{1.76}O_{3.98}S_{0.02}$ 在整个电压 3V 和 4V 区（2.4 ~ 4.3V）均不发生姜-泰勒形变，可逆容量达 215mA · h/g。

（3）表面改性。

由于 Mn^{2+} 发生溶解，导致循环性能劣化。在尖晶石 $Li[Mn_2]O_4$ 表面覆盖一层其他的正极材料如氧化钴锂或其他的材料，这样可防止 Mn^{2+} 的溶解，从而改善循环性能。如在 $Li[Mn_2]O_4$ 表面通过溶胶-凝胶法再覆盖一层 $LiCoO_2$，尽管 $LiCoO_2$ 涂层在 800℃进行热处理时消失了，但是高温（55℃）的循环性能明显提高，0.2C 充放电 100 次循环后只衰减 9%，而未涂层的衰减 50%。在 $LiMn_2O_4$ 涂上一层无水硼酸玻璃化合物或乙酰丙酮配合物，均可有效防止 Mn^{2+} 的溶解。氧化物的涂布可将 $Li_2O \cdot B_2O_3$ 与 $LiMn_2O_4$ 用球磨方法或湿法进行混合，然后再在 800℃进行热处理，最佳比例（质量分数）约为 0.4%，该绝缘层可作为固态电解质界面，允许锂离子的扩散和电子的通过。将$Li[Mn_2]O_4$用乙酰丙酮配合物处理，主要是用来中和其表面的活性中心，提高高温性能。在$Li[Mn_2]O_4$上涂上一层导电性聚吡咯，也可提高其在高温下的循环性能。

我们在尖晶石$Li[Mn_2]O_4$表面分别覆盖一层SiO_2，MgO，$LiBO_2$，在50℃进行充放电实验，结果表明，正极材料放电容量有所降低，而循环性能明显提高。

(4)软化学合成法。

一般而言，正极材料的合成是采用固相反应，如将锂的氢氧化物、碳酸盐或硝酸盐等与锰的氧化物、氢氧化物或碳酸盐等进行机械混合，然后在高温下进行热处理。该方法的主要缺点为：混合不均匀、形态不规整、颗粒大、粒径分布宽、化学计量关系不易控制，因此所得的材料电化学性能不理想。采用软化学合成方法如溶胶-凝胶法、流变相反应法等，可以降低反应温度，缩短反应时间，化学计量关系可在分子级水平控制，目标物粒子粒径分布窄，表面积大，物相纯。因此，材料的充放电容量提高，循环性能大大改善。

4. $LiNi_{1/3}Co_{1/3}Mn_{1/3}O_2$(三元)材料

$LiNi_{1/3}Co_{1/3}Mn_{1/3}O_2$集中了$LiCoO_2$、$LiNiO_2$、$LiMn_2O_4$三种材料各自的优点，因此受到了能源和材料领域学者的极大关注，已成为新能源材料领域的研究热点。Ohzuku等首次制备了层状结构的$LiNi_{1/3}Co_{1/3}Mn_{1/3}O_2$正极材料，由于存在独特的三元协同效应，其综合电化学性能优于任何单一活性金属化合物$LiCoO_2$、$LiNiO_2$或$LiMnO_2$，当以4.2 V，4.6 V为充电上限电压时，能够分别达到150 mA·h/g，200 mA·h/g的放电比容量。正极反应方程式如下：

$$LiNi_{1/3}Co_{1/3}Mn_{1/3}O_2 = Li_{(1-x)}Ni_{1/3}Co_{1/3}Mn_{1/3}O_2 + xLi^+ + xe^-$$

$LiNi_{1/3}Co_{1/3}Mn_{1/3}O_2$的晶体结构模型如图15.22所示。$LiNi_{1/3}Co_{1/3}Mn_{1/3}O_2$正极材料具有与$LiCoO_2$相似的$NaFeO_2$型层状岩盐结构，空间点群为R3m，属于六方晶系。在锂离子的脱嵌过程中，晶胞体积的变化小于$LiCoO_2$、$LiNiO_2$和$LiMnO_2$。此岩盐结构中，锂离子占据(111)晶面的3*a*位，镍、钴、锰随机占据3*b*位，氧离子占据6*c*位，其中过渡金属层由镍、钴、锰组成，每个过渡金属原子由6个氧原子包围形成八面体结构，晶胞参数$a=0.2862(2)$ nm，$c=1.4227(8)$ nm。$LiNi_{1/3}Co_{1/3}Mn_{1/3}O_2$中的一些$Li^+$与过渡金属离子容易发生"阳离子混排"现象，由于$Ni^{2+}$半径(0.069 nm)与$Li^+$(0.072 nm)半径最为接近，两者的混排程度尤为突出。

Shaju等对$LiNi_{1/3}Co_{1/3}Mn_{1/3}O_2$进行XPS研究，证明大部分Ni、Co和Mn分别以+2、+3及+4的价态存在，同时，也存在少量的Ni^{3+}和Mn^{3+}。其中，Ni^{2+}和Co^{3+}作为活性物质而存在，在充放电过程中，除了有$Co^{3+/4+}$的电子转移外，还存在$Ni^{2+/3+}$和$Ni^{3+/4+}$的电子转移，这也使得材料具有了更高的比容量。充放

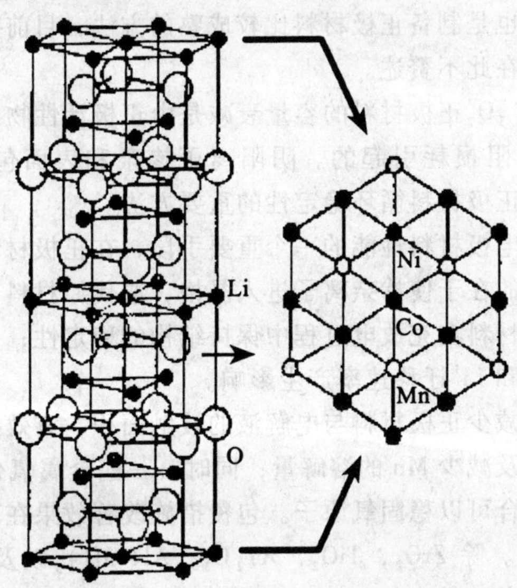

图 15.22 $LiNi_{1/3}Co_{1/3}Mn_{1/3}O_2$的晶体结构模型

电过程中，Ni 的氧化还原电位平台在 3.75 V 左右，而 Co^{3+}只有在充电电压达到4.6 V时才可能氧化为 Co^{4+}。因此，3.75 V 左右脱锂产生的金属空位由 Ni^{2+}氧化补偿，而高于 4.6 V 的情况下则由 Co^{3+}氧化补偿。Mn^{4+}只是作为一种结构物质，起着骨架的作用而不参与氧化还原反应。

Jouanneau 等研究表明，材料中 Co 含量增加能有效减少阳离子混排，降低阻抗值，提高电导率；Li 层中存在摩尔分数为 2% ~3% 的 Ni^{2+}，能促进 Li 离子脱嵌过程中材料有序结构的形成，提高材料的稳定性；Mn 不仅可以降低材料的成本，而且还可以提高正极材料的安全性和稳定性。$LiNi_{1/3}Co_{1/3}Mn_{1/3}O_2$的理论比容量高达278mA · h/g，在 2.8 ~4.6V 的放电容量可超过 200 mA · h/g，同时该材料还兼具优异的循环性能，具有良好的应用前景。

$LiNi_{1/3}Co_{1/3}Mn_{1/3}O_2$正极材料的合成方法主要包括：固相合成法、共沉淀法、溶胶-凝胶法、喷雾干燥法、水热法等。固相合成法因操作简单成为无机材料合成中最常用的方法之一。固相合成法合成 $LiNi_{1/3}Co_{1/3}Mn_{1/3}O_2$主要是由含有 Ni、Co 和 Mn 的过渡金属氧化物或氧化物前驱体(包括碳酸盐、氢氧化物等)与含 Li 化合物混合均匀后，在高温下直接焙烧得到。合成过程中，由于各组分难以均匀共混，所以受热不均匀，需反复研磨和焙烧，延长了焙烧时间，造成能量的浪费。另外，固相法所得产物粒径较大、不均匀，直接导致所得材料的电化学性能不够理想，当然，温度和原材料的选择也至关重要。但由于该方法过程简单，原料易得，控制方便，所以固相合成法仍然是合成粉体材料最常用的一种方法，也是制备正极材料比较成熟的方法，目前被工业生产广泛采用。其他合成方法在此不赘述。

$LiNi_{1/3}Co_{1/3}Mn_{1/3}O_2$正极材料的容量衰减是由正极活性物质降解，电解液分解和电极的接触电阻损耗引起的。阴阳离子掺杂和表面包覆等手段是提高$LiNi_{1/3}Co_{1/3}Mn_{1/3}O_2$正极材料循环稳定性的重要方法。

掺杂作为改善电极材料性能的一个重要手段，在正极材料的改性研究中被广泛采用。掺杂目的在于使掺杂离子进入晶格，取代原材料中的部分离子，稳固原材料结构，使材料在充放电过程中保持结构的稳定性；另外，掺杂金属也会对材料的电导率和Li^+迁移速率产生影响。

包覆措施可以减少正极材料与电解液的接触面积，有效抑制电解液在活性材料表面的分解以及减少Mn的溶解量；同时，一些金属氧化物包覆材料与原材料晶格中的氧结合可以稳固氧原子。包覆措施改善效果在高倍率或高温下充放电表现尤为明显。除ZrO_2，TiO_2，$A1_2O_3$，$Al(OH)_3$以及碳之外，$LiAlO_2$，$A1F_3$等也被用于改善$LiNi_{1/3}Co_{1/3}Mn_{1/3}O_2$的电化学性能。更多种类的包覆材料正被开发出来。

目前，包覆、掺杂以及合成方法的更新都具有一定的局限性，渐渐地不能再满足$LiNi_{1/3}Co_{1/3}Mn_{1/3}O_2$的发展需求，合成特定形貌的$LiNi_{1/3}Co_{1/3}Mn_{1/3}O_2$成为新的研究热点。

锂离子电池不断地向高能量密度方向发展，要求正极材料不断地向高堆积密度、高体积比容量的方向发展。正极材料的堆积密度与材料颗粒的形貌、粒径及其分布密切相关。不规则形状的粒子混合时，有严重的团聚和粒子架桥现象，颗粒堆积填充时粒子间存在较大的空隙，材料堆积密度较低。当规则的球形粒子堆积填充时，粒子间接触面小，没有团聚和粒子架桥现象，粒子间的空隙较少，粉体堆积密度较高。同时，球形颗粒正极材料的流动性好，适合加工，具有高体积比容量。因此正极材料粉体颗粒的球形化是提高正极材料堆积密度和体积比容量的有效途径。

总之，$LiNi_{1/3}Co_{1/3}Mn_{1/3}O_2$具有良好的电化学性能，热稳定性好，较低成本和低毒性等优点，已吸引了众多科研工作者和电池制造商的注意力。但它在振实密度、高倍率放电效果、重现性等方面还需要改进。这类正极材料的未来研发的重点将集中在：①降低合成成本；②改善合成方法；③进行包覆、掺杂或用$LiMn_2O_4$、$LiNi_xCo_{1-x}O_2$、$LiCoO_2$进行掺混或物理共混；④合成特定形貌高振实密度材料等。

5. $LiFePO_4$正极材料

$LiFePO_4$属聚阴离子型化合物，聚阴离子型化合物是一系列含有四面体或者八面体阴离子结构单元$(XO_m)^{n-}$（X = P、S、As、Mo 和 W）化合物的总称。这些结构单元通过强共价键连成三维网络结构并形成更高配位的由其他金属离子占据的空隙，使得聚阴离子型化合物正极材料具有和金属氧化物正极材料不同的晶相结构以及由结构决定的各种突出的性能。目前报道比较多的是具有橄榄石和 NASICON(Na^+superior ionic conductor)两种结构类型的聚阴离子型正极材料。该系列材料有两个突出优点：

第一，材料的晶体框架结构稳定，即便是大量锂离子脱嵌($\Delta x \to 1$)。这一点与金属化合物型正极材料有较大的不同。由 Nanjundaswamy 等最早报道的 NASICON 型或橄榄石型结构聚阴离子型正极材料具有开放性的三维框架结构，由 MO_6（M 为过渡金属）八面体和 XO_4（X = P、S、As 等）四面体通过共顶点或者共边的方式连接而成。因为聚阴离子基团通过 M—O—X 键稳定了材料的三维框架结构，当锂离子在正极材料中嵌脱时，材料的结构重排很小，材料在锂离子嵌脱过程中保持良好的稳定性。

第二，易于调变材料的放电电位平台。正极材料的充放电电位取决于材料中氧化还原电对的能级，而该氧化还原电对的能级取决于两个因素：阳离子位置的静电场；阴阳离子间所成键的共价成分贡献。在聚阴离子型正极材料中，改变 M—O—X 键中的 M 或者 X 原子可以产生不同强度的诱导效应，导致了 M—O 键的离子共价特性发生改变，从而改变了 M 的氧化还原电位。甚至相同的 M 和 X 原子在不同的晶体结构环境中，M 的氧化还原电位也不一样。由此，选择不同的化学元素配置可以对聚阴离子型正极材料的充放电电位平台进行系统地调制，以设计出充放电电位符合应用要求的正极材料。

但是，聚阴离子型正极材料的缺点是电子电导率比较低，材料的大电流放电性能较差，因而需要对材料进行包覆或者掺杂等方法来改善其电导率，使其能够达到实用的水平。锂离子电池正极材料的电导率是影响其电化学性能的主要因素之一。电导率越低，电极材料在充放电过程的极化越大，比容量损失也越大，循环稳定性也将越差，特别是高倍率充放电时容量下降更为严重，这将制约锂离子电池更大规模的应用。聚阴离子型正极材料的电子电导率均较低，其中具有开放性框架结构的 NASICON 型 $Li_3M_2(PO_4)_3$正极材料具有较高的锂离子扩散系数，允许锂离子在材料中快速扩散，但是 MO_6八面体被聚阴离子基团分隔开来，导致材料只有较小的电子电导率。而橄榄石型 $LiMPO_4$正极材料中虽然 MO_6八面体通过共顶点连接起来，但是聚阴离子基团的存在压缩了同处于相邻 MO_6层之间的锂离子嵌脱通道，降低了锂离子的迁移速率，同样导致材料在室温下的电导率小于 10^{-9} S/cm，远低于金属氧化物正极材料 $LiCoO_2$($\sim 10^{-3} S \cdot cm^{-1}$)和 $LiMn_2O_4$($\sim 10^{-5} S \cdot cm^{-1}$)在室温下的电导率。

聚阴离子型正极材料主要包括 Li-M-XO_4（橄榄石型）、Li-M-XO_4（NASICON

型)、Li-M-XO_5、Li-M-XO_6和 Li-M-X_2O_7等 5 种类型，见表 15.14。其中 Li-M-XO_4(橄榄石型)是近年研究的热点，Li-M-XO_4(NASICON 型)也在近年受到越来越多的关注。

表 15.14 **几种常见的聚阴离子型正极材料的分子量、放电电压和理论放电比容量**

正极材料		分子量	放电电压/V	理论比容量/mAh/g
Li-M-XO_4	$LiFePO_4$	157.8	3.4	170/e
	$LiMnPO_4$	156.9	4.1	171/e
	$LiCoPO_4$	160.9	4.8	167/e
	$Li_3V_2(PO_4)_3$	407.6	3.6/4.0/4.5	66/e
	$LiTi_2(PO_4)_3$	387.6	2.5	69/e
Li-M-XO_5	$VOPO_4$	162.0	3.8	165/e
Li-M-XO_6	$LiVWO_6$	337.7	2.0	79/e
Li-M-X_2O_7	$LiFeP_2O_7$	236.7	2.9	113/e
	$LiVP_2O_7$	231.6	2.0	116/e

橄榄石型锂离子电池正极材料 $LiMPO_4$(M＝Fe、Mn、Co、Ni)属于正交晶系，属 Pbmn 空间群，其中 O 以微变形的六方密堆积，P 占据氧四面体的 4*c* 位，形成 PO_4四面体，M 和 Li 分别占据氧八面体的 4*c* 和 4*a* 位，形成 MO_6和 LiO_6八面体。其中 MO_6八面体在 *bc* 平面上共用一个氧原子，以一定角度连接起来，形成 Z 字形的 MO_6层。在 MO_6层之间，相邻的 LiO_6八面体则沿 *b* 轴方向共边形成了与 *c* 轴平行的 Li^+的连续直线链，这使得 Li^+可以沿着 *c* 轴形成二维扩散运动，自由地脱出或嵌入。简单的说，此晶体结构是一个具有二维锂离子嵌脱通道的三维框架结构，如图 15.23 所示。

因为原料铁来源丰富、成本低且无毒无污染，自从 1997 年 Goodenough 等人首次报道 $LiFePO_4$能够可逆地嵌入和脱出锂离子，充当锂离子电池正极材料以来，目前橄榄石型正极材料 $LiMPO_4$(M＝Mn、Fe、Co、Ni)的研究主要集中在 $LiFePO_4$上面。磷酸铁锂($LiFePO_4$)为正极材料的锂离子二次电池具有优异的热稳定性和稳定的循环充放电性能，被业界称为“最安全的锂电池”。

$LiFePO_4$理论比容量为 170 mAh/g，在充放电过程中，Li^+的可逆嵌脱，对应于 Fe^{3+}/Fe^{2+}的互相转换，放电平台在 3.45 V 左右(vs. Li^+/Li)。由于 P—O 键强度很大，所以 PO_4 四面体很稳定，在充放电过程中支撑其结构，因此 $LiFePO_4$的热稳定性很好，有很好的抗高温和抗过充电性能。由于 $LiFePO_4$具有

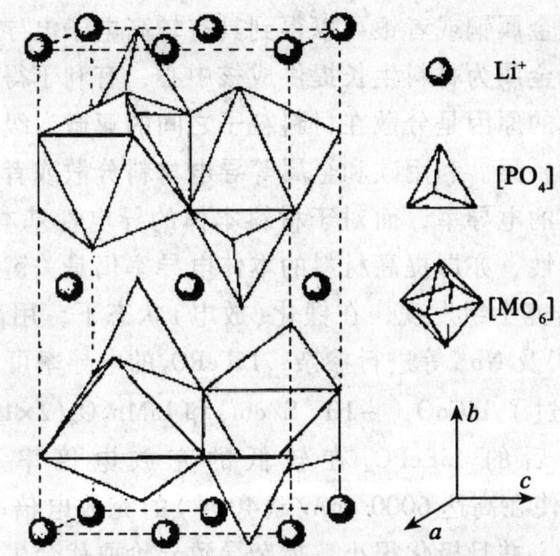

图 15.23　$LiMPO_4$(M = Mn、Fe 、Co 、Ni)的晶体结构

这种橄榄石结构，因此，Li^+在其中的嵌入脱出与 $LiCoO_2$不尽相同，晶体 X 射线衍射和^{57}Fe 的穆斯堡尔光谱研究表明，Li^+的脱嵌过程是一个两相反应，存在着 $LiFePO_4$和 $FePO_4$两相的转化，但两相之间的界面不明显，几乎不存在非晶体的界面层。充放电过程如式(15.14)和(15.15)所示，锂脱出时，形成 $FePO_4$相，它与 $LiFePO_4$结构相似，晶胞体积变小相近于负极体积的增大，材料具有很好的循环性能，上百个循环后容量没有明显衰减。但是，由于 $LiFePO_4$中氧原子的分布近乎密堆六方形，锂离子移动的自由体积小，材料的电子导电性差，锂离子的扩散速率也很慢，材料的大电流放电性能较差。另外，材料的振实密度小，致使体积能量密度低。

$$\text{充电：} LiFePO_4 - xLi^+ - xe^- \longrightarrow xFePO_4 + (1-x)LiFePO_4 \tag{15.14}$$

$$\text{放电：} FePO_4 + xLi^+ + xe^- \longrightarrow xLiFePO_4 + (1-x)FePO_4 \tag{15.15}$$

如上所述，$LiFePO_4$有两个明显的缺点：一是电导率低，因此材料的倍率特性差，在大电流充放电时容量衰减大；二是振实密度低($LiFePO_4$的理论密度只有 3.6g/cm^3，比 $LiCoO_2$、$LiNiO_2$、$LiMn_2O_4$都要小)，导致体积比能量低。

而 $LiFePO_4$电导率低的问题直到 Goodenough 提出对 $LiFePO_4$进行表面改性，包覆导电层的想法后，才开始有实质性的进展。加入碳来提高材料的电子导电率的方法是应用最多最有效的一种方法。例如，包覆碳可以使材料颗粒更好地接触，从而提高材料的电子电导率和比容量；包覆碳结合机械化学活化预处理使得碳前驱体可以更均匀地和反应物混合，而且在焙烧过程中还能阻止产物颗粒的团聚，能更好地控制产物的粒度和提高材料的电导率。而采用金属物质或

金属离子来提高 $LiFePO_4$ 的本征电导率是近年来的发展方向，在材料前驱体中均匀分散亚微米级金属铜或者银可以得到具有较高电子电导率的材料，一个可能的原因是亚微米金属为材料生长提供成核中心，有利于得到均匀的粒度小的产物；另一个可能的原因是分散在材料粒子之间的亚微米级金属为材料颗粒之间的紧密接触提供桥梁。利用碳和金属等导电材料分散或者包覆的方法，主要是提高了粒子之间的电导率，而对于材料本体的导电性基本没有影响。因此，提高颗粒内部导电性，亦即提高材料的本体电导率仍是关键的问题。值得一提的是美国 MIT 的研究小组发现，在锂化(放电)状态下，用高价态的金属离子如 Mg^{2+}、Al^{3+}、Ti^{4+} 及 Nb^{5+} 等进行掺杂，$LiFePO_4$ 的电导率可以提高 8 个数量级($>10^{-2}$ S/cm)，超过了 $LiCoO_2$($\sim10^{-3}$ S/cm)和 $LiMn_2O_4$($2\times10^{-5}\sim5\times10^{-5}$ S/cm)的电导率。掺杂后的 $LiFePO_4$ 在较低的充放电倍率下，比容量接近 170 mA·h/g，即使在高达 6000 mA/g(40 C)的充放电倍率下，也能够保持可观的放电比容量，并且极化很小。掺杂导致异价取代会生成阳离子或阴离子空位，空位的生成会提高物质的导电性。但是 Herle 等认为掺杂材料的导电性增加是由于原材料中残留的碳以及制备过程中生成的磷化物杂质造成的。尽管目前对掺杂方法提高 $LiFePO_4$ 导电性的原理还没有准确的、被广泛接受的解释，但是很多研究者依然使用掺杂的方法制备了改性的 $LiFePO_4$。

高比能量的锂离子电池要求材料既具有高的比容量，又具有高的振实密度，目前，改善振实密度的方法主要是通过控制材料的形貌、粒径大小及其分布，合成高密度球形的 $LiFePO_4$。

自从 1997 年，Goodenough 利用固相合成的方法制备 $LiFePO_4$ 以来，最初合成 $LiFePO_4$ 都是采用高温固相法，随着研究的深入，出现了一些其他方法，如水热法、溶胶凝胶法、共沉淀法、热还原法、乳液干燥法、模板法、脉冲激光沉积法等等。

传统高温固相法是将化学计量比的 Fe^{2+} 盐(主要是草酸盐、乙酸盐或磷酸盐)，$NH_4H_2PO_4$(或 $(NH_4)_2HPO_4$)和 Li_2CO_3(或 $Li(CH_3COO)\cdot2H_2O$、$LiOH\cdot H_2O$)混合均匀，在 N_2 或 Ar 气中分两步焙烧而得，第一步在 300～350 ℃，主要用于反应物的分解；第二步在 500～800 ℃，合成出 $LiFePO_4$。固相合成法设备和工艺简单，制备条件容易控制，适合于工业化生产，但是也存在着缺点，如物相不均匀，产物颗粒较大，粒度分布范围宽，合成周期长等。后来，很多研究者在焙烧之前加了机械球磨过程，使产物混合均匀、活化，使焙烧时间减少，温度降低，合成出的颗粒相对较小，电化学性能比传统高温固相法合成的要好，但球磨本身需要很长的时间，使工艺复杂化。

流变相法是软化学方法的一种，软化学方法是在较温和条件下实现的化学反应过程，因而，易于实现对其化学反应过程、路径、机制的控制，从而可以根据需要控制过程的条件，对产物的组分和结构进行设计，进而达到剪裁其物理性质的目的。

将 $LiOH \cdot H_2O$、Li_2CO_3 或者 $CH_3COOLi \cdot 2H_2O$ 与 $FePO_4 \cdot xH_2O$、聚乙二醇(PEG)混合均匀，然后加水后调成流变态，将所得流变相前驱物在惰性气氛下焙烧，在 300～800°C 的温度中焙烧 3～20 h 得到锂离子电池正极材料 $LiFePO_4/C$，其反应式为

$$2nLiOH \cdot H_2O + 2nFePO_4 \cdot 4H_2O + HO(C_2H_4O)_nH \longrightarrow 2nLiFePO_4 + 2nC + (13n+1)H_2O$$

其特点表现在生产工艺、化学反应等方面具有创意。流变相合成法是一种更经济、简单、稳定、环保的软化学合成方法。

我们知道，反应物的组成和结构是影响固相反应的重要因素，它是决定反应方向和反应速率的内在原因。从热力学的观点看，在一定的外部条件下，反应向吉布斯自由能减小的方向进行，而且吉布斯自由能减小的越多，反应的热力学驱动力越大。从结构的观点看，反应物的结构状态，质点间的化学键性质，以及各种缺陷的存在与分布都将对反应速率产生影响。研究表明，同组成反应物的结晶状态、晶型由于热效应的不同会有很大的差别，进而导致反应活性的不同。在此锂盐首先与部分磷酸铁反应生成氢氧化铁，氢氧化铁随着温度的升高失水又生成三氧化二铁，经过两次转换的新生态的三氧化二铁，其活性将大大提高，更有利于三价铁向两价铁转变。反应过程中，没有固体排放物，仅有少量的水蒸气和二氧化碳产生，对环境几乎无污染，属于绿色合成反应，符合“清洁、环保、高效、可持续”的产业发展方向。

通过精心设计化学反应，选择经济环保的原料，充分利用原料原子，基本上达到原子经济性的绿色合成反应。从而大大减少了对环境的污染，节约了原料，降低了成本。

6. $Li_3V_2(PO_4)_3$ 化合物

$Li_3V_2(PO_4)_3$ 同样是以磷酸根聚合阴离子为基础的正极材料。相对钒的氧化物而言，磷酸根离子对氧离子的取代，使化合物的三维结构发生了变化，增加了化合物的结构稳定性，并使 Li^+ 扩散通道变大，有利于 Li^+ 的嵌脱。此外，聚阴离子取代氧负离子还能够从两个方面改变电位：一方面通过诱导效应，改变离子对和金属离子的能级；另一方面通过提供较多的电子来改变 Li^+ 的浓度，从而有利于氧化还原反应的发生。与钒的氧化物相比，$Li_3V_2(PO_4)_3$ 具有更好的热力学稳定性及更高的比容量，能够产生更高的氧化还原电势。

$Li_3V_2(PO_4)_3$ 具有 NASICON 结构，主要存在两种晶系：一种为单斜晶系，另一种为菱方晶系。严格来说，菱方晶系的 $Li_3V_2(PO_4)_3$ 具有 NASICON 结构，单斜晶系 $Li_3V_2(PO_4)_3$ 具有类 NASICON 结构。在单斜晶系的 $Li_3V_2(PO_4)_3$ 中，

由于锂离子的迁移率随着其在晶格中占据位置的性质和个数的变化而变化，并且晶格中离子随着锂离子的脱出和嵌入而进行重排，所以单斜晶系 $Li_3V_2(PO_4)_3$只是类 NASICON 结构化合物，但是单斜晶系的电性能却优于斜方晶系。两者具有相同的结构单元[$M_2(PO_4)_3$]，而且两种晶系结构组成中 PO_4四面体和 VO_6八面体并不直接相连接，各自只和对方通过共顶点连接，菱方晶体中的[$M_2(PO_4)_3$]笼状结构基元与 *c* 轴成平行排列(见图 15.24(a))，而单斜晶体中的[$M_2(PO_4)_3$]笼状结构基元成锯齿状排列(见图 15.24(b))。

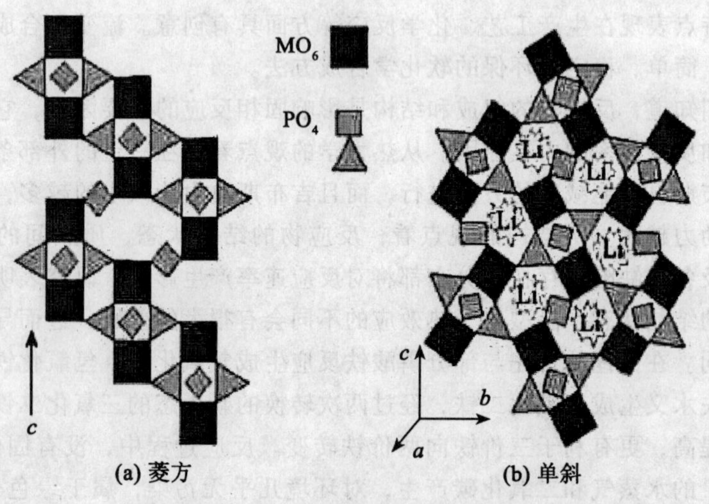

图 15.24　$M_2(XO_4)_3$的晶体结构

两者由于细微结构的不同而具有许多不同的物理化学性质，在电化学性能方面也有明显的区别。其中单斜晶系的 $Li_3V_2(PO_4)_3$热力学性质非常稳定，每单元的 3 个锂离子都能很好地脱嵌，是目前作为锂离子蓄电池正极材料研究的热点之一。

菱方晶系 $Li_3V_2(PO_4)_3$的结构与 β-$Li_3Fe_2(PO_4)_3$相似，属于 *R*-3 空间群，晶胞参数 $a=8.316$Å，$c=22.484$Å，由于其热稳定性差，不能直接高温固相合成，只能通过离子交换法制备。在菱方晶系 $Li_3V_2(PO_4)_3$结构单元中 3 个锂离子处于相同的电荷环境中，也就是只有 1 个 Li^+晶体位置，随着两个锂离子的脱出，V^{3+}被氧化为 V^{4+}，但是只有 1.3 个锂离子可以重新嵌入，相当于 90mA · h/g 的放电比容量，嵌入电位平台为 3.77V，表现出电化学反应的典型两相行为。锂离子在菱方晶系 $Li_3V_2(PO_4)_3$的嵌脱可逆性较差，可能是因为锂离子脱出后，菱方晶系 $Li_3V_2(PO_4)_3$的晶体结构发生了从菱方到三斜的变化，阻止了锂离子的可逆嵌入。

单斜晶系的 $Li_3V_2(PO_4)_3$ 中的锂离子在充放电过程中共有 4 种不等价的电荷环境，所以电化学电位谱(electrochemical voltage spectroscopy, EVS)(见图 15.25)中出现 3.61V、3.69V、4.1V 和 4.6V 4 个电位区间。

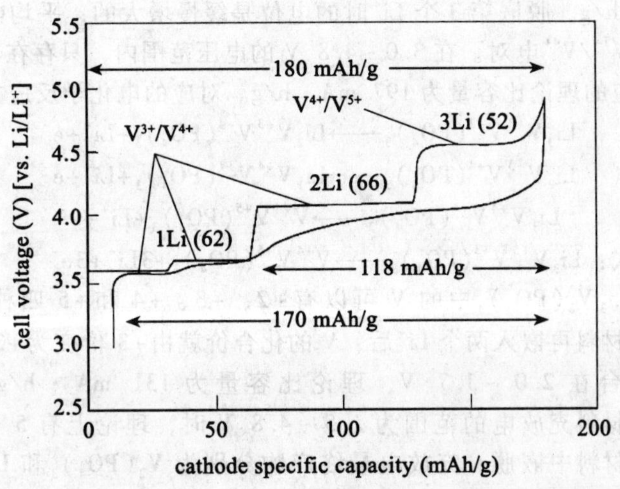

图 15.25　$Li_3V_2(PO_4)_3$ 电化学电位谱图(3-5V vs. Li/Li^+)

根据 Li 的成键环境不同分别标记为 Li(1)，Li(2)和 Li(3)。其中 Li(1)占据周围成键氧形成的正四面体位置，Li(2)和 Li(3)与 5 个 V—O 键相连，占据类四面体位置，3 个四重的晶体位置为锂原子占据，导致了在一个结构单元中有 12 个锂原子的位置。V 有两个位置：V(1)和 V(2)，V-O 键长分别为 20.03 nm 和 20.06 nm。通过能量计算显示，Li(3)处于能量最高位置，最先脱出，与此同时，电子从 V(1)位脱出，Li(2)移至与 Li(1)相似的正四面体位置，形成含有 V^{3+}/V^{4+} 氧化态的 $Li_2V_2(PO_4)_3$。该过程与电压平台 3.60V 和 3.68 V 相对应，因为 Li(3)分两步脱出，产生了中间相 $Li_{2.5}V_2(PO_4)_3$。$Li_2V_2(PO_4)_3$ 中 Li(1)和 V^{4+} 的排斥作用，使 Li(1)先脱出，接下来的 Li^+/e^- 的脱出产生了只有 V^{4+} 氧化态存在的 $LiV_2(PO_4)_3$，对应电压平台为 4.08 V。由于动力学的原因，第 3 个 Li^+/e^- 的脱出较难，对应的电压平台也较高，为 4.55 V，形成了含有价态无序的混合态 V^{4+}/V^{5+} 的 $V_2(PO_4)_3$。放电时，反应逆向进行。$V_2(PO_4)_3$ 存在价态无序的混合态 V^{4+}/V^{5+}，导致锂的嵌入首先表现为固溶体机制，直到形成 $Li_2V_2(PO_4)_3$，标志着两相行为的出现。这是由于 V-V 和 V-Li的相互作用，使点阵中 V^{3+}/V^{4+} 排列有序。相对 $LiV_2(PO_4)_3$ 而言，$V_2(PO_4)_3$ 因失去静电引力而导致晶胞体积变大，但 Li^+ 的嵌入可使 $V_2(PO_4)_3$ 的晶胞重新收缩。

充电时，$Li_3V_2(PO_4)_3$中第1个Li^+分两步脱嵌，电位平台分别为3.61 V和3.69 V，对应于V^{4+}/V^{3+}电对。第2个Li^+的脱嵌可以一步完成，电位平台为4.1 V，也对应于V^{4+}/V^{3+}电对。2个Li^+脱嵌时，其充电比容量理论上可达到133 mA·h/g。脱嵌第3个Li^+时的电位是缓慢增大的，平均电位在4.6 V左右，对应V^{5+}/V^{4+}电对。在3.0~4.8 V的电压范围内，只存在3个Li^+的脱嵌，这时对应的理论比容量为197 mA·h/g。对应的电化学反应方程式为

$$Li_3V^{+3}V^{+3}(PO_4)_3 \longrightarrow Li_2V^{+3}V^{+4}(PO_4)_3+Li^++e^-$$

$$Li_2V^{+3}V^{+4}(PO_4)_3 \longrightarrow Li_1V^{+4}V^{+4}(PO_4)_3+Li^++e^-$$

$$Li_1V^{+4}V^{+4}(PO_4)_3 \longrightarrow V^{+4}V^{+5}(PO_4)_3+Li^++e^-$$

总反应式：$Li_3V^{+3}V^{+3}(PO_4)_3 \longrightarrow V^{+4}V^{+5}(PO_4)_3+3Li^++3e^-$

但因为$Li_3V_2(PO_4)_3$中的V可以有+2、+3、+4和+5四种变价，单斜$Li_3V_2(PO_4)_3$材料再嵌入两个Li^+后，V的化合价就由+3价变为+2价，对应的放电电压平台在2.0~1.7 V，理论比容量为131 mA·h/g。所以如果$Li_3V_2(PO_4)_3$材料充放电的范围为1.5~4.8 V时，理论上有5个Li^+可以在$Li_xV_2(PO_4)_3$材料中嵌脱，充放电最终产物分别为$V_2(PO_4)_3$和$Li_5V_2(PO_4)_3$。这种情况下，理论比容量高达332 mA·h/g。

研究表明，前两个锂离子可以容易地从材料中脱嵌出来，而第三个锂离子受到动力学阻碍，表现出相当大的极化效应。这是由于当材料充放电时，前两个锂离子的脱嵌表现出的是两相行为，而第三个锂离子的脱嵌则是固溶体行为。应用单斜晶系的$Li_3V_2(PO_4)_3$材料中的V^{3+}/V^{4+}电对对应可以可逆嵌脱两个锂离子，平均电位平台为3.8V。此外，由于钒的多价态，当电压范围扩展时，单斜晶系的$Li_3V_2(PO_4)_3$材料还可以嵌入两个锂离子对应于V^{2+}/V^{3+}电对，在2.0~1.7V之间的平台对应的比容量使材料的总比容量还有很大的上升空间。由此看来，高比容量的单斜晶系的$Li_3V_2(PO_4)_3$材料将很有吸引力。

聚阴离子型正极材料的电子电导率均较低，其中具有开放性框架结构的NASICON型$Li_3M_2(PO_4)_3$正极材料具有较高的锂离子扩散系数，允许锂离子在材料中快速扩散，因此，离子电导率高于橄榄石型的$LiFePO_4$。但是MO_6八面体被聚阴离子基团分隔开来，导致材料只有较小的电子电导率。和$LiFePO_4$相似，对于$Li_3V_2(PO_4)_3$的改性方法主要有两种：一种是掺杂导电剂，主要是掺杂碳或者金属粉末；另一种是掺杂高于一价的离子，从本质上提高材料的导电性。

15.9 非线性光学材料

电极化与外加电场之间的线性关系甚至在很高的场强(10^5V/cm)的情况下

都能精确地服从，其道理在于原子的位移极其微小，只在原子核那样的大小范围——比原子大小要小几百万倍。尽管对非线性效应(例如电致伸缩效应)早已了解，但只有到发现了激光才能用足够大的电场获得可观的非线性效应。极化 P 可写成电场的幂级数，

$$P = xE + \xi E^2 + \cdots$$

式中，x 为线性电极化率，高次项表示了非线性效应，例如第二项便是表示了所谓二次谐波发生(见图 15.26)。

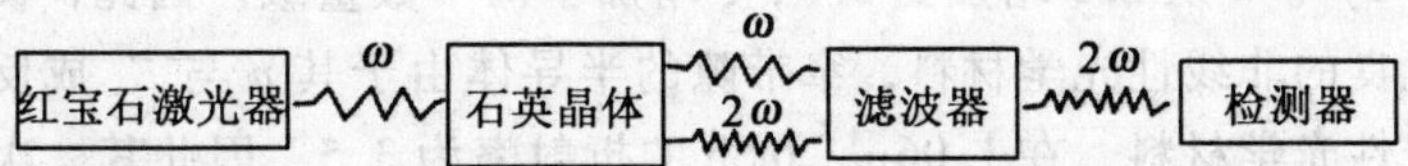

图 15.26　二次谐波发生的实验示意图

从红宝石激光器发射的强红光入射到压电石英晶体上，产生了二次谐波的蓝光

电场与入射光是一种正弦关系 $E = A\sin\omega t$。当用 E 代入 P 的式中时，得到 $\sin\omega t$ 的幂级数。第二项为 $A^2\xi\sin^2\omega t = \frac{1}{2}A^2\xi(1-\cos2\omega t)$，它包括振荡频率二倍于原外场 E 的振荡频率的极化分量。这一由快速振荡所诱发的偶极矩就是产生二次谐波的来源。光的强度取决于第二项系数 ξ 的大小。晶体的对称性是二级效应的主要贡献者。图 15.27 中的一维极性链说明了二次项的来源。当外加场指向左边，离子间相互靠得很近，由于短程的排斥力，位移很小，不过这些力却不阻碍相反方向的运动，所以当外加场指向右边时，就产生较大的位移，因此极化较大。有中心的链就没有这个效应。这种链在 $P(E)$ 关系式中会产生引起饱和的奇次阶项，而却不会产生偶次阶项。这一点说明了有中心的晶体不能用于二次谐波的发生。

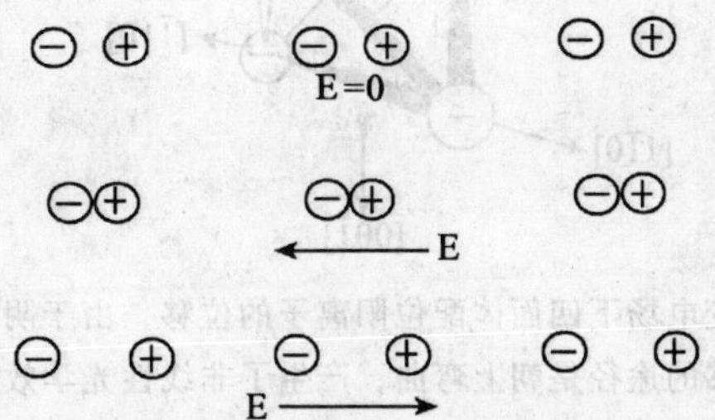

图 15.27　外加场指向左边和右边时的一维极性链
(它表明了非线性光学效应的来源)

事实上，二次谐波的实验对是否存在对称中心是一个很好的检验。信号强证明没有对称中心，因为只有无对称中心的晶体才有很强的二次谐波发生。要获得无中心晶体的一种途径是用无中心分子由非键电子造成永久性畸变。HIO_3 和 $LiIO_3$ 含有三方畸变相当大的 IO_6 八面体，因此是很有希望的非线性光学材料。

石英是一种无中心的晶体，不过并不是出色的二次谐波发生晶体。最好的二次谐波发生材料应具有大的折射率。依照 Miller 定则，二次谐波发生系数正比于$(n^2-1)^3$。n 从 1.5 增加到 2.5，ξ 增加了两个数量级。因此，钛酸盐和铌酸盐是优良的非线性光学材料，窄带隙的半导体由于其 n 与 E_g 成反比也是很好的非线性光学材料。在 1.06μ，InSb 的折射率为 3.5，因此其二次谐波发生信号比石英的大 1 000 倍。

非线性光学的物理成因可用闪锌矿结构加以阐释。立方 ZnS 中，每个原子同四个电荷相反的最紧邻原子组成四面体配位。四面体的棱边平行于[110]方向，如图 15.28 所示。考虑一频率为 ω 的电磁波沿晶体的[$\bar{1}$10]方向传播，并交替地沿[110]和[$\bar{1}\bar{1}$0]方向偏振。位于四面体中心的离子对该电场的响应最初是沿电场的方向移动；但随着离子沿[110]或[$\bar{1}\bar{1}$0]的方向离开了平衡位置，它就被吸引到上方的带负电荷的离子处，使得它与这些离子之一的距离缩短了。其结果就产生了位移，这一位移倾向于沿着光波的电矢量方向，只是末端向上弯曲。

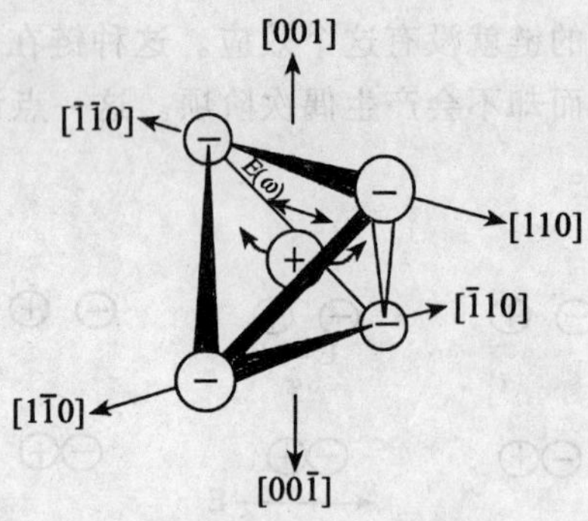

图 15.28　交变电场下四面体配位阳离子的位移，由于阴离子的吸引力，位移的途径是朝上弯曲，产生了非线性光学效应

当观察到这一弯曲移动是沿着光束的方向时，可以鉴别出有两个分量。其中一个分量是沿着平行于外场 E 的[110]方向移动，并以同样的频率 ω 振动。不过，在平行于[001]方向还有另一个小分量，它以 2ω 的频率振动。对于

$E(\omega)$的每一周期，离子将沿着[001]方向两次达到最大偏移。于是，一束光波沿[$1\bar{1}0$]方向传播，同时沿平行于[110]方向偏振，产生了沿[001]方向偏振的二次谐波。

双折射对二次谐波发生的材料也很有用。如果使基波与谐波的速度相等的话，谐波就有可能被大大地放大。如果由色散引起的折射率差可由双折射匹配，那么这一类型的相匹配就有可能。单轴晶体中非临界的相匹配是最佳的，因为能量流的方向也是一致的，从而消除了相偏离问题。

光学图像可以作为相栅存储于晶体中，用激光束写入与读出。用入射光从陷阱中释放出自由电荷载流子来记录全息图。电子从发光区扩散到较暗区产生了空间电荷的电场，该电场反过来又通过电光效应调制折射率。于是，晶体的折射率就按照光学图像调制，形成一种相栅。在像 $LiNbO_3$ 这样的晶体中，图像可用轻度加热固定，让正离子扩散到负的空间电荷区域，中和了局部电场。晶体冷却后，电场重新恢复，相栅由均匀的照射固定。这就使得电子的排布均匀，但却留下了非均匀的离子分布，形成了相栅。

15.10　阴极射线致色和光致色材料

阴极射线致色材料使用在雷达系统和计算机终端的阴极射线存储显示管中。电子束的轰击使得材料中产生了一个吸收带，由此获得的颜色不论用光脱色或热脱色均为可逆的。分辨率主要取决于电子束斑点的大小，而衬比度则与用来观察颜色变化的光强度无关。早在 1940 年就曾经在阴极射线管内用电子束诱发色心。用电子辐照 KCl 会产生 F 色心，其吸收带在可见光谱的中间，氯化钾不能成功地用于阴极射线管的显示上，因为它着色量太少。不过它在雷达的显示方面却获得了很大的成功，因为 KCl 较适于存储显示的应用。KCl 的图像驻留时间长，可以跟雷达扫描速率所需求的相匹配，从而消除了闪烁。不过，使用蒸发 KCl 荧光屏的暗迹电子射线管仍然存在衬比度低，长时间使用会疲劳的毛病。

发现 $CaTiO_3$(钙钛矿)和 $Al_6Si_6O_{24}\cdot 2Na_4Cl$(方钠石)具有优良的阴极射线致色性质。掺有 Fe 和 Mo 的钛酸钙荧光屏呈现出有效的光脱色而且不会疲劳，只是对于许多显示的应用衬比度还太低。掺杂 S 和 F 的方钠石衬比度好得多，不过在高衬比度下工作时却要求加热消迹。

方钠石具有由相互连接的立方八面体(cubo-octahedra)(为 13 种 archimedes 固体之一，是由立方体切去八个边角从而形成的十四面体)组成的类笼状结构，如图 15.29 所示。这些铝硅酸盐笼子包含氯离子，每个氯离子通过四面体配位联到四个钠离子上。好几种类型的掺杂剂都能产生着色。Cl^-可由其他卤素(例如 Br^- 和 I^-)取代，或者由 S^{2-}，Se^{2-} 和 Te^{2-} 取代，因而在邻近的笼内就出现卤素空位。非化学计量比的程度和晶粒的大小是影响阴极射线致色性质的重要参数。

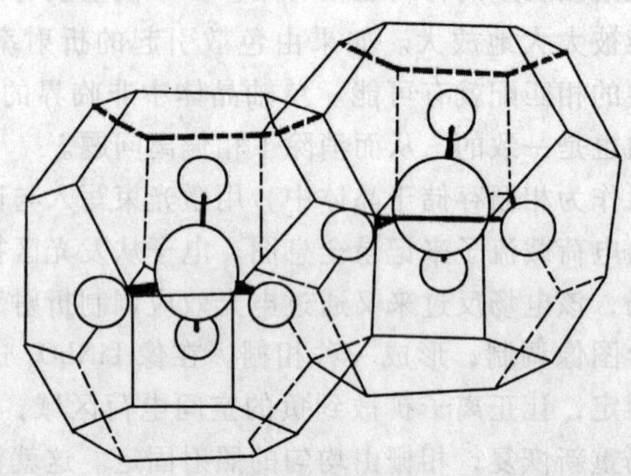

图 15.29 方钠石笼状结构的示意图

笼中心的大球是卤素离子，旁边的小球是 Na 离子；实线和虚线表示铝硅酸盐笼；Al 和 Si 原子(图中未示出)交替地处于线的交点；每个线段通过一个氧原子，但并不与其原子中心相交

方钠石中存在着两种着色机理，这两种都会生成 F 色心，形成电子在卤素空位被俘获的情况。在光方式着色时，电子束产生了空穴电子对。空穴与 S^{2-} 结合形成 S^-，而电子被俘获在邻近的卤素空位上形成 F 色心。辐照的区域变暗，因为俘获的电子从基态升到激发态时吸收了可见光的光子。更高能量的光子则从 F 色心释放出俘获的电子，把电子还给硫给电子体使暗区脱色。

方钠石的热方式着色涉及双缺陷的笼子，它们都缺了一个 Na^+ 离子和一个卤素离子。当一个高能电子进入方钠石时，很有可能它会从一个完整笼子中逐出一个 Na^+ 离子，把它转移到一个双缺陷笼子中。在这种情况下，一个双缺陷笼子与一个完整笼子都被转变为两个有单个空位的笼子，其中一个具有一个阳离子空位，而另一个则具有一个阴离子空位。而当后者俘获到一个由阴极射线所产生的二次电子时，就变成了 F 色心。这一过程不需要任何掺杂剂。当两个单缺陷笼子重新结合时，通过离子扩散过程产生了脱色。这种类型的着色必须由热方式脱色，因为要求高温来促进离子的扩散。

F 色心的吸收波长与方钠石笼子的大小存在着线性关系。Si 可由 Ge 取代和 Al 可由 Ga 取代来增大笼子的尺寸。

阴极射线致色器件很适于用作存储和显示，它具有不同灰色色调和高的分辨率。存储时间范围从几秒到几个月。在正常操作条件下，光擦除的阴极射线致色管具有约一分钟的有效存储时间，而热擦除的管子存储时间实际上是无限长的。阴极射线致色材料的应用方面包括高分辨率显示面板、雷达系统、窄带宽图像传输系统、图像存储检索系统等。

Corning 玻璃厂曾制造出了可逆色的光致色玻璃。该玻璃在阳光照射下颜色变暗，从而可作为理想的太阳镜玻璃和窗玻璃。光致色过程包括几种反应，其中银离子在玻璃中移动与 Cl^-和 F^-形成晶体。某些玻璃中由特定的热处理形成了微小的卤化银晶体。一种典型的重量组成是 $SiO_2$63%，Na_2O10%，$Al_2O_3$10%，$B_2O_3$16%，以及大约0.4% Ag 与等量的 Cl 和 F。

关于电介材料、磁性材料、发光和激光材料分别参见第十一章、第十二章和第十三章。

习　题

15.1　材料设计的含义是什么？如何进行材料设计？

15.2　玻璃态的通性有哪些？怎样从玻璃态结构特点来解释？

15.3　根据查哈里阿生（W. H. Zachariasen）提出的氧化物形成玻璃态能力的条件，你认为周期表中哪些元素的氧化物容易形成玻璃态？它们处于周期表中哪些位置？有什么规律性？

15.4　试述光导纤维的制法及产生光损耗的原因。

15.5　能否使 $BaTiO_3$ 具半导性？如何为之？当在 $BaTiO_3$ 中添加 La_2O_3 后，其电阻有何变化？为什么？

15.6　固体电解质的导电机理是什么？试述氧浓度测定原理。

15.7　纳米材料有什么特性？如何制备纳米粉体？

15.8　复合材料的理念是什么？对储氢材料有什么基本要求？

15.9　试对功能材料进行分类。

15.10　何谓锂离子电池，其工作原理如何？锂离子电池的正极材料有哪些？

附　录

附录 1　　**基本物理和化学常数**

物理量	符号	数值
电子电荷	e	$1.602\ 10\times10^{-19}$C
		$4.802\ 98\times10^{-10}$esu
普朗克常数	h	$6.626\ 2\times10^{-34}$J · s
		$6.626\ 2\times10^{-27}$erg · s
	$\eta=h/2\pi$	$1.054\ 59\times10^{-37}$J · s
光速	c	$2.997\ 925\times10^{8}$m · s^{-1}
玻耳兹曼常数	k	$1.380\ 62\times10^{-23}$J · K^{-1}
		$1.380\ 62\times10^{-16}$erg · deg^{-1}
气体常数	R	8.314 3 J · K^{-1} · mol^{-1}
		1.987 2 cal · mol^{-1}
理想气体摩尔体积	V_m	$22.413\ 83\times10^{-3}$m^{3}mol^{-1}(标准状况下)
阿伏伽德罗常数	N_A	$6.022\ 169\times10^{23}$mol^{-1}
法拉第常数	F	$9.648\ 670\times10^{4}$C · mol^{-1}
		96.487 coulomb · g-equiv^{-1}
原子质量单位	u	$1.660\ 565\ 5\times10^{-27}$kg
电子静止质量	m_e	$9.109\ 558\times10^{-31}$kg
		$9.109\ 558\times10^{-28}$g
中子静止质量	m_n	$1.674\ 954\ 3\times10^{-27}$kg
质子质量	m_p	$1.672\ 614\times10^{-27}$kg
玻尔半径	α_0	52.917 715pm
里德堡常数	R	$1.097\ 373\ 12\times10^{5}$cm^{-1}
1 电子伏	eV	$1.602\ 1\times10^{-19}$J

附录 2　　**分子能量单位**

	erg · molecule^{-1} 尔格/分子	J · molecule^{-1} 焦耳/分子	cal · molecule^{-1} 卡/分子	eV · molecule^{-1} 电子伏/分子	wavenumber (cm^{-1}) 波数(cm^{-1})
1erg · molecule^{-1} 1 尔格/分子	1	10^{-7}	$1.439\ 4\times10^{16}$	$6.241\ 8\times10^{11}$	$5.034\ 5\times10^{15}$
1J · molecule^{-1} 1 焦耳/分子	10^{7}	1	$1.439\ 4\times10^{23}$	$6.241\ 8\times10^{18}$	$5.034\ 5\times10^{22}$
1cal · molecule^{-1} 1 卡/分子	$6.947\ 3\times10^{-17}$	$6.947\ 3\times10^{-24}$	1	$4.336\ 3\times10^{-5}$	0.349 76
1eV · molecule^{-1} 1 电子伏/分子	$1.602\ 1\times10^{-12}$	$1.602\ 1\times10^{-19}$	23 061	1	8 065.7
1wavenumber(cm^{-1}) 1 波数(cm^{-1})	$1.986\ 3\times10^{-16}$	$1.986\ 3\times10^{-23}$	2.859 1	$1.239\ 8\times10^{-4}$	1

附录3 **SI 基本单位的名称和符号**

物理量及符号	SI 单位的名称	符号	中文符号
长度 l	米(meter)	m	米
质量 m	千克(kilogram)	kg	千克
时间 t	秒(second)	s	秒
电流 I	安培(ampere)	A	安
热力学温度 T	开尔文(kelvin)	K	开
物质的量 n	摩尔(mole)	mol	摩
光强度 $I\nu$	坎德拉(candela)	cd	坎
* 平面角 α, θ	弧度(radian)	rad	弧度
* 立体角 ω	球面角(steradian)	sr	球面度

* 为 SI 辅助单位。

附录4 **某些 SI 导出单位的名称、符号和定义**

物理量及符号	SI 单位名称	符号	中文符号	定义
面积 A, S	平方米	m^2	米^2	
体积 V	三次方米	m^3	米^3	
密度 ρ	千克每立方米	$kg\cdot m^{-3}$	千克/米^3	
速度 v, u	米每秒	$m\cdot s^{-1}$	米/秒	
角速度 ω	弧度每秒	$rad\cdot s^{-1}$	弧度/秒	
浓度 m_B, [B]	摩尔每立方米	$mol\cdot m^{-3}$	摩/米^3	
力 F	牛顿(newton)	N	牛	$m\cdot kg\cdot s^{-2}$
压力 p	帕斯卡(pascal)	Pa	帕	$N\cdot m^{-2}(=m^{-1}\cdot kg\cdot s^{-2})$
能量 E, 功 W, 热 Q	焦耳(joule)	J	焦	$m^2\cdot kg\cdot s^{-2}$
电量 Q, 电荷 e	库仑(coulomb)	C	库	$s\cdot A$
电压 V, 电势差 U	伏特(volt)	V	伏	$J\cdot A^{-1}\cdot s^{-1}(=m^2\cdot kg\cdot s^{-3}\cdot A^{-1})$
电阻 R	欧姆(ohm)	Ω	欧	$V\cdot A^{-1}(=m^2\cdot kg\cdot s^{-3}\cdot A^{-2})$
电导	西门子(siemens)	S	西	$\Omega^{-1}=A\cdot V^{-1}(=m^{-2}\cdot kg^{-1}\cdot s^3\cdot A^2)$
电容	法拉(farad)	F	法	$A\cdot s\cdot V^{-1}(=m^{-2}\cdot kg^{-1}\cdot s^4\cdot A^2)$
电场强度 E	伏特每米	$V\cdot m^{-1}$	伏/米	
磁场强度 H	安培每米	$A\cdot m^{-1}$	安/米	
光亮度	坎德拉每平方米	$cd\cdot m^{-2}$	坎/米^2	
光通量	流明(lumen)	lm	流	$cd\cdot sr$
光照度	勒克斯(lux)	lx	勒	$cd\cdot sr\cdot m^{-2}$
频率	赫兹(hertz)	Hz	赫	s^{-1}
摩尔热容 C	焦耳每开尔文摩尔	$J\cdot K^{-1}\cdot mol^{-1}$	焦/开·摩	

附录 5　　**非 SI 单位换算为 SI 单位的换算系数**

物理量	非 SI 单位及符号	换算为 SI 单位的换算系数
长　度	英寸 in	2.54×10^{-2} m
	英尺 ft	0.304 8 m
	埃 Å	1×10^{2} pm
压　力	大气压 atm	1.013×10^{5} Pa
	毫米汞柱(托) mmHg(torr)	1.333×10^{2} Pa
	公斤/平方厘米 kg/cm^2	$9.806\,6\times10^{4}$ Pa
能　量	千卡/摩尔 kcal/mol	4.184 kJ · mol^{-1}
	千瓦小时 kW · h	0.36 kJ
	电子伏特/分子 eV/molecule	$1.602\,1\times10^{-19}$ J · molecule^{-1}
	波数/分子 cm^{-1}/molecule	$1.986\,3\times10^{-2}$ J · molecule^{-1}

附录 6　　**温度的换算**

摄氏温度/℃	华氏温度/F	绝对温度/K
T(℃)	$\frac{9}{5}T$(℃)+32	T(℃)+273.15
$\frac{5}{9}(T(\mathrm{F})-32)$	T(F)	$\frac{5}{9}(T(\mathrm{F})-32)+273.15$
T(K)−273.15	$\frac{9}{5}(T(\mathrm{K})-273.15)+32$	T(K)

注：T(℃)—摄氏温度数，T(F)—华氏温度数，T(K)—绝对温度数。

参考文献

[1]苏勉曾编著．固体化学导论[M]．北京：北京大学出版社，1986

[2]West A R. Solid state chemistry and its applications[M]. New York：John wiley & Sons，1984；苏勉曾，谢高阳，申泮文，等译．固体化学及其应用[M]．上海：复旦大学出版社，1989

[3]古山昌三著．无机固体化学[M]．袁启华，张克立，方佑龄译．武汉：武汉大学出版社，1987

[4]Rao C N R，FRS J Gopalakrishnan. New directions in solid state chemistry[M]. Cambridge：Cambridge University Press，1986；刘新生译．固态化学的新方向[M]．长春：吉林大学出版社，1990

[5]苟清泉编．固体物理学简明教程[M]．北京：人民教育出版社，1978

[6]《功能材料及其应用手册》编写组．功能材料及其应用手册[M]．北京：机械工业出版社，1991

[7]温树林编著．现代功能材料导论[M]．北京：科学出版社，1983

[8]堂山昌南，山本良一编．尖端材料[M]．邝心湖，等译．北京：电子工业出版社，1987

[9]美国化学科学机会调查委员会，等编．化学中的机会[M]．曹家桢，等译．中国科学院化学部等，1986

[10]徐祖耀，李鹏兴主编．材料科学导论[M]．上海：上海科技出版社，1986

[11] R E 纽纳姆著．结构与性能的关系[M]．卢绍芳，吴新涛译．北京：科学出版社，1983

[12]足立吟也，岛田昌彦编．无机材料科学[M]．王福元，李玉秀译．北京：化学工业出版社，1988

[13]张克立，孙聚堂，等编著．无机合化化学[M]．武汉：武汉大学出版社，2004

[14]韩万书主编．中国固体无机化学十年进展[M]．北京：高等教育出版社，1998

[15]吕孟凯．固态化学[M]．济南：山东大学出版社，1996

[16]徐如人，庞文琴主编．无机合成与制备化学[M]．北京：高等教育出版

社，2001
[17]唐小真，杨宏秀，丁马太．材料化学导论[M]．北京：高等教育出版社，1997
[18]雷永泉主编．新能源材料[M]．天津：天津大学出版社，2000
[19]贡长生，张克立主编．新型功能材料[M]．北京：化学工业出版社，2001
[20]贡长生，张克立主编．绿色化学化工实用技术[M]．北京：化学工业出版社，2002
[21]曾人杰．无机材料化学[M]．厦门：厦门大学出版社，2002
[22]姚康德，成国祥主编．智能材料[M]．北京：化学工业出版社，2002
[23]孙忠贤主编．电子化学品[M]．北京：化学工业出版社，2001
[24]孙家耀，杜海燕编．无机材料制造与应用[M]．北京：化学工业出版社，2001
[25]张立德，牟季美著．纳米材料与纳米结构[M]．北京：化学工业出版社，2002
[26]王世敏，许祖勋，傅晶编著．纳米材料制备技术[M]．北京：化学工业出版社，2002
[27]高濂，李蔚著．纳米陶瓷[M]．北京：化学工业出版社，2002
[28]朱屯，王福明，王习东，等编著．国外纳米材料技术进展与应用[M]．北京：化学工业出版社，2002
[29]周济．软化学：材料设计与剪裁之路[J]．科学，1995，47(3)：17-20
[30]Anastas P T，Warner J C. Green chemistry，Theory and Practice[M]．New York：Oxford University Press，1998
[31]闵恩泽，傅军．绿色化学的进展[J]．化学通报，1999，1：10-15
[32]朱清时．绿色化学的进展[J]．大学化学，1997，12(6)：7-11
[33]苏锵．稀土化学[M]．郑州：河南科学技术出版社，1993
[34]冯端，师昌绪，刘治国．材料科学导论[M]．北京：化学工业出版社，2002
[35]左铁镛，钟家湘．新型材料——人类文明进步的阶梯[M]．北京：化学工业出版社，2002
[36]洪广言编著．无机固体化学[M]．北京：科学出版社，2002
[37]黄昆著．固体物理学[M]．北京：人民教育出版社，1979
[38]徐光宪．物质结构简明教程[M]．北京：高等教育出版社，1965
[39]周公度．无机结构化学(无机化学丛书，第11卷)[M]．北京：科学出版社，1982

[40]周公度，郭可信．晶体和准晶体的衍射[M]．北京：北京大学出版社，1999
[41]吉林大学等校编．物理化学基本原理[M]．北京：人民教育出版社，1976
[42]催秀山编著．固体化学基础[M]．北京：北京理工大学出版社，1991
[43]Wells A F. Structural inorganic chemistry[M]. 4th ed. New York：Oxford，1975
[44]Garner W E. Chemistry of solid state[M]. London：Butterworths，1955
[45]Weller P E. Solid state chemistry and physics；An Introduction[M]. Vol 1 & 2，New York：Dekker，1974
[46]Hannay N B. Treatise on solid state chemistry[M]，Vol 1，The chemical structure of solid；Vol 2，Defects in solids；Vol 3，Crystalline and noncrystalline solids；Vol 4，Reactivity of solids；Vol 5，Change of states；Vol 6A & 6B，Surfaces. Plenum，New York，1976-1979
[47]Schmalzried H. Solid state reactions[M]. Weinheim Bergstr：Verlag Chemie，1974
[48]黄昆原著，韩汝琦改编．固体物理学[M]．北京：高等教育出版社，1988
[49]李延福编．固体物理学[M]．西宁：青海人民出版社，1985
[50]H E Hall 著．固体物理学[M]．刘志远，张增顺译．北京：高等教育出版社，1983
[51]杜丕一，潘颐编著．材料科学基础[M]．北京：中国建材工业出版社，2002
[52]夏少武编著，简明结构化学教程[M]．2版．北京：化学工业出版社，2001
[53]蒋平，徐至中编著．固体物理简明教程[M]．上海：复旦大学出版社，2000
[54]马树人编著．结构化学[M]．北京：化学工业出版社，2001
[55]West A R. Basic Solid state chemistry，Second Edition[M]. New York：John wiley & Sons，2000
[56]Dann S E. Reactions and characterization of solid[M]. Cambridge：Royal Society of Chemistry，2000
[57]叶瑞伦，方永汉，陆佩文编．无机材料物理化学[M]．北京：中国建筑工业出版社，1986
[58]日本化学会编．无机固态反应[M]．董万堂，董绍俊译．北京：科学出版社，1985
[59]Garner W E. Chemistry of solid state[M]. London：Butterworths，1955

[60] Moore W J. Seven solid states[M]. Menlo Park: Benjamin, 1967
[61] 徐如人主编. 无机合成化学[M]. 北京: 高等教育出版社, 1991
[62] W L 乔利 著. 无机化合物的合成与鉴定[M]. 李彬, 肖良质, 等译. 北京: 高等教育出版社, 1986
[63] 张启运主编. 高等无机化学实验[M]. 北京: 北京大学出版社, 1992
[64] Zhang Keli, Xia Youlan and Yuan Qihua. The formation and properties of halide glasses in the system CdF2-BaF2-NaX (X = F, Cl, Br) [J]. J Non Cryst Solits, 1987, 415: 95-96
[65] Zhang Keli, Xia Youlan and Yuan Qihua. The formation and properties of glass in the ZrF4-BaF2-ThF4 system [J]. Chinese J Chem, 1990, 2: 136-140
[66] Zhang Keli, Xia Youlan and Yuan Qihua. Fluoride Glasses Containing Rare Earths [J]. J Chin RE Soc, 1990, 8(4): 281-285
[67] 张克立, 秦祖殿, 夏幽兰等. 氟化物玻璃光纤预制棒的制备[J]. 光通信研究. 1989, 2, 43-46
[68] 张克立, 袁启华, 夏幽兰等. 红外光纤材料的研究, ZrF4-BaF2-YF3 系玻璃[J]. 武汉大学学报. 1985, 3: 80-90
[69] 党民团. 绿色化学——中国化工可持续发展的必由之路[J]. 渭南师专学报, 1999, 14(5): 31-35
[70] 张克立, 贾漫珂, 袁继兵, 等. 二苯甲酮的绿色合成路线研究[J]. 武汉大学学报, 2001, 47(6): 657-659
[71] 张克立, 袁继兵, 孙聚堂, 等. 由草酸盐先驱物制备尖晶石型化合物 MCo_2O_4[J]. 武汉大学学报, 1997, 43(3): 428-432
[72] 张克立, 袁继兵, 孙聚堂. 用草酸胍制备钴酸盐尖晶石[J]. 无机化学学报, 1997, 13(3): 336-339
[73] 周益明, 忻新泉. 低热固相合成化学[J]. 无机化学学报, 1999, 15(3): 273-292
[74] Yadong Li, Yitai Qian, Hongwei Liao, et al. A Reduction Pyrolysis Catalyst Synthesis of Diamond[J]. Science, 1998, 281(5374): 246-247
[75] 张克立, 袁继兵, 袁良杰, 等. 苯甲酸钐的水热合成和热分解机理研究[J]. 化学学报, 2000, 2: 144-148
[76] Lavier L L, Steckler M S. The effect of sedimentary cover on the flexural strength of continental lithosphere[J]. Nature, 1997, 389(6650): 476-479
[77] Newman R, White N. Rheology of the continental lithosphere inferred from sedimentary basins[J]. Nature, 1997, 385(6617): 621-624
[78] Yamazaki D, Kato T, Ohtani E, et al. Grain growth rates of $MgSiO_3$

perovskite and periclase under lower mantle conditions[J]. Science, 1996, 274(5295): 2052-2054

[79] Keli Zhang, Jibing Yuan, Liangjie Yuan, et al. Synthesis and Thermal Decomposition Mechanism of Rare earth Benzoates[J]. J Rare earths, 1999, 17(4): 255-258

[80] Jutang Sun, Liangjie Yuan, Keli Zhang. The thermal decomposition mechanism of zinc monosalicylates[J]. Thermochimica Acta, 1999, 333: 141-145

[81] Jutang Sun, Liangjie Yuan, Keli Zhang. Preparation and Luminescence Properties of Tb^{3+} doped zincsalicylates[J]. Materials Science and Engineering, 1999, B64: 157-160

[82] Keli Zhang, Jibing Yuan, Liangjie Yuan, et al. Mechanism of thermal decomposition of Barium benzoate[J]. J Therm Anal Cal. 1999, 58: 287-292

[83] Jutang Sun, Liangjie Yuan, Keli Zhang. Synthesis and thermal decomposition of Zinc phthalate[J]. Thermochimica Acta, 2000, 343: 105-109

[84]申泮文主编. 近代化学导论[M]. 下册. 北京: 高等教育出版社, 2002

[85]贾漫珂, 王俊, 郑思静, 等. 纳米氧化锌的制备新方法[J]. 武汉大学学报, 2002, 48(4): 420-422

[86] Hao Tang, Cuanqi Feng, Quan Fan, et al. Synthesis and electrochemical properties of Yttrium-doped spinel $LiMn_2$-yYyO$_4$ cathode materials [J]. Chemistry Letters, 2002, 8: 822-823

[87] Tang Hao, Xi Meiyun, Huang Ximing, et al. Rhoeological phase reaction synthesis of Lithium intercalation materrials for rechargeable battery[J]. J Mater Sci Lett, 2002, 21: 999-1001

[88] Yong Zhang, Keli Zhang, Manke Jia, et al. Synthesis and characterization of a novel compound $SnEr_2O_4$[J]. Chemistry Letters, 2002, 2: 176-177

[89] Yong Zhang, Keli Zhang, Manke Jia, et al. Synthesis and characterization of a novel compound $SnDy_2O_4$[J]. Chinese Chemical Letters, 2002, 13(6): 587-588

[90]汤昊, 冯传启, 刘浩文, 等. 掺杂 Y^{3+} 的锂锰尖晶石的合成及其电化学性能研究[J]. 化学学报, 2003, 61(1): 47-50

[91] Yong Zhang, Siting Luo, Hao Tang, et al. Synthesis and characterization of $SnGd_2O_4$[J]. J Mater Sci Lett, 2003, 22: 111-112

[92] Zhang Keli, Yuan Liangjie, Xi Meiyun, et al. The application of lights-conversed polyethylene film for Agriculture[J]. Wuhan Univ J Natural Sci, 2002, 7(3), 365-367

[93]方惠群，史坚．仪器分析原理[M]．南京：南京大学出版社，1994
[94]北京大学化学系仪器分析教学组．仪器分析教程[M]．北京：北京大学出版社，1997
[95]赵藻藩，周性尧，张悟铭，等．仪器分析[M]．北京：高等教育出版社，1990
[96]赵文宽，张悟铭，王长发，等编．仪器分析[M]．北京：高等教育出版社，1997
[97]何金兰，杨克让，李小戈．仪器分析原理[M]．北京：科学出版社，2002
[98]武汉大学化学系编．仪器分析[M]．北京：高等教育出版社，2001
[99]夏少武编著．简明结构化学教程，2版[M]．北京：化学工业出版社，2001
[100]马树人编著．结构化学[M]．北京：化学工业出版社，2001
[101]West A R. Basic Solid state chemistry, Second Edition[M]. New York: John wiley & Sons, 2000
[102]韩建成，等著．多晶X射线结构分析[M]．上海：华东师范大学出版社，1989
[103]刘振海主编．热分析导论[M]．北京：化学工业出版社，1991
[104]陈镜泓，李传儒编著．热分极及其应用[M]．北京：科学出版社，1985
[105]李余增．热分析[M]．北京：清华大学出版社，1987
[106]Wells A F. Structural inorganic chemistry[M]. 4th ed. Oxford: Clarendon Press, 1975, 557-558
[107]邵学俊，董平安，魏益海．无机化学(下)[M]．武汉：武汉大学出版社，1996，230
[108]Blazek A. Thermal analysis[M]. Van Nostrand Reinhold Company LTD, 1973, 145.
[109]陈镜泓，段友卢．热分析用于研究四氟乙烯与六氟丙烯共聚物(FEP)的热裂解机[J]．科学通报，1981，26(15)：924
[110] Ghose J and Kanungo A. Studies on the thermal decomposition of $Cu(NO_3)_2 \cdot 3H_2O$[J]. J Thermal Analysis, 1981, 20(2), 459-462
[111]Tanaka H, Maeda K. Kinetics and mechanism of the thermal dehydration stages of $BaCl_2 \cdot 2H_2O$ by means of simultaneous TG-DSC[J]. Thermochimica Acta, 1981, 51(2-3), 97-103
[112]Kissinger H E. Reaction Kinetics in Differential Thermal Analysis[J]. Anal Chem, 1957, 29(11), 1702-1706
[113] Zeman S. Possibilities of applying the Piloyan method of determination of

decomposition activation energies in the differential thermal analysis of polynitroaromatic compounds and of their derivatives. Part I. Polymethyl and polychloro derivatives of 1, 3, 5-trinitro-benzene[J]. J Thermal Analysis, 1979, 17(1), 19-29

[114] Piloyan G O, Ryabchikov I D, Noviko O S. Determination of Activation Energies of Chemical Reactions by Differential Thermal Analysis[J]. Nature, 1966, 212, 1229

[115] 刘振海，田山立子，陈学思．聚合物量热测定[M]．北京：化学工业出版社，2002

[116] Yoshida H. Crystallization Process of Polymers Observed by the Simultaneous DSC-XRD and DSC-FTIR Methods[J]. Netsu Sokutei, 1999, 26(4), 141-150

[117] Ashizawa K. Characterization of Crystalline Pharmaceutiaals and Development of Simultaneous Measurement System of X-ray Diffraction and DTA[J]. Netsu Sokutei, 1998, 25(4), 97-104

[118] Kinoshita R, Teramoto Y, Yoshida H. Analysis for the Thermal Decomposition of Plastics Using Combined TG/FT-IR System[J]. Netsu Sokutei, 1992, 19(2): 64-69

[119] Arii T, Ichihara S, Nakagawa H, Fujii N. A kinetic study of the thermal decomposition of polyesters by controlled-rate thermogravimetry[J]. Thermochim Acta, 1998, 319(1-2), 139-149

[120] 丁莹如，秦关林编著．固体表面化学[M]．上海：上海科技出版社，1988

[121]《功能材料及其应用手册》编写组．功能材料及其应用手册[M]．北京：机械工业出版社，1991

[122] 张祥麟，王曾隽主编．应用无机化学[M]．北京：高等教育出版社，1992

[123] 严纯华，黄云辉，王哲明，等．巨磁电阻材料与信息存储及其对化学的挑战[J]．大学化学．1998，13(6)：4-8

[124] K M 罗尔斯，T H 考特尼，J 伍尔夫 著．材料科学与材料工程导论[M]．范玉殿，夏宗宁，王英华 译．北京：科学出版社，1982

[125] 柳田博明．無機材料の設計[J]．材料科学[日]．1979，16(6)：245-251

[126] 熊家炯主编．材料设计[M]．天津：天津大学出版社，2000

[127] 熊家林，贡长生，张克立主编．无机精细化学品及其应用[M]．北京：

化学工业出版社，1999

[128]吴宇平，万春荣，姜长印等编著．锂离子二次电池[M]．北京：化学工业出版社，2002

[129] Chuanqi Feng, Hao Tang, Keli Zhang et al. Synthesis and electrochemical characterization of nonstoichiometric spinel phase ($Li_{1.02}Mn_{1.93}Y_{0.02}O_4$) for Lithiumion batteries application[J]. Materials Chemistry and Phyisics, 2003, 80(3): 573-576

[130] Chuanqi Feng, Hao Tang, Keli Zhang et al. Synthesis and electrochemical characterization of a new spinel phase ($Li_{1+x}Mn_2Co_xO_{4+y}$) for rechargeable Lithium batteries[J]. J China Sci& Tech Univ, 2003, 1(增刊): 77-82

[131]雷太鸣，汤昊，张克立．层状 $LiMnO_2$ 的软化学法合成及电化学性能的研究[J]．武汉大学学报，2004，50(2)：165-168

[132] H W Liu, C Q Feng, H Tang, L Song, K L Zhang. Synthesis and electrochemical properties of Indium doped spinel $LiMn_2O_4$ [J]. Journal of Materials Science- Materials in Electronics, 2004, 15 (8): 495-497

[133] H W Liu, and K L Zhang. The synthesis and cycling behavior of $LiEr_xMn_{2-x}O_4$ for lithium-ion batteries [J]. Materials Letters, 2004, 58 (24): 3049-3051

[134]雷太鸣，周新文，宗红星，张克立．正交结构 Li_xMnO_2 正极材料的合成及其电化学性能研究[J]．无机化学学报，2005，21(2)：261-264

[135] Zhou Xin-wen, Zhan Dan, Cong Chang-jie, Guo Guang-hui, Wang Li-na, Zhang Ke-li. Synthesis and electrochemical properties of $LiFePO_4$/C cathode material[J]. J Mater Sci, 2005, 40(9-10): 2577-2578

[136] Qiaoyun Liu, Haowen Liu, Xinwen Zhou, Changjie Cong, Keli Zhang. Synthesis and Electrochemical Properties of LiV_3O_8 Cathode Material for Lithium Secondary Batteries[J]. Solid state ions, 2005, 176(17-18): 1549-1554

[137] Zhou Xin-wen, Zhan Dan, Wang Li-na, Liu Qiao-yun, Zong Hong-xing, Zhang Ke-li. Synthesis and electrochemical properties of $LiFePO_4$/C cathode material[J]. Wuhan Univ. J. Natural Sci., 2005, 10(5): 909-912

[138] H W Liu, K L Zhang. Improving the Elevated Temperature Performance of Li/$LiMn_2O_4$ cell by Coating of ZnO[J]. J Mater Sci, 2005, 40(21): 5767-5769

[139] Zong H X, Cong C J, Wang L N, Guo G H, Liu Q Y, Zhang K L. Synthesis and electrochemical properties of Y-doped $LiMn_{0.98}Y_{0.02}O_2$ for lithium

secondary batteries [J]. Journal of Solid State Electrochemistry, 2007, 11 (2): 195-200

[140] L N Wang, Z G Zhang, K L Zhang. A simple, cheap soft synthesis routine for $LiFePO_4$ using iron (Ⅲ) raw material [J]. J Power Sources, 2007, 167 (1): 200-205

[141] Liu H W, Cheng C X, Hu Z Q, Zhang K l. The effect of ZnO coating on $LiMn_2O_4$ cycle life in high temperature for lithium secondary batteries [J]. Materials Chemistry and Physics, 2007, 101(2-3): 276-279

[142] Wang Lina, Li Zhengchun, Xu Hongjie, Zhang Keli. Studies of $Li_3V_2(PO_4)_3$ Additives for the $LiFePO_4$-Based Li-ion Batteries [J]. The Journal of Physical Chemistry, C, 2008, 112: 308-312

[143] S Y Yin, L Song, X Y Wang, Y H Huang, K L Zhang, Y X Zhang. Reversible lithium storage in $Na_2Li_2Ti_6O_{14}$ as anode for lithium ion batteries [J]. Electrochemistry Communications. 2009, 11: 1251-1254

[144] S Y Yin, L Song, X Y Wang, M F Zhang, K L Zhang, Y X Zhang. Synthesis of spinel $Li_4Ti_5O_{12}$ anode material by a modified rheological phase reaction [J]. Electrochimica Acta, 2009, 54: 5629-5633

[145] X Y Wang, S Y Yin, K L Zhang, Y X Zhang. Preparation and characteristic of spherical $Li_3V_2(PO_4)_3$ [J]. Journal of Alloys and Compounds, 2009, 486 (1-2): L5-L7

[146] L N Wang, X C Zhan, Z G Zhang and K L Zhang. A soft chemistry synthesis routine for $LiFePO_4$-C using a novel carbon source [J]. Journal of Alloys and Compounds, 2008, 456(1-2): 461-465

secondary batteries[J]. Journal of Solid State Electrochemistry, 2007, 11 (2): 195-200.

[140] N Wang, Z G Zhang, K L Zhang. A simple, cheap soft synthesis routine for $LiFePO_4$ using iron (Ⅲ) raw material[J]. J Power Sources, 2007, 167 (1): 200-205.

[141] Liu H W, Cheng C X, Hu Z Q, Zhang K L. The effect of ZnO coating on $LiMn_2O_4$ cycle life in high temperature for lithium secondary batteries[J]. Materials Chemistry and Physics, 2007, 101(2-3): 276-279.

[142] Wang Lina, Li Zhengchun, Xu Hongjie, Zhang Keli. Studies of $Li_3V_2(PO_4)_3$ Additives for the $LiFePO_4$-Based Li-ion Batteries[J]. The Journal of Physical Chemistry C, 2008, 112: 308-312.

[143] S Y Yin, L Song, X Y Wang, Y H Huang, K L Zhang, Y X Zhang. Reversible lithium storage in $Na_2Li_2Ti_6O_{14}$ as anode for lithium ion batteries [J]. Electrochemistry Communications, 2009, 11: 1251-1254.

[144] S Y Yin, L Song, X Y Wang, M F Zhang, K L Zhang, Y X Zhang. Synthesis of spinel $Li_4Ti_5O_{12}$ anode material by a modified rheological phase reaction [J]. Electrochimica Acta, 2009, 54: 5629-5633.

[145] X Y Wang, S Y Yin, K L Zhang, Y X Zhang. Preparation and characteristic of spherical $Li_3V_2(PO_4)_3$[J]. Journal of Alloys and Compounds, 2009, 486 (1-2): L5-L7.

[146] N Wang, X G Zhou, Z Q Zhang and K L Zhang. A soft chemistry synthesis routine for $LiFePO_4$-C using a novel carbon source[J]. Journal of Alloys and Compounds, 2008, 456(1-2): 461-465.